Springer-Lehrbuch

Bogdan Povh · Klaus Rith
Christoph Scholz · Frank Zetsche

Teilchen und Kerne

Eine Einführung in die physikalischen Konzepte

Achte Auflage

Springer

Prof. Dr. Bogdan Povh
Max-Planck-Institut für Kernphysik
Saupfercheckweg 1
69117 Heidelberg

Dr. Christoph Scholz
SAP AG
69185 Walldorf

Prof. Dr. Klaus Rith
Universität Erlangen-Nürnberg
Naturwissenschaftliche Fakultät 1
Institut Physik
Erwin-Rommel-Str. 1
91058 Erlangen

Dr. Frank Zetsche
Deutsches Elektronen-Synchrotron
(DESY)
Universität Hamburg
Notkestr. 85
22607 Hamburg

ISBN 978-3-540-68075-8 e-ISBN 978-3-540-68080-2

DOI 10.1007/978-3-540-68080-2

Springer-Lehrbuch ISSN 0937-7433

Bibliografische Information der Deutschen Nationalbibliothek
Die Deutsche Nationalbibliothek verzeichnet diese Publikation in der Deutschen Nationalbibliografie; detaillierte bibliografische Daten sind im Internet über http://dnb.ddb.de abrufbar.

Herstellung: le-tex publishing services oHG, Leipzig
Umschlaggestaltung: WMXDesign GmbH, Heidelberg

9 8 7 6 5 4 3 2 1

springer.de

Vorwort zur achten Auflage

Die Kapitel über die tiefinelastische Streuung wurden bei der ersten Auflage im Jahr 1993 verfasst. Seitdem gab es neue Resultate von den Experimenten am Elektron-Proton-Collider am DESY in Hamburg, der im Sommer 2007 abgeschaltet wurde. Die Kapitel 7 und 8 wurden teilweise umgeschrieben, um die spektakulärsten Ergebnisse über die tiefinelastische Streuung aufzunehmen.

Ich bedanke mich bei Tina Pollmann für die Anfertigung der Abbildungen und bei Jürgen Sawinski für das Formatieren der achten Auflage.

Heidelberg, Mai 2008 *Bogdan Povh*

Vorwort

In den letzten beiden Auflagen dieses Buches haben wir nach und nach neue Resultate über Neutrinooszillationen aufgenommen. In dieser Auflage haben wir nun die „Phänomenologie der schwachen Wechselwirkung“ (Kapitel 10) umgeschrieben, um eine kohärente Darstellung der Neutrinoeigenschaften zu ermöglichen. Die „Nukleare Thermodynamik“ (Kapitel 19) wurde aktualisiert.

Heidelberg, Juni 2006 *Bogdan Povh*

Vorwort zur ersten Auflage

Teilchen und Kerne basiert auf einer Kursvorlesung über Kern- und Teilchenphysik an der Universität Heidelberg für Studenten im 6. Semester und vermittelt das Grundwissen des Diplomphysikers auf diesem Gebiet.

Unsere Grundidee besteht darin, eine einheitliche Darstellung von Kern- und Teilchenphysik zu geben, weil sich gezeigt hat, dass die Experimente, die besonders geeignet sind, Substrukturen in Atomkernen und Nukleonen aufzudecken, konzeptionell ähnlich sind. Mit der fortschreitenden Entwicklung der experimentellen und theoretischen Methoden wurden in diesem Jahrhundert nach und nach Atome, Kerne, Nukleonen und schließlich Quarks analysiert. Die intuitive Annahme, dass unsere komplexe Welt aus einigen wenigen Bausteinen aufgebaut ist – eine Idee, die attraktiv erscheint, keineswegs aber selbstverständlich ist – scheint sich zu bestätigen. Mehr noch, auch die Wechselwirkungen zwischen diesen Bausteinen der Materie lassen sich im sogenannten „Standardmodell“ elegant formulieren und konzeptionell einfach verstehen.

Auf diesem Wissensstand über die Struktur der Materie angelangt, kann man nun darangehen, eine Synthese zu betreiben und zusammengesetzte Systeme aus elementaren aufzubauen. Auf dem Weg von den elementaren Bausteinen über die Nukleonen zu den Kernen lernen wir, dass die „fundamentalen“ Gesetze der Wechselwirkung zwischen den Grundbausteinen in den zusammengesetzten Systemen immer weniger zu erkennen sind, weil durch die Vielkörperwechselwirkung eine Komplexität entsteht, die in immer größerem Maße auch die Gesetzmäßigkeiten dieser Systeme bestimmt.

Dieses Buch ist daher in zwei Teile unterteilt. Im ersten Teil beschäftigen wir uns mit der Reduktion der komplex aufgebauten Materie auf wenige Grundbausteine und Wechselwirkungen, im zweiten Teil mit dem Aufbau größerer Systeme aus ihren Grundbestandteilen.

Wo immer es möglich ist, verweisen wir auf Ähnlichkeiten in Atomen, Kernen und Hadronen, denn das Arbeiten mit Analogien hat sich nicht nur in der Forschung als außerordentlich fruchtbar erwiesen, sondern ist auch besonders geeignet, das Verständnis der zugrundeliegenden Physik zu fördern.

Wir legen Wert auf die Darstellung der Konzeption von Experimenten, verzichten aber weitgehend auf die Erläuterung technischer Details. Ein Anhang enthält in Stichworten eine kurze Beschreibung der Prinzipien von Beschleunigern und Detektoren. Die Übungsaufgaben haben in erster Linie den Zweck, dem Lernenden eine Vorstellung von den Größenordnungen der Phänomene in der Kern- und Teilchenphysik zu vermitteln.

Wir haben eine straffe Darstellung gewählt, aber darauf geachtet, dass alle wesentlichen Konzepte in einer verständlichen Weise dargestellt wurden. Bei der Auswahl des Lehrstoffes haben wir uns vor allem von pädagogischen Erwägungen leiten lassen. Daher schildern wir solche Experimente, die sich aus heutiger Sicht am einfachsten interpretieren lassen. Viele historisch bedeutsame Experimente, deren Ergebnisse heutzutage auf einfachere Weise erreicht werden können, haben wir bewusst weggelassen.

Heidelberg, April 1993

Bogdan Povh
Klaus Rith
Christoph Scholz
Frank Zetsche

Inhaltsverzeichnis

1. Hors d'œuvre 1
1.1 Grundbausteine der Materie 1
1.2 Die fundamentalen Wechselwirkungen 3
1.3 Symmetrien und Erhaltungssätze 4
1.4 Experimente 5
1.5 Einheiten 7

Teil I. Analyse: Bausteine der Materie

2. Globale Eigenschaften der Kerne 11
2.1 Das Atom und seine Bausteine 11
2.2 Nuklide 13
2.3 Parametrisierung der Bindungsenergien 18
2.4 Ladungsunabhängigkeit der Kernkraft und Isospin 22
Aufgaben 24

3. Stabilität der Kerne 25
3.1 β-Zerfall 27
3.2 α-Zerfall 31
3.3 Kernspaltung 33
3.4 Zerfall angeregter Kernzustände 36
Aufgaben 40

4. Streuung 43
4.1 Allgemeine Betrachtung von Streuprozessen 43
4.2 Wirkungsquerschnitt 46
4.3 Die „Goldene Regel“ 50
4.4 Feynman-Diagramme 52
Aufgaben 55

5. Geometrische Gestalt der Kerne 57
5.1 Kinematik der Elektronenstreuung 57
5.2 Der Rutherford-Wirkungsquerschnitt 60

5.3 Der Mott-Wirkungsquerschnitt ... 64
5.4 Formfaktoren der Kerne ... 65
5.5 Inelastische Kernanregungen ... 73
Aufgaben ... 75

6. Elastische Streuung am Nukleon ... 77
6.1 Formfaktoren des Nukleons ... 77
6.2 Quasielastische Streuung ... 82
6.3 Ladungsradius von Pionen und Kaonen ... 85
Aufgaben ... 86

7. Tiefinelastische Streuung ... 87
7.1 Angeregte Nukleonzustände ... 87
7.2 Strukturfunktionen ... 89
7.3 Das Partonmodell ... 93
7.4 Interpretation der Strukturfunktionen im Partonmodell ... 95
Aufgaben ... 100

8. Quarks, Gluonen und starke Wechselwirkung ... 103
8.1 Quarkstruktur der Nukleonen ... 103
8.2 Quarks in Hadronen ... 108
8.3 Quark-Gluon-Wechselwirkung ... 110
8.4 Skalenbrechung der Strukturfunktionen ... 114
Aufgaben ... 118

9. Teilchenerzeugung in e^+e^--Kollisionen ... 119
9.1 Erzeugung von Leptonpaaren ... 121
9.2 Resonanzen ... 124
9.3 Nichtresonante Erzeugung von Hadronen ... 129
9.4 Gluonenabstrahlung ... 131
Aufgaben ... 133

10. Phänomenologie der schwachen Wechselwirkung ... 135
10.1 Eigenschaften der Leptonen ... 135
10.2 Typen der schwachen Wechselwirkung ... 140
10.3 Kopplungsstärke des geladenen Stromes ... 143
10.4 Quarkfamilien ... 148
10.5 Leptonische Familien ... 151
10.6 Majorana-Neutrino? ... 153
10.7 Paritätsverletzung ... 154
10.8 Tiefinelastische Neutrinostreuung ... 157
Aufgaben ... 159

11. Austauschbosonen der schwachen Wechselwirkung 161
11.1 Reelle W- und Z-Bosonen 161
11.2 Die elektroschwache Vereinheitlichung 166
11.3 Die große Vereinheitlichung 173
Aufgaben 173

12. Das Standardmodell 175

Teil II. Synthese: Zusammengesetzte Systeme

13. Quarkonia 181
13.1 Wasserstoffatom und Positronium als Analoga 181
13.2 Charmonium 184
13.3 Quark-Antiquark-Potential 186
13.4 Farbmagnetische Wechselwirkung 190
13.5 Bottonium und Toponium 192
13.6 Zerfallskanäle schwerer Quarkonia 194
13.7 Test der QCD aus der Zerfallsbreite 196
Aufgaben 199

14. Mesonen aus leichten Quarks 201
14.1 Mesonmultipletts 201
14.2 Massen der Mesonen 205
14.3 Zerfallskanäle 207
14.4 Zerfall des neutralen Kaons 209
Aufgaben 212

15. Baryonen 213
15.1 Erzeugung und Nachweis von Baryonen 213
15.2 Baryonmultipletts 219
15.3 Massen der Baryonen 223
15.4 Magnetische Momente 225
15.5 Semileptonische Zerfälle der Baryonen 230
15.6 Wie gut ist das Konstituentenquark-Konzept? 238
Aufgaben 239

16. Kernkraft 241
16.1 Nukleon-Nukleon-Streuung 242
16.2 Das Deuteron 247
16.3 Charakter der Kernkraft 250
Aufgaben 256

17. Aufbau der Kerne ... 257
17.1 Das Fermigasmodell ... 257
17.2 Hyperkerne ... 262
17.3 Das Schalenmodell ... 267
17.4 Deformierte Kerne ... 274
17.5 Spektroskopie mittels Kernreaktionen ... 278
17.6 β-Zerfall des Kerns ... 285
17.7 Der doppelte β-Zerfall ... 294
Aufgaben ... 298

18. Kollektive Kernanregungen ... 301
18.1 Elektromagnetische Übergänge ... 302
18.2 Dipolschwingungen ... 305
18.3 Formschwingungen ... 314
18.4 Rotationszustände ... 317
Aufgaben ... 327

19. Nukleare Thermodynamik ... 329
19.1 Thermodynamische Beschreibung der Kerne ... 330
19.2 Compoundkern und Quantenchaos ... 333
19.3 Die Phasen der Kernmaterie ... 335
19.4 Teilchenphysik und Thermodynamik im frühen Universum ... 341
19.5 Sternentwicklung und Elementsynthese ... 349
Aufgaben ... 356

20. Vielkörpersysteme der starken Wechselwirkung ... 357

A. Anhang ... 361
A.1 Beschleuniger ... 361
A.2 Detektoren ... 368
A.3 Kopplung von Drehimpulsen ... 379
A.4 Naturkonstanten ... 381

Lösungen ... 383

Literaturverzeichnis ... 409

Sachverzeichnis ... 415

1. Hors d'œuvre

Nicht allein in Rechnungssachen
Soll der Mensch sich Mühe machen;
Sondern auch der Weisheit Lehren
Muss man mit Vergnügen hören.

Wilhelm Busch
Max und Moritz (*4.* Streich)

1.1 Grundbausteine der Materie

Bei der Suche nach den fundamentalen Bausteinen der Materie sind Physiker zu immer kleineren Konstituenten vorgedrungen, die sich später als teilbar erwiesen. Am Ende des 19. Jahrhunderts wusste man, dass alle Materie aus Atomen besteht. Die Existenz von fast 100 Elementen mit sich periodisch wiederholenden Eigenschaften war jedoch ein deutlicher Hinweis darauf, dass die Atome eine innere Struktur haben und nicht unteilbar sind.

Zu Beginn des 20. Jahrhunderts, besonders durch die Experimente von Rutherford, gelangte man zu dem modernen Bild des Atoms. Das Atom enthält einen dichten Kern, der von einer Elektronenwolke umgeben ist. Der Kern lässt sich wiederum in noch kleinere Teile zerlegen. Seit der Entdeckung des Neutrons 1932 bestand kein Zweifel mehr daran, dass die Kerne aus Protonen und Neutronen (die man zusammenfassend als Nukleonen bezeichnet) aufgebaut sind. Zu Elektron, Proton und Neutron kam noch ein viertes Teilchen hinzu, das Neutrino. Das Neutrino wurde 1930 postuliert, um den β-Zerfall in Einklang mit den Erhaltungssätzen für Energie, Impuls und Drehimpuls zu bringen.

So hatte man Mitte der 30er Jahre vier Teilchen, mit denen man die bekannten Phänomene der Atom- und Kernphysik beschreiben konnte. Zwar stellen diese Teilchen auch aus heutiger Sicht die Hauptbestandteile der Materie dar, das einfache und abgeschlossene System dieser damals als elementar angesehenen Teilchen erwies sich später jedoch als unzureichend.

In den 50er und 60er Jahren stellte sich durch Experimente an Teilchenbeschleunigern heraus, dass Proton und Neutron nur Vertreter einer großen Teilchenfamilie sind, die man heute *Hadronen* nennt. Mehr als 100 Hadronen, manchmal auch als „Hadronen-Zoo“ bezeichnet, wurden bis heute nachgewiesen. Da diese Hadronen, wie auch die Atome, in Gruppen mit ähnlichen Eigenschaften auftreten, nahm man an, dass sie nicht als fundamentale Bausteine der Materie anzusehen sind. In der zweiten Hälfte der 60er Jahre brachte das Quark-Modell Ordnung in den „Hadronen-Zoo“. Man konnte alle bekannten Hadronen als Kombinationen von zwei oder drei Quarks erklären.

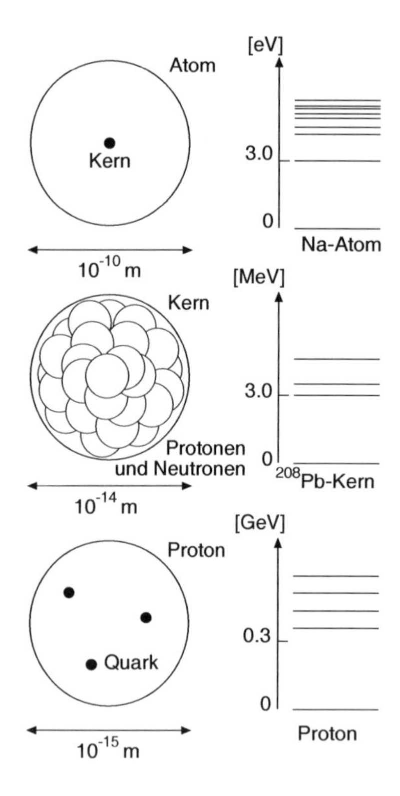

Abbildung 1.1. Längenskalen und Hierarchie der Strukturen im Atom. Daneben sind typische Anregungsenergien und -spektren gezeigt. Je kleiner die gebundenen Systeme sind, desto größer sind ihre Anregungsenergien.

Abbildung 1.1 zeigt die verschiedenen Längenskalen in der Hierarchie der Struktur der Materie. Wenn man das Atom mit wachsender Vergrößerung betrachtet, werden immer kleinere Strukturen sichtbar: der Kern, die Nukleonen und schließlich die Quarks.

Leptonen und Quarks. Es gibt zwei Arten von fundamentalen Bausteinen: die *Leptonen,* zu denen Elektron und Neutrino gehören, und die *Quarks.* Streuexperimente haben gezeigt, dass sie kleiner als 10^{-18} m sind, möglicherweise sind sie punktförmige Teilchen. (Zum Vergleich: ein Proton ist ca. 10^{-15} m groß.) Leptonen und Quarks tragen den Spin 1/2, sind also Fermionen. Im Gegensatz zu Atomen, Atomkernen und Hadronen hat man zu den Quarks und Leptonen bislang auch keine angeregten Zustände gefunden. Sie scheinen also elementar zu sein.

Allerdings kennen wir heute 6 Leptonen und 6 Quarks sowie die zugehörigen Antiteilchen, die man nach bestimmten Kriterien in sogenannte „Generationen“, auch „Familien“ genannt, einordnen kann. Diese noch recht große Zahl und die Tatsache, dass sich die Eigenschaften der Teilchen in jeder Generation wiederholen, wird von einigen Physikern als Hinweis darauf angesehen, dass mit den Leptonen und Quarks doch noch nicht die elementarsten Bausteine der Materie gefunden sind. Es wird dem Experiment überlassen bleiben, darüber ein Urteil zu fällen.

1.2 Die fundamentalen Wechselwirkungen

Parallel zu unserer Vorstellung über die elementaren Teilchen hat sich auch die Vorstellung über die Grundkräfte in der Natur und über die fundamentalen Wechselwirkungen zwischen den Elementarteilchen gewandelt.

Um 1800 galten vier Kräfte als Grundkräfte: *Gravitation, Elektrizität, Magnetismus* und die wenig verstandenen Kräfte zwischen Atomen und Molekülen. Gegen Ende des 19. Jahrhunderts wurde erkannt, dass Elektrizität und Magnetismus lediglich zwei Erscheinungsformen derselben Kraft, des *Elektromagnetismus,* sind. Dann wies man nach, dass Atome eine innere Struktur besitzen und aus einem elektrisch geladenen Kern und Elektronen bestehen. Zusammengehalten werden Kern und Elektronen durch die elektromagnetische Kraft. Insgesamt sind Atome neutral; auf kurze Distanzen kompensieren sich die Ladungen der Konstituenten jedoch nicht vollständig, und benachbarte Atome und Moleküle beeinflussen sich gegenseitig. Die verschiedenen Arten der „chemischen Kräfte“ (z. B. Van-der-Waals-Kräfte) konnten damit auf die elektromagnetische Kraft zurückgeführt werden.

Mit der Entwicklung der Kernphysik kamen zwei neue Kräfte mit kurzer Reichweite hinzu: die *Kernkraft,* die zwischen Nukleonen herrscht, und die *schwache Kraft,* die sich im Kern-β-Zerfall manifestiert. Heute wissen wir, dass die Kernkraft nicht fundamental ist. Ähnlich, wie man die Kräfte zwischen Atomen auf die elementare elektromagnetische Kraft zurückführt, die auch die Atome selbst zusammenhält, basiert die Kernkraft auf der *starken Kraft,* die die Quarks zu Protonen und Neutronen bindet.

Diese Grundkräfte führen zu entsprechenden fundamentalen Wechselwirkungen zwischen den Elementarteilchen.

Austauschbosonen. Wir kennen somit vier fundamentale Wechselwirkungen, auf denen alle physikalischen Phänomene beruhen:

- die Gravitation,
- die elektromagnetische Wechselwirkung,
- die starke Wechselwirkung,
- die schwache Wechselwirkung.

Die Gravitation ist zwar wichtig für die Existenz von Sternen, Galaxien und Planetensystemen (und unser tägliches Leben), im subatomaren Bereich spielt sie jedoch keine nennenswerte Rolle, da sie viel zu schwach ist, um die Wechselwirkung zwischen Elementarteilchen merklich zu beeinflussen, und wir werden sie nur hin und wieder, der Vollständigkeit halber, erwähnen.

Nach der heutigen Vorstellung werden die Wechselwirkungen durch den Austausch von Vektorbosonen, d. h. Teilchen mit Spin 1, vermittelt. Im Falle der elektromagnetischen Wechselwirkung sind das die *Photonen,* bei der starken Wechselwirkung die *Gluonen* und im Falle der schwachen Wechselwirkung die W^+-, W^-- und Z^0-Bosonen. Die folgenden Skizzen stellen Beispiele für die Wechselwirkung zwischen zwei Teilchen durch Vektorbosonenaustausch dar:

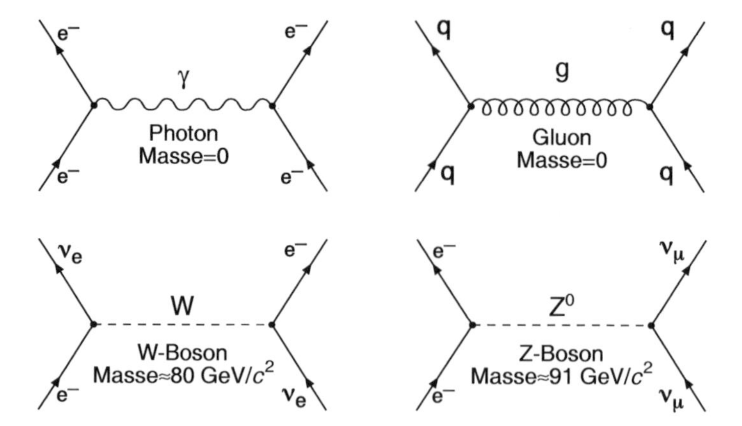

In unseren Skizzen symbolisieren wir Leptonen und Quarks durch gerade Linien, Photonen durch Wellenlinien, Gluonen durch Spiralen und die $W^{\pm}$- und Z^0-Bosonen durch gestrichelte Linien.

Zu jeder dieser drei Wechselwirkungen gehört eine Ladung, die elektrische Ladung, die schwache Ladung und die starke Ladung. Letztere wird auch *Farbladung* oder kurz *Farbe* genannt. Ein Teilchen unterliegt dann und nur dann einer Wechselwirkung, wenn es die entsprechende Ladung trägt:

- Leptonen und Quarks tragen eine schwache Ladung.
- Elektrisch geladen sind die Quarks und einige der Leptonen (z. B. die Elektronen).
- Farbladung tragen nur die Quarks, nicht aber die Leptonen.

Die W- und Z-Bosonen sind mit $M_{\mathrm{W}} \approx 80\ \mathrm{GeV}/c^2$ und $M_{\mathrm{Z}} \approx 91\ \mathrm{GeV}/c^2$ sehr schwer. Als virtuelle Austauschteilchen bei Streuprozessen dürfen sie nach der Heisenberg'schen Unschärferelation nur für extrem kurze Zeit erzeugt werden. Daher ist die Reichweite der schwachen Wechselwirkung sehr gering.

Das Photon hat die Ruhemasse Null, darum ist die Reichweite der elektromagnetischen Wechselwirkung unbegrenzt.

Die Gluonen haben wie das Photon die Ruhemasse Null. Während das Photon jedoch ungeladen ist, tragen Gluonen selbst eine Farbladung. Daher können sie untereinander koppeln. Wie wir später sehen werden, führt dies dazu, dass auch die starke Wechselwirkung nur eine sehr kurze Reichweite hat.

1.3 Symmetrien und Erhaltungssätze

Symmetrien spielen eine große Rolle in der Physik. So lassen sich die Erhaltungssätze der klassischen Physik (Energie, Impuls, Drehimpuls) darauf zurückführen, dass die Wechselwirkungen gegenüber den kanonisch konjugierten Größen (Zeit, Ort, Winkel) invariant sind, dass also die physikalischen Gesetze unabhängig davon sind, zu welcher Zeit, an welchem Ort und mit welcher räumlichen Orientierung ein Ereignis stattfindet.

In der nichtrelativistischen Quantenmechanik kommt die Spiegelsymmetrie als wichtige Eigenschaft hinzu.[1] Je nachdem, ob sich bei Spiegelung das Vorzeichen der Wellenfunktion ändert oder nicht, spricht man von negativer bzw. positiver *Parität* (P). So hat die Ortswellenfunktion gebundener Systeme mit Drehimpuls $\ell\hbar$ die Parität $P = (-1)^\ell$. Wenn die Naturgesetze rechts-links-symmetrisch sind, also invariant gegenüber einer Raumspiegelung $\mathcal{P}$, bleibt die Paritätsquantenzahl P des Systems erhalten. Die Erhaltung der Parität führt z. B. in der Atomphysik zu Auswahlregeln für elektromagnetische Übergänge.

In der relativistischen Quantenmechanik wird dieses Konzept erweitert. Es gibt Teilchen und Antiteilchen, denen man eine *intrinsische Parität* P zuordnet. Diese ist für Bosonen und Antibosonen gleich, für Fermionen und Antifermionen hingegen entgegengesetzt. Eine weitere wichtige Symmetrie ist die Analogie zwischen Teilchen und Antiteilchen. Man führt den Operator $\mathcal{C}$ ein, der aus Teilchen Antiteilchen macht und umgekehrt. Da sich dabei u. a. das Vorzeichen der Ladung umkehrt, spricht man von der *Ladungskonjugation*. Eigenzustände von $\mathcal{C}$ tragen die Quantenzahl *C-Parität,* die erhalten bleibt, falls die Wechselwirkung symmetrisch bezüglich $\mathcal{C}$ ist.

Eine weitere Symmetrie ergibt sich daraus, dass sich Gruppen („Multipletts") von Teilchen bezüglich der starken oder schwachen Wechselwirkung analog verhalten. Man kann die Teilchen in solch einem Multiplett als verschiedene Zustände desselben Teilchens beschreiben. Diese Zustände charakterisiert man mit einer Quantenzahl, die man als starken bzw. schwachen *Isospin* bezeichnet. Auch für diese Größen gibt es Erhaltungssätze.

1.4 Experimente

Mit wenigen Ausnahmen sind Experimente in der Kern- und Teilchenphysik nur an Beschleunigern möglich. Das Vordringen zu den Elementarteilchen wurde ausschließlich durch Entwicklung und Bau von Beschleunigern mit immer höheren Energien und Strahlintensitäten ermöglicht. Eine kurze Beschreibung der wichtigsten Beschleunigertypen und Beschleunigungsprinzipien ist im Anhang gegeben.

Vereinfacht kann man die Experimente in zwei Gruppen aufteilen, wobei die Grenzen fließend sind: die *Streuexperimente* und die *Spektroskopie.*

[1] Die Spiegelung an einem Punkt ist bekanntlich äquivalent zur Spiegelung an einer Ebene in Verbindung mit einer Rotation um eine zu dieser Ebene senkrechte Achse.

Streuung. Bei Streuexperimenten richtet man auf das zu untersuchende Objekt einen Strahl von Teilchen mit bekannter Energie und Impuls, die mit dem Objekt in Wechselwirkung treten. Aus der dabei hervorgerufenen Änderung dieser kinematischen Größen erfahren wir etwas über die Eigenschaften des Objekts und der Wechselwirkung.

Als Beispiel betrachten wir die elastische Elektron-Streuung, die sich im Falle der Kernphysik als die Methode der Kernradien-Vermessung bewährt hat. Wegen der Beugungseffekte erkennt man die Struktur des Objekts erst dann, wenn die De-Broglie-Wellenlänge $\lambda = h/p$ des Elektrons vergleichbar ist mit der Größe des Objekts. Das Beugungsbild der gestreuten Teilchen gibt ein genaues Maß der Kerngröße an.

In Abb. 1.1 ist die geometrische Ausdehnung der Objekte skizziert. Um die Größe eines Atoms zu bestimmen, reicht es aus, Röntgenstrahlen von ca. 10^4 eV zu benutzen; Kernradien werden mit Elektronen von ca. 10^8 eV vermessen; bei Protonen verwendet man Elektronen von einigen 10^8 bis 10^9 eV; für eine Substruktur der Quarks und Leptonen gibt es auch mit den heute erreichten Energien der beschleunigten Teilchen ($9 \cdot 10^{10}$ eV für Elektronen, 10^{12} eV für Protonen) keine Anzeichen.

Spektroskopie. Unter dem Begriff „Spektroskopie" fasst man die Experimente zusammen, die sich vornehmlich auf die Bestimmung der Zerfallsprodukte angeregter Zustände konzentrieren. Hierbei lernt man etwas über die Eigenschaften der angeregten Zustände und die Wechselwirkung zwischen den Konstituenten.

Wie wir aus Abb. 1.1 entnehmen, sind die Anregungsenergien eines Systems um so größer, je kleiner die Längendimension des Systems ist. Um diese angeregten Zustände zu erzeugen, braucht man ebenfalls hochenergetische Teilchen.

Für Streuexperimente zur Bestimmung der Größe eines Systems und zur Erzeugung angeregter Zustände braucht man vergleichbare Energien der Strahlteilchen.

Detektoren. Die Wechselwirkung von geladenen Teilchen mit Gas, Flüssigkeit sowie amorphen und kristallinen Festkörpern wird in allen möglichen Varianten ausgenutzt, um Teilchen nachzuweisen. Im Endeffekt werden in diesen Medien elektrische oder optische Signale erzeugt. Ungeladene Teilchen werden indirekt über sekundäre Teilchen nachgewiesen: Photonen erzeugen durch Photoeffekt, Comptoneffekt und Paarbildung freie Elektronen bzw. Elektron-Positron-Paare; Neutronen und Neutrinos erzeugen geladene Teilchen durch Reaktionen mit Atomkernen.

Die Detektoren zum Nachweis von Teilchen lassen sich in verschiedene Kategorien einordnen:

- Szintillatoren liefern schnelle Zeitinformation bei moderater Ortsauflösung;
- Gaszähler, die zu flächendeckenden Vieldrahtkammern zusammengefasst werden, liefern gute Ortsinformation und werden im Zusammenhang mit Magnetfeldern zur Impulsbestimmung verwendet;

- Halbleiterzähler liefern eine sehr gute Energie- und Ortsinformation;
- Čerenkov- und Übergangsstrahlungszähler dienen zur Teilchenidentifikation;
- Kalorimeter messen bei hohen Energien die Gesamtenergie.

Die grundlegenden Typen der Zähler zum Nachweis geladener Teilchen sind im Anhang zusammengestellt.

1.5 Einheiten

Die in der Kern- und Teilchenphysik gebräuchlichen Einheiten für Länge und Energie sind *Femtometer* (fm, bisweilen auch *Fermi* genannt) und *Elektronvolt* (eV). Der Femtometer ist eine standardmäßige SI-Einheit, definiert als 10^{-15} m, und entspricht in etwa der Größe eines Protons. Das Elektronvolt ist die Energie, die ein Teilchen mit der Ladung $1e$ beim Durchlaufen einer Potentialdifferenz von 1 V bekommt:

$$1\,\mathrm{eV} = 1.602 \cdot 10^{-19}\,\mathrm{J}\,. \tag{1.1}$$

Man verwendet die gängigen Bezeichnungen für die Vielfachen dieser Maßeinheit, keV, MeV, GeV etc. Es ist üblich, Massen von Teilchen gemäß der Masse-Energie-Äquivalenz $E = mc^2$ in eV/c^2 (bzw. MeV/c^2, GeV/c^2) anzugeben.

Die Längen- und Energieskalen in der subatomaren Physik sind durch die Unschärferelation verknüpft. Die Planck-Konstante ist besonders einprägsam in der Form

$$\hbar \cdot c \approx 200\ \mathrm{MeV} \cdot \mathrm{fm}\,. \tag{1.2}$$

Eine weitere Größe, die wir häufig benutzen werden, ist die Kopplungskonstante der elektromagnetischen Wechselwirkung, die durch

$$\alpha = \frac{e^2}{4\pi\varepsilon_0 \hbar c} \approx \frac{1}{137} \tag{1.3}$$

definiert ist. Aus historischen Gründen wird sie auch *Feinstrukturkonstante* genannt.

In der Elementarteilchenphysik benutzt man oft ein System physikalischer Größen, in dem Masse, Impuls, Energie, inverse Länge und inverse Zeit die gleiche Dimension haben. In solch einem System kann man die Einheiten so definieren, dass $\hbar = c = 1$ ist. Während man in der Atomphysik meist $4\pi\varepsilon_0 = 1$ und somit $\alpha = e^2$ wählt (Gauß-System), ist in der Teilchenphysik die Konvention $\varepsilon_0 = 1$ und $\alpha = e^2/4\pi$ geläufiger (Heavyside-Lorentz-System). Wir werden uns aber an das in der gesamten übrigen Physik verwendete SI-System [SY78] halten und die Konstanten jeweils mitführen.

Teil I

Analyse: Bausteine der Materie

Mens agitat molem.

Vergil
Äneis 6, 727

2. Globale Eigenschaften der Kerne

Mit der Entdeckung des Elektrons und der Radioaktivität vor ca. 100 Jahren begann eine neue Epoche in der Untersuchung der Materie. Auf einen atomaren Aufbau der Materie gab es damals zwar schon deutliche Hinweise, z. B. die ganzzahlige Stöchiometrie in der Chemie, die Thermodynamik der Gase, das periodische System der Elemente oder die Brownsche Bewegung, allgemein war die Existenz von Atomen aber noch nicht allgemein anerkannt. Der Grund war einfach: Niemand konnte sich konkrete Vorstellungen von diesen Bausteinen der Materie, den Atomen, machen. Mit den neuen Entdeckungen aber hatte man zum ersten Mal „Teilchen“ nachgewiesen, die aus der Materie ausgetreten waren, und die als deren Bestandteile interpretiert werden mussten.

Zugleich eröffnete sich die Möglichkeit, die Teilchen, die bei radioaktiven Zerfällen frei wurden, zum Beschuss anderer Elemente zu verwenden, um deren Bestandteile zu untersuchen. Dieser Experimentieransatz war die Grundlage der modernen Kern- und Teilchenphysik. Systematische Untersuchungen an Kernen wurden zwar erst Ende der 30er Jahre mit dem Einsatz von Teilchenbeschleunigern möglich, die grundlegenden Bausteine des Atoms – Elektron, Proton und Neutron – wurden jedoch schon vorher entdeckt. Voraussetzung für diese Entdeckungen waren wichtige technische Weiterentwicklungen in der Vakuumtechnik und beim Nachweis von Teilchen gewesen. Diese historischen Experimente wollen wir im folgenden Abschnitt kurz besprechen, bevor wir uns den globalen Eigenschaften der Kerne aus heutiger Sicht widmen.

2.1 Das Atom und seine Bausteine

Das Elektron. Der erste Baustein der Atome, der seine Identität preisgeben musste, war das Elektron. Thomson konnte 1897 Elektronen als freie Teilchenstrahlen in Entladungsröhren erzeugen und mit Hilfe der Ablenkung in elektrischen und magnetischen Feldern ihre Geschwindigkeit sowie das Verhältnis von Masse und Ladung bestimmen. Diese Ergebnisse waren unabhängig von der Art der Austrittskathode und des Gases. Er hatte also einen universellen Bestandteil der Materie gefunden. Später maß er auch noch die Elektronenladung separat – mit einer Methode, die dann Millikan

1910 entscheidend verfeinerte (Tröpfchenmethode) – und damit war auch die Elektronenmasse bekannt.

Der Atomkern. Verschiedene Atommodelle wurden daraufhin diskutiert, u. a. auch Thomsons Modell, wonach Elektronen und entsprechend viele positive Ladungsträger, die die elektrische Neutralität des Atoms bewirken, diffus über das Volumen des Atoms verteilt sind. Diese Vorstellung konnten Rutherford, Geiger und Marsden widerlegen. In ihren berühmten Streuexperimenten mit α-Teilchen an schweren Atomen wiesen sie nach, dass die positiven Ladungsträger räumlich stark konzentriert sind, was sie aus der Winkelverteilung der gestreuten α-Teilchen ableiteten. In dieser Winkelverteilung traten auch große Streuwinkel auf, die nicht mit einer homogenen Ladungsverteilung verträglich waren, die aber durch ein zentrales Coulomb-Feld erklärt werden konnten, welches durch einen massiven positiv geladenen Kern hervorgerufen wird. Diese Methode, aus der Winkelverteilung der gestreuten Projektile auf das streuende Potential zu schließen, ist in der Kern- und Teilchenphysik nach wie vor von großer Bedeutung und wird uns in den folgenden Kapiteln wieder begegnen. Nach diesen Experimenten war die Existenz des Atoms mit einem positiv geladenen, räumlich konzentrierten Atomkern und ihn umkreisenden, negativ geladenen Elektronen etabliert.

Das Proton. Rutherford beschoss auch leichte Atomkerne mit α-Teilchen, die inzwischen als ionisierte He-Atome identifiziert worden waren. Bei diesen Reaktionen suchte er nach Elementumwandlungen, also nach einer Art Umkehrreaktion des radioaktiven α-Zerfalls, der ja seinerseits einer Elementumwandlung entspricht. Beim Beschuss von Stickstoff mit α-Teilchen beobachtete er positiv geladene Teilchen mit ungewöhnlich großer Reichweite, die gleichermaßen aus dem Atom herauskatapultiert worden sein mussten. Er schloss daraus, dass das Stickstoffatom bei diesen Reaktionen zerstört und ein leichter Bestandteil des Kerns herausgeschleudert worden war. Ähnliche Teilchen mit großer Reichweite hatte er schon beim Beschuss von Wasserstoff entdeckt. Dadurch kam er zu der Annahme, dass es sich bei diesen Teilchen um Wasserstoffkerne handelte, die somit auch Bestandteil des Stickstoffs sein mussten. In der Tat beobachtete er die Reaktion

$$^{14}\mathrm{N} + {}^{4}\mathrm{He} \rightarrow {}^{17}\mathrm{O} + \mathrm{p}\,,$$

bei der der Stickstoffkern unter Emission eines Protons in einen Sauerstoffkern umgewandelt wird. Der Wasserstoffkern konnte damit als elementarer Baustein der Atomkerne angesehen werden. Rutherford vermutete auch, dass man mit α-Teilchen höherer Energie, als ihm zur Verfügung standen, weitere Atomkerne zertrümmern und auf ihre Bestandteile untersuchen könnte. Damit wies er den Weg in die moderne Kernphysik.

Das Neutron. Auch das Neutron wurde durch Beschuss von Kernen mit α-Teilchen entdeckt. Rutherfords Methode, Teilchen durch ihre Szintillationen auf einem Zinksulfid-Schirm visuell nachzuweisen und zu zählen, war für neutrale Teilchen nicht anwendbar. Auch die inzwischen entwickelten Ionisationskammern und Nebelkammern, die den Nachweis von geladenen Teilchen wesentlich vereinfachten, waren nicht direkt von Nutzen. Neutrale Teilchen waren nur durch indirekte Methoden nachzuweisen. Chadwick war es 1932, der den richtigen experimentellen Ansatz fand und die Bestrahlung von Beryllium mit α-Teilchen aus einem Poloniumpräparat ausnutzte, um das Neutron als Grundbestandteil des Kerns zu etablieren. Zuvor war in ähnlichen Experimenten eine „neutrale Strahlung" beobachtet worden, deren Herkunft und Art nicht erklärt werden konnte. Chadwick ließ diese neutrale Strahlung nun mit Wasserstoff, Helium und Stickstoff kollidieren und maß die Rückstoßenergie dieser Kerne in einer Ionisationskammer. Aus den Stoßgesetzen konnte er ableiten, dass die Teilchen der neutralen Strahlung ungefähr die Masse des Protons haben mussten. Chadwick nannte sie Neutronen.

Kräfte und Bindung. Damit waren die Bausteine der Atome gefunden. Mit der Entwicklung von Ionenquellen und Massenspektrographen konnte man nun auch daran gehen, die Bindungskräfte zwischen den Kernbausteinen Proton und Neutron zu untersuchen. Diese Kräfte mussten sehr viel stärker sein als die elektromagnetischen Kräfte, die das Atom zusammenhalten, da die Atomkerne nur durch hochenergetischen Beschuss von α-Teilchen zu zertrümmern waren.

Bindungszustand und Stabilität eines Systems werden durch die Bindungsenergie bestimmt, die sich aus der Differenz der Masse des Systems und der Summe der Massen seiner Konstituenten ergibt. Es zeigte sich, dass sie für Kerne fast 1 % der Kernmasse beträgt. Dieses historisch als *Massendefekt* bezeichnete Phänomen war einer der ersten experimentellen Beweise der Masse-Energie-Relation $E = mc^2$. Der Massendefekt ist von grundlegender Bedeutung bei der Betrachtung von stark wechselwirkenden zusammengesetzten Systemen. Deshalb haben wir einen großen Teil dieses Kapitels den Kernmassen und ihrer Systematik gewidmet.

2.2 Nuklide

Die Ladungszahl. Die *Ladungszahl* Z gibt die Zahl der Protonen im Kern an. Die Ladung des Kerns ist dann $Q = Ze$, wobei die elementare Ladung $e = 1.6 \cdot 10^{-19}$ As beträgt. In der Hülle eines elektrisch neutralen Atoms befinden sich Z Elektronen, die die Ladung des Kerns kompensieren. Mit der Ladungszahl des betrachteten Kerns ist auch das chemische Element festgelegt.

Die klassische Methode, die Kernladung zu bestimmen, ist die Messung der charakteristischen Röntgenstrahlung des untersuchten Atoms, das dafür durch Elektronen, Protonen oder Synchrotronstrahlung angeregt wird. Die gemessene Energie der K_α-Linie ist proportional zu $(Z-1)^2$ (Moseley-

Gesetz).[1] Umgekehrt wird heute der Nachweis von charakteristischer Röntgenstrahlung zur Elementbestimmung in der Materialanalyse angewendet.

Atome sind neutral, was auf die Gleichheit des absoluten Wertes der positiven Ladung des Protons und der negativen Ladung des Elektrons hinweist. Experimente, die die Ablenkung von Molekularstrahlen in einem elektrischen Feld messen, geben eine obere Grenze für die Differenz zwischen Proton- und Elektronladung an [Dy73]:

$$|e_\mathrm{p} + e_\mathrm{e}| \le 10^{-18} e \,. \tag{2.1}$$

Aus kosmologischen Abschätzungen ist die heutige obere Grenze für diese Ladungsdifferenz sogar noch kleiner.

Die Massenzahl. Neben den Z Protonen befinden sich im Kern N Neutronen. Die *Massenzahl* A gibt die Zahl der Nukleonen im Kern an, ist also die Summe aus Protonen- und Neutronenzahl. Die verschiedenen Kombinationen von Z und N (oder Z und A) bezeichnet man als *Nuklide* .

- Nuklide mit gleicher Massenzahl A nennt man *Isobare.*
- Nuklide mit gleicher Ladungszahl Z nennt man *Isotope.*
- Nuklide mit gleicher Neutronenzahl N nennt man *Isotone.*

Die Bindungsenergie B definiert man üblicherweise aus der Masse der Atome [AM93], weil diese wesentlich präziser gemessen werden kann als die Masse der Kerne:

$$B(Z,A) = \left[ZM(^1\mathrm{H}) + (A-Z)M_\mathrm{n} - M(A,Z)\right] \cdot c^2 \,. \tag{2.2}$$

Hierbei ist $M(^1\mathrm{H}) = M_\mathrm{p} + m_\mathrm{e}$ die Masse des Wasserstoffatoms (die atomare Bindung des H-Atoms ist mit 13.6 eV vernachlässigbar klein), M_n die Masse des Neutrons und $M(A,Z)$ die Masse des Atoms mit Z Elektronen und einem Kern mit A Nukleonen. Die Ruhemassen dieser Teilchen betragen:

$$\begin{aligned} M_\mathrm{p} &= 938.272\ \mathrm{MeV}/c^2 &= 1836.149\, m_\mathrm{e} \\ M_\mathrm{n} &= 939.566\ \mathrm{MeV}/c^2 &= 1838.679\, m_\mathrm{e} \\ m_\mathrm{e} &= 0.511\ \mathrm{MeV}/c^2 & \end{aligned}$$

Der Konversionsfaktor in SI-Einheiten beträgt $1.783 \cdot 10^{-30}\ \mathrm{kg}/(\mathrm{MeV}/c^2)$.

In der Kernphysik werden Nuklide durch das Symbol $^A\mathrm{X}$ bezeichnet, wobei X das chemische Symbol des Elements ist. Ein Beispiel hierfür sind die stabilen Kohlenstoffisotope $^{12}\mathrm{C}$ und $^{13}\mathrm{C}$ sowie das häufig zur Altersbestimmung verwendete radioaktive Kohlenstoffisotop $^{14}\mathrm{C}$. Bisweilen benutzt man auch die Schreibweise $^A_Z\mathrm{X}$ oder $^A_Z\mathrm{X}_N$, gibt also die Ladungszahl Z und evtl. die Neutronenzahl N zusätzlich explizit an.

[1] Der eigentliche Entdecker der charakteristischen Strahlung war Charles B. Barkla. Das physikalische Gesetz wurde nach Henry G. Moseley benannt, der es als erster in Wellenlängen ausdrückte [Ko93].

Massenbestimmung durch Massenspektroskopie. Die Bindungsenergie eines Atomkerns ist durch genaue Kenntnis der Masse des Atoms berechenbar. Mit der Massenspektrometrie wurde Anfang des 20. Jahrhunderts eine Methode zur genauen Bestimmung der Atommassen und damit der Bindungsenergien der Atomkerne entwickelt. Die meisten Massenspektrometer benutzen zur Massenbestimmung eine gleichzeitige Messung des Impulses $p = Mv$ und der kinetischen Energie $E_{\text{kin}} = Mv^2/2$ eines Ions der Ladung Q mit Hilfe der Ablenkung in elektrischen und magnetischen Feldern.

Während in einem elektrischen Sektorfeld E der Krümmungsradius r_{E} der Ionenbahn proportional zur Energie ist,

$$r_{\text{E}} = \frac{M}{Q} \cdot \frac{v^2}{E}\,, \tag{2.3}$$

ist in einem Magnetfeld B der Krümmungsradius r_{M} des Ions proportional zum Impuls:

$$r_{\text{M}} = \frac{M}{Q} \cdot \frac{v}{B}\,. \tag{2.4}$$

In Abb. 2.1 ist ein sehr bekannter Spektrometer-Entwurf gezeigt. Die Ionen treten aus der Ionenquelle aus und werden in einem elektrischen Feld

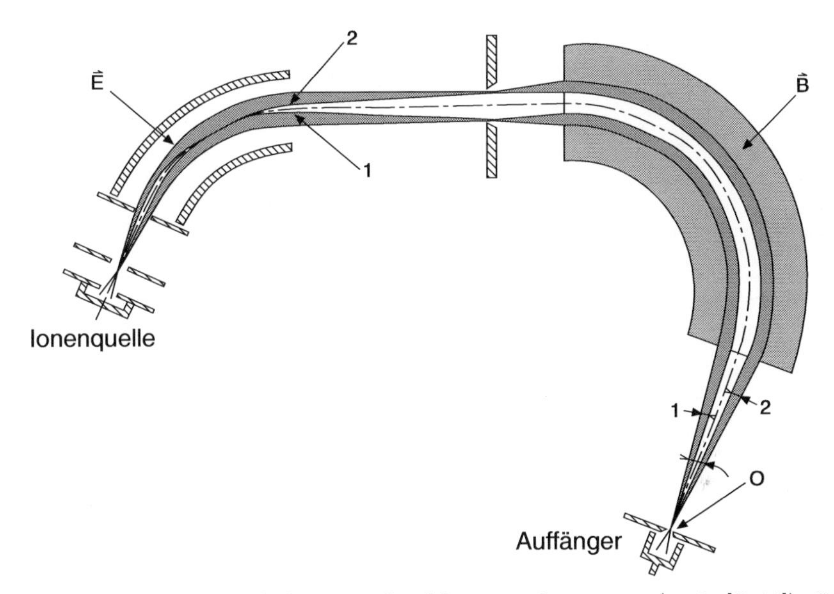

Abbildung 2.1. Doppelfokussierendes Massenspektrometer (nach [Br64]). Das Spektrometer fokussiert Ionen einer bestimmten spezifischen Ladung Q/M. Zur besseren Darstellung sind nur die Teilchenbahnen vom Rand des Bündels gezeichnet (1 und 2). Das elektrische und das magnetische Sektorfeld bilden die Ionen aus der Ionenquelle in den Auffänger ab. Ionen mit einer anderen spezifischen Ladung werden im magnetischen Feld von den gezeichneten Bündeln getrennt und treten nicht durch den Spalt O hindurch.

auf ca. 40 keV beschleunigt. In einem elektrischen Feld werden sie dann nach der Energie und in einem Magnetfeld nach dem Impuls selektiert. Durch eine geschickte Wahl der Magnetfelder können Ionen mit identischer spezifischer Ladung Q/M, die unter verschiedenen Winkeln aus der Ionenquelle austreten, auf einen Punkt am Ende des Spektrometers fokussiert und dort mit einem Detektor nachgewiesen werden.

Messtechnisch ist es besonders günstig, als Massenstandard das Nuklid ^{12}C zu nehmen, da Kohlenstoff und seine vielen Verbindungen im Spektrometer immer vorhanden sind und sich zur Masseneichung exzellent eignen. Als atomare Masseneinheit u wurde 1/12 der Atommasse des Nuklids ^{12}C eingeführt:

$$1u = \frac{1}{12} M_{^{12}\mathrm{C}} = 931.494 \ \mathrm{MeV}/c^2 = 1.660\,54 \cdot 10^{-27} \ \mathrm{kg} .$$

Massenspektrometer werden heute noch in großem Maße in der Forschung wie auch in der Industrie verwendet.

Häufigkeit der Kerne. Eine aktuelle Anwendung der Massenspektrometrie in der Grundlagenforschung ist die Bestimmung der Isotopenhäufigkeit im

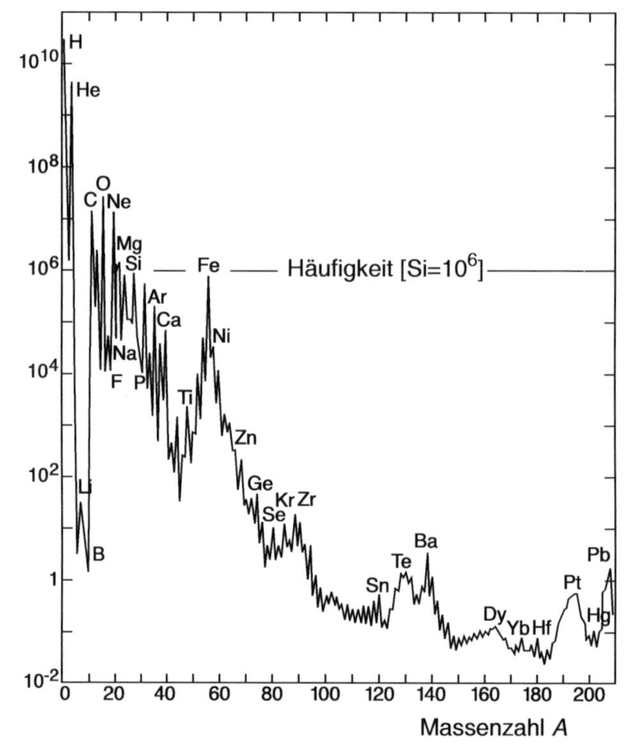

Abbildung 2.2. Häufigkeit der Elemente im Sonnensystem als Funktion der Massenzahl A. Die Häufigkeit des Siliziums wurde auf 10^6 normiert.

Sonnensystem. Die relative Häufigkeit der Nuklide ist in Abb. 2.2 als Funktion der Massenzahl A gezeigt. Die Isotopenhäufigkeit von irdischen, lunaren und meteoritischen Proben ist mit wenigen Ausnahmen universell und stimmt überein mit der Häufigkeit der Nuklide in der kosmischen Strahlung, die von außerhalb des Sonnensystems stammt. Nach der heutigen Vorstellung geschah die Synthese des heute vorhandenen Deuteriums und Heliums aus Wasserstoff zum größten Teil in der Frühzeit des Universums (als das Universum einige Minuten alt war [Ba80]); die Kerne bis ^{56}Fe, dem stabilsten Kern, wurden in Sternen durch Kernfusion erzeugt; die noch schwereren Kerne entstanden bei der Explosion sehr massiver Sterne (Supernovae) [Bu57].

Abweichungen von der universellen Isotopenhäufigkeit treten lokal auf, wenn Nuklide durch radioaktive Zerfälle entstehen. In Abb. 2.3 ist eine Messung der Häufigkeit von Xenon-Isotopen aus einem Bohrkern dargestellt, der aus 10 km Tiefe stammt. Die Isotopenverteilung weicht stark von der in der Erdatmosphäre ab. Diese Abweichung kann man darauf zurückführen, dass das Xenon in der Atmosphäre im Wesentlichen bereits bei der Entstehung der Erde vorhanden war, während die Xenon-Isotope im Bohrkern aus radioaktiven Zerfällen (spontane Spaltung von Uran-Isotopen) stammen.

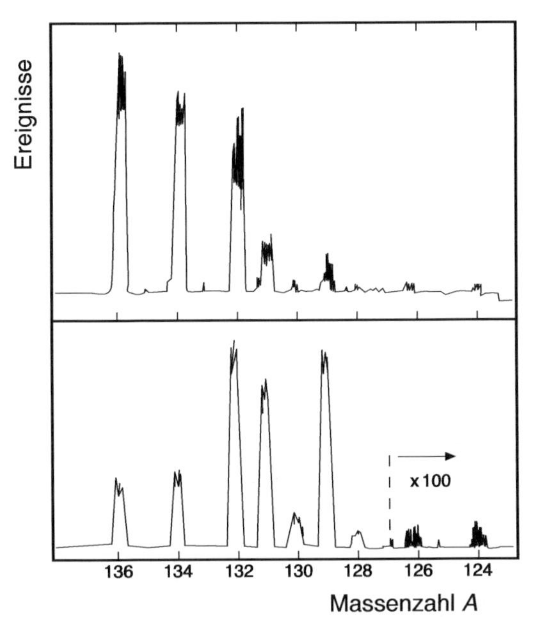

Abbildung 2.3. Massenspektrum von Xenon-Isotopen, in ca. $2.7 \cdot 10^9$ Jahre altem Gneis aus einem Bohrkern von der Halbinsel Kola *(oben)* im Vergleich zu dem Spektrum der atmosphärischen Zusammensetzung der Xe-Isotope *(unten)*. Die Xe-Isotope des Gneises sind durch spontane Spaltung von Uran entstanden. *(Dieses Bild hat uns Klaus Schäfer, Max-Planck-Institut für Kernphysik, freundlicherweise zur Verfügung gestellt.)*

Massenbestimmung durch Kernreaktionen. Bindungsenergien werden auch durch systematische Untersuchungen von Kernreaktionen bestimmt. Als Beispiel erwähnen wir den Einfang von thermischen Neutronen ($E_{\text{kin}} \approx 1/40\,\text{eV}$) in Wasserstoff,

$$\text{n} + {}^{1}\text{H} \rightarrow {}^{2}\text{H} + \gamma\,. \tag{2.5}$$

Die Energie des emittierten Photons steht in direktem Zusammenhang mit der Bindungsenergie B des Deuteriumkerns ${}^{2}\text{H}$:

$$B = (M_{\text{n}} + M_{^1\text{H}} - M_{^2\text{H}}) \cdot c^2 = E_\gamma + \frac{E_\gamma^2}{2M_{^2\text{H}}c^2} = 2.225\,\text{MeV}, \tag{2.6}$$

wobei der letzte Term die Rückstoßenergie des Deuterons berücksichtigt.

Als weiteres Beispiel betrachten wir die Reaktion

$${}^{1}\text{H} + {}^{6}\text{Li} \rightarrow {}^{3}\text{He} + {}^{4}\text{He}\,.$$

Die Energiebilanz dieser Reaktion lautet

$$E_{^1\text{H}} + E_{^6\text{Li}} = E_{^3\text{He}} + E_{^4\text{He}}\,, \tag{2.7}$$

wobei die Energien E_{X} die jeweilige Gesamtenergie des betrachteten Nuklids X darstellen, also die Summe aus Ruheenergie und kinetischer Energie. Wenn drei dieser Nuklidmassen bekannt sind und alle kinetischen Energien gemessen werden, kann man die Bindungsenergie des vierten Nuklids bestimmen.

Eine Vermessung von Bindungsenergien durch Kernreaktionen wurde vor allem mit Hilfe von niederenergetischen Beschleunigern (Van de Graaff, Zyklotron, Betatron) durchgeführt. Nach fast zwei Jahrzehnten systematischer Messungen in den 50er und 60er Jahren ist es möglich geworden, die systematischen Fehler der beiden Methoden zur Bestimmung der Bindungsenergien – Massenspektrometrie und Energiebilanz von Kernreaktionen – weitgehend zu reduzieren, so dass sie mit großer Genauigkeit übereinstimmende Resultate liefern. Abbildung 2.4 zeigt schematisch die so gemessenen Bindungsenergien pro Nukleon für stabile Kerne. Mit Hilfe von Kernreaktionen kann man auch die Massen von Kernen bestimmen, die so kurzlebig sind, dass sie massenspektroskopisch nicht untersucht werden können.

2.3 Parametrisierung der Bindungsenergien

Die Bindungsenergie pro Nukleon beträgt ca. 7-8 MeV für die meisten Kerne, wenn man von den leichten Elementen absieht. Da sie nur schwach von der Massenzahl abhängt, kann man sie mit wenigen Parametern beschreiben. Die Parametrisierung der Kernmassen in Abhängigkeit von A und Z,

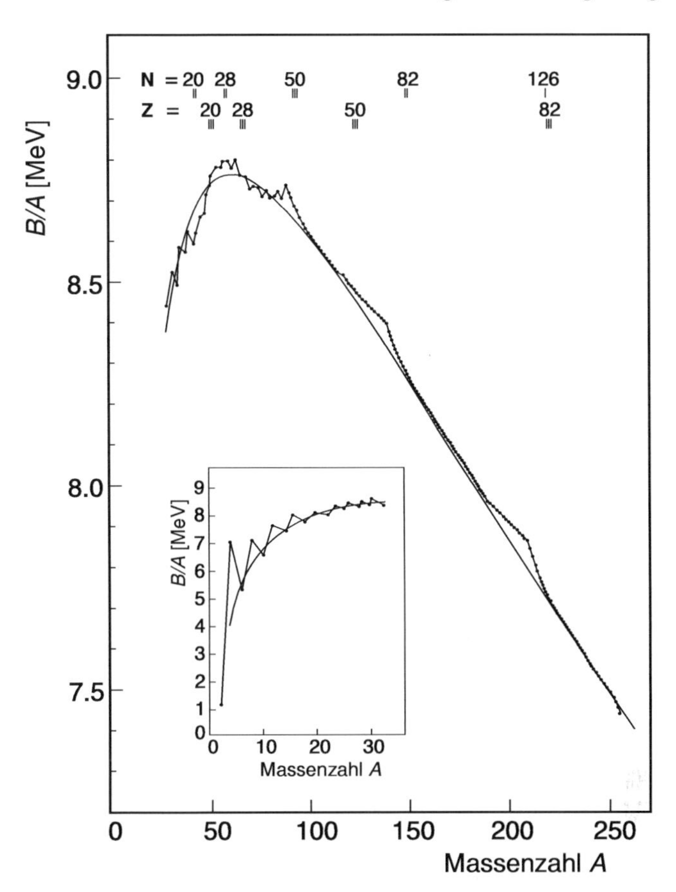

Abbildung 2.4. Bindungsenergie pro Nukleon von Kernen mit gerader Nukleonenzahl A. Die durchgezogene Linie entspricht der Weizsäcker-Massenformel (2.8). Kerne mit wenigen Nukleonen zeigen größere Abweichungen vom generellen Trend und müssen einzeln betrachet werden. Auch bei schweren Kernen beobachet man generell eine etwas stärkere Bindung pro Nukleon bei gewissen Protonen- und Neutronenzahlen. Auf diese sogenannten „magischen Zahlen" werden wir in Abschn. 17.3 zu sprechen kommen.

die unter dem Namen *Weizsäcker Massenformel* bekannt ist, wurde erstmals im Jahre 1935 eingeführt [We35, Be36]. Aus ihr kann man nach (2.2) dann die Bindungsenergie berechnen. Die Masse eines Atoms mit Z Protonen und N Neutronen ist demnach durch die folgende phänomenologische Formel gegeben:

$$\begin{aligned} M(A,Z) &= NM_\mathrm{n} + ZM_\mathrm{p} + Zm_\mathrm{e} - a_\mathrm{v}A + a_\mathrm{s}A^{2/3} \\ &\quad + a_\mathrm{c}\frac{Z^2}{A^{1/3}} + a_\mathrm{a}\frac{(N-Z)^2}{4A} + \frac{\delta}{A^{1/2}} \end{aligned}$$

$$\text{mit} \quad N = A - Z\,. \tag{2.8}$$

Die genauen Werte für die Parameter a_v, a_s, a_c, a_a und δ sind von dem Massenbereich abhängig, in dem man die Parameter optimiert. Ein mögliche Wahl ist [Se77]:

$$\begin{aligned}
a_\mathrm{v} &= 15.67\ \mathrm{MeV}/c^2 \\
a_\mathrm{s} &= 17.23\ \mathrm{MeV}/c^2 \\
a_\mathrm{c} &= 0.714\ \mathrm{MeV}/c^2 \\
a_\mathrm{a} &= 93.15\ \mathrm{MeV}/c^2 \\
\delta &= \begin{cases} -11.2\ \mathrm{MeV}/c^2 & \text{falls } Z \text{ und } N \text{ gerade sind (gg-Kerne)} \\ 0\ \mathrm{MeV}/c^2 & \text{falls } A \text{ ungerade ist (ug-Kerne)} \\ +11.2\ \mathrm{MeV}/c^2 & \text{falls } Z \text{ und } N \text{ ungerade sind (uu-Kerne).} \end{cases}
\end{aligned}$$

Im Wesentlichen ist die Masse eines Atoms durch die Summe der Massen seiner Konstituenten (Protonen, Neutronen und Elektronen) gegeben. Die Kernbindung, die für die Abweichungen von dieser Massensumme verantwortlich ist, spiegelt sich in den zusätzlichen fünf Beiträgen wider. Die physikalische Interpretation dieser Beiträge ist verständlich, wenn man berücksichtigt, dass der Kernradius R und die Massenzahl A über die Relation

$$R \propto A^{1/3} \tag{2.9}$$

zusammenhängen. Der experimentelle Nachweis dieser Relation wie auch die quantitative Bestimmung der Proportionalitätskonstante wird in Abschn. 5.4 besprochen. Die einzelnen Terme kann man wie folgt interpretieren:

Volumenterm. Dieser Term, der die Bindungsenergie dominiert, ist proportional zur Anzahl der Nukleonen. Jedes Nukleon im Inneren eines (großen) Kerns liefert den gleichen Beitrag von etwa 16 MeV. Aus dieser Tatsache lernen wir, dass die Reichweite der Kernkraft kurz ist und nur etwa dem Abstand zwischen zwei Nukleonen entspricht. Dieses Phänomen nennt man Sättigung. Würde nämlich jedes Nukleon mit jedem anderen im Kern wechselwirken, dann müsste die gesamte Bindungsenergie proportional zu $A(A-1)$ oder näherungsweise zu A^2 sein. Das Phänomen der Sättigung führt dazu, dass die Dichte der Kerne im Zentrum mit wenigen Ausnahmen für alle Kerne gleich ist. Sie beträgt

$$\varrho_\mathrm{N} \approx 0.17\ \mathrm{Nukleonen/fm^3} = 3 \cdot 10^{17}\ \mathrm{kg/m^3}\,. \tag{2.10}$$

Die mittlere Dichte der Kerne, die man aus Masse und Radius erhält (siehe 5.56), ist mit 0.13 Nukleonen/fm^3 kleiner. Der mittlere Abstand der Nukleonen im Kern ist etwa 1.8 fm.

Oberflächenterm. Für Nukleonen an der Oberfläche des Kerns ist diese Bindungsenergie jedoch reduziert, da diese von weniger Nukleonen umgeben sind. Dieser Beitrag ist proportional zur Oberfläche des Kerns (R^2 bzw. $A^{2/3}$).

Coulomb-Term. Die elektrische Abstoßung zwischen den Protonen im Kern führt zu einer weiteren Reduktion der Bindungsenergie. Dieser Term errechnet sich als

$$E_{\text{Coulomb}} = \frac{3}{5}\frac{Z(Z-1)\,\alpha\,\hbar c}{R} \tag{2.11}$$

und ist damit näherungsweise proportional zu $Z^2/A^{1/3}$.

Asymmetrieterm. Bei kleinen Massenzahlen sind Kerne mit der gleichen Anzahl von Protonen und Neutronen bevorzugt. Um die Coulomb-Abstoßung durch die Kernkraft teilweise zu kompensieren, häufen die schweren Kerne immer mehr Neutronen an. Dadurch entsteht eine Asymmetrie in der Zahl der Neutronen und Protonen, die z. B. bei ^{208}Pb $N-Z=44$ beträgt. Diese Abhängigkeit der Kernkraft vom Neutronenüberschuss im Kern wird durch den Asymmetrieterm $(N-Z)^2/(4A)$ beschrieben, aus dem man erkennt, dass die Symmetrie mit wachsender Kernmasse abnimmt. Wir werden hierauf in Abschn. 17.1 noch einmal eingehen.

Die A-Abhängigkeit der bislang angesprochenen Beiträge ist in Abb. 2.5 gezeigt.

Paarungsterm. Eine systematische Betrachtung der Kernmassen zeigt, dass eine gerade Anzahl von Protonen und/oder Neutronen die Stabilität des Kerns erhöht. Man interpretiert diese Beobachtung als Kopplung von Protonen und Neutronen zu Paaren. Diese Paarungsenergie ist von der Massenzahl abhängig, weil der Überlapp der Wellenfunktionen dieser Nukleonen in größeren Kernen geringer ist. Man beschreibt dies empirisch durch den Term $\delta \cdot A^{-1/2}$ in (2.8).

Insgesamt gesehen werden die globalen Eigenschaften der Kernkraft durch die Massenformel (2.8) recht gut beschrieben. Einzelheiten der Kernstruktur,

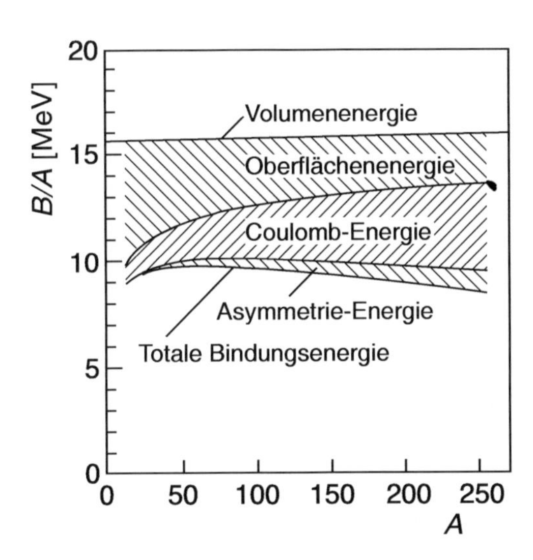

Abbildung 2.5. Die verschiedenen Beiträge zur Bindungsenergie pro Nukleon, aufgetragen gegen die Massenzahl A. Die waagerechte Linie bei ca. 16 MeV zeigt den Beitrag der Volumenenergie, der durch die Oberflächen-, die Asymmetrie- und die Coulomb-Energie auf die effektive Bindungsenergie von ca. 8 MeV *(untere Linie)* reduziert wird. Mit wachsendem A steigen die Beiträge von Asymmetrie- und Coulomb-Term stark an, während der Beitrag des Oberflächenterms kleiner wird.

auf die wir später (vor allem in Kap. 17) eingehen werden, sind darin jedoch nicht berücksichtigt.

Im Zusammenhang mit der Weizsäcker-Formel spricht man mitunter auch vom *Tröpfchenmodell*. In der Tat liegen der Formel einige Eigenschaften zugrunde, die man von Flüssigkeitstropfen her kennt: konstante Dichte, Kurzreichweitigkeit der Kräfte, Sättigung, Deformierbarkeit und Oberflächenspannung. Ein wesentlicher Unterschied liegt aber in der mittleren freien Weglänge der Teilchen. Während sie für Moleküle im Flüssigkeitstropfen weitaus kleiner ist als die Ausdehnung des Tropfens, ist sie für Nukleonen im Kern groß. Der Kern ist daher nicht als klassische Flüssigkeit, sondern als Quantenflüssigkeit zu behandeln. Bei niedrigen Anregungsenergien lässt er sich noch einfacher beschreiben, nämlich als ein Fermigas, also ein System freibeweglicher Teilchen, die untereinander nur schwach wechselwirken. In Abschn. 17.1 werden wir hierauf näher eingehen.

2.4 Ladungsunabhängigkeit der Kernkraft und Isospin

Protonen und Neutronen haben nicht nur fast gleiche Massen, sondern verhalten sich auch in ihrer Wechselwirkung ähnlich. Dies sieht man besonders bei der Untersuchung von *Spiegelkernen* – dies sind Paare von Isobaren, bei denen die Protonenzahl des einen Nuklids gleich der Neutronenzahl des anderen ist, und umgekehrt.

In Abb. 2.6 sind die niedrigsten Energieniveaus der Spiegelkerne ${}^{14}_{6}\mathrm{C}_{8}$ und ${}^{14}_{8}\mathrm{O}_{6}$ dargestellt, gemeinsam mit denen von ${}^{14}_{7}\mathrm{N}_{7}$. Die Niveauschemata von ${}^{14}_{6}\mathrm{C}_{8}$ und ${}^{14}_{8}\mathrm{O}_{6}$ sind sich sehr ähnlich, sowohl was die Quantenzahlen J^P der Niveaus angeht als auch deren Abstand voneinander. Die geringen Unterschiede sowie die globale Verschiebung der Gesamtheit der Zustände in ${}^{14}_{6}\mathrm{C}_{8}$ gegenüber denen in ${}^{14}_{8}\mathrm{O}_{6}$ kann man mit der unterschiedlichen Coulomb-Energie begründen. Weitere Beispiele für Spiegelkerne werden wir in Abschn. 17.3 (Abb. 17.8) kennenlernen.

Die Energieniveaus von ${}^{14}_{6}\mathrm{C}_{8}$ und ${}^{14}_{8}\mathrm{O}_{6}$ findet man auch in dem isobaren Kern ${}^{14}_{7}\mathrm{N}_{7}$ wieder. Zu anderen Zuständen im ${}^{14}_{7}\mathrm{N}_{7}$ gibt es hingegen keine Analoga in den Nachbarkernen. Man findet also Tripletts und Singuletts von Zuständen.

Diese Multipletts von Zuständen erinnern an die Multipletts, die bei der Kopplung von Drehimpulsen (Spins) auftreten. Man beschreibt daher die Symmetrie zwischen Protonen und Neutronen durch einen ähnlichen Formalismus, den man *Isospin* I nennt. Das Proton und das Neutron bezeichnet man als zwei Zustände des Nukleons, die ein Duplett ($I=1/2$) bilden.

$$\text{Nukleon:} \quad I = 1/2 \qquad \left\{ \begin{array}{ll} \text{Proton:} & I_3 = +1/2 \\ \text{Neutron:} & I_3 = -1/2 \end{array} \right. \tag{2.12}$$

Der Isospin wird formal wie ein quantenmechanischer Drehimpuls behandelt; z. B. können sich ein Proton und ein Neutron in einem Zustand mit

Gesamtisospin 1 oder 0 befinden. Die 3-Komponente des Isospins eines Kerns ist eine additive Größe:

$$I_3^{\text{Kern}} = \sum I_3^{\text{Nukleon}} = \frac{Z-N}{2}. \tag{2.13}$$

Damit können wir das Auftreten analoger Zustände in Abb. 2.6 beschreiben: Bei $^{14}_{6}\text{C}_8$ und $^{14}_{8}\text{O}_6$ beträgt $I_3 = -1$ bzw. $I_3 = +1$, und somit ist der niedrigste mögliche Isospin jeweils $I = 1$. Die Zustände in diesen Kernen gehören daher notwendigerweise zu einem Triplett von Analogzuständen in $^{14}_{6}\text{C}_8$, $^{14}_{7}\text{N}_7$ und $^{14}_{8}\text{O}_6$. Die I_3-Komponente im Nuklid $^{14}_{7}\text{N}_7$ ist hingegen 0; daher können dort zusätzliche Zustände mit Isospin $I=0$ auftreten.

Da $^{14}_{7}\text{N}_7$ das stabilste Isobar mit $A=14$ ist, muss sein Grundzustand ein Isospinsingulett sein. Anderenfalls müsste es einen dazu analogen Zustand in $^{14}_{6}\text{C}_8$ geben, der aufgrund der geringeren Coulomb-Energie niedriger läge und damit stabiler wäre.

Zustände mit $I = 2$ sind in Abb. 2.6 nicht abgebildet. Zu solchen Zuständen müsste es Analoga in $^{14}_{5}\text{B}_9$ und $^{14}_{9}\text{F}_5$ geben. Da diese Nuklide aber sehr instabil (energiereich) sind, liegen $(I = 2)$-Zustände oberhalb des dargestellten Energiebereichs.

Bei den Isobaren mit $A = 14$ handelt es sich um recht leichte Kerne, in denen sich die Coulomb-Energie nicht allzu stark bemerkbar macht. Bei

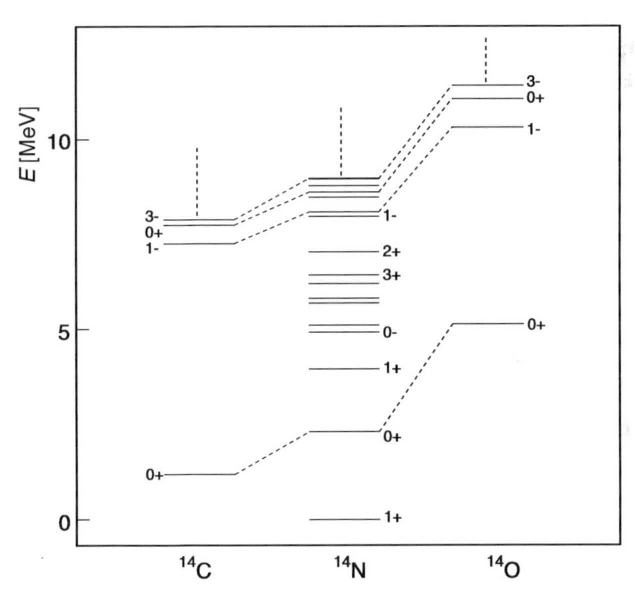

Abbildung 2.6. Niederenergetische Energieniveaus der drei stabilsten Isobaren mit $A = 14$. Drehimpuls J und Parität P der wichtigsten Zustände sind angegeben. Analogzustände in den drei Kernen sind durch gestrichelte Linien miteinander verbunden. Als Nullpunkt der Energieskala wurde der Grundzustand von $^{14}_{7}\text{N}_7$ gewählt.

schwereren Kernen wird ihr Einfluss stärker und stört die Isospinsymmetrie in immer größerem Maße.

Der Begriff des Isospins ist nicht nur in der Kernphysik, sondern auch in der Teilchenphysik von großer Bedeutung. Wir werden sehen, dass Quarks und aus Quarks zusammengesetzte Teilchen mit Hilfe des Isospins in Isospinmultipletts klassifiziert werden können. In dynamischen Prozessen, die über die starke Wechselwirkung ablaufen, ist der Isospin des Systems eine Erhaltungsgröße.

Aufgaben

1. **Isospinsymmetrie**
   Naiv kann man sich die drei Nukleonen in den Kernen ^{3}H und ^{3}He als starre Kugeln vorstellen. Wenn man die Differenz der Bindungsenergien beider Kerne allein auf die elektrostatische Abstoßung der Protonen im ^{3}He zurückführt, wie groß ist der Abstand der Protonen voneinander? (Die Maximalenergie der Elektronen beim β^--Zerfall von ^{3}H beträgt 18.6 keV.)

3. Stabilität der Kerne

Die stabilen Kerne beschränken sich auf ein sehr schmales Band in der Z–N-Ebene (Abb. 3.1). Alle übrigen Nuklide sind instabil und zerfallen spontan durch unterschiedliche Mechanismen.

Für Isobare mit deutlichem Neutronenüberschuss ist es energetisch günstig, wenn sich ein Neutron in ein Proton umwandelt; bei überzähligen Protonen kann der umgekehrte Prozess, die Umwandlung eines Protons in ein Neutron, stattfinden. Diese Umwandlungen nennt man *β-Zerfall*. Der β-Zerfall ist eine spezielle Manifestation der schwachen Wechselwirkung. Nach einer Diskussion der schwachen Wechselwirkung in Kap. 10 werden wir diese Zerfälle in Abschn. 15.5 und 17.6 ausführlicher diskutieren. In diesem Kapitel betrachten wir nur allgemeine Eigenschaften, insbesondere die Energiebilanz des β-Zerfalls.

Das Maximum der Bindungsenergie pro Nukleon findet man um die Fe- und Ni-Isotope, die daher die stabilsten Nuklide darstellen. Bei schwere-

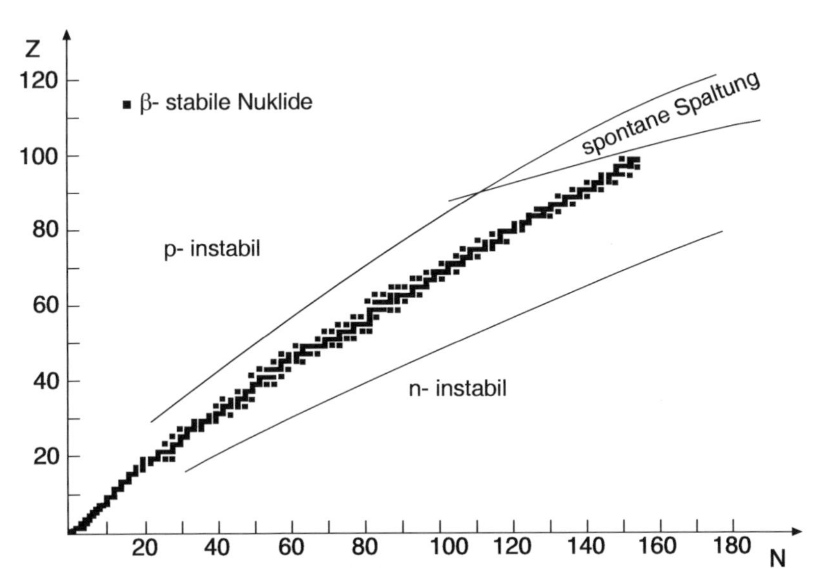

Abbildung 3.1. Die β-stabilen Kerne in der Z–N-Ebene (nach [Bo69])

ren Kernen nimmt die Bindungsenergie wegen der wachsenden Coulomb-Abstoßung ab. Mit weiter zunehmender Massenzahl werden die Kerne instabil und zerfallen spontan in zwei oder mehrere leichtere Kerne, wenn die Masse des Ausgangsatoms größer ist als die Massensumme der Tochteratome. Für den Zweikörperzerfall lautet diese Bedingung:

$$M(A,Z) > M(A-A',Z-Z') + M(A',Z')\,. \tag{3.1}$$

Bei dieser Beziehung ist berücksichtigt, dass die Zahl von Protonen und Neutronen erhalten bleibt. Diese Bedingung besagt jedoch nicht, wie wahrscheinlich solch ein Zerfall ist. Wenn die Lebensdauer eines Isotops wesentlich größer als das Alter des Sonnensystems ist, bezeichnet man es als stabil. Vielkörperzerfälle berücksichtigen wir nicht weiter, weil sie in der Regel viel seltener als Zweikörperzerfälle sind. Sehr häufig ist einer der Tochterkerne ein ^{4}He-Kern, d. h. $A' = 4$, $Z' = 2$. Man bezeichnet diesen Zerfallsmodus als *α-Zerfall* und den Heliumkern als *α-Teilchen*. Wenn die schweren Kerne in zwei etwa gleich schwere Tochterkerne zerfallen, nennen wir das *spontane Spaltung*. Sie übertrifft aber erst bei $Z \gtrsim 110$ die Wahrscheinlichkeit für den α-Zerfall; bei den in der Natur vorkommenden schweren Elementen ist sie von geringer Bedeutung.

Zerfallskonstante. Die *Zerfallskonstante* λ bezeichnet die Zerfallswahrscheinlichkeit eines Kerns pro Zeiteinheit. Sie hängt mit der *Lebensdauer* τ und der *Halbwertszeit* $t_{1/2}$ über

$$\tau = \frac{1}{\lambda} \qquad \text{und} \qquad t_{1/2} = \frac{\ln 2}{\lambda} \tag{3.2}$$

zusammen.

Die Messung der Zerfallskonstanten radioaktiver Kerne beruht auf der Bestimmung der *Aktivität* (Zahl der Zerfälle pro Zeiteinheit)

$$A = -\frac{\mathrm{d}N}{\mathrm{d}t} = \lambda N \tag{3.3}$$

einer Probe mit N radioaktiven Kernen. Als Einheit für die Aktivität hat man definiert:

$$1\ \text{Bq [Becquerel]} = 1\ \text{Zerfall / s} \tag{3.4}$$

Für kurzlebige Nuklide misst man mit schnellen elektronischen Zählern die zeitliche Abnahme der Aktivität

$$A(t) = \lambda N(t) = \lambda N_0\, \mathrm{e}^{-\lambda t} \qquad \text{mit} \quad N_0 = N(t=0)\,. \tag{3.5}$$

Diese Methode ist für Lebensdauern bis ca. 1 Jahr möglich. Für längerlebige Nuklide muss man neben der Aktivität auch die Zahl der Kerne in der Probe bestimmen, um die Zerfallskonstante nach (3.3) zu ermitteln.

3.1 β-Zerfall

Betrachten wir Kerne mit gleicher Massenzahl A (Isobare). Man kann (2.8) umformen in

$$\begin{aligned} M(A,Z) &= \alpha \cdot A - \beta \cdot Z + \gamma \cdot Z^2 + \frac{\delta}{A^{1/2}}\,, && (3.6) \\ \text{mit} \qquad \alpha &= M_\mathrm{n} - a_\mathrm{v} + a_\mathrm{s} A^{-1/3} + \frac{a_\mathrm{a}}{4}\,, \\ \beta &= a_\mathrm{a} + (M_\mathrm{n} - M_\mathrm{p} - m_\mathrm{e})\,, \\ \gamma &= \frac{a_\mathrm{a}}{A} + \frac{a_\mathrm{c}}{A^{1/3}}\,, \\ \delta &= \text{wie in (2.8)}\,. \end{aligned}$$

In dieser Form stellt sich die Masse der Kerne als quadratische Funktion in Z dar. Trägt man die Kernmassen für eine konstante Massenzahl A als Funktion der Ladungszahl Z auf, so ergibt sich im Falle von ungeradem A eine Parabel. Wenn A gerade ist, liegen die Massen der doppelt-geraden (gg) und der doppelt-ungeraden (uu) Kerne auf zwei vertikal versetzten Parabeln, wobei die Parabel der uu-Kerne gerade um die doppelte Paarungsenergie ($2\delta/\sqrt{A}$) oberhalb der der gg-Kerne liegt. Das Minimum der Parabeln liegt bei $Z = \beta/2\gamma$. Der Kern mit der kleinsten Masse in einem Isobarenspektrum ist stabil gegenüber β-Zerfall.

β-Zerfall in ungeraden Kernen. Im Folgenden wollen wir die verschiedenen Arten des β-Zerfalls am Beispiel der Isobaren mit $A = 101$ diskutieren. Für diese Massenzahl liegt das Minimum der Massenparabel beim Isotop $^{101}\mathrm{Ru}$ mit $Z = 44$. Isobare mit mehr Neutronen, z. B. $^{101}_{42}\mathrm{Mo}$ und $^{101}_{43}\mathrm{Tc}$, zerfallen durch die Umwandlung

$$\mathrm{n} \;\rightarrow\; \mathrm{p} + \mathrm{e}^- + \overline{\nu}_\mathrm{e} \qquad (3.7)$$

in einen Kern mit um Eins erhöhter Ladungszahl sowie ein Elektron und ein Elektron-Antineutrino (Abb. 3.2):

$$\begin{aligned} {}^{101}_{42}\mathrm{Mo} &\rightarrow {}^{101}_{43}\mathrm{Tc} + \mathrm{e}^- + \overline{\nu}_\mathrm{e}\,, \\ {}^{101}_{43}\mathrm{Tc} &\rightarrow {}^{101}_{44}\mathrm{Ru} + \mathrm{e}^- + \overline{\nu}_\mathrm{e}\,. \end{aligned}$$

Historisch wird dieser Zerfall unter Aussendung eines negativen Elektrons β^--Zerfall genannt. Der β^--Zerfall ist energetisch immer möglich, wenn die Masse des Tochteratoms $M(A, Z+1)$ kleiner ist als die Masse $M(A, Z)$ des isobaren Nachbarn:

$$M(A,Z) > M(A,Z+1)\,. \qquad (3.8)$$

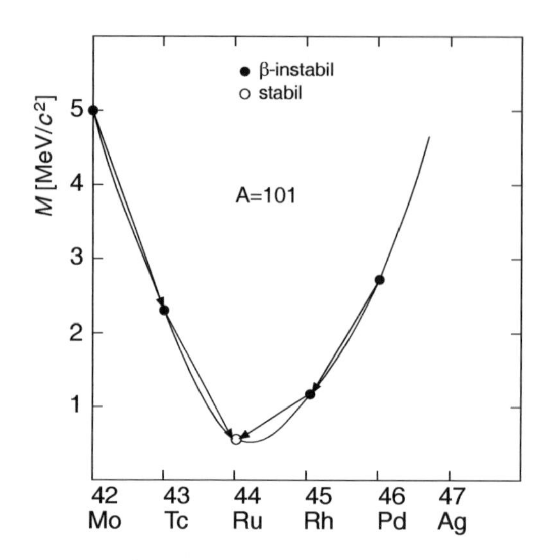

Abbildung 3.2. Massenparabel der Isobare mit $A = 101$ (nach [Se77]). Mögliche β-Zerfälle sind durch Pfeile gekennzeichnet. Die Abszisse gibt die Ladungszahl Z an. Der Nullpunkt der Massenskala ist willkürlich gewählt.

Da wir die Massen der gesamten Atome und nicht nur die der Atomkerne betrachten, wird die Ruhemasse des Elektrons, das beim Zerfall entsteht, automatisch berücksichtigt. Wegen der geringen (Anti-)Neutrinomasse ($< 15\,\mathrm{eV}/c^2$) [PD98] ist das (Anti-)Neutrino in der Massenbilanz ohne Bedeutung.

Die Isobaren mit einem Protonenüberschuss, verglichen mit $^{101}_{44}\mathrm{Ru}$, zerfallen durch die Umwandlung eines Protons,

$$\mathrm{p} \to \mathrm{n} + \mathrm{e}^+ + \nu_\mathrm{e}\,, \tag{3.9}$$

in das stabile Isobar $^{101}_{44}\mathrm{Ru}$:

$$\begin{aligned} ^{101}_{46}\mathrm{Pd} &\to {}^{101}_{45}\mathrm{Rh} + \mathrm{e}^+ + \nu_\mathrm{e} \quad \text{und} \\ ^{101}_{45}\mathrm{Rh} &\to {}^{101}_{44}\mathrm{Ru} + \mathrm{e}^+ + \nu_\mathrm{e}\,. \end{aligned}$$

Solche Zerfälle nennt man entsprechend β^+-Zerfälle. Da das freie Neutron eine größere Masse hat als ein freies Proton, kann der Prozess (3.9) nur in Kernen stattfinden. Umgekehrt ist der Prozess des Neutronzerfalls (3.7) aber auch für ein freies Neutron möglich. Der β^+-Zerfall ist energetisch möglich, wenn folgende Relation zwischen der Masse $M(A,Z)$ des Mutteratoms und der Masse $M(A,Z-1)$ des Tochteratoms erfüllt ist:

$$M(A,Z) > M(A,Z-1) + 2m_\mathrm{e}\,. \tag{3.10}$$

Hierbei ist berücksichtigt, dass ein Positron entsteht und dass noch ein überzähliges Elektron vom Mutteratom vorhanden ist.

β-Zerfall in geraden Kernen. Bei Isobaren mit gerader Massenzahl gibt es, wie bereits erwähnt, für gg-Kerne und uu-Kerne zwei getrennte Parabeln, deren Abstand der doppelten Paarungsenergie entspricht.

Vor allem im Bereich $A > 70$ gibt es oft mehr als ein β-stabiles Isobar. Als Beispiel betrachten wir die Nuklide mit $A = 106$ (Abb. 3.3). Die Isobare $^{106}_{46}$Pd und $^{106}_{48}$Cd liegen als gg-Kerne beide auf der unteren Parabel, wobei $^{106}_{46}$Pd das stabilste Isobar ist. $^{106}_{48}$Cd ist β-stabil, weil die unmittelbar benachbarten uu-Kerne energetisch höher liegen. Die Umwandlung von $^{106}_{48}$Cd nach $^{106}_{46}$Pd ist daher nur durch den doppelten β-Zerfall

$$^{106}_{48}\text{Cd} \rightarrow {}^{106}_{46}\text{Pd} + 2\text{e}^+ + 2\nu_\text{e}$$

möglich. Die Wahrscheinlichkeit für einen solchen Prozess ist jedoch so klein, dass wir auch $^{106}_{48}$Cd als stabiles Nuklid betrachten.

Alle uu-Kerne haben mindestens einen stärker gebundenen gg-Kern als Nachbarn im Isobarenspektrum und sind daher instabil. Als einzige Ausnahmen von dieser Regel sind die sehr leichten Kerne $^2_1$H, $^6_3$Li, $^{10}_5$B und $^{14}_7$N stabil, weil sich bei einem β-Zerfall die Zunahme an Asymmetrieenergie stärker auswirken würde als die Abnahme an Paarungsenergie. Einige uu-Kerne können sich sowohl durch β^--Zerfall als auch durch β^+-Zerfall umwandeln. Bekannte Beispiele hierfür sind $^{40}_{19}$K (Abb. 3.4) und $^{64}_{29}$Cu.

Elektroneinfang. Ein weiterer möglicher Prozess ist der Einfang eines Elektrons aus der Atomhülle. Die Elektronen haben eine endliche Aufenthaltswahrscheinlichkeit im Kern. Ein Proton und ein Elektron können sich dann

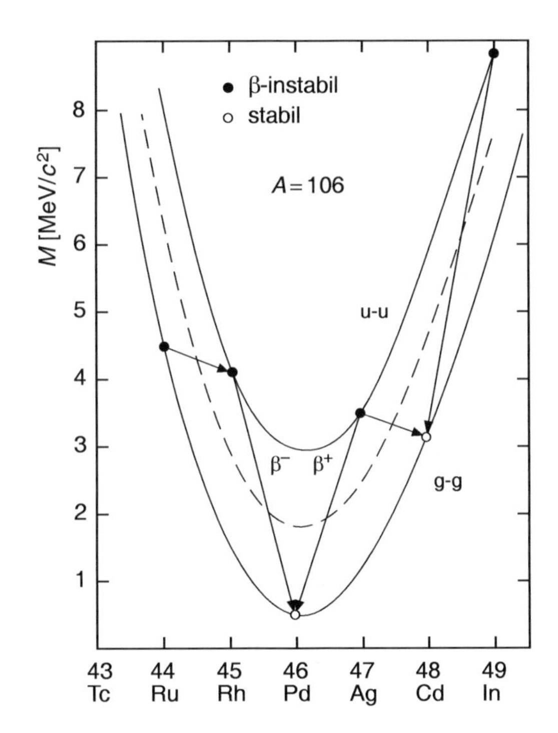

Abbildung 3.3. Massenparabeln der Isobaren mit $A = 106$ und mögliche β-Zerfälle (nach [Se77]). Die Koordinate der Abszisse ist die Ladungszahl Z. Der Nullpunkt der Massenskala ist willkürlich gewählt.

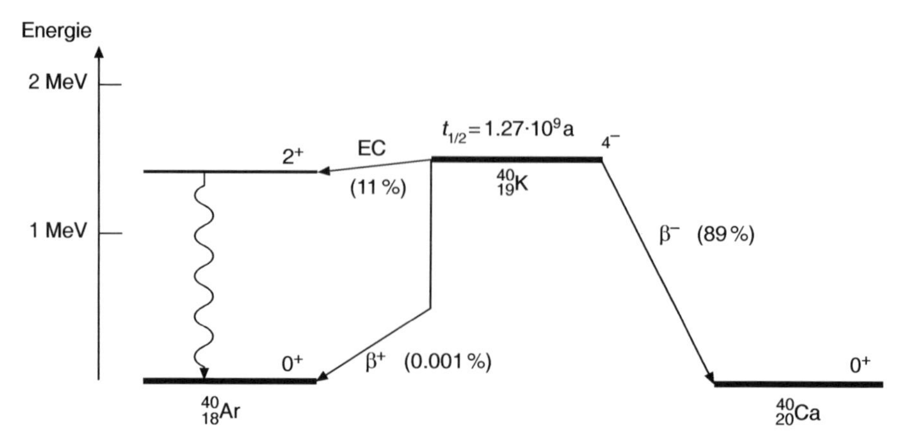

Abbildung 3.4. Der β-Zerfall von ^{40}K. Bei dieser Kernumwandlung konkurrieren β^-- und β^+-Zerfall sowie der Elektroneneinfang (EC = *electron capture*) miteinander. Die relativen Häufigkeiten dieser Zerfälle sind jeweils in Klammern angegeben. Der geknickte Pfeil beim β^+-Zerfall deutet an, dass die Erzeugung eines e^+ zuzüglich des überzähligen Elektrons im ^{40}Ar-Atom 1.022 MeV kostet und der Rest in kinetische Energie des Positrons und des Neutrinos umgewandelt wird. Der aus dem Elektroneinfang hervorgehende angeregte Zustand von ^{40}Ar zerfällt durch Photonemission in seinen Grundzustand.

entsprechend der Reaktion

$$\mathrm{p} + \mathrm{e}^- \rightarrow \mathrm{n} + \nu_\mathrm{e} \tag{3.11}$$

in ein Neutron und ein Neutrino umwandeln. Dies geschieht vor allem bei schweren Kernen, bei denen der Kernradius groß und die Elektronenbahnradien besonders klein sind. Meist werden Elektronen aus der innersten, der K-Schale eingefangen, weil sie am nächsten am Kern sind und die Radialwellenfunktion für K-Elektronen am Kernmittelpunkt ein Maximum aufweist. Da bei einem solchen *K-Einfang* nun plötzlich ein Elektron in der K-Schale fehlt, kaskadieren die Elektronen aus den höheren Energieniveaus sukzessiv hinunter, wobei charakteristische Röntgenstrahlung emittiert wird.

Der Elektroneinfang konkurriert mit dem β^+-Zerfall. Aus der Energieerhaltung folgt die Bedingung

$$M(A, Z) > M(A, Z-1) + \varepsilon\,, \tag{3.12}$$

wobei ε die Anregungsenergie der Atomhülle des Tochterkerns ist, da Elektroneinfang immer ein Loch in der Elektronenhülle hinterlässt. Im Vergleich zum β^+-Zerfall steht bei diesem Prozess ein Mehr an kinetischer Energie von $2m_\mathrm{e}c^2 - \varepsilon$ zur Verfügung. Es gibt Fälle, in denen die Massendifferenz zwischen Ausgangs- und Endatom so klein ist, dass kein β^+-Zerfall mehr stattfinden kann, wohl aber K-Einfang.

Lebensdauer. Die Lebensdauer τ der β-instabilen Kerne kann Werte zwischen einigen ms und 10^{16} Jahren annehmen. Sie ist stark abhängig von der frei werdenden Energie E ($1/\tau \propto E^5$) und den Kerneigenschaften von Mutter- und Tochterkern. Das freie Neutron, bei dessen Zerfall in Proton, Elektron und Antineutrino 0.78 MeV freiwerden, hat eine Lebensdauer von $\tau = 886.7 \pm 1.9$ s [PD98]. Es gibt keinen Fall, in dem zwei benachbarte Isobare β-stabil sind.[1]

Ein bekanntes Beispiel für einen langlebigen β-Emitter ist das Nuklid ^{40}K, das sowohl durch β^-- als auch durch β^+-Zerfall in andere Isobare übergehen kann. Zusätzlich konkurriert hier auch noch der Elektroneinfang mit dem β^+-Zerfall. Die stabilen Tochterkerne sind ^{40}Ar bzw. ^{40}Ca, ein Fall zweier stabiler Nuklide mit derselben Massenzahl A (Abb. 3.4).

Das Beispiel von ^{40}K haben wir gewählt, da dieses Nuklid wesentlich zur Strahlenbelastung der Menschen und anderer biologischer Systeme beiträgt. Kalium ist ein lebensnotwendiges Element. Beispielsweise funktioniert die Reizleitung im Nervensystem durch den Austausch von Kaliumionen. Der Anteil von radioaktivem ^{40}K in natürlichem Kalium beträgt 0.01 %, und der Zerfall von ^{40}K im menschlichen Körper trägt mit ca. 16 % zur gesamten natürlichen Strahlenbelastung bei.

3.2 α-Zerfall

Protonen und Neutronen sind auch in schweren Kernen mit bis zu 8 MeV gebunden (Abb. 2.4) und können im Allgemeinen nicht aus dem Kern entweichen. Oft ist jedoch die Emission eines gebundenen Systems aus mehreren Nukleonen energetisch möglich, weil die Bindungsenergie dieses Systems dann zusätzlich zur Verfügung steht. Die Wahrscheinlichkeit, dass sich ein solches System im Kern formiert, nimmt mit der Zahl der benötigten Nukleonen drastisch ab. Von praktischer Bedeutung ist vor allem die Emission eines ^{4}He-Kerns, also eines Systems aus 2 Protonen und 2 Neutronen, weil dieses sogenannte *α-Teilchen* (im Gegensatz zu Systemen aus 2 oder 3 Nukleonen) mit 7 MeV/Nukleon außerordentlich stark gebunden ist (vgl. Abb. 2.4). Man bezeichnet diese Zerfallsart als *α-Zerfall*.

In Abb. 3.5 ist die potentielle Energie eines α-Teilchens als Funktion des Abstands von der Kernmitte gezeigt. Außerhalb der Reichweite des Kernpotentials spürt das α-Teilchen nur das Coulomb-Potential $V_C(r) = 2(Z-2)\alpha\hbar c/r$, welches zum Kern hin ansteigt. Innerhalb des Kerns herrscht das stark anziehende Kernpotential, dessen Stärke durch die Tiefe des Potentialtopfes beschrieben wird. Da wir α-Teilchen betrachten, die energetisch aus

[1] Es gibt allerdings Fälle, in denen von zwei benachbarten Isobaren das eine stabil und das andere extrem langlebig ist. Die jeweils häufigsten Isotope von Indium (^{115}In, 96 %) und Rhenium (^{187}Re, 63 %) zerfallen zwar durch β^--Zerfall in stabile Kerne (^{115}Sn und ^{187}Os), sind aber so langlebig ($\tau = 3 \cdot 10^{14}$ a bzw. $\tau = 3 \cdot 10^{11}$ a), dass man sie gleichfalls als stabil betrachten kann.

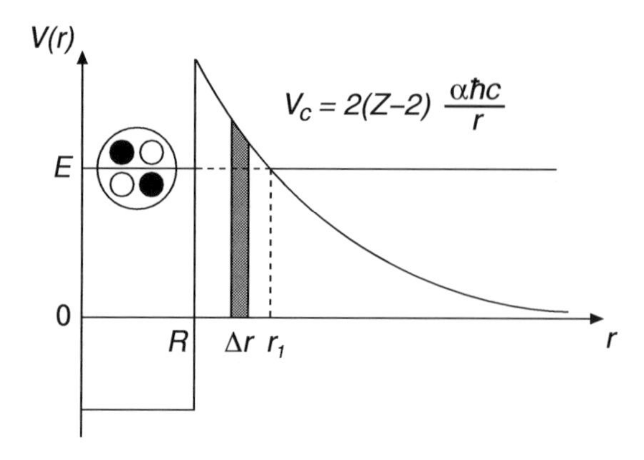

Abbildung 3.5. Potentielle Energie eines α-Teilchens als Funktion des Abstandes zur Kernmitte. Die Tunnelwahrscheinlichkeit durch die Coulomb-Barriere kann man als Überlagerung der Tunnelprozesse durch dünne Potentialwände mit der Dicke Δr berechnen (vgl. Abb. 3.6).

dem Kernpotential entweichen können, ist die totale Energie des α-Teilchens positiv. Diese Energie wird beim Zerfall frei.

Die Spanne der Lebensdauern für den α-Zerfall der schweren Kerne ist außerordentlich groß. Experimentell sind Zeiten zwischen 10 ns und 10^{17} Jahren gemessen worden. Diese Lebensdauern können quantenmechanisch berechnet werden, indem man das α-Teilchen als Wellenpaket behandelt. Die Wahrscheinlichkeit für das Entweichen des α-Teilchens aus dem Kern ist durch die Wahrscheinlichkeit für das Durchdringen der *Coulomb-Barriere* (Tunneleffekt) gegeben. Zerlegen wir die Coulomb-Barriere in schmale Potentialwände und betrachten wir zunächst die Wahrscheinlichkeit für das Durchtunneln des α-Teilchens durch eine dieser dünnen Potentialwände (Abb. 3.6), so ist die Transmission T gegeben durch

$$T \approx \mathrm{e}^{-2\kappa\Delta r} \qquad \text{mit} \quad \kappa = \sqrt{2m|E-V|}/\hbar \,. \tag{3.13}$$

Hierbei ist Δr die Dicke der Barriere und V ihre Höhe. E ist die Energie des α-Teilchens. Für eine Coulomb-Barriere, die man sich aus vielen schmalen Potentialwänden verschiedener Höhe zusammengesetzt denken kann, lässt sich die Transmission analog schreiben,

$$T = \mathrm{e}^{-2G} \,, \tag{3.14}$$

wobei der *Gamow-Faktor* G näherungsweise durch Integration gewonnen werden kann [Se77]:

$$G = \frac{1}{\hbar}\int_R^{r_1} \sqrt{2m|E-V|}\,\mathrm{d}r \approx \frac{\pi \cdot 2 \cdot (Z-2) \cdot \alpha}{\beta} \,. \tag{3.15}$$

Hierbei ist $\beta = v/c$ die Geschwindigkeit des auslaufenden α-Teilchens und R der Kernradius.

Die Wahrscheinlichkeit pro Zeiteinheit λ, dass ein α-Teilchen aus dem Kern entweicht, ist dann proportional zur Wahrscheinlichkeit $w(\alpha)$, ein α-Teilchen im Kern zu finden, zur Anzahl der Stöße ($\propto v_0/2R$) der α-Teilchen an die Barriere und zur Transmission:

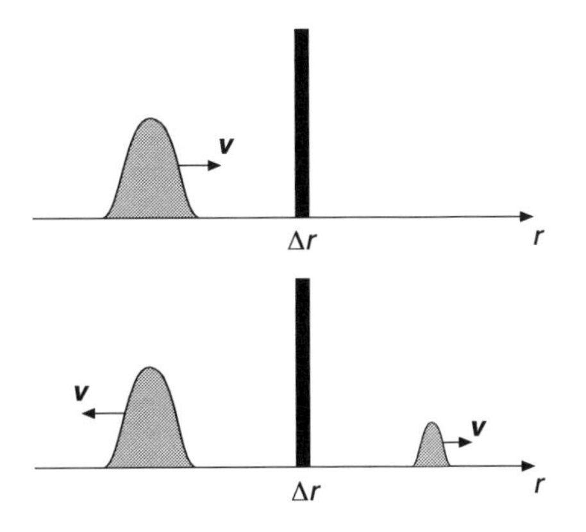

Abbildung 3.6. Veranschaulichung der Tunnelwahrscheinlichkeit eines Wellenpakets der Energie E und Geschwindigkeit v durch eine Potentialbarriere der Höhe V und der Dicke Δr.

$$\lambda = w(\alpha)\,\frac{v_0}{2R}\,\mathrm{e}^{-2G}\,, \tag{3.16}$$

wobei v_0 die Geschwindigkeit der α-Teilchen im Kern ($v_0 \approx 0.1 \cdot c$) ist. Die große Variation der Lebensdauern erklärt sich durch das Auftreten des Gamow-Faktors im Exponenten, wodurch sich wegen $G \propto Z/\beta \propto Z/\sqrt{E}$ kleine Unterschiede in der Energie des α-Teilchens stark auf die Lebensdauer auswirken.

Die meisten α-Strahler sind Kerne schwerer als Blei. Bei leichteren Kernen bis ca. $A = 140$ ist α-Zerfall zwar energetisch möglich, die frei werdende Energie ist aber so klein und damit die Lebensdauer des Kerns so groß, dass die Zerfälle im Regelfall unbeobachtbar sind.

Als Beispiel einer Zerfallsreihe von langlebigen α-instabilen Nukliden wählen wir die ^{238}U-Zerfallsreihe (Abb. 3.7). Da Uranverbindungen häufig in Graniten enthalten sind, sind Uran und seine radioaktiven Töchter auch Bestandteil der (Stein-)Wände von Gebäuden und tragen daher zur Strahlenbelastung des Menschen bei. Von besonderer Wichtigkeit ist hierbei ^{222}Rn, das als Edelgas aus den Wänden entweicht und durch die Atemwege in die Lunge gelangt. Der α-Zerfall des ^{222}Rn ist für ca. 40 % der durchschnittlichen natürlichen Strahlenbelastung des Menschen verantwortlich.

3.3 Kernspaltung

Spontane Spaltung. Die Bindungsenergie pro Nukleon ist für Kerne im Bereich um ^{56}Fe am größten und fällt bei schwereren Kernen mit steigender Kernmasse ab (Abb. 2.4). Kerne mit $Z > 40$ können sich daher prinzipiell in zwei schwere Kerne aufspalten. Die Potentialbarriere, die dabei durchtunnelt werden muss, ist jedoch so groß, dass die spontane Spaltung i. Allg. extrem unwahrscheinlich ist.

Die leichtesten Nuklide, bei denen die Wahrscheinlichkeit für spontane Spaltung mit dem α-Zerfall konkurriert, sind einige Uranisotope. Der Verlauf der Spaltbarriere ist in Abb. 3.8 gezeigt.

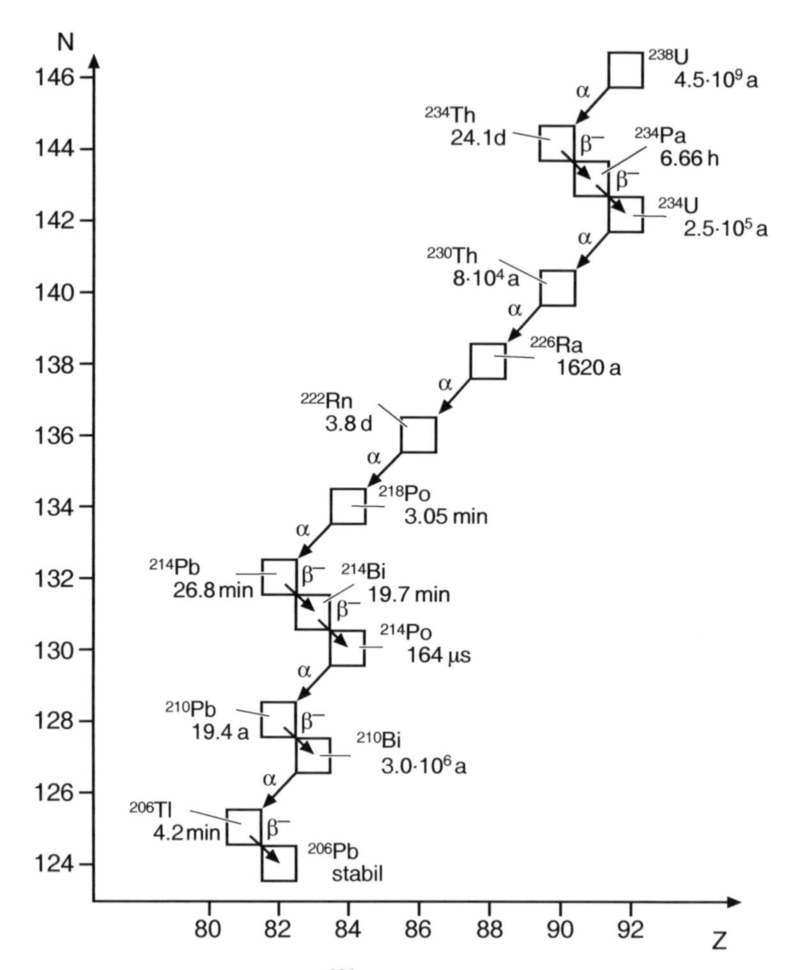

Abbildung 3.7. Darstellung der ^{238}U-Zerfallsreihe in der N–Z-Ebene. Neben der Zerfallsart ist auch die Halbwertszeit der einzelnen Nuklide angegeben.

Es ist interessant zu zeigen, von welcher Ladungszahl an die Kerne instabil gegenüber spontaner Spaltung werden, von welcher Ladungszahl an also die Coulomb-Abstoßung der Protonen untereinander die anziehende Wirkung der Kernkraft überwiegt. Diese Abschätzung erhält man durch Betrachtung der Oberflächenenergie und der Coulomb-Energie bei Verformung des Kerns. Bei Verformung des Kerns steigt die Oberflächenenergie an, während die Coulomb-Energie abnimmt. Wenn die Verformung zu einem energetisch günstigeren Zustand führt, sind diese Kerne instabil. Quantitativ lässt sich diese Berechnung folgendermaßen durchführen: Bei konstantem Volumen des Kerns verformen wir seine Kugelform in ein Ellipsoid mit den Achsen $a = R(1 + \varepsilon)$ und $b = R(1 - \varepsilon/2)$ (Abb. 3.9).

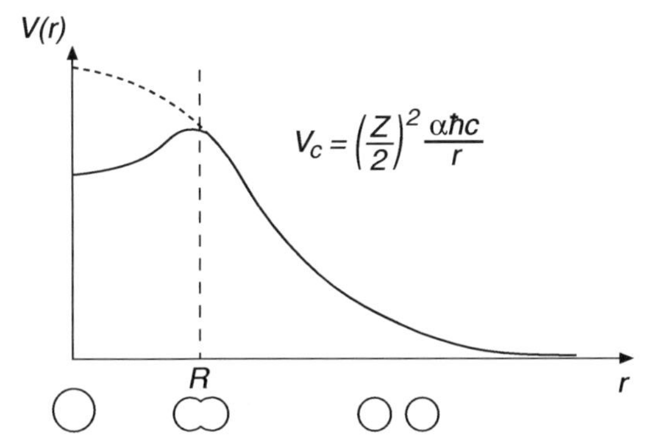

Abbildung 3.8. Potentielle Energie in verschiedenen Phasen der Spaltung. Der Atomkern mit der Ladung Z spaltet sich spontan in zwei Tochterkerne. Die durchgezogene Kurve entspricht dem Potentialverlauf im Mutterkern. Die Höhe der hier vorhandenen Spaltbarriere bestimmt die Wahrscheinlichkeit der spontanen Spaltung. Bei Kernen mit $Z^2/A \gtrsim 48$ verschwindet die Spaltbarriere, und der Potentialverlauf entspricht der gestrichelten Kurve.

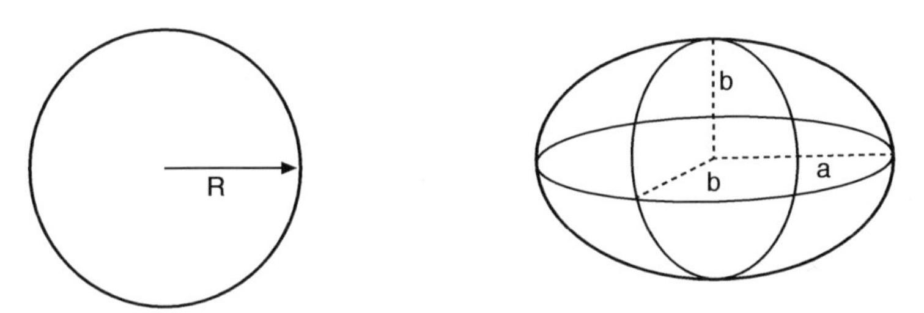

Abbildung 3.9. Deformation eines schweren Kerns. Bei gleich bleibendem Volumen $4\pi R^3/3 = 4\pi ab^2/3$ nimmt die Oberflächenenergie des Kerns zu, und die Coulomb-Energie nimmt ab.

Die Oberflächenenergie verhält sich dann wie

$$E_{\rm s} = a_{\rm s} A^{2/3} \left(1 + \frac{2}{5}\varepsilon^2 + \cdots\right) \tag{3.17}$$

und die Coulomb-Energie wie

$$E_{\rm c} = a_{\rm c} Z^2 A^{-1/3} \left(1 - \frac{1}{5}\varepsilon^2 + \cdots\right) . \tag{3.18}$$

Eine Deformation ε ändert somit die Gesamtenergie um

$$\Delta E = E(\varepsilon) - E(0) = \frac{\varepsilon^2}{5} \left(2a_{\rm s} A^{2/3} - a_{\rm c} Z^2 A^{-1/3}\right) . \tag{3.19}$$

Bei negativem ΔE gewinnt man bei der Verformung Energie. Die Spaltbarriere verschwindet, wenn gilt:

$$\frac{Z^2}{A} \geq \frac{2a_s}{a_c} \approx 48\,. \tag{3.20}$$

Das ist der Fall für Kerne mit $Z > 114$ und $A > 270$.

Induzierte Spaltung. Für sehr schwere Kerne ($Z \approx 92$) beträgt die Spaltbarriere nur etwa 6 MeV. Diese Energie kann man zuführen, indem man durch einen Strom niederenergetischer Neutronen Neutroneinfangreaktionen auslöst. Dadurch gerät der Kern in einen angeregten Zustand oberhalb der Spaltbarriere und spaltet sich. Dieser Vorgang wird *induzierte Spaltung* genannt.

Beim Neutroneinfang an Kernen mit ungerader Neutronenzahl wird neben der Bindungsenergie zusätzlich Paarungsenergie frei. Dieser kleine zusätzliche Energiebetrag bewirkt einen entscheidenden Unterschied in der Spaltbarkeit von Nukliden: Beim Neutroneinfang am ^{238}U werden beispielsweise 4.9 MeV Bindungsenergie frei, was geringer ist als die Schwellenenergie von 5.5 MeV für Kernspaltung von ^{239}U. Daher kann Neutroneinfang am ^{238}U nur dann zu sofortiger Kernspaltung führen, wenn die Neutronen eine kinetische Energie von mindestens dieser Differenz besitzen („schnelle Neutronen"). Obendrein ist die Reaktionswahrscheinlichkeit proportional zu v^{-1}, wobei v die Neutronengeschwindigkeit ist (4.21), und daher in diesem Fall sehr klein. Beim Neutroneinfang im ^{235}U werden hingegen 6.4 MeV frei, während die Spaltbarriere von ^{236}U nur 5.5 MeV beträgt. Somit lässt sich ^{235}U bereits mit niederenergetischen (thermischen) Neutronen spalten und wird für Kernreaktoren und Kernwaffen verwendet. Ebenso sind ^{233}Th und ^{239}Pu geeignete Spaltmaterialien.

3.4 Zerfall angeregter Kernzustände

Das Spektrum der angeregten Zustände von Kernen ist gewöhnlich sehr reich. Die niedrigsten Zustände kann man meist zumindest qualitativ theoretisch beschreiben. Auf Kernspektren werden wir in Kap. 17 und 18 näher eingehen.

In Abb. 3.10 sind die Energieniveaus eines gg-Kerns mit $A \approx 100$ schematisch gezeigt. Oberhalb des Grundzustands befinden sich einzelne diskrete Niveaus mit spezifischen Quantenzahlen J^P. Zur Anregung von gg-Kernen müssen i. Allg. Nukleonenpaare aufgebrochen werden. Dafür sind 1–2 MeV notwendig. Für gg-Kerne mit $A \gtrsim 40$ gibt es daher nur wenige Zustände unterhalb von 2 MeV.[2] Bei einfach und doppelt ungeraden Kernen ist dagegen die Zahl der niederenergetischen Zustände (einige 100 keV) wesentlich größer.

Elektromagnetische Zerfälle. Niedrig angeregte Zustände von Kernen zerfallen gewöhnlich durch Emission von elektromagnetischer Strahlung. Diese lässt sich in einer Reihenentwicklung als Überlagerung unterschiedlicher

[2] Eine Ausnahme bilden kollektive Zustände in deformierten Kernen, die nicht als Einteilchenanregungen behandelt werden können (Kap. 18).

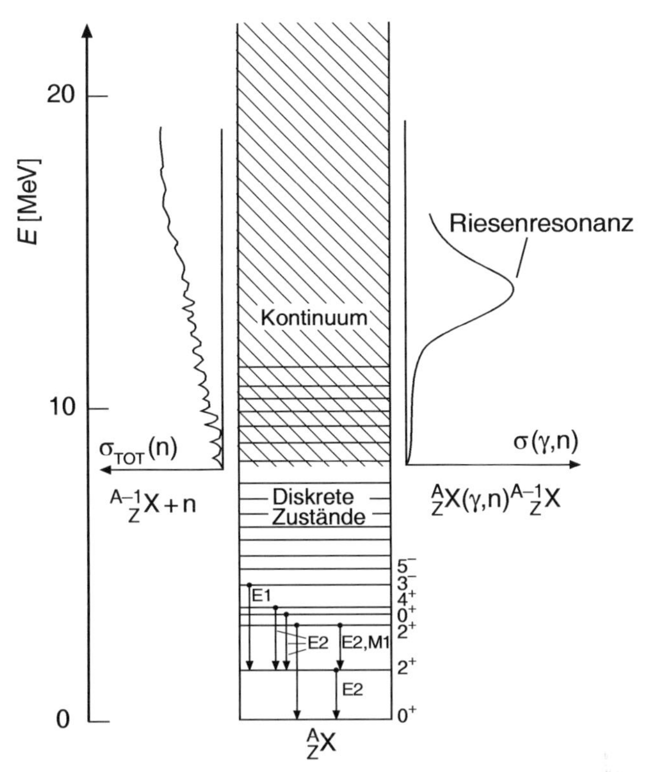

Abbildung 3.10. Typisches Niveauschema eines Kerns (schematisch). Als Beispiel wurde ein gg-Kern gewählt, dessen Grundzustand die Quantenzahlen 0^+ hat. Links davon ist schematisch der totale Wirkungsquerschnitt für die Reaktion des Kerns ${}^{A-1}_{Z}\mathrm{X}$ mit Neutronen (elastische Streuung, inelastische Streuung, Einfang) dargestellt, rechts davon der totale Wirkungsquerschnitt für die γ-induzierte Emission von Neutronen ${}^{A}_{Z}\mathrm{X} + \gamma \to {}^{A-1}_{Z}\mathrm{X} + \mathrm{n}$.

Multipolaritäten mit jeweils charakteristischen Winkelverteilungen beschreiben. Elektrische Dipol-, Quadrupol-, Oktupolstrahlung, etc. bezeichnet man mit E1, E2, E3, etc., magnetische Multipole entsprechend mit M1, M2, M3, etc. Welche Multipolaritäten möglich sind, ergibt sich aus den Erhaltungssätzen für Drehimpuls und Parität. Ein Photon der Multipolarität Eℓ trägt den Drehimpuls ℓ und hat die Parität $(-1)^{\ell}$, ein Photon Mℓ hat ebenfalls den Drehimpuls ℓ und die Parität $(-1)^{(\ell+1)}$. Nach der Drehimpulserhaltung muss für einen Übergang $J_i \to J_f$ die Dreiecksungleichung $|J_i - J_f| \leq \ell \leq J_i + J_f$ erfüllt sein.

Die Lebensdauer eines Zustands hängt stark von der Multipolarität der γ-Übergänge ab, durch die er zerfallen kann. Die Übergangswahrscheinlichkeit ist um so größer, je niedriger die Multipolarität ist; für einen magnetischen Übergang Mℓ ist die Wahrscheinlichkeit etwa so groß wie die für einen elektrischen Übergang E$(\ell + 1)$. So kann beispielsweise ein Übergang $3^+ \to 1^+$

Tabelle 3.1. Auswahlregeln für elektromagnetische Übergänge

Multi-polarität	elektrisch $\mathrm{E}\ell$	$\lvert\Delta J\rvert$	ΔP	magnetisch $\mathrm{M}\ell$	$\lvert\Delta J\rvert$	ΔP
Dipol	E1	1	−	M1	1	+
Quadrupol	E2	2	+	M2	2	−
Oktupol	E3	3	−	M3	3	+
...	...	...	...	...	...	...

prinzipiell eine Mischung aus E2, M3 und E4 sein, aber der E2-Anteil wird bei weitem dominieren. Ein Übergang $3^+ \to 2^+$ wird vorzugsweise eine Mischung von E2 und M1 sein, obwohl prinzipiell auch M3, E4 und M5 möglich sind. Hat man eine Serie angeregter Zustände $0^+, 2^+, 4^+, \ldots$, so ist eine Kaskade von E2-Übergängen $4^+ \to 2^+ \to 0^+$ weitaus wahrscheinlicher als ein einzelner E4-Übergang $4^+ \to 0^+$. Aus der Lebensdauer der Zustände und der Winkelverteilung der elektromagnetischen Stahlung kann man auf die Multipolarität der Übergänge schließen, und daraus wiederum auf Spin und Parität der Kernniveaus. Die Zerfallswahrscheinlichkeit ist auch von der Energie stark abhängig. Für Strahlung der Multipolarität ℓ ist sie proportional zu $E_\gamma^{2\ell+1}$ (s. Abschn. 18.1).

Die Anregungsenergie des Kerns kann auch auf ein Elektron der Atomhülle übertragen werden. Dieser *innere Konversion* genannte Prozess tritt vor allem dann auf, wenn γ-Emission unterdrückt ist (hohe Multipolarität, geringe Energie) und der Kern schwer ist (große Aufenthaltswahrscheinlichkeit der Elektronen im Kern).

Übergänge $0^+ \to 0^+$ können nicht durch Emission eines Photons vonstatten gehen. Wenn sich ein Kern in einem angeregten 0^+-Zustand befindet und auch alle darunter liegenden Zustände die Quantenzahlen 0^+ haben (z. B. in ^{16}O oder ^{40}Ca – vgl. Abb. 18.6), dann muss dieser Zustand auf eine andere Weise zerfallen: durch innere Konversion, Emission von 2 Photonen oder, falls das energetisch möglich ist, von e^+e^--Paaren. Bei Übergängen zwischen zwei Niveaus mit $J = 0$ und entgegengesetzten Paritäten ist innere Konversion aus Gründen der Paritätserhaltung nicht möglich.

Die Lebensdauer angeregter Kernzustände liegt typischerweise zwischen 10^{-9} s und 10^{-15} s. Dies entspricht Zustandsbreiten von unter 1 eV. Zustände, die nur durch Übergänge mit kleiner Energie und sehr hoher Multipolarität zerfallen können, können deutlich längere Lebensdauern haben. Man bezeichnet sie als *Isomere* und kennzeichnet sie durch ein „m" am Elementsymbol. Ein krasses Beispiel ist der zweite angeregte Zustand von ^{110}Ag mit den Quantenzahlen $J^P = 6^+$ und der Anregungsenergie 117.7 keV. Die Abregung erfolgt durch einen M4-Übergang in den ersten angeregten Zustand (1.3 keV; 2^-), weil der Zerfall in den Grundzustand (1^+) noch weitaus unwahrscheinlicher ist. Die Halbwertszeit von $^{110}\mathrm{Ag}^{\mathrm{m}}$ ist mit $t_{1/2} = 235$ d extrem lang [Le78].

Kontinuumzustände. Wir haben gesehen, dass in den meisten Kernen die Bindungsenergie pro Nukleon bei 8 MeV liegt (Abb 2.4). Dies ist auch ungefähr die Energie, die man zum Herauslösen einzelner Nukleonen benötigt *(Separationsenergie)*. Bei Anregungsenergien oberhalb dieser Energie können daher einzelne Nukleonen emittiert werden. Vorzugsweise handelt es sich dabei um Neutronen, weil es für sie keine Coulomb-Schwelle gibt. Da dies ein Prozess der starken Wechselwirkung ist, ist er gegenüber der γ-Emission deutlich bevorzugt.

Den Bereich oberhalb der Schwelle für die Emission von Teilchen bezeichnet man, wie in der Atomphysik, als das *Kontinuum*. Auch innerhalb dieses Kontinuums gibt es diskrete, quasi gebundene Zustände. Während Zustände unterhalb dieser Schwelle nur durch die verhältnismäßig langsame γ-Emission zerfallen können und daher sehr schmal sind, nimmt bei Anregungsenergien oberhalb der Teilchenschwelle die Lebensdauer der Zustände drastisch ab und die Breite zu. Zugleich wächst mit der Anregungsenergie auch die Dichte der Zustände etwa exponentiell. Bei höheren Anregungsenergien beginnen die Zustände daher sich zu überlappen und – sofern die Quantenzahlen identisch sind – sich zu vermischen.

Man untersucht das Kontinuum besonders effektiv durch die Messung des Wirkungsquerschnitts für Neutroneinfang und -streuung. Auch bei hohen Anregungsenergien lassen sich noch einige schmale Zustände identifizieren, die sich aufgrund ihrer exotischen Quantenzahlen (hohen Spins) nicht mit benachbarten Zuständen vermischen.

In Abb. 3.10 ist neben dem Wirkungsquerschnitt für den Neutroneinfang auch der Wirkungsquerschnitt für die γ-induzierte Emission von Neutronen *(nuklearer Photoeffekt)* schematisch gezeigt. Man beobachtet eine breite Resonanz, die *Dipolriesenresonanz*, die wir in Abschn. 18.2 interpretieren werden.

Aufgaben

1. **α-Zerfall**
   Beim α-Zerfall des Nuklids ^{238}Pu (τ=127 a) in den langlebigen Tochterkern ^{234}U ($\tau = 3.5 \cdot 10^5$ a) wird kinetische Energie von 5.49 MeV frei. Die entstehende Wärme kann durch radiothermische Generatoren (RTG) zur Erzeugung von Elektrizität benutzt werden. Die Raumsonde *Voyager 2*, die am 20.8.1977 gestartet wurde, flog an vier Planeten vorbei, u. a. am 26.8.1981 am Saturn (Abstand von der Sonne: 9.5 AE; 1 AE = Abstand Sonne–Erde).
   a) Mit wieviel Plutonium mussten die RTG von *Voyager 2* bei einem Wirkungsgrad von 5.5 % bestückt sein, um beim Vorbeiflug am Saturn mindestens 395 W elektrische Leistung zu liefern?
   b) Wieviel elektrische Leistung stand beim Vorbeiflug am Neptun (24.8.1989; 30.1 AE Abstand) zur Verfügung?
   c) Zum Vergleich: die größten jemals im All benutzten „Sonnenpaddel" waren die des Raumlabors *Skylab,* die 10.5 kW auf 730 m^2 erzeugt hätten, wenn sie beim Start unbeschädigt geblieben wären. Welche Fläche hätte für *Voyager 2* mit Solarzellen belegt werden müssen?

2. **Radioaktivität**
   Uran in natürlicher Isotopenzusammensetzung besteht zu 99.28 % aus ^{238}U und zu 0.72 % aus ^{235}U.
   a) Wie alt müsste die Materie des Sonnensystems sein, wenn man annimmt, dass bei seiner Entstehung beide Isotope in gleicher Häufigkeit vorhanden waren? Wie interpretieren Sie das Ergebnis? ^{235}U hat eine Lebensdauer von $\tau = 1.015 \cdot 10^9$ a. Für die Lebensdauer von ^{238}U benutzen Sie die Daten aus Abb. 3.7.
   b) Welcher Anteil von ^{238}U ist seit der Entstehung der Erdkruste vor $2.5{\cdot}10^9$ Jahren zerfallen?
   c) Wieviel Energie wird bei der Zerfallskette $^{238}\text{U} \to {}^{206}\text{Pb}$ pro Uran-Kern frei? Zu einem kleinen Teil zerfällt ^{238}U durch spontane Spaltung, z. B. in $^{142}_{54}$Xe und $^{96}_{38}$Sr.

3. **Radon-Aktivität**
   Nachdem ein Hörsaal mit Wänden, Fußboden und Decke aus Beton ($10{\times}10{\times}4\,\text{m}^3$) tagelang nicht gelüftet wurde, misst man in der Luft eine spezifische Aktivität A für ^{222}Rn von 100 Bq/m^3.
   a) Berechnen Sie die Aktivität von ^{222}Rn als Funktion der Lebensdauern von Eltern- und Tochterkern.
   b) Wie groß ist die Konzentration des ^{238}U im Beton, wenn die effektive Dicke, aus der das Zerfallsprodukt ^{222}Rn herausdiffundiert, 1.5 cm beträgt?

4. **Massenformel**
   In seinem Roman *Lunatico* beschreibt Isaac Asimov ein Universum, in dem nicht $^{186}_{74}$W, sondern $^{186}_{94}$Pu das stabilste Nuklid mit $A = 186$ ist, „weil dort das Verhältnis zwischen starker und elektromagnetischer Wechselwirkung anders ist als bei uns". Nehmen Sie an, dass nur die elektromagnetische Kopplungskonstante α unterschiedlich ist, die starke Wechselwirkung und die Massen der Nukleonen hingegen unverändert bleiben. Wie groß müsste α sein, damit $^{186}_{82}$Pb, $^{186}_{88}$Ra bzw. $^{186}_{94}$Pu stabil ist?

5. **α-Zerfall**
   Die Bindungsenergie des α-Teilchens beträgt 28.3 MeV. Schätzen Sie unter Verwendung der Massenformel (2.8) ab, von welcher Massenzahl A an der α-Zerfall für alle Kerne energetisch möglich ist.

6. **Quantenzahlen**
   Ein gg-Kern im Grundzustand zerfällt durch α-Emission. Welche J^P-Zustände des Tochterkerns können bevölkert werden?

4. Streuung

4.1 Allgemeine Betrachtung von Streuprozessen

Streuexperimente sind eine wichtige Methode der Kern- und Teilchenphysik, um sowohl Details der Wechselwirkungen zwischen verschiedenen Teilchen zu untersuchen, als auch Aufschlüsse über die innere Struktur der Atomkerne und ihrer Bausteine zu erhalten. Ihre Diskussion wird daher im Folgenden einen großen Raum einnehmen.

Bei einem typischen Streuexperiment wird ein Strahl von Teilchen mit (meist) wohldefinierter Energie auf das zu untersuchende Objekt, das Streuzentrum (englisch: *Target*) geschossen. Gelegentlich kommt es dabei zu einer Reaktion

$$\mathrm{a} + \mathrm{b} \rightarrow \mathrm{c} + \mathrm{d}$$

zwischen Projektil und Target. Hierbei bezeichnen a und b Strahl- und Targetteilchen, c und d die Reaktionsprodukte, deren Zahl in inelastischen Reaktionen auch größer als Zwei sein kann. Rate, Energie und Masse der Reaktionsprodukte sowie ihr Winkel relativ zur Einfallsrichtung der Strahlteilchen werden mit geeigneten Detektoranordnungen registriert.

Experimentell ist es heute möglich, Strahlen verschiedenster Teilchensorten (Elektronen, Protonen, Neutronen, schwere Ionen, ...) zu erzeugen. Die Strahlenergien reichen dabei von 10^{-3} eV für „kalte" Neutronen bis zu 10^{12} eV für Protonen. Es gibt auch Strahlen von Teilchen, die erst in Hochenergiereaktionen erzeugt werden müssen und zum Teil kurzlebig sind, wie Neutrinos, Myonen, π– oder K-Mesonen oder Hyperonen ($\Sigma^{\pm}$, Ξ^{-}, Ω^{-}).

Als Streumaterial verwendet man feste, flüssige und gasförmige Targets, oder, bei Speicherringexperimenten, auch andere Teilchenstrahlen. Beispiele für die letzte Kategorie sind der Elektron-Positron-Speicherring LEP (Large Electron Positron collider) am CERN [1] in Genf mit einer Strahlenergie von maximal $E_{\mathrm{e}^+,\mathrm{e}^-} = 86\,\mathrm{GeV}$, der Proton-Antiproton-Speicherring „Tevatron" am Fermi National Accelerator Laboratory (FNAL) in den USA ($E_{\mathrm{p},\overline{\mathrm{p}}} = 900$ GeV) oder der Elektron-Proton-Speicherring HERA (Hadron-Elektron-Ringanlage) am DESY[2] in Hamburg ($E_{\mathrm{e}} = 30\,\mathrm{GeV}$, $E_{\mathrm{p}} = 920\,\mathrm{GeV}$), der 1992 in Betrieb genommen wurde.

---

[1] Conseil Européen pour la Recherche Nucléaire

[2] Deutsches Elektronen-Synchrotron

In Abb. 4.1 sind einige Streuprozesse symbolisch dargestellt. Wir unterscheiden zwischen elastischen und inelastischen Streureaktionen.

Elastische Streuung. Bei einem elastischen Prozess (Abb. 4.1a)

$$\mathrm{a} + \mathrm{b} \to \mathrm{a}' + \mathrm{b}'$$

sind die Teilchen vor und nach der Streuung identisch. Das Target b bleibt in seinem Grundzustand und übernimmt lediglich den Rückstoßimpuls sowie die entsprechende kinetische Energie. Der Apostroph soll hierbei andeuten, dass die Teilchen im Endzustand sich von denen im Anfangszustand nur in ihren Impulsen und Energien unterscheiden. Streuwinkel und Energie des Teilchens a′ und Produktionswinkel und Energie des Teilchens b′ sind eindeutig korreliert. Aus der Variation der Streuraten mit der Einfallsenergie und dem Streuwinkel kann man wie in der Optik auf die räumliche Gestalt des streuenden Objekts rückschließen.

Es ist leicht einzusehen, dass die Energie der einfallenden Teilchen um so größer sein muss, je kleiner die Strukturen sind, die man auflösen will. Die reduzierte De-Broglie-Wellenlänge $\lambda\!\!\!^{-} = \lambda/2\pi$ eines Teilchens mit dem Impuls p ist gegeben durch

$$\lambda\!\!\!^{-} = \frac{\hbar}{p} = \frac{\hbar c}{\sqrt{2mc^2 E_{\mathrm{kin}} + E_{\mathrm{kin}}^2}} \approx \begin{cases} \hbar/\sqrt{2mE_{\mathrm{kin}}} & \text{für } E_{\mathrm{kin}} \ll mc^2 \\ \hbar c/E_{\mathrm{kin}} \approx \hbar c/E & \text{für } E_{\mathrm{kin}} \gg mc^2 \,. \end{cases} \tag{4.1}$$

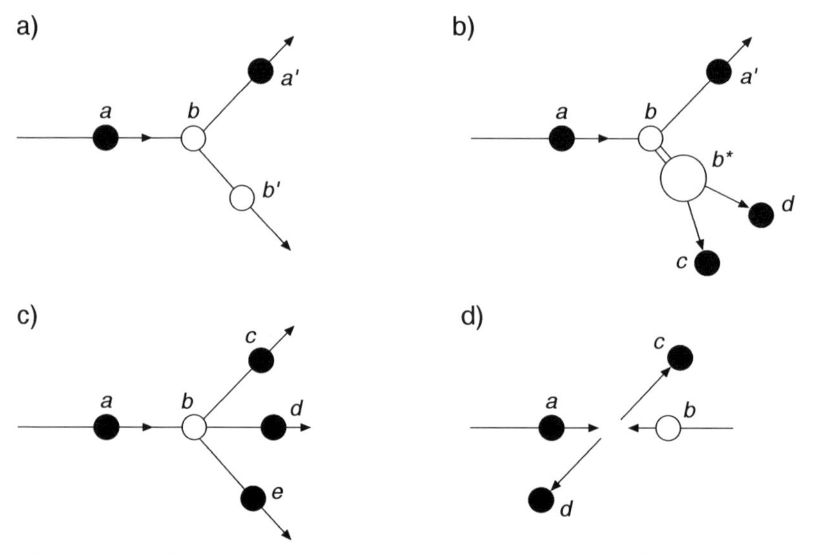

Abbildung 4.1. Symbolische Darstellung von Streuprozessen: (**a**) elastische Streuung; (**b**) inelastische Streuung – Erzeugung eines angeregten Zustands, der in zwei Teilchen zerfällt; (**c**) inelastische Erzeugung neuer Teilchen; (**d**) Reaktion kollidierender Strahlen.

Wenn man Strukturen mit einer linearen Ausdehnung Δx auflösen will, darf die Wellenlänge maximal von derselben Größenordnung sein: $\lambda\!\!\!^{-} \lesssim \Delta x$. Nach der Heisenberg'schen Unschärferelation benötigt man dafür einen Teilchenimpuls

$$p \gtrsim \frac{\hbar}{\Delta x}\,, \qquad pc \gtrsim \frac{\hbar c}{\Delta x} \approx \frac{200\,\mathrm{MeV\,fm}}{\Delta x}\,. \tag{4.2}$$

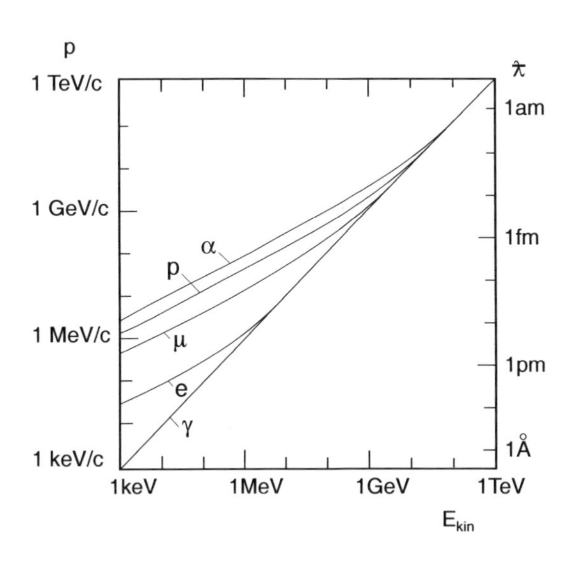

Abbildung 4.2. Zusammenhang zwischen kinetischer Energie, Impuls und reduzierter Wellenlänge für Photonen (γ), Elektronen (e), Myonen (μ), Protonen (p) und ^{4}He-Kerne (α). Der Durchmesser von Atomen beträgt typischerweise einige Å (10^{-10} m), der von Atomkernen einige fm (10^{-15} m).

Zur Untersuchung der räumlichen Gestalt von Atomkernen, deren Radien typischerweise einige fm betragen, werden daher Strahlimpulse in der Größenordnung von $10-100\,\mathrm{MeV}/c$ benötigt; einzelne Nukleonen, deren Radien bei 0.8 fm liegen, werden bei Impulsen oberhalb von $\approx 100\,\mathrm{MeV}/c$ aufgelöst; zur Auflösung der Konstituenten des Nukleons, der Quarks, muss man tief ins Innere des Nukleons blicken. Hierfür sind Strahlimpulse von vielen GeV/c erforderlich (siehe Abb. 1.1).

Inelastische Streuung. Bei inelastischen Reaktionen (Abb. 4.1b)

$$\mathrm{a}+\mathrm{b} \;\rightarrow\; \mathrm{a}'+\mathrm{b}^* \\ \hookrightarrow \mathrm{c}+\mathrm{d}$$

regt ein Teil der vom Teilchen a an b abgegebenen kinetischen Energie es auf einen höheren Energiezustand b* an, wobei der angeregte Zustand nach einiger Zeit wieder unter Emission eines leichten Teilchens (z. B. eines Photons oder π-Mesons) in den Grundzustand übergeht oder in zwei oder mehrere andere Teilchen zerfällt.

Beobachtet man bei einer Reaktion nur das gestreute Teilchen a′, nicht aber die anderen Reaktionsprodukte, so spricht man von einer *inklusiven*

Messung, weist man alle Reaktionsprodukte nach, von einer *exklusiven* Messung.

Wenn es die Erhaltungssätze für die Leptonen- oder Baryonenzahl (siehe Abschn. 8.2 und 10.1) erlauben, kann das Strahlteilchen bei der Reaktion auch völlig verschwinden (Abb. 4.1c,d). Seine Gesamtenergie dient dann zur Anregung des Targets oder zur Produktion neuer Teilchen. Inelastische Reaktionen sind die Basis der Kern- und Teilchen*spektroskopie,* die im zweiten Teil dieses Buches ausführlich diskutiert wird.

4.2 Wirkungsquerschnitt

Wie bereits erläutert, liefern die in Streuexperimenten gemessenen Reaktionsraten sowie Energie- und Winkelverteilung der Reaktionsprodukte Informationen über die Dynamik der Wechselwirkung zwischen Projektil und Targetteilchen, d. h. über die Form des Wechselwirkungspotentials und die Kopplungsstärke. Die wichtigste Größe bei der Beschreibung und Interpretation dieser Reaktionen ist der sogenannte *Wirkungsquerschnitt* σ, der ein Maß für die Wahrscheinlichkeit einer Reaktion zwischen den beiden Stoßpartnern ist.

Geometrischer Reaktionsquerschnitt. Zur Veranschaulichung dieser Größe betrachten wir ein vereinfachtes Modellexperiment. In einem dünnen Streutarget der Dicke d mögen sich N_b Streuzentren b befinden. Die Teilchendichte im Streuer sei n_b. Jedes Targetteilchen besitzt die Querschnittsfläche σ_b. Diese Querschnittsfläche soll experimentell bestimmt werden. Dazu schießen wir einen monoenergetischen Strahl von punktförmigen Teilchen a auf das Target. Wir nehmen an, dass es immer dann zu einer Reaktion kommt, wenn ein Strahlteilchen auf ein Targetteilchen trifft. Das Projektil soll dann aus dem Strahl verschwinden, unabhängig davon, ob die Reaktion elastisch oder inelastisch war, also unabhängig davon, ob das Targetteilchen b angeregt wurde oder nicht. Die totale Reaktionsrate $\dot{N}$, also die Gesamtzahl der Reaktionen pro Zeiteinheit, ist dann gegeben durch die Differenz der Strahlteilchenrate $\dot{N}_\mathrm{a}$ vor und hinter dem Targetmaterial und ist ein direktes Maß für die Querschnittsfläche σ_b (Abb. 4.3).

Der einfallende Teilchenstrahl habe die Querschnittsfläche A, die Teilchendichte sei n_a. Die Zahl der Strahlteilchen, die pro Flächeneinheit und pro Zeiteinheit auf das Target treffen, bezeichnet man als *Fluss* Φ_a. Er ist gleich dem Produkt aus Teilchendichte und Teilchengeschwindigkeit v_a

$$\Phi_\mathrm{a} = \frac{\dot{N}_\mathrm{a}}{A} = n_\mathrm{a} \cdot v_\mathrm{a} \tag{4.3}$$

und hat die Dimension $[(\text{Fläche}\times\text{Zeit})^{-1}]$.

Die Gesamtzahl der Targetteilchen innerhalb des Strahlquerschnitts ist $N_\mathrm{b} = n_\mathrm{b} \cdot A \cdot d$. Die Reaktionsrate $\dot{N}$ ist somit gegeben durch das Produkt

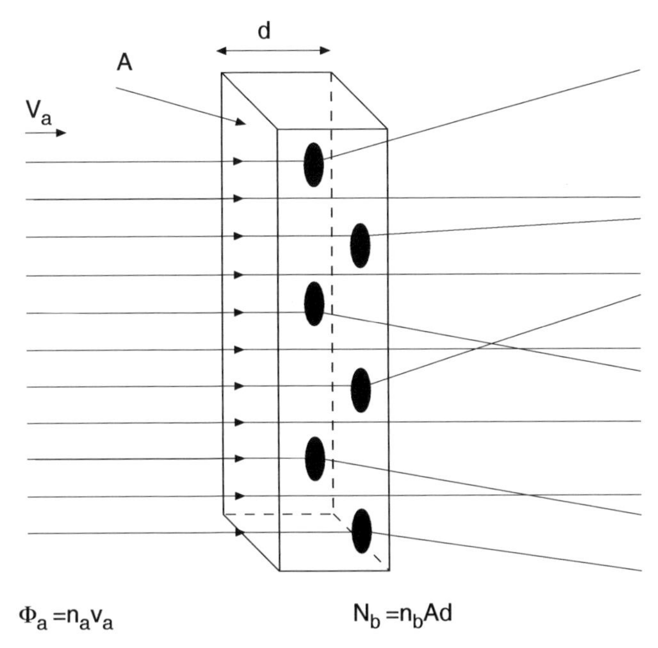

Abbildung 4.3. Messung des geometrischen Reaktionsquerschnitts. Der von links mit der Geschwindigkeit v_{a} einfallende Teilchenstrahl a mit der Dichte n_{a} entspricht einem Teilchenfluss $\Phi_{\mathrm{a}} = n_{\mathrm{a}} v_{\mathrm{a}}$. Er trifft auf ein (makroskopisches) Target mit der Dicke d und der Querschnittsfläche A. Manche der Strahlteilchen werden durch die Streuzentren im Target gestreut, d. h. aus ihrer ursprünglichen Bahn abgelenkt. Die Häufigkeit dieses Prozesses ist ein Maß für die Querschnittsfläche der Targetteilchen.

aus einfallendem Fluss und der gesamten vom Strahl gesehenen Querschnittsfläche der Teilchen:

$$\dot{N} = \Phi_{\mathrm{a}} \cdot N_{\mathrm{b}} \cdot \sigma_{\mathrm{b}} \,. \tag{4.4}$$

Diese Formel gilt dann, wenn die Streuzentren räumlich nicht überlappen und die Streuung nur an einzelnen Zentren stattfindet. Die Fläche, die ein einzelnes Streuzentrum dem einlaufenden Teilchen a darbietet und eine Streuung verursacht, und die wir im Folgenden als *geometrischen Reaktionsquerschnitt* bezeichnen wollen, ist somit

$$\begin{aligned} \sigma_{\mathrm{b}} &= \frac{\dot{N}}{\Phi_{\mathrm{a}} \cdot N_{\mathrm{b}}} \\ &= \frac{\text{Zahl der Reaktionen pro Zeiteinheit}}{\text{Zahl der Strahlteilchen pro Zeiteinheit pro Flächeneinheit} \times \text{Zahl der Streuzentren}} \,. \end{aligned} \tag{4.5}$$

Diese Definition setzt einen homogenen, zeitlich konstanten Strahl voraus (z. B. Neutronen aus Reaktoren). Bei Experimenten mit Teilchenbeschleunigern rechnet man mit

$$\sigma_b = \frac{\text{Zahl der Reaktionen pro Zeiteinheit}}{\text{Zahl der Strahlteilchen pro Zeiteinheit} \times \text{Zahl der Streuzentren pro Flächeneinheit}} \,.$$

Diese Formel eignet sich für den Fall, dass der Strahl nicht homogen, die Flächendichte der Streuzentren aber konstant ist.

Wirkungsquerschnitt. Die anschauliche Beschreibung des geometrischen Reaktionsquerschnitts als effektive Querschnittsfläche der Targetteilchen (ggf. gefaltet mit der Querschnittsfläche der Projektilteilchen) ist in vielen Fällen bereits eine gute Näherung (zum Beispiel bei der hochenergetischen Proton-Proton-Streuung, bei der die geometrische Ausdehnung der Teilchen vergleichbar ist mit der Reichweite ihrer Wechselwirkung).

Generell kann die Reaktionswahrscheinlichkeit zweier Teilchen aber sehr verschieden von dem Wert sein, den man aufgrund ihrer geometrischen Ausdehnung erwarten würde. Zusätzlich zeigt sie häufig eine starke Energieabhängigkeit. Beim Einfang thermischer Neutronen im Uran beispielsweise ändert sich die Reaktionsrate innerhalb eines kleinen Energieintervalls um mehrere Zehnerpotenzen. Bei der Streuung von (punktförmigen) Neutrinos, die nur der schwachen Wechselwirkung unterliegen, ist die Reaktionsrate sehr viel geringer als bei der Streuung von (ebenfalls punktförmigen) Elektronen, die aufgrund der elektromagnetischen Wechselwirkung erfolgt.

Maßgebend für die Wirkung des Streuzentrums auf das Strahlteilchen ist somit weniger seine geometrische Gestalt als vielmehr die Form und Reichweite des Wechselwirkungspotentials und die Stärke der Wechselwirkung. Wie bei der oben diskutierten Modellreaktion kann man die Wirkung bei vorgegebenem Fluss der einfallenden Strahlteilchen und Flächendichte der Streuzentren aus der Reaktionsrate bestimmen. In Analogie zum geometrischen Wirkungsquerschnitt definiert man allgemein den *totalen Wirkungsquerschnitt*

$$\sigma_{\text{tot}} = \frac{\text{Zahl der Reaktionen pro Zeiteinheit}}{\text{Zahl der Strahlteilchen pro Zeiteinheit} \times \text{Zahl der Streuzentren pro Flächeneinheit}} \,.$$

Entsprechend dem *totalen* Wirkungsquerschnitt kann man einen Wirkungsquerschnitt für die *elastischen* Reaktionen σ_{el} und die *inelastischen* Reaktionen σ_{inel} separat definieren, wobei der inelastische Anteil weiter auf die möglichen Reaktionskanäle aufgeteilt werden kann. Der *totale Wirkungsquerschnitt* ist dann die Summe dieser Anteile:

$$\sigma_{\text{tot}} = \sigma_{\text{el}} + \sigma_{\text{inel}} \,. \tag{4.6}$$

Der Wirkungsquerschnitt ist eine physikalische Größe mit der Dimension einer Fläche, die von der individuellen Gestaltung des Experiments unabhängig ist. Er wird oft in der Einheit *barn* angegeben, die definiert ist als

$$\begin{aligned} 1\,\text{barn} = 1\,\text{b} &= 10^{-28}\,\text{m}^2 \\ 1\,\text{millibarn} = 1\,\text{mb} &= 10^{-31}\,\text{m}^2 \\ &\text{etc.} \end{aligned}$$

Typische totale Wirkungsquerschnitte z. B. bei einer Strahlenergie von 10 GeV betragen im Fall der Streuung von Protonen an Protonen

$$\sigma_{\mathrm{pp}}(10\,\mathrm{GeV}) \approx 40\ \mathrm{mb} \tag{4.7}$$

und im Falle der Streuung von Neutrinos an Protonen

$$\sigma_{\nu\mathrm{p}}(10\ \mathrm{GeV}) \approx 7 \cdot 10^{-14}\ \mathrm{b} = 70\ \mathrm{fb}\ . \tag{4.8}$$

Luminosität. Die Größe

$$\mathcal{L} = \Phi_{\mathrm{a}} \cdot N_{\mathrm{b}} \tag{4.9}$$

nennt man *Luminosität.* Sie hat, wie der Fluss, die Dimension $[(\text{Fläche}\times\text{Zeit})^{-1}]$. Mit (4.3) und $N_{\mathrm{b}} = n_{\mathrm{b}} \cdot d \cdot A$ gilt:

$$\mathcal{L} = \Phi_{\mathrm{a}} \cdot N_{\mathrm{b}} = \dot{N}_{\mathrm{a}} \cdot n_{\mathrm{b}} \cdot d = n_{\mathrm{a}} \cdot v_{\mathrm{a}} \cdot N_{\mathrm{b}}\ . \tag{4.10}$$

Die Luminosität ist also gleich dem Produkt aus der Zahl der einfallenden Strahlteilchen pro Zeiteinheit $\dot{N}_{\mathrm{a}}$, der Dichte der Targetteilchen im Streumaterial n_{b} und der Länge des Targets d bzw. der Dichte der Strahlteilchen n_{a}, ihrer Geschwindigkeit v_{a} und der Zahl der im Strahl stehenden Targetteilchen N_{b}.

Im Falle der Kollision zweier Teilchenstrahlen in einem Speicherring gilt eine analoge Beziehung. Wenn man für jede Teilchensorte j Teilchenpakete mit jeweils N_{a} bzw. N_{b} Teilchen in einem Speicherring vom Umfang U entgegengesetzt mit der Geschwindigkeit v umlaufen lässt und diese durch geeignete Magnetfeldanordnungen an einem Wechselwirkungspunkt zur Kollision bringt, so stoßen sie $j \cdot v/U$–mal pro Zeiteinheit zusammen. Die Luminosität ist dann

$$\mathcal{L} = \frac{N_{\mathrm{a}} \cdot N_{\mathrm{b}} \cdot j \cdot v/U}{A}\ , \tag{4.11}$$

wobei A der Strahlquerschnitt im Kollisionspunkt ist. Sind die Strahlteilchen in horizontaler und vertikaler Richtung gaußförmig um die Strahlmitte verteilt und sind σ_x und σ_y die Standardabweichungen dieser Verteilungen, so gilt

$$A = 4\pi\sigma_x\sigma_y\ . \tag{4.12}$$

Um eine hohe Luminosität zu erreichen, müssen somit die Strahlen am Wechselwirkungspunkt auf einen möglichst kleinen Querschnitt komprimiert werden. Typische Werte liegen in der Größenordnung von Zehntelmillimetern und darunter.

Häufig gibt man bei Speicherringexperimenten die über einen längeren Zeitraum integrierte Luminosität $\int \mathcal{L}\,dt$ an. Aus dem Produkt von integrierter Luminosität und Wirkungsquerschnitt erhält man dann direkt die Zahl der Reaktionen, die man innerhalb des Messzeitraums beobachten kann. Beträgt zum Beispiel der Wirkungsquerschnitt 1 nb und die integrierte Luminosität 100 pb^{-1}, so erwartet man insgesamt 10^5 Reaktionen.

Differentieller Wirkungsquerschnitt. In der Praxis wird meistens nicht die Gesamtzahl aller Reaktionen registriert, sondern nur ein Teil. Unter einem Winkel θ zur Strahlrichtung befinde sich im Abstand r ein Detektor mit der Fläche A_D, der den Raumwinkel $\Delta\Omega = A_\mathrm{D}/r^2$ überdeckt (Abb. 4.4). Die Rate der von diesem Detektor nachgewiesenen Reaktionen ist dann proportional zum *differentiellen Wirkungsquerschnitt* $\mathrm{d}\sigma(E,\theta)/\mathrm{d}\Omega$:

$$\dot{N}(E,\theta,\Delta\Omega) = \mathcal{L}\cdot\frac{\mathrm{d}\sigma(E,\theta)}{\mathrm{d}\Omega}\Delta\Omega\,. \tag{4.13}$$

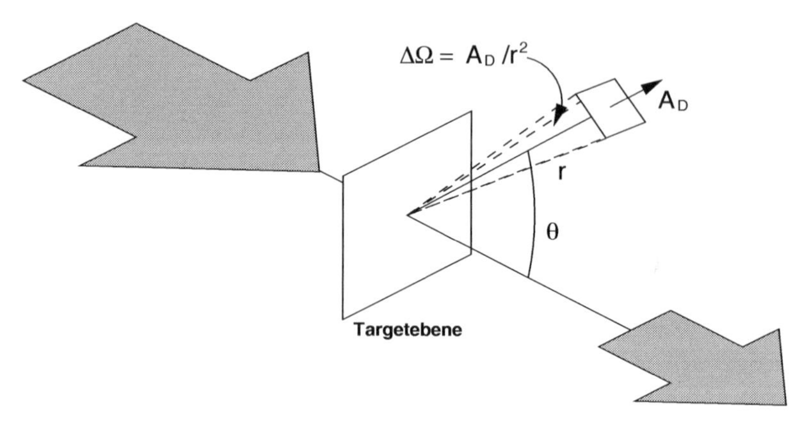

Abbildung 4.4. Skizze zum differentiellen Wirkungsquerschnitt. Der Detektor mit der Querschnittsfläche A_D weist nur Teilchen nach, die in den kleinen Raumwinkel $\Delta\Omega$ gestreut werden.

Kann der Detektor die Energie E' der gestreuten Teilchen bestimmen, so misst man den *doppelt differentiellen* Wirkungsquerschnitt $\mathrm{d}^2\sigma(E,E',\theta)/\mathrm{d}\Omega\,\mathrm{d}E'$. Der totale Wirkungsquerschnitt σ ist dann das Integral über den gesamten Raumwinkel und über alle Streuenergien

$$\sigma_\mathrm{tot}(E) = \int\limits_0^{E'_\mathrm{max}}\int\limits_{4\pi}\frac{\mathrm{d}^2\sigma(E,E',\theta)}{\mathrm{d}\Omega\,\mathrm{d}E'}\,\mathrm{d}\Omega\,\mathrm{d}E'\,. \tag{4.14}$$

4.3 Die „Goldene Regel“

Experimentell kann der Wirkungsquerschnitt, wie wir oben gezeigt haben, aus der Reaktionsrate $\dot{N}$ bestimmt werden. Im Folgenden wollen wir kurz skizzieren, wie diese Größe theoretisch berechnet werden kann.

Zunächst wird die Reaktionsrate von der Art und Stärke des Wechselwirkungspotentials abhängen, das durch den Hamiltonoperator $\mathcal{H}_\mathrm{int}$ beschrieben wird und das bei einer Reaktion die Wellenfunktion ψ_i des Anfangszustands in die Wellenfunktion ψ_f des Endzustands überführt. (Die Indizes i und f stehen für *initial* und *final*.) Das *Übergangsmatrixelement* hierfür lautet

$$\mathcal{M}_{fi} = \langle \psi_f | \mathcal{H}_{\text{int}} | \psi_i \rangle = \int \psi_f^* \, \mathcal{H}_{\text{int}} \, \psi_i \, \mathrm{d}V \,. \tag{4.15}$$

Dieses Matrixelement wird auch als *Wahrscheinlichkeitsamplitude* für den Übergang bezeichnet.

Des weiteren wird die Reaktionsrate davon abhängen, wie viele Endzustände für die Reaktion offenstehen. Jedes Teilchen besetzt aufgrund der Unschärferelation im *Phasenraum,* dem sechsdimensionalen Impuls-Orts-Raum, das Volumen $h^3 = (2\pi\hbar)^3$. Betrachten wir ein Teilchen, das in das Volumen V und in den Impulsbereich zwischen p' und $p' + \mathrm{d}p'$ gestreut wird. Im Impulsraum entspricht dies einer Kugelschale, deren Volumen $4\pi p'^2 \mathrm{d}p'$ beträgt. Wenn man Streuprozesse ausschließt, bei denen sich der Spin ändert, ist die Zahl der möglichen Endzustände

$$\mathrm{d}n(p') = \frac{V \cdot 4\pi p'^2}{(2\pi\hbar)^3} \mathrm{d}p' \,. \tag{4.16}$$

Energie und Impuls eines Teilchens sind durch die Beziehung

$$\mathrm{d}E' = v' \mathrm{d}p' \tag{4.17}$$

miteinander verknüpft. Somit gilt für die Dichte der Endzustände im Energieintervall $\mathrm{d}E'$

$$\varrho(E') = \frac{\mathrm{d}n(E')}{\mathrm{d}E'} = \frac{V \cdot 4\pi p'^2}{v' \cdot (2\pi\hbar)^3} \,. \tag{4.18}$$

Die Verknüpfung zwischen der Reaktionsrate, dem Übergangsmatrixelement und der Dichte der Endzustände ist durch Fermis *Zweite Goldene Regel* festgelegt, deren Herleitung in Lehrbüchern der Quantenmechanik zu finden ist (z. B. [Sc02]). Danach gilt für die Reaktionsrate W pro Targetteilchen und pro einfallendem Teilchen die Beziehung:

$$\boxed{W = \frac{2\pi}{\hbar} \left| \mathcal{M}_{fi} \right|^2 \cdot \varrho(E') \,.} \tag{4.19}$$

Andererseits gilt nach (4.3) und (4.4)

$$W = \frac{\dot{N}(E)}{N_\mathrm{b} \cdot N_\mathrm{a}} = \frac{\sigma \cdot v_\mathrm{a}}{V} , \tag{4.20}$$

wobei $V = N_\mathrm{a}/n_\mathrm{a}$ das Raumvolumen ist, in dem sich die Strahlteilchen befinden. Der Wirkungsquerschnitt ist demnach

$$\sigma = \frac{2\pi}{\hbar \cdot v_\mathrm{a}} \left| \mathcal{M}_{fi} \right|^2 \cdot \varrho(E') \cdot V \,. \tag{4.21}$$

Bei bekanntem Wechselwirkungspotential kann man somit aus (4.21) den Wirkungsquerschnitt berechnen. Ist das Wechselwirkungspotential nicht bekannt, so dient (4.21) zur Bestimmung des Übergangsmatrixelements aus dem gemessenen Wirkungsquerschnitt.

Die Goldene Regel gilt nicht nur für Streuprozesse, sondern in gleicher Weise auch für spektroskopische Prozesse, wie Zerfälle von instabilen Teilchen, Anregungen von Teilchenresonanzen sowie Übergänge zwischen verschiedenen atomaren und nuklearen Energiezuständen. In diesen Fällen gilt

$$W = \frac{1}{\tau} . \tag{4.22}$$

Die Übergangswahrscheinlichkeit pro Zeiteinheit kann dann entweder durch eine direkte Messung der Lebensdauer τ oder der Energiebreite des Zustands $\Delta E = \hbar/\tau$ bestimmt werden.

4.4 Feynman-Diagramme

> In QED, as in other quantum field theories, we can use the little pictures invented by my colleague Richard Feynman, which are supposed to give the illusion of understanding what is going on in quantum field theory.
>
> *M. Gell-Mann* [Ge80]

Es ist heute üblich, elementare Prozesse, wie die Streuung von zwei Teilchen aneinander oder den Zerfall eines Teilchens, mit Hilfe von sogenannten Feynman-Diagrammen darzustellen. Diese Diagramme wurden ursprünglich von Feynman als eine Art Kurzschrift für die einzelnen Terme bei der Berechnung der Übergangsmatrixelemente $\mathcal{M}_{fi}$ von elektromagnetischen Prozessen mit Hilfe der *Quantenelektrodynamik* (QED) eingeführt. Jedem Symbol eines solchen Raum-Zeit-Graphen entspricht ein Term im Matrixelement. Die Bedeutung und Verknüpfung der einzelnen Terme ist durch die *Feynman-Regeln* festgelegt. Analog zu den Regeln der QED gibt es entsprechende Vorschriften auch für die Berechnung von schwachen Prozessen und von starken Prozessen mit Hilfe der *Quantenchromodynamik* (QCD) [Sc95]. Wir werden die Graphen in diesem Buch nicht für quantitative Berechnungen verwenden, da dies Kenntnisse in der relativistischen Feldtheorie voraussetzt, sondern nur als bildhafte Veranschaulichung der auftretenden Prozesse. Daher wollen wir im Folgenden an wenigen Beispielen nur einige Definitionen und Regeln erläutern.

Abbildung 4.5 zeigt exemplarisch einige Graphen. Wir benutzen dabei die Konvention, dass die Zeitachse nach oben, die Raumachse nach rechts zeigt. Die durchgezogenen Linien in den Graphen entsprechen den Wellenfunktionen der Fermionen im Anfangs- und Endzustand. Antiteilchen (in unseren Beispielen das Positron e^+, das positive Myon μ^+ und das Elektron-Antineutrino $\overline{\nu}_e$) werden durch Pfeile entgegen der Zeitachse symbolisiert, Photonen durch Wellenlinien, schwere Vektorbosonen durch gestrichelte Linien und Gluonen durch Schraubenlinien.

Wie wir in Kap. 1 bereits erwähnt haben, erfolgt die elektromagnetische Wechselwirkung zwischen geladenen Teilchen durch den Austausch von Photonen. Abbildung 4.5a symbolisiert die elastische Streuung eines Elektrons an einem Positron. Die beiden Teilchen wechselwirken dadurch miteinander, dass das Elektron ein Photon emittiert, das von dem Positron absorbiert wird. Teilchen, die weder im Anfangs- noch im Endzustand auftauchen, in diesem Fall das Photon, bezeichnet man als *virtuelle Teilchen.* Aufgrund der Unschärferelation braucht bei virtuellen Teilchen die Energie-Impuls-Beziehung $E^2 = \boldsymbol{p}^2c^2 + m^2c^4$ nicht erfüllt zu sein. Man kann dies so interpretieren, dass die Masse des ausgetauschten Teilchens von der Masse m eines freien (reellen) Teilchens verschieden ist, oder dass die Energieerhaltung kurzfristig verletzt ist.

Punkte, an denen drei oder mehr Teilchen zusammenlaufen, nennt man *Vertizes.* Jedem Vertex entspricht im Übergangsmatrixelement ein Term, der

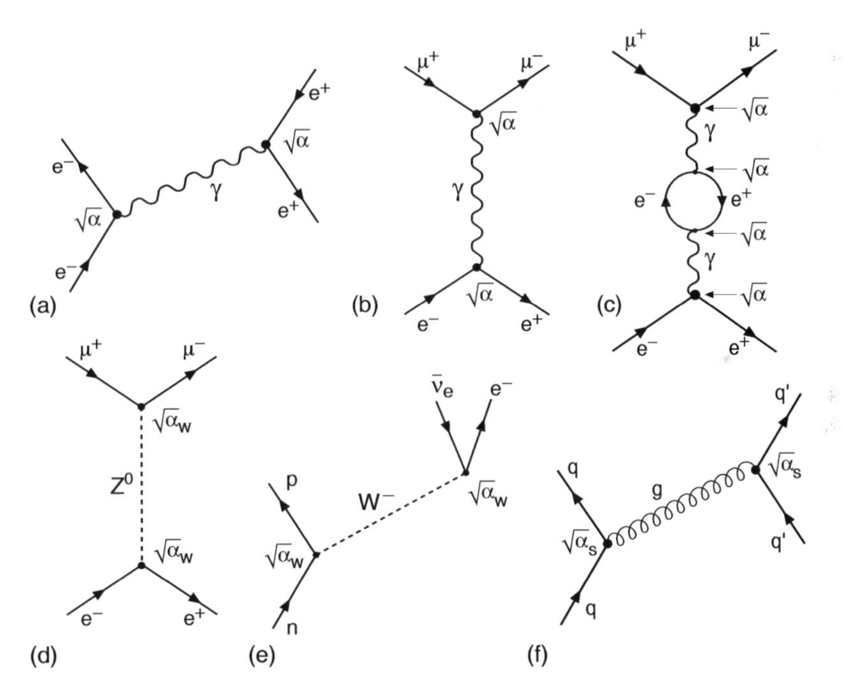

Abbildung 4.5. Feynmangraphen zur elektromagnetischen (**a, b, c**), zur schwachen (**d, e**) und zur starken Wechselwirkung (**f**)

die Struktur und Stärke der Wechselwirkung enthält. In unserem Beispiel (a) koppelt das ausgetauschte Photon am linken Vertex an die Ladung des Elektrons und am rechten Vertex an die des Positrons. Die Übergangsamplitude enthält für jeden Vertex einen Faktor, der proportional zu $\sqrt{\alpha}$ ist.

In Abb. 4.5b ist die Vernichtung eines Elektron-Positron-Paares dargestellt. Dabei entsteht als Zwischenzustand ein Photon, das nach einiger Zeit in ein negativ geladenes Myon μ^- und sein positiv geladenes Antiteilchen μ^+ zerfällt. Abbildung 4.5c zeigt den gleichen Prozess in einer etwas komplizierteren Version, bei der das Photon kurzzeitig durch Vakuumpolarisation in ein $\mathrm{e}^+\mathrm{e}^-$-Paar als weiteren Zwischenzustand übergeht. Zu demselben Prozess tragen auch weitere, noch kompliziertere Diagramme bei. Man bezeichnet sie als Diagramme höherer Ordnung.

Das Übergangsmatrixelement enthält die Überlagerung der Amplituden von allen Diagrammen, die zum gleichen Endzustand führen. Weil jedoch bei Diagrammen höherer Ordnung die Zahl der Vertizes größer ist, treten höhere Potenzen von α auf. Die Amplitude von Diagramm (b) ist proportional zu α, die von Diagramm (c) proportional zu α^2. Der Wirkungsquerschnitt für die Umwandlung eines Elektron-Positron-Paares in ein $\mu^+\mu^-$-Paar ergibt sich demnach in guter Näherung aus Diagramm (b); Diagramm (c) und alle Diagramme noch höherer Ordnung sind nur kleine Korrekturen hierzu.

Abbildung 4.5d zeigt die Paarerzeugung von Myonen aus der Elektron-Positron-Vernichtung auf Grund der schwachen Wechselwirkung durch Austausch des neutralen schweren Vektorbosons Z^0, Abb. 4.5e den β-Zerfall des Neutrons, bei dem das Neutron in ein Proton übergeht unter Aussendung eines negativ geladenen schweren Vektorbosons W^-, das dann nach kurzer Zeit in ein Elektron und ein Elektron-Antineutrino $\overline{\nu}_\mathrm{e}$ zerfällt. Abbildung 4.5f schließlich symbolisiert die starke Wechselwirkung zwischen zwei Quarks q und q′ durch Austausch eines Gluons, des Feldquants der starken Wechselwirkung.

Im Fall der schwachen Wechselwirkung wird ein schweres Vektorboson ausgetauscht, das nicht an die elektrische Ladung e, sondern an die „schwache Ladung“ g koppelt; entsprechend gilt $\mathcal{M}_{fi} \propto g^2 \propto \alpha_\mathrm{w}$ (der Index w steht für das englische Wort *weak*); für die starke Wechselwirkung zwischen Quarks, bei der die Gluonen an die „Farbladung“ der Quarks koppeln, gilt $\mathcal{M}_{fi} \propto \sqrt{\alpha_\mathrm{s}} \cdot \sqrt{\alpha_\mathrm{s}} = \alpha_\mathrm{s}$.

Die ausgetauschten Teilchen tragen zum Übergangsmatrixelement einen *Propagator*-Term bei. Generell lautet dieser Beitrag

$$\frac{1}{Q^2 + M^2c^2}\,, \tag{4.23}$$

wobei Q^2 das Quadrat des Viererimpulses ist (siehe 5.3 und 6.3), der bei der Wechselwirkung übertragen wird, und M die Masse des Austauschteilchens. Beim Austausch eines virtuellen Photons bewirkt dies einen Faktor $1/Q^2$ in der Amplitude und $1/Q^4$ im Wirkungsquerschnitt. Im Fall der schwachen

Wechselwirkung führt die große Masse des ausgetauschten Vektorbosons dazu, dass der Wirkungsquerschnitt für die schwache Wechselwirkung sehr viel geringer ist als für die elektromagnetische Wechselwirkung, es sei denn, man geht zu sehr hohen Impulsüberträgen, die in der Größenordnung der Masse der Vektorbosonen liegen.

Aufgaben

1. **Wirkungsquerschnitt**
   Deuteronen mit der Energie $E_{\mathrm{kin}} = 5\,\mathrm{MeV}$ werden auf ein senkrecht zum Strahl stehendes Tritium-Target mit der Massenbelegungsdichte $\mu_{\mathrm{t}} = 0.2\ \mathrm{mg/cm^2}$ geschossen, um die Reaktion $^3\mathrm{H(d, n)}^4\mathrm{He}$ zu untersuchen.
   a) Wie viele Neutronen fliegen pro Sekunde durch einen Detektor mit der Stirnfläche $F = 20\,\mathrm{cm}^2$, der im Abstand $R = 3\,\mathrm{m}$ vom Target unter einem Winkel $\theta = 30°$ zur Strahlrichtung der Deuteronen aufgestellt ist, wenn der differentielle Wirkungsquerschnitt $\mathrm{d}\sigma/\mathrm{d}\Omega$ unter diesem Winkel $13\,\mathrm{mb/sr}$ ist und der Deuteronenstrom, der auf das Target trifft, $I_{\mathrm{d}} = 2\mu\mathrm{A}$ beträgt?
   b) Wie groß ist die auf den Detektor auffallende Neutronenzahl pro Sekunde, wenn das Target so gedreht wird, dass es vom gleichen Deuteronenstrom nicht unter 90°, sondern unter 80° getroffen wird?

2. **Absorptionslänge**
   Ein Teilchenstrahl fällt auf eine dicke Schicht eines absorbierenden Mediums (mit n absorbierenden Teilchen pro Volumeneinheit).
   Wie groß ist die Absorptionslänge, d. h. die Strecke, auf der der Teilchenstrahl auf 1/e seiner ursprünglichen Intensität abgeschwächt wird
   a) für thermische Neutronen ($E \approx 25$ meV) in Cadmium ($\varrho = 8.6\,\mathrm{g/cm^3}$, $\sigma = 24\,506\,\mathrm{barn}$),
   b) für Photonen mit $E_\gamma = 2\,\mathrm{MeV}$ in Blei ($\varrho = 11.3\,\mathrm{g/cm^3}$, $\sigma = 15.7\,\mathrm{barn/Atom}$),
   c) für Reaktor-Antineutrinos in Erde ($\varrho = 5\,\mathrm{g/cm^3}$, $\sigma \approx 10^{-19}\,\mathrm{barn/Elektron}$; die Wechselwirkung mit den Kernen kann vernachlässigt werden; $Z/A \approx 0.5$)?

5. Geometrische Gestalt der Kerne

Die Wahrheit ist konkret.
Bertolt Brecht

Im folgenden Kapitel werden wir uns mit der Frage beschäftigen, wie groß Atomkerne sind und welche Gestalt sie haben.

Im Prinzip kann man diese Informationen aus der Streuung von z. B. Protonen oder α-Teilchen erhalten, und so basierte auch Rutherfords Erkenntnis, dass Kerne eine radiale Ausdehnung von weniger als 10^{-14} m haben, auf Streuexperimenten mit α-Teilchen. In der Praxis erweist es sich jedoch als sehr schwierig, Detailinformationen aus dieser Art von Experimenten zu extrahieren, da erstens diese Teilchen selbst ausgedehnt sind und der Wirkungsquerschnitt daher sowohl die Struktur des Projektils als auch des Targets widerspiegelt, und zweitens die Kernkräfte, die zwischen Projektil und Target wirken, kompliziert und nicht sehr gut bekannt sind.

Für die Untersuchung kleiner Objekte ist die Streuung von Elektronen besonders gut geeignet. Elektronen sind, soweit wir wissen, punktförmige Teilchen ohne innere Struktur. Die Wechselwirkung zwischen einem Elektron und dem Kern, Nukleon oder Quark erfolgt über den Austausch eines virtuellen Photons, der sich mit Hilfe der Quantenelektrodynamik (QED) exakt berechnen lässt. Es handelt sich also um die wohlbekannte elektromagnetische Wechselwirkung, deren Kopplungskonstante $\alpha \approx 1/137$ wesentlich kleiner als Eins ist, was bedeutet, dass Korrekturen höherer Ordnung nur eine geringe Rolle spielen.

5.1 Kinematik der Elektronenstreuung

Bei Streuexperimenten mit Elektronen arbeitet man mit hochrelativistischen Teilchen. Es ist daher zweckmäßig, bei kinematischen Rechnungen Vierervektoren zu verwenden. Die Vierer-Ortsvektoren besitzen als nullte Komponente die Zeit, die Vierer-Impulsvektoren die Energie:

$$\begin{aligned} x &= (x_0, x_1, x_2, x_3) &= (ct, \boldsymbol{x}) \,, \\ p &= (p_0, p_1, p_2, p_3) &= (E/c, \boldsymbol{p}) \,. \end{aligned} \tag{5.1}$$

Dreiervektoren werden wir im Folgenden durch Fettdruck kennzeichnen. Das Skalarprodukt zweier beliebiger Vierervektoren a und b, definiert durch

$$a \cdot b = a_0 b_0 - a_1 b_1 - a_2 b_2 - a_3 b_3 = a_0 b_0 - \boldsymbol{a} \cdot \boldsymbol{b} \,, \tag{5.2}$$

ist Lorentz-invariant. Insbesondere gilt dies auch für das Quadrat des Viererimpulses:

$$p^2 = \frac{E^2}{c^2} - \boldsymbol{p}^2 . \tag{5.3}$$

Dieses Quadrat ist gleich dem Quadrat der Ruhemasse m (multipliziert mit c^2), weil sich immer ein Bezugssystem finden lässt, in dem das Teilchen ruht und in dem damit $\boldsymbol{p} = 0$ und $E = mc^2$ gilt. Man nennt

$$m = \sqrt{p^2}\,/c \tag{5.4}$$

die *invariante Masse*. Aus (5.3) und (5.4) ergibt sich die relativistische Energie-Impuls-Beziehung

$$E^2 - \boldsymbol{p}^2c^2 = m^2c^4 \tag{5.5}$$

und daraus

$$E \approx |\boldsymbol{p}|\, c \qquad \text{falls} \qquad E \gg mc^2 . \tag{5.6}$$

Für Elektronen gilt diese Näherung schon bei Energien von einigen MeV.

■ Betrachten wir die Streuung eines Elektrons mit dem Viererimpuls p an einem Teilchen mit dem Viererimpuls P (Abb. 5.1). Nach den Erhaltungssätzen für Energie und Impuls muss die Summe der Viererimpulse vor und nach der Reaktion gleich sein:

$$p + P = p' + P' \tag{5.7}$$

oder quadriert:

$$p^2 + 2pP + P^2 = p'^2 + 2p'P' + P'^2 . \tag{5.8}$$

Im Falle der elastischen Streuung bleiben die invarianten Massen m_e und M der Stoßpartner unverändert. Wegen

$$p^2 = p'^2 = m_e^2c^2 \qquad \text{und} \qquad P^2 = P'^2 = M^2c^2 \tag{5.9}$$

gilt somit

$$p \cdot P = p' \cdot P' . \tag{5.10}$$

Meistens wird das rückgestreute Teilchen nicht nachgewiesen, sondern nur das gestreute Elektron. Dann benutzt man die Beziehung

$$p \cdot P = p' \cdot (p + P - p') = p'p + p'P - m_e^2c^2 . \tag{5.11}$$

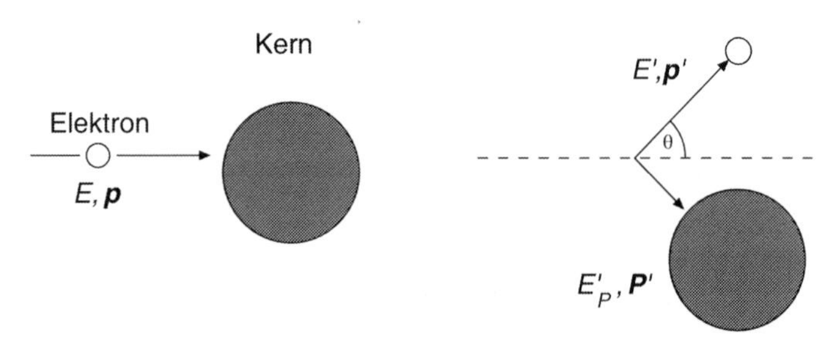

Abbildung 5.1. Kinematik der elastischen Elektron-Kern-Streuung

Begeben wir uns ins Laborsystem, in dem das Teilchen mit dem Viererimpuls P vor dem Stoß in Ruhe sei. Dann kann man die Viererimpulse schreiben als

$$p = (E/c, \boldsymbol{p}) \quad p' = (E'/c, \boldsymbol{p}') \quad P = (Mc, \boldsymbol{0}) \quad P' = (E'_P/c, \boldsymbol{P}') \,, \tag{5.12}$$

und wir erhalten aus (5.11):

$$E \cdot Mc^2 = E'E - \boldsymbol{pp}'c^2 + E'Mc^2 - m_e^2c^4 \,. \tag{5.13}$$

Bei hohen Energien kann man $m_e^2c^4$ vernachlässigen und gemäß (5.6) mit $E \approx |\boldsymbol{p}| \cdot c$ rechnen. Dann erhält man eine Beziehung zwischen Winkel und Energie:

$$E \cdot Mc^2 = E'E \cdot (1 - \cos\theta) + E' \cdot Mc^2 \,. \tag{5.14}$$

Die Energie E' des gestreuten Elektrons ist im Laborsystem

$$E' = \frac{E}{1 + E/Mc^2 \cdot (1 - \cos\theta)} \,. \tag{5.15}$$

Den Winkel θ, um den das Elektron abgelenkt wird, nennt man den *Streuwinkel.* Die Differenz $E - E'$ gibt den Rückstoß an, der auf das Target übertragen wird. Im Falle der elastischen Streuung besteht eine eindeutige Beziehung zwischen dem Streuwinkel θ und der Energie E' des gestreuten Elektrons. Bei inelastischer Streuung ist (5.15) nicht mehr erfüllt.

Die Winkelabhängigkeit der Streuenergie E' wird durch den $(1-\cos\theta)$-Term beschrieben, der den Vorfaktor E/Mc^2 hat. Demnach wird um so mehr Rückstoß an das Target übertragen, je größer das Verhältnis aus relativistischer Elektronenmasse E/c^2 und Targetmasse M ist, also entsprechend den klassischen Stoßgesetzen.

Wenn man Elektronen mit der vergleichsweise niedrigen Energie von 0.5 GeV an einem eher schweren Kern der Massenzahl $A = 50$ streut, so ändert sich die Streuenergie zwischen Vorwärts- und Rückwärtsstreuung nur um 2 %. Ganz anders sieht es aus, wenn beispielsweise Elektronen von 10 GeV an Protonen gestreut werden. Die Streuenergie E' variiert dann zwischen 10 GeV ($\theta \approx 0°$) und 445 MeV ($\theta = 180°$) (vgl. Abb. 5.2).

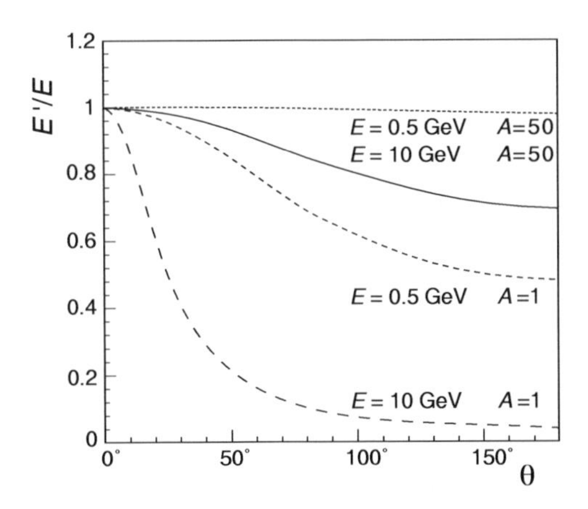

Abbildung 5.2. Winkelabhängigkeit der auf die Strahlenergie normierten Elektronstreuenergie E'/E bei elastischer Elektron-Kern-Streuung. Die Kurven zeigen diesen Zusammenhang für zwei verschiedene Strahlenergien (0.5 GeV und 10 GeV) und zwei unterschiedlich schwere Kerne ($A = 1$ und $A = 50$).

5.2 Der Rutherford-Wirkungsquerschnitt

Wir betrachten nun den Wirkungsquerschnitt für die Streuung eines Elektrons der Energie E an einem Atomkern mit der Ladung Ze. Die Reaktionskinematik kann nur dann ausreichend präzise berechnet werden, wenn sie relativistisch behandelt wird. Wir werden uns dem im Folgenden schrittweise nähern. Zunächst stellen wir die Rutherford-Streuformel vor. Diese gibt definitionsgemäß den Wirkungsquerschnitt unter Vernachlässigung des Spins an. Wenn der Atomkern schwer und die Energie des Elektrons nicht zu groß ist, kann man entsprechend (5.15) den Rückstoß vernachlässigen. In diesem Fall sind die Energie E und der Betrag des Impulses $\boldsymbol{p}$ vor und nach der Streuung gleich. Die Kinematik wird genauso berechnet wie beispielsweise bei der hyperbolischen Trajektorie von Kometen, die das Sonnensystem durchqueren und von der Sonne abgelenkt werden. Wenn dabei der Radius des Streuzentrums (Kern, Sonne) kleiner ist als der minimale Abstand des Projektils (Elektron, Komet), dann spielt bei dieser rein klassischen Rechnung die räumliche Ausdehnung des Streuzentrums keine Rolle. Man erhält dann die Rutherford-Formel für die Streuung eines Teilchens mit der Ladung ze und der kinetischen Energie E_{kin} an einem Kern mit der Ladung Ze: [1]

$$\left(\frac{\mathrm{d}\sigma}{\mathrm{d}\Omega}\right)_{\text{Rutherford}} = \frac{(zZe^2)^2}{(4\pi\varepsilon_0)^2 \cdot (4E_{\text{kin}})^2 \sin^4\frac{\theta}{2}} \,. \tag{5.16}$$

Exakt die gleiche Beziehung erhält man, wenn man in der nichtrelativistischen Quantenmechanik diesen Wirkungsquerschnitt mit Hilfe von Fermis Goldener Regel berechnet. Dies wollen wir im Folgenden zeigen. Um Wiederholungen zu vermeiden, werden wir hierbei zugleich den Fall behandeln, dass die zentrale Ladung räumlich ausgedehnt ist.

Streuung an einer ausgedehnten Ladungsverteilung. Wir wollen den Fall betrachten, bei dem das Target so schwer ist, dass der Rückstoß vernachlässigt werden kann. Dann können wir mit Dreierimpulsen rechnen. Wenn Ze klein ist, also wenn

$$Z\alpha \ll 1 \,, \tag{5.17}$$

kann man die *Born'sche Näherung* verwenden und die Wellenfunktionen ψ_i und ψ_f von ein- und auslaufendem Elektron durch ebene Wellen beschreiben:

$$\psi_i = \frac{1}{\sqrt{V}}\,\mathrm{e}^{i\boldsymbol{p}\boldsymbol{x}/\hbar} \qquad \psi_f = \frac{1}{\sqrt{V}}\,\mathrm{e}^{i\boldsymbol{p}'\boldsymbol{x}/\hbar} \,. \tag{5.18}$$

Wir umgehen dabei die Schwierigkeiten, die bei der Normierung der Wellenfunktionen auftauchen, indem wir nur ein endliches Volumen V betrachten. Dieses Volumen soll jedoch groß sein, verglichen mit dem Streuzentrum, und

[1] Zur Herleitung siehe z. B. [Ge06].

auch so groß, dass die diskreten Energiezustände in diesem Volumen in guter Näherung als kontinuierlich angesehen werden können. Die physikalischen Resultate müssen natürlich von V unabhängig sein.

Wenn wir einen Elektronenstrahl mit einer Dichte von n_a Teilchen pro Volumeneinheit betrachten, muss sich bei einem hinreichend großen Integrationsvolumen die Normierungsbedingung

$$\int_V |\psi_i|^2 \,\mathrm{d}V = n_a \cdot V \qquad \text{mit} \quad V = \frac{N_a}{n_a} \tag{5.19}$$

ergeben. Demnach ist V das Normierungsvolumen, das für ein einzelnes Strahlteilchen zu wählen ist.

Nach (4.20) ist die Reaktionsrate W gleich dem Produkt aus Wirkungsquerschnitt σ und Strahlteilchengeschwindigkeit v_a, dividiert durch dieses Volumen. Wenn wir nun die Goldene Regel (4.19) anwenden, erhalten wir

$$\frac{\sigma v_a}{V} = W = \frac{2\pi}{\hbar} \left|\langle\psi_f|\mathcal{H}_{\text{int}}|\psi_i\rangle\right|^2 \frac{\mathrm{d}n}{\mathrm{d}E_f} \,. \tag{5.20}$$

Dabei ist E_f die totale Energie (kinetische und Ruheenergie) im Endzustand. Da wir den Rückstoß vernachlässigen und die Ruheenergie eine Konstante ist, gilt $\mathrm{d}E_f = \mathrm{d}E' = \mathrm{d}E$.

Die Dichte n der möglichen Endzustände im Phasenraum ist in (4.16) gegeben als

$$\mathrm{d}n(|\boldsymbol{p}'|) = \frac{4\pi|\boldsymbol{p}'|^2 \mathrm{d}|\boldsymbol{p}'| \cdot V}{(2\pi\hbar)^3} \,. \tag{5.21}$$

Der Wirkungsquerschnitt für die Streuung des Elektrons in ein Raumwinkelelement der Größe $\mathrm{d}\Omega$ ist dann

$$\mathrm{d}\sigma \cdot v_a \cdot \frac{1}{V} = \frac{2\pi}{\hbar} \left|\langle\psi_f|\mathcal{H}_{\text{int}}|\psi_i\rangle\right|^2 \frac{V|\boldsymbol{p}'|^2 \mathrm{d}|\boldsymbol{p}'|}{(2\pi\hbar)^3 \mathrm{d}E_f} \,\mathrm{d}\Omega \,. \tag{5.22}$$

Die Geschwindigkeit v_a können wir in guter Näherung durch die Lichtgeschwindigkeit c ersetzen. Für große Elektronenenergien gilt $|\boldsymbol{p}'| \approx E'/c$, und wir erhalten

$$\frac{\mathrm{d}\sigma}{\mathrm{d}\Omega} = \frac{V^2 E'^2}{(2\pi)^2 (\hbar c)^4} \left|\langle\psi_f|\mathcal{H}_{\text{int}}|\psi_i\rangle\right|^2 \,. \tag{5.23}$$

Der Wechselwirkungsoperator einer Ladung e im elektrischen Potential ϕ ist $\mathcal{H}_{\text{int}} = e\phi$. Somit ist das Matrixelement

$$\langle\psi_f|\mathcal{H}_{\text{int}}|\psi_i\rangle \;=\; \frac{e}{V} \int \mathrm{e}^{-i\boldsymbol{p}'\boldsymbol{x}/\hbar}\, \phi(\boldsymbol{x})\, \mathrm{e}^{i\boldsymbol{p}\boldsymbol{x}/\hbar} \mathrm{d}^3x \,. \tag{5.24}$$

Definieren wir den *Impulsübertrag* $\boldsymbol{q}$ als

$$\boldsymbol{q} = \boldsymbol{p} - \boldsymbol{p}', \tag{5.25}$$

so schreibt sich das Matrixelement als

$$\langle\psi_f|\mathcal{H}_{\text{int}}|\psi_i\rangle = \frac{e}{V}\int \phi(\boldsymbol{x})\,\mathrm{e}^{i\boldsymbol{q}\boldsymbol{x}/\hbar}\mathrm{d}^3x\,. \tag{5.26}$$

■ Wir können nun einen netten kleinen Trick mit Hilfe des Green'schen Theorems anwenden: Für zwei beliebig gewählte Skalarfelder u und v, die in großer Entfernung hinreichend schnell abfallen, gilt bei hinreichend großem Integrationsvolumen

$$\int (u\triangle v - v\triangle u)\,\mathrm{d}^3x = 0 \qquad \text{mit} \quad \triangle = \nabla^2\,. \tag{5.27}$$

Unter Verwendung von

$$\mathrm{e}^{i\boldsymbol{q}\boldsymbol{x}/\hbar} = \frac{-\hbar^2}{|\boldsymbol{q}|^2}\cdot\triangle\mathrm{e}^{i\boldsymbol{q}\boldsymbol{x}/\hbar} \tag{5.28}$$

können wir dann das Matrixelement (5.26) umformen in

$$\langle\psi_f|\mathcal{H}_{\text{int}}|\psi_i\rangle = \frac{-e\hbar^2}{V|\boldsymbol{q}|^2}\int \triangle\phi(\boldsymbol{x})\,\mathrm{e}^{i\boldsymbol{q}\boldsymbol{x}/\hbar}\,\mathrm{d}^3x\,. \tag{5.29}$$

Das Potential $\phi(\boldsymbol{x})$ ist mit der Ladungsdichte $\varrho(\boldsymbol{x})$ über die Poisson-Gleichung

$$\triangle\phi(\boldsymbol{x}) = \frac{-\varrho(\boldsymbol{x})}{\varepsilon_0} \tag{5.30}$$

verknüpft. Wir nehmen für die folgenden Betrachtungen an, dass die Ladungsdichte $\varrho(\boldsymbol{x})$ statisch, also zeitunabhängig ist.

Wenn wir durch $\varrho(\boldsymbol{x}) = Zef(\boldsymbol{x})$ eine Ladungsverteilungsfunktion f definieren, die der Normierungsbedingung $\int f(\boldsymbol{x})\,\mathrm{d}^3x = 1$ genügt, so schreibt sich das Matrixelement als:

$$\begin{aligned}\langle\psi_f|\mathcal{H}_{\text{int}}|\psi_i\rangle &= \frac{e\hbar^2}{\varepsilon_0\cdot V|\boldsymbol{q}|^2}\int \varrho(\boldsymbol{x})\,\mathrm{e}^{i\boldsymbol{q}\boldsymbol{x}/\hbar}\mathrm{d}^3x \\ &= \frac{Z\cdot 4\pi\alpha\hbar^3 c}{|\boldsymbol{q}|^2\cdot V}\int f(\boldsymbol{x})\,\mathrm{e}^{i\boldsymbol{q}\boldsymbol{x}/\hbar}\mathrm{d}^3x\,.\end{aligned} \tag{5.31}$$

Das Integral

$$F(\boldsymbol{q}) = \int \mathrm{e}^{i\boldsymbol{q}\boldsymbol{x}/\hbar} f(\boldsymbol{x})\mathrm{d}^3x \tag{5.32}$$

ist die Fouriertransformierte der auf die Gesamtladung normierten Ladungsfunktion $f(\boldsymbol{x})$. Man bezeichnet es als den *Formfaktor* der Ladungsverteilung. Er enthält alle Informationen über die räumliche Verteilung der Ladung des untersuchten Objekts. Auf Formfaktoren und ihre Bedeutung werden wir in den folgenden Kapiteln ausführlich eingehen.

Für die Berechnung des Rutherford-Wirkungsquerschnitts werden wir definitionsgemäß die räumliche Ausdehnung vernachlässigen, d. h. die Ladungsverteilung durch eine δ-Funktion beschreiben. Dann ist der Formfaktor konstant Eins, und man erhält durch Einsetzen des Matrixelements in (5.23):

$$\left(\frac{d\sigma}{d\Omega}\right)_{\text{Rutherford}} = \frac{4Z^2\alpha^2(\hbar c)^2 E'^2}{|\boldsymbol{q}c|^4} \,. \tag{5.33}$$

Diese $1/\boldsymbol{q}^4$-Abhängigkeit des elektromagnetischen Streuquerschnitts macht es außerordentlich schwierig, Ereignisse mit großen Impulsüberträgen zu messen, weil die Zählrate stark abnimmt und kleine Fehler in der Messung von $\boldsymbol{q}$ die Ergebnisse erheblich verfälschen können.

■ Da bei der Rutherford-Streuung der Rückstoß vernachlässigt werden kann, ist die Energie des Elektrons sowie der Betrag des Impulses vor und nach der Wechselwirkung gleich:

$$E = E' \,, \qquad |\boldsymbol{p}| = |\boldsymbol{p}'| \,. \tag{5.34}$$

Der Betrag des Impulsübertrages $\boldsymbol{q}$ ist dann

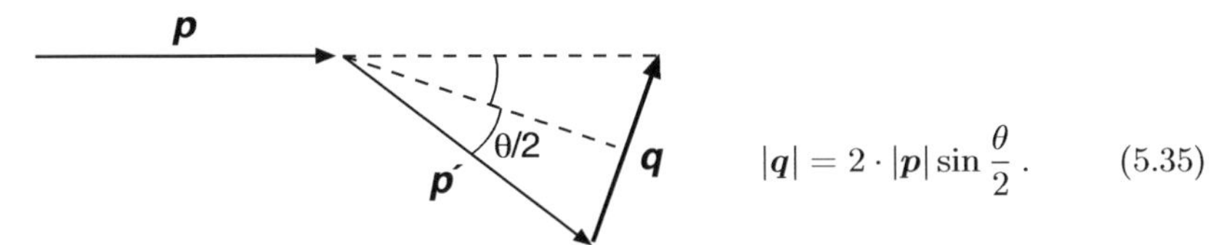

$$|\boldsymbol{q}| = 2 \cdot |\boldsymbol{p}| \sin\frac{\theta}{2} \,. \tag{5.35}$$

Wenn wir nun noch berücksichtigen, dass näherungsweise $E = |\boldsymbol{p}| \cdot c$ gilt, erhalten wir die relativistische Rutherford-Streuformel:

$$\left(\frac{d\sigma}{d\Omega}\right)_{\text{Rutherford}} = \frac{Z^2\alpha^2(\hbar c)^2}{4E^2\sin^4\frac{\theta}{2}} \,. \tag{5.36}$$

Die klassische Rutherford-Formel (5.16) erhält man ausgehend von (5.33), indem man nicht-relativistische Kinematik anwendet: $\boldsymbol{p} = m\boldsymbol{v}$, $E_{\text{kin}} = mv^2/2$ und $E' \approx mc^2$.

Feldtheoretische Betrachtung. In der unten stehenden Skizze ist ein Streuprozess bildhaft dargestellt. In der Sprache der Feldtheorie erfolgt die elektromagnetische Wechselwirkung des Elektrons mit der Ladungsverteilung durch den Austausch eines Photons, des Feldquants dieser Wechselwirkung. Das Photon, das selbst ungeladen ist, koppelt an die Ladung der beiden wechselwirkenden Teilchen. Dies führt im Übergangsmatrixelement zu einem Beitrag $Ze \cdot e$ und im Wirkungsquerschnitt zu dem Term $(Ze^2)^2$. Der Dreierimpulsübertrag $\boldsymbol{q}$, den wir in (5.25) definiert haben, ist der Impuls, den das ausgetauschte Photon übermittelt. Die reduzierte De-Broglie-Wellenlänge des Photons ist somit

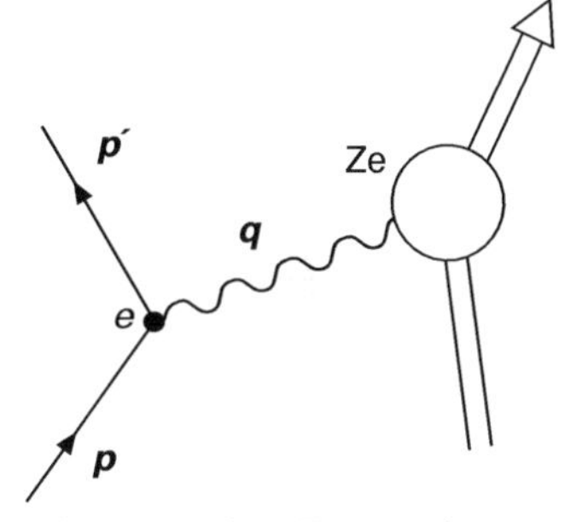

$$\lambda\!\!\!^{-} = \frac{\hbar}{|\boldsymbol{q}|} = \frac{\hbar}{|\boldsymbol{p}|} \cdot \frac{1}{2\sin\frac{\theta}{2}} \,. \tag{5.37}$$

Wenn $\lambda\!\!\!^-$ wesentlich größer als die räumliche Ausdehnung des Targetteilchens ist, werden innere Strukturen nicht aufgelöst, und das Targetteilchen kann als punktförmig betrachtet werden. Für diesen Fall haben wir den Rutherford-Wirkungsquerschnitt (5.16, 5.33) erhalten.

In der Form (5.33) kommt sehr schön zum Ausdruck, dass der Rutherford-Wirkungsquerschnitt vom Impulsübertrag abhängig ist. In niedrigster Ordnung wird die Wechselwirkung durch den Austausch eines Photons vermittelt. Da das Photon masselos ist, ist der Propagator (4.23) im Matrixelement $1/Q^2$, also $1/|\boldsymbol{q}|^2$ in nichtrelativistischer Näherung. Dieser Propagator geht quadratisch in den Wirkungsquerschnitt ein, woraus sich für die elektromagnetische Wechselwirkung ein charakteristischer rascher Abfall des Wirkungsquerschnitts mit $1/|\boldsymbol{q}|^4$ ergibt.

Wenn die Bedingung (5.17) für die Born'sche Näherung nicht mehr gegeben ist, müssen auch höhere Korrekturen (Mehrphotonaustausch) berücksichtigt werden, und es sind aufwendigere Rechnungen (Streuphasen-Analysen) erforderlich.

5.3 Der Mott-Wirkungsquerschnitt

Bislang haben wir den Spin von Elektron und Target unberücksichtigt gelassen. Bei relativistischen Energien wird der Rutherford-Wirkungsquerschnitt jedoch durch Spineffekte modifiziert. Der *Mott-Wirkungsquerschnitt,* der die Elektronenstreuung unter Berücksichtigung des Elektronenspins beschreibt, ist gegeben durch

$$\left(\frac{\mathrm{d}\sigma}{\mathrm{d}\Omega}\right)^*_{\text{Mott}} = \left(\frac{\mathrm{d}\sigma}{\mathrm{d}\Omega}\right)_{\text{Rutherford}} \cdot \left(1 - \beta^2 \sin^2\frac{\theta}{2}\right) \qquad \text{mit } \beta = \frac{v}{c}\,. \tag{5.38}$$

Der Stern deutet an, dass bei dieser Formel der Rückstoß des Kerns nicht berücksichtigt wurde. Man sieht, dass der Mott-Wirkungsquerschnitt für relativistische Energien zu großen Streuwinkeln wesentlich rascher abfällt als der Rutherford-Wirkungsquerschnitt. Im Grenzfall $\beta \to 1$ kann man wegen $\sin^2 x + \cos^2 x = 1$ den Mott-Wirkungsquerschnitt auch einfacher formulieren:

$$\left(\frac{\mathrm{d}\sigma}{\mathrm{d}\Omega}\right)^*_{\text{Mott}} = \left(\frac{\mathrm{d}\sigma}{\mathrm{d}\Omega}\right)_{\text{Rutherford}} \cdot \cos^2\frac{\theta}{2} = \frac{4Z^2\alpha^2(\hbar c)^2 E'^2}{|\boldsymbol{q}c|^4}\cos^2\frac{\theta}{2}\,. \tag{5.39}$$

Man kann sich den zusätzlichen Faktor in (5.39) plausibel machen, indem man den Extremfall der Streuung um 180° betrachtet. Für relativistische Teilchen ist im Grenzfall $\beta \to 1$ die Projektion des Spins $\boldsymbol{s}$ auf die Bewegungsrichtung $\boldsymbol{p}/|\boldsymbol{p}|$ eine Erhaltungsgröße. Dieser Erhaltungssatz folgt aus der Lösungen der Dirac-Gleichung in der relativistischen Quantenmechanik [Go86]. Statt von der Erhaltung der Projektion des Spins spricht man meist von der Erhaltung der *Helizität,* die wie folgt definiert ist:

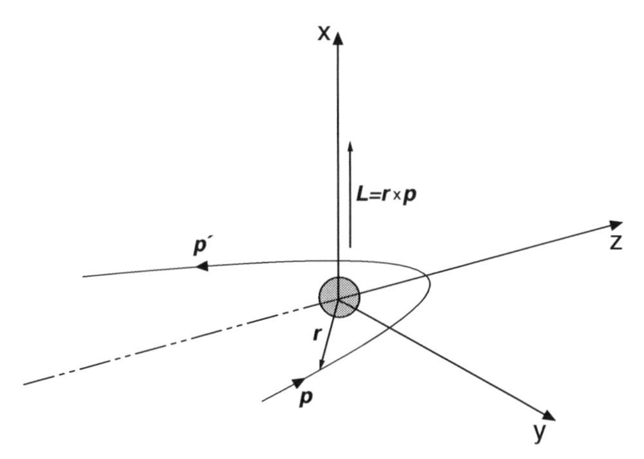

Abbildung 5.3. Die Helizität $h = \boldsymbol{s} \cdot \boldsymbol{p}/(|\boldsymbol{s}| \cdot |\boldsymbol{p}|)$ bleibt im Grenzfall $\beta \to 1$ erhalten. Das bedeutet, dass die Spinprojektion auf die z-Achse bei Streuung um 180° das Vorzeichen ändern müsste. Dies ist jedoch bei einem spinlosen Target aufgrund der Drehimpulserhaltung nicht möglich.

$$h = \frac{\boldsymbol{s} \cdot \boldsymbol{p}}{|\boldsymbol{s}| \cdot |\boldsymbol{p}|} \,. \tag{5.40}$$

Teilchen mit Spin in Bewegungsrichtung haben die Helizität +1, solche mit Spin entgegen der Bewegungsrichtung die Helizität −1.

In Abb. 5.3 wird die Kinematik einer Streuung um 180° skizziert. Als Quantisierungsachse $\hat{z}$ wählen wir hier die Impulsrichtung des einlaufenden Elektrons. Aufgrund der Helizitätserhaltung müsste sich die Spinprojektion auf die $\hat{z}$-Achse umkehren. Dies ist jedoch bei einem spinlosen Target aufgrund der Erhaltung des Gesamtdrehimpulses nicht möglich. Der Bahndrehimpuls $\boldsymbol{\ell}$ steht senkrecht auf der Bewegungsrichtung $\hat{z}$ und kann somit keine Änderung der Drehimpulskomponente in $\hat{z}$-Richtung bewirken. Deshalb ist im Grenzfall $\beta \to 1$ eine Streuung um 180° vollständig unterdrückt.

Falls das Target einen Spin hat, kann sich die Spinprojektion des Elektrons ändern, weil die Drehimpulserhaltung durch eine Änderung der Spinrichtung des Targets gewährleistet werden kann. In diesem Fall gilt die obige Argumentation nicht mehr, und eine Streuung um 180° ist möglich.

5.4 Formfaktoren der Kerne

Wenn man Streuexperimente an Kernen oder Nukleonen durchführt, stellt man fest, dass der experimentelle Wirkungsquerschnitt nur im Grenzfall $|\boldsymbol{q}| \to 0$ dem Mott-Wirkungsquerschnitt entspricht; bei größerem $|\boldsymbol{q}|$ sind die experimentellen Wirkungsquerschnitte systematisch kleiner. Der Grund hierfür liegt darin, dass Kerne und Nukleonen räumlich ausgedehnt sind. Bei größerem $|\boldsymbol{q}|$ wird die reduzierte Wellenlänge des virtuellen Photons kleiner (5.37), und die Auflösung nimmt zu. Das gestreute Elektron sieht dann nicht mehr die gesamte Ladung, sondern nur noch Teile davon. Daher nimmt der Wirkungsquerschnitt ab.

Wir haben gesehen, dass die räumliche Ausdehnung des Kerns durch den Formfaktor (5.32) beschrieben wird. Im Folgenden werden wir uns auf Formfaktoren von kugelsymmetrischen Systemen beschränken, in denen es also keine Vorzugsrichtung gibt. Der Formfaktor ist dann nur vom Betrag des Impulsübertrags $\boldsymbol{q}$ abhängig, was wir dadurch symbolisieren, dass wir den Formfaktor als $F(\boldsymbol{q}^2)$ schreiben.

Experimentell wird der Betrag des Formfaktors bestimmt als Verhältnis zwischen Mott-Wirkungsquerschnitt und gemessenem Wirkungsquerschnitt:

$$\left(\frac{\mathrm{d}\sigma}{\mathrm{d}\Omega}\right)_{\text{exp.}} = \left(\frac{\mathrm{d}\sigma}{\mathrm{d}\Omega}\right)^*_{\text{Mott}} \cdot \left|F(\boldsymbol{q}^2)\right|^2 . \tag{5.41}$$

Hierzu ermittelt man den Wirkungsquerschnitt bei fester Einfallsenergie unter verschiedenen Streuwinkeln (und somit verschiedenen Werten von $|\boldsymbol{q}|$) und dividiert dann durch den jeweils errechneten Mott-Wirkungsquerschnitt.

In Abb. 5.4 zeigen wir einen typischen Aufbau einer Apparatur zur Messung der Formfaktoren. Der Elektronenstrahl wird von einem Linearbeschleuniger geliefert und trifft auf ein dünnes Target. Die gestreuten Elektronen werden mit einem Magnetspektrographen gemessen. In einem Analysiermagneten werden die Elektronen je nach Impuls mehr oder minder stark abgelenkt und in Drahtkammern nachgewiesen. Das Spektrometer ist um das Target schwenkbar, um unter verschiedenen Winkeln θ Messungen durchführen zu können.

Beispiele für Formfaktoren. Die ersten Messungen von Kernformfaktoren wurden Anfang der 50er Jahre an einem Linearbeschleuniger der Stanford-Universität in Kalifornien vorgenommen. Bei Elektronenenergien um 500 MeV wurden die Wirkungsquerschnitte für eine Vielzahl von Kernen gemessen.

Ein Beispiel für eine der ersten Formfaktormessungen ist in Abb. 5.5 gezeigt. Aufgetragen ist der gemessene Wirkungsquerschnitt für ^{12}C als Funktion des Streuwinkels θ. Der rasche Abfall des Wirkungsquerschnitts mit größerem Winkel entspricht der Abhängigkeit mit $1/|\boldsymbol{q}|^4$. Überlagert wird dies durch ein typisches Beugungsbild, das vom Formfaktor herrührt und ein Minimum bei $\theta \approx 51°$ bzw. $|\boldsymbol{q}|/\hbar \approx 1.8\,\text{fm}^{-1}$ besitzt. Im Folgenden werden dieses Bild diskutieren und erklären, welche Kerneigenschaften man hieraus ableiten kann.

Wir haben gesehen, dass unter gewissen Bedingungen (vernachlässigbarer Rückstoß, Born'sche Näherung) der Formfaktor $F(\boldsymbol{q}^2)$ die Fouriertransformierte der Ladungsverteilung $f(\boldsymbol{x})$ ist:

$$F(\boldsymbol{q}^2) = \int \mathrm{e}^{i\boldsymbol{q}\boldsymbol{x}/\hbar} f(\boldsymbol{x})\,\mathrm{d}^3x . \tag{5.42}$$

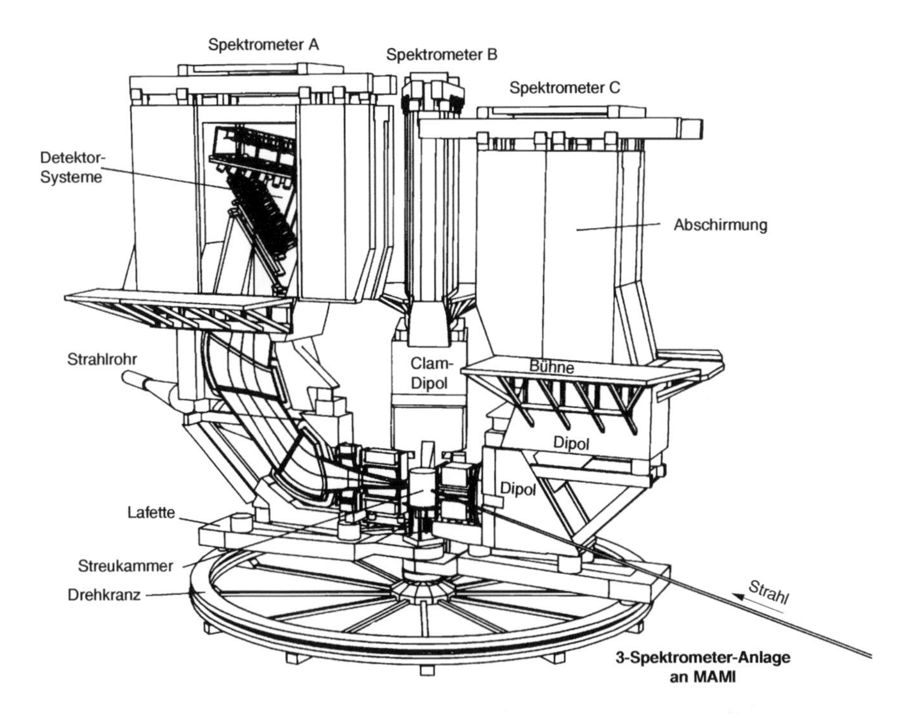

Abbildung 5.4. Experimenteller Aufbau zur Messung der Elektronstreuung an Protonen und Kernen am Elektronenbeschleuniger MAMI-B (Mainzer Mikrotron). Die höchste erreichbare Elektronenenergie beträgt 820 MeV. In diesem Bild sind drei Magnetspektrometer gezeigt, die separat zum Nachweis elastischer Streuung und in Koinzidenz zum detaillierten Studium der inelastischen Kanäle dienen. Das Spektrometer A ist aufgeschnitten gezeigt. Die gestreuten Elektronen werden durch zwei Dipolmagnete und mit Hilfe eines aus Drahtkammern und Szintillationszählern bestehenden Detektorsystems impulsanalysiert. Zum Größenmaßstab: der Duchmesser des Drehkranzes beträgt ca. 12 m. *(Dieses Bild wurde von Arnd P. Liesenfeld (Mainz) hergestellt und uns freundlicherweise zur Veröffentlichung überlassen.)*

Im kugelsymmetrischen Fall ist f nur vom Radius $r = |\boldsymbol{x}|$ abhängig. Aus der Integration über den vollen Raumwinkel erhält man dann

$$F(\boldsymbol{q}^2) = 4\pi \int f(r) \, \frac{\sin |\boldsymbol{q}|r/\hbar}{|\boldsymbol{q}|r/\hbar} \, r^2 \, \mathrm{d}r \tag{5.43}$$

mit der Normierung

$$1 = \int f(\boldsymbol{x}) \, \mathrm{d}^3x = \int_0^\infty \int_{-1}^{+1} \int_0^{2\pi} f(r) \, r^2 \, \mathrm{d}\phi \, \mathrm{d}\cos\vartheta \, \mathrm{d}r = 4\pi \int_0^\infty f(r) \, r^2 \, \mathrm{d}r \, . \tag{5.44}$$

Im Prinzip ließe sich aus dem $\boldsymbol{q}^2$–Verlauf des experimentell bestimmten Formfaktors durch Fourier-(Rück-)Transformation die radiale Ladungsverteilung

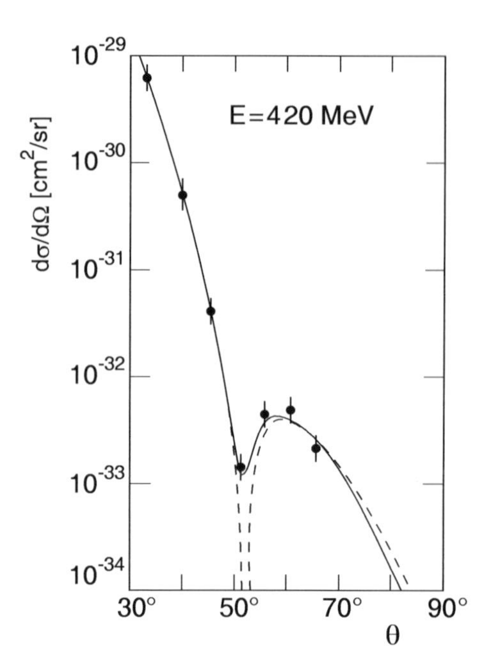

Abbildung 5.5. Messung des Formfaktors von ^{12}C durch Elektronenstreuung (nach [Ho57]). Gezeigt ist der differentielle Wirkungsquerschnitt, der bei einer festen Strahlenergie von 420 MeV unter 7 verschiedenen Streuwinkeln gemessen wurde. Die gestrichelte Kurve entspricht dem Verlauf, der sich ergibt, wenn eine ebene Welle an einer homogenen Kugel mit diffusem Rand gestreut wird (Born'sche Näherung); die durchgezogene Kurve entspricht einer exakten Streuphasenanalyse, die an die Messdaten angepasst wurde.

$$f(r) = \frac{1}{(2\pi)^3} \int F(\boldsymbol{q}^2)\, \mathrm{e}^{-i\boldsymbol{qx}/\hbar}\, \mathrm{d}^3q \tag{5.45}$$

ermitteln. In der Praxis kann der Formfaktor aber nur über einen begrenzten Bereich des Impulsübertrages $|\boldsymbol{q}|$ gemessen werden, da dieser durch die maximal zur Verfügung stehende Strahlenergie beschränkt ist, und außerdem der Wirkungsquerschnitt sehr rasch mit wachsendem Impulsübertrag abfällt. Man wählt daher gewöhnlich verschiedene Parametrisierungen von $f(r)$, bestimmt daraus ein theoretisches $F(\boldsymbol{q}^2)$ und variiert dann die Parameter so lange, bis man die beste Übereinstimmung zwischen den Messdaten für $F(\boldsymbol{q}^2)$ und der Modellfunktion erhält.

Für radiale Ladungsverteilungen, die durch einfach geartete Radialfunktionen $f(r)$ gegeben sind, lässt sich der Formfaktor analytisch berechnen. In Tabelle 5.1 sind die Formfaktoren für einige Spezialfälle von $f(r)$ aufgelistet und in Abb. 5.6 graphisch dargestellt. Einer weich abfallenden Ladungsverteilung entspricht auch ein glatter Verlauf des Formfaktors. Je ausgedehnter die Ladungsverteilung ist, desto stärker fällt der Formfaktor mit $\boldsymbol{q}^2$ ab. Umgekehrt fällt der Formfaktor nur langsam ab, wenn das Objekt klein ist. Im Grenzfall eines punktförmigen Targets ist der Formfaktor konstant Eins.

Generell gibt es bei der Streuung an einem scharf begrenzten Körper ausgeprägte Beugungsmaxima und -minima. Bei einer homogenen Kugel mit dem Radius R beispielsweise erhält man ein Minimum für

Tabelle 5.1. Zusammenhang zwischen Ladungsverteilung und Formfaktor für einige kugelsymmetrische Ladungsverteilungen in Born'scher Näherung

Ladungsverteilung $f(r)$		Formfaktor $F(\boldsymbol{q}^2)$	
Punkt	$\delta(r)/4\pi$	1	konstant
exponentiell	$(a^3/8\pi)\cdot\exp(-ar)$	$\left(1+\boldsymbol{q}^2/a^2\hbar^2\right)^{-2}$	Dipol
Gauß	$\left(a^2/2\pi\right)^{3/2}\cdot\exp\left(-a^2r^2/2\right)$	$\exp\left(-\boldsymbol{q}^2/2a^2\hbar^2\right)$	Gauß
homogene Kugel	$\begin{cases} 3/4\pi R^3 & \text{für } r \le R \\ 0 & \text{für } r > R \end{cases}$	$3\,\alpha^{-3}\,(\sin\alpha - \alpha\cos\alpha)$ mit $\alpha = \lvert\boldsymbol{q}\rvert R/\hbar$	oszillierend

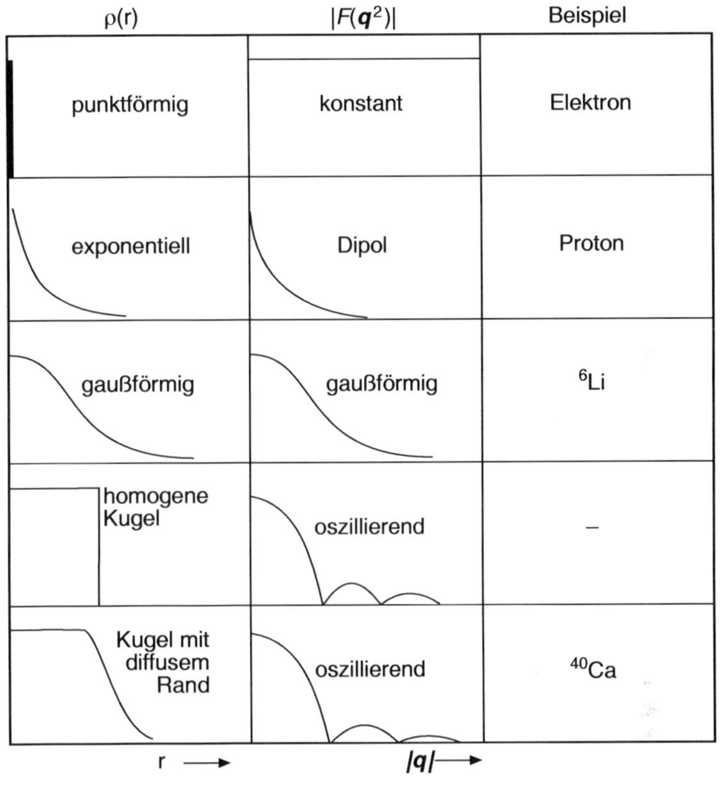

Abbildung 5.6. Zusammenhang zwischen radialer Ladungsverteilung und Formfaktor in Born'scher Näherung. Einem konstanten Formfaktor entspricht eine punktförmige Ladung (z. B. Elektron), einem sogenannten Dipol-Formfaktor eine exponentiell abfallende Ladungsverteilung (z. B. beim Proton), einem gaußförmigen Formfaktor eine ebensolche Ladungsverteilung (z. B. ^{6}Li-Kern) und einem oszillierenden Formfaktor eine homogene Kugel mit mehr oder minder scharfem Rand. Alle Kerne, mit Ausnahme der ganz leichten, haben einen oszillierenden Formfaktor.

$$\frac{|\boldsymbol{q}| \cdot R}{\hbar} \approx 4.5 \,, \tag{5.46}$$

so dass man aus der Lage der Minima direkt auf die Ausdehnung des streuenden Kerns schließen kann.

In Abb. 5.5 liegt das Minimum des Wirkungsquerschnittes bzw. des Formfaktors bei Elektronenstreuung an ^{12}C bei $|\boldsymbol{q}|/\hbar \approx 1.8\ \mathrm{fm}^{-1}$. Demnach beträgt der Radius des Kohlenstoffkerns etwa $R = 4.5\,\hbar/|\boldsymbol{q}| = 2.5$ fm.

Abbildung 5.7 zeigt eine Messung, in der die beiden Isotope ^{40}Ca und ^{48}Ca verglichen werden. Dieses Bild ist in mehrfacher Hinsicht bemerkenswert:

- Der Wirkungsquerschnitt wurde über einen großen Bereich von $|\boldsymbol{q}|$ vermessen. Er ändert sich dabei um sieben Zehnerpotenzen.[2]
- Man beobachtet nicht nur *ein* Beugungsminimum, sondern drei. Aus diesem Verlauf des Wirkungsquerschnitts kann man $F(\boldsymbol{q}^2)$ sehr genau bestimmen und präzise Informationen über die Ladungsverteilung $\varrho(r)$ erhalten.
- Die Minima für ^{48}Ca sind gegenüber denen von ^{40}Ca geringfügig zu kleinerem $|\boldsymbol{q}|$ verschoben, woraus man sehen kann, dass ^{48}Ca eine größere räumliche Ausdehnung besitzt.

Informationen über den Radius des Kerns kann man nicht nur aus der Lage der Minima des Formfaktors, sondern auch aus seinem Verlauf für $\boldsymbol{q}^2 \to 0$ erhalten. Wenn die Wellenlänge erheblich größer als die Kernausdehnung R ist, dann gilt

$$\frac{|\boldsymbol{q}| \cdot R}{\hbar} \ll 1 \,, \tag{5.47}$$

und man kann $F(\boldsymbol{q}^2)$ aus (5.42) in Potenzen von $|\boldsymbol{q}|$ entwickeln:

$$\begin{aligned}
F(\boldsymbol{q}^2) &= \int f(\boldsymbol{x}) \sum_{n=0}^{\infty} \frac{1}{n!} \left(\frac{i|\boldsymbol{q}||\boldsymbol{x}|\cos\vartheta}{\hbar} \right)^n \mathrm{d}^3x \qquad \text{mit } \vartheta = \sphericalangle(\boldsymbol{x}, \boldsymbol{q}) \\
&= \int_0^{\infty} \int_{-1}^{+1} \int_0^{2\pi} f(r) \left[1 - \frac{1}{2} \left(\frac{|\boldsymbol{q}|r}{\hbar} \right)^2 \cos^2\vartheta + \cdots \right] \mathrm{d}\phi \, \mathrm{d}\cos\vartheta \, r^2 \mathrm{d}r \\
&= 4\pi \int_0^{\infty} f(r)\, r^2 \mathrm{d}r - \frac{1}{6} \frac{\boldsymbol{q}^2}{\hbar^2} 4\pi \int_0^{\infty} f(r)\, r^4 \mathrm{d}r + \cdots \,.
\end{aligned} \tag{5.48}$$

Definiert man entsprechend der Normierungsbedingung (5.44) den *mittleren quadratischen Ladungsradius* als

$$\langle r^2 \rangle = 4\pi \int_0^{\infty} r^2 \cdot f(r)\, r^2 \mathrm{d}r \,, \tag{5.49}$$

so ergibt sich:

[2] Es sind sogar Messungen durchgeführt worden, die 12 Zehnerpotenzen (!) umfassen (s. z. B. [Si79]).

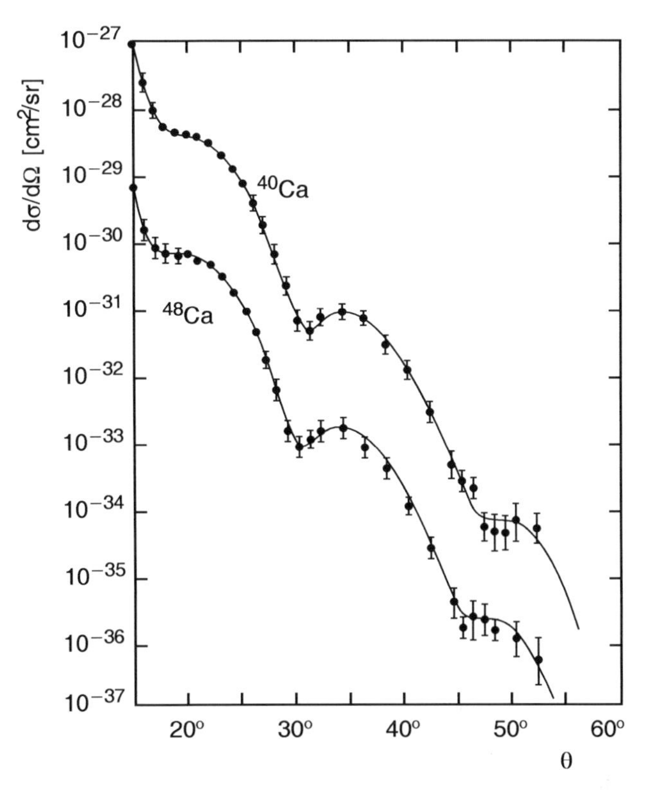

Abbildung 5.7. Differentielle Wirkungsquerschnitte für die Streuung von Elektronen an den Kalziumisotopen ^{40}Ca und ^{48}Ca [Be67]. Zur besseren Darstellung wurde der Wirkungsquerschnitt für ^{40}Ca und ^{48}Ca mit 10 bzw. 10^{-1} multipliziert. Die durchgezogenen Linien entsprechen Ladungsverteilungen, die man an die Daten angepasst hat. Aus der Lage der Minima kann man sehen, dass der Radius von ^{48}Ca größer ist als der von ^{40}Ca.

$$F(\boldsymbol{q}^2) = 1 - \frac{1}{6}\frac{\boldsymbol{q}^2\langle r^2\rangle}{\hbar^2} + \cdots . \tag{5.50}$$

Zur Bestimmung von $\langle r^2\rangle$ ist es daher notwendig, den Formfaktor $F(\boldsymbol{q}^2)$ bis zu sehr kleinen Werten von $\boldsymbol{q}^2$ zu messen. Es gilt

$$\langle r^2\rangle = -6\,\hbar^2 \left.\frac{\mathrm{d}F(\boldsymbol{q}^2)}{\mathrm{d}\boldsymbol{q}^2}\right|_{\boldsymbol{q}^2=0} . \tag{5.51}$$

Ladungsverteilungen der Kerne. Seit Mitte der 50er Jahre wurde an einer Reihe von Beschleunigern eine Fülle von hochpräzisen Messungen dieser Art durchgeführt und daraus die radiale Ladungsverteilung $\varrho(r)$ bestimmt. Zusammengefasst ergaben sich folgende Resultate:

- Kerne sind keine Kugeln mit scharf begrenzter Oberfläche; sie haben im Innern eine nahezu konstante Ladungsdichte, die zum Rand hin über einen relativ großen Bereich abfällt. Die radiale Ladungsverteilung kann in guter Näherung durch eine Fermi-Verteilung mit zwei Parametern beschrieben werden,

$$\varrho(r) = \frac{\varrho(0)}{1 + \mathrm{e}^{(r-c)/a}} . \tag{5.52}$$

Sie ist in Abb. 5.8 für verschiedene Kerne gezeigt.

- Die Konstante c ist der Radius, bei dem $\varrho(r)$ auf die Hälfte abgesunken ist. Empirisch misst man für größere Kerne

$$c = 1.07 \text{ fm} \cdot A^{1/3} , \qquad a = 0.54 \text{ fm} . \tag{5.53}$$

- Aus dieser Ladungsdichte können wir den Erwartungswert für den quadratischen Radius errechnen. Für mittlere und schwere Kerne gilt näherungsweise

$$\langle r^2 \rangle^{1/2} = r_0 \cdot A^{1/3} \qquad \text{mit} \quad r_0 = 0.94 \text{ fm} . \tag{5.54}$$

Oft wird der Kern näherungsweise als eine homogen geladene Kugel beschrieben. Der Radius R dieser Kugel wird dann als der Kernradius angegeben. Zwischen dem so definierten Radius und dem Erwartungswert für den quadratischen Radius besteht die Beziehung:

$$R^2 = \frac{5}{3} \langle r^2 \rangle . \tag{5.55}$$

Daraus ergibt sich quantitativ

$$R = 1.21 \cdot A^{1/3} \text{ fm} . \tag{5.56}$$

Diese Definition des Radius wird auch in der Massenformel (2.8) verwendet.

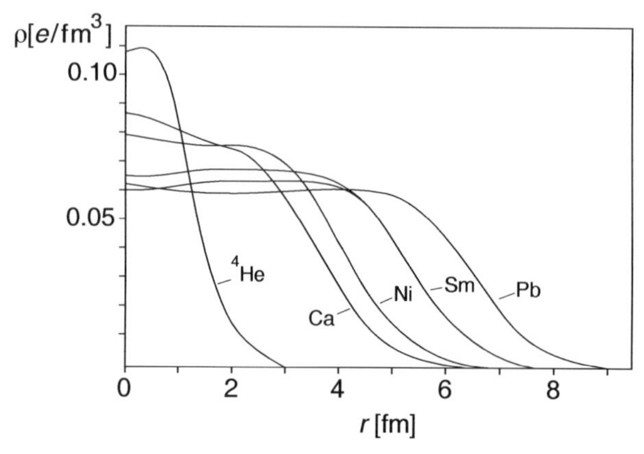

Abbildung 5.8. Radiale Ladungsverteilung einiger Kerne. Diese Ladungsverteilungen können näherungsweise als Kugeln mit diffusem Rand durch die Fermi-Verteilung (5.52) beschrieben werden.

– Die *Hautdicke* t ist definiert als die Dicke der Schicht, innerhalb deren die Ladungsdichte von 90 % auf 10 % des Maximalwerts absinkt:

$$t = r_{(\varrho/\varrho_0=0.1)} - r_{(\varrho/\varrho_0=0.9)} \, . \tag{5.57}$$

Sie ist für alle schwereren Kerne etwa gleich groß und beträgt

$$t = 2a \cdot \ln 9 \approx 2.40 \,\text{fm} \, . \tag{5.58}$$

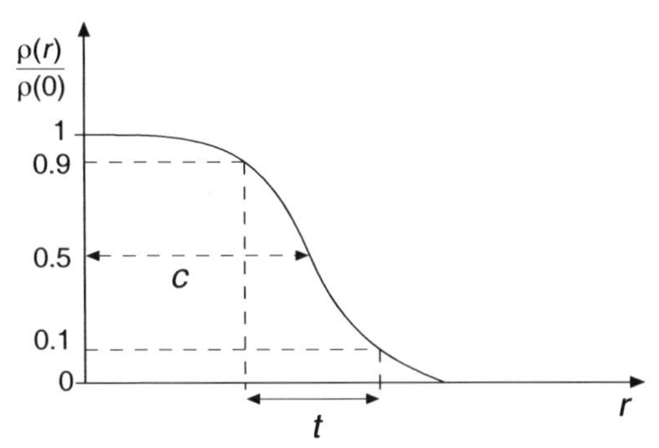

– Die Ladungsdichte $\varrho(0)$ im Zentrum des Kerns nimmt mit wachsender Massenzahl geringfügig ab. Berücksichtigt man jedoch auch die Neutronen, indem man mit A/Z multipliziert, so erhält man für fast alle Kerne eine nahezu gleiche Nukleonendichte ϱ_{N} im Kerninneren. Für „unendlich ausgedehnte“ Kernmaterie ergibt sich

$$\varrho_{\mathrm{N}} \approx 0.17 \,\text{Nukleonen/fm}^3 \, . \tag{5.59}$$

Dies entspräche einem Wert von $c = 1.12 \,\text{fm} \cdot A^{1/3}$ in (5.53).

– Einige Kerne weichen von der Kugelgestalt ab und sind ellipsoidisch deformiert. Insbesondere ist dies bei den Lanthaniden (den „Seltenen Erden“) der Fall. Die genaue Form lässt sich durch elastische Elektronenstreuung nicht bestimmen; man beobachtet lediglich, dass der Rand diffuser erscheint.

– Leichte Kerne wie ^{6,7}Li, ^{9}Be und vor allem ^{4}He sind Sonderfälle. Bei ihnen kommt es nicht zur Ausbildung eines Dichteplateaus im Kerninneren, vielmehr ist die Ladungsverteilung in etwa gaußförmig.

Diese Aufzählung beschreibt die globale Form der Kernladungsverteilungen. Darüber hinaus gibt es auch noch kernspezifische Details, auf die wir hier nicht weiter eingehen wollen [Fr82].

5.5 Inelastische Kernanregungen

Bei den bisherigen Betrachtungen haben wir vorwiegend die elastische Streuung an Kernen diskutiert. In diesem Fall sind die Teilchen im Anfangs- und

Endzustand identisch. Es wird lediglich Rückstoßenergie übertragen, ohne dass das Target auf einen höheren Energiezustand angeregt wird. Bei einem festen Streuwinkel sind Einfallsenergie und Streuenergie dann über (5.15) eindeutig miteinander verknüpft.

Nimmt man jedoch bei festem Streuwinkel θ ein Spektrum der gestreuten Elektronen auf, so registriert man Streuereignisse nicht nur bei Energieüberträgen, die dem Rückstoß entsprechen, sondern auch bei größeren Energieüberträgen. Diese Ereignisse rühren von inelastischen Reaktionen her.

In Abb. 5.9 ist mit hoher Auflösung das Spektrum von Elektronen gezeigt, die bei einer Einschussenergie von 495 MeV an ^{12}C gestreut und unter einem Streuwinkel von 65.4° nachgewiesen wurden. Das scharfe Maximum bei $E' \approx$ 482 MeV rührt von der elastischen Streuung am ^{12}C-Kern her. Unterhalb dieser Energie erkennt man deutlich die Anregung einzelner Energieniveaus im Kern. Das ausgeprägte Maximum bei $E' \approx 463$ MeV stammt von der Dipolriesenresonanz (Abschn. 18.2), bei noch kleineren Streuenergien schließt sich eine breite Verteilung aus der quasielastischen Streuung an den im Kern gebundenen Nukleonen (Abschn. 6.2) an.

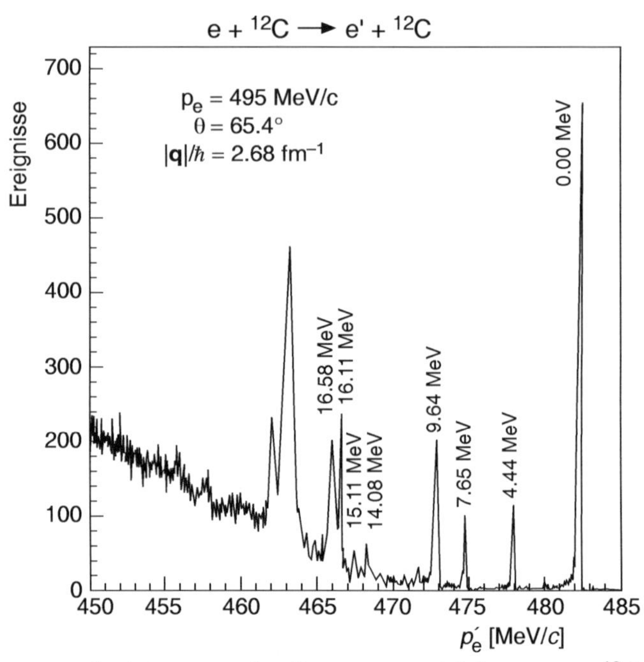

Abbildung 5.9. Spektrum aus der Streuung von Elektronen an ^{12}C. Die scharfen Maxima entsprechen der elastischen Streuung bzw. der Anregung diskreter Energieniveaus im ^{12}C-Kern durch inelastische Streuung. Die Anregungsenergie des Kerns ist an den einzelnen Maxima angegeben. Die Elektronen wurden mit dem Linearbeschleuniger MAMI-B in Mainz auf 495 MeV beschleunigt und mit einem hoch auflösenden Magnetspektrometer (vgl. Abb. 5.4) unter einem Streuwinkel von 65.4° nachgewiesen. *(Dieses Bild wurde uns freundlicherweise von Th. Walcher und G. Rosner, Mainz, zur Veröffentlichung überlassen.)*

Aufgaben

1. **Kinematik der elastischen Streuung**
   Ein Elektronenstrahl mit der Energie E_e wird elastisch an einem schweren Kern gestreut.
   a) Berechnen Sie den maximalen Impulsübertrag.
   b) Berechnen Sie den Impuls und die Energie des rückgestreuten Kerns bei dieser Bedingung.
   c) Berechnen Sie die gleichen Größen für die elastische Streuung von Photonen derselben Energie (nuklearer Compton-Effekt).

2. **Wellenlänge**
   Die Fraunhofer'sche Beugung an einer Kreisscheibe mit dem Durchmesser D ergibt ein ringförmiges Beugungsbild. Das erste Minimum erscheint bei $\theta = 1.22\,\lambda/D$.
   Berechnen Sie den Winkelabstand der Beugungsminima für α-Teilchen der Energie $E_{\text{kin}} = 100\,\text{MeV}$, die an einem ^{56}Fe-Kern gestreut werden. Der Kern soll dabei als undurchlässige Kreisscheibe betrachtet werden.

3. **Rutherford-Streuung**
   α-Teilchen mit $E_{\text{kin}} = 6\,\text{MeV}$ aus einer radioaktiven Quelle werden an ^{197}Au-Kernen gestreut. Bei welchem Streuwinkel sind Abweichungen vom Wirkungsquerschnitt (5.16) zu erwarten?

4. **Formfaktor**
   Statt α-Teilchen von $E_{\text{kin}} = 6$ MeV wollen wir nun Elektronen mit der gleichen De-Broglie-Wellenlänge an Gold streuen. Wie groß muss die kinetische Energie der Elektronen sein? Wie viele Maxima und Minima wird man in der Winkelverteilung sehen (vgl. Abb. 5.7)?
   Da der Rückstoß in diesem Fall klein ist, können wir annehmen, dass die kinematischen Größen im Schwertpunkt- bzw. Laborsystem gleich sind.

5. **Elastische Streuung von Röntgenstrahlung**
   Röntgenstrahlen werden an flüssigem Helium gestreut. Welche Ladungsträger der Helium-Atome sind für die Streuung verantwortlich? Welchem der in Abb. 5.6 gezeigten Formfaktoren entspricht die Streuung an Helium?

6. **Compton-Streuung**
   Compton-Streuung an gebundenen Elektronen kann man als Analogie zur quasielastischen und tiefinelastischen Streuung auffassen. Gammastrahlen aus der Vernichtung von Positronium werden an Helium-Atomen gestreut (Bindungsenergie des „ersten Elektrons“: 24 eV). Berechnen Sie den Winkelbereich von Compton-Elektronen, die in Koinzidenz mit den unter einem Winkel von $\theta_\gamma = 30^\circ$ gestreuten Photonen nachgewiesen werden.

6. Elastische Streuung am Nukleon

6.1 Formfaktoren des Nukleons

Streut man Elektronen elastisch an den leichtesten Kernen Wasserstoff und Deuterium, so kann man Informationen über die Kernbausteine Proton und Neutron gewinnen. Allerdings müssen wir bei der Diskussion dieser Experimente einige zusätzliche Aspekte berücksichtigen:

Rückstoß. Da die radiale Ausdehnung der Nukleonen, wie wir gleich sehen werden, ungefähr 0.8 fm beträgt, sind zu ihrer Untersuchung Energien von einigen hundert MeV bis zu einigen GeV nötig. Vergleicht man diese mit der Masse der Nukleonen $M \approx 938\ \mathrm{MeV}/c^2$, so sieht man, dass sie in der gleichen Größenordnung liegen. Demnach kann der Targetrückstoß nicht mehr vernachlässigt werden (5.15). Bei der Herleitung der Wirkungsquerschnitte (5.33) und (5.39) haben wir insofern „vorgesorgt", als wir nicht E sondern E' verwendet haben. Obendrein muss jedoch auch die Phasenraumdichte $\mathrm{d}n/\mathrm{d}E_f$ in (5.20) modifiziert werden. Dies führt zu einem zusätzlichen Faktor E'/E im Mott-Wirkungsquerschnitt [Pe87]:

$$\left(\frac{\mathrm{d}\sigma}{\mathrm{d}\Omega}\right)_{\mathrm{Mott}} = \left(\frac{\mathrm{d}\sigma}{\mathrm{d}\Omega}\right)^{*}_{\mathrm{Mott}} \cdot \frac{E'}{E} \,. \tag{6.1}$$

Da der Energieverlust des Elektrons durch den Rückstoß beim Streuprozess nicht mehr vernachlässigt werden kann, ist es nicht sinnvoll, die Streuung nur durch den Dreierimpulsübertrag zu beschreiben. Statt dessen benutzt man den Viererimpulsübertrag, dessen Quadrat eine Lorentz-invariante Größe ist:

$$\begin{aligned} q^2 &= (p-p')^2 = 2m_\mathrm{e}^2c^2 - 2\left(EE'/c^2 - |\boldsymbol{p}||\boldsymbol{p}'|\cos\theta\right) \\ &\approx \frac{-4EE'}{c^2}\sin^2\frac{\theta}{2} \,. \end{aligned} \tag{6.2}$$

Um nur mit positiven Größen zu arbeiten, definieren wir

$$Q^2 = -q^2 \,. \tag{6.3}$$

Im Mott-Wirkungsquerschnitt muss $\boldsymbol{q}^2$ durch q^2 oder Q^2 ersetzt werden.

Magnetisches Moment. Zusätzlich zu der Wechselwirkung zwischen der Ladung des Elektrons und der Ladung des Kerns muss auch die Wechselwirkung zwischen dem Strom des Elektrons und dem magnetischen Moment des Nukleons berücksichtigt werden.

Das magnetische Moment eines geladenen Spin-1/2-Teilchens ohne innere Struktur (Dirac-Teilchen) ist durch

$$\mu = g \cdot \frac{e}{2M} \cdot \frac{\hbar}{2} \tag{6.4}$$

gegeben, wobei M die Masse des Teilchens ist und der Faktor $g = 2$ sich aus der relativistischen Quantenmechanik (Dirac-Gleichung) ergibt. Die magnetische Wechselwirkung ist mit einem Umklappen des Nukleonspins verbunden. Hierbei gilt eine analoge Argumentation wie in Abschn. 5.3: Bei Streuung um 0° sind Drehimpuls- und Helizitätserhaltung miteinander unvereinbar; Streuung um 180° wird favorisiert. Die magnetische Wechselwirkung wird daher durch einen zusätzlichen Term im Wirkungsquerschnitt beschrieben, der analog zu (5.39) einen Faktor $\sin^2 \frac{\theta}{2}$ enthält. Mit $\sin^2 \frac{\theta}{2} = \cos^2 \frac{\theta}{2} \cdot \tan^2 \frac{\theta}{2}$ erhält man für den Wirkungsquerschnitt

$$\left(\frac{\mathrm{d}\sigma}{\mathrm{d}\Omega}\right)_{\substack{\text{Punkt}\\ \text{Spin } 1/2}} = \left(\frac{\mathrm{d}\sigma}{\mathrm{d}\Omega}\right)_{\text{Mott}} \cdot \left[1 + 2\tau \tan^2 \frac{\theta}{2}\right] \tag{6.5}$$

mit

$$\tau = \frac{Q^2}{4M^2c^2} \,. \tag{6.6}$$

Den Vorfaktor 2τ kann man sich leicht plausibel machen: Das Matrixelement der Wechselwirkung ist proportional zum magnetischen Moment des Nukleons (und damit zu $1/M$) und zum Magnetfeld, das beim Streuprozess am Ort des Targets erzeugt wird. Über die Zeit integriert ist dieses wiederum proportional zur Ablenkung des Elektrons (und damit zum Impulsübertrag Q). In den Wirkungsquerschnitt gehen diese Größen daher quadratisch ein.

Der magnetische Term in (6.5) ist groß bei hohen Viererimpulsüberträgen Q^2 und bei großen Streuwinkeln θ. Aufgrund dieses Zusatzterms fällt der Wirkungsquerschnitt zu großen Streuwinkeln hin weniger stark ab, und man erhält eine isotropere Verteilung als im rein elektrischen Fall.

Anomales magnetisches Moment. Für geladene Dirac-Teilchen sollte der g-Faktor in (6.4) den Wert 2 annehmen; für ungeladene Dirac-Teilchen muss hingegen das magnetische Moment verschwinden. In der Tat erhält man aus Messungen des magnetischen Moments von Elektronen und Myonen den Wert $g = 2$ mit kleinen Abweichungen, die sich aus quantenelektrodynamischen Prozessen höherer Ordnung ergeben und theoretisch wohlverstanden sind.

Da die Nukleonen jedoch keine Dirac-Teilchen, sondern aus Quarks aufgebaut sind, ergeben sich ihre g-Faktoren aus ihrer Substruktur. Die gemessenen Werte für Proton und Neutron betragen

$$\mu_\mathrm{p} = \frac{g_\mathrm{p}}{2}\mu_\mathrm{N} = +2.79 \cdot \mu_\mathrm{N} \,, \tag{6.7}$$

$$\mu_\mathrm{n} = \frac{g_\mathrm{n}}{2}\mu_\mathrm{N} = -1.91 \cdot \mu_\mathrm{N} \,, \tag{6.8}$$

wobei μ_N das Kernmagneton ist:

$$\mu_\mathrm{N} = \frac{e\hbar}{2M_\mathrm{p}} = 3.1525 \cdot 10^{-14}\,\mathrm{MeV\,T^{-1}} \,. \tag{6.9}$$

Die Ladungs- und Stromverteilungen können wie bei den Kernen durch Formfaktoren beschrieben werden. In diesem Fall benötigt man zwei Formfaktoren, die die elektrischen und magnetischen Verteilungen charakterisieren. Der Wirkungsquerschnitt für die Streuung eines Elektrons an einem Nukleon wird dann durch die *Rosenbluth-Formel* [Ro50] beschrieben

$$\left(\frac{\mathrm{d}\sigma}{\mathrm{d}\Omega}\right) = \left(\frac{\mathrm{d}\sigma}{\mathrm{d}\Omega}\right)_\mathrm{Mott} \cdot \left[\frac{G_\mathrm{E}^2(Q^2) + \tau G_\mathrm{M}^2(Q^2)}{1+\tau} + 2\tau G_\mathrm{M}^2(Q^2)\tan^2\frac{\theta}{2}\right] \,. \tag{6.10}$$

Hierbei sind $G_\mathrm{E}(Q^2)$ und $G_\mathrm{M}(Q^2)$ die *elektrischen und magnetischen Formfaktoren*, die von Q^2 abhängen. Aus der gemessenen Q^2-Abhängigkeit der Formfaktoren kann man auf die räumliche Verteilung von Ladung und magnetischem Moment rückschließen. Wichtig ist der Grenzfall $Q^2 \to 0$. In diesem Fall ist G_E gerade gleich der auf die Elementarladung e normierten elektrischen Ladung und G_M gleich dem auf das Kernmagneton normierten magnetischen Moment μ des Targets:

$$\begin{array}{ll} G_\mathrm{E}^\mathrm{p}(Q^2=0) = 1 & G_\mathrm{E}^\mathrm{n}(Q^2=0) = 0 \\ G_\mathrm{M}^\mathrm{p}(Q^2=0) = 2.79 & G_\mathrm{M}^\mathrm{n}(Q^2=0) = -1.91 \,. \end{array} \tag{6.11}$$

Um $G_\mathrm{E}(Q^2)$ und $G_\mathrm{M}(Q^2)$ separat bestimmen zu können, muss man den Wirkungsquerschnitt für jeweils feste Werte von Q^2 bei verschiedenen Streuwinkeln θ und damit Strahlenergien E messen. Dividiert man den gemessenen Wirkungsquerschnitt durch den Mott-Wirkungsquerschnitt und trägt dann die Resultate gegen $\tan^2(\theta/2)$ auf, so liegen die Messpunkte gemäß der Rosenbluth-Formel auf einer Geraden (Abb. 6.1). Aus deren Steigung bestimmt man $G_\mathrm{M}(Q^2)$. $G_\mathrm{E}(Q^2)$ erhält man dann aus dem Achsenabschnitt $(G_\mathrm{E}^2 + \tau G_\mathrm{M}^2)/(1+\tau)$ bei $\theta = 0$. Führt man diese Analyse für verschiedene Q^2-Werte durch, so kann man die Q^2-Abhängigkeit der Formfaktoren bestimmen.

Messungen der elektromagnetischen Formfaktoren wurden im Wesentlichen Ende der 60er und Anfang der 70er Jahre an Beschleunigern wie dem Linearbeschleuniger SLAC in Stanford bis zu sehr hohen Werten von Q^2 durchgeführt. Abbildung 6.2 zeigt den Verlauf der beiden Formfaktoren von Proton und Neutron in Abhängigkeit von Q^2.

Es zeigt sich, dass der elektrische Formfaktor des Protons und die magnetischen Formfaktoren von Proton und Neutron in gleicher Weise mit Q^2

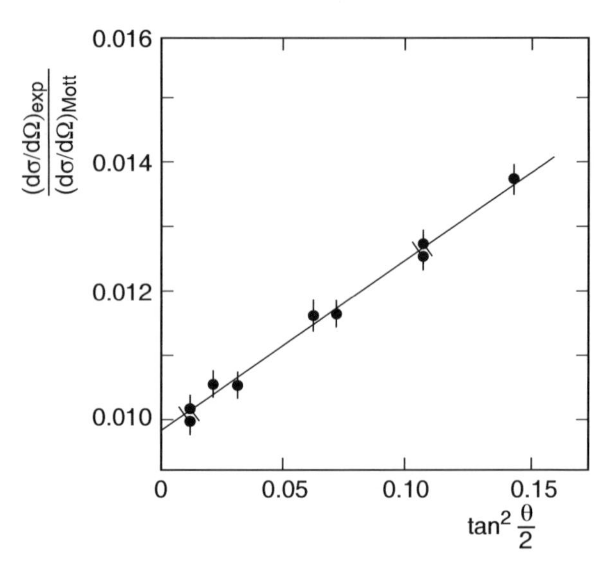

Abbildung 6.1. Quotient aus gemessenem und Mott-Wirkungsquerschnitt $\sigma_{\mathrm{exp}}/\sigma_{\mathrm{Mott}}$ als Funktion von $\tan^2\frac{\theta}{2}$ bei einem Viererimpulsübertrag von $Q^2 = 2.5\ \mathrm{GeV}^2/c^2$ [Ta67]

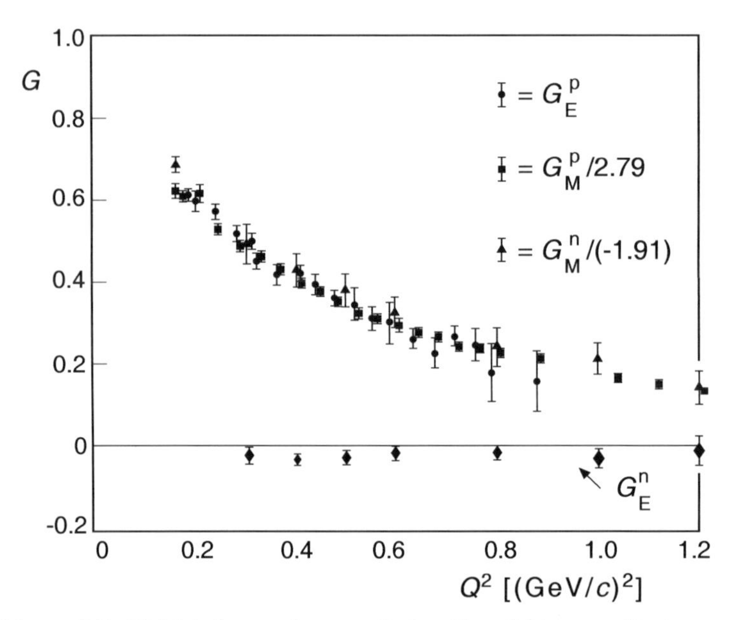

Abbildung 6.2. Elektrischer und magnetischer Formfaktor von Proton und Neutron, aufgetragen gegen Q^2. Die Datenpunkte sind mit den angegebenen Faktoren skaliert und liegen dann übereinander, so dass das globale Dipolverhalten deutlich wird [Hu65].

abnehmen und in guter Näherung durch einen sogenannten *Dipolfit* beschrieben werden können:

$$G_E^p(Q^2) = \frac{G_M^p(Q^2)}{2.79} = \frac{G_M^n(Q^2)}{-1.91} = G^{\text{Dipol}}(Q^2)$$

$$\text{mit} \qquad G^{\text{Dipol}}(Q^2) = \left(1 + \frac{Q^2}{0.71\,(\text{GeV}/c)^2}\right)^{-2} . \tag{6.12}$$

Der elektrische Formfaktor des Neutrons, das ja nach außen hin elektrisch neutral erscheint, ist sehr klein.

Analog zur Diskussion der Kernladungsverteilung können wir aus dem Q^2-Verlauf der Formfaktoren auf die Verteilung der Ladung und des magnetischen Moments des Nukleons schließen. Allerdings ist die Interpretation des Formfaktors als Fouriertransformierte der statischen Ladungsverteilung nur für kleine Werte von Q^2 berechtigt, weil nur dann Vierer- und Dreierimpulsüberträge näherungsweise gleich sind. Der beobachtete Dipolformfaktor (6.12) entspricht einer exponentiell abfallenden Ladungsverteilung (vgl. Abb. 5.6)

$$\varrho(r) = \varrho(0)\,\mathrm{e}^{-ar} \qquad \text{mit} \;\; a = 4.27\,\text{fm}^{-1} . \tag{6.13}$$

Nukleonen sind also weder punktförmig noch homogen geladene Kugeln, sondern sehr diffuse Gebilde.

Die mittleren quadratischen Radien der Ladungsverteilung im Proton und der Verteilung des magnetischen Moments in Proton und Neutron sind gleich groß. Sie ergeben sich aus der Steigung von $G_{\text{E,M}}(Q^2)$ bei $Q^2 = 0$. Aus dem Dipolfit erhält man

$$\begin{aligned} \langle r^2 \rangle_{\text{Dipol}} &= -6\hbar^2 \left. \frac{\mathrm{d}G^{\text{Dipol}}(Q^2)}{\mathrm{d}Q^2} \right|_{Q^2=0} = \frac{12}{a^2} = 0.66\,\text{fm}^2 , \\ \sqrt{\langle r^2 \rangle_{\text{Dipol}}} &= 0.81\,\text{fm} . \end{aligned} \tag{6.14}$$

Präzise Messungen der Formfaktoren bei kleinen Werten von Q^2 zeigen geringe Abweichungen von der Dipol-Parametrisierung. Die Steigung bei $Q^2 \to 0$, die man aus diesen Daten bestimmt, ergibt den heute besten Wert [Bo75] für den Ladungsradius des Protons:

$$\sqrt{\langle r^2 \rangle_{\text{p}}} = 0.862\,\text{fm} . \tag{6.15}$$

Der elektrische Formfaktor des Neutrons ist relativ schwierig zu bestimmen, da keine Targets mit freien Neutronen zur Verfügung stehen und die Informationen über $G_E^n(Q^2)$ aus Elektronenstreuung am Deuteron gewonnen werden müssen. In diesem Fall sind Korrekturen der Messdaten aufgrund der Kernkraft zwischen Proton und Neutron nötig. Es gibt jedoch eine andere, elegante Methode, den Ladungsradius des freien Neutrons zu bestimmen, nämlich die Streuung von niederenergetischen Neutronen aus einem Kernreaktor an Hüllenelektronen eines Atoms, wobei die freigesetzten Elektronen nachgewiesen werden. Diese Reaktion entspricht der Elektron-Neutron-Streuung bei kleinen Werten von Q^2. Aus diesen Messungen erhält man [Ko95]

$$-6\hbar^2 \left. \frac{\mathrm{d}G_{\mathrm{E}}^{\mathrm{n}}(Q^2)}{\mathrm{d}Q^2} \right|_{Q^2=0} = -0.113 \pm 0.005 \text{ fm}^2 \,. \tag{6.16}$$

Das Neutron ist also nur nach außen hin elektrisch ungeladen. Im Inneren befinden sich elektrisch geladene Konstituenten, die auch magnetische Momente tragen. Da sowohl die Ladungen als auch die magnetischen Momente zum elektrischen Formfaktor beitragen, können wir deren Beiträge nicht Lorentz-invariant getrennt berechnen. Vergleiche mit Modellrechnungen zeigen, dass sich die Ladungen der Konstituenten lokal im Inneren des Neutrons fast vollständig kompensieren, was auch durch den kleinen Messwert (6.16) nahe gelegt wird.

6.2 Quasielastische Streuung

In Abschn. 6.1 haben wir die elastische Streuung von Elektronen an ruhenden freien Protonen bzw. Neutronen betrachtet. Für eine vorgegebene Strahlenergie E findet man bei dieser Reaktion unter einem festen Streuwinkel θ gemäß (5.15) nur gestreute Elektronen mit einer bestimmten Streuenergie E':

$$E' = \frac{E}{1 + \frac{E}{Mc^2}(1 - \cos\theta)} \,. \tag{6.17}$$

Wenn man das Streuexperiment bei gleicher Strahlenergie und gleichem Beobachtungswinkel an einem Kern mit mehreren Nukleonen durchführt, wird das Energiespektrum komplizierter. In Abb. 6.3 ist das Spektrum von Elektronen gezeigt, die an einem dünnen H_2O-Target, also zum einen an freien Protonen und zum anderen an Sauerstoff-Kernen gestreut wurden.

Man erkennt ein schmales Maximum bei $E' \approx 160$ MeV, das von elastischer Streuung an den freien Protonen im Wasserstoff herrührt. Überlagert ist eine breite Verteilung, deren Maximum um einige MeV zu kleineren Streuenergien hin verschoben ist. Diesen Teil des Spektrums interpretieren wir als Streuung der Elektronen an den einzelnen Nukleonen des ^{16}O-Kerns. Man bezeichnet dies als *quasielastische Streuung.* Die scharfen Maxima bei hohen Energien rühren von der Streuung am gesamten ^{16}O-Kern her (vgl. Abb. 5.9). Am linken Bildrand erkennt man den Beginn der Δ-Resonanz, die wir in Abschn. 7.1 besprechen werden.

Verschiebung und Verbreiterung des quasielastischen Spektrums enthalten Informationen über den inneren Aufbau der Atomkerne. In der sogenannten *Stoßnäherung (impulse approximation)* nehmen wir an, dass das Elektron

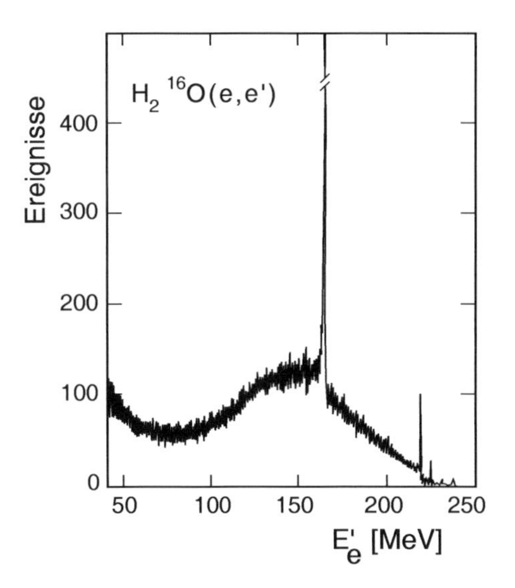

Abbildung 6.3. Energiespektrum von Elektronen, die an einem H_2O-Target gestreut wurden. Die Daten wurden am Linearbeschleuniger MAMI-A in Mainz bei 246 MeV Strahlenergie unter einem Streuwinkel von 148.5° aufgenommen. *(Dieses Bild wurde uns freundlicherweise von J. Friedrich (Mainz) überlassen.)*

mit einem einzelnen Nukleon wechselwirkt. Bei der Streuung wird dieses ohne weitere Wechselwirkung mit den restlichen Nukleonen aus dem Kernverband herausgelöst. Die Arbeit, die hierzu aufgebracht werden muss, bewirkt die Verschiebung des Energiemaximums der gestreuten Elektronen zu kleineren Energien. Aus der Verbreiterung dieses Maximums im Vergleich zur elastischen Streuung an den freien Protonen des Wasserstoffatoms können wir schließen, dass der Kern kein statisches Gebilde mit ortsfesten Nukleonen ist; vielmehr bewegen sich die Nukleonen als „quasifreie“ Teilchen im Kern. Diese Bewegung führt zu einer Veränderung der Kinematik im Vergleich zur Streuung an einem ruhenden Nukleon.

Betrachten wir ein gebundenes Nukleon, das sich in einem effektiven mittleren Kernpotential der Stärke S mit einem Impuls $\boldsymbol{P}$ bewegt. Dieses Nukleon hat dann eine Bindungsenergie von $S - \boldsymbol{P}^2/2M$. Bei der Streuung eines Elektrons an diesem Nukleon wollen wir die Restwechselwirkung mit den anderen Nukleonen und die kinetische Energie des Restkerns vernachlässigen.

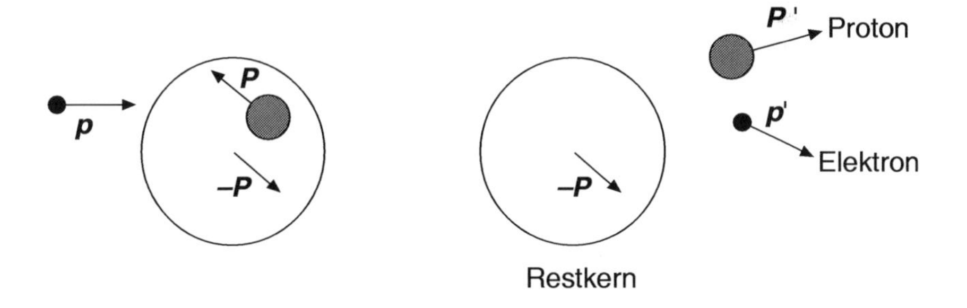

Es ergeben sich dann folgende kinematische Zusammenhänge:

$$\begin{aligned} \boldsymbol{p} + \boldsymbol{P} &= \boldsymbol{p}' + \boldsymbol{P}' && \text{Impulserhaltung im System e-p} \\ \boldsymbol{P}' &= \boldsymbol{q} + \boldsymbol{P} && \text{Impulserhaltung im System } \gamma\text{-p} \\ E + E_{\mathrm{p}} &= E' + E'_{\mathrm{p}} && \text{Energieerhaltung im System e-p} \end{aligned}$$

Der Energieübertrag ν vom Elektron auf das Proton ergibt sich für $E, E' \gg m_{\mathrm{e}}c^2$ und $|\boldsymbol{P}|, |\boldsymbol{P}'| \ll Mc$ zu

$$\begin{aligned} \nu &= E - E' = E'_{\mathrm{p}} - E_{\mathrm{p}} = \left(Mc^2 + \frac{\boldsymbol{P}'^2}{2M}\right) - \left(Mc^2 + \frac{\boldsymbol{P}^2}{2M} - S\right) \\ &= \frac{(\boldsymbol{P} + \boldsymbol{q})^2}{2M} - \frac{\boldsymbol{P}^2}{2M} + S = \frac{\boldsymbol{q}^2}{2M} + S + \frac{2|\boldsymbol{q}||\boldsymbol{P}|\cos\alpha}{2M}, \end{aligned} \tag{6.18}$$

wobei α der Winkel zwischen $\boldsymbol{q}$ und $\boldsymbol{P}$ ist. Nimmt man an, dass die Bewegung der Nukleonen im Inneren des Kerns isotrop, also kugelsymmetrisch verteilt ist, so erhält man für ν eine symmetrische Verteilung um den Mittelwert

$$\nu_0 = \frac{\boldsymbol{q}^2}{2M} + S \tag{6.19}$$

mit einer Breite von

$$\sigma_\nu = \sqrt{\langle(\nu - \nu_0)^2\rangle} = \frac{|\boldsymbol{q}|}{M}\sqrt{\langle\boldsymbol{P}^2\cos^2\alpha\rangle} = \frac{|\boldsymbol{q}|}{M}\sqrt{\frac{1}{3}\langle\boldsymbol{P}^2\rangle}\,. \tag{6.20}$$

Fermi-Impuls. Wie wir in Abschn. 17.1 detailliert besprechen werden, kann man den Kern als *Fermigas* beschreiben, in dem sich die Nukleonen quasifrei bewegen können. Der *Fermi-Impuls* P_{F} hängt mit dem mittleren quadratischen Impuls über

$$P_{\mathrm{F}}^2 = \frac{5}{3}\langle\boldsymbol{P}^2\rangle \tag{6.21}$$

zusammen (vgl. 17.9). Die Analyse der quasielastischen Streuung an verschiedenen Kernen gibt also Aufschluss über das effektive mittlere Potential S und über den Fermi-Impuls der Nukleonen im Kern.

Studien zur Massenzahlabhängigkeit von S und P_{F} wurden erstmals Anfang der 70er Jahre durchgeführt. Die Resultate der ersten systematischen Messung sind in Tabelle 6.1 angegeben und lassen sich folgendermaßen zusammenfassen:

- Das effektive mittlere Kernpotential S wächst von 17 MeV bei Li bis 44 MeV bei Pb kontinuierlich mit der Massenzahl A.
- Bis auf die leichten Kerne ist der Fermi-Impuls nahezu unabhängig von A und beträgt

$$P_{\mathrm{F}} \approx 250\ \mathrm{MeV}/c\,. \tag{6.22}$$

Dieses Verhalten stützt das Fermigasmodell. Abgesehen von leichten Kernen ist die Dichte der Kernmaterie von der Massenzahl unabhängig.

Tabelle 6.1. Fermi-Impuls P_F und effektives mittleres Potential S für verschiedene Kerne. Diese Werte wurden aus der Analyse von quasielastischer Elektronenstreuung bei Einschussenergien zwischen 320 MeV und 500 MeV unter einem festen Streuwinkel von 60° gewonnen [Mo71, Wh74]. Die Fehler betragen ca. 5 MeV/c (P_F) bzw. 3 MeV (S).

Kern	^{6}Li	^{12}C	^{24}Mg	^{40}Ca	^{59}Ni	^{89}Y	^{119}Sn	^{181}Ta	^{208}Pb
P_F [MeV/c]	169	221	235	249	260	254	260	265	265
S [MeV]	17	25	32	33	36	39	42	42	44

6.3 Ladungsradius von Pionen und Kaonen

Mit der gleichen Methode, mit der man den Ladungsradius des Neutrons bestimmt hat, kann man auch den Ladungsradius anderer Teilchen vermessen, beispielsweise den der π-Mesonen [Am84] und den der K-Mesonen [Am86], die wir in Abschn. 8.2 einführen werden. Man streut hochenergetische Mesonen an den Hüllenelektronen von Wasserstoffatomen und analysiert die Winkelverteilung der herausgestoßenen Elektronen, aus der man den Formfaktor bestimmt. Da π und K Spin-0-Teilchen sind, haben sie nur einen Ladungs-Formfaktor, aber keinen magnetischen Formfaktor.

Der Verlauf des Formfaktors mit Q^2 ist in Abb. 6.4 dargestellt. Er lässt sich in beiden Fällen durch einen *Monopolformfaktor*

$$G_E(Q^2) = \left(1 + Q^2/a^2\hbar^2\right)^{-1} \qquad \text{mit} \quad a^2 = \frac{6}{\langle r^2 \rangle} \tag{6.23}$$

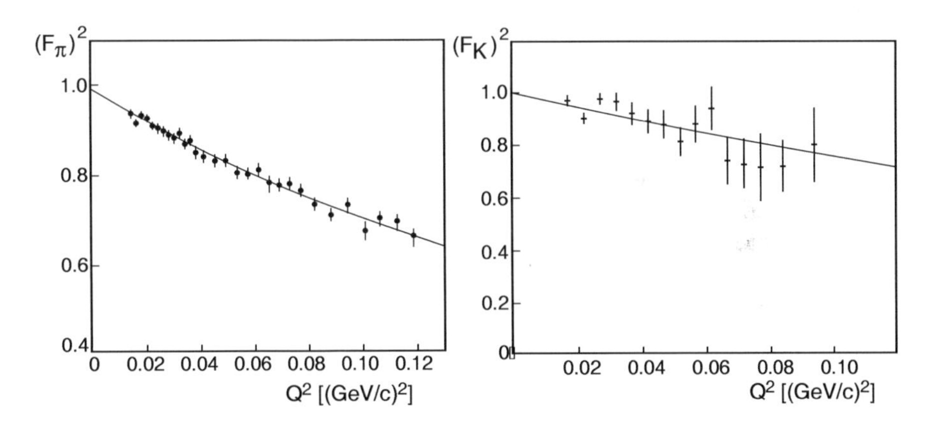

Abbildung 6.4. Pion- und Kaon-Formfaktor als Funktion von Q^2 (nach [Am84] und [Am86]). Die durchgezogenen Linien entsprechen einem Monopolformfaktor $(1 + Q^2/a^2\hbar^2)^{-1}$.

beschreiben. Aus der Steigung in der Nähe des Ursprungs ergibt sich für den mittleren quadratischen Ladungsradius:

$$\langle r^2 \rangle_\pi = 0.44 \pm 0.02 \text{ fm}^2 \quad ; \quad \sqrt{\langle r^2 \rangle_\pi} = 0.67 \pm 0.02 \text{ fm}$$
$$\langle r^2 \rangle_\mathrm{K} = 0.34 \pm 0.05 \text{ fm}^2 \quad ; \quad \sqrt{\langle r^2 \rangle_\mathrm{K}} = 0.58 \pm 0.04 \text{ fm} \; .$$

Beim Pion und beim Kaon ist demnach die Ladung anders verteilt und räumlich weniger ausgedehnt als beim Proton. Man kann dies mit der unterschiedlichen inneren Struktur dieser Teilchen begründen. Wie wir in Kap. 8 sehen werden, ist das Proton aus drei Quarks aufgebaut, während Pion und Kaon aus einem Quark und einem Antiquark bestehen.

Das Kaon weist einen kleineren Radius auf als das Pion. Man kann dies darauf zurückführen, dass das Kaon im Gegensatz zum Pion ein schweres Quark (s-Quark) enthält. Wir werden in Abschn. 13.5 an schweren Quark-Antiquark-Systemen zeigen, dass bei größerer Masse der Konstituenten eines Systems aus Quarks dessen Radius abnimmt.

Aufgaben

1. **Elektronenradius**
   Man möchte aus der Abweichung vom Mott-Wirkungsquerschnitt in der Elektron-Elektron-Streuung die obere Grenze des Elektronradius bestimmen. Welche Schwerpunktsenergie im Elektron-Elektron-System ist notwendig, wenn man 10^{-3} fm als obere Grenze für den Radius anstrebt?

2. **Elektron-Pion-Streuung**
   Geben Sie den differentiellen Wirkungsquerschnitt $\mathrm{d}\sigma/\mathrm{d}\Omega$ für die elastische Elektron-Pion-Streuung an. Schreiben Sie explizit die Q^2-Abhängigkeit des Formfaktoranteils des Wirkungsquerschnitts in der Näherung $Q^2 \to 0$ und mit der Annahme $\langle r^2 \rangle_\pi = 0.44\,\mathrm{fm}^2$.

7. Tiefinelastische Streuung

Verlockend ist der äußre Schein
der Weise dringet tiefer ein.

Wilhelm Busch
Der Geburtstag

7.1 Angeregte Nukleonzustände

In Abschn. 5.5 haben wir gesehen, dass bei der Streuung von Elektronen an Atomkernen neben dem Maximum der elastischen Streuung weitere Maxima auftauchen, die von Anregungen des Kerns herrühren. Wenn man Elektronen nun an Nukleonen streut, beobachtet man ein ähnliches Verhalten.

In Abb. 7.1 ist ein Spektrum für die Elektron-Proton-Streuung gezeigt. Dieses Spektrum wurde bei einer Elektronenergie $E = 4.9$ GeV unter einem Streuwinkel $\theta = 10°$ aufgenommen, indem man bei einem magnetischen Spektrometer die akzeptierte Streuenergie in kleinen Schritten variierte. Neben einem scharfen Maximum, das von der elastischen Streuung herrührt (und in der Abbildung zur besseren Übersicht um einen Faktor 15 herun-

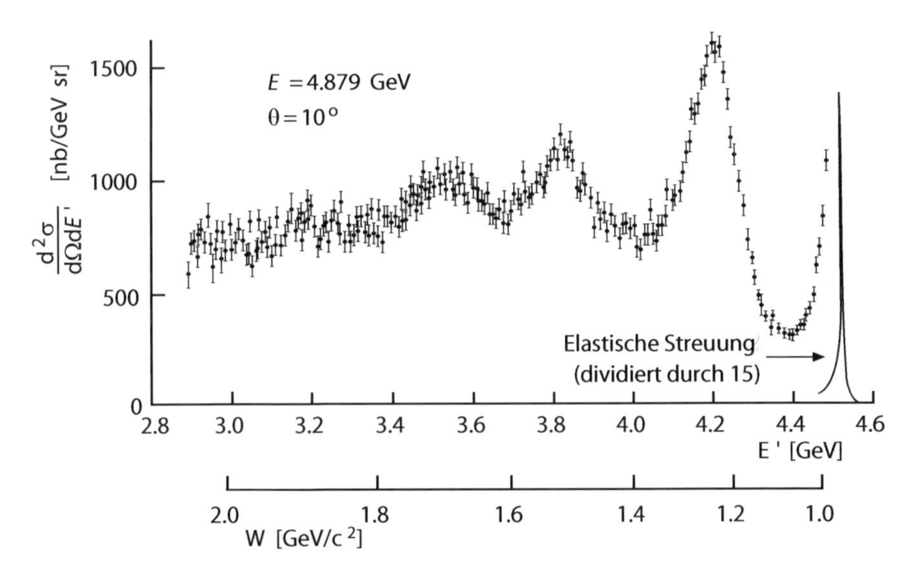

Abbildung 7.1. Spektrum der gestreuten Elektronen bei Elektron-Proton-Streuung, aufgenommen bei einer Elektronenenergie $E = 4.9$ GeV unter einem Streuwinkel $\theta = 10°$ (nach [Ba68]).

terskaliert wurde), beobachtet man bei kleinen Streuenergien eine Reihe von Maxima, die von inelastischen Anregungen des Protons herrühren. Diese Maxima entsprechen angeregten Nukleonzuständen, die man *Nukleonresonanzen* nennt. Die Tatsache, dass es angeregte Zustände des Protons gibt, ist bereits ein Hinweis darauf, dass das Proton ein zusammengesetztes System ist. In Kap. 15 werden wir diese Resonanzen mit Hilfe des Quarkmodells deuten.

Die invariante Masse dieser Zustände bezeichnet man mit W. Sie berechnet sich aus den Viererimpulsen des ausgetauschten Photons q und des einlaufenden Protons P gemäß

$$W^2c^2 = P'^2 = (P+q)^2 = M^2c^2 + 2Pq + q^2 = M^2c^2 + 2M\nu - Q^2 \,, \quad (7.1)$$

wobei die Lorentz-invariante Größe ν definiert ist durch

$$\nu = \frac{Pq}{M} \,. \quad (7.2)$$

Im Laborsystem, in dem das Targetproton in Ruhe ist, gilt $P = (Mc, \mathbf{0})$ und $q = ((E-E')/c, \boldsymbol{q})$. Daher ist in diesem System

$$\nu = E - E' \quad (7.3)$$

die Energie, die durch das virtuelle Photon vom Elektron auf das Proton übertragen wird.

Die Resonanz $\boldsymbol{\Delta}$(1232). Die Nukleonresonanz, die in Abb. 7.1 in der Nähe von $E' = 4.2$ GeV zu sehen ist, hat eine Masse $W = 1232\,\text{MeV}/c^2$ und trägt den Namen $\Delta(1232)$. Wie wir in Kap. 15 sehen werden, tritt diese Resonanz in vier Ladungszuständen auf: Δ^{++}, Δ^+, Δ^0 und Δ^-. Im hier diskutierten Fall wird der Zustand Δ^+ angeregt, da bei der Reaktion keine Ladung übertragen wird.

Während die Breite des elastischen Maximums dem Auflösungsvermögen des Spektrometers entspricht, zeigen Resonanzen ein „echte" Breite[1] von typischerweise $\Gamma \approx 100\,\text{MeV}$. Nach der Unschärferelation haben sie also nur eine sehr kurze Lebensdauer. Die Resonanz $\Delta(1232)$ hat eine Breite von ca. 120 MeV und damit eine Lebensdauer von

$$\tau = \frac{\hbar}{\Gamma} = \frac{6.6 \cdot 10^{-22}\,\text{MeV s}}{120\,\text{MeV}} = 5.5 \cdot 10^{-24}\,\text{s} \,. \quad (7.4)$$

Dies ist die typische Zeitskala, in der sich die starke Wechselwirkung abspielt. Die Δ^+-Resonanz zerfällt gemäß

[1] Was „Breite" genau heißt, werden wir in Abschn. 9.2 behandeln.

$$\begin{aligned}\Delta^+ &\rightarrow \mathrm{p} + \pi^0 \\ \Delta^+ &\rightarrow \mathrm{n} + \pi^+ ,\end{aligned}$$

wobei neben einem Nukleon noch ein leichteres Teilchen, das π-Meson (Pion) entsteht.

7.2 Strukturfunktionen

Um die Konstituenten des Nukleons sehen zu können, braucht man eine genügend gute Auflösung. Die Wellenlänge des abbildenden Teilchens muss also klein sein im Vergleich mit dem Radius des Nukleons: $\lambda \ll R$ oder $Q^2 \gg \hbar^2/R^2$. Um in einem Streuexperiment einen so großen Viererimpulsübertrag zu erlangen, sind große Energien nötig. Die erste Generation solcher Experimente wurde in den 60er Jahren am Elektronen-Beschleuniger SLAC durchgeführt, wobei eine maximale Energie von 25 GeV erreicht wurde. In der zweiten Generation von Streuexperimenten, die in den 80er Jahren am CERN stattfanden, wurde dann mit einem Myonen-Strahl eine Energie von bis zu 300 GeV erreicht. Die Myonen wurden mit Hilfe von 400 GeV Protonen erzeugt. Diese produzierten Pionen, die mit Hilfe von Magneten in einer 200 m langen Beschleunigerstrecke eingeschlossen wurden. Während des Fluges zerfiel ein Teil der Pionen zu Myonen, welche in dem separaten Strahl gebündelt wurden, der für die Streuexperimente benutzt wurde.

Die letzte Generation von Experimenten wurde am HERA-Beschleuniger des DESY bis zum Jahr 2007 durchgeführt. Dabei wurden 30 GeV Elektronen und 900 GeV Protonen aufeinander geschossen.

Die grundlegenden Eigenschaften der Quark- und Gluonenstruktur der Hadronen wurden durch die Experimente am SLAC ermittelt, daher werden diese Experimente im folgenden diskutiert. Die zweite und dritte Generation von Experimenten bildeten die experimentelle Basis der Quantenchromodynamik, der Theorie der starken Wechselwirkung.

Bei invarianten Massen $W \gtrsim 2.5$ GeV$/c^2$ sieht man im Anregungsspektrum keine einzelnen Resonanzen mehr, kann aber beobachten, dass viele zusätzliche stark wechselwirkende Teilchen (Hadronen) erzeugt werden. Die Dynamik dieses Erzeugungsprozesses wird, wie bei der elastischen Streuung an Kernen oder Nukleonen, durch Formfaktoren beschrieben. Im inelastischen Fall bezeichnet man sie üblicherweise als *Strukturfunktionen* W_1 und W_2.

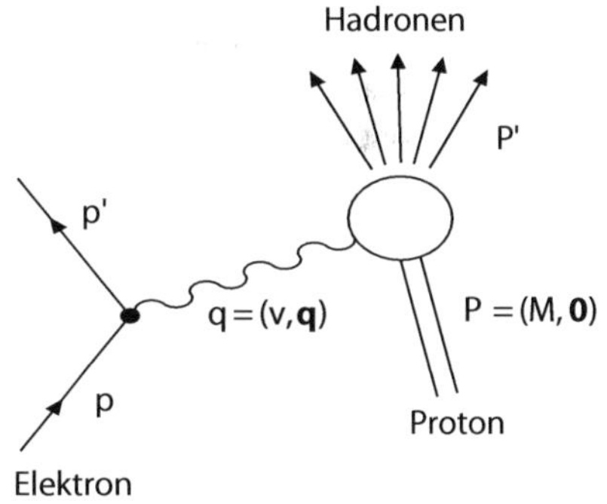

Hadronen
P'
p'
q = (ν, **q**)
P = (M, **0**)
p
Proton
Elektron

Bei der *elastischen* Streuung gibt es bei vorgegebener Einschussenergie E nur *einen* freien Parameter: Ist beispielsweise der Streuwinkel θ vorgegeben, so sind damit aufgrund der Kinematik auch das Quadrat des Viererimpulsübertrags Q^2, der Energieübertrag ν, die Energie des gestreuten Elektrons E' etc. festgelegt. Wegen $W = M$ besteht nach (7.1) zwischen ν und Q^2 die folgende Beziehung:

$$2M\nu - Q^2 = 0 \,. \tag{7.5}$$

Bei der *inelastischen* Streuung hingegen kommt mit der Anregungsenergie des Protons eine weitere freie Größe hinzu. Deshalb sind Strukturfunktionen und Wirkungsquerschnitt Funktionen *zweier* unabhängiger freier Parameter, z. B. (E', θ) oder (Q^2, ν). Wegen $W > M$ gilt in diesem Fall

$$2M\nu - Q^2 > 0 \,. \tag{7.6}$$

Anstelle der Rosenbluth-Formel (6.10) erhält man jetzt den Wirkungsquerschnitt

$$\frac{\mathrm{d}^2\sigma}{\mathrm{d}\Omega\,\mathrm{d}E'} = \left(\frac{\mathrm{d}\sigma}{\mathrm{d}\Omega}\right)^*_{\text{Mott}} \left[W_2(Q^2,\nu) + 2W_1(Q^2,\nu)\tan^2\frac{\theta}{2}\right] , \tag{7.7}$$

wobei der zweite Term wiederum die magnetische Wechselwirkung beinhaltet.

Die Ergebnisse der tiefinelastischen Steuexperimente werden ausschließlich durch die neue Lorentzinvariante Größe, die *Bjorken'schen Skalenvariable*, diskutiert.

$$x := \frac{Q^2}{2Pq} = \frac{Q^2}{2M\nu} \,. \tag{7.8}$$

Diese dimensionslose Größe ist ein Maß für die Inelastizität des Prozesses. Bei elastischer Streuung gilt $W = M$ und somit nach (7.5)

$$2M\nu - Q^2 = 0 \quad \Longrightarrow \quad x = 1 \,, \tag{7.9}$$

für inelastische Prozesse $(W > M)$ hingegen

$$2M\nu - Q^2 > 0 \quad \Longrightarrow \quad 0 < x < 1 \,. \tag{7.10}$$

In Abb. 7.2 sind die Spektren von Elektronen, die von Nukleonen gestreut wurden, in Abhängigkeit von der Bjorken'schen Skalenvariable x bei verschiedenen Impulsüberträgen gezeigt. Um den Impulsübertrag Q^2 und den Energieverlust ν zu bestimmen, müssen sowohl die Energie als auch der Streuwinkel des Elektrons im Experiment bestimmt werden.

Der breite Peak bei $x = 1/3$ kann folgendermaßen interpretiert werden: Wir nehmen an, dass die Elektronen an den Konstituenten des Kerns gestreut werden. Die Bjorken'sche Skalenvariable ist dann

$$x = \frac{1}{n} \cdot \frac{Q^2}{2Pq} \,, \tag{7.11}$$

wobei n die Zahl der Konstituenten ist. Wenn die Elektronen außerdem elastisch gestreut werden, dann gilt gemäß Gl. 7.5

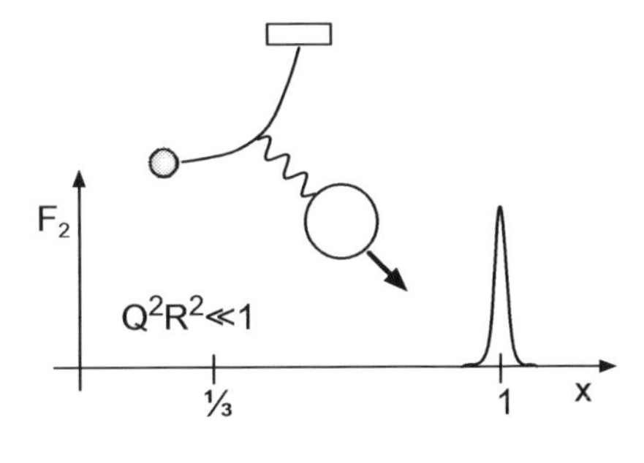

Abbildung 7.2. Der Übergang von elastischer über inelastische zur tief inelastischen Streuung bei zunehmendem Q^2 wird hier gezeigt. Bei kleinem Q^2, wo die Wellenlänge des virtuellen Photons viel größer als der Radius des Nukleons ist, beobachtet man nur elastische Streuung. Wenn die Wellelänge mit dem Radius des Nukleons vergleichbar wird, kann man auch Übergänge zu angeregten Zuständen sehen. Bei einer Photonenwellenlänge, die viel kleiner als der Nukleonen-Radius ist, streuen die Elektronen an den geladenen Konstituenten der Nukleonen.

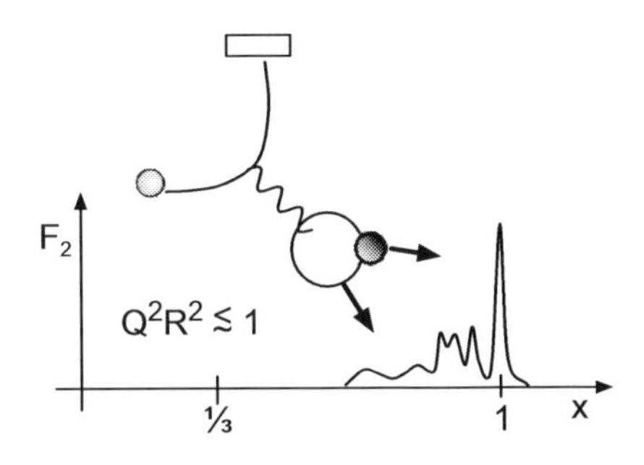

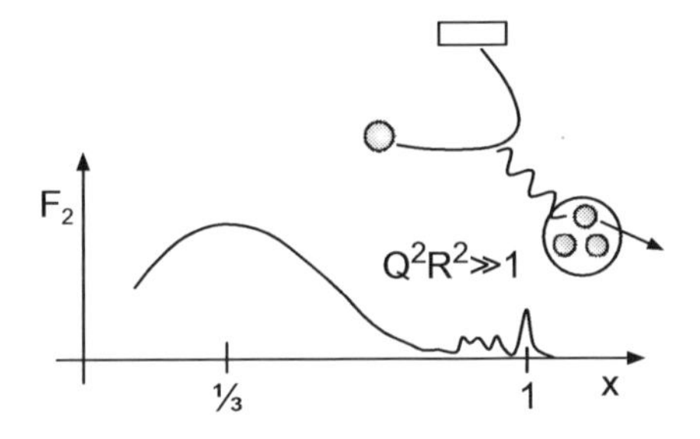

$$\frac{Q^2}{2Pq} = 1 \; . \tag{7.12}$$

Der breite Peak bei $x = 1/3$ bedeutet also, dass das Nukleon drei Konstituenten hat. Die Breite des Peaks kommt von der Fermi-Bewegung der Konstituenten.

Wie oben erwähnt, reicht es, wenn das gestreute Elektron kinematisch vollständig bestimmt ist, um die tief inelastischen Ereignisse zu analysieren. Eine solche Analyse wurde für die Experimente der ersten beiden Generationen durchgeführt. Mit einem 4π-Detektor konnten die Ereignisse des Experiments am DESY vollständig rekonstruiert werden. Eines der schönsten tief inelastischen Streuereignisse ist in Abb. 7.3 gezeigt. Wegen des sogenannten "confinement" können weder das gestreute Quark noch der Rest des Protons direkt beobachtet werden. Sie hadronisieren zu farbneutralen Hadronen wie

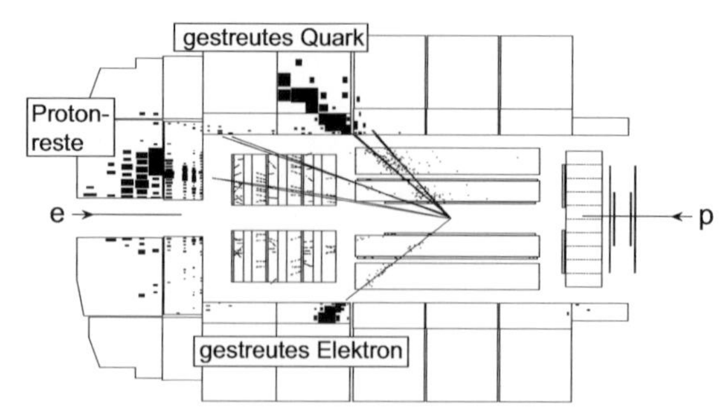

Abbildung 7.3. Der 800 GeV Protonenstrahl tritt von rechts, der 30 GeV Elektronstrahl von links ein. Die Trajektorien aller geladenen Teilchen werden in dem inneren ortsempfindlichen Detektor nachgewiesen. Die Energie des gestreuten Elektrons misst man im elektromagnetischen Kalorimeter, die der Hadronen im Hadronkalorimeter.

später erklärt werden wird. Die Streurichtung aller geladenen Teilchen wird im inneren Teil des Detektors bestimmt. Die Energie der gestreuten Elektronen wird im elektromagnetischen Kalorimeter bestimmt, die der Hadronen im Hadronen-Kalorimeter.

Anstelle der beiden dimensionsbehafteten Strukturfunktionen $W_1(Q^2, \nu)$ und $W_2(Q^2, \nu)$ (7.7) verwendet man meistens zwei dimensionslose Strukturfunktionen

$$\begin{aligned} F_1(x, Q^2) &= Mc^2 W_1(Q^2, \nu) \\ F_2(x, Q^2) &= \nu W_2(Q^2, \nu) . \end{aligned} \qquad (7.13)$$

Extrahiert man aus den Wirkungsquerschnitten die beiden Strukturfunktionen $F_1(x, Q^2)$ und $F_2(x, Q^2)$, so beobachtet man, dass sie für feste Werte von x nicht oder nur sehr schwach von Q^2 abhängen. Dies ist in Abb. 7.4 gezeigt, in der $F_2(x, Q^2)$ als Funktion von x aufgetragen ist, wobei die Daten einen Q^2-Bereich zwischen $2\,(\text{GeV}/c)^2$ und $18\,(\text{GeV}/c)^2$ überdecken.

Wenn die Strukturfunktionen nicht von Q^2 abhängen, bedeutet das aber nach unserer bisherigen Diskussion, dass man an einer Punktladung streut (vgl. Abb. 5.6). Da das Nukleon ein ausgedehntes Gebilde ist, ergibt sich aus diesem Resultat die Folgerung:

Das Nukleon besitzt eine Unterstruktur aus punktförmigen Konstituenten.

Die Strukturfunktion F_1 rührt von der magnetischen Wechselwirkung her. Sie verschwindet bei der Streuung an Teilchen mit Spin Null, während sich für Dirac-Teilchen mit Spin 1/2 aus (6.5) und (7.7) unter Berücksichtigung von (7.13) der Zusammenhang

$$2xF_1(x) = F_2(x) \qquad (7.14)$$

ergibt, den man als *Callan-Gross-Beziehung* bezeichnet [Ca69] (siehe Übungsaufgabe).

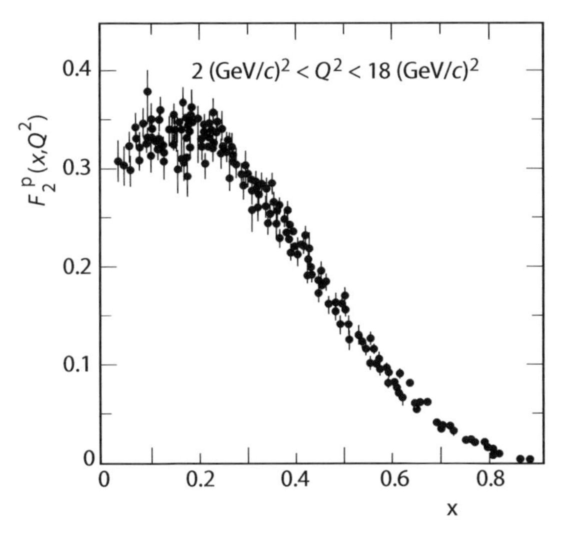

Abbildung 7.4. Die Strukturfunktion F_2 des Protons als Funktion von x bei Q^2-Werten zwischen 2 $(\mathrm{GeV}/c)^2$ und 18 $(\mathrm{GeV}/c)^2$ [At82].

Das Verhältnis $2xF_1/F_2$ ist in Abb. 7.5 in Abhängigkeit von x aufgetragen. Wie man sieht, ist dieser Quotient im Rahmen der Messgenauigkeit verträglich mit Eins, und wir können daher als zweites folgern:

Die punktförmigen Konstituenten des Nukleons haben Spin 1/2.

7.3 Das Partonmodell

Die Interpretation der tiefinelastischen Streuung am Proton ist besonders einfach, wenn man das Bezugssystem geschickt wählt. Die physikalischen Inhalte werden davon selbstverständlich nicht berührt. Betrachtet man das Proton in einem schnell bewegten System, in dem die transversalen Impulse und die Ruhemassen der Konstituenten des Protons vernachlässigt werden können, so ist die innere Struktur des Protons in erster Näherung durch die longitudinalen Impulse dieser Bestandteile gegeben. Dies ist die Grundlage des *Partonmodells* von Feynman und Bjorken. Die Konstituenten des Protons werden in diesem Modell *Partonen* genannt. Die geladenen Partonen werden heute mit den Quarks identifiziert, die elektrisch neutralen mit den Gluonen, den Feldquanten der starken Wechselwirkung.

Wenn man das Proton in frei bewegliche Partonen zerlegt, kann man die Wechselwirkung des Elektrons mit dem Proton als die inkohärente Summe der Wechselwirkungen mit den individuellen Partonen ansehen und diese wiederum als elastische Streuung. Diese Näherung ist dann gültig, wenn die Wechselwirkungszeit des Photons mit dem Parton so kurz ist, dass die Partonen während dieser Zeit nicht untereinander wechselwirken können (Abb. 7.6).

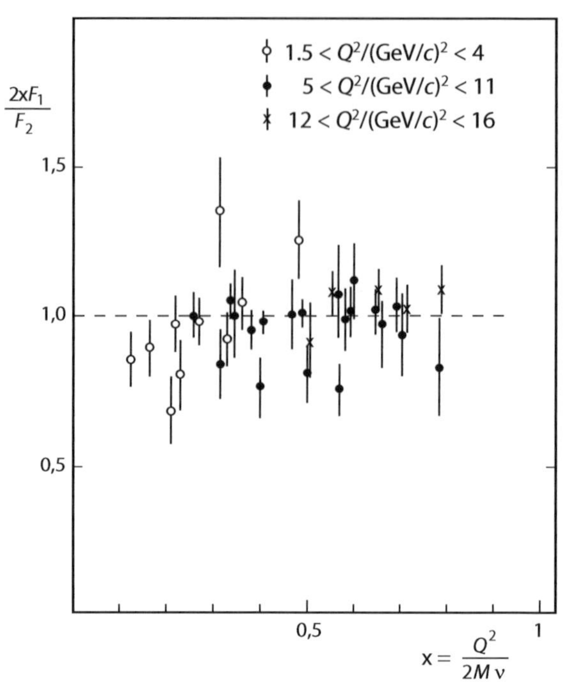

Abbildung 7.5. Verhältnis der Strukturfunktionen $2xF_1(x)$ und $F_2(x)$. Die Daten stammen aus Experimenten am SLAC (nach [Pe87]). Wie man sieht, ist der Quotient etwa konstant Eins.

Dies ist wiederum die *Stoßnäherung,* die wir bei der quasielastischen Streuung (S. 82) kennen gelernt haben. In der tiefinelastischen Streuung ist diese Näherung gut erfüllt, weil, wie wir in Abschn. 8.3 sehen werden, die Wechselwirkung zwischen den Partonen bei kleinen Abständen nur schwach ist.

Wenn man diese Näherung macht und voraussetzt, dass die Partonmassen vernachlässigt werden können und Q^2 groß ist ($Q^2 \gg M^2c^2$), erhält man eine anschauliche Deutung der Bjorken'schen Skalenvariablen $x = Q^2/2M\nu$, die in (7.8) definiert wurde. Sie gibt den Bruchteil des Viererimpulses des Protons an, der von einem Parton getragen wird. Ein Photon, das im Laborsystem den Viererimpuls $q = (\nu/c, \boldsymbol{q})$ besitzt, wechselwirkt mit einem Parton, das den Viererimpuls xP trägt. Es muss aber deutlich betont werden, dass diese Interpretation von x nur in der Stoßnäherung sowie unter Vernachlässigung von Transversalimpuls und Ruhemasse des Partons gilt, also in einem sehr schnell bewegten System.

Ein beliebtes Bezugssystem, in dem diese Voraussetzungen erfüllt sind, ist das sogenannte *Breit-System* (Abb. 7.6b), in dem das Photon keine Energie überträgt ($q_0 = 0$). In diesem System ist x dann auch gleich dem Dreierimpulsbruchteil des Partons.

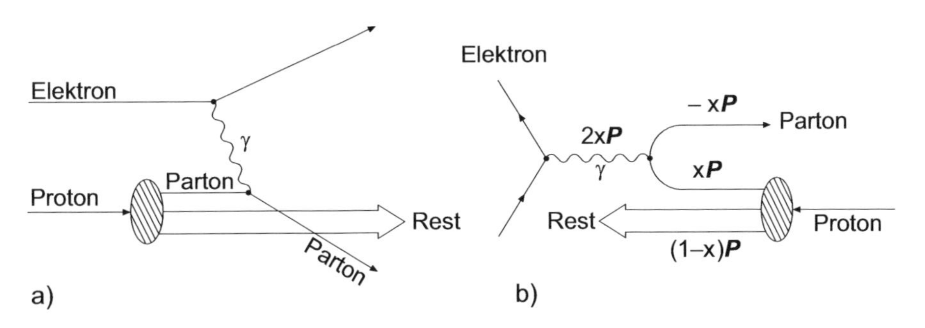

Abbildung 7.6. Schematische Darstellung der tiefinelastischen Elektron-Proton-Streuung im Partonmodell im Laborsystem (**a**) und einem schnell bewegten System (**b**). In dieser Skizze haben wir eine Darstellung in zwei Ortsdimensionen gewählt; die Pfeile geben die Impulsrichtungen an. Skizze (**b**) stellt den Streuprozess im Breit-System dar, in dem der Energieübertrag des virtuellen Photons Null ist. Der Impuls des getroffenen Partons kehrt sich daher um, bleibt im Betrag aber unverändert.

Die Ortsauflösung der tiefinelastischen Streuung ist durch die reduzierte Wellenlänge $\lambda\!\!\!^{-}$ des virtuellen Photons gegeben. Diese ist nicht Lorentz-invariant, sondern vom jeweiligen Bezugssystem abhängig. Im Laborsystem ($q_0 = \nu/c$) ist

$$\lambda\!\!\!^{-} = \frac{\hbar}{|\boldsymbol{q}|} = \frac{\hbar c}{\sqrt{\nu^2 + Q^2c^2}} \approx \frac{\hbar c}{\nu} = \frac{2Mx\hbar c}{Q^2} \,. \tag{7.15}$$

Beispielsweise erhält man im Laborsystem für $x = 0.1$ und $Q^2 = 4\,(\text{GeV}/c)^2$ einen Wert von $\lambda\!\!\!^{-} \simeq 10^{-17}\,\text{m}$. Im Breit-System vereinfacht sich diese Beziehung zu

$$\lambda\!\!\!^{-} = \frac{\hbar}{|\boldsymbol{q}|} = \frac{\hbar}{\sqrt{Q^2}} \,. \tag{7.16}$$

Im Breit-System erfährt somit auch Q^2 eine anschauliche Deutung: Es ist ein Maß für die räumliche Auflösung, mit der Strukturen untersucht werden können.

7.4 Interpretation der Strukturfunktionen im Partonmodell

Die Strukturfunktionen beschreiben die innere Zusammensetzung des Nukleons. Wir nehmen nun an, dass das Nukleon aus verschiedenen Quarktypen f aufgebaut ist, die die elektrische Ladung $z_f \cdot e$ tragen. Der Wirkungsquerschnitt für die elektromagnetische Streuung an einem Quark ist proportional zum Quadrat seiner Ladung und somit zu z_f^2.

Die Verteilungsfunktion der Quark-Impulse bezeichnen wir mit $q_f(x)$, das heißt $q_f(x)\mathrm{d}x$ sei der Erwartungswert für die Zahl der Quarks vom Typ f im Hadron, deren Impulsbruchteil im Intervall $[x, x+\mathrm{d}x]$ liegt. Neben den Quarks, die für die Quantenzahlen des Nukleons verantwortlich sind *(Valenzquarks)*, gibt es im Inneren des Nukleons Quark-Antiquark-Paare, die im Feld der starken Wechselwirkung aus den Gluonen virtuell erzeugt werden und wieder annihilieren. Dieser Vorgang ist analog zur Erzeugung virtueller Elektron-Positron-Paare im Coulomb-Feld. Man nennt diese Quarks und Antiquarks *Seequarks.*

Die Impulsverteilung der Antiquarks bezeichnen wir mit $\bar{q}_f(x)$ und entsprechend die der Gluonen mit $g(x)$. Dann ist die Strukturfunktion F_2 die Summe der mit x und z_f^2 gewichteten Impulsverteilungen. Summiert wird dabei über alle Quark- und Antiquarksorten:

$$F_2(x) = x \cdot \sum_f z_f^2 \left(q_f(x) + \bar{q}_f(x)\right) . \tag{7.17}$$

Die Strukturfunktionen sind mit Streuexperimenten an Wasserstoff, Deuterium und schwereren Kernen bestimmt worden. Konventionsgemäß wird bei der Streuung an Kernen immer die Strukturfunktion pro Nukleon angegeben. Abgesehen von kleinen Korrekturen aufgrund der Fermibewegung der Nukleonen im Deuteron ist F_2^{d}, die Strukturfunktion des Deuterons, gleich F_2^{N}, der gemittelten Strukturfunktion des Nukleons:

$$F_2^{\mathrm{d}} \approx \frac{F_2^{\mathrm{p}} + F_2^{\mathrm{n}}}{2} =: F_2^{\mathrm{N}} . \tag{7.18}$$

Die Strukturfunktion des Neutrons kann man somit durch Subtraktion aus den Strukturfunktionen von Deuteron und Proton bestimmen.

Als Strahlteilchen werden nicht nur Elektronen, sondern auch Myonen und Neutrinos verwendet. Myonen sind wie Elektronen punktförmige, geladene Teilchen und haben den Vorteil, dass sie mit höherer Energie erzeugt werden können als Elektronen; der Streuvorgang verläuft völlig analog, und die Wirkungsquerschnitte sind gleich. Die Neutrinostreuung liefert eine komplementäre Information über die Quarkverteilung. Neutrinos koppeln durch die schwache Wechselwirkung an die schwache Ladung der Quarks. Man kann bei der Neutrinostreuung zwischen den unterschiedlich geladenen Quark-Typen sowie zwischen Quarks und Antiquarks unterscheiden. Auf Details werden wir in Abschn. 10.8 eingehen.

x-Abhängigkeit der Strukturfunktionen. Kombiniert man die Resultate der Neutrino- und Antineutrinostreuung, so kann man die Impulsverteilung der Seequarks und der Valenzquarks separat bestimmen. Wie man aus dem in Abb. 7.7 skizzierten Verlauf ersieht, tragen Seequarks nur bei kleinen Werten von x zur Strukturfunktion bei. Ihre Impulsverteilung fällt sehr rasch mit x ab und ist oberhalb von $x \approx 0.35$ vernachlässigbar klein. Die Valenzquarkverteilung hat ihr Maximum in der Nähe von $x \approx 0.2$ und fällt für $x \to 1$

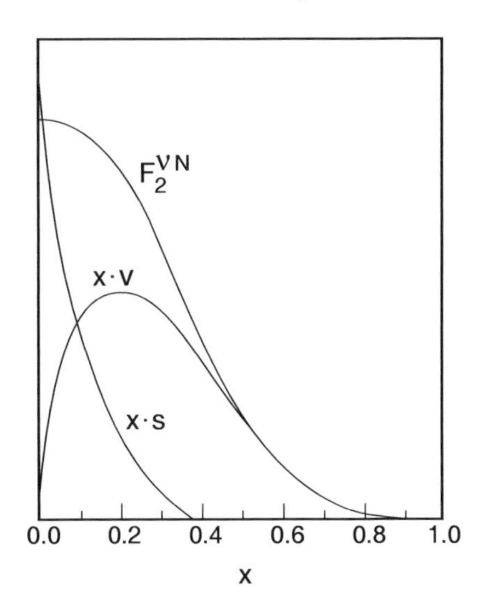

Abbildung 7.7. Schematische Darstellung der Strukturfunktion F_2 des Nukleons, gemessen in (Anti-)Neutrinostreuung, sowie der mit x gewichteten Impulsverteilungen von Valenzquarks (v) und Seequarks (s).

und $x \to 0$ auf Null ab. Die Verschmierung der Verteilung rührt von der Fermibewegung der Quarks im Nukleon her.

Bei großem x wird F_2 extrem klein. Es ist also sehr unwahrscheinlich, dass *ein* Quark allein einen Großteil des Nukleonenimpulses trägt.

Kerneffekte. Die typische Energieskala der Kernphysik (z. B. Bindungsenergien) liegt bei einigen MeV und die Impulsskala (z. B. Fermi-Impulse) bei ca. 250 MeV/c, also um Größenordnungen unter den Q^2-Werten der Streuexperimente zur Bestimmung der Strukturfunktionen. Man sollte daher erwarten, dass es keinen Einfluss auf die Strukturfunktionen hat, ob die Streuung an freien oder in Kernen gebundenen Nukleonen stattfindet, abgesehen natürlich von kinematischen Effekten aufgrund der Fermibewegung der Nukleonen im Atomkern. Tatsächlich beobachtet man aber einen deutlichen Einfluss des umgebenden Kernmediums auf die Impulsverteilung der Quarks [Ar94]. Man bezeichnet dieses Phänomen nach der Kollaboration, die es 1983 entdeckte, als den *EMC-Effekt.*

Als typisches Beispiel ist in Abb. 7.8 das Verhältnis der Strukturfunktionen von Lithium, Sauerstoff und Kalzium zu Deuterium gezeigt. Kalzium in natürlicher Isotopenmischung besteht zu 97 % aus ^{40}Ca, dem schwersten stabilen Nuklid, das isoskalar ist, also gleiche Protonen- und Neutronenzahl aufweist. Deuterium hingegen ist schwach gebunden, und Proton und Neutron können näherungsweise als frei angesehen werden. Der Vergleich isoskalarer Nuklide hat den Vorteil, dass man den Einfluss der Kernbindung auf die Strukturfunktion F_2 studieren kann, ohne die Unterschiede zwischen F_2^{p} und F_2^{n} berücksichtigen zu müssen.

Im Bereich $0.06 \lesssim x \lesssim 0.3$ ist das Verhältnis ein bisschen größer als eins. Im Bereich $0.3 \lesssim x \lesssim 0.8$, wo die Valenzquarks dominant sind, ist das Verhältnis ein bisschen kleiner als Eins, mit einem Minimum bei $x \approx 0.65$. Dies

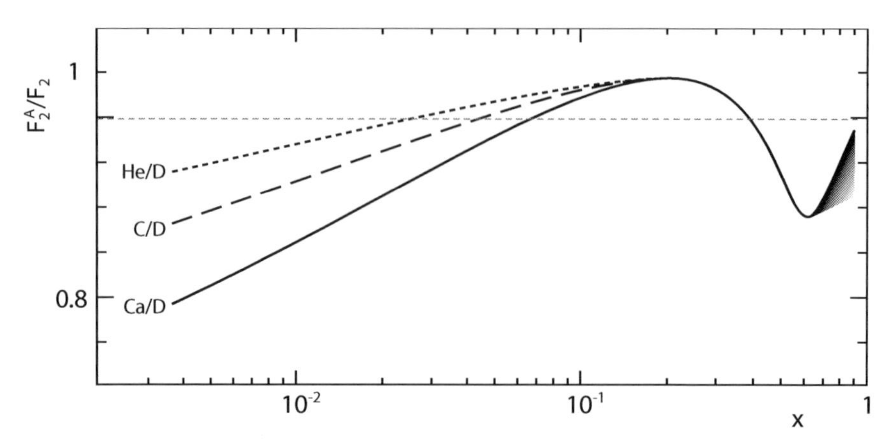

Abbildung 7.8. Der Quotient der Strukturfunktionen F_2 von Lithium, Sauerstoff und Kalzium zu Deuterium als Funktion von x [Ar88, Go94b, Am95].

zeigt, dass die Impulsverteilung der Quarks zu kleineren x tendiert, wenn die Nukleonen im Kern gebunden sind.

Bei größeren Werten von x nimmt das Verhältnis F_2^A/F_2^D stark zu. Die starke Änderung des Quotienten in diesem Bereich täuscht allerdings darüber hinweg, dass die Änderung von F_2, absolut betrachtet, nur sehr klein ist, weil die Strukturfunktion selbst sehr klein ist. Trotzdem lohnt sich eine genauere Betrachtung. Im Kern kann die Streuung an einem Cluster aus Nukleonen stattfinden, wodurch das gestreute Elektron einen grßeren Impuls bekommt, als bei der Streuung an einem freien Nukleon.

Der Abfall der Kernstrukturfunktionen bei $x < 0.1$ wird durch den Effekt des *nuclear shadowing* erklärt. Dieser wird von der Kopplung des Photons an das stark wechselwirkende Quark hervorgerufen. Wir werden den Effekt kurz behandeln, weil er schön zeigt, wie Photonen zu der starken Wechselwirkung kommen.

Bei dem *nuclear shadowing* geschieht das folgende: Das virtuelle Photon, das bei der Streuung zwischen Elektron und Kern ausgetauscht wird, fluktuiert in ein Quark-Antiquark-Paar. Dieses Paar wechselwirkt dann über die starke Wechselwirkung mit dem Kern. Wenn das virtuelle Photon in ein Quark-Antiquark-Paar fluktuiert (Abb. 7.9), bleibt sein Dreierimpuls erhalten, nicht aber seine Energie. Der Dreierimpuls des virtuellen Photons (Q^2, ν; man beachte, dass wir $Q^2 = -q^2$ definiert hatten) ist

$$(pc)^2 = \nu^2 + (Qc)^2 \,. \tag{7.19}$$

Die Energie des virtuellen Quark-Antiquark-Paars ist

$$\nu' = \sqrt{(pc)^2 + (2m_q c^2)^2} = \sqrt{\nu^2 + (Qc)^2 + (2m_q c^2)^2} \,. \tag{7.20}$$

Der Einfachheit halber behandeln wir das Quark-Antiquark-Paar als ein Teilchen mit der Masse $2m_q$. Bei kleinen x, wo der *nuclear shadowing*-Effekt

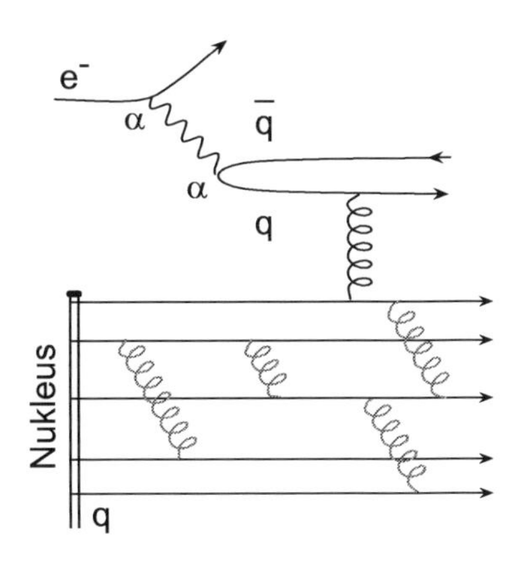

Abbildung 7.9. Ein virtuelles Photon koppelt an ein geladenes Quark mit der elektromagnetischen Kopplungskonstante α. Die Quarks wechselwirken stark mit den Nukleonen des Kerns.

auftritt, ist der Energieverlust ν groß, und $m_q c^2 \ll \nu$, so dass die folgende Näherung gilt

$$\nu' = \sqrt{\nu^2 + (Qc)^2 + (2m_q c^2)^2} = \nu(1 + \frac{Q^2}{2\nu^2}) . \tag{7.21}$$

Die Nichterhaltung der Energie während der Fluktuation hat die Größe

$$\Delta\nu = \nu' - \nu = \frac{(Qc)^2}{2\nu} = \frac{M(Qc)^2}{2M\nu} = Mc^2 x . \tag{7.22}$$

Die Lebensdauer der Fluktuation ist also

$$\Delta t c = \frac{\hbar c}{\Delta\nu} = \frac{\hbar c}{Mc^2 x} . \tag{7.23}$$

$\hbar/Mc$ ist die Compton-Länge des Nukleons und hat einen Wert von ≈ 0.2 fm.

Die Interpretation von Abb 7.8 ist nun einfach. Bei $x \approx 0.1$ wird die Ausdehnung der Fluktuation vergleichbar mit dem Abstand zwischen den Nukleonen im Kern, und der *nuclear shadowing*-Effekt setzt ein. Je größer der Kern, desto ausgeprägter ist der Effekt. Eine quantitative Behandlung des *nuclear shadowing* Effekts findet man in [Ko00].

Aufgaben

1. **Compton-Streuung**
   Am HERA-Speicherring richten sich die Spins der umlaufenden Elektronen mit der Zeit antiparallel zum magnetischen Führungsfeld aus (Sokolov-Ternov-Effekt [So64]). Um diese Spinpolarisation zu messen, wird die Spinabhängigkeit der Compton-Streuung benutzt. Wir betrachten hier nur die Kinematik:
   a) Zirkular polarisierte Photonen aus einem Argon-Laser (514 nm) treffen frontal auf die Elektronen (26.67 GeV, gerade Flugbahn). Welche Energie hat das einlaufende Photon im Ruhesystem des Elektrons?
   b) Betrachten Sie die Streuung des Photons um 90° und 180° im Ruhesystem des Elektrons. Welche Energie hat das gestreute Photon in beiden Fällen? Wie groß sind Energien und Streuwinkel im Laborsystem?
   c) Wie gut muss die Ortsauflösung eines Kalorimeters sein, das 64 m vom Wechselwirkungspunkt entfernt ist und diese Photonen räumlich trennen soll?

2. **Tiefinelastische Streuung**
   Leiten Sie die Callan-Gross-Beziehung (7.14) her. Welcher Wert muss für die Masse des Streuzentrums eingesetzt werden?

3. **Tiefinelastische Streuung**
   Am HERA-Speicherring wird die tiefinelastische Streuung von Elektronen an Protonen untersucht. Dabei kollidieren Elektronen mit einer Energie von 30 GeV frontal mit Protonen von 820 GeV.
   a) Berechnen Sie die Schwerpunktsenergie dieser Reaktion. Welche Energie müsste ein Elektronenstrahl haben, der auf ein stationäres Protontarget trifft, um dieselbe Schwerpunktsenergie aufzubringen?
   b) Die relevanten kinematischen Größen bei der tiefinelastischen Streuung sind der Viererimpulsübertrag Q^2 und die Bjorkensche Skalenvariable x. Q^2 lässt sich z. B. mit (6.2) berechnen. Darin gehen nur kinematische Größen des Elektrons ein: die Strahlenergie E_e, die Energie E'_e des gestreuten Elektrons und der Streuwinkel θ. In bestimmten kinematischen Bereichen ist es sinnvoll, Q^2 aus anderen Variablen zu berechnen, da die Messungenauigkeiten dieser Größen zu kleineren Fehlern bei der Berechnung von Q^2 führen. Leiten Sie eine Formel für Q^2 her, in die die Streuwinkel des Elektrons, θ, und des getroffenen Quarks, γ, eingehen. Experimentell kann letzterer durch Messung der Energien und Impulse der Hadronen im Endzustand bestimmt werden. Wie?
   c) Welches ist der maximale Wert für den Viererimpulsübertrag Q^2 bei HERA? Welche Werte von Q^2 kann man bei Experimenten mit stationärem Target und Strahlenergien von 300 GeV erreichen? Welcher räumlichen Auflösung des Protons entsprechen diese Werte?
   d) Geben Sie den kinematischen Bereich in Q^2 und x an, den man mit dem ZEUS-Kalorimeter erreicht, das einen Winkelbereich des gestreuten Elektrons von 7° bis 178° abdeckt. Das gestreute Elektron muss mindestens 5 GeV Energie besitzen, um noch nachgewiesen zu werden.
   e) Die Wechselwirkung zwischen Elektron und Quark kann durch neutrale Ströme (γ, Z^0) oder durch geladene Ströme ($\mathrm{W}^\pm$) vonstatten gehen. Schätzen Sie ab, bei welchen Werten von Q^2 die Wirkungsquerschnitte für elektromagnetische und schwache Wechselwirkung in der gleichen Größenordnung liegen.

4. **Spinpolarisation**
   Um Experimente zur tiefinelastischen Leptonstreuung mit hoher Strahlenergie durchzuführen, verwendet man Myonen. Zu diesem Zweck beschießt man ein

festes Target mit einem Protonenstrahl. Dabei werden geladene Pionen erzeugt, die im Flug in Myonen und Neutrinos zerfallen.

a) In welchem Bereich liegt die Energie der Myonen im Laborsystem, wenn man durch Magnetfelder einen Pionenstrahl von 350 GeV selektiert?
b) Warum ist ein energieselektierter Myonenstrahl spinpolarisiert? Wie ändert sich die Polarisation als Funktion der Myonenenergie?

5. **Parton-Impulsanteil und x**
Zeigen Sie, dass im Partonmodell bei der tiefinelastischen Streuung, wenn man die Nukleonmasse M und die Partonmasse m **nicht** vernachlässigt, der Impulsanteil ξ des gestreuten Partons im Nukleon mit Impuls P, gegeben ist durch

$$\xi = x \left[1 + \frac{m^2c^2 - M^2c^2x^2}{Q^2} \right] .$$

Im tiefinelastischen Bereich ist $\frac{x^2M^2c^2}{Q^2} \ll 1$ und $\frac{m^2c^2}{Q^2} \ll 1$. (Hinweis: Es gilt für kleine ε, ε' die Näherung $\sqrt{1+\varepsilon(1+\varepsilon')} \approx 1 + \frac{\varepsilon}{2}(1 + \varepsilon' - \frac{\varepsilon}{4})$.)

8. Quarks, Gluonen und starke Wechselwirkung

Quark [aus dem Slaw.], aus Milch durch Säuerung oder Labfällung und Abtrennen der Molke gewonnenes Frischkäseprodukt, das vor allem aus geronnenem, weiß ausgeflocktem (noch stark wasserhaltigem) Kasein besteht.

Brockhaus-Enzyklopädie, 19. Auflage

Im vorhergehenden Kapitel haben wir die tiefinelastische Streuung als Werkzeug zur Untersuchung der Struktur und der Zusammensetzung der Nukleonen kennengelernt. Komplementäre Informationen über den Aufbau der Nukleonen und anderer stark wechselwirkender Objekte, den Hadronen, erhält man aus der Spektroskopie dieser Teilchen. Dabei ergeben sich auch Aussagen über die starke Wechselwirkung und ihre Feldquanten, die die innere Dynamik der Hadronen und die Kräfte zwischen ihnen beschreiben.

Ursprünglich wurde das Quarkmodell Mitte der 60er Jahre erfunden, um eine Systematik in die Vielfalt der bis dahin entdeckten Hadronen zu bringen. In diesem Kapitel wollen wir die Informationen aus der tiefinelastischen Streuung und der Spektroskopie benutzen, um die Eigenschaften der Quarks zu ermitteln.

8.1 Quarkstruktur der Nukleonen

Quarks. Mit Hilfe der tiefinelastischen Streuung haben wir festgestellt, dass die Nukleonen aus elektrisch geladenen, punktförmigen Teilchen bestehen, den *Quarks*. Die Eigenschaften der Nukleonen (Ladung, Masse, magnetisches Moment, Isospin etc.) sollten sich aus den Eigenschaften dieser Konstituenten aufbauen und erklären lassen. Hierzu benötigen wir mindestens zwei unterschiedliche Quarktypen, die wir mit u (*up*) und d (*down*) bezeichnen wollen.

		u	d	p (uud)	n (udd)
Ladung	z	$+2/3$	$-1/3$	1	0
Isospin	I	$1/2$		$1/2$	
	I_3	$+1/2$	$-1/2$	$+1/2$	$-1/2$
Spin	s	$1/2$	$1/2$	$1/2$	$1/2$

Da die Quarks Spin 1/2 tragen und sich ihre Spins im Bild des einfachen Quarkmodells zum Gesamtspin 1/2 des Nukleons addieren müssen, sind die Nukleonen aus mindestens drei dieser Quarks aufgebaut, das Proton aus zwei u-Quarks und einem d-Quark und das Neutron aus zwei d-Quarks und einem u-Quark.

Proton und Neutron bilden ein Isospinduplett ($I = 1/2$). Dies führt man darauf zurück, dass das u- und d-Quark ebenfalls ein Isospinduplett bilden. Die drittelzahligen Ladungen der Quarks sind durch die Ladungen von Proton und Neutron nicht eindeutig festgelegt. Diese Zuordnung ergibt sich aus anderen Indizien, u. a. daraus, dass Hadronen mit maximal zweifach positiver Ladung (z. B. Δ^{++}) aber nur einfach negativer Ladung (z. B. Δ^{-}) gefunden wurden. Diesen Hadronen ordnet man dann 3 u-Quarks (Ladung: $3 \cdot (2e/3) = 2e$) bzw. 3 d-Quarks (Ladung: $3 \cdot (-1e/3) = -1e$) zu.

Valenzquarks und Seequarks. Die drei Quarks, die die Quantenzahlen der Nukleonen ausmachen, bezeichnet man als *Valenzquarks*. Neben diesen existieren im Nukleon noch virtuelle Quark-Antiquark-Paare, die sogenannten *Seequarks* . Ihre effektiven Quantenzahlen verschwinden im Mittel und haben keine Auswirkungen auf die Quantenzahlen des Nukleons. Wegen ihrer elektrischen Ladung sind sie aber ebenfalls in der tiefinelastischen Streuung „sichtbar“. Sie tragen jedoch nur sehr kleine Impulsbruchteile x des Nukleons.

Außer den u- und d-Quarks gibt es im „See“ noch Quark-Antiquark-Paare weiterer Quarktypen, auf die wir in Kap. 9 näher eingehen werden. Man bezeichnet die Typen der Quarks als „Flavours“ (engl. *flavour*=„Geschmack“). Diese Quarks werden s (*strange*), c (*charm*), b (*bottom*) und t (*top*) genannt. Wir werden später sehen, dass die 6 Quarktypen nach steigender Masse in Dupletts (die man *Familien* oder *Generationen* nennt) angeordnet werden können:

$$\begin{pmatrix} \mathrm{u} \\ \mathrm{d} \end{pmatrix} \quad \begin{pmatrix} \mathrm{c} \\ \mathrm{s} \end{pmatrix} \quad \begin{pmatrix} \mathrm{t} \\ \mathrm{b} \end{pmatrix} .$$

Die Quarks aus der oberen Reihe haben die Ladungszahl $z_f = +2/3$, die der unteren Reihe $z_f = -1/3$. Die Quarks c, b und t sind so schwer, dass sie bei den erreichbaren Q^2-Werten der meisten Experimente nur eine untergeordnete Rolle spielen. Wir werden sie daher im Folgenden nicht weiter berücksichtigen.

Ladung der Quarks. Die Ladungszahlen $z_f = +2/3$ und $-1/3$ für u- und d-Quark bestätigen sich beim Vergleich der Strukturfunktion des Nukleons, gemessen in tiefinelastischer Neutrino- bzw. Elektron- und Myonstreuung. Die Strukturfunktion des Protons und des Neutrons in tiefinelastischer Elektron- oder Myonstreuung ist nach (7.17) gegeben durch

$$\begin{aligned} F_2^{\mathrm{e,p}}(x) &= x \cdot \left[\frac{1}{9} \left(d_{\mathrm{v}}^{\mathrm{p}} + d_{\mathrm{s}} + \bar{d}_{\mathrm{s}} \right) + \frac{4}{9} \left(u_{\mathrm{v}}^{\mathrm{p}} + u_{\mathrm{s}} + \bar{u}_{\mathrm{s}} \right) + \frac{1}{9} \left(s_{\mathrm{s}} + \bar{s}_{\mathrm{s}} \right) \right] \\ F_2^{\mathrm{e,n}}(x) &= x \cdot \left[\frac{1}{9} \left(d_{\mathrm{v}}^{\mathrm{n}} + d_{\mathrm{s}} + \bar{d}_{\mathrm{s}} \right) + \frac{4}{9} \left(u_{\mathrm{v}}^{\mathrm{n}} + u_{\mathrm{s}} + \bar{u}_{\mathrm{s}} \right) + \frac{1}{9} \left(s_{\mathrm{s}} + \bar{s}_{\mathrm{s}} \right) \right] , \end{aligned} \tag{8.1}$$

wobei $u_{\mathrm{v}}^{\mathrm{p,n}}(x)$ die Verteilung der u-Valenzquarks im Proton bzw. im Neutron beschreibt, und $u_{\mathrm{s}}(x)$ die der u-Seequarks etc. Wir gehen davon aus, dass die Seequarkverteilungen in Proton und Neutron gleich sind, und lassen daher den oberen Index weg. Formal gehen Proton und Neutron durch Vertauschen von u- und d-Quarks ineinander über *(Isospinsymmetrie)*. Daher gilt für die Quarkverteilungen

$$\begin{aligned} u_{\mathrm{v}}^{\mathrm{p}}(x) &= d_{\mathrm{v}}^{\mathrm{n}}(x)\,, \\ d_{\mathrm{v}}^{\mathrm{p}}(x) &= u_{\mathrm{v}}^{\mathrm{n}}(x)\,, \\ u_{\mathrm{s}}^{\mathrm{p}}(x) = d_{\mathrm{s}}^{\mathrm{p}}(x) &= d_{\mathrm{s}}^{\mathrm{n}}(x) = u_{\mathrm{s}}^{\mathrm{n}}(x)\,. \end{aligned} \tag{8.2}$$

Als Strukturfunktion für ein „gemitteltes“ Nukleon erhält man dann:

$$\begin{aligned} F_2^{\mathrm{e,N}}(x) &= \frac{F_2^{\mathrm{e,p}}(x) + F_2^{\mathrm{e,n}}(x)}{2} \\ &= \frac{5}{18}\,x \cdot \sum_{q=d,u} \left(q(x) + \bar{q}(x)\right) + \frac{1}{9}\,x \cdot \left[s_{\mathrm{s}}(x) + \bar{s}_{\mathrm{s}}(x)\right]\,. \end{aligned} \tag{8.3}$$

Der zweite Summand ist klein, weil s-Quarks nur als Seequarks vorkommen. Näherungsweise ist also der Faktor 5/18 die mittlere quadratische Ladung der u- und d-Quarks (in Einheiten von e^2).

Bei der tiefinelastischen Neutrinostreuung entfallen die Faktoren z_f^2 aus (7.17), weil die schwache Ladung aller Quarks gleich ist. Aufgrund der Ladungserhaltung und aus Helizitätsgründen koppeln Neutrinos und Antineutrinos unterschiedlich an die einzelnen Typen von Quarks und Antiquarks. Diese Unterschiede heben sich aber heraus, wenn man die Strukturfunktion des gemittelten Nukleons (7.18) betrachtet. Man erhält dann einfach

$$F_2^{\nu,\mathrm{N}}(x) = x \cdot \sum_f \left(q_f(x) + \bar{q}_f(x)\right)\,. \tag{8.4}$$

In der Tat zeigt das Experiment, dass $F_2^{\mathrm{e,N}}$ und $F_2^{\nu,\mathrm{N}}$ bis auf den Faktor 5/18 gleich sind (Abb. 8.1), woraus man schließen kann, dass die Ladungszahlen +2/3 für das u-Quark und −1/3 für das d-Quark korrekt zugeordnet sind.

Impulsverteilung der Quarks. Durch die Kombination der Resultate aus der Streuung geladener Leptonen und Neutrinos erhält man Informationen über die Impulsverteilung der Seequarks und der Valenzquarks (s. Abschn. 10.8). Die Valenzquarkverteilung hat ein Maximum bei $x \approx 0.17$ und einen mittleren Wert von $\langle x_{\mathrm{v}} \rangle \approx 0.12$. Die Seequarks sind nur bei kleinem x von Belang, wobei der Mittelwert bei $\langle x_{\mathrm{s}} \rangle \approx 0.04$ liegt.

Eine weitere wichtige Information erhält man, wenn man das Integral der Strukturfunktion $F_2^{\nu,\mathrm{N}}$ betrachtet. Da man über alle mit den Verteilungsfunktionen gewichteten Quarkimpulse integriert, ergibt dieses Integral den Anteil

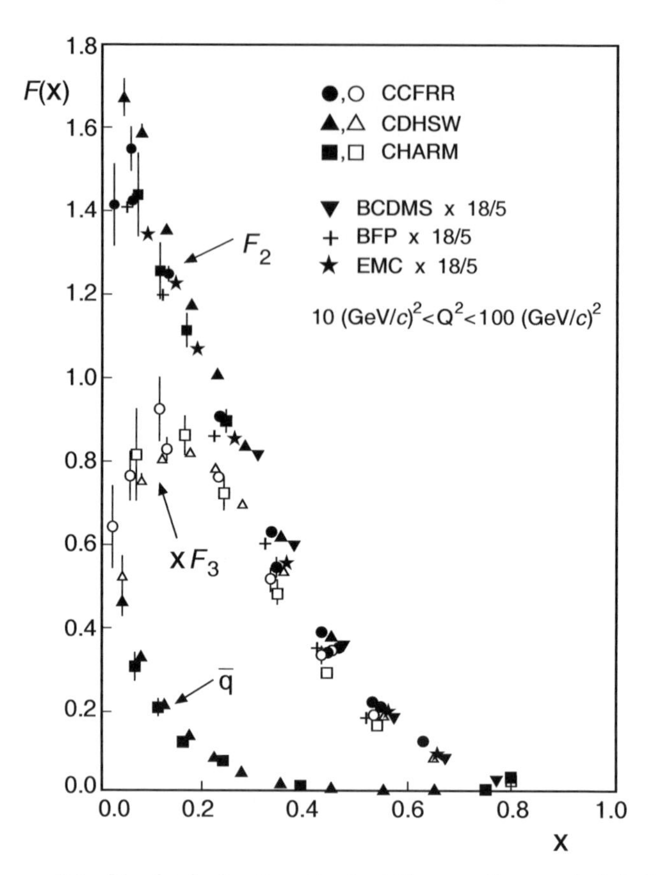

Abbildung 8.1. Vergleich der Strukturfunktionen, die man bei tiefinelastischer Streuung mit geladenen Leptonen und Neutrinos erhält [PD94] (siehe auch Abschn. 10.8). Neben der Strukturfunktion F_2 sind die Verteilung der Antiquarks $\bar{q}(x)$, aus der sich die Seequarkverteilung ergibt, und die Verteilung der Valenzquarks (hier mit $xF_3(x)$ bezeichnet) angegeben (vgl. Abb. 7.7).

am Impuls des Nukleons, der von den Quarks getragen wird. Experimentell erhält man

$$\int_0^1 F_2^{\nu,\mathrm{N}}(x)\,\mathrm{d}x \approx \frac{18}{5}\int_0^1 F_2^{\mathrm{e,N}}(x)\,\mathrm{d}x \approx 0.5\,. \tag{8.5}$$

Ungefähr die Hälfte des Impulses wird demnach von Teilchen getragen, die weder elektromagnetisch noch schwach wechselwirken. Sie werden mit den *Gluonen* identifiziert.

In Abb. 8.2 ist der Quotient $F_2^{\mathrm{n}}/F_2^{\mathrm{p}}$ dargestellt. Für $x \to 0$ geht dieses Verhältnis gegen Eins. Die Seequarks sind dort so dominant, dass der kleine Unterschied in der Valenzquarkverteilung keinen signifikanten Einfluss ausübt. Umgekehrt ist es bei $x \to 1$: Hier spielen die Seequarks keine Rolle mehr. Man könnte deshalb erwarten, dass $F_2^{\mathrm{n}}/F_2^{\mathrm{p}}$ dort den Wert 2/3 an-

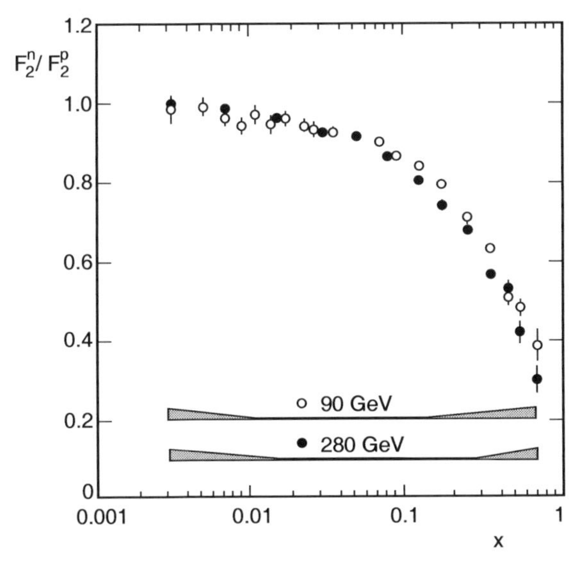

Abbildung 8.2. Das Verhältnis der Strukturfunktionen $F_2^{\mathrm{n}}/F_2^{\mathrm{p}}$ [Am92b]. Die Daten wurden mit Myonen bei zwei verschiedenen Einschussenergien (90 GeV und 280 GeV) gewonnen und über Q^2 gemittelt. Die Fehlerbalken geben den statistischen Fehler an, die horizontalen Bänder den systematischen Fehler.

nimmt, was $(2z_{\mathrm{d}}^2 + z_{\mathrm{u}}^2)/(2z_{\mathrm{u}}^2 + z_{\mathrm{d}}^2)$ entspräche, dem Quotienten der mittleren quadratischen Ladung der Valenzquarks von Neutron und Proton. Man misst jedoch einen Wert von 1/4, also $z_{\mathrm{d}}^2/z_{\mathrm{u}}^2$. Große Impulsbruchteile werden demnach im Proton von u-Quarks und im Neutron von d-Quarks getragen.

Konstituentenquarks. Wir haben in (8.5) gesehen, dass nur ca. die Hälfte des Nukleonenimpulses von Valenz- und Seequarks getragen wird. Bei der Betrachtung der spektroskopischen Eigenschaften der Nukleonen braucht man Seequarks und Gluonen nicht explizit zu behandeln. Man kann sie den Valenzquarks zuschlagen und so tun, als gäbe es nur die drei Valenzquarks, zwar mit erhöhter Masse, aber unveränderten Quantenzahlen. In Kap. 13–15 werden wir darauf noch einmal eingehen. Diese „effektiven Valenzquarks" werden *Konstituentenquarks* genannt.

In der Interpretation der tiefinelastischen Streuung haben wir die Ruhemassen der nackten u- und d-Quarks vernachlässigt. Das ist durchaus berechtigt, da sie klein sind: m_{u}=1.5–5 MeV/c^2, m_{d}=3–9 MeV/c^2 [PD98]. Diese Massen bezeichnet man als Massen der *Stromquarks* (im englischen Sprachgebrauch als *current quarks*). Es sind jedoch nicht die Massen, die man in der Spektroskopie der Hadronen erhält, z. B. aus der Berechnung der magnetischen Momente und der angeregten Zustände. Diese sogenannte *Konstituentenmasse* der Quarks ist mit ca. 300 MeV/c^2 wesentlich größer. Das bedeutet, dass sie im Wesentlichen durch die Wolke aus Gluonen und

Seequarks gegeben ist. Die Konstituentenmassen aller Quarkflavours sind in Tabelle 9.1 zusammengestellt.

Das d-Quark ist schwerer als das u-Quark, wie man sich leicht plausibel machen kann: Das Proton (uud) und das Neutron (ddu) sind isospinsymmetrische Zustände, d. h. sie gehen auseinander hervor, wenn man u- und d-Quarks miteinander vertauscht. Da die starke Wechselwirkung vom Flavour der Quarks unabhängig ist, kann der Unterschied in der Masse von Proton und Neutron nur aus der intrinsischen Masse der Quarks und der elektromagnetischen Wechselwirkung zwischen diesen resultieren. Nimmt man an, dass die räumliche Verteilung der u- und d-Quarks im Proton der Verteilung der d- und u-Quarks im Neutron entspricht, so ist leicht zu sehen, dass die Coulomb-Energie im Proton höher sein muss. Wenn dennoch das Neutron schwerer als das Proton ist, muss dies an einer größeren Masse des d-Quarks liegen.

8.2 Quarks in Hadronen

Neben den Nukleonen gibt es noch eine Vielzahl von instabilen Hadronen, durch deren Studium sich erst die Vielfalt der starken Wechselwirkung erschließt. Hadronen kommen in zwei Klassen vor, den *Baryonen,* die halbzahligen Spin tragen, also Fermionen sind, und den *Mesonen,* die ganzzahligen Spin haben und daher Bosonen sind. Das Spektrum der Hadronen wurde zunächst durch die Analyse von Photoplatten, die der Höhenstrahlung ausgesetzt wurden, und dann mit Experimenten an Teilchenbeschleunigern nach und nach erschlossen. Dabei entdeckte man unter anderem kurzlebige Teilchen, die bereits erwähnten Nukleonresonanzen, die als angeregte Zustände des Nukleons interpretiert wurden, was auch darauf schließen ließ, dass Nukleonen aus kleineren Einheiten zusammengesetzt sind. Gleiches schloss man dann für alle bekannten Hadronen.

Baryonen. Proton und Neutron sind die Baryonen mit der geringsten Masse. Sie sind die „Grundzustände" eines reichen Anregungsspektrums mit wohldefinierten Energie- bzw. Massezuständen, das wir in Kap. 15 diskutieren werden. Insofern ist das Baryonensystem den Atom- bzw. Molekülspektren ähnlich. Es besteht aber ein wichtiger Unterschied: die Energie- oder Massendifferenzen zwischen den einzelnen Zuständen sind in der Größenordnung der Nukleonenmasse und damit auch relativ gesehen viel größer als in der Atom- bzw. Molekülphysik. Daher betrachtet man diese Zustände auch als individuelle Teilchen mit entsprechender Lebensdauer.

Wie das Proton und das Neutron sind alle Baryonen aus 3 Quarks zusammengesetzt. Da die Quarks Spin-1/2-Teilchen sind, ergibt sich daraus der halbzahlige Spin der Baryonen.

Wenn in Teilchenreaktionen zusätzliche Baryonen erzeugt werden, dann wird zugleich die gleiche Zahl von Antibaryonen erzeugt. Zur Beschreibung dieses Phänomens führt man eine neue, additive Quantenzahl ein, die *Baryonenzahl* B. Sie beträgt $B = 1$ für alle Baryonen und $B = -1$ für alle Antibaryonen. Entsprechend wird den Quarks die Baryonenzahl $+1/3$ und den Antiquarks die Baryonenzahl $-1/3$ zugeordnet. Alle anderen Teilchen haben $B=0$. Die Baryonenzahl ist, soweit heute bekannt, in allen Teilchenreaktionen und -zerfällen eine Erhaltungsgröße. Dies bedeutet in letzter Konsequenz, dass die Zahl der Quarks minus der Zahl der Antiquarks erhalten bleibt. Dieses Gesetz würde z. B. durch den hypothetischen Zerfall des Protons verletzt:

$$\mathrm{p} \rightarrow \pi^0 + \mathrm{e}^+ .$$

Falls die Baryonenzahl tatsächlich verletzt werden könnte, sollte dieser Zerfallsmodus einer der häufigsten sein. Ein solcher Zerfall ist bis jetzt aber nicht entdeckt worden. Die experimentell bestimmte untere Grenze für die partielle Lebensdauer liegt bei $\tau(\mathrm{p} \rightarrow \pi^0 + \mathrm{e}^+) > 5.5 \cdot 10^{32}$ Jahren [Be90a].

Mesonen. Die leichtesten Hadronen sind die Pionen. Mit einer Masse von ca. 140 MeV/c^2 sind sie sehr viel leichter als die Nukleonen. Sie kommen als π^-, π^0, π^+ in drei Ladungszuständen vor. Pionen haben den Spin 0. Deshalb liegt es nahe, dass sie nur aus zwei Quarks aufgebaut sind, genauer gesagt aus einem Quark-Antiquark-Paar, denn nur so lassen sich aus den uns schon bekannten Quarks die drei Ladungszustände konstruieren. Die Pionen sind die leichtesten Quarksysteme und können deshalb nur in die noch leichteren Leptonen bzw. in Photonen zerfallen. Die Quarkkomposition der Pionen ist

$$|\pi^+\rangle = |\mathrm{u\overline{d}}\rangle \qquad |\pi^-\rangle = |\mathrm{\overline{u}d}\rangle \qquad |\pi^0\rangle = \frac{1}{\sqrt{2}}\left\{|\mathrm{u\overline{u}}\rangle - |\mathrm{d\overline{d}}\rangle\right\} .$$

Das $|\pi^0\rangle$ ist ein Mischzustand aus $|\mathrm{u\overline{u}}\rangle$ und $|\mathrm{d\overline{d}}\rangle$, wobei wir hier gleich die korrekte Normierung und Symmetrie gewählt haben. Die Tatsache, dass die Masse eines Pions wesentlich kleiner ist als die Masse der oben eingeführten Konstituentenquarks, zeigt wiederum, dass die Energie der Wechselwirkung zwischen den Quarks die Masse der Hadronen wesentlich beeinflusst.

Hadronen aus Quark-Antiquark-Paaren nennen wir *Mesonen.* Der Spin der Mesonen ist ganzzahlig; er setzt sich aus der Kopplung der beiden Spins der Größe 1/2 von Quark und Antiquark und etwaigen ganzzahligen Bahndrehimpulsen zusammen. In letzter Konsequenz zerfallen die Mesonen in Elektronen, Neutrinos und/oder Photonen; es gibt also keine „Mesonenzahlerhaltung" (im Gegensatz zur Baryonenzahlerhaltung). Im Quarkmodell ist dies plausibel, weil Mesonen Quark-Antiquark-Kombinationen $|\mathrm{q\overline{q}}\rangle$ sind, wodurch die Zahl der Quarks minus der Zahl der Antiquarks Null ist. Es können demnach beliebig viele Mesonen erzeugt werden oder verschwinden. Insofern ist es bei den Mesonen lediglich eine Frage der Konvention, ob man sie als Teilchen oder Antiteilchen bezeichnet.

8.3 Quark-Gluon-Wechselwirkung

Farbe. Die *Farbe* ist eine Eigenschaft der Quarks, die wir bislang noch nicht angesprochen haben. Man benötigt sie, um das Pauli-Prinzip für die Quarks in Hadronen zu gewährleisten. Betrachten wir dazu die Δ^{++}-Resonanz, die aus drei u-Quarks besteht. Der Spin dieses Teilchens ist $J = 3/2$, und die Parität ist positiv. Da das Δ^{++} das leichteste Baryon mit $J^P = 3/2^+$ ist, kann man annehmen, dass der Bahndrehimpuls $\ell = 0$ beträgt und damit die Ortswellenfunktion symmetrisch ist. Damit sich der Gesamtdrehimpuls 3/2 ergibt, müssen die Spins aller drei u-Quarks parallel stehen:

$$|\Delta^{++}\rangle = |\mathrm{u}^{\uparrow}\mathrm{u}^{\uparrow}\mathrm{u}^{\uparrow}\rangle \,.$$

Die Spinwellenfunktion ist somit ebenfalls symmetrisch. Schließlich ist die Wellenfunktion dieses Systems auch symmetrisch bezüglich der Vertauschung zweier Quarks, weil nur Quarks derselben Sorte vorhanden sind. Damit scheint die Gesamtwellenfunktion symmetrisch zu sein, was gegen das Pauli-Prinzip verstößt.

Mit der neuen Eigenschaft *Farbe,* die man sich als eine Art Ladung der Quarks vorstellen kann, kann man das Pauli-Prinzip retten. Die Quantenzahl Farbe kann drei Werte annehmen, denen man die Bezeichnungen *rot, blau* und *grün* gibt. Antiquarks tragen entsprechend die Antifarben *antirot, antiblau* und *antigrün.* Nun sind die drei u-Quarks voneinander unterscheidbar. Man kann eine unter Teilchenvertauschung antisymmetrische Farbwellenfunktion des Quarksystems konstruieren, so dass damit auch die Gesamtwellenfunktion antisymmetrisch ist. Die Quantenzahl Farbe ist hier aus rein theoretischen Gründen eingeführt worden; es gibt aber auch deutliche experimentelle Hinweise für die Richtigkeit dieser Hypothese, die in Abschn. 9.3 angesprochen werden.

Gluonen. Die Wechselwirkung, die die Quarks in Form der Hadronen zusammenhält, bezeichnet man als *starke Wechselwirkung.* Unsere Vorstellung von fundamentalen Wechselwirkungen ist immer mit einem Teilchenaustausch verbunden. Im Fall der starken Wechselwirkung sind die *Gluonen* die Austauschteilchen zwischen den Quarks. Sie koppeln an die Farbladung. Diese Beschreibung ist analog zur elektromagnetischen Wechselwirkung, bei der das Photon das Austauschteilchen zwischen elektrisch geladenen Teilchen ist.

Die experimentellen Befunde, die wir in Abschn. 8.1 aufgezeigt haben, führten zur Entwicklung eines theoretischen Modells, das *Quantenchromodynamik* (QCD) genannt wird. Die QCD lehnt sich, wie der Name schon andeutet, an die Quantenelektrodynamik (QED) an. In beiden Fällen wird die Wechselwirkung durch den Austausch eines masselosen Feldteilchens mit $J^P = 1^-$ (Vektorboson) vermittelt.

Die Gluonen tragen gleichzeitig Farbe und Antifarbe. Nach den Regeln der Gruppentheorie bilden die 3×3 Farbkombinationen zwei Multipletts von

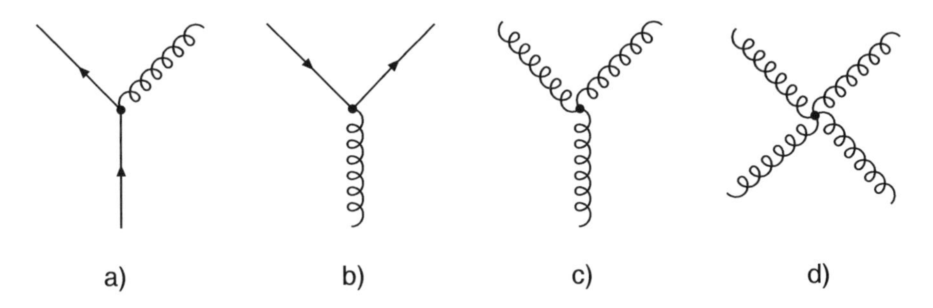

Abbildung 8.3. Die fundamentalen Wechselwirkungsgraphen der starken Wechselwirkung: Die Abstrahlung eines Gluons von einem Quark (**a**), die Aufspaltung eines Gluons in ein Quark-Antiquark-Paar (**b**) und die „Selbstkopplung" der Gluonen (**c**,**d**).

Zuständen, ein Singulett und ein Oktett. Die Zustände des Oktetts bilden ein System von Basiszuständen, aus denen alle Farbzustände aufgebaut werden können. Sie entsprechen einem Oktett von Gluonen. Wie man diese 8 Zustände aus den Farben und Antifarben zusammensetzt, ist eine Frage der Konvention. Eine mögliche Wahl ist

$$\mathrm{r\bar{g}},\quad \mathrm{r\bar{b}},\quad \mathrm{g\bar{b}},\quad \mathrm{g\bar{r}},\quad \mathrm{b\bar{r}},\quad \mathrm{b\bar{g}},\quad \sqrt{1/2}\,(\mathrm{r\bar{r}}-\mathrm{g\bar{g}}),\quad \sqrt{1/6}\,(\mathrm{r\bar{r}}+\mathrm{g\bar{g}}-2\mathrm{b\bar{b}})\,.$$

Das Farbsingulett

$$\sqrt{1/3}\,(\mathrm{r\bar{r}}+\mathrm{g\bar{g}}+\mathrm{b\bar{b}})\;,$$

das symmetrisch aus den 3 Farben und 3 Antifarben zusammengesetzt ist, ist invariant gegenüber einer Umdefinition der Farbnamen (Rotation im Farbraum). Es wirkt daher nicht farbspezifisch und kann nicht zwischen Farbladungen ausgetauscht werden.

Die 8 Gluonen vermitteln durch ihren Austausch die Wechselwirkung zwischen farbgeladenen Teilchen, also nicht nur zwischen den Quarks, sondern auch untereinander. Dies ist ein deutlicher Unterschied zur elektromagnetischen Wechselwirkung, da deren Feldquanten, die Photonen, ungeladen sind und somit nicht aneinander koppeln können.

Analog zu den elementaren Prozessen der QED (Emission und Absorption von Photonen sowie Paarbildung und Annihilation) gibt es auch in der QCD die Emission und Absorption von Gluonen (Abb. 8.3a) sowie die Bildung und Annihilation von Quark-Antiquark-Paaren (Abb. 8.3b). Zusätzlich gibt es jedoch auch die Kopplung von drei und vier Gluonen untereinander (Abb. 8.3c,d).

Hadronen als farbneutrale Objekte. Durch die Einführung der Farbe haben die Quarks einen zusätzlichen Freiheitsgrad bekommen. Man sollte nun erwarten, dass es von jedem Hadron eine ganze Anzahl von Varianten gibt, die sich je nach Farbladung der beteiligten Konstituentenquarks nur in der Gesamtfarbe (Nettofarbe) unterscheiden, ansonsten aber gleich sind. Experimentell beobachtet man jedoch nur jeweils eine Sorte von π^-, p, Δ^0 etc. Wir führen deshalb zusätzlich die Bedingung ein, dass nur farblose Teilchen, also solche ohne Nettofarbe, als freie Teilchen existieren können.

Damit lässt sich auch erklären, warum Quarks bisher nicht als freie Teilchen beobachtet wurden. Man kann nicht ein einzelnes Quark aus einem Hadron herauslösen, ohne dass zwei farbgeladene freie Teilchen, das Quark und der Hadronenrest, auftreten. Dieses Phänomen nennt man auch *Confinement* (*to confine* = einsperren). Das Potential muss demnach bei großen Abständen zu beliebig großen Werten anwachsen – ein krasser Unterschied zum Coulomb-Potential. Dieses Phänomen begründet man mit der Wechselwirkung der Gluonen untereinander.

Aus der Kombination einer Farbe und der ihr zugeordneten Antifarbe ergibt sich ein farbloser („weißer") Zustand. Aus der Addition der drei verschiedenen Farben ergibt sich gleichfalls ein farbloser Zustand. Man kann dies graphisch darstellen, indem man die drei Farben durch Vektoren in einer Ebene symbolisiert, die gegeneinander um jeweils 120° verdreht sind.

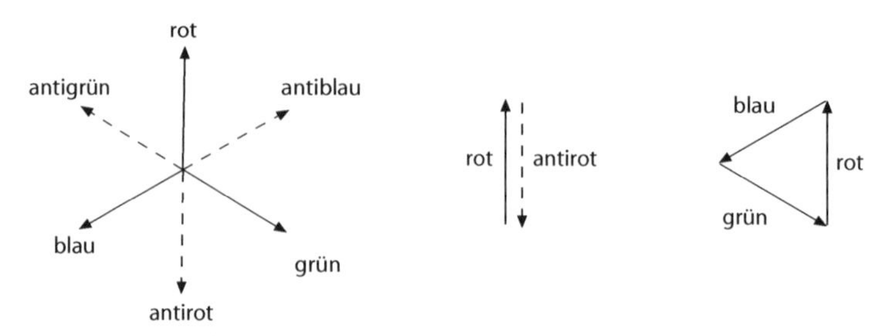

Für ein Meson, beispielsweise das π^+, gibt es dann drei mögliche Farbkombinationen:

$$|\pi^+\rangle = \begin{cases} |\mathrm{u_r}\overline{\mathrm{d}}_{\overline{\mathrm{r}}}\rangle \\ |\mathrm{u_b}\overline{\mathrm{d}}_{\overline{\mathrm{b}}}\rangle \\ |\mathrm{u_g}\overline{\mathrm{d}}_{\overline{\mathrm{g}}}\rangle \,, \end{cases}$$

wobei der Index die Farbe bzw. Antifarbe bezeichnet. Das physikalische Pion ist eine Mischung dieser Zustände. Durch ständigen Austausch von Gluonen, die ja selbst zugleich Farbe und Antifarbe übertragen, ändert sich ständig die Farbkombination; die Nettofarbe „weiß" bleibt aber erhalten.

Bei Baryonen müssen sich die Farben der drei Quarks gleichfalls zu „weiß" kombinieren. Um ein farbneutrales Baryon zu erhalten, muss also jedes Quark eine andere Farbe besitzen. Das Proton ist eine Mischung aus solchen Zuständen:

$$|\mathrm{p}\rangle = \begin{cases} |\mathrm{u_b u_r d_g}\rangle \\ |\mathrm{u_r u_g d_b}\rangle \\ \quad\vdots \end{cases} .$$

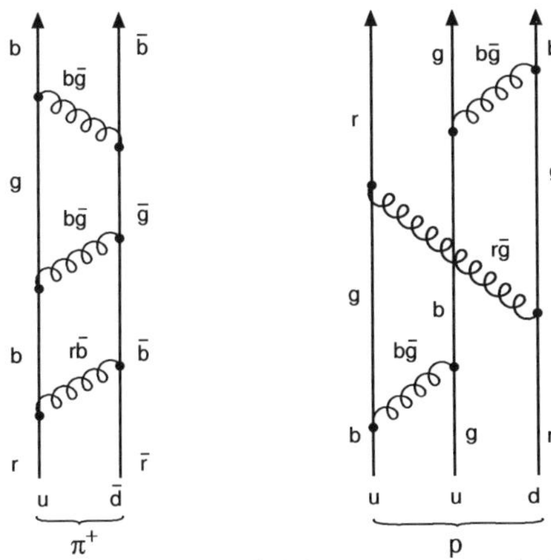

Nach dieser Argumentation ist auch klar, warum es keine Hadronen in der Zusammensetzung $|qq\rangle$ oder $|qq\overline{q}\rangle$ o. ä. gibt. Diese Zustände wären nämlich nicht farbneutral, welche Farbkombination man auch wählen würde.

Die starke Kopplungskonstante α_s. In der Quantenfeldtheorie ist die Kopplungs„konstante“, die die Wechselwirkung zwischen zwei Teilchen beschreibt, eine effektive Konstante, die von Q^2 abhängig ist. Bei der elektromagnetischen Wechselwirkung ist diese Abhängigkeit nur gering, bei der starken Wechselwirkung hingegen sehr stark. Dies liegt daran, dass die Gluonen als Feldquanten der starken Wechselwirkung selbst Farbe tragen und daher auch an andere Gluonen koppeln können.

Abb. 8.4 zeigt das unterschiedliche Verhalten mit Q^2 der elektromagnetischen und der starken Kopplungskonstanten. Die Fluktuationen des Photons in ein Elektron-Positron-Paar sowie die der Gluonen in ein Quark-Antiquark-Paar führen zu einer Abschirmung der elektrischen und der starken Ladungen. Je größer Q^2 ist, desto kleiner sind die Abstände zwischen den wechselwirkenden Teilchen und desto größer sind die effektiven Ladungen der wechselwirkenden Teilchen: Die Kopplung wird stärker. Gluonen koppeln aber auch an sich selbst und können zu weiteren Gluonen fluktuieren. Dies führt zu einer Anti-Abschirmung. Je näher sich die wechselwirkenden Teilchen sind, desto kleiner ist die Ladung, die sie sehen. Die Kopplungskonstante nimmt also mit größer werdendem Q^2 ab. Bei Gluonen überwiegt die Anti-Abschirmung.

In erster Ordnung der Störungsrechnung in der QCD erhält man:

$$\alpha_s(Q^2) = \frac{12\pi}{(33 - 2n_f) \cdot \ln(Q^2/\Lambda^2)} \,. \tag{8.6}$$

Dabei bezeichnet n_f die Zahl der beteiligten Quarktypen. Da virtuelle Quark-Antiquark-Paare aus schweren Quarks nur eine sehr geringe Lebensdauer haben, ist ihr Abstand so klein, dass sie erst bei sehr großen Werten von Q^2 aufgelöst werden können. Deshalb ist n_f von Q^2 abhängig und liegt zwischen 3 und 6. Der Parameter Λ ist der einzige freie Parameter der QCD. Er muss

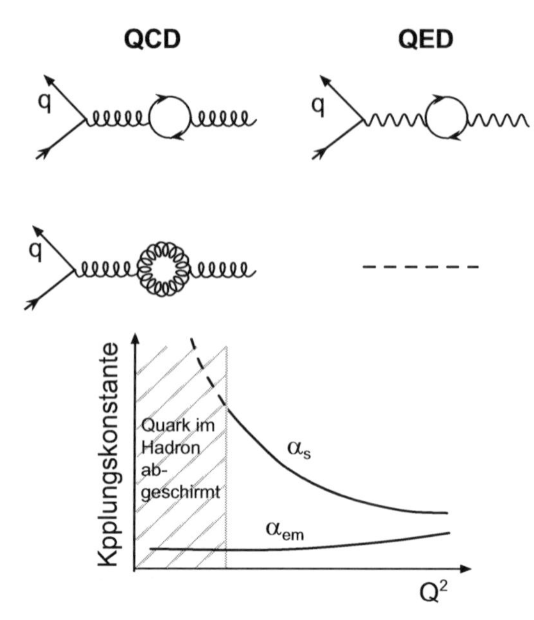

Abbildung 8.4. Die Q^2-Abhängigkeit der starken (α_s) und der elektromagnetischen (α_{em}) Kopplungskonstanten wird gezeigt. Die Fluktuation des Photons in ein Elektron-Positron-Paar führt zu der Abschirmung der elektrischen Ladung. Das Analogon dazu, die Fluktuation des Gluons in ein Quark-Anitquark-Paar, führt zu der Abschirmung der starken Ladung. Die Selbstwechselwirkung der Gluonen führt zur Anti-Abschirmung.

durch Vergleich von QCD-Vorhersagen mit experimentellen Daten bestimmt werden und beträgt $\Lambda \approx 250$ MeV/c. Damit die Störungsrechnung in der QCD sinnvoll angewendet werden kann, muss $\alpha_s \ll 1$ sein. Dies ist dann der Fall, wenn $Q^2 \gg \Lambda^2 \approx 0.06$ (GeV/c)^2 ist.

Nach (7.16) entspricht die Q^2-Abhängigkeit der Kopplung einer Abhängigkeit vom Abstand. Für sehr kleine Abstände, also große Werte von Q^2, wird die Kopplung der Quarks untereinander kleiner und verschwindet asymptotisch, so dass man die Quarks im Limes $Q^2 \to \infty$ als „frei" ansehen kann. Man bezeichnet dies als *asymptotische Freiheit*. Umgekehrt wächst die Kopplungsstärke bzw. die Bindung zwischen den Quarks bei großen Abständen so stark an, dass einzelne Quarks nicht aus dem Hadron entfernt werden können (Confinement).

8.4 Skalenbrechung der Strukturfunktionen

In Abschn. 7.2 hatten wir gezeigt, dass die Strukturfunktion F_2 nur von der Variablen x abhängt, und daraus gefolgert, dass das Nukleon aus punktförmigen, geladenen Konstituenten besteht, an denen elastisch gestreut wird.

Präzisionsmessungen zeigen jedoch, dass dies nur näherungsweise gilt und F_2 in geringerem Maße auch von Q^2 abhängig ist. In Abb. 8.5 sind experimentelle Ergebnisse für F_2 des Deuterons bei jeweils festen Werten von x als Funktion von Q^2 aufgetragen. Die Daten decken einen großen kinematischen Bereich von x und Q^2 ab. Man erkennt, dass die Strukturfunktion bei kleinen Werten von x mit Q^2 ansteigt und bei großem x mit Q^2 abfällt. Dieses Verhalten, das man als *Skalenbrechung* bezeichnet, ist in Abb. 8.6 noch einmal schematisch gezeigt. Es bedeutet, dass man mit wachsendem Q^2 weniger Quarks mit großem Impulsbruchteil und mehr mit kleinem Impulsbruchteil im Nukleon vorfindet. Diese Skalenbrechung rührt nicht von einer endlichen Ausdehnung der Quarks her, sondern kann im Rahmen der QCD auf die fundamentalen Prozesse zurückgeführt werden, durch die die Bausteine des Nukleons kontinuierlich wechselwirken (Abb. 8.3): Quarks können Gluonen abstrahlen bzw. absorbieren, und Gluonen spalten sich in $\mathrm{q\overline{q}}$-Paare auf und emittieren selbst Gluonen. Daher findet laufend eine Impulsumverteilung zwischen den Konstituenten des Nukleons statt.

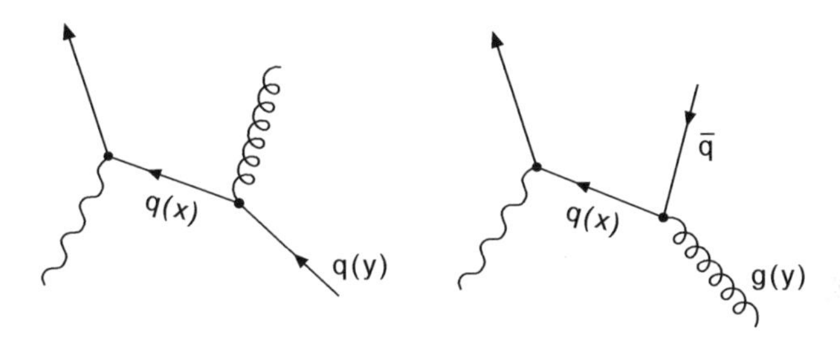

Die Auswirkungen auf die Messung von Strukturfunktionen bei verschiedenen Werten von Q^2 versucht Abb. 8.7 plausibel zu machen: Ein virtuelles Photon kann Dimensionen der Größenordnung $\hbar/\sqrt{Q^2}$ auflösen. Ist $Q^2 = Q_0^2$ klein, so können Quarks und möglicherweise abgestrahlte Gluonen nicht getrennt werden, und man misst eine Quarkverteilung $q(x, Q_0^2)$. Bei größerem Q^2 und besserer Auflösung beginnen die Abstrahlungs- und Aufspaltungsprozesse eine Rolle zu spielen, und die Anzahl der *aufgelösten* Partonen, die sich den Impuls des Nukleons teilen, wächst an. Die gemessene Quarkverteilung $q(x, Q^2)$ wird dann bei kleinen Impulsbruchteilen x größer sein als $q(x, Q_0^2)$, wogegen bei großen x der umgekehrte Effekt eintritt. Damit erklärt sich das Ansteigen der Strukturfunktion mit Q^2 bei kleinen Werten von x und der Abfall bei großem x. Auch für die Gluonverteilung $g(x, Q^2)$ erhält man eine Q^2-Abhängigkeit, die von den Prozessen der Abstrahlung eines Gluons durch ein Quark bzw. durch ein anderes Gluon herrührt.

Die Änderung der Quarkverteilung und der Gluonverteilung mit Q^2 bei einem festen Wert von x ist proportional zur starken Kopplungskonstante $\alpha_s(Q^2)$ und hängt davon ab, wie groß die Quark- und Gluonverteilungen bei allen größeren Werten von x sind. Man beschreibt die Abhängigkeit der Quark- und Gluonverteilungen voneinander durch ein System gekoppelter

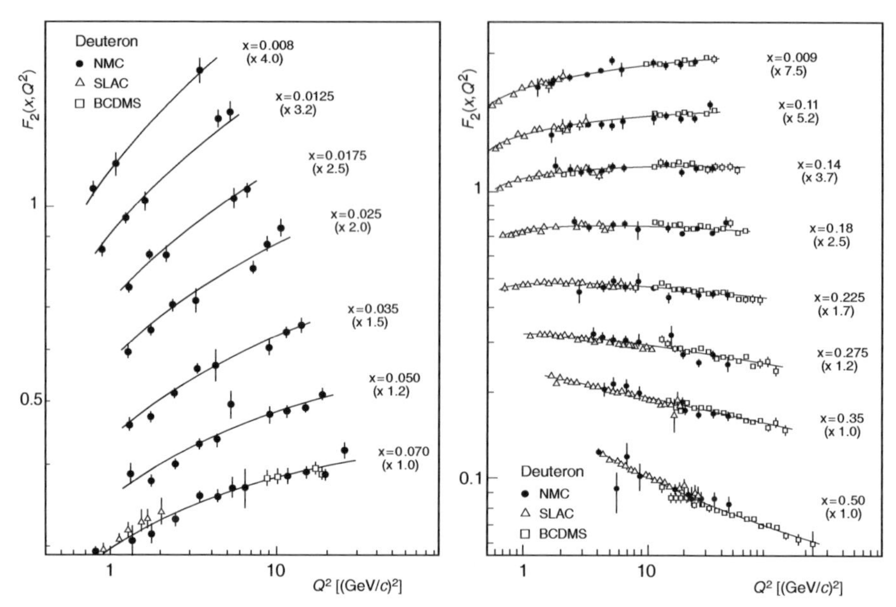

Abbildung 8.5. Strukturfunktion F_2 des Deuterons als Funktion von Q^2 bei verschiedenen Werten von x in logarithmischer Darstellung. Gezeigt sind die Ergebnisse der Myonenstreuung am CERN (NMC und BCDMS-Kollaboration) [Am92a, Be90b] sowie der Elektronenstreuung am SLAC [Wh92]. Zur besseren Darstellung sind die Daten bei den verschiedenen Werten von x mit konstanten Faktoren multipliziert. Die durchgezogene Kurve ist eine QCD-Anpassung, die die theoretisch vorhergesagte Skalenbrechung berücksichtigt. Die Gluonenverteilung und die starke Kopplungskonstante sind dabei freie Parameter.

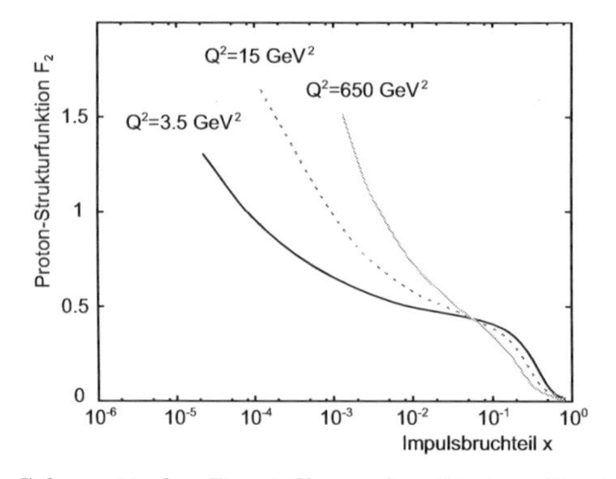

Abbildung 8.6. Schematische Darstellung der Proton-Strukturfunktion F_2 als Funktion von x bei verschiedenen Werten von Q^2. Um den Gesamtbereich von Q^2 sind die Daten der Experimente aller drei Generationen berücksichtigt worden. Die Kurven sind eine QCD-Anpassung, die die theoretisch vorausgesagte Skalenbrechung berücksichtigt. Die Gluonverteilung und die starke Kopplungskonstante sind dabei freie Parameter. Die Abbildung zeigt, wie die Zahl der Seequarks mit zunehmender Auflösung zunimmt und die Zahl der Quarks bei hohen x abnimmt. Die experimentellen Punkte wurden weggelassen, um die Verarmung der Quarks bei hohen x deutlich zu zeigen.

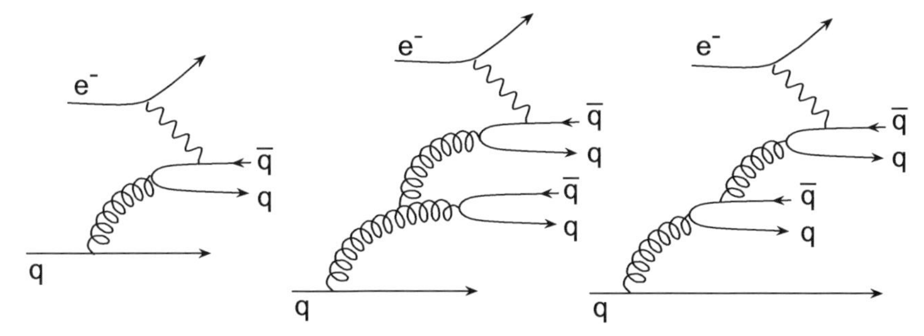

Abbildung 8.7. Ein Quark emittiert ein Gluon, das ein Quark-Antiquark-Paar erzeugt (*links*). Das Gluon oder das Quark kann ein weiteres Gluon emittieren und eine weitere Generation von Seequarks erzeugen (*rechts*). Das Diagramm zeigt die Wechselwirkung eines Photons mit einem Quark vor (*links*) und nach (*rechts*) der Gluonemission. Bei kleinen $Q^2 = Q_0^2$ sieht das Photon das Quark und Gluon als eine Einheit. Bei größeren $Q^2 \geq Q_0^2$ nimmt die Auflösung zu, und das zweite Quark wird alleine, ohne das Gluon, gemessen. Dadurch werden kleinere Werte des Bjorkenparameters x gemessen.

Differo-Integralgleichungen [Gr72, Li75, Al77]. Kennt man $\alpha_s(Q^2)$ sowie den Verlauf von $q(x, Q_0^2)$ und $g(x, Q_0^2)$ bei einem gegebenen Wert Q_0^2, so kann man im Rahmen der QCD $q(x, Q^2)$ und $g(x, Q^2)$ für jeden anderen Wert von Q^2 voraussagen. Umgekehrt kann man aus der experimentell bestimmten Skalenbrechung der Strukturfunktion $F_2(x, Q^2)$ sowohl die Kopplung $\alpha_s(Q^2)$ als auch die Gluonverteilung $g(x, Q^2)$ bestimmen, die einer direkten Messung nicht zugänglich ist.

Die Kurve in Abb. 8.5 zeigt die Anpassung einer QCD-Rechnung zur Skalenbrechung an die gemessene Strukturfunktion [Ar93]. Der dabei bestimmte Wert $\Lambda \approx 250$ MeV/c entspricht einer Kopplungskonstanten von

$$\alpha_s(Q^2 = 100\,(\text{GeV}/c)^2) \approx 0.16\,. \tag{8.7}$$

Während die *Änderung* der Strukturfunktion mit Q^2 berechnet werden kann, ist es bislang nicht möglich, die x-Abhängigkeit von $F_2(x, Q_0^2)$ theoretisch vorherzusagen. Sie muss experimentell bestimmt werden.

Fazit. Die Skalenbrechung der Strukturfunktionen ist ein hochinteressantes Phänomen. Dass sich scheinbar punktförmige Teilchen bei näherer Betrachtung als zusammengesetzt erweisen (z. B. Atomkerne bei Rutherford-Streuung mit niederenergetischen α-Teilchen und hochenergetischen Elektronen) ist an und für sich nichts Ungewohntes. Bei der tiefinelastischen Streuung tritt aber ein neues Phänomen auf: Quarks und Gluonen erweisen sich bei steigender Auflösung als aus Quarks und Gluonen zusammengesetzt, die sich bei noch höherer Auflösung selbst wieder als zusammengesetzt herausstellen (Abb. 8.7). Die Quantenzahlen (Spin, Flavour, Farbe,...) dieser Teilchen bleiben gleich; lediglich die Masse, die räumliche Ausdehnung und die effektive Kopplung α_s ändern sich. In gewisser Weise können wir also von einer Selbstähnlichkeit der inneren Struktur stark wechselwirkender Teilchen sprechen.

Aufgaben

1. **Partonen**
   Wir betrachten die tiefinelastische Streuung von Myonen mit 600 GeV Energie an ruhenden Protonen. Die Analyse der Daten soll bei $Q^2 = 4\,\text{GeV}^2/c^2$ durchgeführt werden.
   a) Welches ist der kleinste x-Wert, der unter diesen Bedingungen erreicht werden kann? Für dieses Abschätzung nehme man an, dass die minimale Streuenergie $E' = 0$ ist.
   b) Welche Anzahl von Partonen mit $x > 0.3$, $x > 0.03$ und im gesamten messbaren x-Bereich können aufgelöst werden, wenn man die Partonenverteilung in folgender Form parametrisieren kann:
   $$\begin{aligned} q_\text{v}(x) &= A(1-x)^3/\sqrt{x} && \text{für die Valenzquarks,} \\ q_\text{s}(x) &= 0.4(1-x)^8/x && \text{für die Seequarks und} \\ g(x) &= 4(1-x)^6/x && \text{für die Gluonen.} \end{aligned}$$
   Die Normierungskonstante A berücksichtigt, dass es 3 Valenzquarks gibt.

9. Teilchenerzeugung in e^+e^--Kollisionen

Bisher haben wir nur die leichten Quarks u und d sowie die aus ihnen zusammengesetzten Hadronen diskutiert. Den leichtesten Zugang zu den schwereren Quarks eröffnet die Teilchenproduktion in e^+e^--Kollisionen. Freie Elektronen und Positronen lassen sich relativ leicht erzeugen und können dann in Ringbeschleunigern beschleunigt, gespeichert und zur Kollision gebracht werden. Bei der Kollision und Annihilation von Elektron und Positron können alle elektromagnetisch und schwach wechselwirkenden Teilchen erzeugt werden, sofern die Energie der Teilchenstrahlen hoch genug ist. In der elektromagnetischen Wechselwirkung annihilieren Elektron und Positron in ein virtuelles Photon, das sofort wieder in ein Paar geladener Elementarteilchen zerfällt. In der schwachen Wechselwirkung ist das Austauschteilchen das schwere Vektorboson Z^0 (vgl. Diagramm). Das Symbol f steht für ein elementares Fermion (Quark oder Lepton) und $\bar{f}$ für sein Antiteilchen. Das $f\bar{f}$-System muss die Quantenzahlen des Photons bzw. des Z^0 tragen. Mit dieser Reaktion können alle fundamentalen geladenen Teilchen-Antiteilchen-Paare erzeugt werden, seien es nun Lepton-Antilepton-Paare oder Quark-Antiquark-Paare. Da Neutrinos elektrisch ungeladen sind, können Neutrino-Antineutrino-Paare nur durch Z^0-Austausch erzeugt werden.

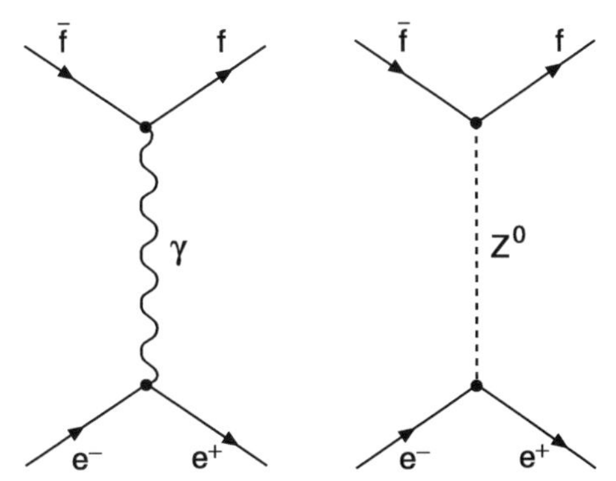

Kollidierende Strahlen. Welche Teilchen-Antiteilchen-Paare erzeugt werden können, hängt nur von der Energie der Elektronen und Positronen ab. In einem Speicherring kreisen Elektronen und Positronen mit derselben Energie E in gegenläufigem Sinn und kollidieren frontal miteinander. Es ist üblich, die Lorentz-invariante Energievariable s einzuführen, das Quadrat der Schwerpunktsenergie:

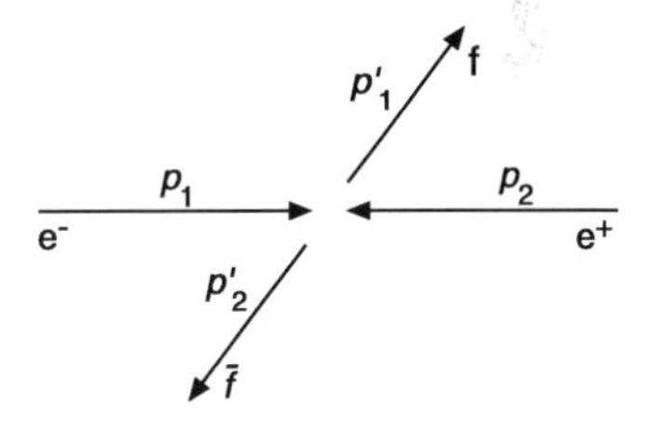

$$s = (p_1c + p_2c)^2 = m_1^2c^4 + m_2^2c^4 + 2E_1E_2 - 2\boldsymbol{p}_1\boldsymbol{p}_2c^2 \,. \tag{9.1}$$

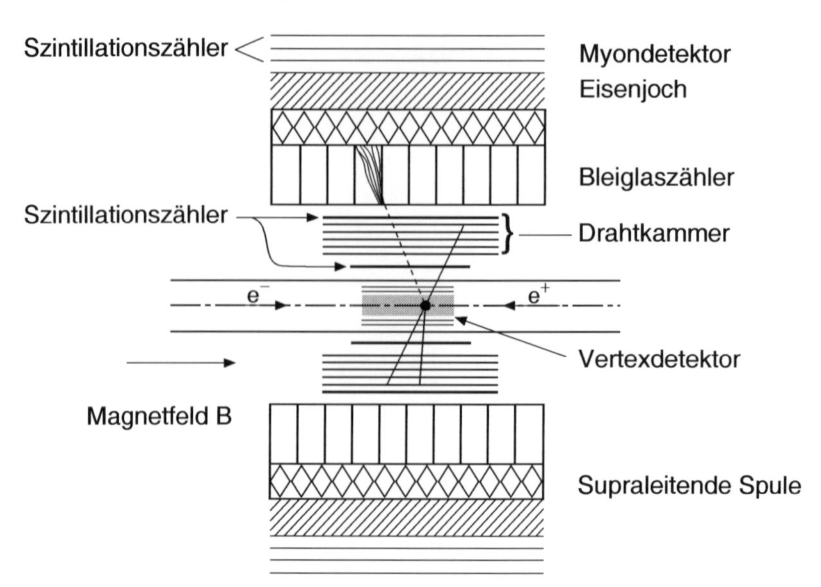

Abbildung 9.1. Prinzipskizze eines 4π-Detektors, wie er in e^+e^--Kollisionsexperimenten verwendet wird. Der Detektor ist eingebettet in eine Solenoidspule, die ein Magnetfeld von typischerweise 1 T entlang der Strahlrichtung erzeugt. Geladene Teilchen werden in einem Vertexdetektor, der häufig aus Silizium-Mikrostreifenzählern besteht, und Drahtkammern nachgewiesen. Der Vertexdetektor dient zur Bestimmung des Wechselwirkungspunktes. Aus der Krümmung der Spuren im Magnetfeld wird der Impuls bestimmt. Photonen und Elektronen werden im elektromagnetischen Kalorimeter, z. B. Bleiglas, durch Schauerbildung nachgewiesen. Myonen durchdringen den gesamten Detektor und werden in den äußeren Szintillatoren nachgewiesen.

In einem Speicherring mit kollidierenden Teilchen der Energie E gilt

$$s = 4E^2 . \tag{9.2}$$

Damit können Teilchen-Antiteilchen-Paare mit Massen bis $2m = \sqrt{s}/c^2$ erzeugt werden. Um neue Teilchen zu finden, erhöht man die Speicherringenergie und sucht nach einem Anwachsen der Reaktionsrate bzw. nach Resonanzen im Wirkungsquerschnitt.

Der große Vorteil von Experimenten mit kollidierenden Strahlen besteht darin, dass die gesamte Energie im Schwerpunktsystem zur Verfügung steht. Bei Experimenten mit ruhendem Target der Masse m ist hingegen im Falle von $mc^2 \ll E$

$$s \approx 2mc^2 \cdot E . \tag{9.3}$$

Die Schwerpunktsenergie wächst dann also nur mit der Wurzel der Strahlenergie.

Nachweis von Teilchen. Zum Nachweis der Teilchen, die bei der e^+e^--Annihilation entstehen, wird ein Detektor benötigt, der um den Kollisionspunkt der beiden Teilchenstrahlen aufgebaut ist und möglichst den gesamten

Raumwinkel von 4π abdeckt. Solch ein Detektor muss in der Lage sein, Spuren zum Wechselwirkungspunkt zurückzuverfolgen und die Identität der Teilchen zu bestimmen. In Abb. 9.1 ist der prinzipielle Aufbau eines derartigen Detektors skizziert.

9.1 Erzeugung von Leptonpaaren

Bevor wir uns der Erzeugung schwerer Quarks zuwenden, wollen wir zunächst die Leptonen betrachten. Leptonen sind elementare Spin-1/2-Teilchen, die der schwachen und, falls sie geladen sind, der elektromagnetischen Wechselwirkung unterliegen, nicht aber der starken Wechselwirkung.

Myonen. Die leichtesten geladenen Teilchen, die in Elektron-Positron-Reaktionen erzeugt werden können, sind Myonen:

$$\mathrm{e}^+ + \mathrm{e}^- \to \mu^+ + \mu^- .$$

Das Myon μ^- und sein Antiteilchen[1] μ^+ haben jeweils eine Masse von nur $105.7\ \mathrm{MeV}/c^2$ und werden in allen gängigen $\mathrm{e}^+\mathrm{e}^-$-Speicherringexperimenten erzeugt. Sie durchdringen Materie sehr leicht[2], während Elektronen aufgrund ihrer geringen Masse und Hadronen aufgrund der starken Wechselwirkung eine weitaus geringere Reichweite haben. Mit ca. 2 μs haben Myonen nach dem Neutron die längste Lebensdauer aller instabiler Elementarteilchen. Durch diese Eigenschaften sind sie experimentell leicht zu identifizieren. Die einfach zu messende Myonpaarproduktion wird daher oft als Referenzreaktion für andere $\mathrm{e}^+\mathrm{e}^-$-Reaktionen verwendet.

Tau-Leptonen. Wenn die Schwerpunktsenergie der $\mathrm{e}^+\mathrm{e}^-$-Reaktion ausreichend hoch ist, kann ein weiteres Leptonpaar erzeugt werden, das τ^- und das τ^+. Diese Teilchen sind mit $3 \cdot 10^{-13}$ s wesentlich kurzlebiger. Daher können sie im Detektor nur über ihre Zerfallsprodukte nachgewiesen werden. Möglich sind u. a. schwache Zerfälle in Myonen oder Elektronen, die in Abschn. 10.1f näher diskutiert werden.

Entdeckt wurde das Tau am $\mathrm{e}^+\mathrm{e}^-$-Speicherring SPEAR des SLAC, als man bei $\mathrm{e}^+\mathrm{e}^-$-Kollisionen entgegensetzt geladene Elektron-Myon-Paare beobachtete, deren Energie deutlich kleiner war als die zur Verfügung stehende Schwerpunktsenergie der Reaktion [Pe75].

Man interpretierte diese Ereignisse als Erzeugung eines schweren Lepton-Antilepton-Paares mit nachfolgendem Zerfall:

---

[1] Die Symbole von Antiteilchen kennzeichnet man gewöhnlich durch einen Querstrich (z. B. $\overline{\nu}_\mathrm{e}$). Bei den geladenen Leptonen hingegen verzichtet man im Allgemeinen auf diesen Strich, weil durch die Angabe der Ladung die Identität als Teilchen und Antiteilchen bereits gegeben ist. Man schreibt also e^+, μ^+, τ^+.

[2] So sind Myonen aus der kosmischen Strahlung auch noch in tief unter der Erdoberfläche liegenden Bergwerksschächten nachzuweisen.

$$
\begin{array}{llll}
e^+ + e^- \longrightarrow & \tau^+ + \tau^- & & \\
 & \quad \hookrightarrow \mu^- + \overline{\nu}_\mu + \nu_\tau & \text{oder} & e^- + \overline{\nu}_e + \nu_\tau \\
 & \longrightarrow e^+ + \nu_e + \overline{\nu}_\tau & \text{oder} & \mu^+ + \nu_\mu + \overline{\nu}_\tau \,.
\end{array}
$$

Die dabei entstehenden Neutrinos sind nicht nachweisbar.

Die Produktionsschwelle für die Erzeugung von $\tau^+\tau^-$-Paaren und damit die Masse des τ-Leptons leitet man aus dem Anstieg des Wirkungsquerschnitts mit der Schwerpunktsenergie der e^+e^--Reaktion ab, wobei man als Signatur der τ-Erzeugung möglichst alle leptonischen und hadronischen Zerfallskanäle ausnutzt (Abb. 9.2). Aus der ermittelten Produktionsschwelle $\sqrt{s} = 2m_\tau c^2$ ergibt sich für das Tau eine Masse von 1.777 GeV/c^2.

Wirkungsquerschnitt. Die Erzeugung geladener Leptonpaare kann in guter Näherung als ein rein elektromagnetischer Prozess (γ-Austausch) betrachtet werden. Der Austausch von Z^0-Bosonen sowie die Interferenz zwischen γ- und Z^0-Austausch können vernachlässigt werden, sofern die Energien klein verglichen mit der Z^0-Masse sind. Der Wirkungsquerschnitt dieser Reaktionen ist dann relativ einfach berechenbar.

Am kompliziertesten ist dabei noch die Berechnung der elastischen Streuung $e^+e^- \rightarrow e^+e^-$, der sogenannten *Bhabha-Streuung*. Hier muss man nämlich zwei mögliche Prozesse betrachten: einerseits die Vernichtung von Elektron und Positron in ein virtuelles Photon mit anschließender e^+e^--

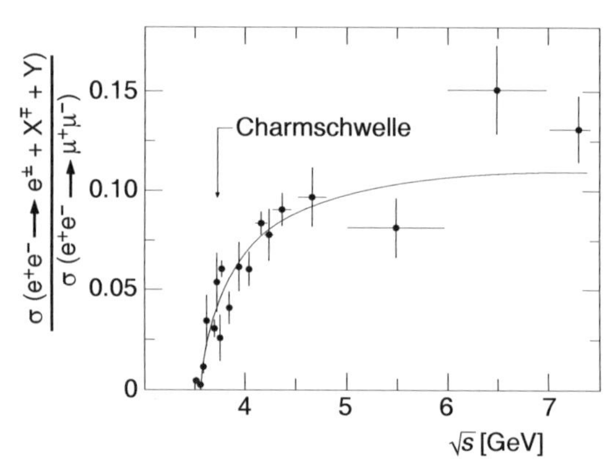

Abbildung 9.2. Das Verhältnis des Wirkungsquerschnitts für die Produktion zweier entgegengesetzt geladener Teilchen im Prozess $e^+ + e^- \rightarrow e^\pm + X^\mp + Y$ zum Wirkungsquerschnitt für die Produktion von $\mu^+\mu^-$-Paaren [Ba78, Ba88]. Hierbei ist $X^\mp$ ein geladenes Lepton oder Meson, und Y symbolisiert die unbeobachteten neutralen Teilchen. Der rasche Anstieg bei $\sqrt{s} \approx 3.55\,\text{GeV}$ ist auf die Produktion von τ-Paaren zurückzuführen, die dann energetisch möglich wird. Die Schwelle zur Erzeugung von Mesonen, die ein c-Quarks (charm) enthalten *(Pfeil)*, liegt nur wenig oberhalb der Schwelle zur Erzeugung von τ-Leptonen. Da beide Teilchen ähnliche Zerfallsmodi haben, erschwert dies den Nachweis der τ-Leptonen.

Paarerzeugung und andererseits die Streuung von Elektron und Positron aneinander.

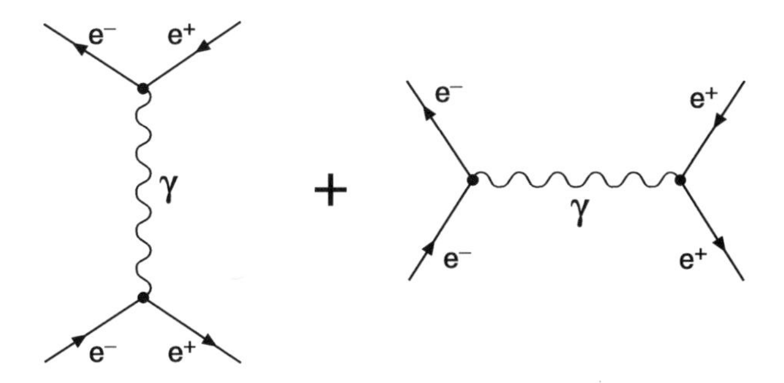

Diese Prozesse führen zum gleichen Endzustand. Daher müssen zur Berechnung des Wirkungsquerschnitts ihre Amplituden addiert werden.

Die Erzeugung von Myonenpaaren dagegen ist einfacher zu berechnen. Deshalb werden gewöhnlich die übrigen e^+e^--Reaktionen darauf normiert. Der differentielle Wirkungsquerschnitt dieser Reaktion ist

$$\frac{\mathrm{d}\sigma}{\mathrm{d}\Omega} = \frac{\alpha^2}{4s}(\hbar c)^2 \cdot \left(1 + \cos^2\theta\right) . \tag{9.4}$$

Durch Integration über den Raumwinkel Ω erhält man den totalen Wirkungsquerschnitt:

$$\sigma = \frac{4\pi\alpha^2}{3s}(\hbar c)^2 , \tag{9.5}$$

und es ergibt sich

$$\sigma(\mathrm{e}^+\mathrm{e}^- \to \mu^+\mu^-) = 21.7 \, \frac{\mathrm{nbarn}}{(E^2/\mathrm{GeV}^2)} . \tag{9.6}$$

Die formale Herleitung von (9.4) ist in vielen Standardwerken nachzulesen [Go86, Na90, Pe87]. Hier wollen wir nur einige Plausibilitätsbetrachtungen anstellen. Das Photon koppelt an zwei Elementarladungen. Damit enthält das Matrixelement zweimal den Faktor e. Der Wirkungsquerschnitt ist proportional zum Quadrat des Matrixelements, also proportional zu e^4 oder α^2. Die Längenskala ist wiederum durch $\hbar c$ gegeben, diesmal im Quadrat, weil die Dimension des Wirkungsquerschnitts die einer Fläche ist. Nun muss noch durch eine Größe der Dimension [Energie^2] dividiert werden. Da die Massen von Elektron und Myon verglichen mit $\sqrt{s}/c^2$ klein sind, ist $\sqrt{s}$ die einzig sinnvolle Energieskala. Der Wirkungsquerschnitt fällt also quadratisch mit der Speicherringenergie ab. Die Winkelabhängigkeit $(1 + \cos^2\theta)$ ist typisch für die Erzeugung von zwei Spin-1/2-Teilchen, wie es die Myonen sind. Gleichung (9.4) ist übrigens bis auf den Winkelterm völlig analog zum Mott-Wirkungsquerschnitt (5.39), wenn man berücksichtigt, dass hier $Q^2c^2 = s = 4E^2 = 4E'^2$ gilt.

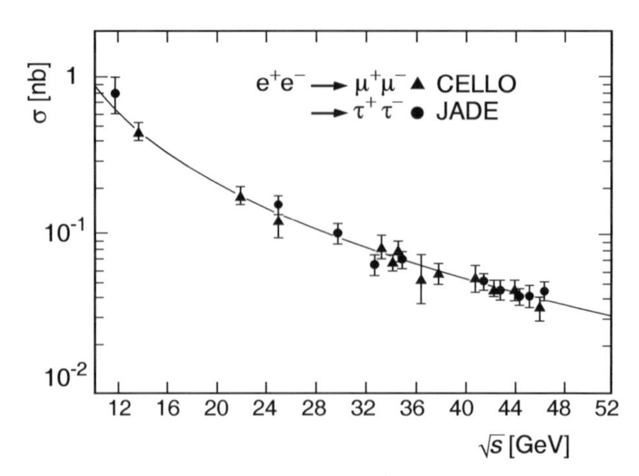

Abbildung 9.3. Wirkungsquerschnitt der Reaktionen $e^+e^- \to \mu^+\mu^-$ und $e^+e^- \to \tau^+\tau^-$ als Funktion der Schwerpunktsenergie $\sqrt{s}$ (nach [Ba85] und [Be87]). Die durchgezogene Linie gibt die quantenelektrodynamische Vorhersage (9.6) an.

Abbildung 9.3 zeigt den Wirkungsquerschnitt für die Reaktion $e^+e^- \to \mu^+\mu^-$ und die Voraussage der Quantenelektrodynamik. Wie man sieht, herrscht eine exzellente Übereinstimmung zwischen Theorie und Experiment. In dieser Abbildung ist auch der Wirkungsquerschnitt für die Reaktion $e^+e^- \to \tau^+\tau^-$ eingezeichnet. Wenn die Schwerpunktsenergie $\sqrt{s}$ so hoch ist, dass die unterschiedlichen Ruhemassen von μ und τ vernachlässigt werden können, sind die Wirkungsquerschnitte für $\mu^+\mu^-$- und $\tau^+\tau^-$-Erzeugung identisch. Man spricht daher auch von der *Leptonenuniversalität* und meint damit, dass sich Elektron, Myon und Tau, abgesehen von ihrer Masse und den damit verbundenen Effekten, in allen Reaktionen gleich verhalten. Myon und Tau werden gewissermaßen als schwerere Kopien des Elektrons angesehen.

Da (9.6) den experimentellen Wirkungsquerschnitt gut beschreibt, ist der Formfaktor von μ und τ Eins, was nach Tabelle 5.1 einem punktförmigen Teilchen entspricht. Bis heute hat man keine Anzeichen für eine räumliche Ausdehnung der Leptonen feststellen können. Für das Elektron liegt die obere Grenze bei 10^{-18} m. Da auch die Suche nach angeregten Leptonzuständen bisher erfolglos war, geht man heute davon aus, dass es sich um punktförmige, nicht zusammengesetzte Teilchen handelt.

9.2 Resonanzen

Betrachtet man den Wirkungsquerschnitt für die Erzeugung von Myonpaaren und Hadronen in e^+e^--Streuung als Funktion der Schwerpunktsenergie $\sqrt{s}$, so findet man jeweils die $1/s$-Abhängkeit aus (9.5). Diesem generellen Trend sind im hadronischen Ausgangskanal ausgeprägte Maxima überlagert, die in Abb. 9.4 schematisch gezeigt sind. Bei diesen sogenannten *Resonanzen*

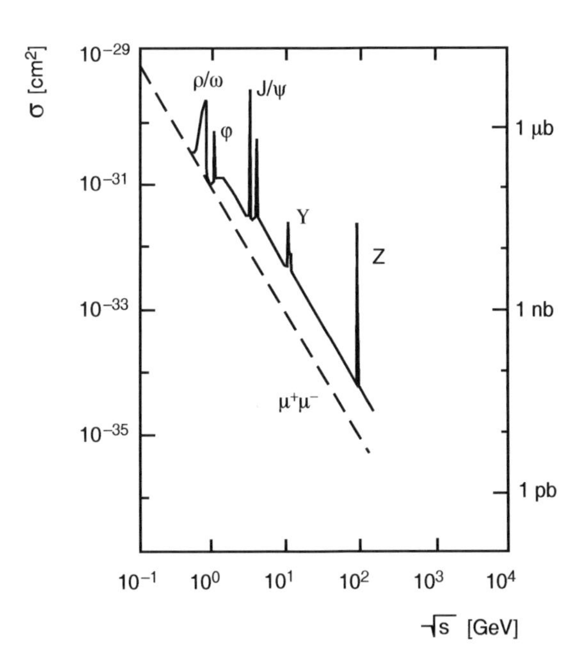

Abbildung 9.4. Wirkungsquerschnitt der Reaktion $e^+e^- \to$ *Hadronen* als Funktion der Schwerpunktsenergie $\sqrt{s}$ (schematisch) [Gr91]. Gestrichelt ist der Wirkungsquerschnitt (9.5) für die direkte Produktion von Myonpaaren angegeben.

handelt es sich um kurzlebige Zustände, denen man eine feste Masse und definierte Quantenzahlen (z. B. Drehimpuls) zuschreiben kann. Daher ist es gerechtfertigt, sie als Teilchen zu bezeichnen.

Breit-Wigner-Formel. Allgemein wird die Energieabhängigkeit des Wirkungsquerschnitts für die Reaktion zweier Teilchen a und b in der Nähe der Resonanzenergie E_0 durch die *Breit-Wigner-Formel* (s. z. B. [Pe87]) beschrieben. Im Falle von elastischer Streuung gilt näherungsweise

$$\sigma(E) = \frac{\pi \lambda\!\!\!^{-2} \, (2J+1)}{(2s_{\rm a}+1)(2s_{\rm b}+1)} \cdot \frac{\Gamma^2}{(E-E_0)^2 + \Gamma^2/4} \,. \tag{9.7}$$

Hierbei ist $\lambda\!\!\!^{-}$ die reduzierte Wellenlänge im Schwerpunktssystem, $s_{\rm a}$ und $s_{\rm b}$ sind die Spins der miteinander reagierenden Teilchen, und Γ ist die *Breite* (Halbwertsbreite) der Resonanz. Die Lebensdauer einer solchen Resonanz ist $\tau = \hbar/\Gamma$. Gleichung (9.7) erinnert an die Resonanzkurve einer erzwungenen Schwingung mit großer Dämpfung. Dabei entspricht E der Erregerfrequenz ω, E_0 der Resonanzfrequenz ω_0 und die Breite Γ der Dämpfung.

Wenn, wie im vorliegenden Fall, die Reaktion inelastisch ist, hängt der Wirkungsquerschnitt von den *Partialbreiten* Γ_i und Γ_f im Eingangs- und Ausgangskanal ab sowie von der totalen Breite $\Gamma_{\rm tot}$, die die Summe der Partialbreiten aller möglichen Ausgangskanäle ist. Für einen individuellen Zerfallskanal f ergibt sich

$$\sigma_f(E) = \frac{3\pi \lambda\!\!\!^{-2}}{4} \cdot \frac{\Gamma_i \Gamma_f}{(E-E_0)^2 + \Gamma_{\rm tot}^2/4} \,. \tag{9.8}$$

Hierbei haben wir für s_a und s_b die Spins der Elektronen (1/2) und für J den des virtuellen Photons (1) eingesetzt.

Die Resonanzen ϱ, ω und ϕ. Betrachten wir zunächst die Resonanzen bei niedriger Energie. Die Breite Γ dieser Zustände liegt zwischen 4 und 150 MeV, was Lebensdauern von ca. 10^{-22} s... 10^{-24} s entspricht. Dies ist typisch für die starke Wechselwirkung. Man interpretiert diese Resonanzen daher als gebundene Quark-Antiquark-Zustände, deren Masse gerade der gesamten Schwerpunktsenergie der Reaktion entspricht. Diese Zustände müssen dieselben Quantenzahlen wie das virtuelle Photon besitzen, insbesondere müssen sie Gesamtdrehimpuls $J = 1$ und negative Parität haben. Solche Quark-Antiquark-Zustände werden *Vektormesonen* genannt; sie zerfallen in leichtere Mesonen. In der Skizze rechts sind Erzeugung und Zerfall einer Resonanz schematisch dargestellt.

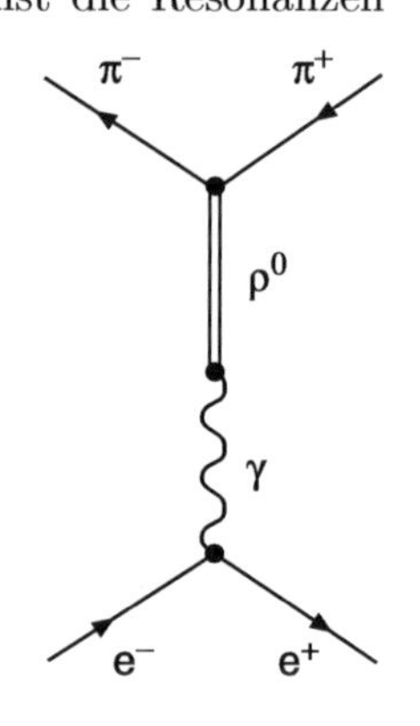

Aus der Analyse des Maximums bei 770–780 MeV ergibt sich, dass es sich um die Interferenz von zwei Resonanzen handelt, dem ϱ^0-Meson ($m_{\varrho^0} = 770$ MeV/c^2) und dem ω-Meson ($m_\omega = 782\,\text{MeV}/c^2$). Der zugrunde liegende Prozess ist die Erzeugung von $u\bar{u}$- und $d\bar{d}$-Paaren. Da u- und d-Quarks fast identische Massen haben, sind die $u\bar{u}$- und $d\bar{d}$-Zustände näherungsweise entartet: ϱ^0 und ω sind Mischzustände aus $u\bar{u}$ und $d\bar{d}$.

Diese beiden Mesonen unterscheiden sich in ihrer Zerfallsart, über die man sie experimentell identifizieren kann (vgl. Abschn. 14.3):

$$\begin{aligned} \varrho^0 &\rightarrow \pi^+\pi^- , \\ \omega &\rightarrow \pi^+\pi^0\pi^- . \end{aligned}$$

Bei einer Energie von 1019 MeV finden wir die sogenannte ϕ-Resonanz, die eine Breite von nur $\Gamma = 4.4$ MeV und damit eine für Hadronen recht lange Lebensdauer hat. Zu fast 85 % zerfällt dieses Teilchen in zwei Kaonen, Mesonen mit einer Masse von 494 MeV/c^2 ($K^\pm$) bzw. 498 MeV/c^2 (K^0):

$$\begin{aligned} \phi &\rightarrow K^+ + K^- , \\ \phi &\rightarrow K^0 + \overline{K}^0 . \end{aligned}$$

Kaonen gehören zu den sogenannten *seltsamen Teilchen*. Dieser Name spiegelt die ungewöhnliche Tatsache wider, dass sie zwar durch die starke Wechselwirkung erzeugt werden, aber nur durch die schwache Wechselwirkung zerfallen, obwohl ihre Zerfallsprodukte Hadronen sein können, also ebenfalls stark wechselwirkende Teilchen.

Man erklärt dieses Verhalten damit, dass Kaonen Quark-Antiquark-Kombinationen sind, die ein s-Quark („strange") enthalten.

$$\begin{aligned} |K^+\rangle &= |u\bar{s}\rangle \qquad & |K^0\rangle &= |d\bar{s}\rangle \\ |K^-\rangle &= |\bar{u}s\rangle \qquad & |\overline{K}^0\rangle &= |\bar{d}s\rangle \, . \end{aligned}$$

Dem s-Quark wird eine Konstituentenmasse von 450 MeV/c^2 zugeordnet. Beim Zerfall des Kaons muss sich das s-Quark umwandeln, was nur über die schwache Wechselwirkung möglich ist. Erzeugt werden können Kaonen und andere „seltsame Teilchen“ jedoch durch starke Wechselwirkung, falls dabei eine gleiche Zahl von s-Quarks und $\bar{\text{s}}$-Antiquarks entsteht. Es müssen also mindestens zwei „seltsame Teilchen“ zugleich erzeugt werden. Man beschreibt dies durch die Quantenzahl S, die *Strangeness,* die die Zahl der $\bar{\text{s}}$-Antiquarks minus der der s-Quarks angibt. Diese Quantenzahl bleibt bei der starken und elektromagnetischen Wechselwirkung erhalten, kann in der schwachen Wechselwirkung jedoch geändert werden.

Dass das ϕ -Meson vorzugsweise in 2 Kaonen zerfällt, erklärt man damit, dass es ein s$\bar{\text{s}}$-Zustand ist. Beim Zerfall wird im Feld der starken Wechselwirkung ein u$\bar{\text{u}}$- oder d$\bar{\text{d}}$-Paar erzeugt, aus dem dann zusammen mit den s-Quarks die Kaonen entstehen:

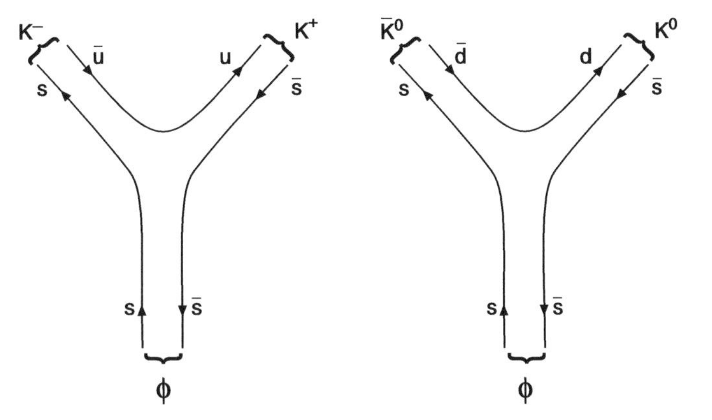

Aufgrund der geringen Massendifferenz $m_\phi - 2m_{\text{K}}$ ist der Phasenraum für diesen Zerfall sehr klein, woraus sich die geringe Breite der ϕ-Resonanz erklärt.

Man könnte sich nun fragen, warum das ϕ nicht vorwiegend in leichte Mesonen zerfällt. Der Zerfall des ϕ in Pionen ist sehr selten (2.5 %), obwohl der Phasenraum hierfür viel größer ist. Möglich ist ein solcher Zerfall nur, wenn sich s und $\bar{\text{s}}$ zunächst vernichten und daraus zwei oder drei Quark-Antiquark-Paare erzeugt werden. Nach der QCD erfolgt dies über einen virtuellen Zwischenzustand mit mindestens drei Gluonen. Im Vergleich zum Zerfall in zwei Kaonen, der über den Austausch eines Gluons stattfinden kann, ist dieser Prozess daher unterdrückt. Die Bevorzugung der Prozesse mit durchlaufenden Quarklinien wird auch *Zweig-Regel* genannt.

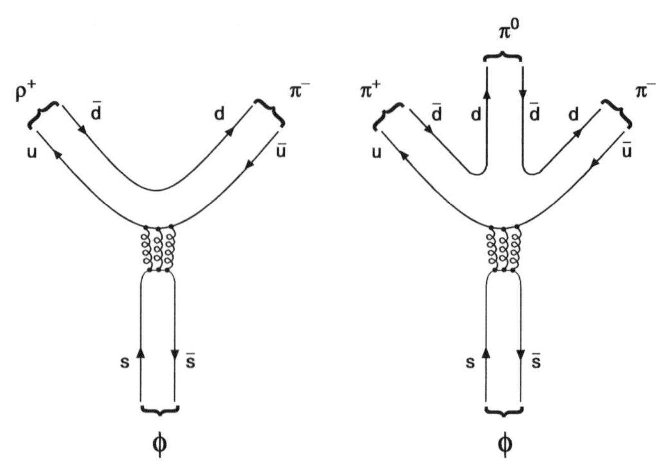

Die Resonanzen J/ψ und Υ. Waren die s-Quarks noch aus der Hadronenspektroskopie bekannt, so war es eine Überraschung, als 1974 bei einer Schwerpunktsenergie von 3097 MeV eine extrem schmale Resonanz von nur 87 keV Breite entdeckt wurde, die man J/ψ nannte.[3] Erklärt wurde dieses Phänomen, indem man es der Erzeugung eines neuartigen schweren Quarks zuschrieb. Für dieses c-Quark („charm"-Quark) hatte es bereits theoretische Hinweise gegeben. Die lange Lebensdauer des J/ψ wird dadurch erklärt, dass der durch die Zweig-Regel favorisierte Zerfall in zwei Mesonen, die je ein c- bzw. $\overline{c}$-Quark sowie ein leichtes Quark enthalten (also analog zum Zerfall $\phi \to K + \overline{K}$), aus energetischen Gründen nicht möglich ist. Die Masse der (später experimentell nachgewiesenen) D-Mesonen ($c\overline{u}$, $c\overline{d}$ etc.) ist nämlich größer als die halbe Masse des J/ψ. Bei um einige 100 MeV höheren Schwerpunktsenergien fand man noch weitere Resonanzen, die man ψ', ψ'' etc. nannte und als angeregte Zustände des $c\overline{c}$-Systems interpretierte. Das J/ψ ist der niedrigste $c\overline{c}$-Zustand mit den Quantenzahlen des Photons $J^P = 1^-$. Es gibt noch einen etwas niedrigeren $c\overline{c}$-Zustand η_c, der aufgrund seiner Quantenzahlen 0^- jedoch nicht direkt durch e^+e^--Annihilation erzeugt werden kann (s. Abschn. 13.2 ff).

Ein ähnliches Verhalten im Wirkungsquerschnitt fand man bei ca. 10 GeV. Man entdeckte die Serie der sogenannten Υ-Resonanzen [He77, In77]. Diese Zustände erklärte man durch die Existenz eines weiteren Quarks, des noch schwereren b-Quarks („bottom"-Quark). Der am niedrigsten liegende Zustand bei 9.46 GeV hat ebenfalls eine extrem kleine Breite von nur 52 keV und somit eine lange Lebensdauer.

Das t-Quark („top"-Quark) wurde 1995 von zwei Experimenten am Tevatron (FNAL) in $p\overline{p}$-Kollisionen nachgewiesen [Ab95a, Ab95b]. Aus diesen und weiteren Experimenten erhält man für die Masse des t-Quarks einen

[3] Dieses Teilchen wurde fast gleichzeitig in zwei unterschiedlich konzipierten Experimenten (pp-Kollision bzw. e^+e^--Annihilation) entdeckt. Die eine Arbeitsgruppe nannte es „J" [Au74a], die andere Gruppe „ψ" [Au74b].

Tabelle 9.1. Ladungen und Massen der Quarks: b, g, r bezeichnen die Farben blau, grün und rot. Angegeben sind die Massen für „nackte" Quarks (Stromquarks), die man im Grenzfall $Q^2 \to \infty$ messen würde [PD98], sowie für Konstituentenquarks, also die effektiven Massen von Quarks, die in Hadronen gebunden sind. Die Massen der Quarks, vor allem die der Stromquarks, sind stark modellabhängig. Bei den schweren Quarks ist der relative Unterschied zwischen den beiden Massen gering.

Quark	Farbe	elektr. Ladung	Masse [MeV/c^2] Stromquark	Konst.-Quark
down	b, g, r	−1/3	3 – 9	≈ 300
up	b, g, r	+2/3	1.5 – 5	≈ 300
strange	b, g, r	−1/3	60 – 170	≈ 450
charm	b, g, r	+2/3	1 100 – 1 400	
bottom	b, g, r	−1/3	4 100 – 4 400	
top	b, g, r	+2/3	$168 \cdot 10^3 - 179 \cdot 10^3$	

Wert von $173.8 \pm 5.2\,\mathrm{GeV}/c^2$. Die heutigen $\mathrm{e^+e^-}$-Beschleuniger erreichen nur Schwerpunktsenergien bis zu ca. 172 GeV, was zur Erzeugung von $\mathrm{t\bar{t}}$-Paaren nicht ausreicht.

Die $\mathbf{Z^0}$-Resonanz. Bei $\sqrt{s} = 91.2$ GeV findet man eine weitere Resonanz mit der Breite von 2490 MeV. Sie zerfällt in Quark- und Leptonpaare. Aus den Eigenschaften der Resonanz folgert man, dass es sich um ein reelles $\mathrm{Z^0}$, ein Vektorboson der schwachen Wechselwirkung handelt. Was man aus dieser Resonanz lernen kann, werden wir in Abschn. 11.2 beschreiben.

9.3 Nichtresonante Erzeugung von Hadronen

Bislang haben wir nur die Resonanzen im Wirkungsquerschnitt der Elektron-Positron-Vernichtung betrachtet. Selbstverständlich können auch im Bereich zwischen den Resonanzen Quark-Antiquark-Paare erzeugt werden. An das primär erzeugte Quark bzw. Antiquark lagern weitere Quark-Antiquark-Paare an, und es bilden sich Hadronen. Diesen Vorgang nennt man *Hadronisierung*. Natürlich können nur diejenigen Quarksorten erzeugt werden, deren Masse kleiner als die halbe zur Verfügung stehende Schwerpunktsenergie ist.

Da bei der Erzeugung von Hadronen zunächst ein Quark-Antiquark-Paar entsteht, ergibt sich der Wirkungsquerschnitt als Summe der einzelnen Wirkungsquerschnitte für Quark-Antiquark-Paar-Erzeugung. Die Erzeugung des primären Quark-Antiquark-Paares in der elektromagnetischen Wechselwirkung kann analog zur Myonpaarerzeugung berechnet werden. Quarks tragen im Gegensatz zu Myonen nicht eine volle Elementarladung $1 \cdot e$, sondern drittelzahlige Ladungen $z_f \cdot e$, die vom Quark-Flavour f abhängig sind. Damit ist das Übergangsmatrixelement proportional zu $z_f e^2$ und der Wirkungsquerschnitt proportional zu $z_f^2 \alpha^2$. Da Quarks und Antiquarks Farbe bzw.

Antifarbe tragen, gibt es 3 verschiedene Farbzustände, in denen das Quark-Antiquark-Paar erzeugt werden kann. Demgemäß tritt ein zusätzlicher Faktor 3 im Wirkungsquerschnitt auf. Somit gilt für den Wirkungsquerschnitt

$$\sigma(\mathrm{e}^+\mathrm{e}^- \to \mathrm{q}_f\overline{\mathrm{q}}_f) = 3 \cdot z_f^2 \cdot \sigma(\mathrm{e}^+\mathrm{e}^- \to \mu^+\mu^-) \tag{9.9}$$

und für das Verhältnis der Wirkungsquerschnitte

$$R := \frac{\sigma(\mathrm{e}^+\mathrm{e}^- \to \text{Hadronen})}{\sigma(\mathrm{e}^+\mathrm{e}^- \to \mu^+\mu^-)} = \frac{\sum_f \sigma(\mathrm{e}^+\mathrm{e}^- \to \mathrm{q}_f\overline{\mathrm{q}}_f)}{\sigma(\mathrm{e}^+\mathrm{e}^- \to \mu^+\mu^-)} = 3 \cdot \sum_f z_f^2 \,, \tag{9.10}$$

wobei zur Summe über die Quarksorten f nur diejenigen Quarks beitragen, die bei der jeweiligen Schwerpunktsenergie der Reaktion erzeugt werden können.

In Abb. 9.5 ist das Verhältnis R als Funktion der Schwerpunktsenergie $\sqrt{s}$ schematisch gezeigt. Um ein solches Bild zu erhalten, muss eine große Zahl von Experimenten an verschiedenen Teilchenbeschleunigern durchgeführt werden, die jeweils einen spezifischen Energiebereich überdecken. Betrachtet man den nichtresonanten Bereich, so wächst R stufenförmig mit steigender Energie $\sqrt{s}$ an. Dies wird plausibel, wenn man den Beitrag der einzelnen Quark-Flavours betrachtet. Unterhalb der J/ψ-Erzeugungsschwelle können nur $\mathrm{u\overline{u}}$-, $\mathrm{d\overline{d}}$- und $\mathrm{s\overline{s}}$-Paare erzeugt werden, oberhalb davon jedoch zusätzlich $\mathrm{c\overline{c}}$ und schließlich bei noch größerer Energie $\mathrm{b\overline{b}}$-Paare, so dass die Summe in (9.10) mit wachsender Energie immer mehr Glieder enthält. Umgekehrt kann man aus dem Anwachsen von R auf die Ladung der jeweiligen Quarks zurückschließen. Abhängig vom Energiebereich, also je nachdem, wie viele Quark-Flavours beteiligt sind, erwartet man

$$R = 3 \cdot \sum_f z_f^2 = 3 \cdot \{ \underbrace{\underbrace{\underbrace{\underset{\mathrm{u}}{(\tfrac{2}{3})^2} + \underset{\mathrm{d}}{(-\tfrac{1}{3})^2} + \underset{\mathrm{s}}{(-\tfrac{1}{3})^2}}_{3 \cdot 6/9} + \underset{\mathrm{c}}{(\tfrac{2}{3})^2}}_{3 \cdot 10/9} + \underset{\mathrm{b}}{(-\tfrac{1}{3})^2}}_{3 \cdot 11/9} \} \,. \tag{9.11}$$

Diese Voraussage stimmt gut mit den experimentellen Ergebnissen überein. Die Messung von R stellt eine weitere Bestimmung der Quarkladung dar und ist zugleich eine eindrucksvolle Bestätigung dafür, dass es genau 3 Farben gibt.

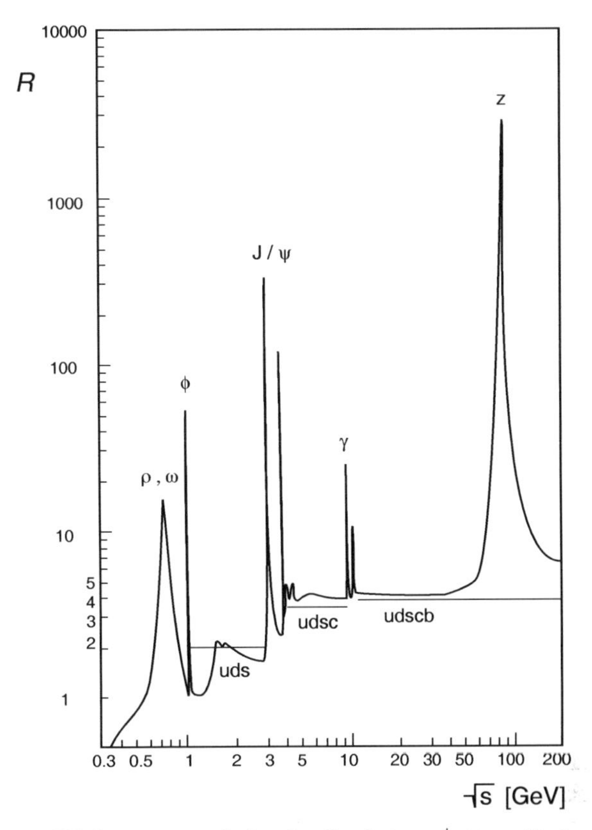

Abbildung 9.5. Wirkungsquerschnitt der Reaktion $e^+e^- \rightarrow$ *Hadronen*, normiert auf den Prozess $e^+e^- \rightarrow \mu^+\mu^-$ als Funktion der Schwerpunktsenergie $\sqrt{s}$ (schematisch). Die horizontalen Linien entsprechen $R = 6/3$, $R = 10/3$ und $R = 11/3$, den Werten, die man aus (9.10) je nach Zahl der beteiligten Quarks erwartet. Der Wert $R = 15/3$, der sich bei Beteiligung des t-Quarks ergibt, liegt außerhalb des dargestellten Energiebereichs. *(Wir bedanken uns bei G. Myatt (Oxford), der uns dieses Bild zur Verfügung gestellt hat.)*

9.4 Gluonenabstrahlung

Mit der e^+e^--Streuung gelang es auch, die Existenz von Gluonen experimentell nachzuweisen und die Größe von α_s, der Kopplungskonstante der starken Wechselwirkung, zu messen.

Die ersten Hinweise auf die Existenz der Gluonen hatte die tiefinelastische Leptonenstreuung an Protonen geliefert: das Integral der Strukturfunktion F_2 war nur halb so groß wie erwartet; die andere Hälfte der Protonimpulses wurde offenbar von ungeladenen und nicht schwach wechselwirkenden Teilchen getragen, die dann mit den Gluonen identifiziert wurden. Die Größe der Kopplungskonstanten α_s konnte aus der Skalenbrechung der Strukturfunktion F_2 bestimmt werden (Abschn. 8.4).

Eine direkte Messung dieser Größen ist aus der Jet-Analyse möglich: Bei hohen Energien treten die entstehenden Hadronen in zwei Bündeln (Jets) auf, die in entgegengesetzte Richtungen emittiert werden. Diese beiden Jets entstehen aus der Hadronisierung des ursprünglichen Quarks und Antiquarks (Abb. 9.6 links).

Neben der einfachen $q\overline{q}$-Erzeugung können aber auch Prozesse höherer Ordnung auftreten. So kann beispielsweise ein energiereiches („hartes") Gluon abgestrahlt werden, das sich dann als dritter Hadronenjet manifestiert. Dies entspricht der Emission eines Photons bei der elektromagnetischen Brems-

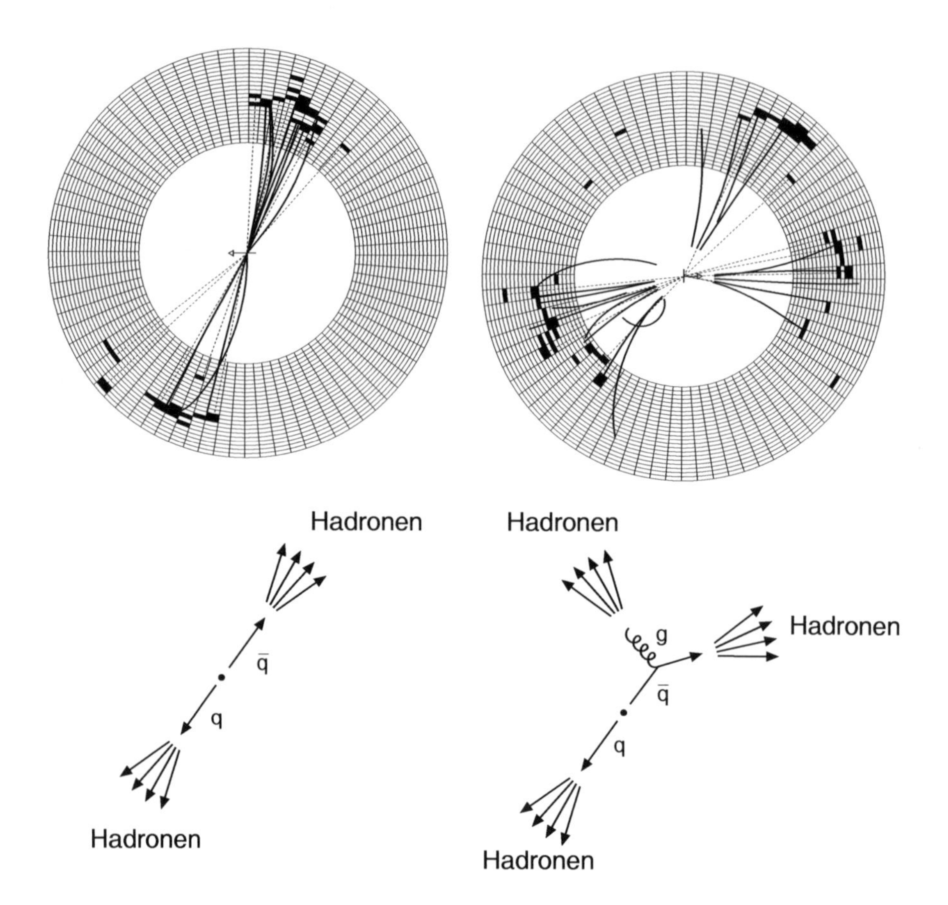

Abbildung 9.6. Typisches 2-Jet- und 3-Jet-Ereignis, gemessen mit dem JADE-Detektor am e^+e^--Speicherring PETRA. Die Bilder zeigen eine Projektion senkrecht zur Strahlachse, die sich im Zentrum des zylinderförmigen Detektors befindet. Gezeigt sind Spuren geladener *(durchgezogene Linien)* und ungeladener *(gepunktete Linien)* Teilchen, die aufgrund ihrer Signale in der innen angeordneten Drahtkammer und des sie umgebenden Bleiglaskalorimeters rekonstruiert wurden. In dieser Projektion ist die Konzentration der erzeugten Hadronen auf zwei bzw. drei Teilchenbündel deutlich zu erkennen. *(Mit freundlicher Genehmigung des DESY)*

strahlung. Da die elektromagnetische Kopplungskonstante α jedoch ziemlich klein ist, kommt die Emission eines harten Photons nur sehr selten vor. Die Wahrscheinlichkeit für Gluon-Bremsstrahlung ist hingegen durch die Kopplungkonstante α_s gegeben. In der Tat wurden solche 3-Jet-Ereignisse nachgewiesen. Ein besonders schöner Fall ist in Abb. 9.6 (rechts) zu sehen. Die Kopplungskonstante α_s ergibt sich direkt aus dem Vergleich der Raten von 3-Jet- und 2-Jet-Ereignissen. Durch Messungen bei unterschiedlichen Schwerpunktsenergien konnte auch demonstriert werden, dass α_s gemäß (8.6) mit wachsendem $Q^2 = s/c^2$ abnimmt.

Aufgaben

1. **Elektron-Positron-Kollisionen**
   a) Elektronen und Positronen kollidieren in einem Speicherring frontal mit einer Strahlenergie E von jeweils 4 GeV. Welche Produktionsrate von $\mu^+\mu^-$-Paaren erwartet man bei einer Luminosität von $10^{32}\,\text{cm}^{-2}\,\text{s}^{-1}$? Welche Produktionsrate für Ereignisse mit hadronischem Endzustand erwartet man?
   b) Es werden zwei gegeneinander gerichtete Linearbeschleuniger (Linear Collider) geplant, an deren Enden Elektronen und Positronen mit einer Schwerpunktsenergie von 500 GeV frontal kollidieren. Wie groß müsste die Luminosität sein, falls man den hadronischen Wirkungsquerschnitt innerhalb 2 Stunden mit 10 % statistischem Fehler messen möchte?

2. **Υ-Resonanz**
   Am Elektron-Positron-Speicherring CESR wurde die $\Upsilon(1S)$ Resonanz mit einer Masse von ca. 9460 MeV$/c^2$ detailliert vermessen.
   a) Berechnen Sie die Unschärfe der Strahlenergie E und der Schwerpunktsenergie W, wenn der Speicherring einen Krümmungsradius von $R = 100\,\text{m}$ besitzt. Es gilt:
   $$\delta E = \left(\frac{55}{32\sqrt{3}} \frac{\hbar c\, m_e c^2}{2R} \gamma^4 \right)^{1/2}$$
   Was bedeutet diese Energieunschärfe für die experimentelle Messung der Zerfallsbreite des Υ (Verwenden Sie die Information aus Teil b)?
   b) Integrieren Sie die Breit-Wigner Formel über den Energiebereich der $\Upsilon(1S)$ Resonanz. Der experimentell ermittelte Wert dieses Integrals für hadronische Endzustände beträgt $\int \sigma(\text{e}^+\text{e}^- \to \Upsilon \to \text{Hadronen})\,\text{d}W \approx 300\,\text{nb MeV}$. Die Zerfallswahrscheinlichkeit für $\Upsilon \to \ell^+\ell^-$ ($\ell = \text{e}, \mu, \tau$) beträgt jeweils ca. 2.5 %. Wie groß ist die totale natürliche Zerfallsbreite des Υ? Welchen Wirkungsquerschnitt würde man im Resonanzmaximum erwarten, falls es keine Energieunschärfe im Strahl (und keine Resonanzverbreiterung durch Strahlungskorrekturen) gäbe?

10. Phänomenologie der schwachen Wechselwirkung

Die Entdeckung der schwachen Wechselwirkung und die ersten Theorien hierzu basierten auf der Phänomenologie des β-Zerfalls. Gebundene Zustände, die sich aufgrund der schwachen Wechselwirkung bilden, sind nicht bekannt – im Gegensatz zur elektromagnetischen, starken und gravitativen Wechselwirkung. In diesem Sinne ist uns die schwache Wechselwirkung etwas fremd, da wir uns bei ihre Beschreibung nicht an Erfahrungen aus z. B. der Atomphysik anlehnen können. Die schwache Wechselwirkung ist aber für den Zerfall von Quarks und Leptonen verantwortlich.

In Streuexperimenten ist die schwache Wechselwirkung nur schwer beobachtbar, da Reaktionen von Teilchen, die ausschließlich der schwachen Wechselwirkung unterliegen (Neutrinos), nur extrem geringe Wirkungsquerschnitte haben. Bei Streuexperimenten mit geladenen Leptonen sowie Hadronen werden die Effekte der schwachen Wechselwirkung in der Regel von der starken und elektromagnetischen Wechselwirkung überdeckt. So stammen die meisten Informationen über die schwache Wechselwirkung von Teilchenzerfällen.

Die erste theoretische Beschreibung des β-Zerfalls durch Fermi [Fe34] baute auf einer Analogie zur elektromagnetischen Wechselwirkung auf und ist mit einigen Modifikationen auch heute noch für niederenergetische Vorgänge anwendbar. Weitere wichtige Meilensteine bei der Erforschung der schwachen Wechselwirkung waren die Entdeckung der Paritätsverletzung [Wu57], der unterschiedlichen Neutrinofamilien [Da62] und der CP-Verletzung im K^0-System [Ch64].

Die schwache Wechselwirkung wirkt in gleicher Weise auf Quarks und Leptonen. Die Quarks haben wir in den vorangegangenen Kapiteln schon ausführlich behandelt. Nun wollen wir zunächst auf die Leptonen genauer eingehen, bevor wir uns den Phänomenen der schwachen Wechselwirkung direkt zuwenden.

10.1 Eigenschaften der Leptonen

Geladene Leptonen. Bei der Behandlung der e^+e^--Streuung haben wir die geladenen Leptonen kennengelernt: das Elektron (e), das Myon (μ) und das Tau (τ) sowie ihre Antiteilchen (e^+, μ^+, τ^+) mit gleicher Masse aber entgegengesetzter Ladung.

Das Elektron und das Myon sind die leichtesten elektrisch geladenen Teilchen. Daher ist aufgrund der Ladungserhaltung das Elektron stabil, und beim Zerfall des Myons muss ein Elektron entstehen. Das Myon zerfällt gemäß

$$\mu^- \rightarrow \mathrm{e}^- + \overline{\nu}_\mathrm{e} + \nu_\mu .$$

In seltenen Fällen wird dabei zusätzlich ein Photon oder ein $\mathrm{e}^+\mathrm{e}^-$-Paar erzeugt. Nicht beobachtet wird dagegen der energetisch erlaubte Prozess

$$\mu^- \not\rightarrow \mathrm{e}^- + \gamma .$$

Das Myon ist also kein angeregter Zustand des Elektrons.

Das Tau-Lepton ist erheblich schwerer als das Myon und viele Hadronen. Es kann daher nicht nur in die leichteren Leptonen zerfallen

$$\tau^- \rightarrow \mathrm{e}^- + \overline{\nu}_\mathrm{e} + \nu_\tau \qquad \tau^- \rightarrow \mu^- + \overline{\nu}_\mu + \nu_\tau ,$$

sondern auch in Hadronen, z. B. in ein Pion und ein Neutrino

$$\tau^- \rightarrow \pi^- + \nu_\tau .$$

Dies geschieht sogar bei mehr als der Hälfte aller τ-Zerfälle [Ba88].

Neutrinos. Wir haben bereits mehrere Prozesse kennengelernt, bei denen Neutrinos entstehen: den β-Zerfall von Kernen und den Zerfall geladener Leptonen. Als elektrisch neutrale Leptonen unterliegen Neutrinos weder der starken noch der elektromagnetischen Wechselwirkung. Sie können in schwachen Reaktionen in der Regel nur indirekt, durch den Nachweis geladener Teilchen, nachgewiesen werden. Die in der Reaktion weggetragene oder eingebrachte Energie, der Impuls und Drehimpuls werden durch die Messung der anderen in der Reaktion involvierten Teilchen und der Anwendung der Erhaltungssätze bestimmt. Beispielsweise erkennt man an der Energie- und Drehimpulsbilanz des β-Zerfalls, dass neben dem Elektron ein weiteres Teilchen emittiert wird.

Experimente sind konsistent mit der Annahme, dass Neutrinos und Antineutrinos unterschiedliche Teilchen sind. Zum Beispiel induzieren die beim β-Zerfall

$$\mathrm{n} \rightarrow \mathrm{p} + \mathrm{e}^- + \overline{\nu}_\mathrm{e}$$

erzeugten Antineutrinos nur Reaktionen, bei denen ein Positron entsteht, nicht aber solche, bei denen Elektronen entstehen:

$$\begin{aligned} \overline{\nu}_\mathrm{e} + \mathrm{p} &\rightarrow \mathrm{n} + \mathrm{e}^+ \\ \overline{\nu}_\mathrm{e} + \mathrm{n} &\not\rightarrow \mathrm{p} + \mathrm{e}^- . \end{aligned}$$

Neutrinos und Antineutrinos, die beim Zerfall geladener Pionen

$$\begin{aligned} \pi^- &\rightarrow \mu^- + \overline{\nu}_\mu \\ \pi^+ &\rightarrow \mu^+ + \nu_\mu \end{aligned}$$

entstehen, verhalten sich anders. Sie induzieren nur Reaktionen, bei denen Myonen entstehen, nicht aber solche mit Elektronen [Da62]. Demnach muss es mindestens zwei verschiedene Neutrinos geben: das Elektron-Neutrino ν_e, das mit der Erzeugung und Vernichtung von Elektronen assoziiert ist, und das Myon-Neutrino ν_μ, das dem Myon zugeordnet ist. Ähnlich wurden auch τ-Leptonen von ν_τ erzeugt. Zusammenfassend kann man sagen, dass es drei verschiedene Neutrinos gibt.

Auch beim Myon-Neutrino konnte gezeigt werden, dass sich Neutrino und Antineutrino unterscheiden: Neutrinos aus dem π^+-Zerfall erzeugen nur μ^-, Antineutrinos aus dem π^--Zerfall nur μ^+.

Neutrinooszillationen. Mit der kinematischen Analyse der schwachen Zerfälle kann man im Experiment nur die obere Grenze der Ruhemasse der Neutrinos bestimmen. In direkten Messungen kann man masselose Neutrinos nicht ausschließen. In Kapitel 17.6 werden wir auf die direkten Messungen der Elektron-Neutrino-Masse zurückkommen.

Es gibt jedoch starke Hinweise darauf, dass die Neutrinos eine von Null verschiedene Masse haben. Die Experimente, die zu diesem Schluss führen, wollen wir im folgenden erläutern.

Eine Möglichkeit, auf indirekte Weise zu zeigen, dass die Neutrinomasse von Null verschieden ist, ist die Betrachtung der Übergänge (Oszillationen) zwischen den Eigenzuständen der Flavour-Familien, $|\nu_e\rangle, |\nu_\mu\rangle$ und $|\nu_\tau\rangle$. Die Oszillationen kann man in Neutrinostrahlen von Reaktoren und Beschleunigern nachweisen oder durch die Messung solarer und atmosphärischer Neutrinoflüsse beobachten [Ku89].

Wären die Neutrinos masselos, dann wäre jede Mischung von Neutrinos auch ein Eigenzustand des Massenoperators, und die Masseneigenzustände $|\nu_1\rangle$, $|\nu_2\rangle$ und $|\nu_3\rangle$ könnten gemäß $|\nu_e\rangle$, $|\nu_\mu\rangle$ und $|\nu_\tau\rangle$ als exakter "Partner" von $|e\rangle$, $|\mu\rangle$ und $|\tau\rangle$ definiert werden. Wenn alle Neutrinos die Masse Null hätten, dann gäbe es keine Flavouroszillationen.

Wenn Neutrinos jedoch Masse haben, dann können Flavouroszillationen auftreten. Das ist ein bekannter Effekt in der Quantenmechanik, und in diesem Buch werden wir ihn gründlich im Kapitel 14.4 über Oszillationen im K^0- und $\bar{K}^0$-System behandeln.

Experimente mit solaren Neutrinos (s. Kap. 19.5 über die Produktion der Neutrinos in der Sonne) zeigen, dass solche Oszillationen stattfinden. Der gemessene Fluss der solaren Neutrinos [Ha96] ist ungefähr halb so groß, wie in solaren Modellen vorausgesagt. In diesen Modellen wird detailliert die Energieerzeugung durch Kernreaktionen beschrieben. Die letzten Zweifel, dass die solaren Modelle doch nicht richtig sind, wurden durch zwei Experimente beseitigt [Ah01, Fu01]. In diesen Experimenten wird der ganze Neutrinofluss durch die Reaktionen gemessen, die durch den Z^0-Austausch vermittelt werden (s. 10.2). Diese Reaktionen sind Flavour unabhängig und ergeben dadurch den gesamten Neutrinofluss.

Das Sudbury Neutrino Observatory [Ah01] in Kanada verfügt über einen Čerenkov Detektor, der mit 1000 Tonnen schwerem Wasser gefüllt ist und sich 2000 Meter unter der Erde befindet. In diesem Detektor können die folgenden Reaktionen simultan gemessen werden:

$$\begin{aligned}\nu_{\mathrm{e},\mu,\tau} + \mathrm{d} &\rightarrow \mathrm{p} + \mathrm{p} + \mathrm{e}^- \\ \nu_{\mathrm{e},\mu,\tau} + \mathrm{d} &\rightarrow \mathrm{p} + \mathrm{n} + \nu_{\mathrm{e},\mu,\tau} \\ \nu_{\mathrm{e},\mu,\tau} + \mathrm{e} &\rightarrow \nu_{\mathrm{e},\mu,\tau} + \mathrm{e}.\end{aligned}$$

Die erste Reaktion weist nur ν_e nach, da die Energie der solaren Neutrinos zu gering ist, um μ oder τ zu erzeugen. Die zweite Reaktion ist Flavour unabhängig und misst den Gesamtneutrinofluss. Das Experiment zeigt, dass der Gesamtneutrinofluss etwa dreimal so groß ist wie der ν_e-Fluss alleine. Die dritte Reaktion ist empfindlich auf alle drei Flavours, jedoch mehr auf ν_e. Sie kann aber auch zur Bestimmung des Gesamtneutrinoflusses dienen.

Oszillationen wurden auch im Fluss der atmosphärischen Neutrinos beobachtet. Die Messung von atmosphärischen Neutrinos ist mit dem Super-Kamiokande-Detektor in Kamioka, Japan, durchgeführt worden. Der Čerenkov-Detektor ist gefüllt mit 32 000 Tonnen Wasser und befindet sich 1000 Meter unter der Erdoberfläche.

Die atmosphärischen Neutrinos werden durch die folgenden Zerfälle

$$\begin{aligned}\pi^+ &\rightarrow \mu^+ + \nu_\mu \\ \mu^+ &\rightarrow \bar{\nu}_\mu + \mathrm{e}^+ + \nu_\mathrm{e}\end{aligned}$$

sowie die Zerfälle der entsprechenden Antiteilchen produziert. Das Verhältnis zwischen den beiden Neutrinosorten ist $[n(\nu_\mu) + n(\bar{\nu}_\mu)]/[n(\nu_\mathrm{e}) + n(\bar{\nu}_\mathrm{e})] = 2$.

Die Energien der Neutrinos werden durch die Messung der geladenen Teilchen in inversen Reaktionen bestimmt. Die Neutrinos, die wir in der folgenden Diskussion betrachten, haben Energien in der Größenordnung von einem GeV.

Die Produktion von ν_μ's durch die kosmische Strahlen in der Atmosphäre hängt stark davon ab, ob sie den Detektor erreicht haben, nachdem sie nur die Atmosphäre durchquert haben oder von der anderen Seite der Erde kamen. Eine Reduktion von einem Faktor 2 in dem Fluss der ν_μ's wurde [Fu98] für die Neutrinos gemessen, die von der anderen Seite der Erde kamen. Da die Erde transparent für Neutrinos ist, sollte durch die Absorption keine Abschwächung stattfinden. Die Reduktion wird der Oszillation von ν_μ in ν_τ zugeschrieben. Der Fluss der ν_e's zeigt jedoch keine Abschwächung; auf der Skala des Erdradius gibt es für diese Neutrinosorte noch keine nachweisbare Oszillation.

Eine weitere Information kommt von der Beobachtung der Antineutrinooszillationen aus Kernreaktoren. In Kamioka (Japan), weist der Detektor KamLAND (1000 Tonnen eines flüssigen Szintillators zum Nachweis der geladenen Teilchen) die Antielektronneutrinos nach, die von benachbarten Kernreaktoren ($\sim$ 200 km) in Japan und Südkorea emittiert werden. Das Energiemaximum der Antineutrinos aus den Reaktoren liegt bei 4-5 MeV. Das bedeutet, dass man für die niederenergetischen Neutrinos Oszillationen schon bei einer Entfernung von $\sim$ 200 km beobachtet. Die Existenz der Neutrinooszillationen weist auf zwei wichtige Eigenschaften der Neutrinos hin: sie haben eine von Null verschiedene Masse, und die Eigenzustände der schwachen Wechselwirkung sind eine Überlagerung der Eigenzustände des Massenoperators. Die Mischung von Neutrinos verschiedener Flavours ist stark, im Gegensatz zu der schwachen Mischung von Quarks verschiedener Familien. Die Massenskala, die aus diesen Ergebnissen resultiert, wird im folgenden diskutiert (10.4).

Die sechs Leptonen. Trotz intensiver Suche bei immer höheren Energien hat man bis heute keine weiteren Leptonen gefunden. Die untere Grenze für die Masse von weiteren geladenen Leptonen liegt bei 42.8 GeV/c^2. In Abschn. 11.2 werden wir sehen, dass es auch nicht mehr als drei leichte Neutrinos ($m_\nu \ll 10$ GeV/c^2) geben kann. Wir kennen somit sechs Leptonen: drei elektrisch geladene (e, μ, τ) und drei ungeladene $(\nu_\mathrm{e}, \nu_\mu, \nu_\tau)$.

Ebenso wie die Quarks treten also auch die Leptonen in drei Familien auf, die jeweils aus zwei Teilchen bestehen, deren Ladungen sich um eine Einheit unterscheiden. Wie die Quarks unterscheiden sich auch die geladenen Leptonen deutlich in ihren Massen ($m_\mu/m_\mathrm{e} \approx 207$, $m_\tau/m_\mu \approx 17$). Es gibt bis heute keine allgemein akzeptierte Begründung, warum die fundamentalen Fermionen gerade in drei Familien auftreten und warum sie gerade diese Massen haben.

Leptonenzahlerhaltung. Bei allen bisher erwähnten Reaktionen war die Erzeugung oder Vernichtung eines Leptons immer mit der Erzeugung bzw. Vernichtung eines Antileptons der gleichen Familie gekoppelt. Nach heutigem Wissensstand ist dies bei allen Reaktionen der Fall. Wie bei den Baryonen gibt es demnach auch bei den Leptonen einen Erhaltungssatz: Bei allen Reaktionen bleibt die Zahl der Leptonen einer Familie abzüglich der Zahl der Antileptonen erhalten:

$$L_\ell = N(\ell) - N(\overline{\ell}) + N(\nu_\ell) - N(\overline{\nu}_\ell) = \text{const.} \quad \text{für} \quad \ell = \mathrm{e}, \mu, \tau. \tag{10.1}$$

Man nennt die Summe $L = L_\mathrm{e} + L_\mu + L_\tau$ die *Leptonenzahl* und die einzelnen L_ℓ die *Leptonfamilienzahlen*. Jede dieser drei Zahlen L_e, L_μ und L_τ bleibt separat nur in jedem Wechselwirkungsvertex erhalten! Wegen der Oszillationen bleibt im Fluge nur die Gesamtleptonzahl L erhalten. Demnach sind zum Beispiel

$$
\begin{array}{rclcrcl}
 & \text{erlaubt:} & & \qquad & & \text{verboten:} & \\
\mathrm{p}+\mu^- & \to & \nu_\mu+\mathrm{n} & & \mathrm{p}+\mu^- & \not\to & \pi^0+\mathrm{n} \\
\mathrm{e}^+ +\mathrm{e}^- & \to & \nu_\mu+\overline{\nu}_\mu & & \mathrm{e}^+ +\mathrm{e}^- & \not\to & \nu_\mathrm{e}+\nu_\mu \\
\pi^- & \to & \mu^- +\overline{\nu}_\mu & & \pi^- & \not\to & \mathrm{e}^- +\nu_\mathrm{e} \\
\mu^- & \to & \mathrm{e}^- +\overline{\nu}_\mathrm{e}+\nu_\mu & & \mu^- & \not\to & \mathrm{e}^- +\overline{\nu}_\mu+\nu_\mathrm{e} \\
\tau^- & \to & \pi^- +\nu_\tau & & \tau^- & \not\to & \pi^- +\nu_\mathrm{e}\,.
\end{array}
$$

Experimentell bestimmte obere Grenzen für elektromagnetische und schwache Zerfälle, die diese Erhaltung verletzen, sind sehr klein. So gilt zum Beispiel [PD98]

$$
\begin{aligned}
\frac{\Gamma(\mu^\pm \to \mathrm{e}^\pm\gamma)}{\Gamma(\mu^\pm \to \text{alle Kanäle})} &< 5\cdot 10^{-11} \\
\frac{\Gamma(\mu^\pm \to \mathrm{e}^\pm\mathrm{e}^+\mathrm{e}^-)}{\Gamma(\mu^\pm \to \text{alle Kanäle})} &< 1\cdot 10^{-12}.
\end{aligned} \tag{10.2}
$$

Alle erlaubten Reaktionen, die hier als Beispiel aufgelistet wurden, verlaufen ausschließlich über die schwache Wechselwirkung, denn in allen diesen Fällen sind Neutrinos beteiligt. Der Umkehrschluss gilt allerdings nicht. Wir werden im folgenden Abschnitt sehen, dass es sehr wohl schwache Wechselwirkung ohne die Beteiligung von Neutrinos, ja von Leptonen überhaupt gibt.

10.2 Typen der schwachen Wechselwirkung

Wir haben gesehen, dass bei schwachen Reaktionen geladene Leptonen in die zugehörigen Neutrinos der gleichen Familie umgewandelt werden, bzw. ein geladenes Lepton und ein Antineutrino (oder ihre jeweiligen Antiteilchen) der gleichen Familie erzeugt werden können. Ebenso kann die schwache Wechselwirkung Quarks eines Flavours in solche eines anderen Flavours überführen: ein typisches Beispiel ist der Übergang eines d-Quarks in ein u-Quark, der beim β-Zerfall des Neutrons vorkommt. Bei allen derartigen Reaktionen ändert sich somit die Identität der beteiligten Quarks und Leptonen und gleichzeitig die Ladung um $+1e$ oder $-1e$. Für diesen Typ der Wechselwirkung wurde der Begriff des *geladenen Stromes* geprägt. Sie wird durch geladene Teilchen, W^+ und W^-, vermittelt.

Lange Zeit kannte man nur solche Reaktionen der schwachen Wechselwirkung. Heute weiß man, dass schwache Wechselwirkung auch durch den Austausch eines anderen Teilchens, des elektrisch neutralen Z^0-Teilchens, erfolgen kann. Hierbei bleiben die Quarks und Leptonen unverändert. Man spricht von *neutralen Strömen*.

Die $\mathrm{W}^\pm$- und Z^0-Teilchen sind Vektorbosonen, also Spin-1-Teilchen. Sie haben eine große Masse von 80 GeV/c^2 ($\mathrm{W}^\pm$) bzw. 91 GeV/c^2 (Z^0), deren experimentelle Bestimmung wir in Abschn. 11.1 genauer diskutieren werden.

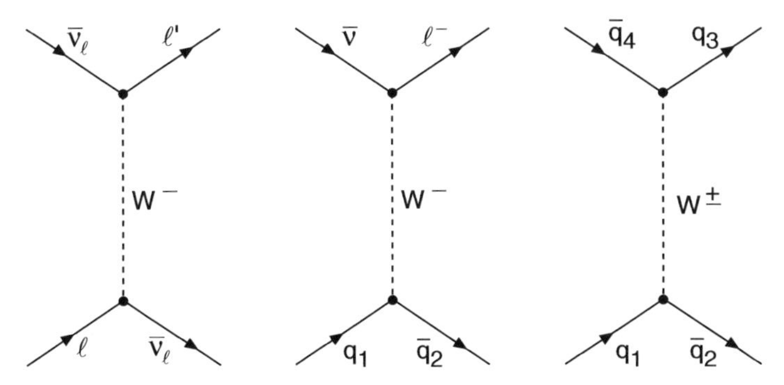

Abbildung 10.1. Die drei Typen von Reaktionen mit geladenem Strom: leptonischer Prozess *(links)*, semileptonischer Prozess *(mitte)*, nichtleptonischer Prozess *(rechts)*

In diesem Kapitel beschäftigen wir uns der historischen Entwicklung entsprechend zunächst mit den *geladenen Strömen.* Man kann sie recht einfach in drei Klassen kategorisieren (Abb. 10.1): in *leptonische Prozesse, semileptonische Prozesse* und *nichtleptonische Prozesse.*

Leptonische Prozesse. Wenn das W-Boson nur an Leptonen koppelt, spricht man von leptonischen Prozessen. Die elementare Reaktion ist

$$\ell + \overline{\nu}_\ell \longleftrightarrow \ell' + \overline{\nu}_{\ell'} .$$

Beispiele hierfür sind der leptonische Zerfall des τ-Leptons:

$$\begin{aligned} \tau^- &\rightarrow \mu^- + \overline{\nu}_\mu + \nu_\tau \\ \tau^- &\rightarrow \mathrm{e}^- + \overline{\nu}_\mathrm{e} + \nu_\tau \end{aligned}$$

und der Streuprozess

$$\nu_\mu + \mathrm{e}^- \rightarrow \mu^- + \nu_\mathrm{e} .$$

Semileptonische Prozesse. Als *semileptonische Prozesse* bezeichnet man solche, bei denen das ausgetauschte W-Boson an Leptonen und Quarks koppelt. Die elementare Reaktion ist

$$\mathrm{q}_1 + \overline{\mathrm{q}}_2 \longleftrightarrow \ell + \overline{\nu}_\ell .$$

Beispiele hierfür sind der Zerfall des geladenen Pions, derjenige des K^- oder der β-Zerfall des Neutrons:

im Hadronbild	im Quarkbild
$\pi^- \to \mu^- + \overline{\nu}_\mu$	$d + \overline{u} \to \mu^- + \overline{\nu}_\mu$
$K^- \to \mu^- + \overline{\nu}_\mu$	$s + \overline{u} \to \mu^- + \overline{\nu}_\mu$
$n \to p + e^- + \overline{\nu}_e$	$d \to u + e^- + \overline{\nu}_e\,.$

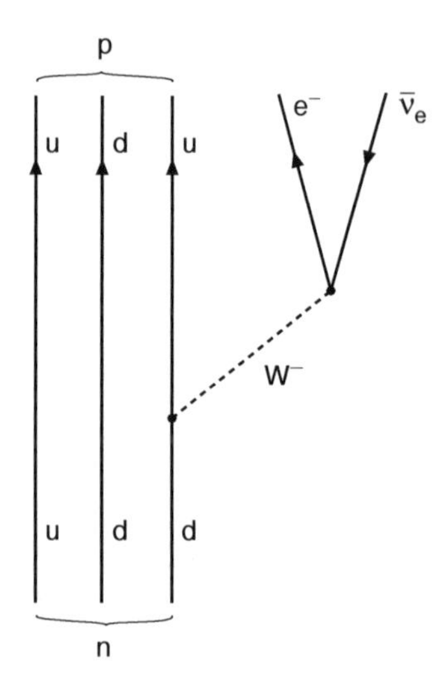

Den β-Zerfall des Neutrons kann man auf den Zerfall eines d-Quarks reduzieren, wobei die beiden anderen Quarks unbeteiligt sind. Man bezeichnet sie als *Zuschauerquarks (spectator quarks).*

Umkehrreaktionen sind der inverse β-Zerfall $\overline{\nu}_e + p \to n + e^+$ bzw. $\nu_e + n \to p + e^-$ sowie der K-Einfang $p + e^- \to n + \nu_e$. Mit der erstgenannten Reaktion wurden (Anti-)Neutrinos erstmals direkt nachgewiesen [Co56a], indem man Antineutrinos aus dem β^--Zerfall neutronenreicher Spaltprodukte mit Wasserstoff reagieren ließ. Die zweite Reaktion dient zum Nachweis solarer und stellarer Neutrinos, die aus dem β^+-Zerfall protonenreicher Kerne aus Fusionsreaktionen stammen.

Ein weiteres Beispiel für einen semileptonischen Prozess ist die tiefinelastische Streuung von Neutrinos, die wir in Abschn. 10.8 näher besprechen werden.

Nichtleptonische Prozesse. Die nichtleptonischen Prozesse schließlich finden ohne Beteiligung von Leptonen statt. Die elementare Reaktion ist

$$q_1 + \overline{q}_2 \longleftrightarrow q_3 + \overline{q}_4\,.$$

Aufgrund der Ladungserhaltung können nur solche Quarks kombiniert werden, deren Gesamtladung $\pm 1e$ beträgt. Beispiele sind hadronische Zerfälle von Baryonen und Mesonen mit Strangeness, wie der Zerfall des Λ^0-Hyperons in ein Nukleon und ein Pion oder der des $K^+(u\overline{s})$ in zwei Pionen:

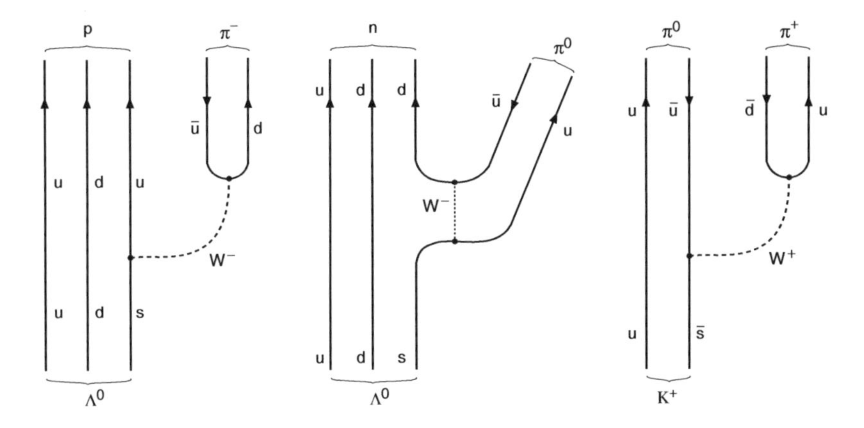

10.3 Kopplungsstärke des geladenen Stromes

Wir wollen uns nun mit den geladenen Strömen in einer mehr quantitativen Weise befassen. Als Beispiele wählen wir im Folgenden leptonische Prozesse, weil Leptonen im Gegensatz zu Quarks als freie Teilchen existieren können, was die Beschreibung vereinfacht.

Analog zur Mott-Streuung und zur e^+e^--Vernichtung ist das Übergangsmatrixelement für solche Reaktionen proportional zum Produkt aus dem Quadrat der *schwachen Ladung g*, an die das W-Boson koppelt, und dem Propagator (4.23) für ein massives Spin-1-Teilchen:

$$\mathcal{M}_{fi} \propto g \cdot \frac{1}{Q^2c^2 + M_\mathrm{W}^2c^4} \cdot g \xrightarrow{Q^2 \to 0} \frac{g^2}{M_\mathrm{W}^2c^4}. \tag{10.3}$$

Der Unterschied zur elektromagnetischen Wechselwirkung resultiert aus der endlichen Masse des Austauschteilchens. An die Stelle des Photon-Propagators $(Qc)^{-2}$ tritt ein Propagator, der für nicht zu große Impulsüberträge $Q^2 \ll M_\mathrm{W}^2c^2$ nahezu konstant ist. Wir werden in Abschn. 11.2 sehen, dass die schwache Ladung g und die elektrische Ladung e von der gleichen Größenordnung sind. Da das ausgetauschte Boson aber eine sehr große Masse hat, erscheint die schwache Wechselwirkung bei kleinen Werten von Q^2 weitaus schwächer als die elektromagnetische Wechselwirkung. Auch die Reichweite $\hbar/M_\mathrm{W}c \approx 2.5 \cdot 10^{-3}$ fm ist demzufolge nur sehr gering.

In der Näherung kleiner Viererimpulsüberträge kann man daher die Wechselwirkung als Punktwechselwirkung der vier beteiligten Teilchen beschreiben. Dies war die ursprüngliche Formulierung der schwachen Wechselwirkung, bevor man das Konzept der W- und Z-Bosonen einführte. Die Kopplungsstärke dieser Wechselwirkung wird durch die *Fermi-Konstante* G_F angegeben, die proportional zum Quadrat der schwachen Ladung g ist – in Analogie zur elektromagnetischen Kopplungskonstante $\alpha = e^2/(4\pi\varepsilon_0\hbar c)$, die proportional zum Quadrat der elektrischen Ladung e ist. Sie wurde so definiert, dass $G_{\mathrm{F}}/(\hbar c)^3$ die Dimension [1/Energie^2] hat und mit g über

$$\frac{G_{\mathrm{F}}}{\sqrt{2}} = \frac{\pi\alpha}{2} \cdot \frac{g^2}{e^2} \cdot \frac{(\hbar c)^3}{M_{\mathrm{W}}^2 c^4} \tag{10.4}$$

zusammenhängt.

Zerfall des Myons. Den genauesten Wert für die Fermi-Konstante erhält man aus dem Zerfall des Myons. Das Myon zerfällt, wie in Abschn. 10.1 erläutert, gemäß

$$\mu^- \to \mathrm{e}^- + \overline{\nu}_{\mathrm{e}} + \nu_\mu \,, \qquad \mu^+ \to \mathrm{e}^+ + \nu_{\mathrm{e}} + \overline{\nu}_\mu \,.$$

Da die Masse des Myons klein ist, verglichen mit der des W-Bosons, ist es zulässig, die Wechselwirkung als Punktwechselwirkung von 4 Fermionen und die Kopplung durch die Fermi-Konstante zu beschreiben.

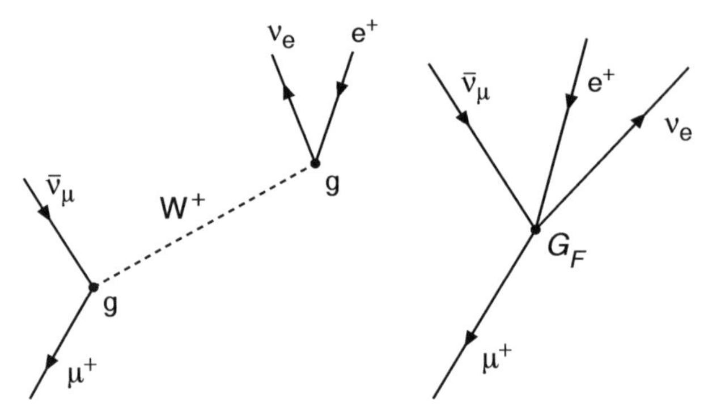

In dieser Näherung lässt sich die Lebensdauer des Myons mit Hilfe der Goldenen Regel, unter Benutzung der Dirac-Gleichung und Berücksichtigung des zur Verfügung stehenden Phasenraums für die drei auslaufenden Leptonen berechnen. Für die Zerfallsbreite erhält man:

$$\Gamma_\mu = \frac{\hbar}{\tau_\mu} = \frac{G_{\mathrm{F}}^2}{192\pi^3(\hbar c)^6} \cdot (m_\mu c^2)^5 \cdot (1+\varepsilon) \,. \tag{10.5}$$

Der Korrekturterm ε, der den Einfluss von Prozessen höherer Ordnung (Strahlungskorrekturen) sowie Phasenraumkorrekturen aufgrund der endlichen Elektronmasse berücksichtigt, ist nur klein (siehe Gl. 5 in [Ma91]). Hervorzuheben ist die Tatsache, dass die Übergangsrate proportional zur fünften Potenz der Energie und damit der Masse des zerfallenden Myons ist. Wie man den Phasenraum berechnet und die E^5-Abhängigkeit herleitet, werden wir in Abschn. 15.5 am β-Zerfall des Neutrons im Detail demonstrieren.

Masse und Lebensdauer des Myons wurden mit hoher Präzision gemessen:

$$\begin{aligned} m_\mu &= (105.658\,389 \pm 0.000\,034)\ \mathrm{MeV}/c^2 \,, \\ \tau_\mu &= (2.197\,035 \pm 0.000\,040) \cdot 10^{-6}\ \mathrm{s} \,. \end{aligned} \tag{10.6}$$

Damit erhält man für die Fermi-Konstante:

$$\frac{G_F}{(\hbar c)^3} = (1.166\,39 \pm 0.000\,01) \cdot 10^{-5}\,\mathrm{GeV}^{-2}. \tag{10.7}$$

Neutrino-Elektron-Streuung. Die Neutrino-Elektron-Streuung ist eine Reaktion zwischen freien elementaren Teilchen, die ausschließlich durch schwache Wechselwirkung erfolgt. An dieser Reaktion werden wir die Auswirkungen der effektiven Kopplungsstärke G_F auf den Wirkungsquerschnitt darstellen und zeigen, warum die schwache Wechselwirkung als „schwach“ bezeichnet wird.

Im folgenden Diagramm ist die Streuung von Myon-Neutrinos an Elektronen mit Umwandlung des ν_μ in ein μ^- gezeigt.

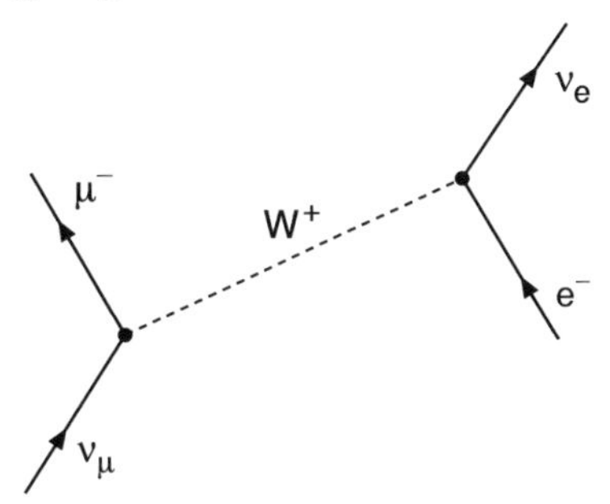

Wir haben diesen Prozess als Beispiel gewählt, weil er nur durch W-Austausch vonstatten geht. Die Berechnung der ν_e-e^--Streuung ist komplizierter, weil Z- und W-Austausch zu gleichen Endzuständen führen und daher interferieren können.

Für kleine Viererimpulse ist der totale Wirkungsquerschnitt für die Neutrino-Elektron-Streuung proportional zum Quadrat der effektiven Kopplungskonstanten G_F. Ähnlich unserer Diskussion am Ende von Abschn. 9.1 zum totalen Wirkungsquerschnitt bei der e^+e^--Vernichtung müssen auch hier die charakteristischen Längen- und Energieskalen der Reaktion (die Konstante $\hbar c$ und die Schwerpunktsenergie $\sqrt{s}$) so in den Wirkungsquerschnitt eingehen, dass sich die korrekte Einheit [Fläche] ergibt:

$$\sigma = \frac{G_F^2}{\pi(\hbar c)^4} \cdot s\,, \tag{10.8}$$

wobei sich s im Laborsystem nach (9.3) zu $s = 2m_e c^2 E_\nu$ berechnet. Mit (10.7) erhält man für den Wirkungsquerschnitt im Laborsystem:

$$\sigma_{\text{lab}} = 1.7 \cdot 10^{-41}\,\mathrm{cm}^2 \cdot E_\nu/\mathrm{GeV}. \tag{10.9}$$

Dies ist ein äußerst kleiner Wirkungsquerschnitt. Zur Veranschaulichung wollen wir abschätzen, welche Strecke L ein Neutrino in Eisen durchlaufen müsste, bis es eine schwache Wechselwirkung mit einem Elektron erfährt. Die Elektronendichte in Eisen beträgt

$$n_e = \frac{Z}{A}\varrho N_A \approx 22 \cdot 10^{23}\,\mathrm{cm}^{-3}\,. \tag{10.10}$$

Neutrinos, die in der Sonne bei der Fusion von Wasserstoff entstehen, haben Energien von typischerweise 1 MeV. Für diese ergibt sich eine Wechselwirkungslänge $L = (n_e \cdot \sigma)^{-1} = 2.6 \cdot 10^{17}$ m. Das sind etwa 30 Lichtjahre! [1]

Bei sehr großen Energien kann die einfache Formel (10.9) nicht mehr stimmen, weil der Wirkungsquerschnitt mit der Neutrinoenergie unendlich anwachsen würde. Dies ist natürlich nicht der Fall, weil bei hohen Werten des Viererimpulsübertrages $Q^2 \gg M_W^2 c^2$ der Propagatorterm das Energieverhalten des Wirkungsquerschnittes dominiert. Die Punktwechselwirkung ist dann keine gute Näherung mehr. Für eine feste Schwerpunktsenergie $\sqrt{s}$ fällt der Wirkungsquerschnitt wie bei der elektromagnetischen Streuung mit Q^{-4} ab. Die Energieabhängigkeit des totalen Wirkungsquerschnitts dagegen ist dann [Co73]:

$$\sigma = \frac{G_F^2}{\pi(\hbar c)^4} \cdot \frac{M_W^2 c^4}{s + M_W^2 c^4} \cdot s \,. \tag{10.11}$$

Der totale Wirkungsquerschnitt steigt also nicht mehr wie in der Punktnäherung linear mit s an, sondern nähert sich asymptotisch einem konstanten Wert.

Neutrale Ströme. Bislang haben wir nur die Neutrino-Elektron-Streuung über W^+-Austausch, also mit geladenem Strom betrachtet (linke Seite des Diagramms). Das W^+ führt die positive Ladung mit sich und wandelt das Elektronneutrino in ein Elektron um.

Neutrinos und Elektronen können jedoch auch über Z^0-Austausch, also mit neutralem Strom wechselwirken (Rechte Seite des Diagramms). Das Z^0verändert weder die Masse noch die Ladung.

Im Allgemeinen wird man die Wechselwirkung über neutrale Ströme kaum beobachten, da sie durch die wesentlich stärkere elektromagnetische, und im Falle der Quarks durch die starke Wechselwirkung überlagert wird. In der Elektron-Elektronstreuung hat man eine Überlagerung der schwachen und elektromagnetischen Wechselwirkung.

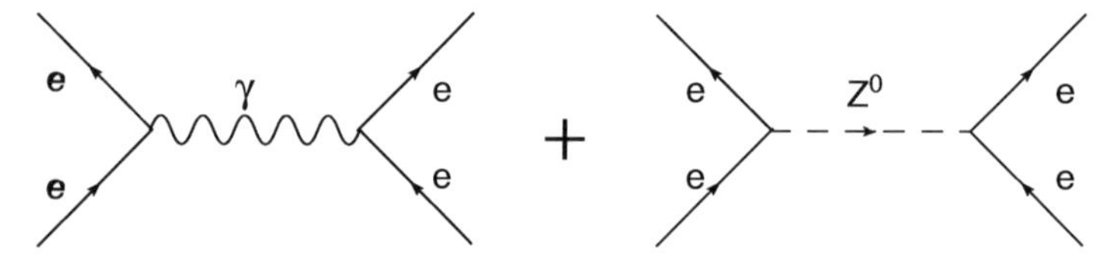

[1] Bei dieser Zahl ist die Absorption der Neutrinos an den Atomkernen nicht berücksichtigt, was für Neutrinoenergien unterhalb 1 MeV gerechtfertigt ist. Für höhere Energien wäre diese Näherung allerdings nicht mehr adäquat.

Die beiden Wechselwirkungen erreichen erst eine vergleichbare Größe, wenn die Schwerpunktsenergie in der Größenordnung der Masse des Z^0 liegt. Die Interferenz zwischen den neutralen Stömen und der elektromagnetischen Wechselwirkung wurde sehr deutlich bei Experimenten am Elektron-Positron-Collider LEP in CERN gesehen.

Die Streuung von Myon-Neutrinos an Elektronen

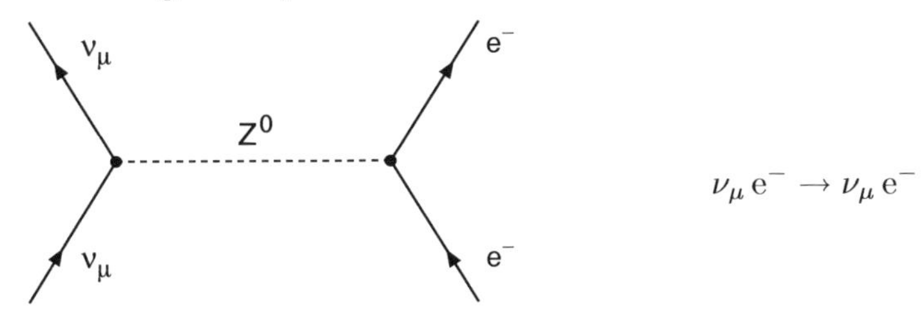

$$\nu_\mu \, \mathrm{e}^- \to \nu_\mu \, \mathrm{e}^-$$

eignet sich besonders gut zur Untersuchung der schwachen Wechselwirkung durch Z^0-Austausch, weil aufgrund der Erhaltung der Leptonfamilienzahl der W-Austausch ausgeschlossen ist. Reaktionen dieser Art wurden 1973 am CERN zum ersten Mal beobachtet [Ha73]. Dies war der erste experimentelle Nachweis von neutralen Strömen der schwachen Wechselwirkung.

Wir können den totalen Wirkungsquerschnitt für die Reaktion $\nu_\mu \, \mathrm{e}^- \to \nu_\mu \, \mathrm{e}^-$ für kleine Viererimpulse folgendermaßen abschätzen (10.3). Wir wiederholen die Herleitung, die wir für die Streuung durch geladene Ströme durchgeführt haben, wobei wir die Kopplungskonstante G_F modifizieren. Der einzige Unterschied zwischen den beiden Reaktionen liegt in der Masse der beiden Austauschbosonen. Im Propagator erscheint das Quadrat der Masse des Austauschbosons. Daher mußs G_F mit $M_\mathrm{W}^2/M_{\mathrm{Z}^0}^2 \approx 0.78$. Als totalen Wirkungsquerschnitt bei niedrigen Energien erhalten wir somit

$$\sigma = \frac{M_\mathrm{W}^4}{M_{\mathrm{Z}_0}^4} \cdot \frac{G_\mathrm{F}^2}{\pi(\hbar c)^4} \cdot s, \tag{10.12}$$

oder

$$\sigma(\nu_\mu \, \mathrm{e}^- \to \nu_\mu \, \mathrm{e}^-) \approx 0.6 \cdot \sigma(\nu_\mu \, \mathrm{e}^- \to \mu^- \nu_e). \tag{10.13}$$

Universalität der schwachen Ladung. Wenn wir annehmen, dass die schwache Ladung g für alle Quarks und Leptonen gleich ist, dann gilt die Beziehung (10.5) für alle möglichen geladenen Zerfälle der fundamentalen Fermionen in die leichteren Leptonen bzw. Quarks. Jeder Zerfallskanal trägt dann, abgesehen von einer Phasenraumkorrektur aufgrund der unterschiedlichen Massen, gleich stark zur totalen Zerfallsbreite bei.

Als Beispiel betrachten wir den Zerfall des τ-Leptons, das im wesentlichen die drei Zerfallsmöglichkeiten

$$\begin{aligned} \tau^- &\to \nu_\tau + \overline{\nu}_\mathrm{e} + \mathrm{e}^- \\ \tau^- &\to \nu_\tau + \overline{\nu}_\mu + \mu^- \\ \tau^- &\to \nu_\tau + \overline{\mathrm{u}} + \mathrm{d} \end{aligned} \tag{10.14}$$

mit den Breiten $\Gamma_{\tau e} \approx \Gamma_{\tau\mu}$ und $\Gamma_{\tau d\bar{u}} \approx 3\Gamma_{\tau\mu}$ hat.[2] Der Faktor 3 rührt daher, dass das $\bar{u}$d-Paar in den 3 Farbkombinationen ($r\bar{r}$, $b\bar{b}$, $g\bar{g}$) vorkommen kann.

Aufgrund des Massenterms in (10.5) gilt:

$$\Gamma_{\tau e} = (m_\tau/m_\mu)^5 \cdot \Gamma_{\mu e} \,, \tag{10.15}$$

und somit erwartet man für die Lebensdauer:

$$\tau_\tau = \frac{\hbar}{\Gamma_{\tau e} + \Gamma_{\tau\mu} + \Gamma_{\tau d\bar{u}}} \approx \frac{\tau_\mu}{5 \cdot (m_\tau/m_\mu)^5} \approx 3.1 \cdot 10^{-13}\,\mathrm{s}\,. \tag{10.16}$$

Der experimentelle Wert beträgt [PD98]

$$\tau_\tau^{\mathrm{exp}} = (2.900 \pm 0.012) \cdot 10^{-13}\,\mathrm{s}\,. \tag{10.17}$$

Diese gute Übereinstimmung bestätigt, dass Quarks in drei Farbzuständen vorkommen und legt nahe, dass die schwache Ladung von Quarks und Leptonen gleich ist.

10.4 Quarkfamilien

Wir haben behauptet, dass die schwache Ladung universell sei und somit alle schwachen Prozesse, die über W-Austausch ablaufen, mit der gleichen Kopplungskonstanten g bzw. G_{F} berechnet werden können. Ein Indiz hierfür war die Lebensdauer des τ-Leptons. Wir haben gesehen, dass sie gut mit dem Wert übereinstimmt, den man erwartet, wenn das W-Boson in gleicher Stärke an Quarks und Leptonen koppelt. Die Lebensdauer enthält jedoch nicht die Zerfallsbreiten für leptonische und hadronische Zerfälle separat, sondern nur deren Summe. Außerdem ist sie sehr empfindlich von der Masse des τ-Leptons abhängig. Daher kann die Universalität der schwachen Ladung auf diese Weise nicht sehr genau überprüft werden.

Besser lässt sich die Kopplung an Quarks aus semileptonischen Zerfällen von Hadronen bestimmen. Dabei erhält man für die Kopplung einen kleineren Wert als beim Zerfall des Myons. Werden ein d-Quark und ein u-Quark ineinander umgewandelt (z. B. beim β-Zerfall des Neutrons), so scheint die Kopplungskonstante um etwa 4 % kleiner zu sein. Bei Prozessen, bei denen ein s-Quark in ein u-Quark übergeht (z. B. beim Λ^0-Zerfall), erscheint sie sogar etwa 20-mal schwächer.

Der Cabibbo-Winkel. Eine Erklärung dieser Befunde wurde bereits 1963 von Cabibbo vorgeschlagen [Ca63], zu einer Zeit also, als die Quarks noch gar nicht postuliert worden waren. Cabibbos Hypothese besagt in moderner Sprechweise Folgendes: Bei der schwachen Wechselwirkung mit geladenen

[2] Das Auftreten weiterer hadronischer Zerfallsmöglichkeiten wird im folgenden Abschnitt diskutiert.

Strömen können sich Leptonen nur in den entsprechenden „Partner“ aus dem gleichen Duplett (derselben Familie) umwandeln, also $e^- \leftrightarrow \nu_e$, $\mu^- \leftrightarrow \nu_\mu$. Es ist nahe liegend, auch die Quarks entsprechend ihrer Ladung und Masse in Familien einzuteilen:

$$\begin{pmatrix} \mathrm{u} \\ \mathrm{d} \end{pmatrix} \begin{pmatrix} \mathrm{c} \\ \mathrm{s} \end{pmatrix} \begin{pmatrix} \mathrm{t} \\ \mathrm{b} \end{pmatrix} .$$

Bei Quarks beobachtet man nun neben den Übergängen innerhalb einer Familie in geringerem Maße auch Übergänge von einer Familie in eine andere. Bezüglich der geladenen Ströme ist demnach der „Partner“ des Flavour-Eigenzustands $|\mathrm{u}\rangle$ nicht der Flavour-Eigenzustand $|\mathrm{d}\rangle$, sondern eine Linearkombination aus $|\mathrm{d}\rangle$ und $|\mathrm{s}\rangle$. Diese Linearkombination nennen wir $|\mathrm{d}'\rangle$. Entsprechend ist der Partner des c-Quarks eine dazu orthogonale Linearkombination von $|\mathrm{s}\rangle$ und $|\mathrm{d}\rangle$, die wir $|\mathrm{s}'\rangle$ nennen.

Die Koeffizienten dieser Linearkombinationen kann man als Cosinus und Sinus eines Winkels schreiben, den man den *Cabibbo-Winkel* θ_C nennt. Anders ausgedrückt: Die Quark-Eigenzustände beim W-Austausch, die wir mit $|\mathrm{d}'\rangle$ und $|\mathrm{s}'\rangle$ bezeichnen, ergeben sich durch eine Drehung um θ_C aus $|\mathrm{d}\rangle$ und $|\mathrm{s}\rangle$, den Eigenzuständen der starken Wechselwirkung:

$$\begin{aligned} |\,\mathrm{d}'\,\rangle &= \cos\theta_\mathrm{C}\,|\,\mathrm{d}\,\rangle + \sin\theta_\mathrm{C}\,|\,\mathrm{s}\,\rangle \\ |\,\mathrm{s}'\,\rangle &= \cos\theta_\mathrm{C}\,|\,\mathrm{s}\,\rangle - \sin\theta_\mathrm{C}\,|\,\mathrm{d}\,\rangle \,, \end{aligned} \tag{10.18}$$

oder in Matrixschreibweise entsprechend:

$$\begin{pmatrix} |\,\mathrm{d}'\,\rangle \\ |\,\mathrm{s}'\,\rangle \end{pmatrix} = \begin{pmatrix} \cos\theta_\mathrm{C} & \sin\theta_\mathrm{C} \\ -\sin\theta_\mathrm{C} & \cos\theta_\mathrm{C} \end{pmatrix} \cdot \begin{pmatrix} |\,\mathrm{d}\,\rangle \\ |\,\mathrm{s}\,\rangle \end{pmatrix} . \tag{10.19}$$

Ob man die Zustandsvektoren $|\mathrm{d}\rangle$ und $|\mathrm{s}\rangle$ dreht oder aber die Zustandsvektoren $|\mathrm{u}\rangle$ und $|\mathrm{c}\rangle$ oder beide Paare, ist dabei nur eine Frage der Konvention. Eine physikalische Bedeutung hat allein die Differenz der Drehwinkel. Es ist üblich, die Vektoren der Quarks mit der Ladung $-1/3$ zu drehen und die der Quarks mit der Ladung $+2/3$ unverändert zu lassen.

Experimentell wird θ_C bestimmt, indem man Lebensdauern und Verzweigungsverhältnisse semileptonischer und hadronischer Zerfälle von Teilchen miteinander vergleicht (s. Skizze). Man erhält:

$$\sin\theta_\mathrm{C} \approx 0.22 \qquad \text{und} \qquad \cos\theta_\mathrm{C} \approx 0.98 \,. \tag{10.20}$$

Die Übergänge $\mathrm{c} \leftrightarrow \mathrm{d}$ und $\mathrm{s} \leftrightarrow \mathrm{u}$ sind demnach, verglichen mit $\mathrm{c} \leftrightarrow \mathrm{s}$ und $\mathrm{d} \leftrightarrow \mathrm{u}$, im Verhältnis

$$\sin^2\theta_\mathrm{C} : \cos^2\theta_\mathrm{C} \;\approx\; 1 : 20 \tag{10.21}$$

unterdrückt.

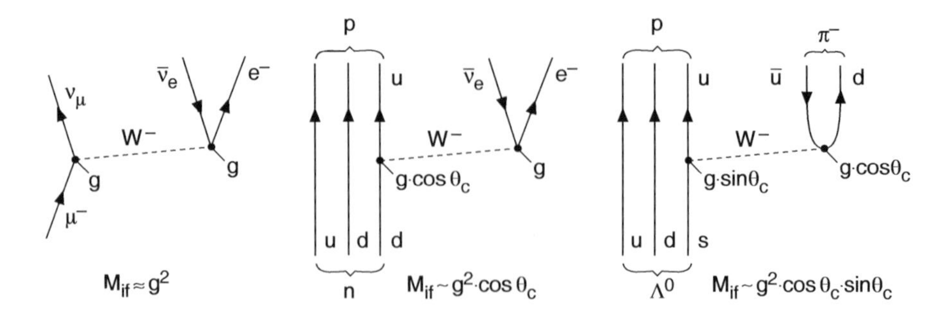

Nun können wir auch unsere Behandlung des τ-Zerfalls präzisieren: In (10.14) erwähnten wir $\tau \to \nu_\tau + \overline{\mathrm{u}} + \mathrm{d}$ als „im Wesentlichen" einzigen hadronischen Zerfall. Daneben ist aber auch $\tau \to \nu_\tau + \overline{\mathrm{u}} + \mathrm{s}$ energetisch möglich. Während der erstgenannte Zerfall um einen Faktor $\cos^2\theta_\mathrm{C}$ geringfügig unterdrückt ist, tritt beim zweitgenannten der Faktor $\sin^2\theta_\mathrm{C}$ auf. Da sich $\cos^2\theta_\mathrm{C}$ und $\sin^2\theta_\mathrm{C}$ zu Eins addieren, ändert sich aber nichts an der Schlussfolgerung für die Lebensdauer des τ-Leptons, sofern wir die unterschiedlichen Quarkmassen ignorieren.

Die Cabibbo-Kobayashi-Maskawa-Matrix. Nimmt man die dritte Generation von Quarks hinzu, so wird die 2×2-Matrix aus (10.19) durch eine 3×3-Matrix ersetzt [Ko73], die sogenannte *Cabibbo-Kobayashi-Maskawa-Matrix* (CKM-Matrix):

$$\begin{pmatrix} |\,\mathrm{d}'\rangle \\ |\,\mathrm{s}'\rangle \\ |\,\mathrm{b}'\rangle \end{pmatrix} = \begin{pmatrix} V_\mathrm{ud} & V_\mathrm{us} & V_\mathrm{ub} \\ V_\mathrm{cd} & V_\mathrm{cs} & V_\mathrm{cb} \\ V_\mathrm{td} & V_\mathrm{ts} & V_\mathrm{tb} \end{pmatrix} \cdot \begin{pmatrix} |\,\mathrm{d}\rangle \\ |\,\mathrm{s}\rangle \\ |\,\mathrm{b}\rangle \end{pmatrix} . \qquad (10.22)$$

Die Übergangswahrscheinlichkeit von einem Quark q_i in ein anderes Quark q_j ist proportional zu $|V_{\mathrm{q}_i\mathrm{q}_j}|^2$, dem Quadrat des Betrags des Matrixelementes.

Die Matrixelemente sind mittlerweile recht gut bekannt [Ma91]. Sie sind korreliert, weil die Matrix unitär ist. Insgesamt gibt es vier unabhängige Parameter: drei reelle Winkel und eine imaginäre Phase. Diese Phase wirkt sich in Interferenztermen bei schwachen Prozessen höherer Ordnung aus. Man führt die *CP-Verletzung* (s. Abschn. 14.4) auf die Existenz dieser imaginären Phase zurück [Pa89].

Die folgenden Zahlen geben den 90 %–Vertrauensbereich der Beträge der Matrixelemente an [PD98]:

$$\begin{pmatrix} |V_{ij}| \end{pmatrix} = \begin{pmatrix} 0.9745\cdots0.9760 & 0.217\ \cdots0.224 & 0.0018\cdots0.0045 \\ 0.217\ \cdots0.224 & 0.9737\cdots0.9753 & 0.036\ \cdots0.042 \\ 0.004\ \cdots0.013 & 0.035\ \cdots0.042 & 0.9991\cdots0.9994 \end{pmatrix} . \qquad (10.23)$$

Die Diagonalelemente dieser Matrix beschreiben Übergänge innerhalb derselben Familie; sie weichen nur wenig von Eins ab. Die Beträge der Matrixelemente V_cb und V_ts sind um fast eine Zehnerpotenz kleiner als die von V_us

und $V_{\rm cd}$. Demgemäß sind die Übergänge von der dritten in die zweite Generation (t $\to$ s, b $\to$ c) um fast zwei Zehnerpotenzen stärker unterdrückt als Übergänge von der zweiten in die erste. Das gilt in noch höherem Maße für Übergänge von der dritten in die erste Generation. Der direkte Übergang b $\to$ u ist beim semileptonischen Zerfall von B-Mesonen in nicht-charmhaltige Mesonen nachgewiesen worden [Fu90, Al90, Al91].

Der schwache Zerfall von Quarks kann nur durch W-Austausch stattfinden. Neutrale Ströme, die die Quarkart ändern, z. B. c $\to$ u, sind bislang nicht nachgewiesen worden.

10.5 Leptonische Familien

Die leptonische Mischungsmatrix. Die Neutrinooszillationen zeigen einerseits, dass Neutrinos eine von Null verschiedene Masse haben, und andererseits, dass die Eigenzustände der schwachen Wechselwirkung $|\nu_{\rm e}\rangle, |\nu_\mu\rangle$ und $|\nu_\tau\rangle$ nicht die Eigenzustände des Massenoperators sind, die wir mit ν_1, ν_2 and ν_3 bezeichnen. Die Neutrino-Eigenzustände der schwachen Wechselwirkung sind eine Superposition der Massen-Eigenzustände ähnlich wie d', s' und b', die eine Superposition der Eigenzustände der starken Wechselwirkung d, s and b sind. Zur Erinnerung: die Massen-Eigenzustände sind keine Konstanten der Bewegung. Die relativen Phasen dieser Eigenzustände ändern sich mit der Zeit. In Analogie zu der CKM-Matrix können wir auch eine unitäre 3×3 Matrix einführen, die die Beziehung zwischen den Neutrino-Eigenzuständen der schwachen Wechselwirkung mit den Massen-Eigenzuständen darstellt:

$$\begin{pmatrix} |\,\nu_{\rm e}\,\rangle \\ |\,\nu_\mu\,\rangle \\ |\,\nu_\tau\,\rangle \end{pmatrix} = \begin{pmatrix} U_{\rm e1} & U_{\rm e2} & U_{\rm e3} \\ U_{\mu 1} & U_{\mu 2} & U_{\mu 3} \\ U_{\tau 1} & U_{\tau 2} & U_{\tau 3} \end{pmatrix} \cdot \begin{pmatrix} |\,\nu_1\,\rangle \\ |\,\nu_2\,\rangle \\ |\,\nu_3\,\rangle \end{pmatrix} . \tag{10.24}$$

In der Matrix (10.24) haben wir die V's von (10.22) durch U's ersetzt. d',s' und b' werden durch $\nu_{\rm e}$, ν_μ und ν_τ ersetzt und d, s und b durch ν_1, ν_2 und ν_3.

Eine mögliche Neutrinomischung wurde theoretisch schon vor der Beobachtung der Oszillationen untersucht. B. Pontecorvo hat als erster die Möglichkeit von Neutrino-Antineutrino-Oszillationen ([Po57]) in Betracht gezogen. Maki, Nakagawa and Sakata ([Ma62]) haben die Flavourmischung für Neutrinos diskutiert.

Die Matrixelemente U_{ij} werden aus den beobachteten Neutrinooszillationen abgeleitet. Um die Diskussion möglichst einfach zu gestalten, zeigen wir, wie die Matrixelemente im Falle zweier Flavours zu gewinnen sind. Fragen wir uns nun, was mit den solaren Neutrinos nach einer Zeit t geschieht. Die zeitabhängige Wellenfunktion des Elektronneutrinos ist

$$|\nu_{\rm e}(t)\,\rangle = U_{\rm e1}{\rm e}^{-iE_{\nu_1}t/\hbar}|\nu_1\,\rangle + U_{\rm e2}{\rm e}^{-iE_{\nu_2}t/\hbar}|\nu_2\,\rangle\,. \tag{10.25}$$

Die Neutrinos sind relativistisch, und ihre Energie kann man näherungsweise angeben mit:

$$E_{\nu_i} = \sqrt{p^2c^2 + m_{\nu_i}^2 c^4} \approx pc\left(1 + \frac{1}{2}\frac{m_{\nu_i}^2 c^2}{p^2}\right). \tag{10.26}$$

Die Wahrscheinlichkeit, ein Elektronneutrino nach einer Zeit t zu finden, ist dann

$$P_{\nu_e \to \nu_e}(t) = \langle \nu_e(t)|\nu_e(t)\rangle = |U_{e1}|^2 + |U_{e2}|^2 + 2|U_{e1}||U_{e2}|\cos\left(\frac{1}{2}\frac{\left(m_{\nu_1}^2 - m_{\nu_2}^2\right)c^4}{\hbar pc^2}ct\right). \tag{10.27}$$

Mit Hilfe der beobachteten Oszillationen erhält man $\Delta m_{21}^2 = m_{\nu_1}^2 - m_{\nu_2}^2$, wenn man die Oszillationslänge L bestimmt. L ist die Strecke, bei der die Phase des Kosinus im Ausdruck (10.27) 2π erreicht. Das passiert bei der Zeit $t = L/c$:

$$L = 4\pi \frac{\hbar pc^2}{\Delta m_{21}^2 c^4}. \tag{10.28}$$

Die zur Zeit beste Abschätzung der Massenunterschiede aus den Messungen der solaren Neutrinos ist $0.5 \cdot 10^{-5}\,\mathrm{eV}^2/c^2 < \Delta m_{\mathrm{sun}}^2 < 2 \cdot 10^{-4}\,\mathrm{eV}^2/c^2$. Die Oszillationslänge für die atmosphärischen Neutrinos ergibt folgende Grenzwerte: $1.4 \cdot 10^{-3}\,\mathrm{eV}^2/c^2 < \Delta m_{\mathrm{atm}}^2 < 5.1 \cdot 10^{-3}\,\mathrm{eV}^2/c^2$. Wir verstehen unter $\Delta m_{\mathrm{sun}}^2 = m_{\nu_2}^2 - m_{\nu_1}^2$ und unter $\Delta m_{\mathrm{atm}}^2 = |m_{\nu_3}^2 - m_{\nu_1}^2| = |m_{\nu_3}^2 - m_{\nu_2}^2|$.

Die starke Abschwächung der Neutrinoflüsse, die man sowohl bei den solaren wie auch bei den atmosphärischen Neutrinos beobachtet, bedeutet, dass sich die Neutrinos verschiedener Flavours sehr stark mischen. Der beste Wert der leptonischen Mischungsmatrix U [Gi03] aus der Gesamtheit aller Oszillationsmessungen ergibt

$$U = \begin{pmatrix} -0.83 & 0.56 & 0.00 \\ 0.40 & 0.59 & 0.71 \\ 0.40 & 0.59 & -0.71 \end{pmatrix}. \tag{10.29}$$

In (10.29) geben wir keine Fehler der einzelnen Matrixelemente an. Wir wollen nur die wesentliche Eigenschaft dieser Matrix hervorheben: alle Matrixelemente sind etwa gleich groß mit Ausnahme von $U_{e3} \approx 0$. Die leptonische Mischungsmatrix unterscheidet sich stark von der CKM-Matrix, bei der die diagonalen Elemente dominieren. Eine solche unterschiedliche Mischung von Quark- und Leptonen-Flavours könnte ein wichtiger Hinweis für das Verständnis der Physik jenseits des Standardmodells (19.4) sein. Analog zu der elektroschwachen Vereinigung (11.2) vermutet man noch eine größere Vereinigung (11.3), die auch die Quarks und Leptonen vereinigt.

Die Haupteigenschaft der leptonischen Mischungsmatrix kann man graphisch (Abb. 10.2) darstellen [Ka05], wobei der Anteil des j-ten Flabor jedes Masseneigenzustands i durch das Quadrat des Matrixelements $|U_{ij}|^2$ angenähert wird (10.29).

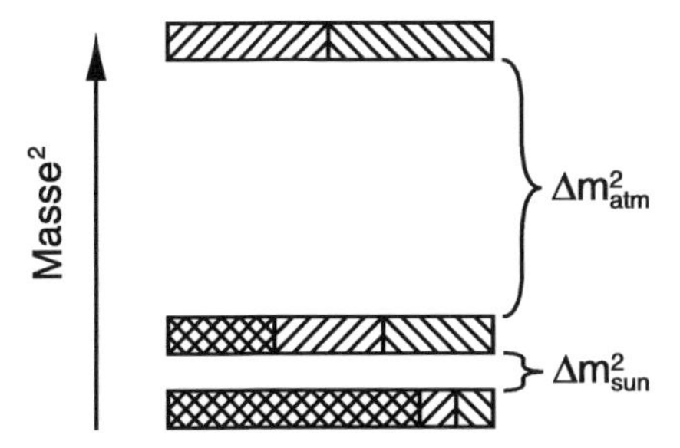

Abbildung 10.2. Massenspektrum der Massenquadrate der drei Neutrinos, das die beobachteten Flavourmischungen der solaren, atmosphärischen und Reaktorneutrinos wiedergibt. Der ν_e-Anteil jeder Masse ist durch eine gekreuzte Schraffur dargestellt, der ν_μ-Anteil durch eine nach rechts geneigt Schraffur, und der ν_τ-Anteil durch eine nach links geneigte Schraffur

10.6 Majorana-Neutrino?

Die geladenen Leptonen und Quarks sind Diracteilchen, dies folgt aus ihrer elektrischen Ladung. Die geladenen Fermionen und Antifermionen müssen jeweils die selbe Masse haben. Deswegen gehorchen die geladenen fundamentalen Fermionen der vierkomponentigen Diracgleichung.

Die Neutrinos sind neutral, und da es keine explizite Erhaltung der Leptonzahl gibt, können die Masseeigenzustände Superpositionen von Teilchen und Antiteilchen sein. Es gibt keinen Grund, die Möglichkeit auszuschließen, dass die beobachteten Neutrinos keine Diracneutrinos und Antineutrinos sind, sondern zwei Helizitätszustände desselben Teilchens sind, das Majorana-Neutrino genannt wird. Majorana-Neutrinos sind ihre eigenen Antiteilchen. Dieses Möglichkeit wurde vor langer Zeit von Majorana vorgeschlagen.

In diesem Bild entspricht einem leichten Majorana-Neutrino ein schweres Neutrino. Im Standardmodell der Elementarteilchen (Kapitel 12) erwartet man, dass der selbe Mechanismus, der den Quarks und Leptonen ihre Masse gibt, den Fermionen einer Teilchenfamilie vergleichbar große Massen geben. Quarks und Leptonen hätten dann Massen der Größenordnung $M_q \approx M_l = M_{q,l}$. In einigen Erweiterungen des Standardmodells läßt sich folgende Relation zwischen den Massen der leichten Neutrinos M_ν, der schweren Neutrinos M_N und der Diracmasse $M_{q,l}$ herleiten

$$M_\nu M_N \approx M_{q,l}^2. \tag{10.30}$$

Diese Beziehung läßt sich folgendermaßen interpretieren: Die neutralen Neutrinos bekamen erst die Diracmasse $M_{q.l}$ in der selben Größenordung wie die geladenen Fermionen, wobei Neutrinos und Antineutrinos jeweils die gleiche Masse hatten. Da aber die Leptonzahl nicht explizit erhalten ist, können sich die Teilchen und Antiteilchen mischen, und die Entartung wurde während einer der vielen Phasenübergänge des frühen Universums aufgehoben. Die Masse der leichten Neutrinos wurde stark verkleinert, die der schweren Neutrinos stark vergrößert.

Die Idee des Majorana-Neutrinos spricht viele Theoretiker an. Sie erklährt einerseits, warum die Masse der Neutrinos um Größenordnungen kleiner ist als die der geladenen Teilchen. Andererseits hilft die Nichterhaltung der Leptonzahl und die wahrscheinliche CP-Verletzung im Zerfall der schweren Majorana-Neutrinos beim Verständnis, wie es in der frühen Geschichte des Universums zu einer Materie-Antimaterie Assymmetrie kam.

Es scheint nach heutiger Sicht allerdings nur ein Experiment zu geben, dass über die Natur des Neutrinos entscheiden kann. Dies ist der neutrinolose Betazerfall, der im Abschnitt 17.7 behandelt wird.

10.7 Paritätsverletzung

Eine einzigartige Eigenschaft der schwachen Wechselwirkung ist die Paritätsverletzung. Reaktionen der schwachen Wechselwirkung sind nicht spiegelsymmetrisch.

Ein Beispiel für eine Größe, die sich bei einer Raumspiegelung ändert, ist die *Helizität*

$$h = \frac{\boldsymbol{s} \cdot \boldsymbol{p}}{|\boldsymbol{s}| \cdot |\boldsymbol{p}|}, \tag{10.31}$$

die wir in Abschn. 5.3 eingeführt haben. Im Zähler steht ein Skalarprodukt aus einem Axialvektor (Spin) und einem Vektor (Impuls). Während der Spin bei einer Raumspiegelung seine Richtung beibehält, dreht sich die Richtung des Impulses um. Damit handelt es sich bei der Helizität um einen Pseudoskalar, der bei Anwendung des Paritätsoperators sein Vorzeichen ändert. Eine Wechselwirkung, die von der Helizität abhängt, ist daher nicht invariant gegenüber einer Spiegelung im Raum.

Allgemein kann der Operator einer Wechselwirkung, die durch den Austausch eines Spin-1-Teilchens beschrieben wird, Vektor- oder Axialvektorcharakter haben. Wenn diese Wechselwirkung paritätserhaltend sein soll, also gleichermaßen an rechts- und linkshändige Teilchen koppeln soll, muss sie rein vektoriell oder rein axial sein. So zeigt sich beispielsweise experimentell, dass in der elektromagnetischen Wechselwirkung nur ein Vektoranteil vorhanden ist. Bei einer paritätsverletzenden Wechselwirkung hingegen hat das Matrixelement sowohl einen Vektoranteil als auch einen Axialvektoranteil, deren Stärken durch zwei Koeffizienten c_{V} und c_{A} beschrieben werden. Je weniger sich die beiden Anteile im Betrag unterscheiden, desto stärker wird die Parität verletzt. Man spricht von *maximaler Paritätsverletzung,* wenn beide Beiträge betragsmäßig gleich groß sind. Eine V+A-Wechselwirkung, also eine Summe aus gleichstarkem Vektor- und Axialanteil ($c_{\mathrm{V}} = c_{\mathrm{A}}$), koppelt ausschließlich an rechtshändige Fermionen und linkshändige Antifermionen, eine V−A-Wechselwirkung ($c_{\mathrm{V}} = -c_{\mathrm{A}}$) nur an linkshändige Fermionen und rechtshändige Antifermionen.

Wie wir im Folgenden zeigen werden, ist die Winkelverteilung der Elektronen, die beim Zerfall polarisierter Myonen entstehen, ein Beispiel für Paritätsverletzung. Dieser Zerfall eignet sich gut, um das Verhältnis der Parameter c_V und c_A zu messen. Aus solchen Experimenten findet man für die Kopplungsstärke von W-Bosonen an Leptonen experimentell $c_V = -c_A = 1$. Man spricht daher von einer *V-minus-A-Theorie* der geladenen Ströme. Die Parität ist maximal verletzt. Wenn durch W-Austausch ein Neutrino oder Antineutrino erzeugt wird, hat das Neutrino negative und das Antineutrino positive Helizität. In der Tat sind alle Experimente damit konsistent, *dass Neutrinos stets linkshändig und Antineutrinos stets rechtshändig sind.* Wir werden ein solches Experiment in Abschn. 17.6 vorstellen.

Für massebehaftete Teilchen gilt $\beta = v/c < 1$, und die obigen Betrachtungen müssen modifiziert werden. Zum einen können massive Fermionen Superpositionen aus rechts- und linkshändigen Teilchen sein, zum anderen haben rechts- und linkshändige Zustände einen Beitrag der entgegengesetzten Helizität, der um so größer ist, je kleiner β ist. Die Helizität ist ja nur für masselose Teilchen eine Lorentz-invariante Größe, weil sich für Teilchen mit Ruhemasse immer ein Bezugssystem finden lässt, in dem das Teilchen „überholt" wird, seine Bewegungsrichtung und damit seine Helizität sich umkehrt.

CP-Erhaltung. Man kann leicht sehen, dass durch die festgelegte Helizität der Neutrinos zugleich die *C-Parität* („Ladungskonjugation") verletzt ist. Die Anwendung des C-Paritätsoperators ersetzt alle Teilchen durch ihre Antiteilchen. Linkshändige Neutrinos müssten dabei zu linkshändigen Antineutrinos werden, die aber in der Natur nicht vorkommen. Physikalische Prozesse mit Neutrinos und überhaupt alle schwachen Prozesse verletzen daher von vornherein die C-Parität. Die kombinierte Anwendung von Raumspiegelung (P) und Ladungskonjugation (C) hingegen ergibt einen physikalisch möglichen Prozess, da dabei linkshändige Fermionen zu rechtshändigen Antifermionen werden und diese in gleicher Stärke wechselwirken. Man spricht von der *CP-Erhaltung* der schwachen Wechselwirkung. Den einzigen bekannten Fall, bei dem die CP-Symmetrie nicht erhalten bleibt (CP-Verletzung), werden wir in Abschn. 14.4 besprechen.

Paritätsverletzung beim Zerfall des Myons. Ein instruktives Beispiel für die Paritätsverletzung ist der Zerfall des Myons $\mu^- \to e^- + \nu_\mu + \overline{\nu}_e$. Im Ruhesystem des Myons hat das Elektron den größten Impuls, wenn die Impulse der Neutrinos parallel zueinander, aber antiparallel zur Impulsrichtung des Elektrons stehen. Aus der Skizze ist ersichtlich, dass der Spin des emittierten Elektrons dem des Myons gleichgerichtet sein muss, da sich die Spins des $(\nu_e, \overline{\nu}_\mu)$-Paares aufheben. Experimentell beobachtet man, dass die Elektronen aus dem Zerfall polarisierter Myonen bevorzugt entgegen der Spinrich-

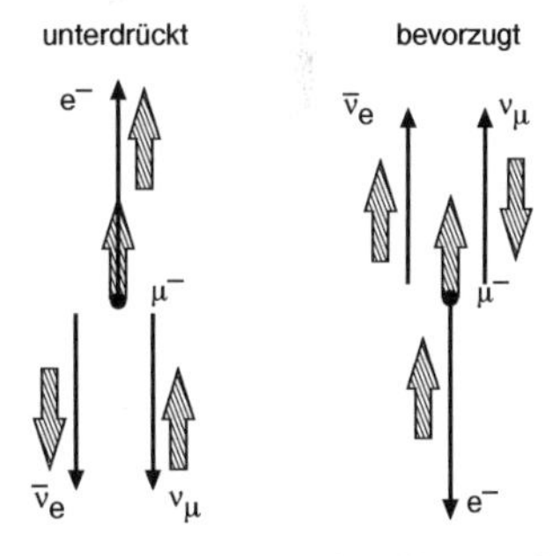

tung emittiert werden und damit linkshändig sind. In dieser Rechts-Links-Asymmetrie manifestiert sich die Paritätsverletzung. Aus der Winkelverteilung kann man das Verhältnis von Vektor- und Axialvektoranteil bestimmen [Bu85].

Der helizitätsunterdrückte Pionzerfall. Als zweites Beispiel sei der Zerfall des geladenen Pions aufgeführt. Als leichtestes Hadron mit elektrischer Ladung kann das π^- nur in einem semileptonischen schwachen Prozess, also über einen geladenen Strom, zerfallen, und zwar gemäß

$$\begin{aligned} \pi^- &\rightarrow \mu^- + \overline{\nu}_\mu \,, \\ \pi^- &\rightarrow \mathrm{e}^- + \overline{\nu}_\mathrm{e} \,. \end{aligned}$$

Der zweite Prozess ist gegenüber dem ersten im Verhältnis 1 : 8000 unterdrückt [Br92] (vgl. Tabelle 14.3), obwohl man aufgrund des zur Verfügung stehenden Phasenraums erwarten würde, dass das Pion ca. 3.5-mal häufiger in ein Elektron als in ein Myon zerfällt. Erklärt wird dieses Verhalten aus Betrachtungen zur Helizität:

Da es sich um einen Zerfall in nur zwei Teilchen handelt, werden diese im Schwerpunktsystem in entgegengesetzte Richtungen emittiert. Weil das Pion den Spin Null hat, müssen die Spins der Leptonen entgegengesetzt sein. Die Projektionen in die Bewegungsrichtung sind also entweder $+1/2$ für beide oder $-1/2$ für beide. Der zweite Fall ist nicht möglich, da die Helizität der Antineutrinos festliegt. Demgemäß ist die Spinprojektion für das Myon bzw. Elektron $+1/2$.

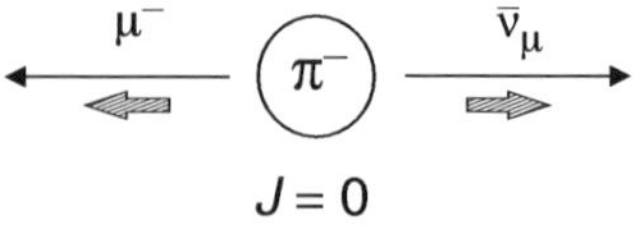

μ^- π^- $\overline{\nu}_\mu$

$J = 0$

Wären Elektronen und Myonen masselos, so wären Zweikörperzerfälle des Pions verboten, weil ein Elektron bzw. Myon zu 100 % rechtshändig wären, W-Bosonen aber nur an linkshändige Leptonen koppeln. Aufgrund ihrer endlichen Masse haben Elektronen und Myonen mit Spin in Bewegungsrichtung aber auch eine linkshändige Komponente, die proportional zu $1 - \beta$ ist. An diese Komponente koppelt das W-Boson. Wegen der Kleinheit der Elektronenmasse ist beim Zerfall des Pions $1-\beta_\mathrm{e} = 2.6 \cdot 10^{-5}$ sehr klein, im Gegensatz zu $1 - \beta_\mu = 0.72$. Daher ist die linkshändige Komponente des Elektrons viel kleiner als die des Myons und der Zerfall entsprechend stark unterdrückt.

10.8 Tiefinelastische Neutrinostreuung

Tiefinelastische Streuung von Neutrinos an Nukleonen liefert Informationen über die Quarkverteilungen im Nukleon, die durch Elektron- oder Myonstreuung allein nicht erhältlich sind. Im Gegensatz zum Photon-Austausch ist der Austausch von W-Bosonen (geladener Strom) bei der Neutrinostreuung selektiv auf Helizität und Ladungszustand der beteiligten Fermionen. Man nutzt dies aus, um die Verteilungen von Quarks und Antiquarks im Nukleon getrennt zu bestimmen.

Bei den Experimenten zur tiefinelastischen Neutrinostreuung werden in der Regel Myon-(Anti-)Neutrinos verwendet, die, wie in Abschn. 10.7 diskutiert, aus dem schwachen Zerfall von Pionen und Kaonen herrühren. Diese können ihrerseits beim Beschuss eines Materialblocks mit hochenergetischen Protonen in großer Zahl erzeugt werden. Wegen des kleinen Wirkungsquerschnitts der (Anti)-Neutrino-Streuung werden meistens Targets (z. B. Eisen) mit einer Länge von vielen Metern verwendet. Die tiefinelastische Streuung findet sowohl an den Protonen als auch an den Neutronen des Targets statt.

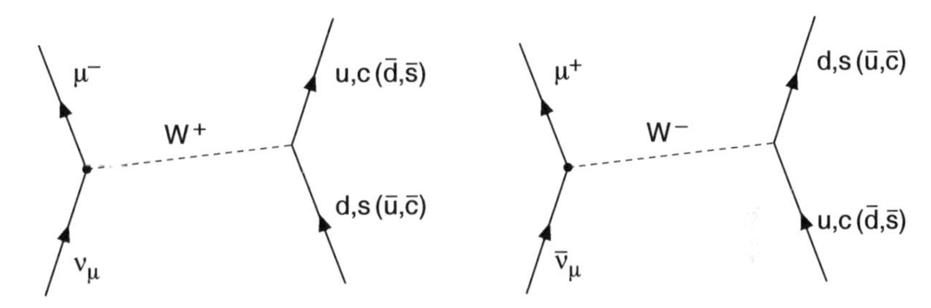

Bei der Streuung von linkshändigen Neutrinos an Nukleonen kann das ausgetauschte W^+ nur mit negativ geladenen linkshändigen Quarks (d_L, s_L) und rechtshändigen Antiquarks ($\bar{u}_R$, $\bar{c}_R$) wechselwirken, die dann in die entsprechenden (Anti-)Quarks der gleichen Familie umgewandelt werden. Analog zu unserer Diskussion des τ-Zerfalls können wir Komplikationen aufgrund der Cabibbo-Mischung außer acht lassen, wenn die Energien so groß sind, dass wir die unterschiedlichen Quarkmassen ignorieren können. Entsprechend kann im Fall der Streuung von rechtshändigen Antineutrinos das ausgetauschte W^- nur mit positiv geladenen linkshändigen Quarks (u_L, c_L) und rechtshändigen Antiquarks ($\bar{d}_R$, $\bar{s}_R$) wechselwirken.

Die Streuung an Quarks und Antiquarks ist charakterisiert durch unterschiedliche Winkel- und Energieverteilungen der auslaufenden Leptonen. Dies wird plausibel, wenn man (analog zu unseren Überlegungen zur Mott-Streuung in Abschn. 5.3) im Schwerpunktsystem von Neutrino und Quark den Extremfall der Streuung um $\theta_{\text{c.m.}} = 180°$ betrachtet. Als Quantisierungsachse $\hat{z}$ wählen wir die Impulsrichtung des einlaufenden Neutrinos. Da das W-Boson nur an linkshändige Fermionen koppelt, haben sowohl Neutrino als auch Quark im Grenzfall hoher Energien negative Helizität; die Projektion des Gesamtspins auf die $\hat{z}$-Achse ist sowohl vor als auch nach der Streuung um 180° $S_3 = 0$.

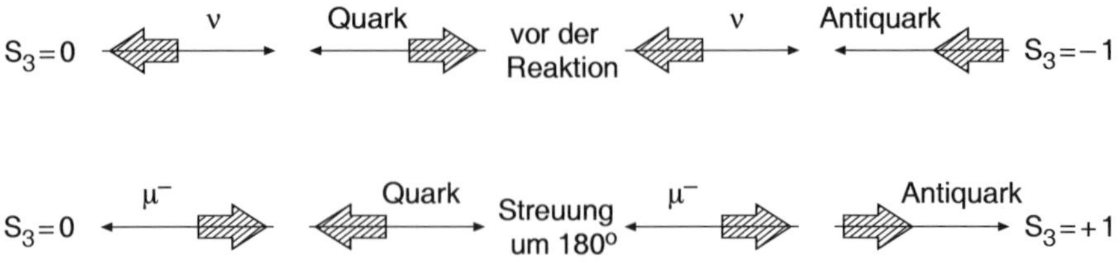

$S_3=0$ ν Quark vor der Reaktion ν Antiquark $S_3=-1$

$S_3=0$ μ⁻ Quark Streuung um 180° μ⁻ Antiquark $S_3=+1$

Dies gilt auch für alle anderen Streuwinkel, d. h. die Streuung ist isotrop. Wechselwirkt dagegen das linkshändige Neutrino mit einem rechtshändigen Antiquark, so ist die Spinprojektion vor der Streuung $S_3 = -1$ und nach der Streuung um 180° $S_3 = +1$. Streuung um 180° ist somit aufgrund der Drehimpulserhaltung nicht möglich. Im Wirkungsquerschnitt erhält man eine Winkelabhängigkeit, die proportional zu $(1 + \cos\theta_{\text{c.m.}})^2$ ist. Im Laborsystem entspricht dies einer Energieabhängigkeit des Wirkungsquerschnitts proportional zu $(1 - y)^2$, wobei

$$y = \frac{\nu}{E_\nu} = \frac{E_\nu - E'_\mu}{E_\nu} \tag{10.32}$$

der Bruchteil der Neutrinoenergie ist, der auf das Quark übertragen wird. Eine völlig analoge Betrachtung gilt für die Antineutrinostreuung.

Der Wirkungsquerschnitt für die Neutrino-Nukleon-Streuung kann analog zum Wirkungsquerschnitt (10.9) der Neutrino-Elektron-Streuung geschrieben werden, wenn man berücksichtigt, dass die wechselwirkenden Quarks nur den Bruchteil x des Nukleonenimpulses tragen und die Schwerpunktsenergie im System Neutrino–Quark entsprechend x-mal kleiner ist als im System Neutrino–Nukleon. Man erhält:

$$\frac{\mathrm{d}^2\sigma}{\mathrm{d}x\mathrm{d}y} = \frac{G_\mathrm{F}^2}{\pi(\hbar c)^4} \cdot \left(\frac{M_\mathrm{W}^2 c^4}{Q^2c^2 + M_\mathrm{W}^2 c^4}\right)^2 \cdot 2M_\mathrm{p}c^2 E_\nu \cdot x \cdot K(x) \tag{10.33}$$

mit

$$K(x) = \begin{cases} d(x) + s(x) + (\overline{u}(x) + \overline{c}(x))(1-y)^2 & \text{für } \nu\text{-p-Streuung,} \\ \overline{d}(x) + \overline{s}(x) + (u(x) + c(x))(1-y)^2 & \text{für } \overline{\nu}\text{-p-Streuung.} \end{cases} \tag{10.34}$$

Abbildung 10.3 zeigt den über x integrierten Verlauf des Wirkungsquerschnittes als Funktion von y. Im Falle der Neutrino-Streuung erhält man einen hohen konstanten Beitrag, der von der Streuung an den Quarks herrührt, und einen kleinen, mit $(1 - y)^2$ abfallenden Beitrag, der von der Streuung an den Antiquarks herrührt. Im Falle der Antineutrino-Streuung beobachtet

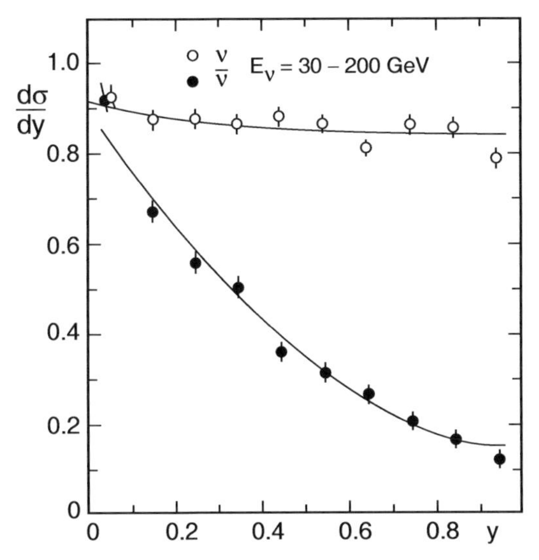

Abbildung 10.3. Differentieller Wirkungsquerschnitt $\mathrm{d}\sigma/\mathrm{d}y$ in willkürlichen Einheiten für Neutrino- bzw. Antineutrino-Nukleon-Streuung als Funktion von y.

man eine starke $(1-y)^2$-Abhängigkeit aufgrund der Wechselwirkung mit den Quarks und einen kleinen energieunabhängigen Anteil von den Antiquarks.

Durch Kombination der Daten aus der Streuung von Neutrinos und Antineutrinos an Proton und Neutron kann man aus solchen Messungen die in Abb. 7.7 gezeigten Verteilungen von Valenz- und Seequarks separieren.

Aufgaben

1. **Teilchenreaktionen**
   Begründen Sie, ob die folgenden Teilchenreaktionen oder -zerfälle möglich sind, und geben Sie an, um welche Wechselwirkung es sich handelt. Skizzieren Sie die Quarkzusammensetzung der beteiligten Hadronen.

$$
\begin{aligned}
\mathrm{p}+\overline{\mathrm{p}} &\rightarrow \pi^+ + \pi^- + \pi^0 + \pi^+ + \pi^- \\
\mathrm{p}+\mathrm{K}^- &\rightarrow \Sigma^+ + \pi^- + \pi^+ + \pi^- + \pi^0 \\
\mathrm{p}+\pi^- &\rightarrow \Lambda^0 + \overline{\Sigma}^0 \\
\overline{\nu}_\mu + \mathrm{p} &\rightarrow \mu^+ + \mathrm{n} \\
\nu_\mathrm{e} + \mathrm{p} &\rightarrow \mathrm{e}^+ + \Lambda^0 + \mathrm{K}^0 \\
\Sigma^0 &\rightarrow \Lambda^0 + \gamma
\end{aligned}
$$

2. **Parität und C-Parität**
   a) Welche der folgenden Teilchenzustände sind Eigenzustände zum Operator $\mathcal{C}$ der Ladungskonjugation, und wie lauten die zugehörigen Eigenwerte?
   $|\gamma\rangle$; $|\pi^0\rangle$; $|\pi^+\rangle$; $|\pi^-\rangle$; $|\pi^+\rangle - |\pi^-\rangle$; $|\nu_e\rangle$; $|\Sigma^0\rangle$.

   b) Wie verhalten sich die folgenden Größen gegenüber der Paritätsoperation (kurze Begründung angeben)?

Ortsvektor $\boldsymbol{r}$	Impuls $\boldsymbol{p}$
Drehimpuls $\boldsymbol{L}$	Spin $\boldsymbol{\sigma}$
Elektrisches Feld $\boldsymbol{E}$	Magnetfeld $\boldsymbol{B}$
Elektrisches Dipolmoment $\boldsymbol{\sigma} \cdot \boldsymbol{E}$	magnetisches Dipolmoment $\boldsymbol{\sigma} \cdot \boldsymbol{B}$
Helizität $\boldsymbol{\sigma} \cdot \boldsymbol{p}$	transversale Polarisation $\boldsymbol{\sigma} \cdot (\boldsymbol{p}_1 \times \boldsymbol{p}_2)$

3. **Parität und C-Parität des f_2-Mesons**
   Das $f_2(1270)$-Meson hat Spin 2 und zerfällt u. a. in $\pi^+\pi^-$.
   a) Bestimmen Sie aus diesem Zerfall Parität und C-Parität des f_2.
   b) Untersuchen Sie, ob auch die Zerfälle $f_2 \to \pi^0\pi^0$ und $f_2 \to \gamma\gamma$ möglich sind.

4. **Pion-Zerfall und Goldene Regel**
   Berechnen Sie das Verhältnis der partiellen Zerfallsbreiten

$$\frac{\Gamma(\pi^+ \to e^+\nu)}{\Gamma(\pi^+ \to \mu^+\nu)}$$

   und verifizieren Sie damit die entsprechenden Angaben im Text. Nach der Goldenen Regel gilt $\Gamma(\pi \to \ell\nu) \propto |\mathcal{M}_{\pi\ell}|^2\, \varrho(E_0)$, wobei $|\mathcal{M}_{\pi\ell}|$ das Matrixelement für den Übergang ist und $\varrho(E_0) = \mathrm{d}n/\mathrm{d}E_0$ die Zustandsdichte (ℓ steht für das geladene Lepton). Zur Berechnung gehe man folgendermaßen vor:
   a) Leiten Sie Formeln für die Impulse und Energien der geladenen Leptonen ℓ^+ als Funktion von m_ℓ und m_π her und berechnen Sie daraus Zahlenwerte für $1 - v/c$.
   b) Es gilt $|\mathcal{M}_{\pi\ell}|^2 \propto 1 - v/c$. Schreiben Sie damit das Verhältnis der Matrixelementsquadrate als Funktion der beteiligten Teilchenmassen und berechnen Sie den Zahlenwert.
   c) Berechnen Sie das Verhältnis der Zustandsdichten $\varrho_e(E_0)/\varrho_\mu(E_0)$ als Funktion der beteiligten Teilchenmassen. Nutzen Sie dabei aus, dass die Zustandsdichte im Impulsraum $\mathrm{d}n/\mathrm{d}|\boldsymbol{p}| \propto |\boldsymbol{p}|^2$ ($|\boldsymbol{p}| = |\boldsymbol{p}_{\ell^+}| = |\boldsymbol{p}_\nu|$) ist und dass $E_0 = E_{\ell^+} + E_\nu$. Für welchen der beiden Zerfälle ist der „Phasenraum" größer?
   d) Kombinieren Sie die Ergebnisse aus b) und c), um das Verhältnis der partiellen Zerfallsbreiten als Funktion der beteiligten Teilchenmassen zu erhalten. Berechnen Sie den Zahlenwert und vergleichen Sie mit dem experimentellen Wert von $(1.230 \pm 0.004) \cdot 10^{-4}$.

11. Austauschbosonen der schwachen Wechselwirkung

Die Annahme, dass die schwache Wechselwirkung durch sehr schwere Austauschbosonen vermittelt wird, war schon vor deren Nachweis allgemein akzeptiert. Die Struktur der Fermi-Theorie des β-Zerfalls implizierte eine punktförmige Wechselwirkung und war Ausdruck dafür, dass die Austauschteilchen sehr schwer sein müssen. Eine quantitative Bestätigung wurde aber erst durch den experimentellen Nachweis der W- und Z-Bosonen [Ar83, Ba83a] und die Vermessung ihrer Eigenschaften möglich. Die Eigenschaften des Z^0-Bosons führen zwangsläufig auch zu einer Vermischung von elektromagnetischer und schwacher Wechselwirkung. Die Theorie der elektroschwachen Vereinheitlichung von Glashow, Salam und Weinberg (Anfang der 70er Jahre) wurde dadurch bestätigt und ist heute die Grundlage des Standardmodells der Elementarteilchenphysik.

11.1 Reelle W- und Z-Bosonen

Zur Erzeugung eines reellen W- oder Z-Bosons müssen ein Lepton und ein Antilepton oder ein Quark und ein Antiquark miteinander reagieren. Die hierzu notwendige Energie im Schwerpunktssytem beträgt $\sqrt{s} = M_{\mathrm{W,Z}}\, c^2$. Diese Energie erreicht man am günstigsten mit kollidierenden Teilchenstrahlen.

Bei e^+e^--Kollidern ist zur Erzeugung von Z^0-Teilchen gemäß

$$e^+ + e^- \rightarrow Z^0$$

eine Schwerpunktsenergie von $\sqrt{s} = 2E_e = M_Z c^2$ erforderlich. Mit der Inbetriebnahme des SLC (Stanford Linear Collider) und des LEP im Jahre 1989 wurde dies technisch möglich, und heute können Z^0-Bosonen in großer Zahl produziert werden. W-Bosonen können bei e^+e^--Reaktionen nur paarweise erzeugt werden:

$$e^+ + e^- \rightarrow W^+ + W^- .$$

Deshalb benötigt man wesentlich höhere Energien, nämlich $\sqrt{s} > 2M_W c^2$. Im Jahre 1996 wurde die Strahlenergie von LEP auf 86 GeV erhöht. Dies ermöglicht eine genaue Bestimmung der W-Masse und der Zerfallsprodukte der W^+W^--Paare.

Für viele Jahre bestand die einzige Möglichkeit für die Erzeugung von $W^\pm$ und Z^0 darin, die Quarks im Proton auszunutzen, gemäß

$$\begin{aligned} \mathrm{u} + \overline{\mathrm{u}} &\to \mathrm{Z}^0 \qquad & \mathrm{d} + \overline{\mathrm{u}} &\to \mathrm{W}^- \\ \mathrm{d} + \overline{\mathrm{d}} &\to \mathrm{Z}^0 \qquad & \mathrm{u} + \overline{\mathrm{d}} &\to \mathrm{W}^+ . \end{aligned}$$

Dabei reicht es allerdings nicht aus, zwei Protonenstrahlen mit einer Energie von jeweils der halben Ruheenergie der Vektorbosonen zur Kollision zu bringen; vielmehr muss die Schwerpunktsenergie $\sqrt{\hat{s}}$ der beteiligten Quarks zur Erzeugung der Bosonen ausreichen. In einem schnellbewegten System tragen Quarks nur einen Bruchteil xP_p des Protonenimpulses P_p (vgl. Abschn. 7.3). Etwa die Hälfte des Gesamtimpulses wird von Gluonen getragen, der Rest teilt sich auf mehrere Quarks auf, wobei das mittlere x für die Valenzquarks und Seequarks

$$\langle x_\mathrm{v} \rangle \approx 0.12 \qquad \langle x_\mathrm{s} \rangle \approx 0.04 \tag{11.1}$$

beträgt. Will man also z. B. ein Z^0-Boson durch die frontale Kollision zweier Protonen gemäß

$$\mathrm{u} + \overline{\mathrm{u}} \to \mathrm{Z}^0$$

erzeugen, so darf die Energie E_p der Protonenstrahlen wegen

$$M_\mathrm{Z}c^2 = \sqrt{\hat{s}} \approx \sqrt{\langle x_\mathrm{u} \rangle \langle x_{\overline{\mathrm{u}}} \rangle \cdot s} = 2 \cdot \sqrt{0.12 \cdot 0.04} \cdot E_\mathrm{p} \tag{11.2}$$

nicht weit unter $E_\mathrm{p} \approx 600$ GeV liegen.

Günstiger ist es, Protonen auf Antiprotonen zu schießen, da die $\overline{\mathrm{u}}$- und $\overline{\mathrm{d}}$-Valenzquarks im Antiproton die gleiche Impulsverteilung haben wie u- und d-Valenzquarks im Proton. In diesem Fall genügt eine Energie, die nur etwa halb so groß ist. Wegen der entgegengesetzten Ladung von p und $\overline{\mathrm{p}}$ ist es in diesem Fall auch nicht notwendig, zwei separate Beschleunigerringe zu bauen, vielmehr kann man beide Strahlen gegenläufig durch ein und denselben Ring schicken. Beim SPS (Super Proton Synchrotron) am CERN, das in dieser Betriebsart Sp$\overline{\mathrm{p}}$S (Super Proton Antiproton Storage ring) genannt wird, wurden Protonen und Antiprotonen mit Energien bis zu 318 GeV gespeichert; am Tevatron (FNAL) werden 900 GeV erreicht.

Nachgewiesen wurden die Bosonen erstmals im Jahr 1983 am CERN mit den Experimenten UA1 [Ar83] und UA2 [Ba83a, An87] durch die Zerfälle

$$\begin{aligned} \mathrm{Z}^0 &\to \mathrm{e}^+ + \mathrm{e}^- \qquad & \mathrm{W}^+ &\to \mathrm{e}^+ + \nu_\mathrm{e} \\ \mathrm{Z}^0 &\to \mu^+ + \mu^- \qquad & \mathrm{W}^+ &\to \mu^+ + \nu_\mu . \end{aligned}$$

Die experimentelle Signatur für Z^0-Bosonen ist sehr einfach: Man beobachtet ein hochenergetisches e^+e^-- oder $\mu^+\mu^-$-Paar, wobei Lepton und Antilepton in entgegengesetzten Richtungen wegfliegen. Abbildung 11.1 zeigt ein sogenanntes „Lego-Diagramm" eines der ersten Ereignisse. Aufgetragen ist die in den Kalorimeterzellen gemessene transversale Energie gegen Polar-

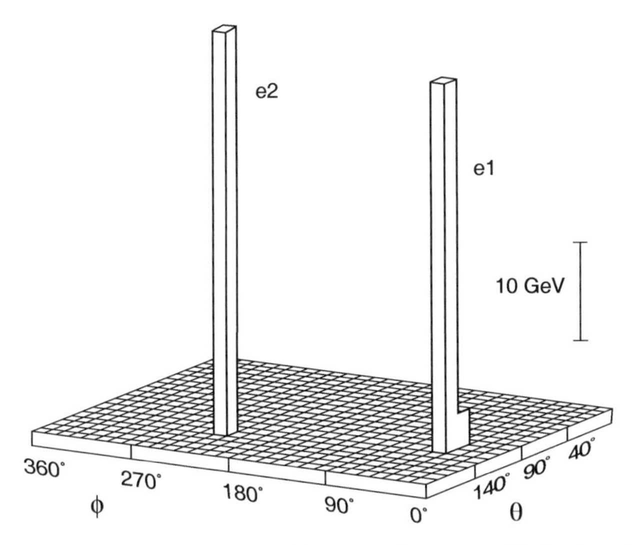

Abbildung 11.1. „Lego-Diagramm" für eines der ersten Ereignisse der Reaktion $q\overline{q} \to Z^0 \to e^+e^-$, mit denen am CERN das Z^0-Boson entdeckt wurde. Aufgetragen ist die in den Kalorimeterelementen nachgewiesene transversale Energie von Elektron und Positron als Funktion von Polar- und Azimutalwinkel [Ba83b].

und Azimutalwinkel des Leptons relativ zum einfallenden Protonenstrahl. Die Höhe der „Lego-Türmchen" ist ein Maß für die Energie der Leptonen. Die Gesamtenergie beider Leptonen entspricht gerade der Masse des Z^0.

Der Nachweis der geladenen Vektorbosonen ist etwas komplizierter, da nur das geladene Lepton eine Spur im Detektor hinterlässt, das Neutrino aber unsichtbar bleibt. Das Neutrino lässt sich indirekt aus der Impulsbilanz nachweisen. Summiert man die Transversalimpulse (die Impulskomponenten senkrecht zur Strahlrichtung) aller nachgewiesenen Teilchen auf, so ist die Summe von Null verschieden. Dieser „fehlende Transversalimpuls" *(missing momentum)* wird dem Neutrino zugeschrieben.

Masse und Breite des W-Bosons. Aus der Transversalimpulsverteilung der geladenen Leptonen lässt sich auch die $W^{\pm}$-Masse bestimmen. Nehmen wir an, ein W^+ werde in Ruhe erzeugt und zerfalle dann in ein e^+ und ein ν_e, wie in Abb. 11.2a gezeigt. Für den Transversalimpuls des Positrons gilt:

$$p_t^{e^+} \approx \frac{M_W \cdot c}{2} \sin\theta \,. \tag{11.3}$$

Dabei ist θ der Winkel, unter dem das Positron relativ zur Strahlachse emittiert wird. Betrachten wir die Abhängigkeit des Wirkungsquerschnittes von p_t bzw. von $\cos\theta$, so erhalten wir

$$\frac{d\sigma}{dp_t} = \frac{d\sigma}{d\cos\theta} \cdot \frac{d\cos\theta}{dp_t} \tag{11.4}$$

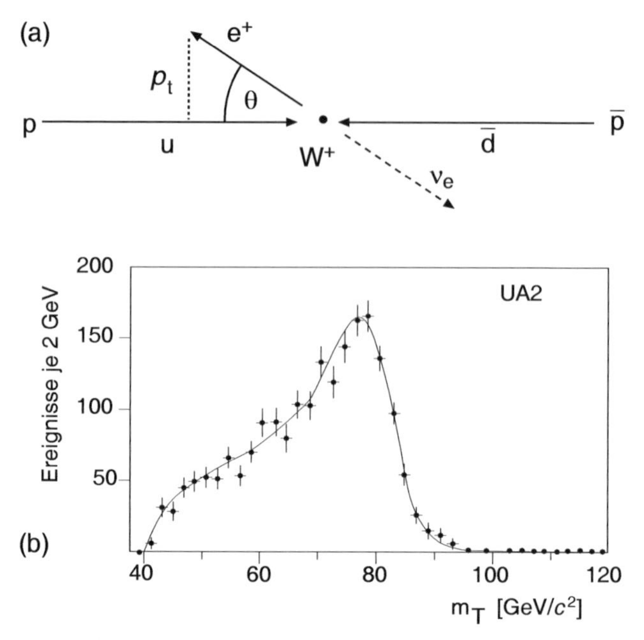

Abbildung 11.2. (**a**) Kinematik des Zerfalls $W^+ \to e^+ + \nu_e$. Der maximal mögliche Transversalimpuls p_t des e^+ ist $M_W c/2$. (**b**) Verteilung der „transversalen Masse" $m_t = 2p_t/c$ von e^+ und e^- aus der Reaktion $q_1 + \overline{q}_2 \to e^\pm +$ „nichts" aus dem UA2-Experiment am CERN [Al92b].

und daraus

$$\frac{d\sigma}{dp_t} = \frac{d\sigma}{d\cos\theta} \cdot \frac{2p_t}{M_W c} \cdot \frac{1}{\sqrt{(M_W c/2)^2 - p_t^2}} . \tag{11.5}$$

Der Wirkungsquerschnitt hat also bei $p_t = M_W c/2$ ein Maximum (das aufgrund der Variablentransformation auch *Jacobi'sches Maximum* heißt) und fällt dann, wie in der durchgezogenen Kurve von Abb. 11.2b gezeigt, rasch ab. Weil das W nicht in Ruhe erzeugt wird und eine endliche Zerfallsbreite hat, ist die Verteilung verschmiert. Die genauesten Werte für Masse und Breite des W sind heute:

$$\begin{aligned} M_W &= 80.41 \pm 0.10 \ \text{GeV}/c^2 \\ \Gamma_W &= \ \ 2.06 \pm 0.07 \ \text{GeV} . \end{aligned} \tag{11.6}$$

Masse und Breite des Z-Bosons. Da der Wirkungsquerschnitt zur Erzeugung von Z-Bosonen in e^+e^--Kollisionen sehr viel größer ist als der Wirkungsquerschnitt zur Erzeugung von W-Bosonen sowohl in e^+e^-- als auch in $p\overline{p}$-Kollisionen, können Masse und Breite für das Z^0-Boson wesentlich genauer bestimmt werden als für W-Bosonen. Hinzu kommt, dass die Energie der e^+- und e^--Strahlen bis auf wenige MeV bekannt ist, wodurch die Genauigkeit der Messungen sehr groß ist. Die experimentellen Werte der Z^0-Parameter lauten [PD98]:

$$\begin{aligned} M_Z &= 91.187 \pm 0.007 \text{ GeV}/c^2 \\ \Gamma_Z &= 2.490 \pm 0.007 \text{ GeV}. \end{aligned} \tag{11.7}$$

Zerfälle des W-Bosons. Bei der Behandlung der Zerfälle von Hadronen und Leptonen durch geladene Ströme haben wir gesehen, dass das W-Boson nur an linkshändige Fermionen koppelt (maximale Paritätsverletzung), und zwar an alle mit der gleichen Stärke (Universalität). Lediglich die Cabibbo-Rotation führt zu einer kleinen Korrektur bei der Kopplung an die Quarks.

Wenn es wirklich eine Universalität der schwachen Wechselwirkung gibt, dann sollten auch beim Zerfall reeller W-Bosonen alle Fermion-Antifermion-Paare mit gleicher Häufigkeit erzeugt werden. Für die Erzeugung von Quark-Antiquark-Paaren käme ein zusätzlicher Faktor 3 für die möglichen Farbladungen hinzu. Die Erzeugung eines t-Quarks sollte wegen dessen großer Masse nicht möglich sein. Wenn man die unterschiedlichen Massen der Fermionen ansonsten unberücksichtigt lässt, erwartet man also, dass beim Zerfall des W^+ die Paare $e^+\nu_e$, $\mu^+\nu_\mu$, $\tau^+\nu_\tau$, $u\overline{d}'$ und $c\overline{s}'$ im Verhältnis 1 : 1 : 1 : 3 : 3 erzeugt werden. Die Zustände $\overline{d}'$ und $\overline{s}'$ sind dabei die Cabibbo-rotierten Eigenzustände der schwachen Wechselwirkung.

Aufgrund der Hadronisierung lässt sich nicht immer eindeutig experimentell feststellen, in welches Quark-Antiquark-Paar ein W-Boson zerfallen ist. Wesentlich leichter ist die Identifizierung leptonischer Zerfallskanäle. Nach der obigen Abschätzung erwartet man für jedes Leptonpaar einen Zerfallsanteil von 1/9. Die experimentellen Ergebnisse sind [PD98]

$$\begin{aligned} W^\pm \to\ & e^\pm + \overset{(-)}{\nu}_e && 10.9 \pm 0.4\,\% \\ & \mu^\pm + \overset{(-)}{\nu}_\mu && 10.2 \pm 0.5\,\% \\ & \tau^\pm + \overset{(-)}{\nu}_\tau && 11.3 \pm 0.8\,\%, \end{aligned} \tag{11.8}$$

in sehr guter Übereinstimmung mit der Voraussage.

Zerfälle des Z-Bosons. Wenn das Z-Boson in gleicher Art die schwache Wechselwirkung vermittelt, wie das W-Boson, dann sollte es ebenfalls an alle Lepton-Antilepton- und Quark-Antiquark-Paare mit gleicher Stärke koppeln. Man sollte dann ein Verhältnis 1 : 1 : 1 : 1 : 1 : 1 : 3 : 3 : 3 : 3 : 3 für die energetisch möglichen sechs leptonischen und fünf hadronischen Kanäle erwarten, also 1/21 für jedes Lepton-Antilepton-Paar und 1/7 für jedes Quark-Antiquark-Paar.

Um die Verzweigungsverhältnisse zu bestimmen, unterscheidet man beim Nachweis im Detektor zwischen den verschiedenen Paaren geladener Leptonen und den hadronischen Zerfällen, wobei die verschiedenen Quark-Antiquark-Kanäle allerdings nicht immer getrennt werden können. Die Zerfälle in Neutrino-Antineutrino-Paare sind nicht direkt nachweisbar. Um deren Anteil zu bestimmen, misst man die Wirkungsquerschnitte für die übrigen Zerfälle und vergleicht sie mit der totalen Breite des Z^0-Bosons. Bei korrekter Behandlung der Spinabhängigkeiten [Na90] schreibt sich die Breit-Wigner-Formel (9.8) als:

$$\sigma_{i\to f}(s) = 12\pi(\hbar c)^2 \cdot \frac{\Gamma_i \cdot \Gamma_f}{(s - M_Z^2 c^4)^2 + M_Z^2 c^4 \Gamma_{\text{tot}}^2}. \tag{11.9}$$

Hierbei ist Γ_i die Partialbreite des Eingangskanals (Partialbreite für den Zerfall $Z^0 \to e^+e^-$) und Γ_f die Partialbreite des Ausgangskanals. Die totale Breite des Z^0 ist die Summe der Partialbreiten für alle möglichen Zerfälle in Fermion-Antifermion-Paare:

$$\Gamma_{\text{tot}}(Z^0) = \sum_{\text{alle Fermionen f}} \Gamma(Z^0 \to f\bar{f})\,. \tag{11.10}$$

Für jeden Endkanal erhält man somit eine Resonanzkurve mit einem Maximum bei $\sqrt{s} = M_Z c^2$ und einer totalen Breite Γ_{tot}; die Höhe ist proportional zur partiellen Breite Γ_f. Die Partialbreite Γ_f kann experimentell aus dem Verhältnis der Ereignisse des entsprechenden Kanals und der Gesamtzahl aller Z^0-Ereignisse bestimmt werden.

Aus der Analyse der Experimente am LEP und am SLC ergeben sich die folgenden Verzweigungsverhältnisse [PD98]:

$$\begin{aligned}
Z^0 \longrightarrow\ & e^+ + e^- && 3.366 \pm 0.008\,\% \\
& \mu^+ + \mu^- && 3.367 \pm 0.013\,\% \\
& \tau^+ + \tau^- && 3.360 \pm 0.015\,\% \\
& \nu_{e,\mu,\tau} + \overline{\nu}_{e,\mu,\tau} && 20.01 \pm 0.16\ \% \\
& \text{Hadronen} && 69.90 \pm 0.15\ \%\,.
\end{aligned} \tag{11.11}$$

Die Wahrscheinlichkeit für den Zerfall in geladene Leptonen und Neutrinos ist somit deutlich unterschiedlich. Die Kopplung des Z^0-Bosons ist offenbar auch von der elektrischen Ladung abhängig. Demnach kann das Z^0-Boson nicht einfach ein „ungeladenes W-Boson" sein, das in gleicher Stärke an alle Fermionen koppelt, sondern es vermittelt eine kompliziertere Wechselwirkung.

11.2 Die elektroschwache Vereinheitlichung

Die Eigenschaften des Z^0-Bosons finden eine ästhetische Beschreibung in der Theorie der *elektroschwachen Wechselwirkung*. In diesem von Salam und Weinberg entwickelten Rahmen können die elektromagnetische und die schwache Wechselwirkung als zwei Aspekte einer einheitlichen Wechselwirkung aufgefasst werden.

Tabelle 11.1. Multipletts der elektroschwachen Wechselwirkung. Die Quarks d′, s′ und b′ gehen durch verallgemeinerte Cabibbo-Rotation (CKM-Matrix) aus den Masse-Eigenzuständen hervor. Dupletts des schwachen Isospins T sind durch Klammern zusammengefasst. Die elektrische Ladung der beiden Zustände in jedem Duplett unterscheidet sich jeweils um eine Einheit. Das Vorzeichen der dritten Komponente T_3 ist so definiert, dass die Differenz $z_f - T_3$ innerhalb eines Dupletts konstant ist.

	Fermionmultipletts			T	T_3	z_f
Leptonen	$\begin{pmatrix} \nu_e \\ e \end{pmatrix}_L$	$\begin{pmatrix} \nu_\mu \\ \mu \end{pmatrix}_L$	$\begin{pmatrix} \nu_\tau \\ \tau \end{pmatrix}_L$	1/2	+1/2 −1/2	0 −1
	e_R	μ_R	τ_R	0	0	−1
Quarks	$\begin{pmatrix} u \\ d' \end{pmatrix}_L$	$\begin{pmatrix} c \\ s' \end{pmatrix}_L$	$\begin{pmatrix} t \\ b' \end{pmatrix}_L$	1/2	+1/2 −1/2	+2/3 −1/3
	u_R	c_R	t_R	0	0	+2/3
	d_R	s_R	b_R	0	0	−1/3

Schwacher Isospin. Der Formalismus der elektroschwachen Wechselwirkung kann elegant formuliert werden, indem man analog zum Isospinformalismus der starken Wechselwirkung eine neue Quantenzahl einführt, den *schwachen Isospin T*. Jede Familie von linkshändigen Quarks und Leptonen bildet ein Duplett von Fermionen, die sich durch Emission bzw. Absorption von W-Bosonen ineinander umwandeln können. Die elektrische Ladung $z_f \cdot e$ der beiden Fermionen unterscheidet sich dabei gerade um eine Einheit. Man schreibt ihnen den schwachen Isospin $T = 1/2$ und die dritte Komponente $T_3 = \pm 1/2$ zu. Für die rechtshändigen Antifermionen kehrt sich das Vorzeichen von T_3 und z_f um. Rechtshändige Fermionen (und linkshändige Antifermionen) koppeln hingegen nicht an die W-Bosonen und werden deshalb als Singuletts ($T = T_3 = 0$) beschrieben. Die linkshändigen Leptonen und die (Cabibbo-rotierten) linkshändigen Quarks jeder Familie bilden also zwei Dupletts; daneben gibt es drei Singuletts aus rechtshändigen Fermionen.

Der Weinberg-Winkel. Wir wollen nun den Formalismus des schwachen Isospins konsequent weiterführen. Wenn wir fordern, dass T_3 bei Reaktionen mit geladenen Strömen erhalten bleibt, dann muss das W^--Boson die Quantenzahl $T_3(W^-) = -1$ haben und das W^+ die Quantenzahl $T_3(W^+) = +1$. Es sollte dann noch ein dritter Zustand existieren mit $T = 1$, $T_3 = 0$, der mit gleicher Stärke g wie $W^\pm$ an die Fermionendupletts koppelt. Diesen Zustand, der gemeinsam mit dem W^+ und dem W^- ein Triplett des schwachen Isospins bildet, bezeichnen wir mit W^0.

Das W^0 kann, wie wir gesehen haben, nicht mit dem Z^0 identisch sein, weil die Kopplung des letzteren auch von der elektrischen Ladung abhängig ist.

Man löst dieses Problem, indem man einen weiteren Zustand B^0 postuliert, der ein Singulett des schwachen Isospins ($T = 0$, $T_3 = 0$) sein soll. Dessen Kopplungsstärke braucht nicht mit derjenigen des Tripletts ($W^\pm, W^0$) übereinzustimmen. Die zugehörige schwache Ladung bezeichnet man als g'. Sowohl B^0 als auch W^0 koppeln an die Fermionen, ohne deren schwachen Isospin und damit ihren Typ zu ändern.

Experimentell kennen wir in der Tat zwei neutrale Vektorbosonen: das Photon und das Z^0. Die Grundidee der elektroschwachen Vereinheitlichung liegt darin, Photon und Z^0 als zueinander orthogonale Linearkombinationen von B^0 und W^0 zu beschreiben. Man drückt diese Mischung als Drehung um den sogenannten *elektroschwachen Mischungswinkel* θ_W (der auch als *Weinberg-Winkel* bezeichnet wird) aus, in Analogie zur Beschreibung der Quarkmischung durch den Cabibbo-Winkel (10.18):

$$\begin{aligned} |\gamma\rangle &= \cos\theta_W |B^0\rangle + \sin\theta_W |W^0\rangle \\ |Z^0\rangle &= -\sin\theta_W |B^0\rangle + \cos\theta_W |W^0\rangle \,. \end{aligned} \tag{11.12}$$

Der Zusammenhang zwischen dem Weinberg-Winkel θ_W, den schwachen Ladungen g und g' sowie der elektrischen Ladung e ergibt sich aus der Forderung, dass das Photon an die Ladung der links- und rechtshändigen Fermionen koppelt, nicht aber an die Neutrinos. Man erhält [Na90, Sc95]

$$\tan\theta_W = \frac{g'}{g}, \qquad \sin\theta_W = \frac{g'}{\sqrt{g^2 + g'^2}}, \qquad \cos\theta_W = \frac{g}{\sqrt{g^2 + g'^2}}. \tag{11.13}$$

Für die elektrische Ladung gilt

$$e = g \cdot \sin\theta_W. \tag{11.14}$$

Den Weinberg-Winkel kann man beispielsweise aus der ν-e-Streuung bestimmen, aus elektroschwachen Interferenzen bei der e^+e^--Streuung, aus der Breite des Z^0 oder aus dem Massenverhältnis von $W^\pm$ und Z^0 [Am87, Co88]. Aus der Kombination solcher Analysen erhält man [PD98]

$$\sin^2\theta_W = 0.231\,24 \pm 0.000\,24 \,. \tag{11.15}$$

Die schwache Kopplungskonstante ($\alpha_{\text{schw}} \propto g \cdot g$) ist demnach etwa viermal stärker als die elektromagnetische ($\alpha \propto e \cdot e$). Es ist der Propagatorterm im Matrixelement (10.3), der zu der geringen effektiven Stärke der schwachen Wechselwirkung bei kleinen Energien führt.

Durch die Weinberg-Mischung wird die Wechselwirkung verkompliziert. Während das W-Boson an alle Quarks und Leptonen gleich stark koppelt (Universalität) und nur jeweils an einen Chiralitätszustand (maximale Paritätsverletzung), spielt beim Z-Boson auch die elektrische Ladung des fundamentalen Fermions eine Rolle. Die Kopplungsstärke des Z^0 an ein Fermion f beträgt

$$g_Z(\mathrm{f}) = \frac{g}{\cos\theta_W} \cdot \hat{g}(\mathrm{f}) \qquad \text{mit} \quad \hat{g}(\mathrm{f}) = T_3 - z_\mathrm{f} \sin^2\theta_W \,, \tag{11.16}$$

wobei z_f die elektrische Ladung des Fermions in Einheiten der Elementarladung e ist.

Das Verhältnis der Massen von W- und Z-Boson. Mit Hilfe der Theorie der elektroschwachen Vereinheitlichung konnte die absolute Masse von W- und Z-Boson schon vor ihrer Entdeckung ziemlich gut vorhergesagt werden. Nach (10.4) und (11.14) sind die elektromagnetische Kopplungskonstante α, die Fermikonstante G_F und die Masse des W-Bosons durch

$$M_W^2 c^4 = \frac{4\pi\alpha}{8\sin^2\theta_W} \cdot \frac{\sqrt{2}\,(\hbar c)^3}{G_\mathrm{F}} \tag{11.17}$$

verknüpft. Dabei ist zu berücksichtigen, dass in der Quantenfeldtheorie die „Konstanten" α und $\sin^2\theta_W$ vom betrachteten Energiebereich schwach abhängig sind (Renormierung) [El82, Fa90]. Im Massenbereich von (11.17) ist $\alpha \approx 1/128$ und $\sin^2\theta_W \approx 0.231$. Die Masse des Z-Bosons ist durch die Beziehung

$$\frac{M_W}{M_Z} = \cos\theta_W \approx 0.88 \tag{11.18}$$

festgelegt. Mit dem experimentell ermittelten Massenverhältnis aus (11.6) und (11.7)

$$\frac{M_W}{M_Z} = 0.8818 \pm 0.0011 \tag{11.19}$$

erhält man einen Wert für $\sin^2\theta_W$, der sehr gut mit dem Ergebnis anderer Experimente übereinstimmt. In (11.15) sind alle Experimente zusammengefasst.

Interpretation der Z^0-Breite. Das detaillierte Studium der Erzeugung von Z^0-Bosonen durch Elektron-Positron-Vernichtung ermöglicht eine sehr genaue Überprüfung der Vorhersagen des Standardmodells der elektroschwachen Vereinheitlichung.

Die Kopplung des Z^0 an ein Fermion f ist proportional zu der Größe $\hat{g}(\mathrm{f})$, die in (11.16) definiert wurde. Die Partialbreite Γ für einen Zerfall $\mathrm{Z}^0 \to \mathrm{f}\overline{\mathrm{f}}$ hat zwei Anteile, für jeden Chiralitätszustand einen:

$$\Gamma_\mathrm{f} = \Gamma_0 \cdot \left[\hat{g}_\mathrm{L}^2(\mathrm{f}) + \hat{g}_\mathrm{R}^2(\mathrm{f})\right] \tag{11.20}$$

mit

$$\Gamma_0 = \frac{G_\mathrm{F}}{3\pi\sqrt{2}\,(\hbar c)^3} \cdot M_Z^3 c^6 \approx 663 \text{ MeV}. \tag{11.21}$$

Für linkshändige Neutrinos ist $T_3 = 1/2\,, z_\mathrm{f} = 0$ und somit

$$\hat{g}_\mathrm{L}(\nu) = \frac{1}{2}. \tag{11.22}$$

Rechtshändige Neutrinos treten, soweit wir wissen, in der Natur nicht auf. Sie hätten $T_3 = z_\mathrm{f} = \hat{g}_\mathrm{R} = 0$ und würden demnach nicht den Wechselwirkungen des Standardmodells unterliegen. Der Beitrag jeden $\nu\overline{\nu}$-Paares zur totalen Breite beträgt somit

$$\Gamma_\nu \approx 165.8 \text{ MeV}. \tag{11.23}$$

Die d-Quarks (und analog s und b) haben $T_3 = -1/2$ (linkshändig) bzw. $T_3 = 0$ (rechtshändig) und $z_\mathrm{f} = -1/3$. Daraus ergibt sich

$$\hat{g}_\mathrm{L}(\mathrm{d}) = -\frac{1}{2} + \frac{1}{3}\sin^2\theta_\mathrm{W}, \qquad \hat{g}_\mathrm{R}(\mathrm{d}) = \frac{1}{3}\sin^2\theta_\mathrm{W}. \tag{11.24}$$

Berücksichtigt man noch, dass die Quark-Antiquark-Paare in drei Farbkombinationen ($\mathrm{r\bar{r}}$, $\mathrm{g\bar{g}}$, $\mathrm{b\bar{b}}$) erzeugt werden können, so beträgt der Gesamtbeitrag dieser Quarks

$$\Gamma_\mathrm{d} = \Gamma_\mathrm{s} = \Gamma_\mathrm{b} = 3 \cdot 122.4 \text{ MeV}. \tag{11.25}$$

Entsprechend ist der Beitrag der u- und c-Quarks

$$\Gamma_\mathrm{u} = \Gamma_\mathrm{c} = 3 \cdot 94.9 \text{ MeV} \tag{11.26}$$

und der Beitrag der geladenen Leptonen

$$\Gamma_\mathrm{e} = \Gamma_\mu = \Gamma_\tau = 83.3 \text{ MeV}. \tag{11.27}$$

Der Zerfall in ein $\nu\overline{\nu}$-Paar ist im Experiment zwar nicht direkt nachweisbar, manifestiert sich aber in seinem Beitrag zur totalen Breite. Die Berücksichtigung der endlichen Massen der Quarks und der geladenen Leptonen führt nur zu geringen Korrekturen, da diese Massen klein verglichen mit der Masse des Z-Bosons sind.

Wenn man alle bekannten Quarks und Leptonen in die Rechnungen mit einbezieht, so erhält man eine totale Breite von 2418 MeV; nach quantenfeldtheoretischen Korrekturen aufgrund von Prozessen höherer Ordnung (Strahlungskorrekturen) wird eine Breite von

$$\Gamma_\mathrm{tot}^\mathrm{theor.} = (2497 \pm 6) \text{ MeV} \tag{11.28}$$

vorhergesagt [La95]. Dies stimmt mit dem experimentellen Wert (11.7) von

$$\Gamma_\mathrm{tot}^\mathrm{exp.} = (2490 \pm 7) \text{ MeV} \tag{11.29}$$

perfekt überein.

Der Anteil der Zerfälle in Paare von geladenen Leptonen muss gleich dem Verhältnis der Breiten (11.27) und (11.28) sein:

$$\frac{\Gamma_{\mathrm{e},\mu,\tau}}{\Gamma_\mathrm{tot}} = 3.37\,\%\,. \tag{11.30}$$

Die experimentell bestimmten Verzweigungsverhältnisse (11.11) stimmen ausgezeichnet mit diesen theoretischen Werten überein.

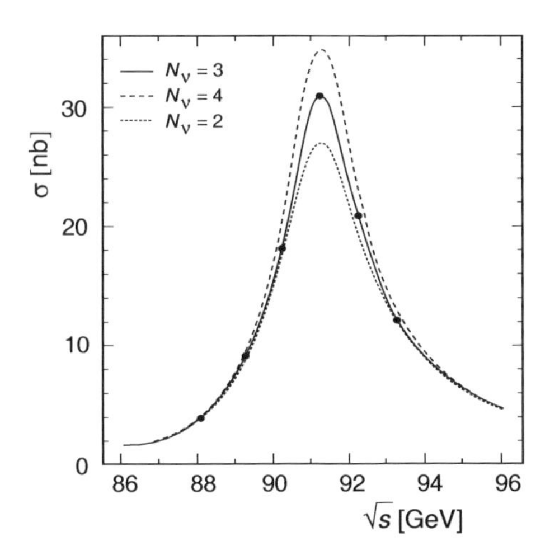

Abbildung 11.3. Wirkungsquerschnitt der Reaktion $e^+e^- \to$ Hadronen in der Nähe der Z^0-Resonanz. Gezeigt sind Ergebnisse des OPAL-Experimentes am CERN [Bu91]. Aus der gemessenen Breite der Resonanz ergibt sich nach (11.9) der totale Wirkungsquerschnitt. Je mehr Arten von leichten Leptonen es gibt, desto geringer ist der Anteil des totalen Wirkungsquerschnittes, der für die Erzeugung von Hadronen übrigbleibt. Die Linien zeigen, ausgehend von der gemessenen Breite der Resonanz, die theoretische Vorhersage für den Fall, dass es 2, 3 oder 4 masselose Neutrinos gibt.

Wenn es eine vierte Sorte von leichten Neutrinos gäbe, die genauso an das Z^0 koppelt, müsste die totale Breite um 166 MeV höher sein. Wir können aus dem experimentellen Resultat also schließen, dass es genau drei Sorten *leichter* Neutrinos gibt (Abb. 11.3). Dies kann man auch als Hinweis darauf deuten, dass es insgesamt nur drei Generationen von Quarks und Leptonen gibt.

Symmetriebrechung. So erfolgreich die Theorie der elektroschwachen Vereinheitlichung auch ist, hat sie doch einen gravierenden Schönheitsfehler: Eine Mischung von Zuständen, wie durch die Weinberg-Rotation (11.12) beschrieben, sollte nur auftreten, wenn die Zustände ähnliche Energien (Massen) haben. Statt jedoch masselos zu sein wie das Photon, haben das W- und das Z-Boson sogar sehr große Massen. Warum das sein kann, ist eine zentrale und noch weitgehend ungeklärte Frage der Teilchenphysik.

Man behilft sich mit einem Konzept aus der Physik der Phasenübergänge und postuliert eine *spontane Symmetriebrechung,* also einen unsymmetrischen Grundzustand des Vakuums – ein Begriff, dessen bekannteste Beispiele die magnetischen Eigenschaften von Eisen und der Meissner-Ochsenfeld-Effekt bei der Supraleitung sind.

■ Um zu veranschaulichen, wie Symmetriebrechung eine Masse erzeugt, betrachten wir als Analogie den Ferromagnetismus.

Eisen ist bei Temperaturen oberhalb der Curie-Temperatur paramagnetisch. Die Spins der Valenzelektronen sind isotrop verteilt. Für eine Änderung der Spinrichtung ist keine Kraft erforderlich. Den Trägern der magnetischen Wechselwirkung kann man in Bezug auf Rotation im Raum eine Masse Null zuschreiben.

Wenn die Temperatur unter die Curie-Temperatur absinkt, findet ein Phasenübergang statt: das Eisen wird ferromagnetisch. Die Spins bzw. die magnetischen Momente der Valenzelektronen orientieren sich spontan in eine gemeinsame, a priori nicht festgelegte Richtung. Der Raum innerhalb des Ferromagneten ist nicht mehr isotrop, sondern weist eine definierte Vorzugsrichtung auf. Es ist nun eine Kraft erforderlich, um die Spins aus der Vorzugsrichtung zu entfernen. Im ferromagnetischen Zustand haben also die Träger der magnetischen Eigenschaft in Bezug auf Rotation eine endliche Masse. Man nennt diesen Übergang *spontane Symmetriebrechung.*

Als Analogie zur Erzeugung der Teilchenmassen durch Symmetriebrechung ist der Meissner-Ochsenfeld-Effekt besser geeignet: Oberhalb der Sprungtemperatur des Supraleiters breiten sich Magnetfelder ungehindert durch den Leiter aus, beim Übergang in die supraleitende Phase werden sie jedoch aus dem Supraleiter verdrängt [Me33]. Nur an der Oberfläche können sie exponentiell abgeschwächt in den Leiter eindringen. Ein Beobachter im Supraleiter würde diesen Effekt durch eine endliche Reichweite des Magnetfeldes im Supraleiter erklären können. Analog zur Diskussion der Yukawa-Kraft (Abschn. 16.3) würde er daher dem Photon eine endliche Masse zuschreiben.

Wo tritt hier spontane Symmetriebrechung auf? Eigentlich passiert bei der Supraleitung Folgendes: Unterhalb der Sprungtemperatur bilden sich aus Leitungselektronen Cooper-Paare, die sich in einem korrelierten Zustand mit einer definierten Energie, der Energie des supraleitenden Grundzustandes, organisieren. Der Supraleiter-Grundzustand ist für den Beobachter innerhalb des Supraleiters der Grundzustand des Vakuums. Beim Absenken der Temperatur wird im Supraleiter ein Strom induziert, der das äußere angelegte Magnetfeld gerade kompensiert und dadurch aus dem Supraleiter verdrängt. Für diesen Strom sind die korrelierten Cooper-Paare verantwortlich. Genauso wie sich im Fall des Ferromagneten die Spins nicht mehr frei ausrichten können, ist hier die Phase eines Cooper-Paares durch die der anderen Cooper-Paare festgelegt, was einer Symmetriebrechung des Grundzustands entspricht.

In einem theoretischen Modell, das unabhängig voneinander von Englert und Brout [En64] und von Higgs [Hi64] vorgeschlagen wurde, können die Massen von Z^0- und $W^{\pm}$-Bosonen in Analogie zum Meissner-Ochsenfeld-Effekt erklärt werden. In diesem Modell werden sogenannte Higgs-Felder postuliert, die – bezogen auf unser Beispiel – dem Grundzustand korrelierter Cooper-Paare bei der Supraleitung entsprechen. Bei ausreichend hohen Temperaturen bzw. Energien sind Z^0- und $W^{\pm}$-Bosonen sowie das Photon masselos. Unterhalb der Energie des Phasenübergangs werden dann die Massen der Bosonen durch die Higgs-Felder erzeugt, analog zur Erzeugung der „Photonenmasse" beim Meissner-Ochsenfeld-Effekt.

Da die Massen der Z^0- und $W^{\pm}$-Bosonen von Ort und Orientierung im Universum unabhängig sein sollen, müssen die Higgs-Felder skalar sein. In der Theorie der elektroschwachen Vereinheitlichung gibt es daher 4 Higgs-Felder, eines für jedes Boson. Bei Abkühlung des Systems werden 3 *Higgs-Bosonen,* die Quanten des Higgs-Feldes, von Z^0 und $W^{\pm}$ absorbiert, wodurch diese ihre Masse erhalten. Das Photon bleibt masselos; ergo muss es ein freies Higgs-Boson geben.

Die Existenz des Higgs-Feldes ist fundamental für die Interpretation der heutigen Elementarteilchenphysik. Die Suche nach nicht absorbierten Higgs-Bosonen ist die Hauptmotivation für den Bau eines neuen Beschleunigers und

Speicherrings am CERN, des *Large Hadron Colliders* (LHC). Der experimentelle Beweis ihrer Existenz würde die vollständige Bestätigung der Glashow-Salam-Weinberg-Theorie der elektroschwachen Vereinheitlichung bedeuten. Bei Nichtexistenz der Higgs-Bosonen wären allerdings völlig neue theoretische Konzepte erforderlich. Man könnte diese Situation mit der am Ende des neunzehnten Jahrhunderts vergleichen, als die Existenz des Äthers für die Interpretation der Physik von ähnlicher Bedeutung war.

11.3 Die große Vereinheitlichung

Das Spiel mit der Vereinheitlichung der Wechselwirkungen kann man noch weiter treiben und versuchen, auch die starke Wechselwirkung mit der elektroschwachen zu verbinden. Die großen Vereinheitlichungstheorie (Grand unification theory, GUT) vereinigt nach dem Muster der elektroschwachen Vereinheitlichung die drei Wechselwirkungen (starke, elektromagnetische und schwache) sowie auch die Quarks und Leptonen. Die große Vereinheitlichung findet bei sehr hohen Energien (10^{16} GeV) statt. Das bedeutet, dass es bei diesen Energien keine differenzierten Fermionen, Quarks und Leptonen, gibt.

Kosmologie. Heutige kosmologische Modelle benutzen die Ideen der Vereinheitlichungen und der Symmetriebrechungen. Sie nehmen an, dass sich letztendlich auch die Gravitation mit den restlichen Wechselwirkungen vereinheitlichen lässt. Nach den heutigen Vorstellungen hat sich das Universum – bestehend aus einem sehr dichten Anfangszustand von Ur-Elementarteilchen, die einer Ur-Wechselwirkung unterlagen – nach dem Urknall abgekühlt, wobei es durch mehrere Phasenübergänge gegangen ist. Bei jedem dieser Phasenübergänge haben sich die Ur-Elementarteilchen und die Ur-Wechselwirkung durch Symmetriebrechung differenziert. Das Resultat dieser Differenzierung sind die heutigen Elementarteilchen.

Aufgaben

1. **Anzahl der Neutrinogenerationen**
   Am LEP-Speicherring bei CERN werden Z^0-Bosonen bei der Annihilation von Elektronen und Positronen bei einer Schwerpunktsenergie von etwa 91 GeV erzeugt, die dann in Fermionen zerfallen, $e^+e^- \to Z^0 \to f\bar{f}$. Verifizieren Sie mit den folgenden Messergebnissen des OPAL-Experiments die Aussage, dass es genau drei Sorten leichter Neutrinos (mit $m_\nu < m_{Z^0}/2$) gibt. Die Vermessung der Resonanzkurve (11.9) ergab: $\sigma_{\mathrm{had}}^{\mathrm{max}} = 41.45 \pm 0.31\,\mathrm{nb}$, $\Gamma_{\mathrm{had}} = 1738 \pm 12\,\mathrm{MeV}$, $\Gamma_\ell = 83.27 \pm 0.50\,\mathrm{MeV}$, $M_Z = 91.182 \pm 0.009\,\mathrm{GeV}/c^2$. Hier sind alle Quarkendzustände in einer Breite Γ_{had} zusammengefasst, und Γ_ℓ ist die Zerfallsbreite des Z^0 in (einzelne) geladene Leptonen. Leiten Sie eine Formel für die Anzahl der Neutrinosorten, N_ν, her und benutzen Sie für die Berechnung von N_ν das Verhältnis von Γ_ℓ/Γ_ν aus dem Text. Schätzen Sie den Fehler von N_ν aus den Messfehlern ab.

12. Das Standardmodell

Se non è vero, è ben trovato.
Giordano Bruno
Gli eroici furori

Die Wissenschaft hat ewig Grenzen,
aber keine ewigen Grenzen.
P. du Bois-Reymond
Über die Grenzen
des Naturerkennens

Das *Standardmodell* der Elementarteilchenphysik umfasst die vereinheitlichte Theorie der elektroschwachen Wechselwirkung und die Quantenchromodynamik. Im Folgenden wird noch einmal resümiert, was wir in den vorangegangenen Kapiteln über die verschiedenen Teilchen und Wechselwirkungen gelernt haben.

- Wir kennen, neben der Gravitation, drei elementare Wechselwirkungen, die in ihrer Struktur sehr ähnlich sind. Jede von ihnen wird durch den Austausch von Vektorbosonen vermittelt.

Wechselwirkung	koppelt an	Austausch-Teilchen	Masse (GeV/c^2)	J^P
stark	Farbe	8 Gluonen (g)	0	1^-
elektromagn.	elektrische Ladung	Photon (γ)	0	1^-
schwach	schwache Ladung	$\mathrm{W}^\pm$, Z^0	$\approx 10^2$	1

Gluonen tragen Farbe und wechselwirken deshalb untereinander. Die Bosonen der schwachen Wechselwirkung, die selbst schwache Ladung tragen, koppeln ebenfalls aneinander.

- Neben den Austauschbosonen gibt es weitere fundamentale Teilchen, die Quarks und Leptonen. Diese sind Spin-1/2-Teilchen, also Fermionen. Sie werden in aufsteigender Masse in drei „Familien" oder „Generationen" angeordnet.

Fermionen	Familie 1	2	3	elektr. Ladung	Farbe	schwacher Isospin linkshdg.	rechtshdg.	Spin
Leptonen	ν_e e	ν_μ μ	ν_τ τ	0 -1	—	1/2	— 0	1/2
Quarks	u d	c s	t b	$+2/3$ $-1/3$	r, b, g	1/2	0 0	1/2

Zu allen diesen Fermionen gibt es die entsprechenden Antifermionen mit gleicher Masse, aber entgegengesetzter elektrischer Ladung, Farbe und dritter Komponente des schwachen Isospins.

Aus der experimentell gemessenen Breite der Z^0-Resonanz lässt sich zeigen, dass es kein viertes masseloses Neutrino und damit keine vierte Generation von Fermionen (zumindest keine vierte Generation mit masselosem Neutrino) geben kann.

- Da die Photonen masselos sind, hat die elektromagnetische Wechselwirkung eine unendliche Reichweite. Die Reichweite der schwachen Wechselwirkung beträgt wegen der großen Masse der Austauschbosonen 10^{-3} fm. Den Gluonen schreibt man die Masse Null zu. Die effektive Reichweite der starken Wechselwirkung ist jedoch dadurch beschränkt, dass Gluonen untereinander wechselwirken. Bei Abständen $\gtrsim 1$ fm ist die Energie des Farbfelds so groß, dass sie zur Erzeugung reeller Quark-Antiquark-Paare ausreicht. „Freie" Teilchen müssen immer farbneutral sein.
- Die elektromagnetische und die schwache Wechselwirkung können als Aspekte einer einheitlichen Wechselwirkung, der elektroschwachen Wechselwirkung, aufgefasst werden, wobei die entsprechenden Ladungen durch den Weinberg-Winkel über (11.14) verknüpft sind.
- Bei den Wechselwirkungen gelten unterschiedliche Erhaltungssätze:
  - Bei allen drei Wechselwirkungen bleiben Energie (E), Impuls ($\boldsymbol{p}$), Drehimpuls ($\boldsymbol{L}$), Ladung (Q), Farbe, Baryonenzahl (B) und die drei Leptonenzahlen ($L_{\mathrm{e}}, L_\mu, L_\tau$) erhalten.
  - Die Paritäten P und C bleiben bei der starken und der elektromagnetischen Wechselwirkung erhalten, nicht jedoch bei der schwachen Wechselwirkung. Der geladene Strom der schwachen Wechselwirkung ist maximal paritätsverletzend, denn er koppelt nur an linkshändige Fermionen und rechtshändige Antifermionen; der neutrale schwache Strom ist teilweise paritätsverletzend, denn er koppelt in unterschiedlicher Stärke an rechts- und linkshändige Fermionen und Antifermionen. Man kennt einen Fall, bei dem die kombinierte CP-Parität nicht erhalten bleibt.
  - Nur der geladene Strom der schwachen Wechselwirkung wandelt Quarks in andere Quarks (Quarks mit anderem Flavour) und Leptonen in andere Leptonen um. Die Quantenzahlen, die den Quark-Flavour angeben (dritte Komponente des Isospins (I_3), Strangeness (S), Charm (C) etc.) bleiben daher bei den übrigen Wechselwirkungen erhalten.
  - Der Betrag des Isospins (I) bleibt bei der starken Wechselwirkung erhalten.

Die möglichen Übergänge innerhalb der Leptonenfamilien sind in Abb. 12.1 gezeigt. Wir zeigen sowohl, die Übergänge zwischen den Eigenzuständen der leptonischen schwachen Wechselwirkung als auch die Übergänge zwischen den Zuständen des leptonischen Massenoperators. Die entsprechenden Übergänge für die Quarks sind in Abb. 12.2 dargestellt. Auch

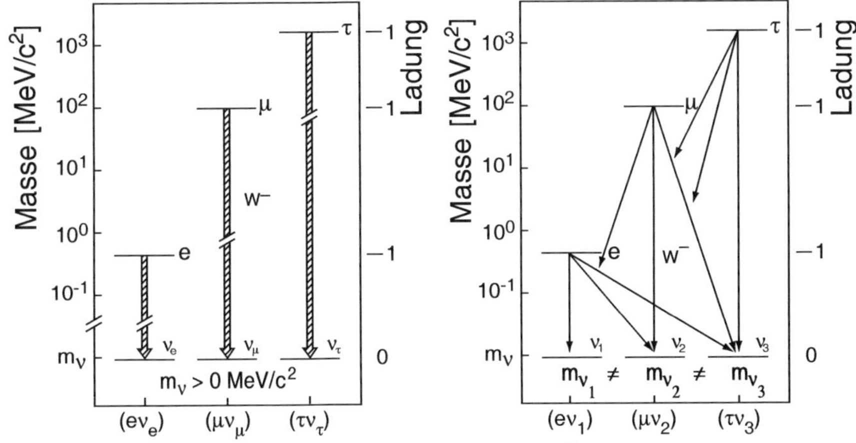

Abbildung 12.1. Durch geladene Ströme vermittelte Übergänge zwischen den leptonischen Zuständen. Links zwischen den leptonischen Eigenzuständen der schwachen Wechselwirkung, rechts zwischen den leptonischen Eigenzuständen des Massenoperators.

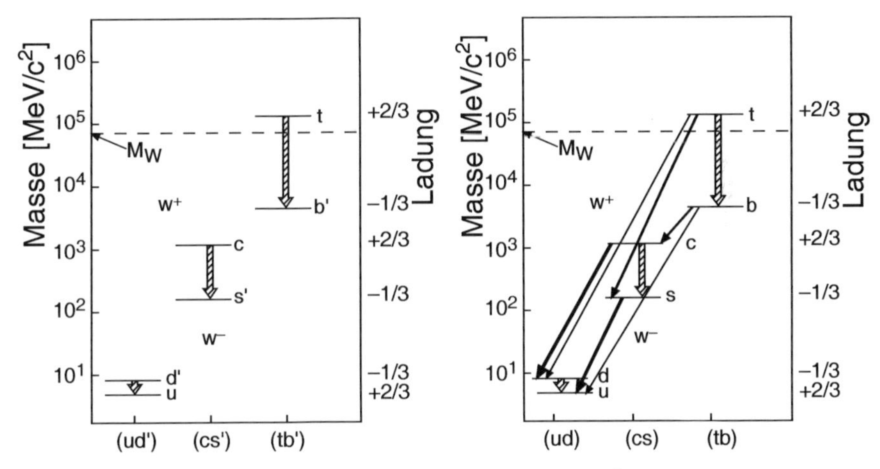

Abbildung 12.2. Durch geladene Ströme vermittelte Übergänge zwischen den Quarkzuständen. Links die Quarkeigenzustände der schwachen Wechselwirkung, rechts des Massenoperators. Die Dicke der Pfeile gibt die relative Stärke der Übergänge an. Die Masse des t-Quarks ist so groß, dass der Zerfall durch die Emission des *realen* W^+-Bosons stattfindet.

hier zeigen wir die Übergänge zwischen den Quarkeigenzuständen der schwachen Wechselwirkung und den Eigenzuständen des Quarkflavours. Vielleicht ist dieses Bild der Vorbote einer neuen Art von Spektroskopie, die noch elementarer ist als die Spektroskopie der Atome, Kerne und Hadronen.

Insgesamt zeigen die Experimente eine verblüffend gute quantitative Übereinstimmung mit den Annahmen des Standardmodells, wie der Anordnung der Fermionen in linkshändige Dupletts und rechtshändige Singuletts des schwachen Isospins, der Stärke der Kopplung des Z^0 an die linkshändigen und rechtshändigen Fermionen, der Verdreifachung der Quarkfamilien aufgrund der Farbe und dem Verhältnis der Massen von $W^{\pm}$ und Z^0. Somit ergibt sich ein abgeschlossenes Bild der fundamentalen Bausteine der Materie und ihrer Wechselwirkungen.

Andererseits bleibt vieles am heutigen Standardmodell noch unbefriedigend. So gibt es eine große Zahl freier Parameter (18 oder mehr, je nach Zählweise [Na90]). Das sind zum Beispiel die Massen von Fermionen und Bosonen, die Kopplungskonstanten der Wechselwirkungen und die Koeffizienten der CKM-Matrix und der leptonischen Mischungsmatrix. Diese Parameter ergeben sich nicht aus dem Standardmodell, sondern müssen experimentell ermittelt und ad hoc in das Modell eingebaut werden.

Viele Fragen sind noch völlig ungeklärt: Warum gibt es gerade drei Familien von Fermionen? Wie entstehen die Massen der Fermionen und der W- und Z-Bosonen? Gibt es das Higgs-Boson? Ist es ein Zufall, dass innerhalb jeder Familie die Fermionen um so größere Massen haben, je mehr Ladungen (stark, elektromagnetisch, schwach) sie tragen? Gilt die Erhaltung der Baryonen- und Leptonenzahl streng? Was ist der Ursprung der CP-Verletzung? Woher kommt die Mischung der Quarkfamilien, die durch die CKM-Matrix und der Leptonfamilien, die durch die leptonische Mischungsmatrix beschrieben wird? Warum gibt es gerade vier Wechselwirkungen? Wodurch ist die Größe der Kopplungskonstanten der einzelnen Wechselwirkungen festgelegt? Kann man die starke und die elektroschwache Wechselwirkung zusammenfassen, so wie man es bei der elektromagnetischen und der schwachen Wechselwirkung getan hat? Kann man auch die Gravitation einbinden?

Dass man sich solche Fragen überhaupt stellt, spiegelt bereits die Erfahrung der Physiker mit der Analyse der Bausteine der Materie wider. Auf dem Wege vom Festkörper über das Molekül, das Atom, den Kern und das Hadron zum Quark hin haben sie immer wieder neue fundamentale Teilchen finden können. Deshalb fragen sie „Warum?“ und setzen damit implizit voraus, dass es eine noch fundamentalere Ursache der beobachteten Phänomene gibt – eine Annahme, die man nur experimentell verifizieren kann.

> Nature has always looked like a horrible mess, but as we go along we see patterns and put theories together; a certain clarity comes and things get simpler.
>
> *Richard P. Feynman* [Fe85]

Teil II

Synthese: Zusammengesetzte Systeme

Naturam expelles furca, tamen usque recurret
Horaz, epist. I,XX

13. Quarkonia

> Analogy is perhaps the physicist's most powerful conceptual tool for understanding new phenomena or opening new areas of investigation. Early in this century, for example, Ernest Rutherford and Niels Bohr conceived the atom as a miniature solar system in which electrons circle the nucleus as planets circle the sun.
>
> *V. L. Telegdi* [Te62]

Im Folgenden werden wir uns mit gebundenen hadronischen Systemen befassen. Am einfachsten lassen sich schwere Quark-Antiquark-Paare ($c\bar{c}$ und $b\bar{b}$) beschreiben, die man als *Quarkonia* bezeichnet. Wegen ihrer großen Masse können sie näherungsweise nichtrelativistisch behandelt werden. Als Analogon und Vorbild aus der elektromagnetischen Wechselwirkung sollen uns dabei die gebundenen Systeme *Wasserstoffatom* und *Positronium* dienen.

13.1 Wasserstoffatom und Positronium als Analoga

Das einfachste gebundene atomare System ist das Wasserstoffatom, bestehend aus Proton und Elektron. In erster Näherung können die Bindungszustände und Energieniveaus mit der nichtrelativistischen Schrödinger-Gleichung berechnet werden. Dabei wird das statische Coulomb-Potential $V_C \propto 1/r$ in den Hamilton-Operator eingesetzt:

$$\left(-\frac{\hbar^2}{2m}\triangle - \frac{\alpha\hbar c}{r} \right) \psi(\boldsymbol{r}) = E\,\psi(\boldsymbol{r})\,. \tag{13.1}$$

Die Eigenzustände sind durch die Zahl N der Knoten in der Radialwellenfunktion und den Bahndrehimpuls ℓ charakterisiert. Aufgrund der speziellen Form des Coulomb-Potentials sind Zustände mit gleichem $n = N + \ell + 1$ entartet. Deshalb nennt man n die *Hauptquantenzahl.* Die möglichen Energiezustände E_n ergeben sich zu

$$E_n = -\frac{\alpha^2 mc^2}{2n^2}\,, \tag{13.2}$$

wobei α die elektromagnetische Kopplungskonstante und m die reduzierte Masse des Systems ist:

$$m = \frac{M_\mathrm{p} m_\mathrm{e}}{M_\mathrm{p} + m_\mathrm{e}} \approx m_\mathrm{e} = 0.511\,\mathrm{MeV}/c^2\,. \tag{13.3}$$

Die Bindungsenergie des Grundzustands ($n = 1$) beträgt $E_1 = -13.6$ eV. Der Bohr'sche Radius r_b des Wasserstoffatoms errechnet sich zu

$$r_\mathrm{b} = \frac{\hbar \cdot c}{\alpha \cdot mc^2} \approx \frac{197\,\mathrm{MeV} \cdot \mathrm{fm}}{137^{-1} \cdot 0.511\,\mathrm{MeV}} = 0.53 \cdot 10^5\,\mathrm{fm}\,. \tag{13.4}$$

Die Spin-Bahn-Wechselwirkung („Feinstruktur") und die Spin-Spin-Wechselwirkung („Hyperfeinstruktur") spalten die Hauptquantenniveaus noch in weitere Unterniveaus auf, wie in Abb. 13.1 gezeigt. Diese Korrekturen zum globalen $1/n^2$-Verhalten der Energieniveaus sind aber nur klein. Die Feinstrukturkorrektur ist von der Größenordnung α^2, die Hyperfeinstrukturkorrektur von der Größenordnung $\alpha^2 \cdot \mu_\mathrm{p}/\mu_\mathrm{e}$. So beträgt das Verhältnis der Hyperfeinstrukturaufspaltung des $1\mathrm{s}_{1/2}$-Zustands und der Aufspaltung der Hauptquantenniveaus $n = 1$ und $n = 2$ nur $E_\mathrm{HFS}/E_n \approx 5 \cdot 10^{-7}$. Die Notation der Zustände unter Berücksichtigung der Feinstruktur erfolgt nach dem Schema $n\ell_j$, wobei die Bahndrehimpulsquantenzahl $\ell = 0, 1, 2, 3$ mit den Buchstaben s, p, d, f bezeichnet wird. Die Quantenzahl j gibt den Gesamtdrehimpuls $\boldsymbol{j} = \boldsymbol{\ell} + \boldsymbol{s}$ des Elektrons an. Zur Beschreibung der Hyperfeinstruktur verwendet man eine vierte Quantenzahl f (vgl. Abb. 13.1 links), die den Gesamtdrehimpuls $\boldsymbol{f} = \boldsymbol{j} + \boldsymbol{i}$ des Atoms unter Berücksichtigung des Protonspins $\boldsymbol{i}$ angibt.

Die Energiezustände des gebundenen $\mathrm{e}^+\mathrm{e}^-$-Systems, des Positroniums, können äquivalent zum Wasserstoffatom berechnet werden. Unterschiede ergeben sich aus der nur halb so großen reduzierten Masse ($m = m_\mathrm{e}/2$) und aus der sehr viel stärkeren Spin-Spin-Kopplung, da das magnetische Moment des Elektrons ca. 650 mal größer ist als das des Protons. Die kleinere reduzier-

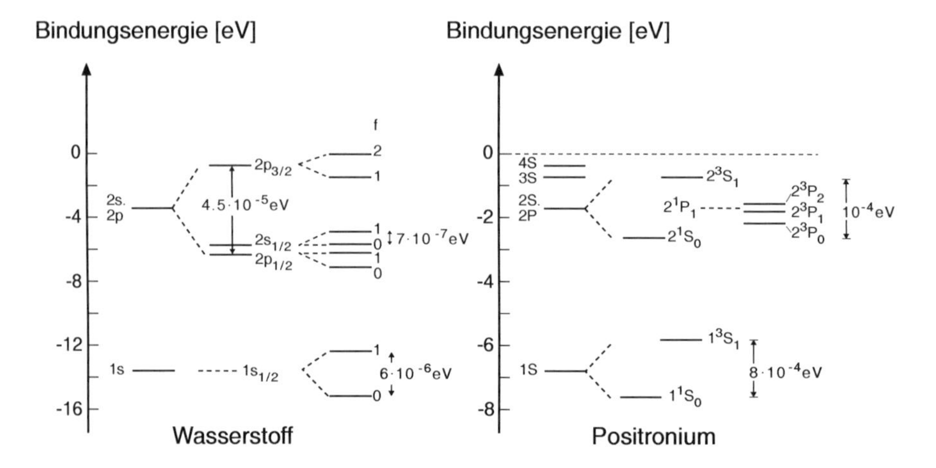

Abbildung 13.1. Energieniveauschema von Wasserstoffatom und Positronium. Gezeigt sind der Grundzustand ($n = 1$) und der erste angeregte Zustand ($n = 2$), sowie ihre Feinstruktur- und Hyperfeinstrukturaufspaltungen. Die Aufspaltungen sind nicht maßstäblich eingezeichnet.

te Masse bewirkt, dass die Bindungsenergien der gebundenen Zustände um einen Faktor 2 kleiner sind als beim Wasserstoffatom, während der Bohr'sche Radius doppelt so groß ist (Abb. 13.2). Aufgrund der starken Spin-Spin-Kopplung ist die klare Hierarchie zwischen Feinstruktur und Hyperfeinstruktur, wie man sie beim Wasserstoffatom kennt, im Positronium nicht mehr vorhanden; Spin-Bahn-Wechselwirkung und Spin-Spin-Wechselwirkung sind von der gleichen Größenordnung (Abb. 13.1).

Aus diesem Grunde sind beim Positronium neben der Hauptquantenzahl n und dem Bahndrehimpuls L der Gesamtspin S und der Gesamtdrehimpuls J die geeigneten Quantenzahlen. Dabei kann S die Werte 0 (Singulett) und 1 (Triplett) annehmen, und J gehorcht der Dreiecksungleichung $|L - S| \leq J \leq L + S$. Man verwendet die Notation $n^{2S+1}L_J$, wobei man für den Bahndrehimpuls L die Großbuchstaben (S, P, D, F) verwendet. So beschreibt z. B. die Notation $2\,^3\mathrm{P}_1$ einen Positroniumzustand mit $n = 2$ und $S = L = J = 1$.

Positronium hat nur eine endliche Lebensdauer, weil Elektron und Positron annihilieren. Der Zerfall erfolgt vorrangig in 2 oder 3 Photonen, je nachdem, ob die Spins von Elektron und Positron zum Gesamtspin 0 oder 1 koppeln. Die Zerfallsbreite für den 2-Photonen-Zerfall des $1^1\mathrm{S}_0$-Zustandes ergibt sich zu [Na90]

$$\Gamma(1^1\mathrm{S}_0 \to 2\gamma) = \frac{4\pi\alpha^2\hbar^3}{m_\mathrm{e}^2 c}|\psi(0)|^2 . \tag{13.5}$$

Hierbei ist $|\psi(0)|^2$ das Quadrat der Wellenfunktion am Koordinatenurspung, d. h. die Wahrscheinlichkeit, dass sich e^+ und e^- an einem Punkt treffen. Aus (13.5) ergibt sich eine Lebensdauer von $\approx 10^{-10}$ s.

Potential und Kopplungsstärke der elektromagnetischen Wechselwirkung sind wohlbekannt. Die elektromagnetischen Übergänge im Positronium und die Lebensdauer des Positroniums sind daher mit großer Genauigkeit berechenbar und stimmen exzellent mit den experimentellen Ergebnissen

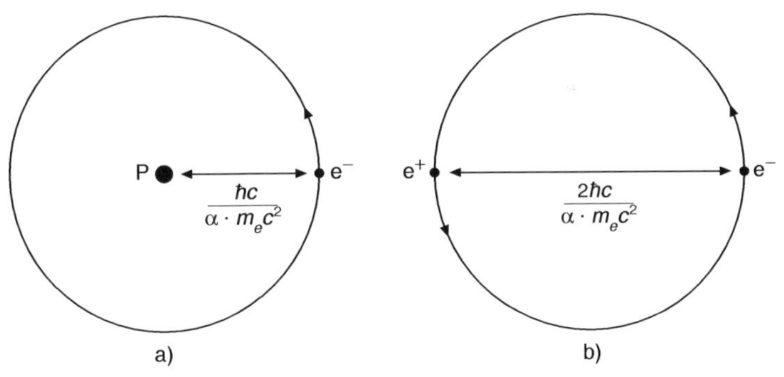

Abbildung 13.2. Die ersten Bohr'schen Bahnen im Wasserstoffatom (**a**) und im Positronium (**b**) (nach [Na90]). Der Bohr'sche Radius charakterisiert den mittleren Abstand der beiden gebundenen Teilchen.

überein. Für Quarkonia, stark wechselwirkende schwere Quark-Antiquark-Systeme, kann man analoge Betrachtungen anstellen. Aus dem gemessenen Niveauschema und den Übergangsstärken zwischen verschiedenen Zuständen lassen sich das effektive Potential und die Kopplungsstärke der starken Wechselwirkung bestimmen.

13.2 Charmonium

Gebundene Systeme aus c- und $\bar{\text{c}}$-Quark nennt man *Charmonium.* Für die Nomenklatur der verschiedenen Charmoniumzustände hat sich historisch ein etwas anderes System herausgebildet als für das Positronium. Als erste Quantenzahl gibt man $n_{\text{q}\bar{\text{q}}} = N + 1$ an, wobei N die Zahl der Knoten in der Radialwellenfunktion ist, während beim Positronium die atomare Konvention gilt, nach der die Hauptquantenzahl als $n_{\text{Atom}} = N + \ell + 1$ definiert ist.

Die Erzeugung von $\text{c}\bar{\text{c}}$-Paaren geschieht am einfachsten durch e^+e^--Kollisionen bei Schwerpunktsenergien von 3–4.5 GeV über ein virtuelles Photon:

$$\text{e}^+ + \text{e}^- \rightarrow \gamma \rightarrow \text{c}\bar{\text{c}}\,.$$

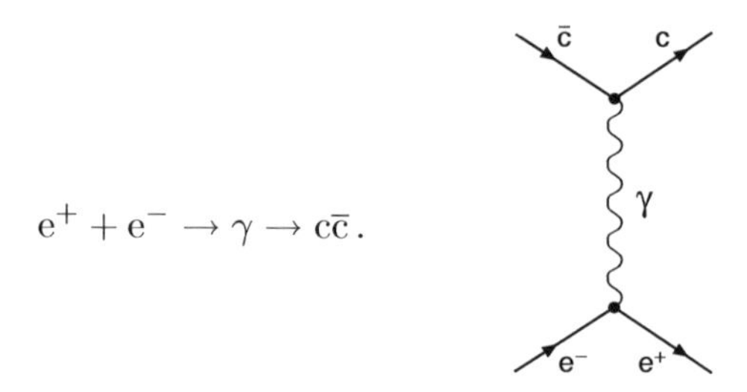

Beim Variieren der Strahlenergie findet man verschiedene Resonanzen, die sich durch eine starke Erhöhung des Wirkungsquerschnitts bemerkbar machen. Sie werden verschiedenen Charmoniumzuständen zugeschrieben (Abb. 13.3). Da die Erzeugung des $\text{c}\bar{\text{c}}$-Paars über ein virtuelles Photon geschieht, können nur Zustände mit den Quantenzahlen des Photons ($J^P = 1^-$) entstehen. Der niedrigste Zustand mit diesen Quantenzahlen ist der 1^3S_1-Zustand, der J/ψ genannt wird (s. S. 128) und eine Masse von 3.097 GeV/c^2 hat. Höher liegende Anregungen wurden bis zu Massen von 4.4 GeV/c^2 nachgewiesen.

Die Charmonium-Zustände haben nur eine endliche Lebensdauer. Hauptsächlich zerfallen sie über die starke Wechselwirkung in Hadronen. Angeregte Zustände können sich aber auch wie beim Atom oder beim Positronium durch elektromagnetische Übergänge unter Abstrahlung von Photonen in energetisch niedrigere Zustände umwandeln. Die Zerfallsphotonen können mit einem Detektor, der den gesamten Raumwinkelbereich um die e^+e^--Wechselwirkungszone abdeckt (4π-Detektor), nachgewiesen werden. Dazu eignen sich besonders *Kristallkugeln,* die aus kugelförmig angeordneten Szintillatoren (NaJ-Kristallen) bestehen (Abb. 13.4).

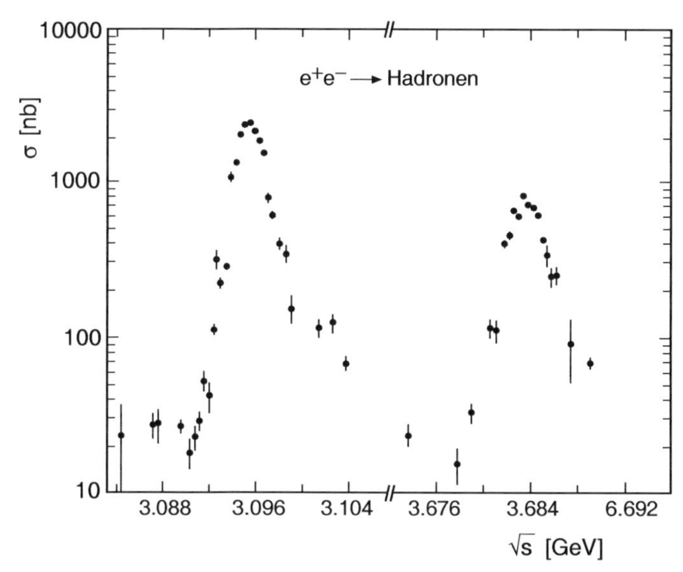

Abbildung 13.3. Der Wirkungsquerschnitt der Reaktion $e^+e^- \to$ *Hadronen*, aufgetragen gegen die Schwerpunktsenergie in zwei verschiedenen Intervallen von je 25 MeV. Die beiden starken Resonanzen, die eine 100-fache Erhöhung gegenüber dem Kontinuum zeigen, entsprechen den niedrigsten Charmoniumzuständen mit $J^P = 1^-$, dem $J/\psi\,(1^3S_1)$ und dem $\psi\,(2^3S_1)$. Die experimentelle Breite dieser Resonanzen von einigen MeV resultiert aus der experimentellen Ungenauigkeit und ist viel größer als die der Lebensdauer entsprechenden Breite von 87 keV bzw. 277 keV. Gezeigt sind Ergebnisse einer der ersten Messungen am e^+e^--Speicherring SPEAR in Stanford [Fe75].

Erzeugt man z. B. den ersten angeregten Charmonium-Zustand $\psi\,(2^3S_1)$, so beobachtet man das in Abb. 13.5 gezeigte Photonenspektrum, in dem mehrere scharfe Linien erkennbar sind. Die Photonenergie beträgt zwischen 100 und 700 MeV. Die stärkeren Linien sollten elektrischen Dipolübergängen mit den Auswahlregeln $\Delta L = 1$ und $\Delta S = 0$ entsprechen. Daher müssen beim Zerfall Zwischenzustände mit Gesamtdrehimpuls 0, 1 oder 2 und positiver Parität entstehen. Die Parität der Ortswellenfunktion ergibt sich aus dem Bahndrehimpuls als $(-1)^L$. Hinzu kommt, dass nach der Dirac-Theorie Fermionen und Antifermionen entgegengesetzte intrinsische Paritäten haben. Daher ist generell die Parität von $q\overline{q}$-Zuständen $(-1)^{L+1}$. Mit dieser Information kann man das Termschema in Abb. 13.5 rekonstruieren. Demnach zerfällt der erzeugte $\psi\,(2^3S_1)$-Zustand hauptsächlich in das 1^3P_J-Triplett-System des Charmoniums, das χ_c genannt wird. Diese χ_c-Zustände zerfallen dann zum J/ψ. Die Spin-0-Zustände (n^1S_0) des Charmoniums, η_c genannt, die nicht in e^+e^--Kollisionen erzeugt werden können, werden nur über magnetische Dipolübergänge vom J/ψ oder vom $\psi\,(2^3S_1)$ erreicht. Diese haben die Auswahlregeln $\Delta L = 0$ und $\Delta S = 1$ und verbinden daher Zustände mit derselben Parität. Sie entsprechen einem Spinflip eines der c-Quarks.

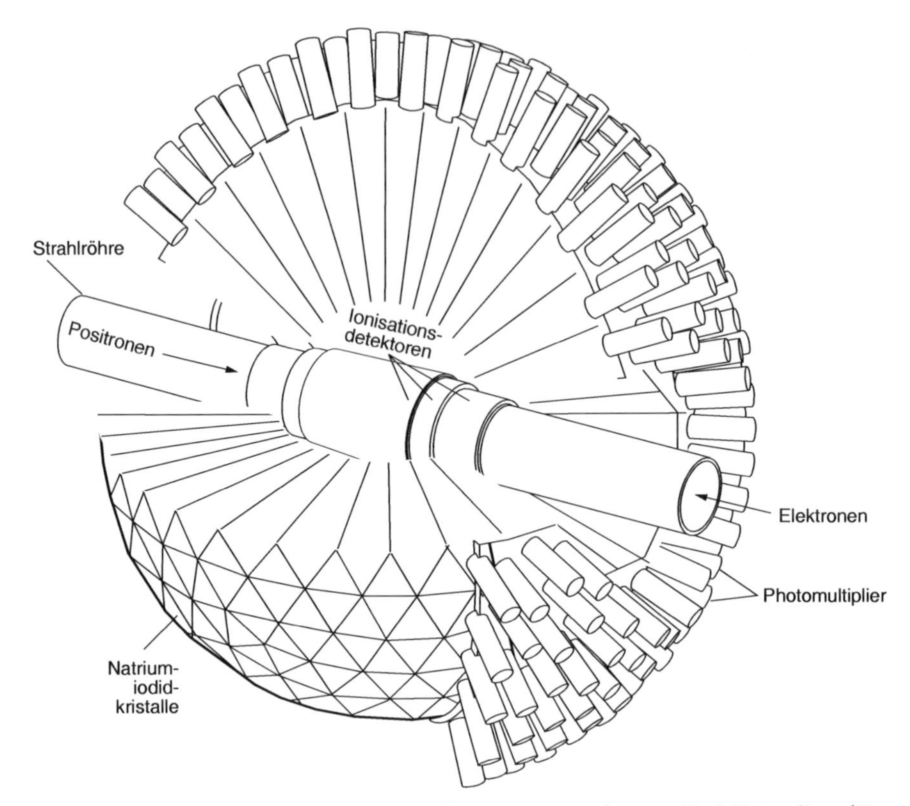

Abbildung 13.4. Detektor aus kugelförmig angeordneten NaJ-Kristallen (Kristallkugel). In diesen Kristallen werden die (hochenergetischen) Photonen aus elektromagnetischen $c\bar{c}$-Übergängen absorbiert. Sie erzeugen dabei einen Schauer von Elektron-Positron-Paaren, die ihrerseits Emissionszentren im Kristall anregen und dadurch viele niederenergetische Photonen im sichtbaren Bereich erzeugen. Diese werden an der Rückseite der Kristalle von Sekundärelektronenvervielfachern (Photomultipliern) nachgewiesen. Der gemessene Photomultiplierstrom ist dann proportional zur Energie des primären Zerfallsphotons (nach [Kö86]).

Magnetische Dipolübergänge sind sehr viel schwächer als elektrische Dipolübergänge. Im Charmonium sind sie dennoch beobachtbar, da die Spin-Spin-Wechselwirkung beim $c\bar{c}$-Zustand deutlich stärker ist als bei atomaren Systemen. Dies liegt am sehr viel kleineren Abstand der Bindungspartner.

13.3 Quark-Antiquark-Potential

Vergleichen wir das Niveauschema der Zustände von Charmonium und Positronium, so zeigt sich für die Zustände mit $n=1$ und $n=2$ eine große Ähnlichkeit, wenn man die Energieskala von Positronium um einen Faktor von

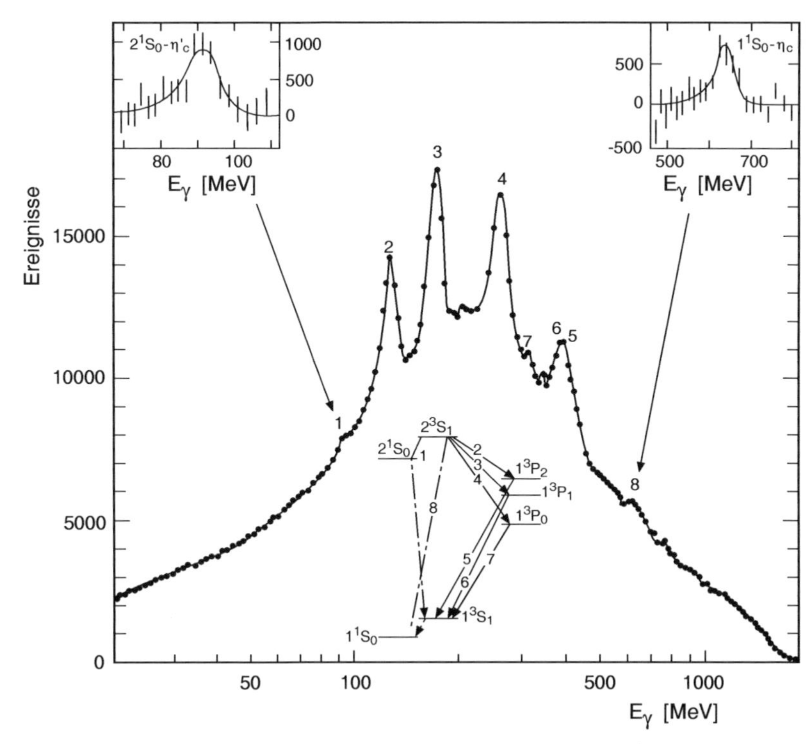

Abbildung 13.5. Photonenspektrum beim Zerfall des $\psi(2^3\mathrm{S}_1)$, wie es mit einer Kristallkugel gemessen wurde, und daraus abgeleitetes Termschema des Charmoniums. Die scharfen Linien im Photonenspektrum entsprechen gerade den ihnen durch die Nummern zugeordneten Übergängen im Termschema. Die im Termschema durchgezogenen Linien entsprechen elektrischen Dipolübergängen mit Paritätsänderung, die gestrichelten Linien magnetischen Dipolübergängen ohne Paritätsänderung [Kö86].

etwa 10^8 streckt (Abb. 13.6). Die höher liegenden Anregungen von Charmonium stimmen allerdings nicht mehr mit dem $1/n^2$-Verhalten des Positroniums überein.

Was können wir daraus über Potential und Kopplungskonstante der starken Wechselwirkung lernen? Da die relative Lage der Energiezustände zueinander vom Potential bestimmt wird, sollte das Potential der starken Wechselwirkung zumindest bei kleinen Abständen (also bei $n = 1, 2$) ähnlich wie bei der elektromagnetischen Wechselwirkung Coulomb-artig sein. Diese Anschauung wird von der Quantenchromodynamik unterstützt, die die Kräfte zwischen Quarks durch den Austausch von Gluonen beschreibt, die bei kurzen Abständen ein Potential $V \propto 1/r$ erzeugen. Aus der im Vergleich zum Positronium aufgehobenen Entartung der 2^3S- und 1^3P-Zustände ergibt sich aber der Hinweis, dass das Potential auch bei kleinen Quark-Antiquark-Abständen im Charmonium kein reines Coulomb-Potential sein kann. Da zudem expe-

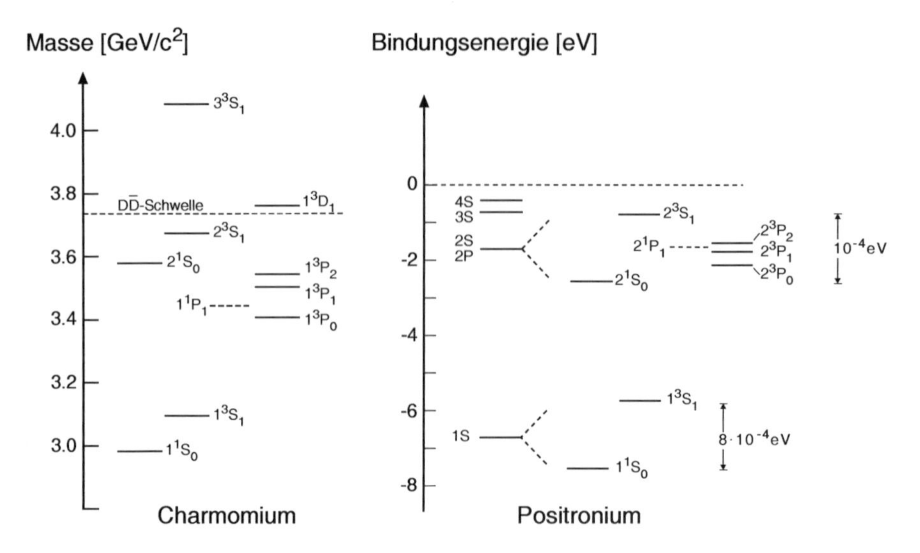

Abbildung 13.6. Vergleich des Energieniveauschemas von Positronium und Charmonium. Die Energieskalen sind so gewählt, dass der Abstand zwischen den 1S- und 2S-Zuständen in beiden Systemen gleich ist. Aufgrund der unterschiedlichen Nomenklatur für die erste Quantenzahl entsprechen die 2P-Zustände im Positronium den 1P-Zuständen im Charmonium. Die Aufspaltung der Positroniumzustände ist vergrößert gezeichnet. Gestrichelte Zustände sind berechnet, jedoch nicht experimentell nachgewiesen. Die Niveaustruktur von $n = 1$ und $n = 2$ ist in beiden Systemen sehr ähnlich, während der 2S–3S-Abstand stark unterschiedlich ausgeprägt ist. Die gestrichelte horizontale Linie gibt die Schwelle für die Dissoziation von Positronium bzw. für den Zerfall von Charmonium in zwei D-Mesonen (vgl. Abschn. 13.6) an.

rimentell bekannt ist, dass Quarks nicht als freie Teilchen vorkommen, ist es plausibel, ein Potential anzunehmen, das bei kleinen Abständen Coulomb-artig ist und bei größeren Abständen linear anwächst und so zum Einschluss *(confinement)* der Quarks in Hadronen führt.

Ein Ansatz für das Potential ist somit

$$V = -\frac{4}{3}\,\frac{\alpha_{\mathrm{s}}(r)\hbar c}{r} + k \cdot r\,, \tag{13.6}$$

welches das asymptotische Verhalten $V(r \to 0) \propto 1/r$ und $V(r \to \infty) \to \infty$ besitzt. Der Vorfaktor 4/3 ergibt sich durch theoretische Überlegungen aus der Tatsache, dass die Quarks drei verschiedene Farbladungen tragen können. Die Kopplungskonstante α_{s} der starken Wechselwirkung ist eigentlich gar keine Konstante, sondern vom Abstand r der Quarks abhängig (8.6) und wird kleiner mit kleiner werdendem Abstand. Dies ist eine direkte Konsequenz der QCD und führt zur sogenannten *asymptotischen Freiheit.* Dieses Verhalten ist verantwortlich dafür, dass die Quarks bei kleinen Abständen als quasifreie

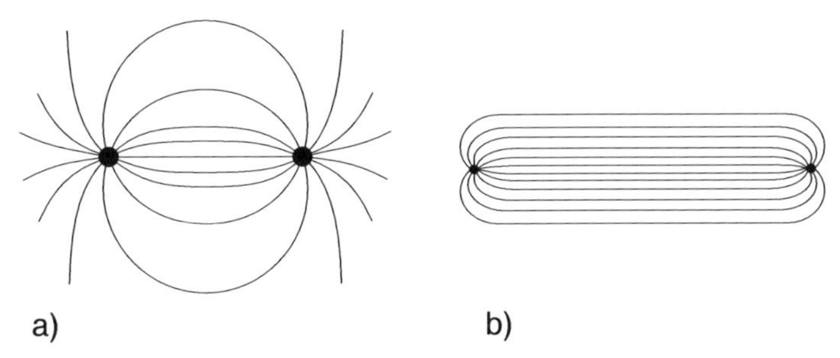

Abbildung 13.7. Feldlinien für (**a**) ein Dipolfeld ($V \propto 1/r$) zwischen zwei elektrischen Ladungen, (**b**) ein Potential $V \propto r$ zwischen zwei Quarks bei großen Abständen.

Teilchen betrachtet werden können, wie wir es schon bei der tiefinelastischen Streuung besprochen haben.

Während einem Coulomb-Potential ein Dipolfeld entspricht, bei dem die Feldlinien weit in den Raum hinausgreifen (Abb. 13.7a), entspricht dem Term kr eine Feldlinienkonfiguration in Form einer Röhre. Die Feldlinien sind zwischen den Quarks „gespannt" (Abb. 13.7b), und die Feldenergie steigt mit wachsendem Abstand der Quarks linear an. Die Konstante k im zweiten Term des Potentials bezeichnet also die Feldenergie pro Länge. Sie wird als „Saitenspannung" *(string tension)* bezeichnet.

Neben dem Potential bestimmt auch der kinetische Term des Hamiltonoperators mit der nicht a priori bekannten c-Quarkmasse m_c das Energieschema des Charmoniums. Mit Hilfe der nichtrelativistischen Schrödinger-Gleichung und mit dem Potential aus (13.6) kann man die drei Unbekannten α_s, k und m_c durch Anpassung an die gemessenen Hauptquantenniveaus der $c\bar{c}$-Zustände grob ermitteln. Typische Werte betragen: $\alpha_s \approx 0.15$–0.25, $k \approx 1$ GeV/fm und $m_c \approx 1.5$ GeV/c^2. Hierbei ist m_c die Konstituentenmasse des c-Quarks. Verglichen mit der elektromagnetischen Kopplungsstärke $\alpha = 1/137$ ist die Stärke der starken Wechselwirkung für das Charmonium-System ca. 20–30 mal größer. Abbildung 13.8 zeigt ein Potential nach (13.6), in das auch die Radien der berechneten Charmoniumzustände eingezeichnet sind. So hat das J/ψ (1^3S_1) einen Radius[1] von $r \approx 0.4$ fm, fünf Größenordnungen kleiner als der Radius des Positroniums.

Um das vollständige Niveauschema in Abb. 13.6 zu beschreiben, muss man noch weitere Terme in das Potential einführen. Analog zur Atomphysik kann man die Aufspaltung der P-Zustände sehr gut mit der Spin-Bahn-Wechselwirkung beschreiben. Auf die Aufspaltung der S-Zustände des Charmoniums und die damit verbundene Spin-Spin-Wechselwirkung gehen wir im nächsten Abschnitt ein.

[1] Wir meinen hiermit den mittleren Abstand zwischen Quark und Antiquark (s. Abb. 13.2).

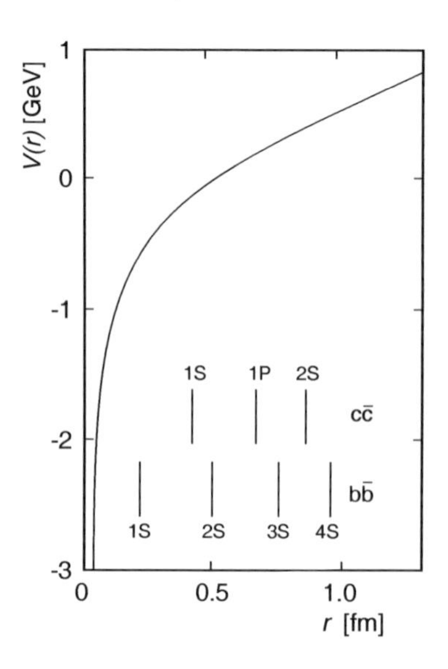

Abbildung 13.8. Potential der starken Wechselwirkung, aufgetragen gegen den Abstand r zwischen zwei Quarks. Das gezeigte Potential wird näherungsweise durch (13.6) beschrieben. Durch die senkrechten Striche sind die Radien der $c\overline{c}$-Zustände und $b\overline{b}$-Zustände angedeutet, die mit solch einem Potential berechnet wurden (nach [Go84]).

Das Coulomb-Potential beschreibt eine Kraft, die mit wachsendem Abstand abnimmt. Das Integral dieser Kraft ist die Ionisierungsenergie. Demgegenüber beschreibt das Potential der starken Wechselwirkung entsprechend (13.6) eine Kraft zwischen Quarks, die bei größerem Abstand konstant bleibt. Zum Ablösen eines Teilchens, das Farbe trägt, also z. B. eines Quarks aus einem Hadron, würde eine unendlich hohe Energie benötigt. Daher werden in der Natur nur farbneutrale Objekte beobachtet, denn die Isolierung von Farbladungen ist unmöglich. Dennoch können Quarks voneinander getrennt werden.

Bei diesem Prozess treten jedoch keine freien Quarks auf, sondern es werden Hadronen erzeugt, wenn die Energie in der Flussröhre zwischen den Quarks eine gewisse Grenze überschreitet. Die getrennten Quarks werden dabei in diese Hadronen eingebaut. Wird z. B. bei der tiefinelastischen Streuung ein Quark aus einem Hadron herausgeschlagen, so reißt die Flussröhre zwischen diesem Quark und dem Resthadron bei Abständen von ca. 1–2 fm auf, und die Feldenergie wird in ein $q\overline{q}$-Paar umgewandelt, das sich an die beiden Enden der Flussröhre anlagert und zwei farbneutrale Hadronen bildet. Dieser Vorgang ist die bereits erwähnte *Hadronisierung*.

13.4 Farbmagnetische Wechselwirkung

Die Analogie zwischen dem Potential der starken Wechselwirkung und dem der elektromagnetischen Wechselwirkung erstreckt sich auf den kurzreichweitigen Coulomb-Term, der einen Verlauf gemäß r^{-1} hat. Diesem Anteil entspricht ein 1-Gluon- bzw. 1-Photon-Austausch. Ähnlich wie im Positronium findet man auch im Charmonium eine starke Aufspaltung der S-Zustände, die durch die Spin-Spin-Wechselwirkung hervorgerufen wird. Diese Wechselwirkung ist nur bei kleinen Abständen groß, und daher sollte im Quarkonium im Wesentlichen der 1-Gluon-Austausch dafür verantwortlich sein. Die relative Aufspaltung aufgrund der Spin-Spin-Wechselwirkung, und damit ihre Stärke, ist bei Charmonium jedoch ca. 1000-mal größer als bei Positronium.

Im Fall des Positroniums hat das Potential der Spin-Spin-Wechselwirkung die Form

$$V_{\mathrm{ss}}(\mathrm{e^+e^-}) = \frac{-2\mu_0}{3}\,\boldsymbol{\mu}_1 \cdot \boldsymbol{\mu}_2\,\delta(\boldsymbol{x})\,, \tag{13.7}$$

wobei μ_0 die Permeabilität des Vakuums ist. Diese Gleichung beschreibt die Punktwechselwirkung der magnetischen Momente $\boldsymbol{\mu}_{1,2}$ von e^+ und e^-. Das magnetische Moment von Elektron bzw. Positron ist gegeben durch

$$\boldsymbol{\mu}_i = \frac{z_i e\hbar}{2m_i}\boldsymbol{\sigma}_i \qquad \text{mit} \qquad z_i = Q_i/e = \pm 1\,, \tag{13.8}$$

wobei $\boldsymbol{\sigma}$ den Spin des Teilchens angibt. Das Potential $V_{\mathrm{ss}}(\mathrm{e^+e^-})$ schreibt sich dann:

$$V_{\mathrm{ss}}(\mathrm{e^+e^-}) = \frac{-\hbar^2\,\mu_0}{6}\,\frac{z_1 z_2 e^2}{m_1 m_2}\,\boldsymbol{\sigma}_1 \cdot \boldsymbol{\sigma}_2\,\delta(\boldsymbol{x}) = \frac{2\pi\hbar^3}{3\,c}\,\alpha\,\frac{\boldsymbol{\sigma}_1 \cdot \boldsymbol{\sigma}_2}{m_{\mathrm{e}}^2}\,\delta(\boldsymbol{x})\,. \tag{13.9}$$

Bei Quarks haben wir eine Spin-Spin-Wechselwirkung aufgrund ihrer Farbladungen, die wir *farbmagnetische Wechselwirkung* nennen. Wenn wir die Form der elektromagnetischen Spin-Spin-Wechselwirkung in die farbmagnetische Spin-Spin-Wechselwirkung übersetzen, müssen wir die elektromagnetische Kopplungskonstante α durch α_{s} ersetzen, sowie den numerischen Vorfaktor ändern, um zu berücksichtigen, dass es drei Farbladungen gibt. Wir erhalten dann für die Spin-Spin-Wechselwirkung von Quark und Antiquark

$$V_{\mathrm{ss}}(\mathrm{q\overline{q}}) = \frac{8\pi\hbar^3}{9\,c}\alpha_{\mathrm{s}}\frac{\boldsymbol{\sigma}_{\mathrm{q}} \cdot \boldsymbol{\sigma}_{\overline{\mathrm{q}}}}{m_{\mathrm{q}} m_{\overline{\mathrm{q}}}}\,\delta(\boldsymbol{x})\,. \tag{13.10}$$

Die farbmagnetische Energie hängt also von der relativen Spinstellung von Quark und Antiquark zueinander ab. Der Erwartungswert von $\boldsymbol{\sigma}_{\mathrm{q}} \cdot \boldsymbol{\sigma}_{\overline{\mathrm{q}}}$ ergibt sich zu

$$\begin{aligned} \boldsymbol{\sigma}_{\mathrm{q}} \cdot \boldsymbol{\sigma}_{\overline{\mathrm{q}}} = 4\boldsymbol{s}_{\mathrm{q}} \cdot \boldsymbol{s}_{\overline{\mathrm{q}}}/\hbar^2 &= 2 \cdot [S(S+1) - s_{\mathrm{q}}(s_{\mathrm{q}}+1) - s_{\overline{\mathrm{q}}}(s_{\overline{\mathrm{q}}}+1)] \\ &= \begin{cases} -3 & \text{für} \quad S = 0\,, \\ +1 & \text{für} \quad S = 1\,, \end{cases} \end{aligned} \tag{13.11}$$

wobei $\boldsymbol{S}$ der Gesamtspin des Charmoniums ist und die Identität $\boldsymbol{S}^2 = (\boldsymbol{s}_{\mathrm{q}} + \boldsymbol{s}_{\overline{\mathrm{q}}})^2$ ausgenutzt wird. Daraus ergibt sich eine Energieaufspaltung bzw. Massenaufspaltung aufgrund der farbmagnetischen Wechselwirkung von

$$\Delta E_{\mathrm{ss}} = \langle\psi|V_{\mathrm{ss}}|\psi\rangle = 4 \cdot \frac{8\pi\hbar^3}{9\,c}\,\frac{\alpha_{\mathrm{s}}}{m_{\mathrm{q}} m_{\overline{\mathrm{q}}}}\,|\psi(0)|^2\,. \tag{13.12}$$

Diese Aufspaltung ist nur wirksam für S-Zustände, da nur für diese die Wellenfunktion am Ursprung, $\psi(0)$, von Null verschieden ist.

Der im Charmonium beobachtete Übergang vom 1^3S_1-Zustand in den 1^1S_0-Zustand ($J/\psi \to \eta_c$) ist ein magnetischer Übergang, der einem Umklappen des Spins („Spinflip") eines der Quarks entspricht. Die gemessene Photonenergie und damit die Aufspaltung dieser beiden Zustände beträgt ca. 120 MeV. Diese Aufspaltung sollte durch die farbmagnetische Wechselwirkung (13.12) beschrieben werden können. Die direkte Berechnung der Wellenfunktion ist zwar nicht exakt möglich, wir können aber mit den im letzten Abschnitt gegebenen Werten von α_s und m_c feststellen, dass unser Ansatz für die farbmagnetische Wechselwirkung konsistent mit der beobachteten Aufspaltung der Zustände ist. Wir werden in Kap. 14 sehen, dass die Spin-Spin-Wechselwirkung auch bei leichten Mesonen eine Rolle spielt und dort das Massenspektrum sehr gut beschreibt.

Masse des c-Quarks. Die Masse des c-Quarks, die wir aus der Analyse von Charmoniumzuständen bestimmt haben, ist die Masse des Konstituentenquarks, also die effektive Masse des Quarks im gebundenen System. Diese Konstituentenmasse setzt sich zusammen aus der intrinsischen („nackten") Masse des Quarks, deren Ursprung wir nicht kennen, und einem „dynamischen" Teil, der von der das Quark umgebenden Wolke aus Gluonen und Seequarks herrührt. Aus der Beobachtung, dass Hadronen mit c-Quarks 4–10 mal größere Massen besitzen als die leichten Hadronen, schließt man, dass die Konstituentenmasse der c-Quarks zum größten Teil aus intrinsischer Masse besteht, denn der absolute Anteil der dynamischen Masse sollte für alle Hadronen in derselben Größenordnung sein. Auch wenn der dynamische Anteil der Konstituentenmasse für schwere Quarks klein ist, sollten wir nicht vergessen, dass das benutzte Potential auch für schwere Quarkonia ein phänomenologisches Potential ist, das eigentlich nur die Wechselwirkung zwischen *Konstituenten*quarks beschreibt.

13.5 Bottonium und Toponium

Bei Schwerpunktsenergien von ca. 10 GeV findet man in der e^+e^--Streuung eine weitere Gruppe von schmalen Resonanzen. Man erklärt sie mit gebundenen Zuständen des $b\overline{b}$-Systems und bezeichnet sie mit *Bottonium.* Der niedrigste $b\overline{b}$-Zustand, der in der e^+e^--Vernichtung erzeugt werden kann, heißt Υ und hat eine Masse von 9.46 GeV/c^2. Höhere Anregungen des $b\overline{b}$-Systems sind bis zu Massen von 11 GeV/c^2 gefunden worden.

Auch beim Bottonium beobachtet man verschiedene elektromagnetische Übergänge zwischen den einzelnen Zuständen. Hier findet man neben den 1^3P_J-Zuständen auch 2^3P_J-Zustände. Das Energieniveauschema dieser Zustände ähnelt stark dem des Charmoniums (Abb. 13.9). Dies deutet darauf hin, dass das Quark-Quark-Potential nicht von der Art des Quarks abhängt.

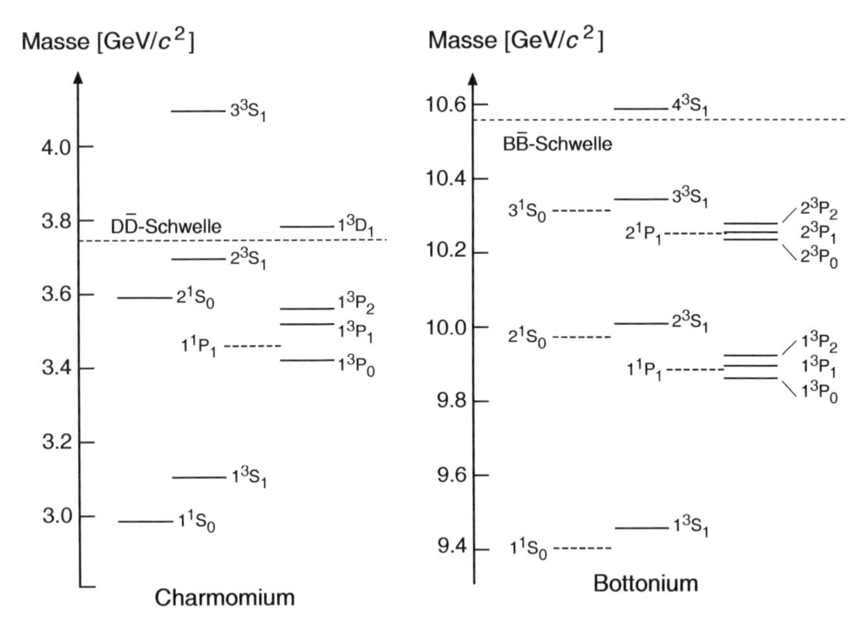

Abbildung 13.9. Energieniveaus von Charmonium und Bottonium. Gestrichelte Niveaus sind nur berechnet, aber noch nicht experimentell nachgewiesen worden. Beide Termschemata haben eine sehr ähnliche Struktur. Die gestrichelte Linie zeigt die Energieschwelle, oberhalb derer die Quarkonia in Hadronen zerfallen, die die ursprünglichen Quarks enthalten, die D Mesonen bzw. B-Mesonen. Unterhalb dieser Schwelle sind elektromagnetische Übergänge von den ^{3}S-Zuständen in die ^{3}P- bzw. ^{1}S-Zustände beobachtbar. Beim Bottonium liegen der erste und der zweite angeregte Zustand ($n = 2, 3$) unterhalb dieser Schwelle, beim Charmonium nur der erste.

Die Masse des b-Quarks ist ca. 3-mal so groß wie die des c-Quarks. Der Radius eines Quarkonium-Grundzustandes ist entsprechend (13.4) umgekehrt proportional zur Quarkmasse und zur starken Kopplungskonstante α_s. Für den 1S-Zustand von $\mathrm{b\bar{b}}$ ergibt sich damit ein Radius von ca. 0.2 fm (vgl. Abb. 13.8), etwa halb so groß wie der des entsprechenden $\mathrm{c\bar{c}}$-Zustandes. Zudem ist die nichtrelativistische Behandlung dieses Systems besser gesichert als beim Charmonium. Erstaunlich ist der annähernd gleiche Massenunterschied zwischen dem 1S- und dem 2S-Niveau in beiden Systemen. Ein reines Coulomb-Potential würde Energieniveaus bewirken, die proportional zur reduzierten Masse des Systems sind (13.2). Man sieht also, dass im Massenbereich des c- und b-Quarks der langreichweitige Term des Potentials kr die Massenabhängigkeit der Energieniveaus aufhebt.

Das t-Quark hat aufgrund seiner hohen Masse nur eine sehr kurze Lebensdauer. Daher sind keine scharfen $\mathrm{t\bar{t}}$-Zustände *(Toponium)* zu erwarten.

13.6 Zerfallskanäle schwerer Quarkonia

Bisher haben wir im Wesentlichen über die elektromagnetischen Übergänge zwischen verschiedenen Zuständen der Quarkonia gesprochen. Erstaunlich ist, dass überhaupt elektromagnetische Zerfälle in beobachtbarem Maß auftreten. Eigentlich würde man von einem stark wechselwirkenden Objekt erwarten, dass es auch hauptsächlich „stark" zerfällt. Um ein möglichst genaues Bild der Quark-Antiquark-Wechselwirkung zu erhalten, sind die Zerfälle schwerer Quarkonia sehr genau untersucht worden [Kö89]. Prinzipiell gibt es für Quarkonia vier verschiedene Möglichkeiten zu zerfallen bzw. ihren Zustand zu ändern:

a) Änderung des Anregungszustandes durch Abstrahlung eines Photons (elektromagnetisch), z. B.

$$\chi_{c1}\,(1^3\mathrm{P}_1) \;\to\; \mathrm{J}/\psi\,(1^3\mathrm{S}_1) + \gamma$$

b) Annihilation von Quark und Antiquark zu reellen oder virtuellen Photonen oder Gluonen (elektromagnetisch oder stark), z. B.

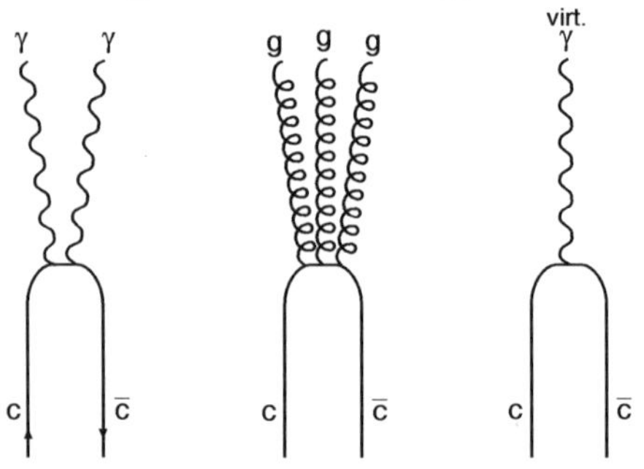

$$\begin{aligned}
\eta_c\,(1^1\mathrm{S}_0) &\;\to\; 2\gamma \\
\mathrm{J}/\psi\,(1^3\mathrm{S}_1) &\;\to\; \mathrm{ggg} \;\to\; \text{Hadronen} \\
\mathrm{J}/\psi\,(1^3\mathrm{S}_1) &\;\to\; \text{virt. } \gamma \;\to\; \text{Hadronen} \\
\mathrm{J}/\psi\,(1^3\mathrm{S}_1) &\;\to\; \text{virt. } \gamma \;\to\; \text{Leptonen}
\end{aligned}$$

Das J/ψ zerfällt zu ca. 30 % elektromagnetisch in Hadronen oder geladene Leptonen und zu ca. 70 % über die starke Wechselwirkung. Trotz der kleinen Kopplungskonstante α kann der elektromagnetische Prozess mit dem starken Prozess konkurrieren, weil bei letzterem aufgrund der Erhaltung der Farbladung und der Parität *drei* Gluonen ausgetauscht werden müssen. In der Zerfallswahrscheinlichkeit tritt daher ein Faktor von α_s^3 auf. Zustände mit $J=0$, z. B. das η_c, können in zwei Gluonen oder zwei reelle Photonen zerfallen. Beim Zerfall des J/ψ ($J=1$) erfolgt der Zerfall über drei Gluonen oder ein virtuelles Photon.

c) Anlagerung eines oder mehrerer leichter $q\overline{q}$-Paare aus dem Vakuum unter Bildung von leichteren Mesonen (starke Wechselwirkung):

$$\psi(3770) \rightarrow D^0 + \overline{D}^0$$

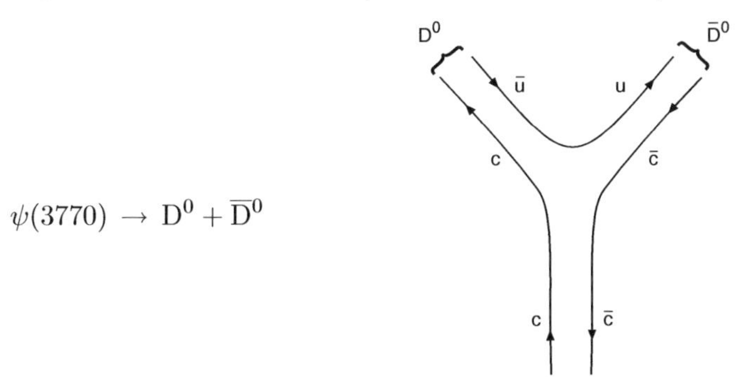

d) Schwacher Zerfall eines oder beider schweren Quarks, z. B.

$$J/\psi \rightarrow D_s^- + e^+ + \nu_e$$

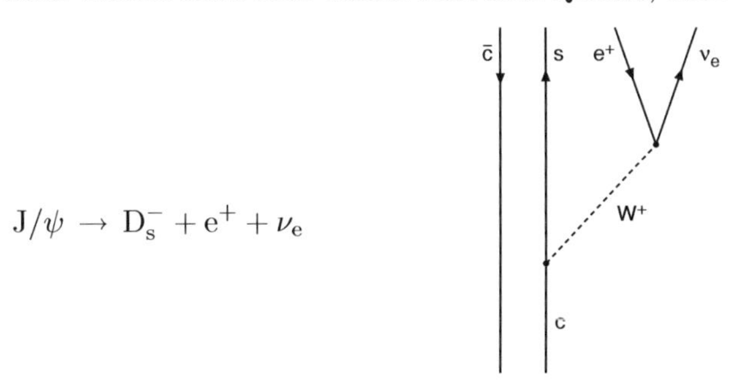

In der Praxis hat der schwache Zerfall (d) keine Bedeutung, da der starke und der elektromagnetische Zerfall weitaus schneller ablaufen. Der starke Zerfall (c) ist am wahrscheinlichsten, kann aber erst oberhalb einer gewissen Energieschwelle auftreten, da die leichten $q\overline{q}$-Paare aus der Anregungsenergie des Quarkoniums gewonnen werden müssen. Somit bleiben für Quarkonia unterhalb dieser Schwelle nur die Prozesse (a) und (b) übrig.

Die Abregung durch Abstrahlung eines Photons ist als elektromagnetischer Prozess vergleichsweise langsam. Die Annihilation (b) und Erzeugung von Hadronen über Gluonen läuft zwar über die starke Wechselwirkung ab, nach der *Zweig-Regel* sind jedoch Zerfälle, bei denen die ursprünglichen Quarks annihilieren (b) gegenüber Zerfällen mit durchgehenden Quarklinien (c) unterdrückt (vgl. Abschn. 9.2). Daher ist die Zerfallsbreite von Quarkoniumzuständen unterhalb der Mesonschwelle sehr klein (z. B. $\Gamma = 88\,\text{keV}$ für J/ψ).

Beim $c\overline{c}$-System liegt erst der $\psi\,(1^3D_1)$-Zustand mit einer Masse von 3770 MeV/c^2 oberhalb dieser Schwelle. Verglichen mit dem J/ψ hat diese Resonanz eine relativ große Breite von $\Gamma \approx 24\,\text{MeV}$. Beim stärker gebundenen $b\overline{b}$-System kann sogar erst der dritte angeregte Zustand $\Upsilon\,(4^3S_1)$ (10 580 MeV/c^2) in Mesonen mit b-Quarks zerfallen (vgl. Abb. 13.9).

Die leichtesten Quarks, die zum Mesonzerfall an die schweren Quarks angelagert werden können, sind die u- und d-Quarks. Das Charmonium zerfällt dann z. B. in

$$\begin{aligned} \mathrm{c\overline{c}} &\rightarrow \mathrm{c\overline{u}} + \mathrm{\overline{c}u}\,, \\ \mathrm{c\overline{c}} &\rightarrow \mathrm{c\overline{d}} + \mathrm{\overline{c}d}\,, \end{aligned}$$

wobei $\mathrm{c\overline{u}}$ das $\mathrm{D^0}$-Meson, $\mathrm{\overline{c}u}$ das $\mathrm{\overline{D}^0}$-Meson, $\mathrm{c\overline{d}}$ das $\mathrm{D^+}$-Meson und $\mathrm{\overline{c}d}$ das $\mathrm{D^-}$-Meson bilden. Die Massen dieser Mesonen betragen 1864.6 MeV/c^2 ($\mathrm{D^0}$) bzw. 1869.4 MeV/c^2 ($\mathrm{D^\pm}$). Analog sind die bevorzugten Zerfälle des Bottoniums

$$\begin{aligned} \mathrm{b\overline{b}} &\rightarrow \mathrm{b\overline{u}} + \mathrm{\overline{b}u}\,, \\ \mathrm{b\overline{b}} &\rightarrow \mathrm{b\overline{d}} + \mathrm{\overline{b}d}\,. \end{aligned}$$

Diese Mesonen heißen[2] $\mathrm{B^-}$ und $\mathrm{B^+}$ (m = 5278.9 MeV/c^2), sowie $\mathrm{\overline{B}^0}$ und $\mathrm{B^0}$ (m = 5279.2 MeV/c^2). Bei höheren Anregungsenergien können auch noch Mesonen mit s-Quarks gebildet werden:

$$\begin{aligned} \mathrm{c\overline{c}} &\rightarrow \mathrm{c\overline{s}} + \mathrm{\overline{c}s} && (\mathrm{D_s^+} \text{ und } \mathrm{D_s^-})\,, \\ \mathrm{b\overline{b}} &\rightarrow \mathrm{b\overline{s}} + \mathrm{\overline{b}s} && (\mathrm{\overline{B}_s^0} \text{ und } \mathrm{B_s^0})\,. \end{aligned}$$

Diese Mesonen sind entsprechend schwerer. Zum Beispiel beträgt die Masse des $\mathrm{D_s^\pm}$-Mesons 1968.5 MeV/c^2. Alle diese Mesonen zerfallen dann durch schwache Wechselwirkung letztendlich wieder in leichtere Mesonen wie Pionen etc.

13.7 Test der QCD aus der Zerfallsbreite

Aus den verschiedenen Zerfällen der Quarkonia und ihren Raten kann man Aussagen über die Kopplungskonstante α_s der starken Wechselwirkung gewinnen. Betrachten wir als Beispiel den $1^1\mathrm{S}_0$-Zustand der Charmoniums (η_c), der sowohl in 2 Photonen als auch in 2 Gluonen zerfallen kann, wobei letztere hadronisieren und experimentell nur Hadronen beobachtbar sind. Aus dem Verhältnis der Zerfallsbreiten dieser beiden Zerfallskanäle kann man α_s prinzipiell sehr elegant bestimmen.

Die Zerfallsbreite in 2 *reelle* Photonen ist im Wesentlichen durch die entsprechende Formel für Positronium (13.5) gegeben. Dabei muss nur noch berücksichtigt werden, dass die c-Quarks die elektrische Ladung $z_\mathrm{c} = 2/3$ tragen und in 3 verschiedenen Farbladungszuständen vorkommen:

[2] Es entspricht der standardisierten Nomenklatur für Mesonen mit schweren Quarks, dass das neutrale Meson mit einem b-Quark ein $\mathrm{\overline{B}^0}$ und das neutrale Meson mit $\mathrm{\overline{b}}$ ein $\mathrm{B^0}$ ist. Ein elektrisch neutraler $\mathrm{q\overline{q}}$-Zustand erhält dann einen Querstrich, wenn das schwerere Quark bzw. Antiquark negativ geladen ist [PD98].

$$\Gamma(1^1\mathrm{S}_0 \to 2\gamma) = \frac{3 \cdot 4\pi z_\mathrm{c}^4 \alpha^2 \hbar^3}{m_\mathrm{c}^2 c} |\psi(0)|^2 \, (1+\varepsilon') \,. \tag{13.13}$$

Der Term ε' beinhaltet QCD-Korrekturen höherer Ordnung der Störungsrechnung, die näherungsweise berechenbar sind.

Betrachtet man den Zerfall in 2 Gluonen, so muss man α durch α_s ersetzen. Die Gluonen können im Gegensatz zu den Photonen nicht als reelle Teilchen existieren, sondern hadronisieren. Für diesen Prozess setzen wir die starke Kopplungskonstante gleich Eins. Außerdem ergibt sich wegen der verschiedenen Farb-Antifarb-Kombinationen der Gluonen ein anderer Vorfaktor:

$$\Gamma(1^1\mathrm{S}_0 \to 2\mathrm{g} \to \text{Hadronen}) = \frac{8\pi}{3} \frac{\alpha_\mathrm{s}^2 \hbar^3}{m_\mathrm{c}^2 c} |\psi(0)|^2 \, (1+\varepsilon'') \,. \tag{13.14}$$

Auch hier beschreibt ε'' QCD-Korrekturen. Für das Verhältnis dieser beiden Zerfallsbreiten erhält man:

$$\frac{\Gamma(2\gamma)}{\Gamma(2\mathrm{g})} = \frac{8}{9} \frac{\alpha^2}{\alpha_\mathrm{s}^2} \, (1+\varepsilon) \,. \tag{13.15}$$

Der Korrekturfaktor ε hängt selbst von α_s ab und beträgt $\varepsilon \approx -0.5$. Mit dem experimentell ermittelten Verhältnis $\Gamma(2\gamma)/\Gamma(2\mathrm{g}) \approx (3.0 \pm 1.2) \cdot 10^{-4}$ [PD98] erhält man einen Wert von $\alpha_\mathrm{s}(m_{\mathrm{J}/\psi}^2 c^2) \approx 0.25 \pm 0.05$. Dieses Ergebnis ist konsistent mit dem Wert, den man aus dem Niveauschema von Charmonium ableitet. Nach (8.6) beziehen sich Angaben für α_s immer auf eine Abstandsskala oder äquivalent auf eine Energie- oder Massenskala. In diesem Fall ist die Abstandsskala durch die Konstituentenmasse der c-Quarks bzw. durch die J/ψ-Masse gegeben. Experimentell und auch theoretisch ist das obige Resultat – obgleich konzeptionell einfach – mit Unsicherheiten behaftet. Zu den QCD-Korrekturen kommen noch weitere Korrekturen aufgrund der relativistischen Bewegung der Quarks hinzu. Zur Bestimmung von α_s aus dem Charmoniumsystem kann man noch viele weitere Zerfallskanäle heranziehen, z. B. den Vergleich der Zerfallsraten

$$\frac{\Gamma(\mathrm{J}/\psi \to 3\mathrm{g} \to \text{Hadronen})}{\Gamma(\mathrm{J}/\psi \to \gamma^* \to 2\,\text{Leptonen})} \propto \frac{\alpha_\mathrm{s}^3}{\alpha^2} \,, \tag{13.16}$$

der experimentell einfacher zugänglich ist. Auch hier und bei anderen Kanälen ergibt sich $\alpha_\mathrm{s}(m_{\mathrm{J}/\psi}^2 c^2) \approx 0.2 \cdots 0.3$ [Kw87].

Berechnet man aus dem Vergleich verschiedener Zerfallsraten des Bottoniums die Kopplungsstärke α_s, so erhält man aufgrund der kleineren QCD-Korrekturen und relativistischen Effekte in der Regel genauere Resultate. Aus der QCD erwartet man einen kleineren Wert für α_s, da die Kopplungsstärke mit kleinerem Abstand abnehmen sollte. Dies ist auch tatsächlich der Fall. So berechnet man aus dem Verhältnis

$$\frac{\Gamma(\Upsilon \to \gamma\mathrm{gg} \to \gamma + \text{Hadronen})}{\Gamma(\Upsilon \to \mathrm{ggg} \to \text{Hadronen})} \propto \frac{\alpha}{\alpha_\mathrm{s}} \,, \tag{13.17}$$

das zu $(2.75 \pm 0.04)\%$ gemessen wurde, einen Wert von $\alpha_s(m_\Upsilon^2 c^2) = 0.163 \pm 0.016$ [Ne97]. Der Fehler ist von Unsicherheiten bei den theoretischen Korrekturtermen dominiert.

Diese Beispiele zeigen, dass sich die Vernichtung eines schweren $q\overline{q}$-Paares durch die elektromagnetische und durch die starke Wechselwirkung formal in der gleichen Weise beschreiben lassen. Der Unterschied besteht nur in der Kopplungskonstanten. Diesen Vergleich können wir als Test zur Anwendbarkeit der QCD bei kleinen Abständen betrachten, bei denen die $q\overline{q}$-Vernichtung ja stattfindet. Unter diesen Verhältnissen sind QCD und QED analog strukturierte Theorien, weil die Wechselwirkung in guter Näherung durch den Austausch nur eines Vektorbosons, also eines Photons bzw. Gluons, beschrieben wird.

Aufgaben

1. **Schwache Ladung**
   Wir kennen gebundene Systeme der starken Wechselwirkung (Hadronen, Kerne), der elektromagnetischen Wechselwirkung (Atome, Festkörper) und der Gravitation (Sonnensystem, Sterne), nicht jedoch der schwachen Wechselwirkung. Schätzen Sie in Analogie zum Positronium ab, wie schwer zwei Teilchen sein müssten, damit der Bohr'sche Radius eines gebundenen Systems größenordnungsmäßig von der Reichweite der schwachen Wechselwirkung wäre.

2. **Myonische und hadronische Atome**
   Negativ geladene Teilchen, die lange genug leben (μ^-, π^-, K^-, $\overline{p}$, Σ^-, Ξ^-, Ω^-), können im Feld von Atomkernen eingefangen werden.
   Berechnen Sie die Energie für atomare ($2p \rightarrow 1s$)-Übergänge in Wasserstoff-ähnlichen „Atomen", bei denen das Elektron durch die o. g. Teilchen ersetzt wird, unter Anwendung der Formeln in Kap. 13. Die Lebensdauer des 2p-Zustands im H-Atom ist $\tau_H = 1.76 \cdot 10^9$ s.
   Wie groß ist die durch elektromagnetische Übergänge verursachte Lebensdauer des 2p-Zustands im $p\overline{p}$-System (Protonium)? Berücksichtigen Sie bei der Rechnung die Skalierung des Matrixelementes und des Phasenraumanteils.

3. **Hyperfeinstruktur**
   In 2-Fermion-Systemen ist die Hyperfeinstrukturaufspaltung der Niveaus 1^3S_1 und 1^1S_0 proportional zum Produkt der magnetischen Momente der Fermionen, $\Delta E \propto |\psi(0)|^2 \mu_1 \mu_2$, mit $\mu_i = g_i \frac{e_i}{2m_i}$. Der g-Faktor des Protons beträgt $g_p = 5.5858$ und der des Elektrons und des Myons ist $g_e \approx g_\mu \approx 2.0023$. Beim Positronium tritt ein zusätzlicher Faktor 7/4 in der Formel für ΔE auf, der die Niveauverschiebung des Triplettzustandes durch den Paarvernichtungsgraphen berücksichtigt.
   Beim Wasserstoffatom entspricht die Energieaufspaltung einer Übergangsfrequenz von $f_H = 1420$ MHz. Schätzen Sie die Werte für Positronium und Myonium ($\mu^+ e^-$) ab! (Hinweise: $\psi(0) \propto r_b^{-3/2}$; reduzierte Masse im Ausdruck für $|\psi(0)|^2$ benutzen!). Vergleichen Sie Ihr Ergebnis mit den gemessenen Werten der Übergangsfrequenz von 203.4 GHz für Positronium und von 4.463 GHz für Myonium. Wie erklärt sich der (geringe) Unterschied?

4. **Fabrik für B-Mesonen**
   An den Speicherringen DORIS und CESR wurden Υ-Mesonen der Masse 10.58 GeV/c^2 in der Reaktion $e^+e^- \rightarrow \Upsilon(4S)$ erzeugt. Die im Laborsystem ruhenden $\Upsilon(4S)$-Mesonen zerfallen sofort in ein Paar von B-Mesonen: $\Upsilon \rightarrow B^+B^-$. Die Masse m_B der B-Mesonen beträgt 5.28 GeV/c^2, und die Lebensdauer τ beträgt 1.5 psec.
   a) Wie groß ist die mittlere Zerfallslänge der B-Mesonen im Laborsystem?
   b) Um die Zerfallslänge zu erhöhen, müsste man den $\Upsilon(4S)$-Mesonen bei der Produktion einen Laborimpuls geben. Diese Idee wird am SLAC umgesetzt, wo eine „B-Fabrik" gebaut wird, bei der Elektronen und Positronen mit unterschiedlicher Energie aufeinander treffen. Welchen Impuls müssen die B-Mesonen haben, damit ihre mittlere Zerfallslänge 0.2 mm beträgt?
   c) Welche Energie müssen dann die $\Upsilon(4S)$-Mesonen haben, bei deren Zerfall die B-Mesonen produziert werden?
   d) Welche Energie müssen der Elektronen- und der Positronenstrahl haben, um diese $\Upsilon(4S)$-Mesonen zu erzeugen? Für die letzten drei Fragen nehmen Sie an, dass die B-Mesonen eine Masse von 5.29 GeV/c^2 (anstatt der exakten 5.28 GeV/c^2) besitzen, um die Rechnung ohne Einfluss auf das Ergebnis zu vereinfachen.

14. Mesonen aus leichten Quarks

Wir haben gesehen, dass sich Mesonen mit schweren Quarks (c und b) relativ einfach beschreiben lassen. Charmonium und Bottonium unterscheiden sich deutlich in ihrer Masse und bilden zwei streng voneinander getrennte Gruppen. Auch den D- und B-Mesonen lassen sich anhand von Flavour und Ladung eindeutig Quark-Antiquark-Kombinationen zuordnen.

Komplizierter wird die Situation bei den Mesonen, die nur aus den drei leichten Quarksorten (u, d und s) aufgebaut sind. Die Konstituentenmassen dieser Quarks, insbesondere die von u- und d-Quark, unterscheiden sich nur wenig voneinander. Man kann daher nicht erwarten, dass sich die leichten Mesonen streng nach Quarksorten getrennt kategorisieren lassen, sondern muss mit Mischzuständen aus den drei leichten Quarksorten rechnen. Alle Mesonen, die aus u-, d- und s-Quarks aufgebaut sind, sollten daher gleichzeitig betrachtet werden.

Des Weiteren ist wegen der niedrigen Quarkmassen nicht zu erwarten, dass man diese Systeme nichtrelativistisch behandeln kann. Aus der Betrachtung des Massenspektrums der Mesonen werden wir aber sehen, dass die leichten Mesonen überraschenderweise analog zu den schweren Quarkonia semiquantitativ in einem nichtrelativistischen Modell beschrieben werden können. Dieser Erfolg gibt dem Konzept der Konstituentenquarks seine physikalische Bedeutung.

14.1 Mesonmultipletts

Quantenzahlen der Mesonen. Wir gehen davon aus, dass bei den Mesonzuständen mit den niedrigsten Massen Quark und Antiquark keinen relativen Bahndrehimpuls haben, das System sich also in einem Zustand mit $L=0$ befindet. Im Folgenden werden wir uns auf solche Mesonen beschränken. Da Quarks und Antiquarks entgegengesetzte intrinsische Paritäten haben, ist die Parität dieser Mesonen $(-1)^{L+1}=-1$. Die Spins von Quark und Antiquark können zum Gesamtspin $S=1$ oder $S=0$ koppeln, was dann dem Gesamtdrehimpuls J des Mesons entspricht. Die Mesonen mit $J^P=0^-$ nennt man *pseudoskalare Mesonen,* diejenigen mit $J^P=1^-$ heißen *Vektormesonen.* Anschaulich erwartet man jeweils 9 verschiedene Mesonen, die aus der Kombination von 3 Quarks mit 3 Antiquarks hervorgehen können.

Isospin und Strangeness. Betrachten wir zunächst die beiden leichtesten Quarks. Die Konstituentenmassen von u- und d-Quark liegen beide bei ca. 300 MeV/c^2 (s. Tabelle 9.1). Aufgrund dieser Entartung können sich Zustände mit den gleichen Quantenzahlen, also $\mathrm{u\overline{u}}$- und $\mathrm{d\overline{d}}$-Quarkonia, vermischen. Man beschreibt dies durch den *Isospin*formalismus. Das u- und das d-Quark bilden ein Isospinduplett ($I = 1/2$) mit $I_3 = +1/2$ für das u-Quark und $I_3 = -1/2$ für das d-Quark. Der starke Isospin ist eine Erhaltungsgröße der starken Wechselwirkung, d. h. alle beliebig im starken Isospinraum gedrehten Zustände sind für die starke Wechselwirkung äquivalent. Quantenmechanisch wird der Isospin genauso behandelt wie ein Drehimpuls, insbesondere bzgl. der Addition zweier Isospins und der Anwendung von Leiteroperatoren. Ebenso wie die Spins zweier Elektronen zu einem (Spin-)Triplett und einem Singulett koppeln, bilden die 2×2 Kombinationen aus u- und d-Quark sowie $\overline{\mathrm{u}}$- und $\overline{\mathrm{d}}$-Quark ein (Isospin-)Triplett und ein Singulett.

Tabelle 14.1. Die leichten Quarks und Antiquarks und ihre Quantenzahlen: B = Baryonenzahl, J = Spin, I = Isospin, I_3 = 3-Komponente des Isospins, S = Strangeness, Q/e = Ladungszahl.

	B	J	I	I_3	S	Q/e
u	$+1/3$	$1/2$	$1/2$	$+1/2$	0	$+2/3$
d	$+1/3$	$1/2$	$1/2$	$-1/2$	0	$-1/3$
s	$+1/3$	$1/2$	0	0	-1	$-1/3$
$\overline{\mathrm{u}}$	$-1/3$	$1/2$	$1/2$	$-1/2$	0	$-2/3$
$\overline{\mathrm{d}}$	$-1/3$	$1/2$	$1/2$	$+1/2$	0	$+1/3$
$\overline{\mathrm{s}}$	$-1/3$	$1/2$	0	0	$+1$	$+1/3$

Nimmt man das s-Quark hinzu, so kann man dieses Schema erweitern. Den Flavour des s-Quarks beschreibt man mit der additiven Quantenzahl *Strangeness,* der man den Wert $S = -1$ für das s-Quark und $S = +1$ für das $\overline{\mathrm{s}}$-Antiquark gibt. Kombinationen aus einem s-(Anti-)Quark und einem anderen (Anti-)Quark sind Eigenzustände der starken Wechselwirkung, weil die Strangeness sich nur bei schwachen Wechselwirkung ändern kann. Dagegen können sich $\mathrm{s\overline{s}}$-Zustände mit $\mathrm{u\overline{u}}$- und $\mathrm{d\overline{d}}$-Zuständen vermischen, die die gleichen Quantenzahlen J^P haben. Da die Konstituentenmasse des s-Quarks mit ca. 450 MeV/c^2 etwas höher ist, sollte der Grad der Vermischung geringer sein als bei der Vermischung von $\mathrm{u\overline{u}}$ und $\mathrm{d\overline{d}}$.

Aus gruppentheoretischen Überlegungen ergibt sich, dass die 3×3 Kombinationen aus den drei Quarks und Antiquarks ein Oktett und ein Singulett bilden. Diese Symmetrie haben wir bereits bei den Gluonen kennengelernt, bei denen die 3×3 Kombinationen aus Farben und Antifarben ebenfalls ein Singulett und ein Oktett bilden (Abschn. 8.3). In der Gruppentheorie bezeichnet man die zugrunde liegende Symmetrie als SU(3).

Im Folgenden werden wir jedoch sehen, dass aufgrund der höheren Masse des s-Quarks diese Symmetrie weniger ausgeprägt ist. Während Mesonen innerhalb eines Isospintripletts fast gleiche Massen aufweisen, unterscheiden sich die Massen innerhalb eines Oktetts schon beträchtlich. Noch geringer wäre die Symmetrie, wenn man zusätzlich das c-Quark hinzunähme.

Vektormesonen. Analog zur Produktion von schweren Quarkonia können auch leichte Vektormesonen in e^+e^--Kollisionen erzeugt werden. Wie wir in Abschn. 9.2 gesehen haben (Abb. 9.4), findet man im Wirkungsquerschnitt drei Resonanzen bei einer Schwerpunktsenergie von ca. 1 GeV. Die Resonanz mit der höchsten Energie bei 1019 MeV wird als ϕ-Meson bezeichnet. Da der Zerfall des ϕ in Mesonen mit Strangeness deutlich bevorzugt ist, interpretiert man das ϕ als $s\bar{s}$-Zustand

$$|\phi\rangle = |s^\uparrow \bar{s}^\uparrow\rangle ,$$

wobei die Pfeile die 3-Komponente des jeweiligen Quarkspins bezeichnen. Die beiden leichteren, fast massegleichen Resonanzen ϱ und ω werden als Mischzustände von u- und d-Quarks aufgefasst.

Die niedrigste und breite Resonanz bei 770 MeV wird ϱ^0-Meson genannt. Dieses Meson hat noch zwei geladene Partner mit (fast) derselben Masse, welche man aus anderen Reaktionen kennt. Zusammen bilden sie ein Isospin-Triplett: ϱ^+, ϱ^0, ϱ^-. Die ϱ-Mesonen sind demnach Zustände aus u-, $\bar{u}$-, d- und $\bar{d}$-Quarks mit Isospin 1. Diese Zustände lassen sich leicht konstruieren, wenn man die Quantenzahlen der einzelnen Quarks betrachtet (Tabelle 14.1) und entsprechende Quark-Antiquark-Kombinationen bildet. Dabei erhält man für die geladenen ϱ-Mesonen:

$$|\varrho^+\rangle = |u^\uparrow \bar{d}^\uparrow\rangle \qquad |\varrho^-\rangle = |\bar{u}^\uparrow d^\uparrow\rangle ,$$

mit Isospin $I = 1$ und $I_3 = \pm 1$. Für das ϱ^0 muss ein Zustand mit $I = 1$ und $I_3 = 0$ konstruiert werden (z. B. durch Anwendung des Auf- bzw. Absteigeoperators $I^\pm$). Dieser ergibt sich zu

$$|\varrho^0\rangle = \frac{1}{\sqrt{2}} \left\{ |u^\uparrow \bar{u}^\uparrow\rangle - |d^\uparrow \bar{d}^\uparrow\rangle \right\} .$$

Die dazu orthogonale Wellenfunktion mit Isospin $I = 0$ repräsentiert dann das ω-Meson:

$$|\omega\rangle = \frac{1}{\sqrt{2}} \left\{ |u^\uparrow \bar{u}^\uparrow\rangle + |d^\uparrow \bar{d}^\uparrow\rangle \right\} .$$

Im Gegensatz zur Drehimpulskopplung zweier Spin-1/2-Teilchen tritt hier das Minuszeichen beim Triplettzustand und das Pluszeichen beim Singulettzustand auf. Der tiefere Grund liegt darin, dass wir es hier mit Teilchen-Antiteilchen-Kombinationen zu tun haben (s. z. B. [Go84]).

Vektormesonen mit Strangeness $S \neq 0$ nennt man K^*-Mesonen. Man kann sie z. B. in Produktionsexperimenten erzeugen, bei denen man hochenergetische Protonen mit einem Target kollidieren lässt:

$$\mathrm{p} + \mathrm{p} \to \mathrm{p} + \Sigma^+ + \mathrm{K}^{*0}\,.$$

Bei diesen Experimenten entstehen im Endzustand immer gleich viele in Hadronen gebundene s- und $\overline{\mathrm{s}}$-Quarks. In diesem Fall enthält das K^{*0}-Meson ein $\overline{\mathrm{s}}$-Quark und das Σ^+-Baryon (s. Kap. 15) ein s-Quark. Man spricht auch davon, dass die Quantenzahl Strangeness bei Reaktionen der starken Wechselwirkung eine Erhaltungsgröße ist.

Es gibt 4 Quarkkombinationen mit jeweils einem s- bzw. $\overline{\mathrm{s}}$-Quark:

$$|\mathrm{K}^{*-}\rangle = |\mathrm{s}^\uparrow\overline{\mathrm{u}}^\uparrow\rangle \qquad |\overline{\mathrm{K}}^{*0}\rangle = |\mathrm{s}^\uparrow\overline{\mathrm{d}}^\uparrow\rangle$$
$$|\mathrm{K}^{*+}\rangle = |\mathrm{u}^\uparrow\overline{\mathrm{s}}^\uparrow\rangle \qquad |\mathrm{K}^{*0}\rangle = |\mathrm{d}^\uparrow\overline{\mathrm{s}}^\uparrow\rangle\,.$$

Dabei bilden die beiden Paare K^{*-}, $\overline{\mathrm{K}}^{*0}$ und K^{*0}, K^{*+} jeweils starke Isospindupletts.

Mit ϱ, ω, ϕ und K^* sind alle möglichen $3 \times 3 = 9$ Quark-Antiquark-Kombinationen ausgeschöpft. Alle zugehörigen Teilchen wurden experimentell nachgewiesen – ein überzeugender Beweis für die Richtigkeit des Quarkmodells.[1] Eine anschauliche Darstellung des Klassifizierungsschemas gibt Abb. 14.1. Dort sind diese Vektormesonen gemäß ihrer Strangeness S und der 3-Komponente des Isospins I_3 eingetragen. Die dreizählige Symmetrie dieser Anordnung weist auf die drei fundamentalen Quarksorten hin, aus denen die Mesonen aufgebaut sind. Mesonen und Antimesonen liegen sich jeweils diagonal gegenüber. Die drei Mesonen im Zentrum sind jeweils ihr eigenes Antiteilchen.

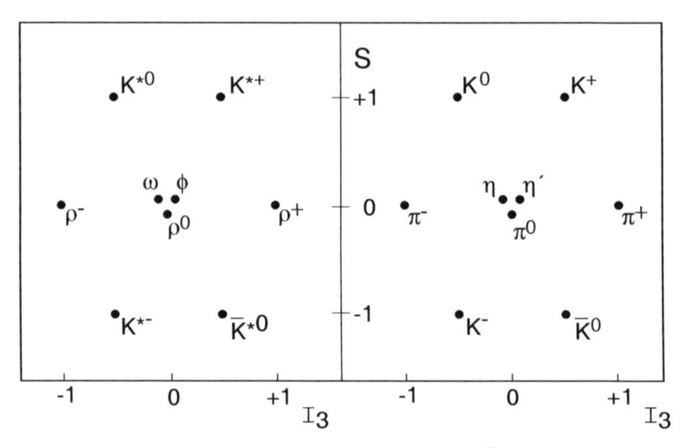

Abbildung 14.1. Die leichtesten Vektormesonen ($J^P = 1^-$) *(links)* und pseudoskalaren Mesonen ($J^P = 0^-$) *(rechts)*, klassifiziert nach Isospin I_3 und Strangeness S

[1] Historisch war die Situation umgekehrt: Das Quarkmodell wurde entwickelt, um das Auftreten der vielen Mesonen zu erklären, die in Multipletts eingeteilt werden konnten.

Pseudoskalare Mesonen. Bei den pseudoskalaren Mesonen stehen die Spins von Quark und Antiquark antiparallel zueinander; Spin und Parität betragen $J^P = 0^-$. Die Bezeichung „pseudoskalar“ für diese Mesonen rührt daher, dass man Spin-0-Teilchen als skalare Teilchen bezeichnet, im Gegensatz zu Spin-1-Teilchen, den Vektorteilchen. Skalare Größen ändern normalerweise unter Paritätstransformationen ihr Vorzeichen nicht, haben also gerade (positive) Parität. Der Vorsatz „pseudo-“ kennzeichnet die unnatürliche ungerade Parität der skalaren Mesonen.

Die Quarkstruktur der pseudoskalaren Mesonen entspricht der der Vektormesonen (Abb. 14.1). Die ϱ-Mesonen finden ihre Entsprechung in den π-Mesonen, die ebenfalls ein Isospintriplett bilden. Die pseudoskalaren K-Mesonen haben denselben Quarkinhalt wie die K^*-Vektormesonen. Die pseudoskalaren Teilchen η' und η entsprechen dem ϕ- und dem ω-Meson. Allerdings gibt es bei diesen Isospinsinguletts Unterschiede bei den Quarkmischungen. Wie in Abb. 14.1 skizziert ist, gibt es drei Mesonzustände mit $S = I_3 = 0$, nämlich einen symmetrischen Flavour-Singulett-Zustand und zwei, die zu einem Oktett gehören. Von diesen beiden letzteren hat einer den Isospin 1, ist also eine Mischung aus $\mathrm{u\overline{u}}$ und $\mathrm{d\overline{d}}$. Dieser Zustand entspricht dem π^0 bzw. dem ϱ^0. Der verbleibende Oktettzustand und der Singulettzustand können sich aufgrund der Brechung der Flavour-SU(3)-Symmetrie ($m_\mathrm{s} \neq m_\mathrm{u,d}$) vermischen. Bei den pseudoskalaren Mesonen ist diese Mischung nur gering; η und η' sind näherungsweise reine Oktett- bzw. Singulettzustände:

$$
\begin{aligned}
|\,\eta\,\rangle \approx |\,\eta_8\,\rangle &= \frac{1}{\sqrt{6}}\left\{|\mathrm{u}^\uparrow\overline{\mathrm{u}}^\downarrow\rangle + |\mathrm{d}^\uparrow\overline{\mathrm{d}}^\downarrow\rangle - 2|\mathrm{s}^\uparrow\overline{\mathrm{s}}^\downarrow\rangle\right\} \\
|\,\eta'\,\rangle \approx |\,\eta_1\,\rangle &= \frac{1}{\sqrt{3}}\left\{|\mathrm{u}^\uparrow\overline{\mathrm{u}}^\downarrow\rangle + |\mathrm{d}^\uparrow\overline{\mathrm{d}}^\downarrow\rangle + |\mathrm{s}^\uparrow\overline{\mathrm{s}}^\downarrow\rangle\right\} .
\end{aligned}
$$

Bei den Vektormesonen sind der Singulett- und der Oktettzustand hingegen stärker vermischt. Durch eine Laune der Natur liegt der Mischungswinkel nahe bei $\arctan 1/\sqrt{2}$, so dass das ϕ-Meson ein fast reiner $\mathrm{s\overline{s}}$-Zustand und das ω-Meson dementsprechend ein Mischzustand aus $\mathrm{u\overline{u}}$ und $\mathrm{d\overline{d}}$ mit einem vernachlässigbaren Anteil von $\mathrm{s\overline{s}}$ ist [PD98].

14.2 Massen der Mesonen

Die Massen der leichten Mesonen sind in Abb. 14.2 dargestellt. Es fällt auf, dass die Zustände mit $J = 1$ wesentlich größere Massen haben als ihre Partner mit $J = 0$. Die Massendifferenz zwischen z. B. π- und ϱ-Mesonen beträgt ca. $600\,\mathrm{MeV}/c^2$. Die entsprechende Aufspaltung ($1^1\mathrm{S}_0 - 1^3\mathrm{S}_1$) bei den schweren Quarkonia $\mathrm{c\overline{c}}$ und $\mathrm{b\overline{b}}$ beträgt hingegen nur ca. $100\,\mathrm{MeV}/c^2$.

Ähnlich wie bei den schweren Quarkonia mit Gesamtspin $S = 0$ und $S = 1$ kann man die Massendifferenz zwischen den leichten pseudoskalaren Mesonen und den entsprechenden Vektormesonen auf die Spin-Spin-Wechselwirkung

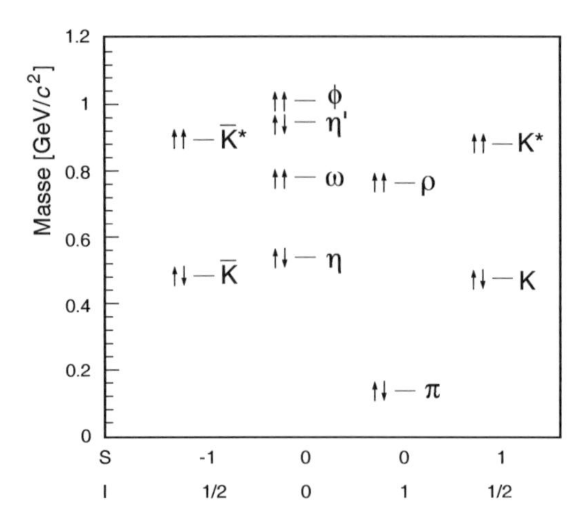

Abbildung 14.2. Massenspektrum der leichten pseudoskalaren Mesonen und Vektormesonen. Die Teilchenmultipletts sind nach Strangeness S und Isospin I geordnet. Die Pfeile deuten den Drehimpuls des jeweiligen Mesons an. Die Massen der Vektormesonen liegen deutlich höher als die ihrer pseudoskalaren Partner.

zurückführen. Aus (13.10) und (13.11) ergibt sich eine Energie- bzw. Massenverschiebung von

$$\Delta M_{\mathrm{ss}} = \begin{cases} -3 \cdot \dfrac{8\hbar^3}{9c^3} \dfrac{\pi\alpha_{\mathrm{s}}}{m_{\mathrm{q}} m_{\overline{\mathrm{q}}}} |\psi(0)|^2 & \text{für pseudoskalare Mesonen}\,, \\ +1 \cdot \dfrac{8\hbar^3}{9c^3} \dfrac{\pi\alpha_{\mathrm{s}}}{m_{\mathrm{q}} m_{\overline{\mathrm{q}}}} |\psi(0)|^2 & \text{für Vektormesonen}\,. \end{cases} \tag{14.1}$$

Die Größe der Massenaufspaltung hängt u. a. von den Konstituentenmassen der Quarks ab. Sie wird umso größer, je leichter das System ist. Diese Abhängigkeit bleibt dominant trotz einer gegenläufigen Wirkung des Terms $|\psi(0)|^2$, der proportional zu $1/r_{\mathrm{b}}^3$ ist und daher bei schweren Quarks anwächst. Die Massenaufspaltung für die leichten Quarksysteme ist größer als für die schweren Quarkonia.

Die Absolutwerte der Massen aller leichten Mesonen können mit einer phänomenologischen Formel beschrieben werden,

$$M_{\mathrm{q}\overline{\mathrm{q}}} = m_{\mathrm{q}} + m_{\overline{\mathrm{q}}} + \Delta M_{\mathrm{ss}}\,. \tag{14.2}$$

Hierbei sind $m_{\mathrm{q},\overline{\mathrm{q}}}$ wieder die Konstituentenquarkmassen. Die Unbekannten, die in diese Gleichung eingehen, sind die Konstituentenmassen von u-, d- und s-Quark, wobei man die ersten beiden als gleich ansetzt, sowie das Produkt $\alpha_{\mathrm{s}} \cdot |\psi(0)|^2$, das wir in einer groben Näherung für alle betrachteten Mesonen als konstant annehmen. Diese Größen können durch Anpassung von (14.2) an die experimentell bekannten Massen der verschiedenen Mesonenmultipletts ermittelt werden. Für die Konstituentenquarkmassen erhält

Tabelle 14.2. Gemessene und nach (14.2) ermittelte Massen der leichten Mesonen [Ga81]. Die berechneten Werte wurden an die mittlere Masse eines Isospinmultipletts angepasst und können natürlich nicht die geringen Massenunterschiede der verschiedenen Ladungszustände aufgrund der elektromagnetischen Wechselwirkung erklären.

Meson	J^P	I	Masse [MeV/c^2] berechnet	Masse [MeV/c^2] gemessen
π	0^-	1	140	135.0 π^0; 139.6 $\pi^\pm$
K	0^-	1/2	485	497.7 K^0; 493.7 K^-
η	0^-	0	559	547.3
η'	0^-	0	—	957.8
ϱ	1^-	1	780	770.0
K*	1^-	1/2	896	896.1 K^{*0}; 891.7 K^{*-}
ω	1^-	0	780	781.9
ϕ	1^-	0	1032	1019.4

man: $m_{u,d} \approx 310$ MeV/c^2, $m_s \approx 483$ MeV/c^2 [Ga81]. Die mit diesen Werten berechneten Massen der Mesonen weichen nur um wenige Prozent von den wahren Massen ab (Tabelle 14.2). Bei den leichten Quarks ist die Konstituentenmasse im Wesentlichen durch die Wolke aus Gluonen und virtuellen Quark-Antiquark-Paaren gegeben, da die intrinsische Masse nur ca. 5–10 MeV/c^2 für u- und d-Quark und ca. 150 MeV/c^2 für das s-Quark beträgt. Wie die einfache Berechnung der Mesonenmassen aber zeigt, ist auch bei Quarks mit kleinen intrinsischen Quarkmassen das Konzept des Konstituentenquarks gültig.

Es ist erstaunlich, dass (14.2) das Massenspektrum der Mesonen so außerordentlich gut beschreibt. Schließlich kommt darin ja kein Massenterm vor, der von der kinetischen Energie der Quarks oder vom Potential der starken Wechselwirkung (13.6) abhängt. Es ist anscheinend eine Besonderheit des Potentials der starken Wechselwirkung, dass sich seine Zusammensetzung aus Coulomb-artigem und linear ansteigendem Teil so auswirkt, dass sich diese Energieterme in sehr guter Näherung gegeneinander aufheben.

14.3 Zerfallskanäle

Aus den Massen und den Quantenzahlen der verschiedenen Mesonen lassen sich auch ihre Zerfallsarten plausibel machen. In Tabelle 14.3 sind die wichtigsten Zerfallskanäle der hier besprochenen pseudoskalaren und Vektormesonen aufgelistet.

Tabelle 14.3. Die wichtigsten Zerfallskanäle der leichtesten pseudoskalaren und Vektormesonen. Für die Mesonen, die über die starke Wechselwirkung zerfallen können, wird oft anstelle der Lebensdauer τ die Resonanzbreite Γ angegeben, die man mit der Lebensdauer über $\Gamma = \hbar/\tau$ (mit $\hbar = 6.6 \cdot 10^{-22}$ MeV s) in Beziehung setzen kann.

	Meson	Lebensdauer [s]	häufigste Zerfallskanäle		Anmerkungen
Pseudoskalare Mesonen	$\pi^\pm$	$2.6 \cdot 10^{-8}$	$\mu^\pm\ \overset{(-)}{\nu}_\mu$ $\mathrm{e}^\pm\ \overset{(-)}{\nu}_\mathrm{e}$	$\approx 100\,\%$ $1.2 \cdot 10^{-4}$	(s. Abschn. 10.7)
	π^0	$8.4 \cdot 10^{-17}$	2γ	$99\,\%$	elektromagnetisch
	$\mathrm{K}^\pm$	$1.2 \cdot 10^{-8}$	$\mu^\pm\ \overset{(-)}{\nu}_\mu$ $\pi^\pm\pi^0$ 3π	$64\,\%$ $21\,\%$ $7\,\%$	
	K^0_S	$8.9 \cdot 10^{-11}$	2π	$\approx 100\,\%$	(zum K^0-Zerfall s. Abschn. 14.4)
	K^0_L	$5.2 \cdot 10^{-8}$	3π $\pi\mu\nu$ $\pi\mathrm{e}\nu$ 2π	$34\,\%$ $27\,\%$ $39\,\%$ $3 \cdot 10^{-3}$	 CP-verletzend
	η	$5.5 \cdot 10^{-19}$	3π 2γ	$55\,\%$ $39\,\%$	elektromagnetisch elektromagnetisch
	η'	$3.3 \cdot 10^{-21}$	$\pi\pi\eta$ $\varrho^0\gamma$	$65\,\%$ $30\,\%$	 elektromagnetisch
Vektormesonen	ϱ	$4.3 \cdot 10^{-24}$	2π	$\approx 100\,\%$	
	K^*	$1.3 \cdot 10^{-23}$	$\mathrm{K}\pi$	$\approx 100\,\%$	
	ω	$7.8 \cdot 10^{-23}$	3π	$89\,\%$	
	ϕ	$1.5 \cdot 10^{-22}$	$2\mathrm{K}$ $\varrho\pi$	$83\,\%$ $13\,\%$	 Zweig-unterdrückt

Beginnen wir mit den leichtesten Mesonen, den Pionen. Das π^0 kann als leichtestes Hadron nicht über die starke Wechselwirkung zerfallen, wohl aber elektromagnetisch. Das $\pi^\pm$ hingegen kann als leichtestes geladenes Hadron nur semileptonisch, also über die schwache Wechselwirkung, zerfallen, weil aufgrund der Erhaltung von Ladung und Leptonenzahl ein geladenes Lepton und ein Neutrino entstehen müssen. Entsprechend lang ist daher seine Lebensdauer. Der Zerfall $\pi^- \to \mathrm{e}^- + \overline{\nu}_\mathrm{e}$ ist gegenüber dem Zerfall $\pi^- \to \mu^- + \overline{\nu}_\mu$ aus Gründen der Helizitätserhaltung stark unterdrückt (s. S. 156).

Die nächstschwereren Mesonen sind die K-Mesonen (Kaonen). Sie sind die leichtesten Mesonen mit einem s-Quark. Beim Zerfall in leichtere Teilchen muss sich das s-Quark umwandeln, was nur als schwacher Zerfall möglich ist. Daher sind auch die Kaonen relativ langlebig. Sie zerfallen sowohl hadronisch in Pionen als auch semileptonisch. Ein Sonderfall ist der Zerfall des K^0, den wir in Abschn. 14.4 detailliert behandeln werden.

Da Pionen und Kaonen recht langlebig und auch leicht zu erzeugen sind, kann man mit ihnen impulsselektierte Teilchenstrahlen für Streuexperimente erzeugen. Außerdem sind hochenergetische Pionen und Kaonen auch Quellen für Sekundärteilchenstrahlen aus Myonen oder Neutrinos, wenn man sie auf einer langen Zerfallsstrecke zerfallen lässt.

Die Vektormesonen zerfallen durch starke Wechselwirkung bevorzugt in ihre leichteren pseudoskalaren Partner, meist unter Erzeugung weiterer Pionen. Beispiele hierfür sind der Zerfall des ϱ und des K^* mit Lebensdauern um 10^{-23} s.

Im Gegensatz zum ϱ-Meson kann das ω-Meson nicht über die starke Wechselwirkung in zwei Pionen zerfallen. Dies liegt an der Erhaltung der sogenannten *G-Parität* in der starken Wechselwirkung, einer Kombination von C-Parität und Isospinsymmetrie, auf die wir hier nicht weiter eingehen wollen [Ga66].

Den Zerfall des ϕ-Mesons haben wir bereits in Abschn. 9.2 (S. 126) erwähnt. Aufgrund der Zweig-Regel zerfällt es vorzugsweise in ein Meson mit einem s-Quark und ein Meson mit einem $\bar{\text{s}}$-Antiquark, also in ein Paar von Kaonen. Da die Masse zweier Kaonen fast so groß ist wie die des ϕ, ist der Phasenraum klein und die Lebensdauer des ϕ relativ groß.

Ungewöhnlich sind die Zerfälle der pseudoskalaren Mesonen η und η'. Ein Zerfall des η-Mesons in zwei Pionen ist nicht über die starke Wechselwirkung möglich, wie man sich leicht begreiflich machen kann: Der relative Bahndrehimpuls ℓ des Zwei-Pionen-Systems müsste aufgrund der Drehimpulserhaltung Null sein, weil η und π Spin-0-Teilchen sind. Die intrinsische Parität des Pions ist negativ, somit wäre die Parität des Gesamtzustands $P_{\pi\pi} = (-1)^2 \cdot (-1)^{\ell=0} = +1$. Da das η negative Parität hat, ist ein solcher Zerfall nur über die schwache Wechselwirkung möglich. Beim Zerfall in drei Pionen kann zwar die Parität erhalten bleiben, nicht aber der Isospin, weil die Isospins der Pionen aus Symmetriegründen nicht zu Null koppeln können. Damit zerfällt das η in erster Linie elektromagnetisch, weil dabei der Isospin nicht erhalten bleiben muss, und seine Lebensdauer liegt um Größenordnungen über der, die für starke Zerfälle typisch ist.

Das η' zerfällt vorzugsweise in $\pi\pi\eta$, jedoch ist der elektromagnetische Zerfall in $\varrho\gamma$ ähnlich stark. Das deutet auf eine große Unterdrückung des starken Zerfalls hin, weshalb die Lebensdauer auch relativ groß ist. Auf die recht komplizierten Details [Ne91] wollen wir hier nicht näher eingehen.

14.4 Zerfall des neutralen Kaons

Der Zerfall des K^0 und des $\overline{K}^0$ ist von großem Interesse für die Betrachtung von Symmetrien, der P-Parität (Spiegelsymmetrie im Ortsraum) und der C-Parität (Teilchen-Antiteilchen-Konjugation).

Neutrale Kaonen können sowohl in zwei als auch in drei Pionen zerfallen. Wie wir bei der Diskussion des η-Zerfalls gesehen haben, hat das entstehende Zwei-Pion-System positive Parität. Die Parität des Drei-Pion-Systems hingegen ist negativ. Die Tatsache, dass beide Zerfälle möglich sind, ist ein klassischer Fall von Paritätsverletzung.

Mischung von $\mathbf{K^0}$ und $\mathbf{\overline{K}^0}$. Da das K^0 und das $\overline{K}^0$ in die gleichen Endzustände zerfallen können, können sie sich über einen virtuellen pionischen Zwischenzustand ineinander umwandeln [Ge55]:

$$K^0 \longleftrightarrow \left\{ \begin{array}{c} 2\pi \\ 3\pi \end{array} \right\} \longleftrightarrow \overline{K}^0 \,.$$

Im Quarkbild ist eine solche Umwandlung durch sogenannte Box-Diagramme möglich:

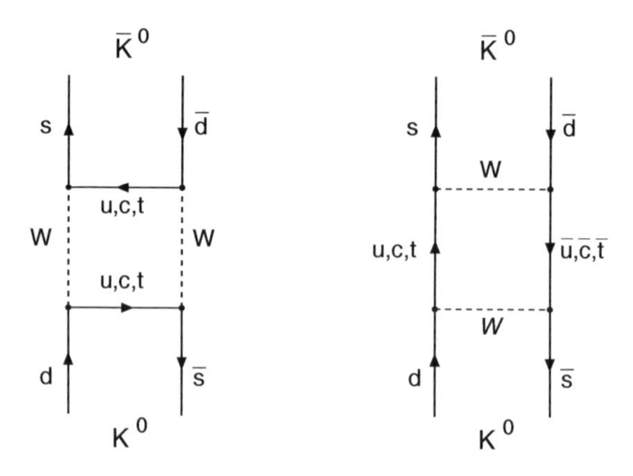

Während $|K^0\rangle$ und $|\overline{K}^0\rangle$ als Zustände mit definierter Strangeness bezüglich der starken Wechselwirkung voneinander getrennt sind, können sie sich also über die schwache Wechselwirkung vermischen.

CP-Erhaltung. Diese möglichen Mischung von Teilchen und Antiteilchen führt zu hochinteressanten Effekten. In Abschn. 10.7 haben wir besprochen, dass die schwache Wechselwirkung die Paritätserhaltung maximal verletzt. Dies war besonders deutlich im Falle der Neutrinos, die nur als linkshändige Teilchen $|\nu_{\mathrm{L}}\rangle$ und rechtshändige Antiteilchen $|\overline{\nu}_{\mathrm{R}}\rangle$ vorkommen. Im Falle des K^0-Zerfalls manifestiert sich die Paritätsverletzung im Zerfall in zwei und drei Pionen. Bei den Neutrinos zeigte sich aber auch, dass die kombinierte Anwendung von Raumspiegelung $\mathcal{P}$ und Ladungskonjugation $\mathcal{C}$ zu einem physikalisch möglichen Zustand führt: $\mathcal{CP}|\nu_{\mathrm{L}}\rangle \to |\overline{\nu}_{\mathrm{R}}\rangle$. Die V-minus-A-Theorie der schwachen Wechselwirkung lässt sich so formulieren, dass die kombinierte Quantenzahl CP erhalten bleibt.

Übertragen wir dieses Wissen nun auf das K^0-$\overline{K}^0$-System. Die beim Zerfall entstehenden Zwei- und Drei-Pion-Systeme sind Eigenzustände des kombinierten Operators $\mathcal{CP}$ mit unterschiedlichen Eigenwerten

$$\mathcal{CP}\,|\pi^0\pi^0\rangle = +1\cdot|\pi^0\pi^0\rangle \qquad \mathcal{CP}\,|\pi^0\pi^0\pi^0\rangle = -1\cdot|\pi^0\pi^0\pi^0\rangle$$
$$\mathcal{CP}\,|\pi^+\pi^-\rangle = +1\cdot|\pi^-\pi^+\rangle \qquad \mathcal{CP}\,|\pi^+\pi^-\pi^0\rangle = -1\cdot|\pi^-\pi^+\pi^0\rangle\,,$$

während K^0 und $\overline{\mathrm{K}}^0$ keine Zustände mit definierter CP-Parität sind:

$$\mathcal{CP}\,|\mathrm{K}^0\rangle = -1\cdot|\overline{\mathrm{K}}^0\rangle \qquad \mathcal{CP}\,|\overline{\mathrm{K}}^0\rangle = -1\cdot|\mathrm{K}^0\rangle\,.$$

Die relative Phase zwischen K^0 und $\overline{\mathrm{K}}^0$ kann hierbei willkürlich festgelegt werden. Wir haben die Konvention $\mathcal{C}|\mathrm{K}^0\rangle = +|\overline{\mathrm{K}}^0\rangle$ gewählt, wodurch sich zusammen mit der negativen Parität des Kaons der Faktor -1 bei der $\mathcal{CP}$-Transformation ergibt.

Wenn wir davon ausgehen, dass die schwache Wechselwirkung zwar die P- und C-Parität separat verletzt, aber invariant unter der Anwendung von $\mathcal{CP}$ ist, dann muss der Zustand des Kaons vor dem Zerfall ebenfalls ein Zustand mit definierter CP-Parität sein. Durch Linearkombination kann man solche CP-Eigenzustände konstruieren:

$$|\mathrm{K}^0_1\rangle = \frac{1}{\sqrt{2}}\left\{|\mathrm{K}^0\rangle - |\overline{\mathrm{K}}^0\rangle\right\} \qquad \text{mit} \quad \mathcal{CP}|\mathrm{K}^0_1\rangle = +1\cdot|\mathrm{K}^0_1\rangle$$
$$|\mathrm{K}^0_2\rangle = \frac{1}{\sqrt{2}}\left\{|\mathrm{K}^0\rangle + |\overline{\mathrm{K}}^0\rangle\right\} \qquad \text{mit} \quad \mathcal{CP}|\mathrm{K}^0_2\rangle = -1\cdot|\mathrm{K}^0_2\rangle\,.$$

Unter der Annahme der CP-Erhaltung muss man den hadronischen Zerfall eines neutralen Kaons als Zerfall eines K^0_1 in zwei Pionen bzw. eines K^0_2 in drei Pionen beschreiben. Die beiden Zerfallswahrscheinlichkeiten sollten sich stark voneinander unterscheiden. Der Phasenraum für den 3-Pion-Zerfall ist erheblich kleiner als für den 2-Pion-Zerfall, weil die Ruhemasse von drei Pionen fast schon so groß wie die des neutralen Kaons ist. Demgemäß sollte der K^0_2-Zustand wesentlich langlebiger sein als der K^0_1-Zustand.

Im Experiment erzeugt man Kaonen, indem man hochenergetische Protonen auf ein Target schießt. Ein Beispiel ist die Reaktion $\mathrm{p}+\mathrm{n} \to \mathrm{p}+\Lambda^0+\mathrm{K}^0$. Da die Strangeness in der starken Wechselwirkung erhalten bleibt, befinden sich die neutralen Kaonen in einem Eigenzustand der starken Wechselwirkung. Im vorliegenden Fall ist es der Zustand $|\mathrm{K}^0\rangle$ mit $S=+1$. Quantenmechanisch kann man solch einen Zustand als Linearkombination der CP-Eigenzustände $|\mathrm{K}^0_1\rangle$ und $|\mathrm{K}^0_2\rangle$ darstellen. In der Tat beobachtet man sowohl bei Reaktionen, in denen K^0 entstehen, als auch bei solchen mit $\overline{\mathrm{K}}^0$ eine Mischung von je zur Hälfte kurzlebigen und langlebigen Teilchen, die man als K^0_S und K^0_L (für *short* und *long*) bezeichnet (Tabelle 14.3). Die kurzlebigen Kaonen zerfallen in zwei Pionen, die langlebigen in drei Pionen.

CP-Verletzung. Nach einer Flugzeit, die ein Vielfaches der Lebensdauer des K^0_S ist, sind de facto alle kurzlebigen Kaonen zerfallen. In hinreichend großer Entfernung vom Produktionstarget beobachtet man daher einen reinen K^0_L-Strahl. Präzisionsmessungen haben nun gezeigt, dass das langlebige Kaon mit einer geringen Wahrscheinlichkeit $(3\cdot 10^{-3})$ ebenfalls in nur zwei Pionen zerfällt [Ch64, Kl92b, Gi97]. Entweder ist also der Masseneigenzustand $\mathrm{K^0_L}$ nicht identisch mit dem CP-Eigenzustand $\mathrm{K^0_2}$, oder das Matrixelement für den Zerfall des $\mathrm{K^0_2}$ hat einen Anteil, der den Übergang in zwei Pionen erlaubt. So oder so ist damit die CP-Symmetrie verletzt.

Beim semileptonischen Zerfall des $\mathrm{K^0_L}$

$$\mathrm{K^0_L} \to \pi^\pm + \mu^\mp + \overset{(-)}{\nu}_\mu \qquad\qquad \mathrm{K^0_L} \to \pi^\pm + \mathrm{e}^\mp + \overset{(-)}{\nu}_\mathrm{e}$$

misst man eine Asymmetrie zwischen der Entstehung von Teilchen und Antiteilchen: Zerfälle mit positiv geladenen Leptonen im Endzustand sind häufiger als Zerfälle mit negativ geladenen (im Verhältnis $1.0033:1$). Auch dies ist ein Fall von – ebenfalls sehr geringer – CP-Verletzung.

Das $\mathrm{K^0} \leftrightarrow \overline{\mathrm{K}}^0$-System ist das einzige, in dem man bislang CP-Verletzung experimentell nachgewiesen hat. Man erwartet, dass sich andere elektrisch neutrale Meson-Antimeson-Systeme ($\mathrm{D^0} \leftrightarrow \overline{\mathrm{D}}^0$, $\mathrm{B^0} \leftrightarrow \overline{\mathrm{B}}^0$, $\mathrm{B^0_s} \leftrightarrow \overline{\mathrm{B}}^0_\mathrm{s}$) ähnlich verhalten. In der Tat wurde 1987 am DESY die Mischung von $\mathrm{B^0}$ und $\overline{\mathrm{B}}^0$ entdeckt [Al87a, Al87b, Al92a]. Der Nachweis von CP-Verletzung in diesem System steht aber noch aus.

Aufgaben

1. **ϱ^0-Zerfall**
   Das ϱ^0 ($J^P = 1^-, I = 0$) zerfällt fast zu 100% in $\pi^+ + \pi^-$. Warum nicht auch in $2\,\pi^0$?

2. **$\mathrm{D^+}$-Zerfall**
   $\mathrm{D^+(c\overline{d})}$ zerfällt in viele Kanäle. Welchen Wert erwarten Sie für das Verhältnis

$$R = \frac{\Gamma(\mathrm{D^+} \to \mathrm{K^-} + \pi^+ + \pi^+)}{\Gamma(\mathrm{D^+} \to \pi^- + \pi^+ + \pi^+)}\,. \qquad (14.3)$$

3. **Pion- und Kaonzerfall**
   Hochenergetische Neutrinostrahlen werden durch den Zerfall hochenergetischer geladener Pionen und Kaonen erzeugt:

$$\begin{aligned} \pi^\pm &\to \mu^\pm + \overset{(-)}{\nu}_\mu \\ \mathrm{K}^\pm &\to \mu^\pm + \overset{(-)}{\nu}_\mu\,. \end{aligned}$$

   a) Welcher Bruchteil F der Pionen und Kaonen eines 200 GeV-Strahls zerfällt auf einer Strecke von $d = 100\,\mathrm{m}$? (Benutzen Sie Massen und Lebensdauern der Teilchen aus Tabellen 14.2 und 14.3)
   b) Wie groß sind die minimale und maximale Neutrinoenergie in beiden Fällen?

15. Baryonen

Die bekanntesten Vertreter der Baryonen sind die Nukleonen: Proton und Neutron. Aus der tiefinelastischen Streuung haben wir gelernt, dass sie aus drei Valenzquarks sowie einem „See“ aus Quark-Antiquark-Paaren und Gluonen bestehen. Bei den folgenden Betrachtungen zur Spektroskopie der Baryonen werden wir, wie wir es im Falle der Mesonen getan haben, mit dem Konzept der Konstituentenquarks arbeiten.

Nomenklatur. In diesem Kapitel werden wir uns nur mit den Baryonen befassen, die aus u-, d- und s-Quarks aufgebaut sind. Baryonen, die nur aus u- und d-Quarks bestehen, sind Nukleonen (Isospin $I = 1/2$) und Δ-Teilchen ($I = 3/2$). Baryonen, die s-Quarks enthalten, werden zusammenfassend als *Hyperonen* bezeichnet. Je nach der Zahl der s-Quarks und dem Isospin nennt man sie Λ, Σ, Ξ oder Ω.

Name		N	Δ	Λ	Σ	Ξ	Ω
Isospin	I	1/2	3/2	0	1	1/2	0
Strangeness	S	0		−1		−2	−3
Zahl der s-Quarks		0		1		2	3

Antihyperonen haben entsprechend die Strangeness +1, +2 und +3.

Mit der Entdeckung von Baryonen, die c- oder b-Quarks enthalten, ist dieses Schema erweitert worden. Quarks, die schwerer als das s sind, werden durch einen Index am Symbol des Hyperons angegeben. Beispielsweise hat ein Λ_c^+ die Zusammensetzung (udc) und ein Ξ_{cc}^{++} die Zusammensetzung (ucc). Auf solche Baryonen werden wir aber im Folgenden nicht weiter eingehen.

15.1 Erzeugung und Nachweis von Baryonen

Formationsexperimente. Baryonen können auf vielfältige Weise in Beschleunigerexperimenten produziert werden. In Abschn. 7.1 haben wir schon beschrieben, wie Nukleonresonanzen durch inelastische Elektronstreuung erzeugt werden. Diese angeregten Zustände des Nukleons entstehen aber auch bei der Streuung von Pionen an Protonen.

So kann man Energielage (Masse) und Breite (Lebensdauer) der Resonanz Δ^{++} mit der Reaktion

$$\pi^+ + \mathrm{p} \to \Delta^{++} \to \mathrm{p} + \pi^+$$

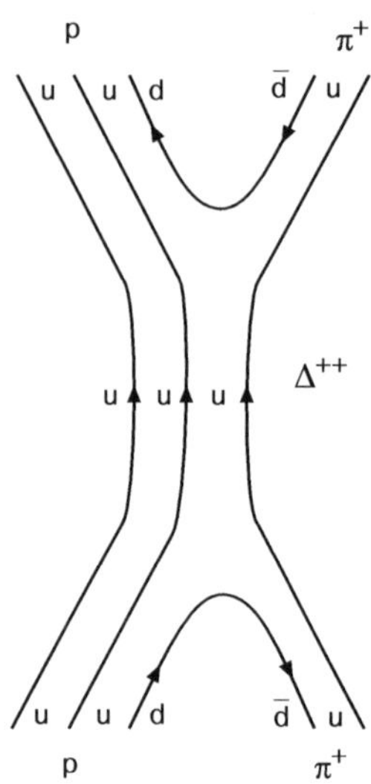

studieren, indem man die Strahlenergie der einfallenden Pionen variiert und den totalen Wirkungsquerschnitt misst. Das energetisch niedrigste und ausgeprägteste Maximum im Wirkungsquerschnitt findet man bei einer Schwerpunktsenergie von 1232 MeV. Diese Resonanz wird daher auch $\Delta^{++}(1232)$ genannt. Die Skizze stellt Erzeugung und Zerfall der Resonanz im Quarkbild dar. Anschaulich gesprochen wird die Energie, die bei der Vernichtung des Quark-Antiquark-Paars frei wird, in innere Anregungsenergie des Resonanzzustands umgesetzt. Umgekehrt wird beim Zerfall die freiwerdende Energie wieder zur Erzeugung eines Quark-Antiquark-Paars verwendet.

Die Lebensdauer dieses kurzlebigen Zustandes beträgt $\tau = 0.5 \cdot 10^{-23}\,\mathrm{s}$, weshalb man im Detektor nur die Zerfallsprodukte Proton und π^+ nachweisen kann. Aus deren Winkelverteilung kann man zusätzlich Spin und Parität der Resonanz ermitteln. Man erhält $J^P = 3/2^+$.

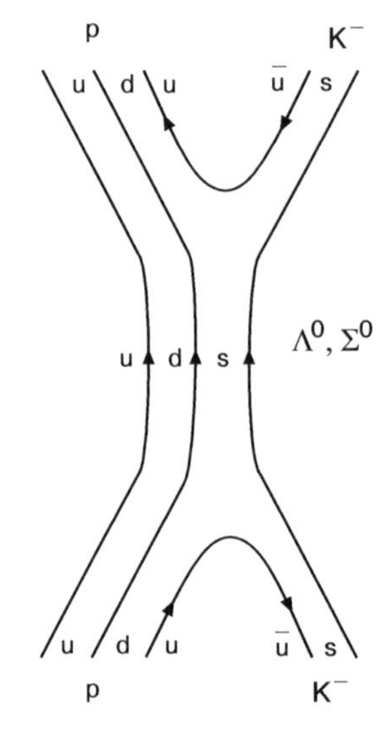

Die extrem kurze Lebensdauer des Δ^{++} zeigt, dass der Zerfall durch die starke Wechselwirkung hervorgerufen wird. Erhöht man die Schwerpunktsenergie der Reaktion, so findet man weitere Resonanzstrukturen im Wirkungsquerschnitt. Diese entsprechen angeregten Zuständen des Δ^{++}, bei denen sich die Quarks auf angeregten, höheren Niveaus befinden.

Nimmt man als Strahlteilchen Kaonen, so überträgt man Strangeness auf das Target und hat dadurch die Möglichkeit, Hyperonen zu erzeugen. Eine Beispielreaktion ist

$$\mathrm{K}^- + \mathrm{p} \to \Sigma^{*0} \to \mathrm{p} + \mathrm{K}^- \,.$$

Der resonante Zwischenzustand, ein angeregter Zustand des Σ^0, ist wie das Δ^{++} sehr kurzlebig und zerfällt „sofort“ wieder, hauptsächlich in die Ausgangsteilchen. Das Quarkflussdiagramm gibt eine allgemeine Beschreibung der Formation aller aufgrund der Quarkkomposition möglichen Resonanzzustände. So können z. B. in obiger Reaktion auch angeregte Λ^0-Zustände entstehen.

Die Wirkungsquerschnitte der angesprochenen Reaktionen sind in Abb. 15.1 als Funktion der Schwerpunktsenergie dargestellt. Deutlich sind darin resonante Strukturen zu erkennen. Die einzelnen Maxima, die der Masse der angeregten Baryonzustände entsprechen, sind zum Großteil schwer aufzulösen, da die Resonanzen wegen ihrer Breite von typischerweise 100 MeV teilweise stark überlappen. Diese großen Breiten sind charakteristisch für Zustände, die vermöge der starken Wechselwirkung zerfallen.

Bei den bisher besprochenen Experimenten handelt es sich um sogenannte *Formationsexperimente,* um solche also, bei denen das erzeugte Baryon als Resonanz im Wirkungsquerschnitt identifiziert wird. Diese Methode ist mit den verfügbaren Teilchenstrahlen jedoch nur für die Produktion angeregter Zustände von Nukleonen sowie Hyperonen mit Strangeness $S = -1$ anwendbar.

Produktionsexperimente. Eine allgemeinere Möglichkeit zur Erzeugung von Baryonen sind *Produktionsexperimente.* Hierbei schießt man einen Strahl von Protonen, Pionen oder Kaonen mit möglichst hoher Energie auf ein Target. Zur Erzeugung von neuen Teilchen steht maximal die Schwerpunktsenergie dieser Reaktion zur Verfügung. Wie in Abb. 15.1 zu sehen ist, sind bei Strahlenergien oberhalb 3 GeV im Verlauf des Wirkungsquerschnitts keine Resonanzen mehr zu erkennen, und der elastische liegt deutlich unter dem totalen Wirkungsquerschnitt. Wir befinden uns dann im Energiebereich für inelastische Teilchenproduktion.

Statt Resonanzen im Wirkungsquerschnitt zu untersuchen, beobachtet man bei den Produktionsexperimenten die zumeist zahlreichen Reaktionsprodukte der Strahl-Target-Wechselwirkung. Sind die erzeugten Teilchen sehr kurzlebig, ist es nur möglich, deren Zerfallsprodukte in den Detektoren nachzuweisen. Man kann diese kurzlebigen Zustände aber oft mit der Methode der invarianten Masse rekonstruieren, wenn man die Impulse $\boldsymbol{p}_i$ und die Energien E_i der Zerfallsteilchen misst. Für die Masse M_{X} des zerfallenen Teilchens X gilt:

$$M_{\mathrm{X}}^2 c^4 = p_{\mathrm{X}}^2 c^2 = \left(\sum_i p_i c\right)^2 = \left(\sum_i E_i\right)^2 - \left(\sum_i \boldsymbol{p}_i c\right)^2 . \qquad (15.1)$$

In der Praxis betrachtet man eine große Anzahl von Ereignissen einer Reaktion und berechnet die invariante Masse einer bestimmten Kombination von gemessenen Reaktionsprodukten. Im invarianten Massenspektrum sind dann kurzlebige Resonanzen, die in diese Teilchen zerfallen sind, als Maximum zu erkennen. Zum einen kann man auf diese Art und Weise schon bekannte, kurzlebige Resonanzen identifizieren, zum anderen kann man aber mit dieser Methode auch die Erzeugung neuer, unbekannter Teilchen nachweisen.

Als Beispiel zeigen wir das invariante Massenspektrum der Teilchenkombination $\Lambda^0 + \pi^+$ aus der Reaktion

$$\mathrm{K}^- + \mathrm{p} \to \pi^+ + \pi^- + \Lambda^0 .$$

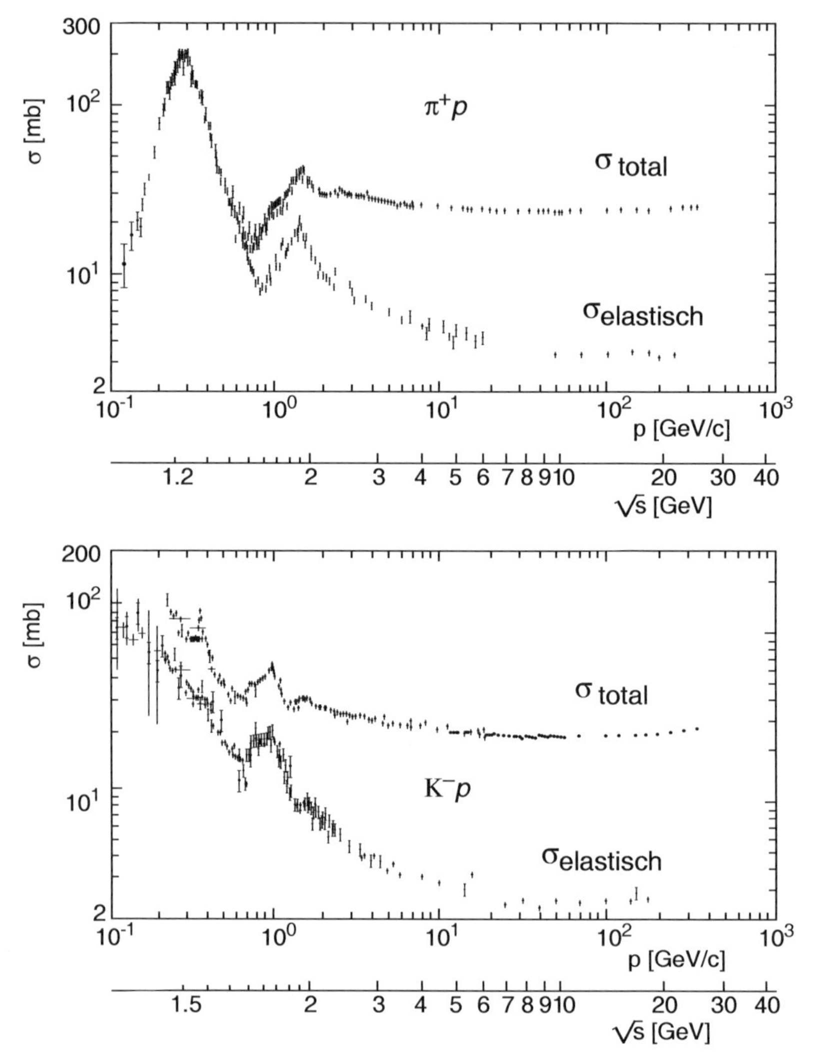

Abbildung 15.1. Totaler und elastischer Streuquerschnitt der Reaktion von π^+-Mesonen mit Protonen *(oben)* bzw. von K^--Mesonen mit Protonen *(unten)* als Funktion des Impulses des Mesonenstrahles bzw. der Schwerpunktsenergie [PD94]. Die Maxima im Wirkungsquerschnitt ordnet man kurzlebigen Zuständen zu. Da die Gesamtladung der Teilchen im Eingangskanal $+2e$ ist, muss es sich bei den Maxima im Wirkungsquerschnitt der π^+p-Reaktion um Δ^{++}-Resonanzen handeln. Das ausgeprägte Maximum bei einem Strahlimpuls von ca. 300 MeV/c entspricht dem Δ^{++}-Grundzustand mit einer Masse von 1232 MeV/c^2. Die teilweise stark überlappenden Resonanzen im Wirkungsquerschnitt der K^-p-Reaktion zeigen die Formation von angeregten, neutralen Σ- und Λ-Baryonen an. Die ausgeprägtesten Vertreter sind die Zustände $\Sigma^0(1775)$ und $\Lambda^0(1820)$.

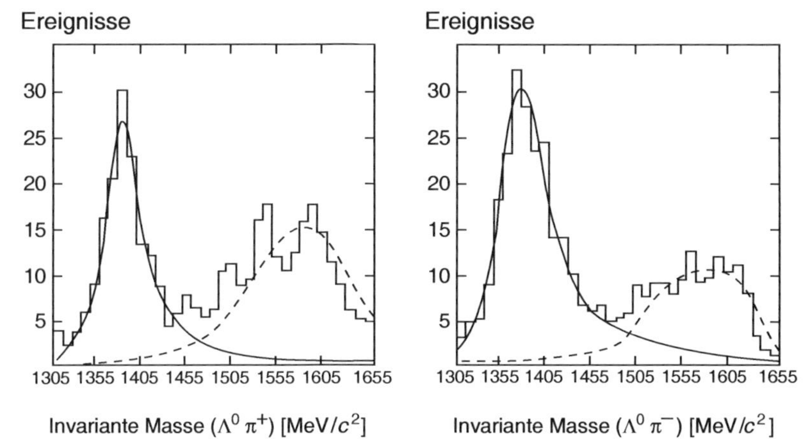

Abbildung 15.2. Invariantes Massenspektrum der Teilchenkombination $\Lambda^0+\pi^+$ *(links)* bzw. $\Lambda^0+\pi^-$ *(rechts)* aus der Reaktion $\mathrm{K}^-+\mathrm{p}\to\pi^++\pi^-+\Lambda^0$. Der Impuls der einlaufenden Kaonen betrug 1.11 GeV/c. In beiden Spektren sieht man jeweils ein Maximum bei ca. 1385 MeV/c^2, das einem Σ^{*+} bzw. einem Σ^{*-} entspricht. An diese Maxima ist eine Breit-Wigner-Resonanzkurve angepasst *(durchgezogene Linie)*, woraus man Masse und Breite der Resonanzen bestimmen kann. Die Energie des jeweils beim Zerfall unbeteiligten Pions ist kinematisch festgelegt. Daher ergibt sich durch die Kombination des Λ^0 mit dem „falschen" Pion ein weiteres Maximum bei höherer Energie, das jedoch keiner Baryonresonanz entspricht (nach [El61]).

Es weist ein Maximum bei 1385 MeV/c^2 auf, das einem angeregten Zustand des Σ^+ entspricht (Abb. 15.2). Das Σ^{*+}-Baryon wird also durch seinen Zerfall $\Sigma^{*+}\to\pi^++\Lambda^0$ identifiziert, der alle Quantenzahlen wie z. B. Strangeness und Isospin erhält, da er vermöge der starken Wechselwirkung abläuft. In obiger Reaktion ist es ebenso wahrscheinlich, dass ein Σ^{*-}-Zustand erzeugt wird, welcher seinerseits in $\Lambda^0+\pi^-$ zerfällt. Die Analyse der invarianten Masse ergibt fast denselben Wert[1] wie für die positive Resonanz. Dies ist ebenfalls in Abb. 15.2 gezeigt. Die flachere Anhäufung von Ereignissen bei größeren Massen in beiden Spektren beruht auf der Tatsache, dass beide geladenen Σ-Resonanzen auftreten können. Die Kinematik des nicht aus dem jeweiligen Zerfall stammenden Pions ist nämlich festgelegt und erzeugt dadurch im invarianten Massenspektrum ein „fiktives" Resonanzmaximum. Diese Zweideutigkeit kann aber aufgelöst werden, wenn man das Experiment bei verschiedenen Strahlenergien durchführt. Zusätzlich gibt es noch einen kleinen Untergrund von $\pi^\pm$-Λ^0-Paaren im invarianten Massenspektrum, die unkorreliert erzeugt wurden, also nicht aus einem $\Sigma^{*\pm}$-Zerfall stammen. Mit dieser Methode der Auftragung der invarianten Masse von bestimmten Reaktionsprodukten wurde der angeregte Σ-Zustand 1960 erstmals nachgewiesen [Al60].

[1] Die Massendifferenz zwischen Σ^{*-} und Σ^{*+} beträgt ca. 4 MeV/c^2 (siehe Tabelle 15.1 auf Seite 225).

Ist die Existenz der zu untersuchenden Baryonzustände schon bekannt, so kann man sie auch in einzelnen Ereignissen nachweisen. Dies ist z. B. für den oben besprochenen Nachweis des Σ^{*+} von Bedeutung, denn das Λ^0 zerfällt seinerseits gemäß $\Lambda^0 \to \mathrm{p}+\pi^-$ und muss zunächst selbst mit der Methode der invarianten Masse rekonstruiert werden. Erleichtert wird der Nachweis des Λ^0 durch seine lange Lebensdauer von $2.6 \cdot 10^{-10}$ s, die einem schwachen Zerfall entspricht. Dadurch liegt die mittlere Zerfallsstrecke, die von der Energie des Λ^0 abhängt, zwischen einigen Zentimetern und einigen Metern, was es mit Hilfe von Spurdetektoren ermöglicht, den Zerfallsort des Λ^0 räumlich getrennt vom Ort der Primärreaktion zu identifizieren.

Ein schönes Beispiel für die stufenweise Rekonstruktion aller primär erzeugten Teilchen aus einer Reaktion Σ^-+Kern ist in Abb. 15.3 gezeigt. Hier konnte mit Hilfe der Methode der invarianten Masse eine dreistufige Zerfallskette von Baryonzuständen nachgewiesen werden. Die gemessene Nettoreaktion ist

$$\Sigma^- + \mathrm{A} \to \mathrm{p} + \mathrm{K}^+ + \pi^+ + \pi^- + \pi^- + \pi^- + \mathrm{A}' .$$

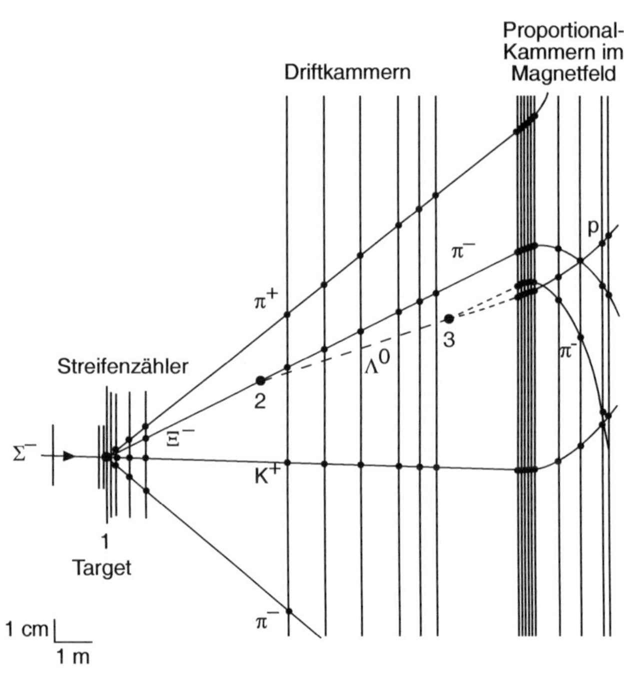

Abbildung 15.3. Nachweis einer Baryonzerfallskaskade mit dem WA89-Detektor am CERN-Hyperonstrahl (schematisch nach [Tr92]). Bei diesem Ereignis trifft ein Σ^--Hyperon mit einer kinetischen Energie von 370 GeV auf ein dünnes Kohlenstofftarget. Die Spuren der erzeugten geladenen Teilchen werden in der Nähe des Targets durch Siliziumstreifenzähler, in größerer Entfernung durch Drift- und Proportionalkammern nachgewiesen. Ihre Impulse werden durch Ablenkung in einem starken Magnetfeld bestimmt. Die gezeigten Spuren wurden aus den Signalen der Kammern ermittelt. Die Zerfallskette der Baryonzustände wird im Text diskutiert.

Die eigentliche Wechselwirkung findet an einem Proton des Kerns A statt. Alle Teilchen im Endzustand (außer dem Restkern A′) wurden identifiziert, zusätzlich konnte ihr Impuls gemessen werden. Die in Drift- und Proportionalkammern gemessenen Spuren von Proton und einem π^- werden zu Punkt (3) zurückverfolgt, dem Zerfallsort eines Λ^0, wie sich aus der invarianten Masse von Proton und π^- herausstellt. Damit ist auch der Impuls des Λ^0 bekannt, wodurch man seine in den Detektoren unsichtbare Spur bis zu Punkt (2) zurückextrapolieren kann, wo sie die Spur eines π^- trifft. Die invariante Masse des Λ^0 und dieses π^- ergibt mit ca. $1320\,\text{MeV}/c^2$ die Masse des Ξ^--Baryons, welches seinerseits bis zum Target (1) zurückverfolgt werden kann. Wie die Analyse zeigt, war auch dieses Ξ^- nur das Zerfallsprodukt eines primär erzeugten Ξ^{*0}-Zustandes, der vermöge der starken Wechselwirkung „instantan“ in Ξ^- und π^+ zerfallen war. Die gesamte Reaktion in allen Zwischenstufen stellt sich dann folgendermaßen dar:

$$\begin{array}{lll} \Sigma^- + \text{A} & \rightarrow & \Xi^{*0} + \text{K}^+ + \pi^- + \text{A}' \\ & & \hookrightarrow \Xi^- + \pi^+ \\ & & \quad\;\; \hookrightarrow \Lambda^0 + \pi^- \\ & & \qquad\quad \hookrightarrow \text{p} + \pi^- \,. \end{array}$$

Diese Reaktion ist auch ein Beispiel zur assoziierten Produktion von Teilchen mit Strangeness: Das Strahlteilchen Σ^- hat Strangeness -1 und erzeugt durch Kollision mit dem Targetkern ein Ξ^{*0} mit Strangeness -2. Da in Reaktionen der starken Wechselwirkung die Strangeness erhalten sein muss, wird zusätzlich ein K^+ mit Strangeness $+1$ erzeugt.

15.2 Baryonmultipletts

Im Folgenden werden wir etwas detaillierter besprechen, welche Baryonen aus den drei Quarksorten u, d und s aufgebaut sind. Dabei beschränken wir uns auf die Zustände mit den niedrigsten Massen. Das sind die Zustände, bei denen die Quarks den relativen Bahndrehimpuls $\ell = 0$ besitzen und keine radialen Anregungen haben.

Als Fermionen müssen die drei Quarks, aus denen die Baryonen aufgebaut sind, dem Pauli-Prinzip genügen. Die Gesamtwellenfunktion des Baryons

$$\psi_{\text{total}} = \xi_{\text{Ort}} \cdot \zeta_{\text{Flavour}} \cdot \chi_{\text{Spin}} \cdot \phi_{\text{Farbe}}$$

muss daher total antisymmetrisch bezüglich der Vertauschung zweier beliebiger Quarks sein. Für den Gesamtspin S der Baryonen gibt es zwei mögliche Werte: Die drei Quarkspins mit $s = 1/2$ können sich zu $S = 1/2$ oder zu $S = 3/2$ addieren. Wegen unserer Beschränkung auf Bahndrehimpulse $\ell = 0$ ist der Gesamtspin S der drei Quarks gleich dem Gesamtdrehimpuls J des Baryons.

Baryondekuplett. Betrachten wir zunächst die Baryonen mit $J^P = 3/2^+$. Bei ihnen sind die Spins der 3 Quarks parallel ausgerichtet. Deshalb ist die Spinwellenfunktion symmetrisch unter Teilchenaustausch. Wegen $\ell = 0$ gilt dies auch für die Ortswellenfunktion. Nehmen wir z. B. die uuu-Quarkkombination, so ist auch die Flavourwellenfunktion symmetrisch. Um dem Pauli-Prinzip zu genügen, muss die Farbwellenfunktion dann total antisymmetrisch sein, wodurch auch die Gesamtwellenfunktion antisymmetrisch wird. Weil das Baryon ein farbneutrales Objekt ist, ist dies in der Tat gegeben: Die total antisymmetrische Farbwellenfunktion hat die Form

$$\phi_{\text{Farbe}} = \frac{1}{\sqrt{6}} \sum_{\alpha=r,g,b} \sum_{\beta=r,g,b} \sum_{\gamma=r,g,b} \varepsilon_{\alpha\beta\gamma} \, |\mathrm{q}_\alpha \mathrm{q}_\beta \mathrm{q}_\gamma\rangle \,, \tag{15.2}$$

wobei über die Farben *rot, grün* und *blau* summiert wird und $\varepsilon_{\alpha\beta\gamma}$ der total antisymmetrische Tensor ist.

Wenn man nur Zustände ohne radiale Anregung betrachtet, gibt es zehn verschiedene 3-Quarksysteme mit $J^P = 3/2^+$, deren Wellenfunktionen total antisymmetrisiert werden können. Dies sind

$$|\Delta^{++}\rangle = |\mathrm{u}^\uparrow\mathrm{u}^\uparrow\mathrm{u}^\uparrow\rangle \quad |\Delta^{+}\rangle = |\mathrm{u}^\uparrow\mathrm{u}^\uparrow\mathrm{d}^\uparrow\rangle \quad |\Delta^{0}\rangle = |\mathrm{u}^\uparrow\mathrm{d}^\uparrow\mathrm{d}^\uparrow\rangle \quad |\Delta^{-}\rangle = |\mathrm{d}^\uparrow\mathrm{d}^\uparrow\mathrm{d}^\uparrow\rangle$$

$$|\Sigma^{*+}\rangle = |\mathrm{u}^\uparrow\mathrm{u}^\uparrow\mathrm{s}^\uparrow\rangle \quad |\Sigma^{*0}\rangle = |\mathrm{u}^\uparrow\mathrm{d}^\uparrow\mathrm{s}^\uparrow\rangle \quad |\Sigma^{*-}\rangle = |\mathrm{d}^\uparrow\mathrm{d}^\uparrow\mathrm{s}^\uparrow\rangle$$

$$|\Xi^{*0}\rangle = |\mathrm{u}^\uparrow\mathrm{s}^\uparrow\mathrm{s}^\uparrow\rangle \quad |\Xi^{*-}\rangle = |\mathrm{d}^\uparrow\mathrm{s}^\uparrow\mathrm{s}^\uparrow\rangle$$

$$|\Omega^{-}\rangle = |\mathrm{s}^\uparrow\mathrm{s}^\uparrow\mathrm{s}^\uparrow\rangle \,.$$

Hier ist nur der Spin-Flavour-Teil der Gesamtwellenfunktion der Baryonen in verkürzter Form angegeben. Er muss symmetrisch unter Quarkaustausch sein. Für die uuu-, ddd- und sss-Quark-Kombinationen ist das in obiger Kurzform der Fall. Für Baryonzustände aus verschiedenen Quarks besteht die korrekte symmetrisierte Form aus mehreren Termen, z. B. gilt für die Wellenfunktion des Δ^+:

$$|\Delta^+\rangle = \frac{1}{\sqrt{3}} \left\{ |\mathrm{u}^\uparrow\mathrm{u}^\uparrow\mathrm{d}^\uparrow\rangle + |\mathrm{u}^\uparrow\mathrm{d}^\uparrow\mathrm{u}^\uparrow\rangle + |\mathrm{d}^\uparrow\mathrm{u}^\uparrow\mathrm{u}^\uparrow\rangle \right\} .$$

Wir verwenden im Folgenden jedoch meistens die verkürzte Form für die Quarkwellenfunktion der Baryonen und setzen dabei stillschweigend voraus, dass die Gesamtwellenfunktion entsprechend antisymmetrisiert ist.

Die Darstellung aller Zustände des Baryondekupletts in einem I_3–S–Schema (Abb. 15.4) ergibt ein gleichschenkliges Dreieck, welches die dreizählige Symmetrie dieser 3-Quarksysteme widerspiegelt.

Baryonoktett. Wie bringen wir die Nukleonen in unserem Baryonenschema unter? Um aus drei Quarks ein Baryon mit Spin 1/2 zu erhalten, muss der Spin eines der Quarks antiparallel zu den Spins der beiden anderen Quarks

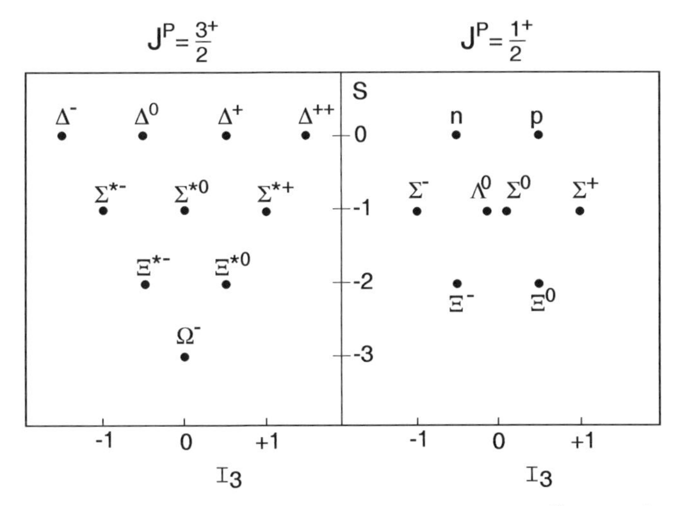

Abbildung 15.4. Zustände des Baryonendekupletts mit $J^P = 3/2^+$ (*links*) und des Baryonenoktetts mit $J^P = 1/2^+$ (*rechts*) im I_3–S-Schema. Im Unterschied zum Mesonenschema sind bei den Baryonenmultipletts nur Teilchen und keine Antiteilchen aufgeführt. Die Antibaryonen bestehen ausschließlich aus Antiquarks und bilden eigene, äquivalente Antibaryonenmultipletts.

stehen: $\uparrow\uparrow\downarrow$. Dieser Spinzustand ist weder rein symmetrisch noch rein antisymmetrisch bezüglich Vertauschung zweier Spinvektoren, sondern er hat eine gemischte Symmetrie. Die Flavour-Wellenfunktion muss dann ebenfalls in gemischter Symmetrie vorliegen, damit das Produkt aus beiden und damit die gesamte Spin-Flavour-Wellenfunktion rein symmetrisch werden kann. Für die Quarkkombinationen uuu, ddd und sss, die nur in symmetrischer Form dargestellt werden können, ist dies jedoch nicht möglich. Deshalb existieren diese Quarkkombinationen nicht als Baryongrundzustand mit $J = 1/2$. Es gibt daher nur zwei verschiedene Quarkkombinationen aus den leichten Quarks u und d, die die Symmetriebedingungen für die Wellenfunktion erfüllen. Diese entsprechen gerade dem Proton und dem Neutron.

Diese vereinfachte Diskussion über die Herleitung der möglichen Baryonzustände und -multipletts kann quantitativ mit gruppentheoretischen Argumenten zur SU(6)-Symmetrie der Quarks untermauert werden, wofür wir auf die Literatur verweisen (siehe z. B. [Cl79]).

In verkürzter Form kann man die Wellenfunktionen von Proton und Neutron schreiben als:

$$|\mathrm{p}^{\uparrow}\rangle = |\mathrm{u}^{\uparrow}\mathrm{u}^{\uparrow}\mathrm{d}^{\downarrow}\rangle \qquad |\mathrm{n}^{\uparrow}\rangle = |\mathrm{u}^{\downarrow}\mathrm{d}^{\uparrow}\mathrm{d}^{\uparrow}\rangle\,.$$

Wir werden nun die symmetrisierte Form der Wellenfunktionen konstruieren. Zunächst betrachten wir das Proton und zerlegen den Spinanteil der Wellenfunktion mit z. B. z-Komponente $m_J = +1/2$ in Produkte von Spinwellenfunktionen von einem einzelnen Quark und zwei Quarks,

$$\chi_{\mathrm{p}}(J=\tfrac{1}{2}, m_J=\tfrac{1}{2}) = \sqrt{2/3}\,\chi_{\mathrm{uu}}(1,1)\chi_{\mathrm{d}}(\tfrac{1}{2},-\tfrac{1}{2}) - \sqrt{1/3}\,\chi_{\mathrm{uu}}(1,0)\chi_{\mathrm{d}}(\tfrac{1}{2},\tfrac{1}{2})\,. \tag{15.3}$$

Hierbei haben wir zunächst die beiden u-Quarks gekoppelt und das d-Quark als das einzelne Quark gewählt. Würde man zunächst das d-Quark mit einem der u-Quarks koppeln, würde dies zu einer wesentlich komplizierteren Notation führen, ohne dass sich etwas am Ergebnis änderte. Die Vorfaktoren sind die Clebsch-Gordan-Koeffizienten für die Kopplung von Spin 1 und 1/2. In unserer Spin-Flavour-Schreibweise lässt sich (15.3) übersetzen in

$$|\mathrm{p}^\uparrow\rangle = \sqrt{2/3}\,|\mathrm{u}^\uparrow\mathrm{u}^\uparrow\mathrm{d}^\downarrow\rangle - \sqrt{1/6}\,|\mathrm{u}^\uparrow\mathrm{u}^\downarrow\mathrm{d}^\uparrow\rangle - \sqrt{1/6}\,|\mathrm{u}^\downarrow\mathrm{u}^\uparrow\mathrm{d}^\uparrow\rangle\,, \tag{15.4}$$

wobei wir für $\chi(1,0)$ die korrekte Spintriplettfunktion $(\uparrow\downarrow+\downarrow\uparrow)/\sqrt{2}$ eingesetzt haben. Dieser Ausdruck ist nur symmetrisch bezüglich des Austauschs des ersten und des zweiten Quarks, nicht aber bezüglich des Austauschs zweier beliebiger Quarks. Er kann jedoch vollständig symmetrisiert werden, indem man in jedem der drei Terme das erste und dritte sowie das zweite und dritte Quark vertauscht und diese neuen Terme hinzufügt. Man erhält dann nach korrekter Normierung für die symmetrisierte Form der Protonwellenfunktion

$$\begin{aligned}|\mathrm{p}^\uparrow\rangle &= \frac{1}{\sqrt{18}}\,\{\,2\,|\mathrm{u}^\uparrow\mathrm{u}^\uparrow\mathrm{d}^\downarrow\rangle + 2\,|\mathrm{u}^\uparrow\mathrm{d}^\downarrow\mathrm{u}^\uparrow\rangle + 2\,|\mathrm{d}^\downarrow\mathrm{u}^\uparrow\mathrm{u}^\uparrow\rangle - |\mathrm{u}^\uparrow\mathrm{u}^\downarrow\mathrm{d}^\uparrow\rangle \\ &\quad - |\mathrm{u}^\uparrow\mathrm{d}^\uparrow\mathrm{u}^\downarrow\rangle - |\mathrm{d}^\uparrow\mathrm{u}^\uparrow\mathrm{u}^\downarrow\rangle - |\mathrm{u}^\downarrow\mathrm{u}^\uparrow\mathrm{d}^\uparrow\rangle - |\mathrm{u}^\downarrow\mathrm{d}^\uparrow\mathrm{u}^\uparrow\rangle - |\mathrm{d}^\uparrow\mathrm{u}^\downarrow\mathrm{u}^\uparrow\rangle\,\}\,. \end{aligned} \tag{15.5}$$

Die Wellenfunktion des Neutrons erhält man durch Vertauschen von u- und d-Quarks:

$$\begin{aligned}|\mathrm{n}^\uparrow\rangle &= \frac{1}{\sqrt{18}}\,\{\,2\,|\mathrm{d}^\uparrow\mathrm{d}^\uparrow\mathrm{u}^\downarrow\rangle + 2\,|\mathrm{d}^\uparrow\mathrm{u}^\downarrow\mathrm{d}^\uparrow\rangle + 2\,|\mathrm{u}^\downarrow\mathrm{d}^\uparrow\mathrm{d}^\uparrow\rangle - |\mathrm{d}^\uparrow\mathrm{d}^\downarrow\mathrm{u}^\uparrow\rangle \\ &\quad - |\mathrm{d}^\uparrow\mathrm{u}^\uparrow\mathrm{d}^\downarrow\rangle - |\mathrm{u}^\uparrow\mathrm{d}^\uparrow\mathrm{d}^\downarrow\rangle - |\mathrm{d}^\downarrow\mathrm{d}^\uparrow\mathrm{u}^\uparrow\rangle - |\mathrm{d}^\downarrow\mathrm{u}^\uparrow\mathrm{d}^\uparrow\rangle - |\mathrm{u}^\uparrow\mathrm{d}^\downarrow\mathrm{d}^\uparrow\rangle\,\}\,. \end{aligned} \tag{15.6}$$

Die Nukleonen haben Isospin 1/2 und bilden daher ein Isospinduplett. Ein weiteres Isospinduplett erhält man aus der Kombination von 2 s-Quarks mit einem leichten Quark, was sich in verkürzter Weise als

$$|\Xi^{0\uparrow}\rangle = |\mathrm{u}^\downarrow\mathrm{s}^\uparrow\mathrm{s}^\uparrow\rangle \qquad |\Xi^{-\uparrow}\rangle = |\mathrm{d}^\downarrow\mathrm{s}^\uparrow\mathrm{s}^\uparrow\rangle \tag{15.7}$$

schreibt. Aus den übrigen Quarkkombinationen kann man ein Isospintriplett und ein -singulett bilden:

$$\begin{aligned} &|\Sigma^{+\uparrow}\rangle = |\mathrm{u}^\uparrow\mathrm{u}^\uparrow\mathrm{s}^\downarrow\rangle \\ &|\Sigma^{0\uparrow}\rangle = |\mathrm{u}^\uparrow\mathrm{d}^\uparrow\mathrm{s}^\downarrow\rangle \qquad |\Lambda^{0\uparrow}\rangle = |\mathrm{u}^\uparrow\mathrm{d}^\downarrow\mathrm{s}^\uparrow\rangle \\ &|\Sigma^{-\uparrow}\rangle = |\mathrm{d}^\uparrow\mathrm{d}^\uparrow\mathrm{s}^\downarrow\rangle\,. \end{aligned} \tag{15.8}$$

Die Quarkkombination uds tritt dabei zweimal auf und wird je nach relativer Spinstellung zwei verschiedenen Teilchen zugeordnet. Koppeln die Spins und

Isospins von u- und d-Quarks zu 1, wie bei den geladenen Σ-Baryonen, so handelt es sich um das Σ^0. Wenn Spin und Isospin von u und d zu 0 koppeln, entspricht dies dem Λ^0. Diese beiden Hyperonen weisen einen Massenunterschied von ca. 80 MeV/c^2 auf. Es zeigt sich also auch bei den Baryonen, dass die Spin-Spin-Wechselwirkung eine wichtige Rolle spielen muss. In Abb. 15.4 sind die 8 Baryonen mit $J^P = 1/2^+$ im I_3–S-Koordinatensystem dargestellt. Auch hier zeigt sich die dreizählige Symmetrie der Zustände.

15.3 Massen der Baryonen

In Abb. 15.5 ist das Massenspektrum der Baryonen, getrennt nach Isospin und Strangeness dargestellt. Deutlich erkennt man als niedrigste Energiezustände die Serien mit $J^P = 1/2^+$ und $J^P = 3/2^+$. Innerhalb der Baryonfamilien wächst die Masse mit der Strangeness stetig an, was man natürlich auf die größere Masse des s-Quarks zurückführen kann. Die Massen der Baryonen mit $J^P = 3/2^+$ sind um ca. 300 MeV/c^2 größer als die der entsprechenden $J^P = 1/2^+$-Baryonen. Wie bei den Mesonen ist dies wieder auf die Spin-Spin-Wechselwirkung zurückzuführen,

$$V_{\mathrm{ss}}(\mathrm{q}_i\mathrm{q}_j) = \frac{4\pi}{9}\frac{\hbar^3}{c}\alpha_{\mathrm{s}}\frac{\boldsymbol{\sigma}_i \cdot \boldsymbol{\sigma}_j}{m_i m_j}\,\delta(\boldsymbol{x})\,, \tag{15.9}$$

die nur bei kleinen Abständen über den 1-Gluon Austausch eine Rolle spielt. Im Vergleich zum Quark-Antiquark-Potential für die Mesonen (13.10) tritt

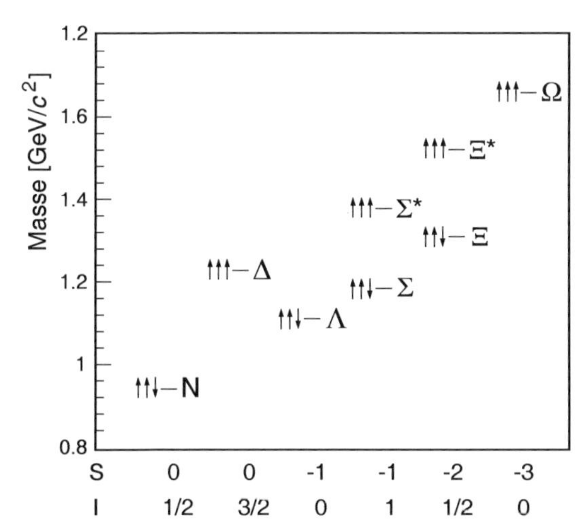

Abbildung 15.5. Massenspektrum der Baryonen des Dekupletts und des Oktetts, aufgetragen gegen Strangeness S und Isospin I. Die Pfeile beschreiben den Drehimpuls J des Baryons. Die Baryonen des Dekupletts mit $J^P = 3/2^+$ haben deutlich größere Massen als ihre Partner aus dem Oktett mit $J^P = 1/2^+$.

hier für die Baryonen, die nur aus Quarks bestehen, als Vorfaktor 4/9 statt 8/9 auf, was sich aus QCD-Überlegungen ergibt. Gleichung (15.9) beschreibt nur die Wechselwirkung zweier Quarks miteinander. Um die Massenaufspaltung der Baryonen aufgrund der Spin-Spin-Wechselwirkung korrekt berechnen zu können, muss man über alle Quarkpaare im Baryon summieren. Im einfachsten Fall, nämlich für die Nukleonen, die Δ-Zustände und das Ω, bei denen die Konstituentenmassen aller drei Quarks gleich sind, müssen wir nur den Erwartungswert für die Summe über $\boldsymbol{\sigma}_i \cdot \boldsymbol{\sigma}_j$ berechnen. Wenn man mit $\boldsymbol{S}$ den Gesamtspin des Baryons bezeichnet und die Identität $\boldsymbol{S}^2 = (\boldsymbol{s}_1 + \boldsymbol{s}_2 + \boldsymbol{s}_3)^2$ ausnutzt, erhält man analog zu (13.11):

$$\sum_{\substack{i,j=1 \\ i<j}}^{3} \boldsymbol{\sigma}_i \cdot \boldsymbol{\sigma}_j = \frac{4}{\hbar^2} \sum_{\substack{i,j=1 \\ i<j}}^{3} \boldsymbol{s}_i \cdot \boldsymbol{s}_j = \begin{cases} -3 & \text{für} \quad S = 1/2\,, \\ +3 & \text{für} \quad S = 3/2\,. \end{cases} \tag{15.10}$$

Die Energie- bzw. Massenverschiebung aufgrund der Spin-Spin-Wechselwirkung ist dann

$$\Delta M_{\mathrm{ss}} = \begin{cases} -3 \cdot \dfrac{4}{9} \dfrac{\hbar^3}{c^3} \dfrac{\pi \alpha_{\mathrm{s}}}{m_{\mathrm{u,d}}^2} \, |\psi(0)|^2 & \text{für die Nukleonen}\,, \\[2ex] +3 \cdot \dfrac{4}{9} \dfrac{\hbar^3}{c^3} \dfrac{\pi \alpha_{\mathrm{s}}}{m_{\mathrm{u,d}}^2} \, |\psi(0)|^2 & \text{für die } \Delta\text{-Zustände}\,, \\[2ex] +3 \cdot \dfrac{4}{9} \dfrac{\hbar^3}{c^3} \dfrac{\pi \alpha_{\mathrm{s}}}{m_{\mathrm{s}}^2} \, |\psi(0)|^2 & \text{für das } \Omega\text{-Baryon}\,. \end{cases} \tag{15.11}$$

Dabei bezeichnet $|\psi(0)|^2$ die Wahrscheinlichkeit, dass sich zwei Quarks am selben Ort befinden. Für Baryonen, die aus Quarks unterschiedlicher Massen bestehen, ergeben sich etwas kompliziertere Ausdrücke [Gr87].

Mit den berechneten Massenaufspaltungen kann man eine allgemeine Massenformel für alle Baryonen mit Bahndrehimpuls $\ell = 0$ aufstellen:

$$M = \sum_i m_i + \Delta M_{\mathrm{ss}} \tag{15.12}$$

Durch Anpassung an die gemessenen Baryonmassen erhält man Werte für die drei Unbekannten $m_{\mathrm{u,d}}$, m_{s} und $\alpha_{\mathrm{s}}|\psi(0)|^2$, wobei wir wie bei den Mesonen angenommen haben, dass die Größe $\alpha_{\mathrm{s}}|\psi(0)|^2$ für alle Baryonen annähernd gleich ist. Für die Konstituentenquarkmassen ergibt sich: $m_{\mathrm{u,d}} \approx 363\,\mathrm{MeV}/c^2$, $m_{\mathrm{s}} \approx 538\,\mathrm{MeV}/c^2$ [Ga81]. Die so angepassten Baryonmassen stimmen bis auf ca. 1 % mit den wahren Massen überein (Tabelle 15.1). Die aus den Baryonmassen ermittelten Konstituentenquarkmassen sind etwas größer als bei den Mesonen. Dies ist aber plausibel, denn die Konstituentenquarkmasse ist ja eine durch die Quark-Gluon-Wechselwirkung dynamisch erzeugte Masse, und bei einem 3-Quark-System ist die effektive Wechselwirkung verschieden von der eines Quark-Antiquark-Systems.

Tabelle 15.1. Experimentell ermittelte und nach (15.12) angepasste Massen der leichtesten Baryonen [Ga81]. Die Anpassung erfolgte an die mittlere Masse eines Multipletts und ergibt eine gute Übereinstimmung mit den gemessenen Massen. Daneben sind die Lebensdauern und die wichtigsten Zerfallskanäle angegeben [PD98]. Die vier Ladungszustände des Δ-Baryons sind nicht separat aufgelistet.

	S	I	Baryon	Masse [MeV/c^2] theor.	exp.	τ [s]	wichtigste Zerfallskanäle		Zerfalls-art
Oktett ($J^P = 1/2^+$)	0	1/2	p	939	938.3	stabil?	—		—
			n		939.6	886.7	$\text{pe}^-\overline{\nu}_\text{e}$	100 %	schwach
	−1	0	Λ	1114	1115.7	$2.63 \cdot 10^{-10}$	$\text{p}\pi^-$ $\text{n}\pi^0$	64.1 % 35.7 %	schwach schwach
		1	Σ^+	1179	1189.4	$0.80 \cdot 10^{-10}$	$\text{p}\pi^0$ $\text{n}\pi^+$	51.6 % 48.3 %	schwach schwach
			Σ^0		1192.6	$7.4 \cdot 10^{-20}$	$\Lambda\gamma$	≈ 100 %	elmgn.
			Σ^-		1197.4	$1.48 \cdot 10^{-10}$	$\text{n}\pi^-$	99.8 %	schwach
	−2	1/2	Ξ^0	1327	1315	$2.90 \cdot 10^{-10}$	$\Lambda\pi^0$	≈ 100 %	schwach
			Ξ^-		1321	$1.64 \cdot 10^{-10}$	$\Lambda\pi^-$	≈ 100 %	schwach
Dekuplett ($J^P = 3/2^+$)	0	3/2	Δ	1239	1232	$0.55 \cdot 10^{-23}$	$\text{N}\pi$	99.4 %	stark
	−1	1	Σ^{*+}	1381	1383	$1.7 \cdot 10^{-23}$	$\Lambda\pi$ $\Sigma\pi$	88 % 12 %	stark stark
			Σ^{*0}		1384				
			Σ^{*-}		1387				
	−2	1/2	Ξ^{*0}	1529	1532	$7 \cdot 10^{-23}$	$\Xi\pi$	≈ 100 %	stark
			Ξ^{*-}		1535				
	−3	0	Ω^-	1682	1672.4	$0.82 \cdot 10^{-10}$	ΛK^- $\Xi^0\pi^-$ $\Xi^-\pi^0$	68 % 23 % 9 %	schwach schwach schwach

15.4 Magnetische Momente

Eine schöne Bestätigung des Konstituentenquarkmodells der Baryonen findet man beim Vergleich der auf dieser Grundlage berechneten und der gemessenen magnetischen Momente der Baryonen. Nach der Dirac-Theorie ist das magnetische Moment μ eines Spin-1/2-Teilchens der Masse M, das keine innere Struktur aufweist,

$$\mu_{\text{Dirac}} = \frac{e\hbar}{2M} \,. \tag{15.13}$$

Experimentell ist diese Beziehung für Elektron und Myon bestätigt worden. Wäre das Proton ebenfalls ein Elementarteilchen ohne Substruktur, so sollte sein magnetisches Moment den Wert eines Kernmagnetons

$$\mu_N = \frac{e\hbar}{2M_p} . \tag{15.14}$$

annehmen. Die Messung des magnetischen Moments des Protons ergibt jedoch einen Wert von $\mu_p = 2.79\,\mu_N$.

Magnetisches Moment im Quarkmodell. Im Grundzustand des Protons, einem Zustand mit Gesamtbahndrehimpuls $\ell = 0$, ergibt sich das magnetische Moment des Protons aus der Vektorsumme der magnetischen Momente der einzelnen Quarks:

$$\boldsymbol{\mu}_p = \boldsymbol{\mu}_u + \boldsymbol{\mu}_u + \boldsymbol{\mu}_d . \tag{15.15}$$

Der Erwartungswert des magnetischen Moments μ_p des Protons errechnet sich dann folgendermaßen:

$$\mu_p = \langle \boldsymbol{\mu}_p \rangle = \langle \psi_p | \boldsymbol{\mu}_p | \psi_p \rangle , \tag{15.16}$$

wobei ψ_p die total antisymmetrische Quarkwellenfunktion des Protons ist. Zur Berechnung von μ_p benötigt man nur den Spinanteil χ_p der Wellenfunktion. Aus (15.3) erhält man dann

$$\mu_p = \frac{2}{3}(\mu_u + \mu_u - \mu_d) + \frac{1}{3}\mu_d = \frac{4}{3}\mu_u - \frac{1}{3}\mu_d , \tag{15.17}$$

wobei $\mu_{u,d}$ die Quarkmagnetone sind, mit

$$\mu_{u,d} = \frac{z_{u,d}\, e\hbar}{2m_{u,d}} . \tag{15.18}$$

Gleichung (15.17) gilt für die übrigen Baryonen mit $J^P = 1/2^+$ und zwei identischen Quarks analog. So haben wir beispielsweise für das Neutron

$$\mu_n = \frac{4}{3}\mu_d - \frac{1}{3}\mu_u \tag{15.19}$$

und für das Σ^+

$$\mu_{\Sigma^+} = \frac{4}{3}\mu_u - \frac{1}{3}\mu_s . \tag{15.20}$$

Für das Λ^0 argumentiert man anders. Wie wir wissen, enthält das Λ^0-Hyperon ein u- und ein d-Quark, deren Spins zu 0 gekoppelt sind, und die damit weder zum Spin noch zum magnetischen Moment des Λ^0 beitragen (Abschn. 15.2). Diese Größen leiten sich daher aus Spin und magnetischem Moment des s-Quarks ab:

$$\mu_\Lambda = \mu_s . \tag{15.21}$$

Setzt man die Konstituentenquarkmassen für u- und d-Quark gleich, so hat man $\mu_u = -2\mu_d$ und kann für das magnetische Moment von Proton und Neutron schreiben:

$$\mu_\mathrm{p} = \frac{3}{2}\mu_\mathrm{u}\,, \qquad\qquad \mu_\mathrm{n} = -\mu_\mathrm{u}\,. \tag{15.22}$$

Damit ist das Verhältnis vorhergesagt zu

$$\frac{\mu_\mathrm{n}}{\mu_\mathrm{p}} = -\frac{2}{3}\,, \tag{15.23}$$

was mit dem experimentell gefundenen Wert von -0.685 sehr gut übereinstimmt.

Um absolute magnetische Momente zu berechnen, muss man Massenwerte für die Quarks annehmen. Zunächst kann man aber auch aus dem gemessenen Wert für μ_p den umgekehrten Weg beschreiten und die Quarkmassen ausrechnen. Aus

$$\mu_\mathrm{p} = 2.79\,\mu_\mathrm{N} = 2.79\frac{e\hbar}{2M_\mathrm{p}} \tag{15.24}$$

und

$$\mu_\mathrm{p} = \frac{3}{2}\mu_\mathrm{u} = \frac{e\hbar}{2m_\mathrm{u}} \tag{15.25}$$

ergibt sich

$$m_\mathrm{u} = \frac{M_\mathrm{p}}{2.79} = 336\ \mathrm{MeV}/c^2\,, \tag{15.26}$$

in recht guter Übereinstimmung mit dem Wert, den man aus der Baryonenspektroskopie erhält (Abschn. 15.3).

Messung magnetischer Momente. Eindrucksvoll ist der Vergleich der gemessenen magnetischen Momente der Hyperonen mit dem aus dem Quarkmodell berechneten Wert (Tabelle 15.2). Dass die magnetischen Momente vieler Hyperonen trotz ihrer kurzen Lebensdauer (10^{-10} s) heute gut bekannt sind, verdanken wir zwei Umständen: Erstens werden die Hyperonen in der Produktion polarisiert erzeugt. Zweitens verletzt die schwache Wechselwirkung die Parität maximal; daher sind die Winkelverteilungen der Zerfallsprodukte von der Ausrichtung des Hyperonspins (Polarisation) stark abhängig.

Als Beispiel betrachten wir die Messung des magnetischen Moments des Λ^0-Teilchens. Es ist das Hyperon, dessen magnetisches Moment am einfachsten gemessen werden kann. Besonders leicht ist der Zerfall

$$\Lambda^0 \to \mathrm{p} + \pi^-$$

zu identifizieren, der mit 64 % auch das größte Verzweigungsverhältnis hat. Wenn der Spin des Λ^0 in die positive $\hat{z}$-Richtung zeigt, wird das Proton überwiegend in die $\hat{z}$-Richtung emittiert, gemäß der Winkelverteilung

$$W(\theta) \;\propto\; 1 + \alpha\cos\theta \qquad \text{mit} \quad \alpha \approx 0.64\,. \tag{15.27}$$

Der Winkel θ ist dabei der Winkel zwischen der Spinrichtung des Λ^0 und der Impulsrichtung des Protons. Die Größe des Parameters α ergibt sich aus der

Tabelle 15.2. Gemessene und berechnete magnetische Momente von Baryonen [La91, PD98]. Die experimentell bestimmten magnetischen Momente von p, n und Λ^0 werden zur Berechnung der magnetischen Momente der übrigen Baryonen verwendet. Das Σ^0-Hyperon ist sehr kurzlebig ($7.4 \cdot 10^{-20}$ s) und zerfällt durch die elektromagnetische Wechselwirkung gemäß $\Sigma^0 \to \Lambda^0 + \gamma$. Für dieses Teilchen ist anstelle des Erwartungswerts von μ das Übergangsmatrixelement $\langle \Lambda^0 | \mu | \Sigma^0 \rangle$ angegeben.

Baryon	μ/μ_N (Experiment)		Quarkmodell:	μ/μ_N
p	$+2.792\,847\,386$	$\pm\,0.000\,000\,063$	$(4\mu_u - \mu_d)/3$	—
n	$-1.913\,042\,75$	$\pm\,0.000\,000\,45$	$(4\mu_d - \mu_u)/3$	—
Λ^0	-0.613	$\pm\,0.004$	μ_s	—
Σ^+	$+2.458$	$\pm\,0.010$	$(4\mu_u - \mu_s)/3$	$+2.67$
Σ^0			$(2\mu_u + 2\mu_d - \mu_s)/3$	$+0.79$
$\Sigma^0 \to \Lambda^0$	-1.61	$\pm\,0.08$	$(\mu_d - \mu_u)/\sqrt{3}$	-1.63
Σ^-	-1.160	$\pm\,0.025$	$(4\mu_d - \mu_s)/3$	-1.09
Ξ^0	-1.250	$\pm\,0.014$	$(4\mu_s - \mu_u)/3$	-1.43
Ξ^-	$-0.650\,7$	$\pm\,0.002\,5$	$(4\mu_s - \mu_d)/3$	-0.49
Ω^-	-2.02	$\pm\,0.05$	$3\mu_s$	-1.84

Stärke der Interferenz der Beiträge mit Bahndrehimpuls $\ell = 0$ und $\ell = 1$ im p-π^--System und muss experimentell bestimmt werden.

Aus der Asymmetrie der Proton-Emission misst man die Polarisation der Λ^0-Teilchen. Bei der Reaktion

$$p + p \to K^+ + \Lambda^0 + p$$

ist das Λ^0 im Allgemeinen stark polarisiert. Wie in Abb. 15.6 gezeigt, wird das Λ^0 mit Spin senkrecht auf der Produktionsebene erzeugt, die durch die Bahn des einlaufenden Protons und des erzeugten Λ^0 definiert ist, denn diese Polarisationsrichtung ist die einzige, die die Paritätserhaltung in der starken Wechselwirkung gewährleistet.

Wenn das Λ^0-Teilchen eine Strecke d im Magnetfeld $\boldsymbol{B}$ mit dem Spin senkrecht zu $\boldsymbol{B}$ durchquert, dreht sich der Spin mit der Larmor-Präzessionsfrequenz

$$\omega_L = \frac{\boldsymbol{\mu}_\Lambda \boldsymbol{B}}{\hbar} \tag{15.28}$$

um den Winkel

$$\phi = \omega_L \Delta t = \omega_L \frac{d}{v} , \tag{15.29}$$

wobei v die Geschwindigkeit des Λ^0 ist, die man aus den Impulsen der Zerfallsteilchen Proton und Pion rekonstruieren kann. Experimentell misst man den Präzessionswinkel am genauesten, wenn man den Winkel $2 \cdot \phi$ bestimmt,

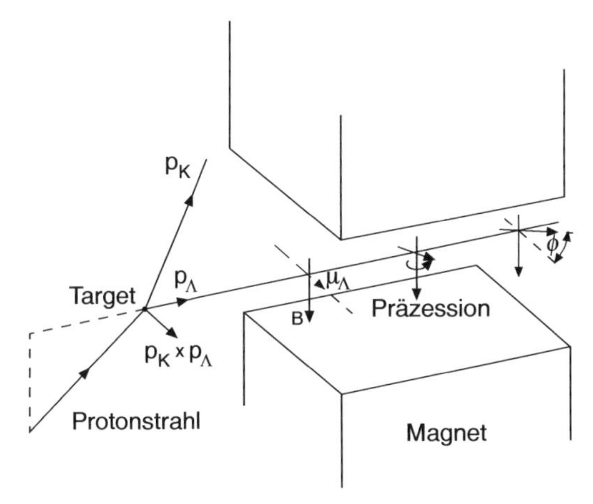

Abbildung 15.6. Schematische Skizze zur Messung des magnetischen Moments des Λ^0. Das Λ^0-Teilchen wird durch die Wechselwirkung des von links einlaufenden Protons mit einem Proton des Targets erzeugt. Der Spin des Λ^0 ist aus Gründen der Paritätserhaltung senkrecht zur Produktionsebene ausgerichtet. Das Magnetfeld, welches das Λ^0 durchläuft, ist senkrecht zum Spin des Λ^0 angelegt. Beim Durchfliegen des Magnetfeldbereichs mit der Länge d präzediert der Spin um einen Winkel ϕ.

indem man das Magnetfeld umpolt und somit die Differenz der Λ^0-Polarisationsrichtungen (nach Durchfliegen des jeweiligen Magnetfeldes) erhält. Damit vermeidet man die meisten systematischen Fehler. Als Resultat für das magnetische Moment des Λ^0 erhält man [PD98]

$$\mu_\Lambda = (-0.613 \pm 0.004)\, \mu_\mathrm{N} \; . \qquad (15.30)$$

Unter der Annahme, dass das s-Konstituentenquark ein Dirac-Teilchen ist und damit sein magnetisches Moment ebenfalls (15.18) genügt, ist der gemessene Wert von μ_Λ konsistent mit einer s-Quarkmasse von 510 MeV/c^2.

Die magnetischen Momente vieler Hyperonen sind auf ähnliche Weise wie beim Λ^0 gemessen worden. Allerdings werden bei den geladenen Hyperonen die Experimente dadurch erschwert, dass neben der Präzession des Spins im Magnetfeld auch noch die Ablenkung der Teilchen berücksichtigt werden muss. Die genauesten Resultate wurden am Fermilab gewonnen und sind in Tabelle 15.2 zusammengefasst. Verglichen sind diese Resultate mit Rechnungen auf der Grundlage des Quarkmodells. Dabei wurden die Ergebnisse für Proton, Neutron und Λ^0 benutzt, um die magnetischen Momente der übrigen Hyperonen vorherzusagen. Die experimentell ermittelten Werte stimmen mit den Modellvorhersagen innerhalb einiger Prozent überein.

Dieses Resultat stützt unser Konzept vom Konstituentenquark in zweierlei Hinsicht: Zum einen stimmen die Konstituentenquarkmassen, die aus der Massenformel und der Analyse der magnetischen Momente gewonnen wurden, gut überein, und zum anderen sind auch die magnetischen Momente konsistent mit den Erwartungen des Quarkmodells.

Allerdings sind die Abweichungen der experimentellen Werte von den Modellvorhersagen ein Hinweis dafür, dass für eine exakte Beschreibung der magnetischen Momente der Hyperonen neben den magnetischen Momenten der Konstituentenquarks auch noch weitere Beiträge, wie z. B. relativistische Effekte oder Bahndrehimpulse der Quarks, berücksichtigt werden müssten.

15.5 Semileptonische Zerfälle der Baryonen

Die schwachen Zerfälle der Baryonen verlaufen alle nach dem gleichen Muster. Ein Quark emittiert ein virtuelles $W^{\pm}$-Boson, ändert dabei seinen schwachen Isospin und verwandelt sich in ein leichteres Quark. Das $W^{\pm}$-Boson zerfällt in ein Lepton-Antilepton-Paar oder, falls die Energie ausreicht, in ein Quark-Antiquark-Paar. Die Zerfälle in ein Quark-Antiquark-Paar, bei denen man experimentell ein oder mehrere Mesonen als Endprodukte beobachtet, sind wegen der starken Wechselwirkung im Endzustand quantitativ nicht exakt zu berechnen. Einfacher sind die Verhältnisse bei den semileptonischen Zerfällen. Das reiche Angebot an Daten über die semileptonischen Zerfälle von Baryonen hat zur heutigen Formulierung der verallgemeinerten Cabibbo-Theorie der schwachen Wechselwirkung maßgeblich beigetragen.

Da wir die schwache Wechselwirkung in Kap. 10 schon global behandelt haben, wollen wir jetzt versuchen, mit den dort gewonnenen Kenntnissen die Phänomene des schwachen Zerfalls der Baryonen zu beschreiben. Primär findet der schwache Zerfall auf dem Quarkniveau statt. Da freie Quarks jedoch nicht existieren, kann man experimentelle Untersuchungen nur an Hadronen durchführen. Man muss dann versuchen, die hadronischen Observablen im Rahmen der elementaren Theorie der schwachen Wechselwirkung zu interpretieren. Diesen Weg werden wir am Beispiel des β-Zerfall s des Neutrons beschreiten, da dieser experimentell bestens untersucht worden ist. Von dort ist es dann nur noch ein kleiner Schritt, den entsprechenden Formalismus auf die semileptonischen Zerfälle der Hyperonen und auf den Kern-β-Zerfall auszudehnen.

Aus den leptonischen Zerfällen (z. B. $\mu^- \to e^- + \overline{\nu}_e + \nu_\mu$) haben wir gelernt, dass die schwache Wechselwirkung die Parität maximal verletzt, was bedeutet, dass die Kopplungskonstanten für den Vektoranteil und den Axialvektoranteil dem Betrag nach gleich sind. Da die Neutrinos linkshändig sind und die Antineutrinos rechtshändig, ist das relative Vorzeichen der beiden Kopplungskonstanten entgegengesetzt (V-minus-A-Theorie). Beim schwachen Zerfall von Hadronen zerfallen gebundene Quarks. Man muss daher die Wellenfunktion der Quarks im Hadron berücksichtigen. Des weiteren können die virtuellen Teilchen im Feld der starken Wechselwirkung einen Einfluss ausüben. Während die effektive elektromagnetische Kopplung aufgrund der Ladungserhaltung von der Wolke aus Seequarks und Gluonen unbeeinflusst bleibt, kann die schwache Kopplung sehr wohl verändert werden. Wir werden im

Folgenden zunächst die innere Struktur der Hadronen berücksichtigen und anschließend die Kopplungskonstante diskutieren.

β-Zerfall des Neutrons. Der β-Zerfall des freien Neutrons

$$\mathrm{n} \rightarrow \mathrm{p} + \mathrm{e}^- + \overline{\nu}_\mathrm{e} \tag{15.31}$$

mit einer maximalen Elektronenenergie E_0 von 782 keV und einer Lebensdauer von ca. 15 Minuten ist eine reiche Quelle präziser Daten über die schwache Wechselwirkung bei niedrigen Energien.

Um die Form des β-Spektrums und die Kopplungskonstanten des Neutron-β-Zerfalls zu ermitteln, betrachten wir die Zerfallswahrscheinlichkeit. Wir können sie, wie gewohnt, mit der Goldenen Regel ausrechnen. Die Rate für den Zerfall, bei dem das Elektron die Energie E_e erhält, ergibt sich zu

$$\mathrm{d}W(E_\mathrm{e}) = \frac{2\pi}{\hbar} \left|\mathcal{M}_{fi}\right|^2 \frac{\mathrm{d}\varrho_f(E_0, E_\mathrm{e})}{\mathrm{d}E_\mathrm{e}} \mathrm{d}E_\mathrm{e} \,. \tag{15.32}$$

Dabei ist $\mathrm{d}\varrho_f(E_0, E_\mathrm{e})/\mathrm{d}E_\mathrm{e}$ die Dichte der Elektron-Antineutrino-Endzustände mit der Gesamtenergie E_0 und der Elektronenenergie E_e. $\mathcal{M}_{fi}$ ist das Matrixelement für den β-Zerfall.

Vektorübergang. Ein β-Zerfall, der über die Vektorkopplung stattfindet, wird *Fermi-Übergang* genannt. Die Spinrichtung des Quarks bleibt dabei erhalten. Die Umwandlung eines d-Quarks in ein u-Quark wird durch den Operator T_+ beschrieben, den Leiteroperator des schwachen Isospins, der aus einem Zustand mit $T = -1/2$ einen mit $T = +1/2$ erzeugt.

Das Matrixelement für den Neutron-β-Zerfall setzt sich aus dem Lepton- und dem Quarkteil zusammen. Die Drehimpulserhaltung sorgt dafür, dass es keine Interferenzen zwischen Vektor- und Axialvektorübergang gibt; d. h. Vektorübergang auf der Quarkseite impliziert automatisch Vektorübergang auf der Leptonseite. Da für Leptonen $c_\mathrm{V} = -c_\mathrm{A} = 1$ gilt, brauchen wir den Leptonanteil des Matrixelements nicht weiter explizit zu betrachten.

Das Matrixelement für den Fermi-Zerfall lässt sich dann als

$$\left|\mathcal{M}_{fi}\right|_\mathrm{F} = \frac{G_\mathrm{F}}{V} c_\mathrm{V} \left|\langle\, \mathrm{uud} \,|\sum_{i=1}^{3} T_{i,+}|\, \mathrm{udd}\,\rangle\right| \tag{15.33}$$

schreiben, wobei über die drei Quarks summiert wird. Nach der Definition (10.4) berücksichtigt die Fermi-Konstante G_F auch den Propagatorterm und die Kopplung an die Leptonen. Für den Anfangszustand des Neutrons haben wir die Wellenfunktion der Quarkkombination $|\mathrm{udd}\,\rangle$ eingesetzt, für den Endzustand die Kombination $|\mathrm{uud}\,\rangle$. Die Wellenfunktion von Elektron und Antineutrino (5.18) kann wegen $pR/\hbar \ll 1$ jeweils durch $1/\sqrt{V}$ ersetzt werden.

Die Quarks u und d, die in der Proton- und Neutronwellenfunktion auftreten, sind die Eigenzustände des starken Isospins. Beim β-Zerfall müssen wir aber die Eigenzustände zur schwachen Wechselwirkung betrachten. Während die Leiteroperatoren $I_\pm$ des starken Isospins die Quarks $|\mathrm{u}\rangle$ und $|\mathrm{d}\rangle$ aufeinander abbilden, verknüpfen die Operatoren $T_\pm$ die Quarkzustände $|\mathrm{u}\rangle$ und $|\mathrm{d}'\rangle$. Nach (10.18) ist der Überlapp zwischen $|\mathrm{d}\rangle$ und $|\mathrm{d}'\rangle$ durch den Cosinus des Cabibbo-Winkels gegeben. Somit ist

$$\langle \mathrm{u}|T_+|\mathrm{d}\rangle = \langle \mathrm{u}|I_+|\mathrm{d}\rangle \cdot \cos\theta_\mathrm{C} \qquad \text{mit} \quad \cos\theta_\mathrm{C} \approx 0.98\,. \tag{15.34}$$

Der Vektoranteil des Matrixelements ist demnach

$$\mathcal{M}_{fi} = \frac{G_\mathrm{F}}{V}\cos\theta_\mathrm{C}\cdot c_\mathrm{V}\,\langle\,\mathrm{uud}\,|\sum_{i=1}^{3} I_{i,+}\,|\mathrm{udd}\,\rangle = \frac{G_\mathrm{F}}{V}\cos\theta_\mathrm{C}\cdot c_\mathrm{V}\cdot 1\,. \tag{15.35}$$

Wir haben dabei die Tatsache benutzt, dass die Summe $\langle \mathrm{uud}|\sum_i I_{i,+}|\mathrm{udd}\rangle$ gerade Eins ist, weil der Operator $\sum_i I_{i,+}$, angewendet auf die Quarkwellenfunktion des Neutrons, genau die Quarkwellenfunktion des Protons ergibt. Dies folgt aus der Isopinerhaltung der starken Wechselwirkung und kann mit Hilfe von (15.5) und (15.6) leicht verifiziert werden. Demnach ist das Fermi-Matrixelement von der inneren Struktur des Nukleons unabhängig.

Axialübergang. Ein β-Zerfall, der über die Axialvektorkopplung stattfindet, wird als *Gamow-Teller-Übergang* bezeichnet. In diesem Fall kehrt sich die Spinrichtung des Fermions um. Das Matrixelement hängt vom Überlapp der Spindichten des Trägers der schwachen Ladung in Anfangs- und Endzustand ab. Der entsprechende Übergangsoperator ist dann $c_\mathrm{A}\, T_+\boldsymbol{\sigma}$.

Wenn wir von der Universalität der schwachen Wechselwirkung ausgehen, sollte dieses Ergebnis auch für punktförmige freie Quarks gelten. Da Quarks jedoch nur gebunden in Hadronen auftreten, müssen wir bei der Berechnung des Matrixelements die innere Struktur des Nukleons berücksichtigen, wobei wir wiederum das Konstituentenquarkmodell benutzen:

$$|\mathcal{M}_{fi}|_\mathrm{GT} \;=\; \frac{G_\mathrm{F}}{V}\,c_\mathrm{A}\;|\langle\,\mathrm{uud}\,|\sum_{i=1}^{3} T_{i,+}\boldsymbol{\sigma}|\;\mathrm{udd}\,\rangle|\,. \tag{15.36}$$

Da die Quadrate der Erwartungswerte der Projektionen von σ gleich sind, $\langle\sum_i \sigma_{i,x}\rangle^2 = \langle\sum_i \sigma_{i,y}\rangle^2 = \langle\sum_i \sigma_{i,z}\rangle^2$, reicht es aus, den Erwartungswert für $\sigma_z = \langle\,\mathrm{uud}\,|\sum_i I_{i,+}\sigma_{i,z}|\,\mathrm{udd}\,\rangle$ zu berechnen. Mit Hilfe von (15.5) und (15.6) erhält man nach längerer Arithmetik

$$\langle\,\mathrm{uud}\,|\sum_i I_{i,+}\sigma_{i,z}|\,\mathrm{udd}\,\rangle \;=\; \frac{5}{3}\,. \tag{15.37}$$

Totales Matrixelement. Die Observablen im Experiment (z. B. der Spin) beziehen sich nicht auf die Quarks, sondern auf das Nukleon. Um Messung und Rechnung miteinander vergleichen zu können, muss man das Matrixelement so umformulieren, dass die Operatoren auf die *Nukleon*wellenfunktion wirken. Für den Neutronzerfall lässt es sich quadriert dann folgendermaßen schreiben:

$$|\mathcal{M}_{fi}|^2 = \frac{g_V^2}{V^2} |\langle \mathrm{p} | I_+ | \mathrm{n} \rangle|^2 + \frac{g_A^2}{V^2} |\langle \mathrm{p} | I_+ \boldsymbol{\sigma} | \mathrm{n} \rangle|^2 . \tag{15.38}$$

Hierbei wirken also I_+ und $\boldsymbol{\sigma}$ auf die Nukleonwellenfunktion. Die Größen g_V und g_A sind die Messgrößen beim β-Zerfall des Neutrons, die die absoluten Stärken von Vektor- und Axialvektoranteil beschreiben. Sie enthalten das Produkt der schwachen Ladungen am leptonischen und hadronischen Vertex.

Da Proton und Neutron ein Isospinduplett bilden, wird (15.38) zu

$$|\mathcal{M}_{fi}|^2 = (g_V^2 + 3g_A^2)/V^2 . \tag{15.39}$$

Der Faktor 3 beim Axialvektoranteil leitet sich aus dem Erwartungswert des Spinoperators $\boldsymbol{\sigma}^2 = \sigma_x^2 + \sigma_y^2 + \sigma_z^2$ ab.

Im Konstituentenquarkmodell hängen g_V und g_A mit den quarkabhängigen Kopplungskonstanten c_V und c_A folgendermaßen zusammen:

$$g_V = G_F \cos\theta_C \, c_V , \tag{15.40}$$

$$g_A \approx G_F \cos\theta_C \, \frac{5}{3} \, c_A . \tag{15.41}$$

Das Fermi-Matrixelement (15.35) ist von der inneren Struktur des Nukleons unabhängig, und (15.40) gilt so exakt wie die Isospinsymmetrie von Proton und Neutron. Die Axialvektorkopplung hingegen hängt von der inneren Struktur des Nukleons ab. Im Konstituentenquarkmodell ist sie durch (15.41) gegeben. Es muss jedoch betont werden, dass der Faktor 5/3 als eine Abschätzung zu verstehen ist, da das Konstituentenquarkmodell nur eine Näherung für die Wellenfunktion des Nukleons darstellt.

Lebensdauer des Neutrons. Die Lebensdauer erhalten wir als das Inverse der totalen Zerfallswahrscheinlichkeit pro Zeiteinheit:

$$\frac{1}{\tau} = \int_{m_e c^2}^{E_0} \frac{\mathrm{d}W}{\mathrm{d}E_e} \mathrm{d}E_e = \int_{m_e c^2}^{E_0} \frac{2\pi}{\hbar} |\mathcal{M}_{fi}|^2 \frac{\mathrm{d}\varrho_f(E_0, E_e)}{\mathrm{d}E_e} \mathrm{d}E_e . \tag{15.42}$$

Das Matrixelement nehmen wir als energieunabhängig an und können es dann vor das Integral ziehen. Die Zustandsdichte $\varrho_f(E_0, E_e)$ schreiben wir analog zu (4.18) und (5.21) mit der Erweiterung, dass wir es hier mit einer 2-Teilchen-Zustandsdichte für Elektron und Neutrino zu tun haben:

$$\mathrm{d}\varrho_f(E_0, E_e) = \frac{(4\pi)^2}{(2\pi\hbar)^6} p_e^2 \frac{\mathrm{d}p_e}{\mathrm{d}E_e} p_\nu^2 \frac{\mathrm{d}p_\nu}{\mathrm{d}E_0} V^2 \, \mathrm{d}E_e . \tag{15.43}$$

V ist dabei das Volumen, in dem die Wellenfunktion des Elektrons und des Neutrinos normiert sind. Da diese Normierung als Faktor $1/V^2$ in das Matrixelement (15.39) eingeht, ist die Zerfallswahrscheinlichkeit von V unabhängig.

Da wir in (15.42) nur über das Elektronenspektrum integrieren, fragen wir uns nach der Dichte der Zustände für eine Gesamtenergie E_0, bei fester Elektronenergie E_e. Unter Vernachlässigung des Rückstoßes gilt $E_0 = E_e + E_\nu$

und damit $\mathrm{d}E_0 = \mathrm{d}E_\nu$. Mit der relativistischen Energie-Impuls-Beziehung $E^2 = p^2c^2 + m^2c^4$ ergibt sich

$$p_\mathrm{e}^2 \mathrm{d}p_\mathrm{e} = \frac{1}{c^2} p_\mathrm{e} E_\mathrm{e} \, \mathrm{d}E_\mathrm{e} = \frac{1}{c^3} E_\mathrm{e} \sqrt{E_\mathrm{e}^2 - m_\mathrm{e}^2 c^4} \, \mathrm{d}E_\mathrm{e} \tag{15.44}$$

und die analoge Beziehung für das Neutrino. Mit der Annahme, dass das Neutrino masselos ist, erhält man dann

$$\mathrm{d}\varrho_f(E_0, E_\mathrm{e}) = (4\pi)^2 \, V^2 \, \frac{E_\mathrm{e}\sqrt{E_\mathrm{e}^2 - m_\mathrm{e}^2 c^4} \cdot (E_0 - E_\mathrm{e})^2}{(2\pi\hbar c)^6} \, \mathrm{d}E_\mathrm{e} \, . \tag{15.45}$$

Zur Berechnung der Lebensdauer τ muss man die Integration (15.42) durchführen. Üblicherweise normiert man die Energien auf die Ruheenergie des Elektrons und definiert

$$f(E_0) = \int_1^{\mathcal{E}_0} \mathcal{E}_\mathrm{e} \sqrt{\mathcal{E}_\mathrm{e}^2 - 1} \cdot (\mathcal{E}_0 - \mathcal{E}_\mathrm{e})^2 \, \mathrm{d}\mathcal{E}_\mathrm{e} \qquad \text{mit} \quad \mathcal{E} = E/m_\mathrm{e}c^2 . \tag{15.46}$$

Zusammen mit der Auswertung des Matrixelements (15.39) erhält man dann

$$\frac{1}{\tau} = \frac{m_\mathrm{e}^5 c^4}{2\pi^3 \hbar^7} \cdot (g_\mathrm{V}^2 + 3g_\mathrm{A}^2) \cdot f(E_0) \, . \tag{15.47}$$

Bei großer Energie ($E_0 \gg m_\mathrm{e}c^2$) gilt näherungsweise

$$f(E_0) \approx \frac{\mathcal{E}_0^5}{30} \tag{15.48}$$

und damit

$$\frac{1}{\tau} \approx \frac{1}{\hbar^7 c^6} \cdot (g_\mathrm{V}^2 + 3g_\mathrm{A}^2) \cdot \frac{E_0^5}{60\pi^3} . \tag{15.49}$$

Dieses Abfallen der Lebensdauer mit der fünften Potenz von E_0 bezeichnet man als die *Sargent-Regel.*

Beim Zerfall des Neutrons ist E_0 allerdings vergleichbar mit $m_\mathrm{e}c^2$, und die Näherung (15.48) ist nicht mehr anwendbar. Die Zerfallswahrscheinlichkeit ist nur etwa halb so groß wie in (15.49):

$$\frac{1}{\tau_\mathrm{n}} \approx \frac{1}{\hbar^7 c^6} \cdot (g_\mathrm{V}^2 + 3g_\mathrm{A}^2) \cdot \frac{E_0^5}{60\pi^3} \cdot 0.47 \, . \tag{15.50}$$

Experimentelle Resultate. In den letzten Jahren konnte die Lebensdauer des Neutrons sehr genau gemessen werden. Dazu hat die Methode der Speicherung von ultrakalten Neutronen mit Hilfe von Speicherzellen wesentlich beigetragen [Ma89, Go94a]. Die Wände einer solchen Speicherzelle bilden für die extrem langsamen Neutronen eine Potentialbarriere, an der sie totalreflektiert werden, weil der Brechungsindex in fester Materie kleiner als in

Luft ist [Go79]. Die Messung der Neutronlebensdauer mit solchen Speicherzellen beruht auf der Messung der nach einer Neutronenfüllung noch in der Zelle verbliebenen Anzahl von Neutronen als Funktion der Zeit. Dazu öffnet man die Speicherzelle während eines bestimmten Zeitraums für einen kalten Neutronenstrahl konstanter Intensität, schließt dann die Speicherzelle und überlässt die Neutronen sich selbst. Nach einer gewissen Zeit entlässt man die verbliebenen Neutronen aus der Zelle und zählt sie mit einem Neutronendetektor. Diesen Versuch führt man mit verschiedenen Speicherzeiten aus und erhält dann aus der exponentiellen Abnahme der Neutronenzahl mit der Zeit (und mit Kenntnis der Leckrate aus der Speicherzelle) sofort die Neutronlebensdauer. Der Mittelwert der neueren Messungen für die Lebensdauer des Neutrons beträgt [PD98]

$$\tau_{\mathrm{n}} = 886.7 \pm 1.9 \text{ s} . \tag{15.51}$$

Um g_{A} und g_{V} separat bestimmen zu können, braucht man noch eine zweite Messgröße [Du91]. Beim Neutronzerfall bietet sich dafür die Zerfallsasymmetrie polarisierter Neutronen an, die von der Paritätsverletzung der schwachen Wechselwirkung herrührt. Der Axialvektoranteil führt zu einer anisotropen Emissionscharakteristik für das Elektron, während der Vektoranteil kugelsymmetrisch ist.[2] Die Zahl der Elektronen $N^{\uparrow\uparrow}$, die in Richtung des Neutronspins emittiert werden, ist kleiner als die Zahl der Elektronen $N^{\uparrow\downarrow}$, die in die entgegengesetzte Richtung fliegen. Man definiert die Asymmetrie A durch

$$\frac{N^{\uparrow\uparrow} - N^{\uparrow\downarrow}}{N^{\uparrow\uparrow} + N^{\uparrow\downarrow}} = \beta \cdot A \qquad \text{mit} \quad \beta = \frac{v}{c} . \tag{15.52}$$

Diese Asymmetrie hängt mit

$$\lambda = \frac{g_{\mathrm{A}}}{g_{\mathrm{V}}} \tag{15.53}$$

über

$$A = -2\frac{\lambda(\lambda + 1)}{1 + 3\lambda^2} \tag{15.54}$$

zusammen. Auch die Asymmetrieexperimente werden bevorzugt mit extrem energiearmen Neutronen durchgeführt. Dafür benötigt man ein Elektronspektrometer mit hoher Ortsauflösung [Li97, Ab97]. Die gemessene Asymmetrie beträgt [PD98]

$$A = -0.1162 \pm 0.0013 . \tag{15.55}$$

Mit dieser Information erhält man

[2] Es war die anisotrope Emission von Elektronen beim β-Zerfall von Atomkernen, die zur Entdeckung der Paritätsverletzung in der schwachen Wechselwirkung führte [Wu57].

$$\begin{aligned} \lambda &= -1.267 \pm 0.004\,, \\ g_\mathrm{V}/(\hbar c)^3 &= +1.153 \cdot 10^{-5}\,\mathrm{GeV}^{-2}\,, \\ g_\mathrm{A}/(\hbar c)^3 &= -1.454 \cdot 10^{-5}\,\mathrm{GeV}^{-2}\,. \end{aligned} \tag{15.56}$$

Vergleichen wir dies mit (15.40), so erhalten wir recht genau $c_\mathrm{V} = 1$, also denselben Wert wie für ein punktförmiges Quark oder Lepton. Der Vektoranteil der Wechselwirkung bleibt bei schwachen Zerfällen von Baryonen erhalten. Man spricht auch von der *Erhaltung des Vektorstroms* (CVC = *conserved vector current*) und nimmt an, dass diese Erhaltung exakt ist. Ihr wird eine ähnliche Bedeutung zugeschrieben wie der Erhaltung der elektrischen Ladung im elektromagnetischen Fall.

Der Axialvektoranteil unterscheidet sich hingegen von dem eines punktförmigen Dirac-Teilchens. Statt $\lambda = -5/3$ erhalten wir experimentell $\lambda = -1.27$. Die starke Wechselwirkung beeinflusst den spinabhängigen Teil des schwachen Zerfalls, und der Axialvektorstrom ist nur teilweise erhalten (PCAC = *partially conserved axialvector current*).

Semileptonische Zerfälle von Hyperonen. Semileptonische Zerfälle von Hyperonen kann man analog zum Zerfall des Neutrons berechnen. Da dabei die Zerfallsenergien E_0 typischerweise um zwei Zehnerpotenzen größer sind als beim Zerfall des Neutrons, sind nach der Sargent-Regel (15.49) die Lebensdauern von Hyperonen mindestens 10^{10} mal kürzer. Auf dem Quarkniveau kann man diese Zerfälle auf den Zerfall $\mathrm{s} \to \mathrm{u} + \mathrm{e}^- + \overline{\nu}_\mathrm{e}$ zurückführen.

Die experimentelle Bestimmung der Zerfallswahrscheinlichkeit von Hyperonen über semileptonische Zerfälle erfolgt durch zwei unabhängige Messungen: die Bestimmung der Hyperonlebensdauer τ und die Ermittlung des Verzweigungsverhältnisses $V_\mathrm{semil.}$ in die betrachteten semileptonischen Kanäle. Aus

$$\frac{1}{\tau} \propto |\mathcal{M}_{fi}|^2 \qquad \text{und} \qquad V_\mathrm{semil.} \equiv \frac{|\mathcal{M}_{fi}|^2_\mathrm{semil.}}{|\mathcal{M}_{fi}|^2}$$

erhalten wir nämlich die Beziehung

$$\frac{V_\mathrm{semil.}}{\tau} \propto |\mathcal{M}_{fi}|^2_\mathrm{semil.}\,. \tag{15.57}$$

Die Messung der Lebensdauer geschieht am einfachsten durch Produktionsexperimente. Man schießt hochenergetische Proton- oder Hyperonstrahlen (z. B. Σ^--Strahlen) mit Energien von einigen 100 GeV auf ein festes Target und weist die erzeugten Hyperonen nach. Man ermittelt nun die mittlere Zerfallslänge der sekundär erzeugten Hyperonen, also die mittlere Strecke zwischen Entstehungsort (Ort des Targets) und Zerfallsort, indem man die Spuren der Zerfallsteilchen des Hyperons mit ortsempfindlichen Detektoren misst und daraus den Zerfallsort rekonstruiert. Die Anzahl N der Hyperonen nimmt nach dem Zerfallsgesetz (3.3) exponentiell mit der Zeit ab, was sich in einer exponentiellen Abnahme der gefundenen Zerfallsorte mit der Koordinate l in Strahlrichtung widerspiegelt:

$$N = N_0 \, \mathrm{e}^{-t/\tau} = N_0 \, \mathrm{e}^{-l/L} \, . \tag{15.58}$$

Gleichzeitig muss man nach der Methode der invarianten Masse natürlich auch die Identität des Hyperons feststellen. Die mittlere Zerfallslänge L hängt dann über

$$L = \gamma v \tau \tag{15.59}$$

mit der Lebensdauer τ des betrachteten Hyperons zusammen, wobei v seine Geschwindigkeit ist. Bei den hohen Strahlenergien erreicht man für die sekundären Hyperonen Zeitdilatationsfaktoren $\gamma = E/mc^2$ in der Größenordnung von 100. Bei Lebensdauern der Hyperonen von typischerweise 10^{-10} s liegt dann die zu messende Zerfallslänge bei einigen Metern, einer mit guter Präzision zu messenden Strecke.

Wesentlich schwieriger gestaltet sich die Bestimmung der Verzweigungsverhältnisse, da der Hauptteil der Zerfälle in hadronische Kanäle geht (die deswegen zur Messung der Zerfallslänge genutzt werden). Die semileptonischen Zerfälle machen nur einen Anteil von ca. 10^{-3} an der Gesamtzerfallswahrscheinlichkeit aus, was eine hohe Effizienz beim Nachweis der Leptonen und eine sorgfältige Analyse des Untergrunds in diesen Messungen erfordert.

Die Präzision der experimentellen Ergebnisse ist jedoch ausreichend gut, um die Gültigkeit der Cabibbo-Theorie zu überprüfen. Die Vorgehensweise ist ähnlich wie beim β-Zerfall des Neutrons. Man berechnet sich aus Matrixelement und Phasenraumfaktor die Zerfallswahrscheinlichkeit des betrachteten Zerfalls und vergleicht die Rechnung, die noch die Parameter c_V und c_A enthält, mit den Messgrößen.

Betrachten wir den Strangeness-ändernden Zerfall $\Xi^- \to \Lambda^0 + \mathrm{e}^- + \overline{\nu}_\mathrm{e}$. Das Matrixelement für den Fermi-Zerfall ist

$$|\mathcal{M}_{fi}|_\mathrm{F} = \frac{G_\mathrm{F}}{V} \, |\langle \, \mathrm{uds} \, | \sum_{i=1}^{3} T_{i,+} | \, \mathrm{dss} \, \rangle| \, , \tag{15.60}$$

wobei wir angenommen haben, dass die Kopplungskonstante unverändert $c_\mathrm{V} = 1$ ist. Der Operator T_+, angewendet auf den Flavour-Eigenzustand $|\mathrm{s}\rangle$, ergibt eine Linearkombination von $|\mathrm{u}\rangle$ und $|\mathrm{c}\rangle$. Wie beim β-Zerfall des Neutrons enthält das Matrixelement daher einen Cabibbo-Faktor, der in diesem Fall $\sin\theta_\mathrm{C}$ ist. Für die Berechnung des Gamow-Teller-Matrixelements nimmt man

$$|\mathcal{M}_{fi}|_\mathrm{GT} = \frac{g_\mathrm{A}}{g_\mathrm{V}} \frac{G_\mathrm{F}}{V} \, |\langle \, \mathrm{uds} \, | \sum_{i=1}^{3} T_{i,+} \boldsymbol{\sigma}_i | \, \mathrm{dss} \, \rangle| \, . \tag{15.61}$$

Die Auswertung des $\boldsymbol{\sigma}$-Operators ist natürlich von den Wellenfunktionen der am Zerfall beteiligten Baryonen abhängig.

Die Analyse der Daten bestätigt die Annahme, dass beim Zerfall von Hyperonen das Verhältnis $\lambda = g_A/g_V$ den gleichen Wert hat wie beim Zerfall des Neutrons. Für s-Quarks ist der axiale Strom also im gleichen Maße modifiziert, wie für u- und d-Quarks.

15.6 Wie gut ist das Konstituentenquark-Konzept?

Wir haben das Konzept der Konstituentenquarks eingeführt, um die spektroskopischen Eigenschaften von Hadronen möglichst einfach beschreiben zu können. Dabei haben wir die Konstituentenquarks als die effektiven Bausteine der Hadronen angesehen, was bedeutet, dass man alle Quantenzahlen der Hadronen aus denen ihrer effektiven Konstituenten ableiten kann. Ferner haben wir stillschweigend angenommen, dass wir berechtigt seien, die Konstituentenquarks als elementare Teilchen zu betrachten, die, wie das Elektron beispielsweise, der Dirac-Beziehung für das magnetische Moment (15.13) genügen. Dass dieses Konzept bestätigt wird, haben wir in den Kapiteln über Meson- und Baryonmassen sowie über die magnetischen Momente gesehen. So führten verschiedene Methoden zur Berechnung der Konstituentenquarkmasse zu guter Übereinstimmung, und auch der Vergleich von berechneten und gemessenen magnetischen Momenten fiel zum großen Teil sehr gut aus.

Nach unserer Vorstellung sind die Konstituentenquarks jedoch nicht die fundamentalen Elementarteilchen, sondern „nackte" Valenzquarks, die von einer Wolke aus virtuellen Gluonen und Quark-Antiquark-Paaren umgeben sind. Dass sie sich dennoch so verhalten, als seien sie elementar, ist alles andere als selbstverständlich. Wir haben auch die Grenzen dieser Vorstellung gesehen: Bei allen Phänomenen, bei denen der Spin eine Rolle spielt, macht sich die „Struktur" der Konstituentenquarks mehr oder weniger bemerkbar, beispielsweise bei den magnetischen Momenten der Hyperonen mit 2 oder 3 s-Quarks und auch beim nicht erhaltenen Axialvektorstrom in der schwachen Wechselwirkung. In diesen Fällen und bei allen Prozessen mit höherem Impulsübertrag ist das Konzept einer Beschreibung der Hadronen mittels Konstituentenquarks als Dirac-Teilchen nicht mehr adäquat.

Aufgaben

1. **Teilchenerzeugung und -identifikation**
Ein Protonenstrahl von $|\boldsymbol{p}|$ =12 GeV/c wird auf ein flüssiges Wasserstofftarget geschossen. Die Impulse der Teilchen, die aus der Reaktion hervorgehen, werden mit Drahtkammern in einem Magnetfeld gemessen. Bei einem Ereignis werden insgesamt sechs Spuren geladener Teilchen nachgewiesen. Zwei dieser Spuren gehen vom Wechselwirkungspunkt aus. Sie stammen von positiv geladenen Teilchen. Die übrigen Spuren stammen von zwei Paaren entgegengesetzt geladener Teilchen. Jedes dieser Paare entsteht einige Zentimeter vom Wechselwirkungspunkt entfernt „aus dem Nichts". Offenbar sind bei der Reaktion zwei elektrisch neutrale und damit unbeobachtbare Teilchen entstanden, die dann in jeweils zwei geladene Teilchen zerfallen sind.
   a) Fertigen Sie eine Prinzipskizze der Reaktion bzw. der Spuren an.
   b) Diskutieren Sie mit Hilfe von Tabelle 14.2, 14.3 und 15.1 sowie [PD98], welche Mesonen und Baryonen aufgrund ihrer Lebensdauer für die beiden beobachteten Zerfälle in Frage kommen. Welche Zerfallskanäle in zwei geladene Teilchen gibt es?
   c) Die Impulse der Zerfallsteilchenpaare wurden wie folgt gemessen:
   $$1)\ |\boldsymbol{p}_+| = 0.68\,\text{GeV}/c,\ |\boldsymbol{p}_-| = 0.27\,\text{GeV}/c,\ \sphericalangle(\boldsymbol{p}_+,\boldsymbol{p}_-) = 11°;$$
   $$2)\ |\boldsymbol{p}_+| = 0.25\,\text{GeV}/c,\ |\boldsymbol{p}_-| = 2.16\,\text{GeV}/c,\ \sphericalangle(\boldsymbol{p}_+,\boldsymbol{p}_-) = 16°.$$
   Die relativen Fehler der Messwerte betragen ca. 5 %. Überprüfen Sie die möglichen Hypothesen aus b) mit der Methode der invarianten Masse (15.1).
   d) Stellen Sie mit diesen Ergebnissen und unter Berücksichtigung aller anwendbaren Erhaltungssätze eine Gesamthypothese für alle in diesem Ereignis erzeugten Teilchen auf. Gibt es eine eindeutige Lösung?

2. **Baryonmassen**
Berechnen Sie zu (15.11) analoge Ausdrücke für die Massenverschiebung der Σ- und Σ^*-Baryonen aufgrund der Spin-Spin-Wechselwirkung. Welcher Wert ergibt sich für $\alpha_s|\psi(0)|^2$, wenn man die Konstituentenquarkmassen aus Abschn. 15.3 benutzt?

3. **Isospinkopplung**
Das Λ-Hyperon zerfällt fast ausschließlich gemäß $\Lambda^0 \to \text{p} + \pi^-$ und $\Lambda^0 \to \text{n} + \pi^0$. Benutzen Sie die Regeln der Drehimpulskopplung für den Isospin, um das Verhältnis der beiden Zerfallswahrscheinlichkeiten abzuschätzen.

4. **Myoneneinfang im Kern**
Negative Myonen werden in einem Kohlenstofftarget abgebremst und in atomaren 1s-Zuständen eingefangen. Ihre Lebensdauer ist mit 2.02 μs geringer als die des freien Myons (2.097 μs).
Zeigen Sie, dass der Unterschied in der Lebensdauer auf den Einfang $^{12}\text{C}+\mu^- \to {}^{12}\text{B}+\nu_\mu$ zurückzuführen ist. Die Massendifferenz zwischen ^{12}B- und ^{12}C-Atomen beträgt 13.37 MeV/c^2. ^{12}B hat im Grundzustand die Quantenzahlen $J^P = 1^+$ und die Lebensdauer $\tau = 20.2$ ms. Bei der Berechnung des Matrixelementes kann die Ruhemasse des Elektrons sowie die Ladung des Kerns vernachlässigt werden.

5. **Mischung von Quarks**
Die Verzweigungsverhältnisse für die semileptonischen Zerfälle $\Sigma^- \to \text{n}+\text{e}^-+\overline{\nu}_\text{e}$ und $\Sigma^- \to \Lambda^0 + \text{e}^- + \overline{\nu}_\text{e}$ sind $1.02 \cdot 10^{-3}$ bzw. $5.7 \cdot 10^{-5}$ – ein Unterschied von gut einer Größenordnung. Woran liegt das? Den Zerfall $\Sigma^+ \to \text{n} + \text{e}^+ + \nu_\text{e}$ hat man bislang nicht nachweisen können (obere Grenze: $5 \cdot 10^{-6}$). Wie erklären Sie das?

6. **Parität**

a) Die intrinsische Parität von Baryonen kann experimentell nicht bestimmt werden; man kann immer nur die Parität eines Baryons mit der eines anderen vergleichen. Warum ist das so?

b) Konventionsgemäß schreibt man dem Nukleon eine positive Parität zu. Was folgt dann für die totale Parität des Deuterons (s. Abschn. 16.2) und die intrinsische Parität von u- und d-Quark?

c) Beschießt man flüssiges Deuterium mit negativen Pionen, so können diese abgebremst und in atomaren Bahnen eingefangen werden. Wie kann man nachweisen, dass sie in die 1s-Schale (K-Schale) herunterkaskadieren?

d) Ein pionisches Deuterium-Atom im Grundzustand zerfällt über die starke Wechselwirkung gemäß der Reaktion $d + \pi^- \rightarrow n + n$. In welchem Zustand $^{2S+1}L_J$ kann sich das System der zwei Neutronen befinden? Berücksichtigen Sie dabei, dass es sich bei den beiden Neutronen um identische Fermionen handelt und der Drehimpuls erhalten bleibt.

e) Welche Parität hat demnach das Pion? Welche Parität würde man aus dem Quarkmodell erwarten (s. Kap. 14)?

f) Ergäbe sich eine Inkonsistenz, wenn man beispielsweise dem Proton positive und dem Neutron negative Parität zuwiese? Wie wäre dann die Parität der Quarks und des Pions? Welche Konvention ist vorzuziehen? Wie sollte die Parität des Λ und des Λ_c nach dem Quarkmodell sein?

16. Kernkraft

> Unfortunately, nuclear physics has not profited as much from analogy as has atomic physics. The reason seems to be that the nucleus is the domain of new and unfamiliar forces, for which men have not yet developed an intuitive feeling.
>
> *V. L. Telegdi* [Te62]

Der gewaltige Reichtum an komplexen Strukturen, die in der Natur auftreten (Moleküle, Kristalle, amorphe Körper), kann auf chemische Kräfte zurückgeführt werden. Demnach sind die kurzreichweitigen Kräfte, die zwischen elektrisch neutralen Atomen wirken, für Strukturen von größerer räumlicher Ausdehnung verantwortlich.

Spektroskopische Daten über die angeregten Molekülzustände und über Bindungsenergien von Atomen in chemischen Verbindungen liefern meistens ausreichende Information, um die Potentiale zwischen den Atomen zu bestimmen. Diese Potentiale können quantitativ im Rahmen der nichtrelativistischen Quantenmechanik aus der Atomstruktur erklärt werden. So verfügt man heute über ein konsistentes Bild der chemischen Bindung, die ihre Erklärung in der Atomstruktur findet.

Für den Aufbau der Kerne ist die Kernkraft verantwortlich. Sie ist die Wechselwirkung zwischen farbneutralen Nukleonen, deren Reichweite von der gleichen Größenordnung ist, wie der Durchmesser der Nukleonen. Die Analogie zu den atomaren Kräften ist jedoch nur bedingt möglich. Man kann, im Gegensatz zur Atomphysik, aus der Kernstruktur keine detaillierten Informationen über die Kernkraft gewinnen. Die Nukleonen in Kernen befinden sich in einem Zustand, den man als entartetes Fermigas bezeichnen kann. In erster Ordnung kann man den Kern durch freie Nukleonen in einem Potentialtopf beschreiben. Das individuelle Verhalten der Nukleonen ist dabei vom spezifischen Charakter der Nukleon-Nukleon-Kraft weitgehend unabhängig. Es ist daher nicht möglich, aus den Eigenschaften der Kerne direkt auf die Form des Nukleon-Nukleon-Potentials zu schließen. Zur Bestimmung dieses Potentials muss man sich auf Zweikörpersysteme beschränken, z. B. auf die Analyse der Nukleon-Nukleon-Streuung und auf den gebundenen Proton-Neutron-Zustand, das Deuteron.

Auch theoretisch ist die Verbindung zwischen der Struktur des Nukleons und der Kernkraft viel schwieriger herzustellen als im Fall der Atomkräfte.

Dies liegt daran, dass die Kopplungskonstante α_s der starken Wechselwirkung um bis zu zwei Größenordnungen größer ist als α, die Kopplungskonstante der elektromagnetischen Wechselwirkung. Wir werden daher vorwiegend eine qualitative Erklärung der Kernkräfte geben.

16.1 Nukleon-Nukleon-Streuung

Bei niedrigen Energien, unterhalb der Schwelle für Pionproduktion, ist die Nukleon-Nukleon-Streuung eine rein elastische Streuung. In diesem Energiebereich kann man die Streuung auch mit nichtrelativistischer Quantenmechanik beschreiben. Die Nukleonen werden dabei als punktförmige, strukturlose Objekte betrachtet, die jedoch Spin und Isospin tragen. Die Physik der Wechselwirkung kann dann in Form eines Potentials dargestellt werden. Es stellt sich heraus, dass die Kernkraft vom Gesamtspin und -isospin der beiden Nukleonen abhängig ist. Daher muss man, um sie vollständig zu erforschen, Experimente mit polarisierten Strahlen und Targets durchführen, bei denen die Spins der beteiligten Teilchen eine bestimmte Vorzugsrichtung aufweisen, und man muss sowohl Protonen als auch Neutronen verwenden.

Wenn wir Nukleon-Nukleon-Streuung betrachten und die Messung einmal mit parallel ausgerichteten Spins und einmal mit entgegengesetzten Spins senkrecht zur Streuebene durchführen, dann können wir die Wechselwirkung getrennt nach Spintriplett und -singulett untersuchen. Während bei parallelen Spins der Gesamtspin 1 sein muss, haben Zustände mit antiparallelen Spins jeweils gleich große Anteile mit Gesamtspin 0 und 1.

Die Drehimpulsalgebra kann man auch auf den Isospin anwenden. Einen Isospin-1-Zustand (Isospintriplett) hat man wegen $I_3^{\mathrm{p}} = +1/2$ bei der Proton-Proton-Streuung, während die Proton-Neutron-Streuung Beiträge von Isospintriplett und -singulett enthält.

Streuphase. Betrachten wir ein „aus dem Unendlichen“ kommendes Nukleon mit der kinetischen Energie E und dem Impuls $\boldsymbol{p}$, das am Potential eines anderen Nukleons gestreut wird. Das einlaufende Nukleon kann man dann als ebene Welle und das auslaufende Nukleon als Kugelwelle betrachten. Entscheidend für den Wirkungsquerschnitt ist die Phasenbeziehung zwischen diesen Wellen.

Für einen wohldefinierten Spin- und Isospinzustand ist der Wirkungsquerschnitt der Nukleon-Nukleon-Streuung in ein Raumwinkelelement $\mathrm{d}\Omega$ durch die Streuamplitude $f(\theta)$ der betrachteten Reaktion gegeben:

$$\frac{\mathrm{d}\sigma}{\mathrm{d}\Omega} = |f(\theta)|^2 \,. \tag{16.1}$$

Bei der Streuung an einem kurzreichweitigen Potential benutzt man zur Beschreibung der Streuamplitude eine *Partialwellenzerlegung*, d. h. eine Entwicklung der gestreuten Welle nach Anteilen mit festem Drehimpuls ℓ. Im Fall der elastischen Streuung gilt für große Abstände r vom Streuzentrum:

$$f(\theta) = \frac{1}{k} \sum_{\ell=0}^{\infty} (2\ell + 1)\, \mathrm{e}^{i\delta_\ell} \; \sin\delta_\ell \, P_\ell(\cos\theta)\,. \tag{16.2}$$

Hierbei ist

$$k = \frac{1}{\lambda} = \frac{|\boldsymbol{p}|}{\hbar} = \frac{\sqrt{2ME}}{\hbar} \tag{16.3}$$

die Wellenzahl des gestreuten Nukleons, δ_ℓ ein Phasenverschiebungswinkel und P_ℓ die Eigenfunktion zum Drehimpuls ℓ in Form des Legendre-Polynoms ℓ-ter Ordnung. Die Phasenverschiebungen δ_ℓ beschreiben den Phasenunterschied zwischen der am Potential gestreuten Welle und der ungestreuten Welle. Sie enthalten die Information über die Form und Stärke des Potentials und die Energieabhängigkeit des Wirkungsquerschnitts. Die Tatsache, dass δ_ℓ sowohl als Phasenfaktor als auch als Amplitude ($\sin\delta_\ell$) auftritt, folgt aus der Erhaltung des Teilchenstroms in elastischer Streuung, was man auch als *Unitarität* bezeichnet. Die Zerlegung in Partialwellen ist besonders günstig bei niedrigen Energien, da dann nur wenige Drehimpulse beitragen, denn für ein Potential der Reichweite a gilt stets

$$\ell \leq \frac{|\boldsymbol{p}| \cdot a}{\hbar}\,. \tag{16.4}$$

Maßgebend für die Kernbindung ist δ_0, die Phasenverschiebung der Partialwelle mit $\ell = 0$ (s-Welle). Nach (16.4) ist die s-Welle bei Proton-Proton-Streuung mit Relativimpulsen unterhalb von 100 MeV/c und einem Potential

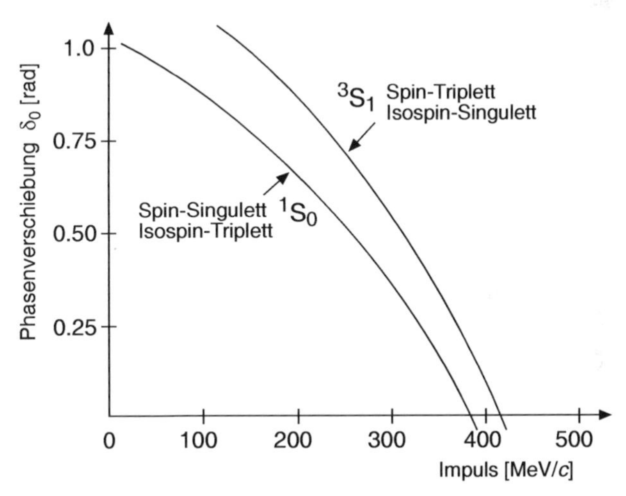

Abbildung 16.1. Experimentelle Phasenverschiebungen δ_0 im Spintriplett-Isospinsingulett-System $^3\mathrm{S}_1$ und im Spinsingulett-Isospintriplett-System $^1\mathrm{S}_0$ in Abhängigkeit vom Relativimpuls der Nukleonen. Die schnelle Variation der Phasen bei kleinem Impuls ist nicht eingezeichnet, weil sie in dem gewählten Maßstab nicht darstellbar wäre.

der Reichweite 2 fm dominant. Das Legendre-Polynom P_0 ist gerade die Konstante Eins, von θ also unabhängig. Experimentelle Resultate für die Phasenverschiebungen δ_0 bei der Nukleon-Nukleon-Streuung sind in Abb. 16.1 getrennt für Triplett- und Singulett-Spinzustand in Abhängigkeit vom Schwerpunktsimpuls schematisch gezeigt. Für Impulse unterhalb von 400 MeV/c ist δ_0 positiv, darüber negativ. Hieraus schließt man auf einen abstoßenden Charakter der Kernkraft bei kleinen Abständen und einen anziehenden Charakter bei großen Abständen. Anschaulich kann man das folgendermaßen einsehen:

Wenn wir eine s-Welle $\psi(\boldsymbol{x})$ betrachten, die definitionsgemäß kugelsymmetrisch ist, so können wir durch $u(r) = \psi(r) \cdot r$ eine neue Radialfunktion $u(r)$ definieren, für die sich die Schrödinger-Gleichung als

$$\frac{\mathrm{d}^2 u(r)}{\mathrm{d}r^2} + \frac{2m(E-V)}{\hbar^2} u(r) = 0 \tag{16.5}$$

schreiben lässt. Löst man diese Gleichung für ein abstoßendes Rechteckpotential V mit Radius b und $V \to \infty$ (Abb. 16.2), so erhält man

$$\delta_0 = -kb\,. \tag{16.6}$$

Die Streuphase ist also negativ und proportional zur Reichweite des Potentials. Eine negative Streuphase bedeutet, dass die gestreute Welle der ungestreuten Welle nacheilt.

Bei anziehendem Potential geht die gestreute Welle der ungestreuten Welle voraus, und δ_0 ist positiv. Im Betrag ist die Phasenverschiebung gleich der Differenz zwischen der Phase der gestreuten Welle auf dem Topfrand a und der Phase der nicht gestreuten Welle [Sc02]:

$$\delta_0 = \arctan\left(\sqrt{\frac{E}{E+|V|}}\tan\frac{\sqrt{2mc^2(E+|V|)}\cdot a}{\hbar c}\right) - \frac{\sqrt{2mc^2E}\cdot a}{\hbar c}\,. \tag{16.7}$$

Die Phasenverschiebung δ_0 ist somit positiv und fällt mit steigendem Impuls ab. Bei einem kurzreichweitigen abstoßenden Potential und einem langreichweitigen anziehenden Potential ergibt sich dann die in Abb. 16.3 gezeigte

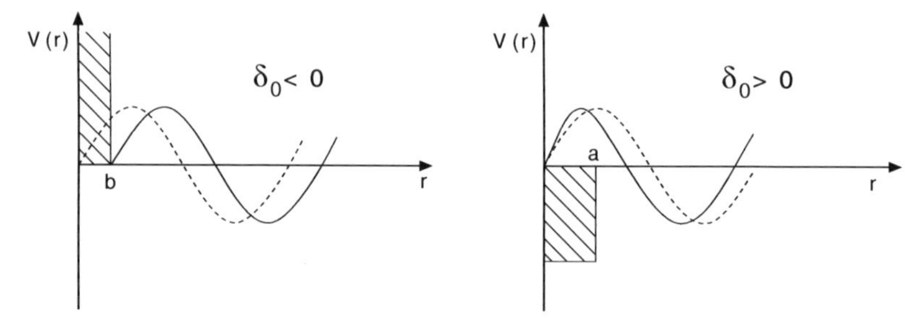

Abbildung 16.2. Skizze zur Streuphase am abstoßenden *(links)* und anziehenden *(rechts)* Potential. Die gestrichelten Kurven symbolisieren die nichtgestreute Welle, die durchgezogenen Kurven die gestreute Welle.

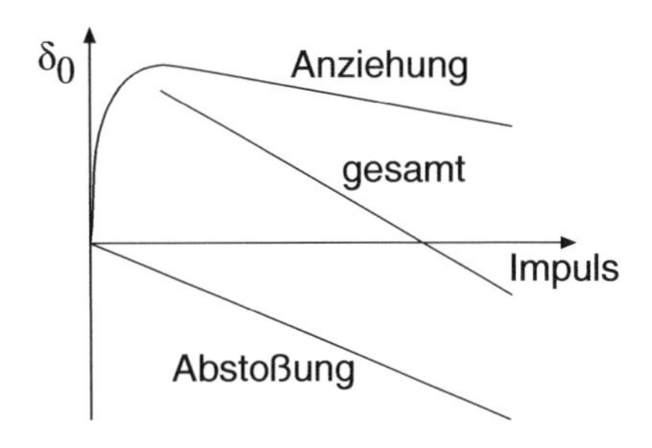

Abbildung 16.3. Überlagerung von negativem und positivem Anteil der Streuphase δ_0 in Abhängigkeit vom relativen Impuls der Streupartner. Der resultierende Verlauf von δ_0 ergibt sich aus einem kurzreichweitig abstoßenden und einem langreichweitig anziehenden Teil des Nukleon-Nukleon-Potentials.

Überlagerung, bei der, wie beim experimentellen Befund, die Phasendifferenz bei einem bestimmten Impuls das Vorzeichen wechselt.

Die Beziehung zwischen der Streuphase δ_0 und dem streuenden Potential V ist im Prinzip durch (16.6) und (16.7) gegeben, denn die Wellenzahl k im Bereich des Potentials hängt von Größe und Form des Potentials und von der Einschussenergie E des Projektils ab. Der aus einer vollständigen Streuphasenanalyse gewonnene Teil des Kernpotentials ist in Abb. 16.4 schematisch dargestellt und zeigt – wie oben schon angedeutet – einen kurzreichweitigen abstoßenden und einen langreichweitigen anziehenden Teil. Da der abstoßende Anteil des Potentials mit fallendem r sehr schnell ansteigt, ist es üblich, diesen Anteil als *Hard Core* zu bezeichnen.

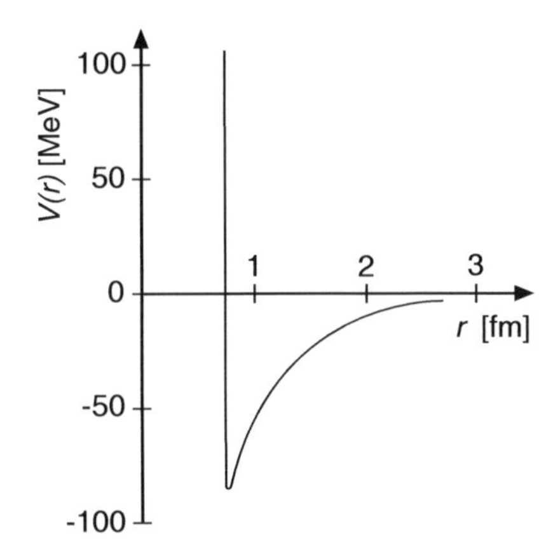

Abbildung 16.4. Schematische Darstellung der radialen Abhängigkeit des Nukleon-Nukleon-Potentials für $\ell = 0$. Die Spin- und Isospinabhängigkeit des Potentials ist hier nicht dargestellt.

Nukleon-Nukleon-Potential. Eine allgemeine Form des Nukleon-Nukleon-Potentials kann man durch Betrachtung der relevanten dynamischen Größen herleiten. Wir vernachlässigen dabei die innere Struktur der Nukleonen. Das Potential ist deshalb nur bei Nukleon-Nukleon-Bindungszuständen oder niederenergetischer Nukleon-Nukleon-Streuung gültig.

Die Größen, die die Wechselwirkung bestimmen, sind der relative Abstand $\boldsymbol{x}$ zwischen den Nukleonen und ihr relativer Impuls $\boldsymbol{p}$, sowie der Gesamtbahndrehimpuls $\boldsymbol{L}$ und die relative Ausrichtung der Spins $\boldsymbol{s}_1$ und $\boldsymbol{s}_2$ der beiden

Nukleonen. Das Potential ist eine skalare Größe und muss translations- und rotationsinvariant sein sowie symmetrisch unter Teilchenaustausch. Diese Bedingungen folgen aus den Eigenschaften der starken Wechselwirkung, wie z. B. der Paritätserhaltung, und erlauben nur bestimmte Skalarprodukte der dynamischen Größen, die im Potential auftreten können. Für einen festen Isospin hat das Potential dann die Form [Pr63]:

$$\begin{aligned}
V(r) \quad = \quad & V_0(r) \\
& + V_{\mathrm{ss}}(r)\, \boldsymbol{s}_1 \cdot \boldsymbol{s}_2/\hbar^2 \\
& + V_{\mathrm{T}}(r) \left(3(\boldsymbol{s}_1 \cdot \boldsymbol{x})(\boldsymbol{s}_2 \cdot \boldsymbol{x})/r^2 - \boldsymbol{s}_1\boldsymbol{s}_2\right)/\hbar^2 \\
& + V_{\mathrm{LS}}(r)\, (\boldsymbol{s}_1 + \boldsymbol{s}_2) \cdot \boldsymbol{L}/\hbar^2 \\
& + V_{\mathrm{Ls}}(r)\, (\boldsymbol{s}_1 \cdot \boldsymbol{L})(\boldsymbol{s}_2 \cdot \boldsymbol{L})/\hbar^4 \\
& + V_{\mathrm{ps}}(r)\, (\boldsymbol{s}_2 \cdot \boldsymbol{p})(\boldsymbol{s}_1 \cdot \boldsymbol{p})/(\hbar^2 m^2 c^2)\,. \qquad (16.8)
\end{aligned}$$

V_0 ist ein gewöhnliches Zentralpotential. Der zweite Term berücksichtigt die reine Spin-Spin-Wechselwirkung, während der dritte Term *Tensorpotential* genannt wird und eine nicht-zentrale Kraft beschreibt. Diese beiden Terme haben die gleiche Spinabhängigkeit wie die Wechselwirkung zwischen zwei magnetischen Dipolen im Elektromagnetismus. Der Tensorterm ist besonders interessant, weil allein er zu einer Mischung von Bahndrehimpulszuständen führen kann. Der vierte Term rührt von der Spin-Bahn-Wechselwirkung her. Während diese in der Atomphysik eine Folge der magnetischen Wechselwirkung ist, ist hier die starke Wechselwirkung verantwortlich. Die beiden letzten Terme in (16.8) werden aus formalen Gründen eingeführt, da sie den Symmetriebedingungen entsprechen. Sie sind beide quadratisch im Impuls und daher im Vergleich zum LS-Term meistens vernachlässigbar.

Die Bedeutung dieses Potentialansatzes liegt darin, dass die verschiedenen Terme nicht nur auf formale Weise eingeführt werden können, sondern dass insbesondere die Spin- und Isospinabhängigkeit der Kernkraft im Rahmen von Mesonaustauschmodellen erklärt werden kann (Abschn. 16.3). Die Anpassung der Potentialterme an die experimentellen Daten erlaubt verschiedene Parametersätze; die ersten vier Terme stimmen jedoch weitgehend bei verschiedenen Analysen überein. Im Kernverband sind zusätzlich noch Mehrkörperkräfte zu berücksichtigen.

Das Zentralpotential für den Fall $S = 0$ ist anwendbar auf die Proton-Proton- und die Neutron-Neutron-Wechselwirkung bei niedrigen Energien. Der anziehende Teil ist jedoch nicht stark genug, um einen gebundenen Zustand zu ermöglichen. Für $S = 1$ hingegen ist er in Verbindung mit der Tensorkraft und der Spin-Spin-Wechselwirkung stark genug, um zu einem gebundenen Zustand zu führen, dem Deuteron.

16.2 Das Deuteron

Das Deuteron ist von allen gebundenen Systemen aus Nukleonen (Atomkernen) das am einfachsten aufgebaute. Es eignet sich daher besonders zum Studium der Nukleon-Nukleon-Wechselwirkung. Experimentell ergibt sich für das Deuteron im Grundzustand:

Bindungsenergie	$B = 2.225$ MeV
Spin und Parität	$J^P = 1^+$
Isospin	$I = 0$
magnetisches Moment	$\mu = 0.857\,\mu_N$
elektr. Quadrupolmoment	$Q = 0.282\,e{\cdot}\mathrm{fm}^2$.

Das Proton-Neutron-System befindet sich vorwiegend in einem Zustand mit $\ell=0$. Bei einem reinen ($\ell=0$)-Zustand wäre die Wellenfunktion kugelsymmetrisch, das elektrische Quadrupolmoment müsste verschwinden, und das magnetische Dipolmoment müsste gerade die Summe der magnetischen Momente von Proton und Neutron sein (unter der Annahme, dass sich das magnetische Moment der Nukleonen durch die Bindung nicht ändert):

$$\mu_p + \mu_n = 2.792\,\mu_N - 1.913\,\mu_N = 0.879\,\mu_N\,. \tag{16.9}$$

Der gemessene Wert von $0.857\,\mu_N$ weicht hiervon leicht ab. Die Größe sowohl des magnetischen Dipolmoments als auch des elektrischen Quadrupolmoments kann man durch die Beimischung eines Zustands mit den gleichen Quantenzahlen J^P gemäß

$$|\psi_d\rangle = 0.98 \cdot |\,^3S_1\rangle + 0.20 \cdot |\,^3D_1\rangle \tag{16.10}$$

erklären, also mit einer Wahrscheinlichkeit von 4 %, das Deuteron im Zustand $^3D_1$ zu finden. Diese Beimischung wird durch die Tensorkomponente V_T der Nukleon-Nukleon-Wechselwirkung (16.8) erklärt.

Im Folgenden wollen wir noch die Wellenfunktion des Nukleons im Deuteron ausrechnen. Da wir es näherungsweise mit einem ($\ell=0$)-System zu tun haben, ist sie recht einfach, nämlich kugelsymmetrisch. Dazu reicht es, dass wir die Tiefe V des Potentials (gemittelt über den abstoßenden und den anziehenden Teil) und dessen Reichweite a angeben. Mit der Bindungsenergie des Deuterons alleine können wir nur einen Parameter des Potentials bestimmen, nämlich das „Topfvolumen" Va^2. Die Schrödinger-Gleichung (16.5) hat die Lösungen

$$\begin{aligned} &\text{für } r < a: \quad u_I(r) = A\sin kr \quad &&\text{mit} \quad k = \sqrt{2m(E-V)}/\hbar, \quad (V<0)\,, \\ &\text{für } r > a: \quad u_{II}(r) = C\mathrm{e}^{-\kappa r} \quad &&\text{mit} \quad \kappa = \sqrt{-2mE}\,/\hbar, \quad (E<0)\,. \end{aligned} \tag{16.11}$$

Hierbei ist $m \approx M_p/2$ die reduzierte Masse des Proton-Neutron-Systems.

Aus den Stetigkeitsbedingungen für $u(r)$ und $\mathrm{d}u(r)/\mathrm{d}r$ auf dem Rand des Potentialtopfs $r = a$ erhält man [Sc02]

$$k \cot ka = -\kappa \qquad\qquad ak \approx \frac{\pi}{2} \tag{16.12}$$

und

$$Va^2 \approx Ba^2 + \frac{\pi^2}{8} \frac{(\hbar c)^2}{mc^2} \approx 100\,\mathrm{MeV\,fm}^2\,. \tag{16.13}$$

Mit den gängigen Werten für die Reichweite der Kernkraft und damit der effektiven Ausdehnung des Potentials von $a \approx 1.2 \cdots 1.4$ fm erhält man eine Potentialtiefe von $V \approx 50$ MeV, die sehr viel größer ist als die Bindungsenergie B des Deuterons von nur 2.25 MeV. Der Schwanz der Wellenfunktion, der durch $1/\kappa \approx 4.3$ fm charakterisiert ist, ist groß, verglichen mit der Reichweite der Kernkraft.

In Abb. 16.5 ist die radiale Aufenthaltswahrscheinlichkeit $u^2(r) = r^2|\psi|^2$ der Nukleonen für zwei Werte von a bei konstantem Topfvolumen Va^2 skizziert. Da das Deuterium ein sehr schwach gebundenes System ist, unterscheiden sich die beiden Rechnungen insbesondere bei größeren Abständen nur wenig voneinander.

Eine genauere Rechnung unter Berücksichtigung des abstoßenden Teils des Potentials ändert das oben hergeleitete Verhalten der Wellenfunktion nur bei Abständen unterhalb 1 fm (vgl. Abb. 16.5). In Abb. 16.6 wird die Dichteverteilung der Nukleonen im Deuteron mit der Aufenthaltswahrscheinlichkeit der Wasserstoffatome im Wasserstoffmolekül verglichen. Beide Skalen sind in Einheiten der Ausdehnung des Hard Cores angegeben. Der Hard Core bezeichnet die Ausdehnung des abstoßenden Teils des Potentials und beträgt für das Wasserstoffmolekül ca. $0.4 \cdot 10^{-10}$ m und für das Deuteron ca. $0.5 \cdot 10^{-15}$ m. Die Atome in Molekülen sind gut lokalisiert, denn die Unschärfe ΔR des Abstands R der Atome voneinander beträgt nur etwa 10 % dieses Abstands (vgl. Abb. 16.6). Die Kernbindung im Deuteron ist relativ „schwach" und ermöglicht eine relativ größere Ausdehnung des Bindungszustands. Das bedeutet, *dass die mittlere kinetische Energie vergleichbar mit der mittleren*

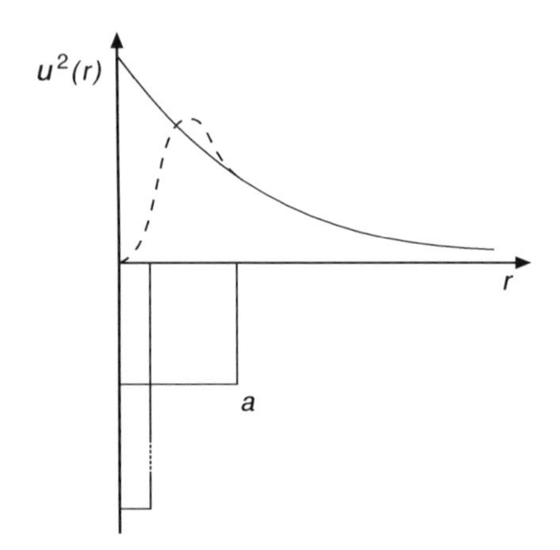

Abbildung 16.5. Radiale Aufenthaltswahrscheinlichkeit $u^2(r) = r^2|\psi|^2$ der Nukleonen im Deuterium für ein anziehendes Potential der Reichweite a *(gestrichelte Kurve)* und der Reichweite $a \to 0$ *(durchgezogene Kurve)* bei konstantem Topfvolumen Va^2.

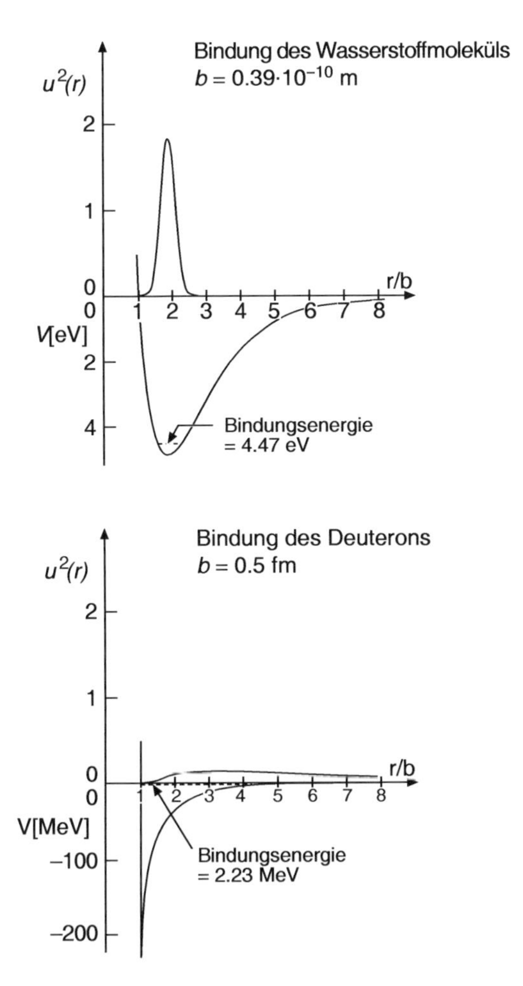

Abbildung 16.6. Die radialen Aufenthaltswahrscheinlichkeiten $u^2(r)$ von Wasserstoffatomen im Wasserstoffmolekül *(oben)* [He50] und von Nukleonen im Deuteron *(unten)* [Hu57] in Einheiten des jeweiligen „Hard Cores" (nach [Bo69]). Die kovalente Bindung führt zu einer starken Lokalisierung der H-Atome, da die Bindungsenergie vergleichbar zur Tiefe des Potentials ist. Dagegen bewirkt die schwache Kernbindung, da die potentielle Energie ähnlich groß ist wie die kinetische Energie, eine Delokalisierung der Nukleonen.

Potentialtiefe ist, so dass die Bindungsenergie, also die Summe aus kinetischer und potentieller Energie, nur sehr klein ist.

Die Bindungsenergien der Nukleonen in schwereren Kernen sind etwas größer als im Deuteron; daher ist dort der Kernverband dichter. Das qualitative Bild bleibt jedoch erhalten: Die relativ schwache effektive Anziehung ist gerade stark genug, um Kerne zu bilden. Die Eigenschaften der Kerne sind durch diese Eigenart der Kernkraft geprägt. Sie ist eine wichtige Voraussetzung für die Beschreibung der Kerne als entartetes Fermigas und für die große Beweglichkeit der Nukleonen in Kernmaterie.

16.3 Charakter der Kernkraft

Es bleibt uns jetzt die Aufgabe, die Stärke und die Form der Kernkraft aus der Struktur des Nukleons und der starken Wechselwirkung zwischen den Quarks im Nukleon zu deuten. In der folgenden Diskussion werden wir vor allem qualitative Betrachtungen anstellen. Die Struktur des Nukleons beschreiben wir im nichtrelativistischen Quarkmodell. In diesem Modell sind die Nukleonen aus drei Konstituentenquarks aufgebaut. Die Kernkraft wird jedoch dominant durch Quark-Antiquark-Paare vermittelt, die wir mit Plausibilitätsargumenten ad hoc einführen müssen. Eine konsistente Theorie der Kernkraft, die auf der Wechselwirkung zwischen Quarks und Gluonen aufbaut, gibt es bislang nicht.

Abstoßung bei kleinen Abständen. Beginnen wir mit dem abstoßenden Teil der Kernkraft bei kleinen Abständen und versuchen wir, Analogien zu bekannten Phänomenen herzustellen. Bei Atomen ist die Abstoßung bei kleinen Abständen eine Folge des Pauli-Prinzips. In den Elektronenhüllen beider Atome sind jeweils die niedrigsten zur Verfügung stehenden Zustände mit Elektronen besetzt. Wenn die Elektronenhüllen der Atome sich überlappen, müssen die Elektronen in angeregte Zustände angehoben werden, wobei die hierfür notwendige Energie aus der kinetischen Energie der kollidierenden Atome stammt. Dadurch entsteht eine Abstoßung auf kurze Distanzen.

Auch für die Quarks in einem 2-Nukleonen-System gilt das Pauli-Prinzip: Die Gesamtwellenfunktion aller 6 Quarks muss antisymmetrisch sein. Im niedrigsten Zustand mit $\ell=0$ kann man aber sogar 12 Quarks unterbringen, ohne das Pauli-Prinzip zu verletzen, da die Quarks in drei Farbzuständen und in jeweils 2 Spin- ($\uparrow$, $\downarrow$) und Isospinzuständen (u-Quark, d-Quark) vorkommen. Hierbei muss der Spin-Isospin-Anteil der Gesamtwellenfunktion symmetrisch sein, da der Farbanteil immer antisymmetrisch und der Ortsanteil wegen $\ell = 0$ symmetrisch ist. Beim Überlapp von zwei Nukleonen gibt es also keine Beschränkungen für die Besetzung der niedrigsten Zustände in der Ortswellenfunktion aufgrund des Pauli-Prinzips, und daher muss die Abstoßung der Nukleonen von einem anderen Effekt herrühren.

Dieser Effekt beruht auf der starken Spin-Spin-Wechselwirkung der Quarks [Fa88]. Ihre Auswirkung macht sich, wie wir gesehen haben, in der Hadronenspektroskopie bemerkbar. Das Δ-Baryon, in dem die drei Quarkspins parallel stehen, weist gegenüber dem Nukleon eine um ca. 350 MeV/c^2 höhere Masse auf. Wenn Nukleonen überlappen und dabei alle 6 Quarks im ($\ell=0$)-Zustand bleiben, nimmt die potentielle Energie des Systems zu, denn die Zahl der Quarkpaare mit parallel ausgerichtetem Spin ist größer als bei separierten Nukleonen. Für jedes parallel ausgerichtete Quarkpaar erhöht sich die potentielle Energie um die halbe Δ-Nukleon-Energiedifferenz (15.11).

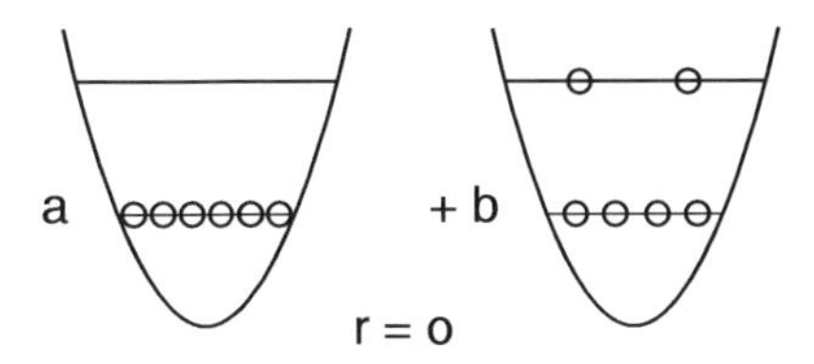

Abbildung 16.7. Quarkzustand bei überlappenden Nukleonen. Er setzt sich aus der Konfiguration mit 6 Quarks im (ℓ=0)-Zustand **(a)** und aus der Konfiguration mit 2 Quarks im (ℓ=1)-Zustand **(b)** zusammen. Für den Nukleon-Nukleon-Abstand $r = 0$ ergibt sich in nichtadiabatischer Näherung die Wahrscheinlichkeit 8/9, den Zustand **(b)** zu finden [Fa82, St88]. Bei größeren Abständen wird dieser Anteil kleiner und verschwindet im Grenzfall beliebig großer Abstände.

Natürlich versucht das Nukleon-Nukleon-System seine „farbmagnetische" Energie zu minimieren, indem möglichst viele Quarkspins antiparallel ausgerichtet werden. Dies geht aber im Falle von $\ell = 0$ nicht, da der Spin-Flavour-Anteil der Wellenfunktion voll symmetrisch sein soll. Die farbmagnetische Energie kann weiter reduziert werden, wenn mindestens zwei Quarks in den ($\ell = 1$)-Zustand angehoben werden. Die damit verbundene Zunahme der Anregungsenergie ist aber vergleichbar mit der Verringerung der farbmagnetischen Energie, so dass sich auf jeden Fall bei stark überlappenden Nukleonen die Gesamtenergie mit abnehmendem Nukleonenabstand erhöht. Somit ergibt sich die effektive Abstoßung bei kleinen Abständen in gleichem Maße aus der Zunahme der farbmagnetischen und der Anregungsenergie (Abb. 16.7). Für den Fall, dass sich die Nukleonen bis auf den Abstand $r = 0$ nähern, erhält man in nichtadiabatischer Näherung eine Wahrscheinlichkeit von 8/9 dafür, dass 2 der 6 Quarks im p-Zustand sind [Fa82, St88]. Diese Konfiguration drückt sich in der Relativwellenfunktion der Nukleonen durch eine Nullstelle bei 0.4 fm aus. Zusammen mit der farbmagnetischen Energie bewirkt dies eine starke, kurzreichweitige Abstoßung. Das Verhalten der Kernkraft wird dann durch ein Nukleon-Nukleon-Potential beschrieben, das bei Abständen unterhalb von 0.8 fm schnell ansteigt.

Anziehung. Betrachten wir jetzt den anziehenden Teil der Kernkraft. Wir wollen das wiederum in Analogie zur Atomphysik tun. Wie wir wissen, ist die Bindung von Atomen verknüpft mit einer Änderung ihrer inneren Struktur. Ähnliches erwartet man auch für die Nukleonen, die in Kernen gebunden sind. In der Tat konnte man in der tiefinelastischen Streuung an Kernen eine Veränderung der Quarkverteilung gegenüber der in freien Nukleonen beobachten (EMC-Effekt, siehe Abschn. 7.4).

Eine Anlehnung an unsere Erfahrungen mit den Molekularkräften zeigt uns, dass die Kernkraft sicherlich kein Analogon zur *Ionenbindung* ist: Die Confinementkräfte sind so groß, dass ein „Ausleihen" eines Quarks an ein anderes Nukleon nicht möglich ist.

Auch eine *Van-der-Waals-Kraft*, bei der sich die Atome gegenseitig polarisieren und aufgrund der resultierenden Dipol-Dipol-Wechselwirkung gebunden werden, scheint kein gutes Vorbild für die Kernkraft zu sein. Eine Van-der-Waals-Kraft durch 2-Gluonen-Austausch zwischen zwei Nukleonen (in Analogie zum 2-Photonen-Austausch in der Atomphysik) ist bei Abständen, bei denen die Nukleonen überlappen und das Confinement den Gluonenaustausch nicht verbietet, zu schwach, um die Kernkraft zu erklären. Bei größeren internuklearen Abständen stehen die Gluonen wegen des Confinements nicht zum Austausch zur Verfügung. Nur farbneutrale gluonische Gebilde könnten die Kernkraft vermitteln; solche sind aber bei kleinen hadronischen Massen experimentell nicht beobachtet worden.

Als Vorbild für die Kernkraft bleibt uns nun nur noch die *kovalente Bindung* übrig, die z. B. für die Bildung des H_2-Moleküls verantwortlich ist. Die Elektronen der beiden H-Atome werden dabei permanent zwischen diesen ausgetauscht und können beiden gemeinsam zugeordnet werden. Der anziehende Teil der Kernkraft ist bei Abständen von ca. 1 fm am stärksten und erinnert in der Tat an die kovalente atomare Bindung. Um die Diskussion zu vereinfachen, machen wir uns ein Bild des Nukleons, in dem dieses aus einem Zwei-Quark-System (Diquark) und einem Quark besteht (Abb. 16.8). Eine solche Beschreibung ist sehr erfolgreich für die Deutung vieler Phänomene. Die günstigste Konfiguration ist diejenige, bei der ein u- und ein d-Quark zu einem Diquark mit Spin 0 und Isospin 0 gekoppelt sind. Das komplementäre Diquark mit Spin 1 und Isospin 1 ist energetisch ungünstiger. Die kovalente Bindung bedeutet dann den Austausch der „Einzel"quarks. Dies ist in Abb. 16.9 symbolisch dargestellt. Zur Veranschaulichung der Analogie zeigen wir in einem äquivalenten Diagramm die kovalente Bindung des Wasserstoffmoleküls.

Da die maximale Anziehung der Kernkraft bei Abständen von 1 fm erreicht wird, brauchen wir uns keine Sorgen um die Auswirkungen des Confinements zu machen; der Beitrag der kovalenten Bindung kann analog zum Molekül ausgerechnet werden. Die Tiefe des auf diese Weise berechneten anziehenden Potentials bei 1 fm Abstand beträgt jedoch nur etwa ein Drittel

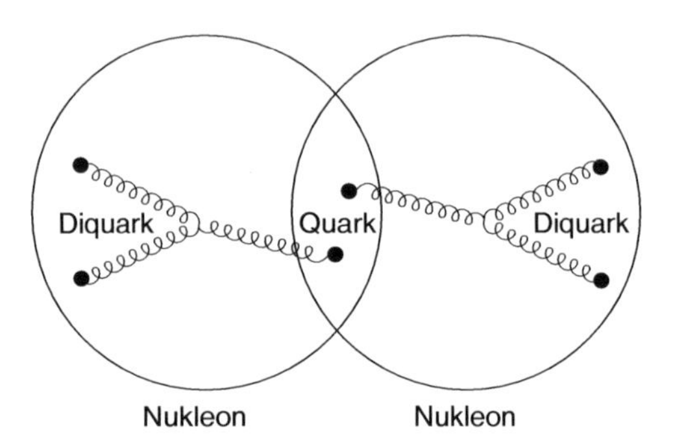

Abbildung 16.8. Quarkkonfiguration im Bild der kovalenten Bindung. Bei großen Abständen, wenn die Nukleonen gerade überlappen, kann man die beiden Nukleonen als Diquark-Quark-Systeme auffassen.

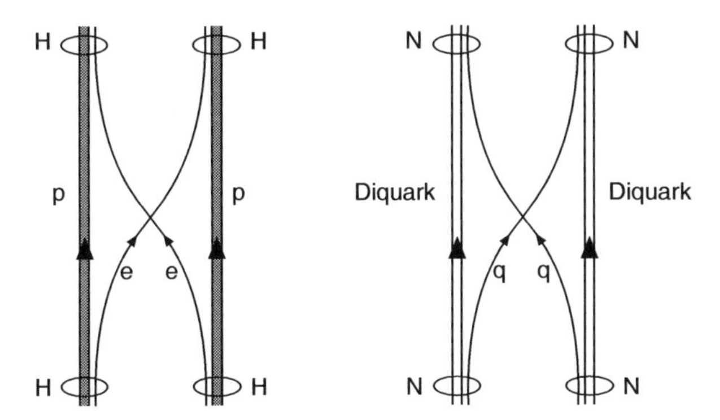

Abbildung 16.9. Symbolische Darstellung der kovalenten Bindung im Wasserstoffmolekül *(links)* und im 2-Nukleonen-System *(rechts)*. Die Zeitachse verläuft in dieser Darstellung vertikal nach oben. Der Elektronenaustausch beim Wasserstoffmolekül entspricht einem Quarkaustausch beim Nukleonsystem.

des experimentellen Werts [Ro94]. Der Quarkaustausch ist weniger effektiv als der Elektronenaustausch in Atomen. Dies liegt u. a. daran, dass die beiden ausgetauschten Quarks dieselbe Farbe tragen müssen, wofür die Wahrscheinlichkeit nur 1/3 beträgt. Der Beitrag des direkten Quarkaustausches zur kovalenten Bindung verringert sich noch weiter, wenn man zusätzlich die Anteile an der Nukleon-Wellenfunktion berücksichtigt, bei denen Diquarks Spin 1 und Isospin 1 haben. Eine Übertragung der kovalenten Bindung auf die Kerne funktioniert somit nicht quantitativ. Dies ist aber nicht eine Folge des Confinements, sondern rührt von der Tatsache her, dass die Quarks drei verschiedene Farbladungen haben und dadurch der direkte Quarkaustausch unterdrückt ist.

Mesonenaustausch. Bisher haben wir nicht berücksichtigt, dass neben den drei Konstituentenquarks im Nukleon noch zusätzliche Quark-Antiquark-Paare (Seequarks) vorhanden sind, die kontinuierlich aus Gluonen erzeugt und wieder in solche vernichtet werden können. Diese Beimischung von Quark-Antiquark-Paaren können wir als relativistischen Effekt auffassen, den man aufgrund der Größe der starken Kopplungskonstanten α_s nicht vernachlässigen kann. Der effektive Quark-Quark-Austausch kann dann auch durch farbneutrale Quark-Antiquark-Paare vermittelt werden, wie in Abb. 16.10a symbolisch gezeigt wird.

Dieser Quark-Antiquark-Austausch liefert zur Nukleon-Nukleon-Wechselwirkung einen größeren Beitrag als der direkte Quark-Quark-Austausch. Es sollte betont werden, dass der Austausch von farbneutralen Quark-Antiquark-Paaren nicht nur bei großen Abständen dominiert, wo das Confinement nur den Austausch farbneutraler Objekte zulässt, sondern auch bei relativ kleinen Abständen. Damit kann man die Kernkraft als eine relativistische Verallgemeinerung der kovalenten Kraft für die starke Wechselwirkung auffassen, bei der im Endeffekt die Nukleonen ihre Quarks austauschen.

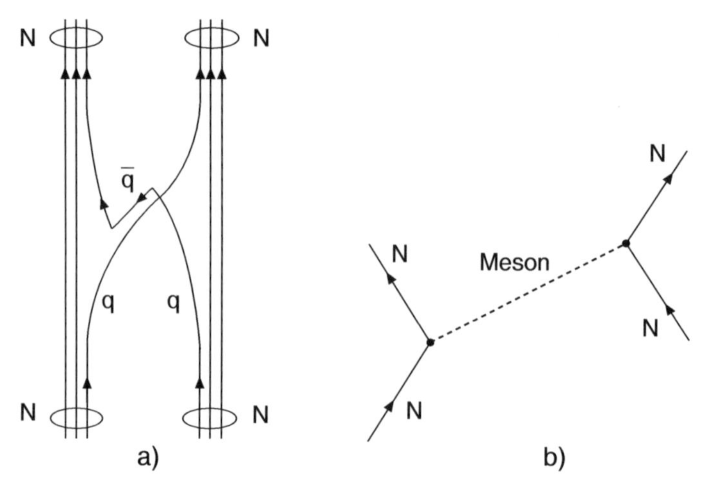

Abbildung 16.10. (**a**) Darstellung des Quark-Austausches zwischen Nukleonen, vermittelt durch den Austausch von Quark-Antiquark-Paaren. Antiquarks werden in dieser Skizze als in der Zeit „zurücklaufende" Quarks dargestellt. (**b**) Weitgehend äquivalent hierzu ist der Austausch eines Mesons.

Seitdem Yukawa im Jahre 1935 das Pion postulierte [Yu35, Br65], wurde versucht, die Wechselwirkung zwischen den Nukleonen durch den Austausch von Mesonen zu beschreiben. Der Austausch von Mesonen der Masse m führt zu einem Potential der Form

$$V = g \cdot \frac{\mathrm{e}^{-\frac{mc}{\hbar}r}}{r}\,, \tag{16.14}$$

das als *Yukawa-Potential* bezeichnet wird. Hierbei ist g eine Konstante, die die Rolle einer Ladung spielt.

■ Um die Form des Yukawa-Potentials herzuleiten, nehmen wir an, dass das Nukleon eine Quelle virtueller Mesonen ist, analog zu einer elektrischen Ladung, die als Quelle virtueller Photonen beschrieben werden kann.

Wir beginnen mit der Wellengleichung eines relativistischen, freien Teilchens der Masse m. Wenn wir in der Energie-Impuls-Beziehung $E^2 = \boldsymbol{p}^2c^2 + m^2c^4$ analog zur Schrödinger-Gleichung für Energie E und Impuls $\boldsymbol{p}$ die Operatoren $i\hbar\partial/\partial t$ und $-i\hbar\boldsymbol{\nabla}$ einsetzen, so erhalten wir die *Klein-Gordon-Gleichung*:

$$\frac{1}{c^2}\frac{\partial^2}{\partial t^2}\Psi(\boldsymbol{x},t) = \left(\boldsymbol{\nabla}^2 - \mu^2\right)\Psi(\boldsymbol{x},t) \qquad \text{mit} \quad \mu = \frac{mc}{\hbar}\,. \tag{16.15}$$

Im Falle eines masselosen Teilchens ($\mu = 0$) ist dies die Gleichung einer Welle, die sich mit Lichtgeschwindigkeit ausbreitet. Setzt man Ψ mit dem elektromagnetischen Viererpotential $A = (\phi/c, \boldsymbol{A})$ gleich, so erhält man die Gleichung der elektromagnetischen Wellen im Vakuum in der Fernfeldnäherung, d. h. in genügend großem Abstand von der Quelle. Man kann $\Psi(\boldsymbol{x},t)$ dann als Wellenfunktion des Photons interpretieren.

Betrachten wir nun den Grenzfall eines statischen Feldes. In diesem Fall reduziert sich (16.15) auf

$$\left(\boldsymbol{\nabla}^2 - \mu^2\right) \psi(\boldsymbol{x}) = 0 . \tag{16.16}$$

Wenn man eine kugelsymmetrische Lösung fordert, die also nur von $r = |\boldsymbol{x}|$ abhängt, so erhält man

$$\frac{1}{r^2}\frac{\mathrm{d}}{\mathrm{d}r}\left(r^2\frac{\mathrm{d}\psi(r)}{\mathrm{d}r}\right) - \mu^2\psi(r) = 0 . \tag{16.17}$$

Ein besonders einfacher Ansatz für das Potential V, das durch Austausch des Teilchens erzeugt wird, ist $V(r) = g \cdot \psi(r)$, wobei g eine freie Konstante ist. Dass dieser Ansatz sinnvoll ist, sieht man, wenn man den elektromagnetischen Fall betrachtet: Im Grenzfall $\mu = 0$ wird (16.16) zur Poisson-Gleichung im ladungsfreien Raum, und man erhält aus (16.17) das Coulomb-Potential $V_{\mathrm{C}} \propto 1/r$, d. h. das Potential eines geladenen Teilchens in großem Abstand, wo die Raumladungsdichte Null ist. Wenn wir (16.17) nun für den Fall $\mu \neq 0$ lösen, so erhalten wir das Yukawa-Potential (16.14). Dieses Potential fällt zunächst näherungsweise mit $1/r$ und dann sehr steil ab. Die Reichweite liegt in der Größenordnung $1/\mu = \hbar/mc$, was dem Wert entspricht, den man aus der Unschärferelation erwartet [Wi38]. So hat beispielsweise die Wechselwirkung von Pionen eine Reichweite von 1.4 fm.

Die obigen Betrachtungen waren allerdings eher eine Ansammlung von Plausibilitätsargumenten als eine exakte Herleitung. Erstens haben wir den Spin der Teilchen unterschlagen. Die Klein-Gordon-Gleichung gilt für Teilchen mit Spin Null, was für das Pion glücklicherweise der Fall ist. Zweitens hat das Meson als virtuelles Teilchen nicht unbedingt die Ruhemasse eines freien Teilchens. Drittens befindet es sich in unmittelbarer Nachbarschaft des Nukleons und kann mit diesem stark wechselwirken. Die Wellengleichung des freien Teilchens kann deshalb bestenfalls eine Näherung sein.

Da die Reichweite dieses Potentials mit steigender Mesonenmasse m abnimmt, sind neben dem Pion die leichtesten Vektormesonen ϱ und ω die wichtigsten Austauschteilchen. Im Rahmen dieser Vorstellung kann man das Zentralpotential der Kernkraft durch einen 2-Pion-Austausch erklären, wobei die Pionen zu $J^P(I) = 0^+(0)$ gekoppelt sind. Die Spin- und Isospinabhängigkeit der Kernkraft rührt vom 1-Meson-Austausch her und lässt sich darauf zurückführen, dass es sich bei den Austauschteilchen sowohl um pseudoskalare Mesonen als auch um Vektormesonen handelt. Eine besondere Stellung nimmt der Pionaustausch ein, der wegen der geringen Masse des Pions auch bei relativ großen Abständen (> 2 fm) möglich ist. Bei diesen Modellrechnungen vernachlässigt man die innere Struktur der Nukleonen und Mesonen und rechnet mit punktförmigen Teilchen. Die Meson-Nukleon-Kopplungskonstanten, die man experimentell durch Meson-Nukleon-Streuung erhält, müssen dazu leicht modifiziert werden.

Mesonen sind jedoch nichts anderes als farbneutrale Quark-Antiquark-Paare, so dass im Prinzip der Austausch von Mesonen und der Austausch von farbneutralen $\mathrm{q\overline{q}}$-Paaren eine äquivalente Beschreibung der Nukleon-Nukleon-Wechselwirkung darstellen (Abb. 16.10b). Bei kleinen Abständen, wo die innere Struktur der Nukleonen mit Sicherheit eine Rolle spielen muss, ist die Beschreibung durch den Mesonenaustausch unzureichend. Die Kopplungskonstante für den Austausch von ω-Mesonen, der für den abstoßenden Teil des Potentials verantwortlich ist, müsste hierfür unrealistisch große Werte annehmen – etwa das Zwei- bis Dreifache dessen, was man aus dem Vergleich mit anderen Meson-Nukleon-Kopplungskonstanten erwarten würde. Der abstoßende Teil des Potentials kann im Quarkbild effektiver beschrieben werden. Bei großen Abständen hingegen beschreibt der Ein-Pion-Austausch die experimentellen Daten exzellent. Bei mittleren Abständen muss für beide Modelle eine Reihe von Parametern angepasst werden.

Konzeptionell hat man somit die Kernkraft auf die fundamentalen Konstituenten und ihre Wechselwirkungen zurückgeführt. Für das theoretische Verständnis der Kernkraft ist dies sehr befriedigend. Allerdings ist die quantitative Beschreibung beim Übergang vom Mesonbild zum Quarkbild nicht einfacher geworden. Um die Kraft, die durch Mesonenaustausch entsteht, im Quarkbild zu berechnen, müsste man die Wahrscheinlichkeit dafür kennen, dass sich Quark-Antiquark-Paare im Kern zu Mesonen formieren. Da die Kopplungskonstante α_s bei kleinen Impulsüberträgen sehr groß ist, sind solche Rechnungen nicht durchführbar. Aus diesem Grunde sind phänomenologische Mesonaustauschmodelle auch heute noch die beste Möglichkeit zur quantitativen Beschreibung der Kernkraft.

Aufgaben

1. **Kernkraft**
   Die Kernkraft wird durch den Austausch von Mesonen vermittelt. Wie groß ist die Reichweite der Kraft, die durch den Austausch von einem π, zwei π, ϱ und ω vermittelt wird? Welche Eigenschaften der Kernkraft sind durch die Austauschteilchen gegeben?

2. **Neutron-Proton-Streuung**
   Wie groß wäre der totale Wirkungsquerschnitt für die Neutron-Proton-Streuung, wenn man nur die kurzreichweitige Abstoßung mit einer Reichweite von $b = 0.7\,\mathrm{fm}$ berücksichtigt? Man betrachte den Energiebereich, in dem $\ell = 0$ dominiert.

17. Aufbau der Kerne

Kerne im Grundzustand oder in niedrig angeregten Zuständen sind Beispiele für ein entartetes Fermigas. Die Kerndichte wird durch die Nukleon-Nukleon-Wechselwirkung, vor allem durch die starke Abstoßung bei kleinen Abständen und die geringe Anziehung bei größeren Abständen bestimmt. Wir haben in Abschn. 6.2 gesehen, dass die Nukleonen im Kern nicht lokalisiert sind sondern sich mit relativ großen Impulsen von 250 MeV/c bewegen. Diese große Beweglichkeit der Nukleonen im Kern ist die Folge der „schwachen" Bindung zwischen Nukleonen, wie wir sie für das Deuteron gezeigt haben. Der mittlere Abstand zwischen den Nukleonen ist wesentlich größer als der Radius des Hard Core des Nukleons.

Die Vorstellung, dass sich die Nukleonen im Kern als freie Teilchen bewegen, ist nicht selbstverständlich und von so großer konzeptioneller Bedeutung, dass wir dies am Beispiel der Hyperkerne, bei denen neben den Nukleonen noch ein Hyperon eingebaut ist, demonstrieren wollen: Ein Λ-Teilchen bewegt sich im Kern als freies Teilchen in einem Potential, dessen Tiefe vom Kern unabhängig ist und dessen Reichweite dem Kernradius entspricht.

Eine Verfeinerung des Fermigasmodells ist das Schalenmodell, in dem die Form des Potentials realistischer gewählt und zusätzlich die Spin-Bahn-Wechselwirkung berücksichtigt wird. Nicht nur die Dichte, sondern auch die Form ist durch die Nukleon-Nukleon-Wechselwirkung gegeben. Die Gleichgewichtsform der Kerne ist nicht immer kugelsymmetrisch, sondern kann auch ellipsoidisch deformiert oder noch unregelmäßiger sein.

17.1 Das Fermigasmodell

In diesem Kapitel wollen wir zeigen, dass die Impulsverteilung der Nukleonen, die wir in der quasielastischen Elektron-Kern-Streuung gefunden haben (Abschn. 6.2), sowie die Bindungsenergie der Nukleonen im Rahmen des Fermigasmodells gedeutet werden können, und dass sich die wesentlichen Terme der semiempirischen Massenformel (2.8) zwangsläufig aus diesem Modell ergeben. Im Fermigasmodell werden die Protonen und Neutronen, die den Kern bilden, als zwei unabhängige Nukleonensysteme angesehen. Da sie Spin-1/2-Teilchen sind, gehorchen sie der Fermi-Dirac-Statistik. Es wird angenommen, dass sich die Nukleonen unter Berücksichtigung des Pauli-Prinzips im gesamten Kernvolumen frei bewegen können.

Das Potential, dem jedes Nukleon ausgesetzt ist, ist die Überlagerung der Potentiale der übrigen Nukleonen. Für unser Modell nehmen wir an, dass dieses Potential die Form eines Topfes hat, dass es im gesamten Kernvolumen also konstant und an den Rändern scharf begrenzt ist (Abb. 17.1).

Die Zahl der möglichen Zustände, die ein Nukleon in einem Volumen V und einem Impulsintervall $\mathrm{d}p$ einnehmen kann, ist durch (4.16) gegeben:

$$\mathrm{d}n = \frac{4\pi p^2 \mathrm{d}p}{(2\pi\hbar)^3} \cdot V \,. \tag{17.1}$$

Bei der Temperatur $T = 0$, d. h. im Grundzustand des Kerns, werden die niedrigsten Zustände bis zu einem maximalen Impuls besetzt sein, den wir als *Fermi-Impuls* p_F bezeichnen. Die Zahl dieser Zustände ergibt sich durch Integration von (17.1):

$$n = \frac{V p_\mathrm{F}^3}{6\pi^2\hbar^3} \,. \tag{17.2}$$

Da jeder Zustand zwei Fermionen gleicher Art beherbergen kann, können wir

$$N = \frac{V (p_\mathrm{F}^\mathrm{n})^3}{3\pi^2\hbar^3} \qquad \text{und} \qquad Z = \frac{V (p_\mathrm{F}^\mathrm{p})^3}{3\pi^2\hbar^3} \tag{17.3}$$

Neutronen bzw. Protonen unterbringen, wobei p_F^n und p_F^p die Fermi-Impulse der Neutronen und Protonen sind. Setzt man das Kernvolumen

$$V = \frac{4}{3}\pi R^3 = \frac{4}{3}\pi R_0^3 A \tag{17.4}$$

ein und benutzt den durch Elektronstreuung ermittelten Wert von $R_0 = 1.21$ fm (5.56), so erhält man für einen Kern mit $Z = N = A/2$ und gleichem Radius für die Potentialtöpfe von Protonen und Neutronen den Fermi-Impuls

$$p_\mathrm{F} = p_\mathrm{F}^\mathrm{n} = p_\mathrm{F}^\mathrm{p} = \frac{\hbar}{R_0} \left(\frac{9\pi}{8} \right)^{1/3} \approx 250 \text{ MeV}/c \,. \tag{17.5}$$

Die Nukleonen können sich also im Kern mit großem Impuls frei bewegen.

Der in der quasielastischen Streuung von Elektronen an Kernen gemessene Fermi-Impuls (6.22) ist in guter Übereinstimmung mit diesem Wert. Für leichte Kerne nimmt p_F etwas kleinere Werte an (Tabelle 6.1, Seite 85). Das Fermigasmodell ist dann keine so gute Näherung mehr.

Die Energie des höchsten besetzten Zustands, die *Fermi-Energie* E_F, beträgt

$$E_\mathrm{F} = \frac{p_\mathrm{F}^2}{2M} \approx 33 \text{ MeV} \,, \tag{17.6}$$

wobei M die Nukleonenmasse ist. Die Differenz B' zwischen der Kante des Potentialtopfes und der Energie der Fermi-Kante ist für die meisten Kerne

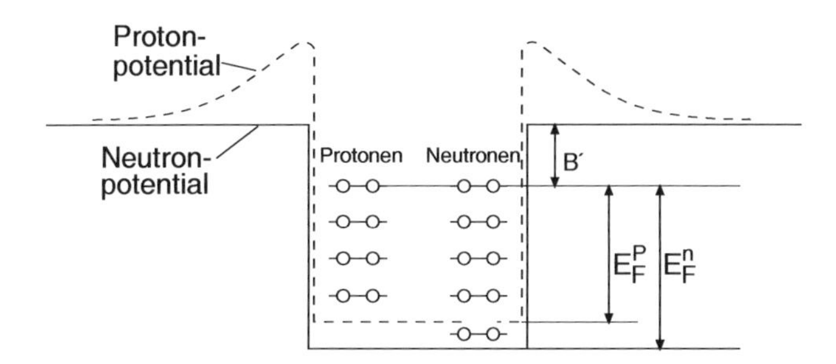

Abbildung 17.1. Schematischer Potentialverlauf und Zustände für Protonen und Neutronen im Fermigasmodell

konstant und gleich der mittleren Bindungsenergie pro Nukleon $B/A = 7$–8 MeV. Deshalb ist mit der Fermi-Energie auch die Tiefe des Potentials

$$V_0 = E_\mathrm{F} + B' \approx 40 \text{ MeV} \tag{17.7}$$

in guter Näherung unabhängig von der Massenzahl A.

Ähnlich wie beim freien Elektronengas in Metallen haben wir es in Kernmaterie mit einem Nukleonengas zu tun, dessen kinetische Energie in der gleichen Größenordnung liegt wie die Tiefe des Potentials. Man sieht hier wieder, dass Kerne verhältnismäßig schwach gebundene Systeme sind.

■ Auf den ersten Blick mag es paradox erscheinen, dass einerseits sich die Nukleonen in Energiezuständen zwischen −40 MeV und −7 MeV befinden, andererseits die mittlere Bindungsenergie 7 MeV beträgt. Man muss sich aber vergegenwärtigen, dass das Kernpotential kein vorgegebenes, äußeres Potential ist, sondern von den übrigen Nukleonen erzeugt wird. Wenn man zu einem Kern weitere Nukleonen hinzufügt, bleibt die Fermi-Energie konstant, und der Abstand benachbarter Energieniveaus nimmt ab. Die konstante Fermi-Energie ist eine Folge der konstanten Kerndichte, die Zunahme der Niveaudichte eine Folge des vergrößerten Kernvolumens.

Entsprechend rutschen die Energieniveaus auseinander, wenn man Nukleonen entfernt. Man kann daher durch Zuführen von jeweils 7 MeV ein Nukleon nach dem anderen aus dem Kern entfernen und wird stets ein weiteres Nukleon an der Fermi-Kante finden.

Im Allgemeinen besitzen schwere Kerne einen Neutronenüberschuss. Da für stabile Kerne die Fermi-Kanten von Protonen und Neutronen auf demselben Niveau liegen müssen (anderenfalls würde der Kern durch β-Zerfall in einen energetisch günstigeren Zustand übergehen), muss die Tiefe des Potentialtopfes für das Neutronengas größer sein als für das Protonengas (Abb. 17.1). Protonen sind also im Mittel schwächer gebunden als Neutronen, was sich aus der Coulomb-Abstoßung der Protonen untereinander erklärt. Diese führt zu einem zusätzlichen Term im Potential von

$$V_\mathrm{C} = (Z-1)\frac{\alpha \cdot \hbar c}{R} \,. \tag{17.8}$$

Aus dem Fermigasmodell lässt sich die Abhängigkeit der Bindungsenergie vom Neutronenüberschuss bestimmen. Zunächst berechnen wir die mittlere kinetische Energie pro Nukleon,

$$\langle E_{\mathrm{kin}} \rangle = \frac{\int_0^{p_{\mathrm{F}}} E_{\mathrm{kin}}\, p^2 \mathrm{d}p}{\int_0^{p_{\mathrm{F}}} p^2 \mathrm{d}p} = \frac{3}{5} \cdot \frac{p_{\mathrm{F}}^2}{2M} \approx 20\,\mathrm{MeV}\,. \tag{17.9}$$

Für die gesamte kinetische Energie des Kerns erhalten wir dann

$$E_{\mathrm{kin}}(N,Z) = N\langle E_{\mathrm{n}} \rangle + Z\langle E_{\mathrm{p}} \rangle = \frac{3}{10M}\left(N \cdot (p_{\mathrm{F}}^{\mathrm{n}})^2 + Z \cdot (p_{\mathrm{F}}^{\mathrm{p}})^2\right) \tag{17.10}$$

oder mit (17.3) und (17.4)

$$E_{\mathrm{kin}}(N,Z) = \frac{3}{10M}\frac{\hbar^2}{R_0^2}\left(\frac{9\pi}{4}\right)^{2/3} \frac{N^{5/3}+Z^{5/3}}{A^{2/3}}\,. \tag{17.11}$$

Dabei haben wir wieder angenommen, dass die Radien der Potentialtöpfe für Protonen und Neutronen gleich groß sind. Diese mittlere kinetische Energie des Kerns hat für feste Massenzahl A ein Minimum in Abhängigkeit von N bzw. Z bei $N = Z$. Sie wird größer, d. h. die Bindungsenergie wird kleiner, für $N \neq Z$. Entwickelt man (17.11) nach der Differenz $N - Z$, so erhält man

$$E_{\mathrm{kin}}(N,Z) = \frac{3}{10M}\frac{\hbar^2}{R_0^2}\left(\frac{9\pi}{8}\right)^{2/3} \left(A + \frac{5}{9}\frac{(N-Z)^2}{A} + \cdots\right) \tag{17.12}$$

und damit die funktionale Abhängigkeit vom Neutronenüberschuss. Der erste Term trägt zum Volumenterm in der Massenformel bei, während der zweite die Korrektur aufgrund von $N \neq Z$ beschreibt. Diese sogenannte *Asymmetrieenergie* wächst quadratisch mit dem Neutronenüberschuss, entsprechend verringert sich die Bindungsenergie. Um den Asymmetrieterm aus (2.8) quantitativ richtig herauszubekommen, muss zusätzlich die Änderung des Potentials für $N \neq Z$ berücksichtigt werden. Diese zusätzliche Korrektur wirkt sich etwa ebenso stark aus wie die Änderung der kinetischen Energie.

Allein aus dem Fermigasmodell, das die unabhängige Bewegung der Nukleonen in einem mittleren Potential beschreibt, können also der Volumen- und der Asymmetrieterm der semiempirischen Massenformel plausibel gemacht werden.

■ Das Fermigasmodell findet auch Anwendung bei einer ganz anderen Form der Kernmaterie, den *Neutronensternen*. Bei diesen fehlt die Coulomb-Energie. Zur anziehenden Kernkraft, die zu der gewöhnlichen Kerndichte ϱ_{N} führen würde, addiert sich jedoch die Gravitationskraft, so dass die resultierende Dichte bis zu ca. 10-mal größer ist.

Ein Neutronenstern entsteht bei der Explosion einer Supernova. Das ausgebrannte Zentrum des Sterns, das vorwiegend aus Eisen besteht und eine Masse von ein bis zwei Sonnenmassen hat, bricht unter dem Einfluss der Gravitation zusammen. Durch die hohe Dichte steigt die Fermi-Energie der Elektronen so weit an, dass der inverse β-Zerfall $\mathrm{p}+\mathrm{e}^- \rightarrow \mathrm{n}+\nu_\mathrm{e}$ stattfindet, während die Umkehrreaktion $\mathrm{n} \rightarrow \mathrm{p}+\mathrm{e}^- +\overline{\nu}_\mathrm{e}$ durch das Pauli-Prinzip verboten ist. In den Atomkernen werden nach und nach alle Protonen in Neutronen umgewandelt, so dass die Coulomb-Barriere verschwindet, die Kerne ihre Identität verlieren und das Innere des Sterns nur noch aus Neutronen besteht:

$$^{56}_{26}\mathrm{Fe} + 26\mathrm{e}^- \rightarrow 56\mathrm{n} + 26\nu_\mathrm{e}.$$

Die Implosion wird erst bei einer Dichte von $10^{18}\,\mathrm{kg/m^3}$ durch den Fermidruck der Neutronen gestoppt [Se79]. Wenn die Masse des zentralen Kerns zwei Sonnenmassen übersteigt, kann sich auch der Fermidruck der Neutronen der Gravitation nicht widersetzen, und der Stern endet in einem Schwarzen Loch.

Die am besten bekannten Neutronensterne haben Massen zwischen 1.3 und 1.5 Sonnenmassen. Die Masse eines Neutronensterns lässt sich aus seiner Bewegung bestimmen, wenn er Teil eines Doppelsternsystems ist. Sein Radius R kann ermittelt werden, wenn noch ausreichend viele Emissionslinien des Sterns vermessen werden können und an ihnen Gravitationsdopplerverschiebung beobachtbar ist. Diese ist proportional zu M/R. Typischerweise misst man Radien um 10 km.

Aussagen über die innere Struktur von Neutronensternen können nur durch theoretische Überlegungen gewonnen werden. Im einfachsten Modell besteht der innere Kern aus einer entarteten Neutronenflüssigkeit konstanter Dichte. Die etwa 1 km dicke äußere Kruste besteht aus Atomen, die trotz der hohen Temperatur unter großem Gravitationsdruck im festen Zustand gebunden sind. Deswegen ist es eine gute Näherung, wenn wir die Neutronensterne als gigantische Kerne betrachten, die durch ihre eigene Gravitation zusammengehalten werden.

Für die folgende Abschätzung der Größe von Neutronensternen werden wir annehmen, dass die Dichte des Sterns konstant ist. Wir können dann die radiale Abhängigkeit des Gravitationsdrucks vernachlässigen und mit einem mittleren Druck rechnen. Betrachten wir einen typischen Neutronenstern mit einer Masse $M = 3\cdot 10^{30}\,\mathrm{kg}$, was 1.5 Sonnenmassen und einer Neutronenzahl $N = 1.8\cdot 10^{57}$ entspricht. Wenn wir den Neutronenstern als kaltes Neutronengas betrachten, beträgt der Fermi-Impuls gemäß (17.5)

$$p_\mathrm{F} = \left(\frac{9\pi N}{4}\right)^{1/3} \frac{\hbar}{R}\,. \tag{17.13}$$

Die mittlere kinetische Energie pro Neutron ist gemäß (17.9)

$$\langle E_\mathrm{kin}/N\rangle = \frac{3}{5}\cdot\frac{p_\mathrm{F}^2}{2M_\mathrm{n}} = \frac{C}{R^2} \qquad \text{mit} \quad C = \frac{3\hbar^2}{10M_\mathrm{n}}\left(\frac{9\pi N}{4}\right)^{2/3}. \tag{17.14}$$

Die Gravitationsenergie eines Sterns konstanter Dichte liefert für die mittlere potentielle Energie pro Neutron

$$\langle E_\mathrm{pot}/N\rangle = -\frac{3}{5}\frac{GNM_\mathrm{n}^2}{R}\,, \tag{17.15}$$

wobei G die Gravitationskonstante ist. Der Stern befindet sich im Gleichgewicht, wenn die Gesamtenergie pro Neutron minimal ist:

$$\frac{\mathrm{d}}{\mathrm{d}R}\langle E/N\rangle = \frac{\mathrm{d}}{\mathrm{d}R}\left[\langle E_\mathrm{kin}/N\rangle + \langle E_\mathrm{pot}/N\rangle\right] = 0 \tag{17.16}$$

und somit

$$R = \frac{\hbar^2 (9\pi/4)^{2/3}}{G M_\mathrm{n}^3 N^{1/3}} . \tag{17.17}$$

Man erhält für einen solchen Neutronenstern einen Radius von ca. 12 km, sehr nahe am gemessenen Wert, und eine mittlere Neutronendichte von 0.25 Nukleonen/fm^3, etwa das 1.5-fache der Nukleonendichte $\varrho_\mathrm{N} = 0.17$ Nukleonen/fm^3 im Inneren von Atomkernen (5.59).

Die gute Übereinstimmung zwischen berechnetem und gemessenem Wert ist aber eigentlich nur zufällig. Bei einer genauen Rechnung müsste man berücksichtigen, dass die Neutronendichte im Inneren des Neutronenstern bis auf ca. $10\,\varrho_\mathrm{N}$ anwächst, und man erhielte auf der Grundlage des Fermigasmodells Radien, die deutlich kleiner wären als die gemessenen Werte. Allerdings betragen bei einer Dichte von $10\,\varrho_\mathrm{N}$ die Abstände zwischen den Neutronen nur etwa 0.8 fm, was bedeutet, dass sich die Hard Cores berühren und eine starke Abstoßung stattfindet. In einem realistischeren Modell wird also der Gravitationsdruck des Neutronensterns jeweils etwa zur Hälfte vom Fermi-Druck und von der kurzreichweitigen Nukleon-Nukleon-Abstoßung kompensiert.

Bei den hohen Dichten im Zentrum von Neutronensternen können wir auch eine Beimischung von Hyperonen, die im Gleichgewicht zu den Neutronen stehen, erwarten. Auch kann es sein, dass durch den Überlapp der Neutronen, der im Zentrum des Sterns am größten ist, die Quarks nicht mehr im Neutron eingeschlossen bleiben. Neutronensterne könnten teilweise auch aus *Quarkmaterie* bestehen.

17.2 Hyperkerne

Das Fermigasmodell wird gewöhnlich für große Systeme verwendet (Leitungselektronen im Metall, Nukleonen im Neutronenstern, Elektronen im Weißen Zwerg), in denen die Quantelung des Drehimpulses keine Rolle spielt. Im Gegensatz dazu ist das System der Nukleonen im Kern so klein, dass sie diskrete Energieniveaus mit scharfem Drehimpuls besetzen. Berechnet man die Energieniveaus in einem kugelsymmetrischen Potential, so erhält man Zustände mit Bahndrehimpuls $\ell = 0, 1, 2 \ldots$

Bei der Temperatur $T = 0$ sind die niedrigsten Energiezustände im Kern lückenlos besetzt. Die Wechselwirkung zwischen den Nukleonen kann daher nur dazu führen, dass die Nukleonen ihre Plätze auf den jeweiligen Energieniveaus tauschen, was nichts an der Besetzung der Energieniveaus ändert und daher unbeobachtbar ist. Deswegen lässt sich der Kern beschreiben, als befände sich jedes einzelne Nukleon in einem Zustand mit definierter Energie und definiertem Drehimpuls. Die Wellenfunktion, die diesen Zustand beschreibt, ist die Einteilchen-Wellenfunktion. Die Wellenfunktion, die den Kern beschreibt, ist das Produkt der Wellenfunktionen der einzelnen Teilchen.

Um die Energiezustände einzelner Nukleonen zu untersuchen, wäre es am besten, wenn man diese „markieren" könnte. Eine elegante experimentelle Methode ist das Einführen eines Hyperons, vorzugsweise eines Λ-Teilchens, als Sonde in den Kern. Solche Kerne bezeichnet man als *Hyperkerne.*

Λ-Teilchen sind im Kern stabil gegen den Zerfall durch die starke Wechselwirkung, bei der ja die Quantenzahl der Strangeness erhalten bleibt. Die Lebensdauer ist etwa so groß wie für ein freies Λ-Teilchen, also ca. 10^{-10} s.

Diese Zeit ist lang genug, um Spektroskopie durchzuführen und die kernphysikalischen Eigenschaften von Hyperkernen zu untersuchen.

Hyperkerne werden am effektivsten durch die Reaktion

$$\mathrm{K}^- + \mathrm{A} \to {}_\Lambda\mathrm{A} + \pi^- \tag{17.18}$$

erzeugt, wobei der Index anzeigt, dass ein Neutron des Kerns durch die Strangeness-Austauschreaktion

$$\mathrm{K}^- + \mathrm{n} \to \Lambda + \pi^- \tag{17.19}$$

in ein Λ umgewandelt wurde. Abbildung 17.2 zeigt eine Apparatur, die in den 70er Jahren am CERN zu Erzeugung und Nachweis von Hyperkernen eingesetzt wurde. Besonders günstig ist die Kinematik, wenn die einlaufenden Kaonen einen Impuls von 530 MeV/c aufweisen und man die erzeugten Pionen unter einem Winkel von $\theta = 0°$ beobachtet. In diesem Fall wird kein Impuls auf das gestoßene Nukleon übertragen. In der Praxis verwendet man K^--Strahlen im Bereich zwischen 300 und 1000 MeV/c. Der übertragene Impuls ist dann klein, verglichen mit dem Fermi-Impuls der Nukleonen im Kern; man kann den Kern daher als näherungsweise ungestört auffassen.

Die Energiebilanz der Reaktion an einem freien Neutron (17.19) ergibt sich einfach aus den Massen der beteiligten Teilchen. Wenn jedoch das Neutron in einem Kern gebunden ist und das Λ im Kern gebunden bleibt, gibt die Energiedifferenz von K^- und π^- den Unterschied der Bindungsenergien von Neutron und Λ an:

$$B_\Lambda = B_\mathrm{n} + E_\pi - E_\mathrm{K} + (M_\Lambda - M_\mathrm{n}) \cdot c^2 + \text{Rückstoß}\,. \tag{17.20}$$

Abbildung 17.3 zeigt ein solches Pionenspektrum für die Reaktion an einem ^{12}C-Kern als Funktion der Λ-Bindungsenergie B_Λ. Für B_n wurde die experimentell ermittelte Neutronen-Separationsenergie von ^{12}C eingesetzt, die Energie, die aufgewendet werden muss, um ein Neutron aus dem Kern herauszulösen. Neben einem ausgeprägten Maximum um $B_\Lambda = 0$ erkennt man ein zweites, kleineres Maximum bei 11 MeV. Man kann dies so interpretieren, dass bei der Umwandlung des Neutrons in ein Λ zusätzlich Energie frei wurde, die auf das Pion übertragen wurde. Die Energie kann nur aus der Kernbindung stammen.

Erklären kann man dies wie folgt: Das Pauli-Prinzip verhindert, dass Protonen und Neutronen in einem Kern niedrigere, bereits besetzte Energiezustände einnehmen. Bei einem Kern im Grundzustand sind definitionsgemäß die Zustände „von unten her“ aufgefüllt. Wenn ein Neutron aus einem höher liegenden Zustand in ein Λ-Teilchen umgewandelt wird, kann dieses jedoch jeden beliebigen Energiezustand im Kern einnehmen. Das Λ-Teilchen spürt also nicht die individuelle Anwesenheit der Nukleonen, sondern nur das Potential, das durch sie hervorgerufen wird. Dieses Potential ist allerdings weniger tief als das, welches die Nukleonen spüren. Die Λ-Nukleon-Wechselwirkung

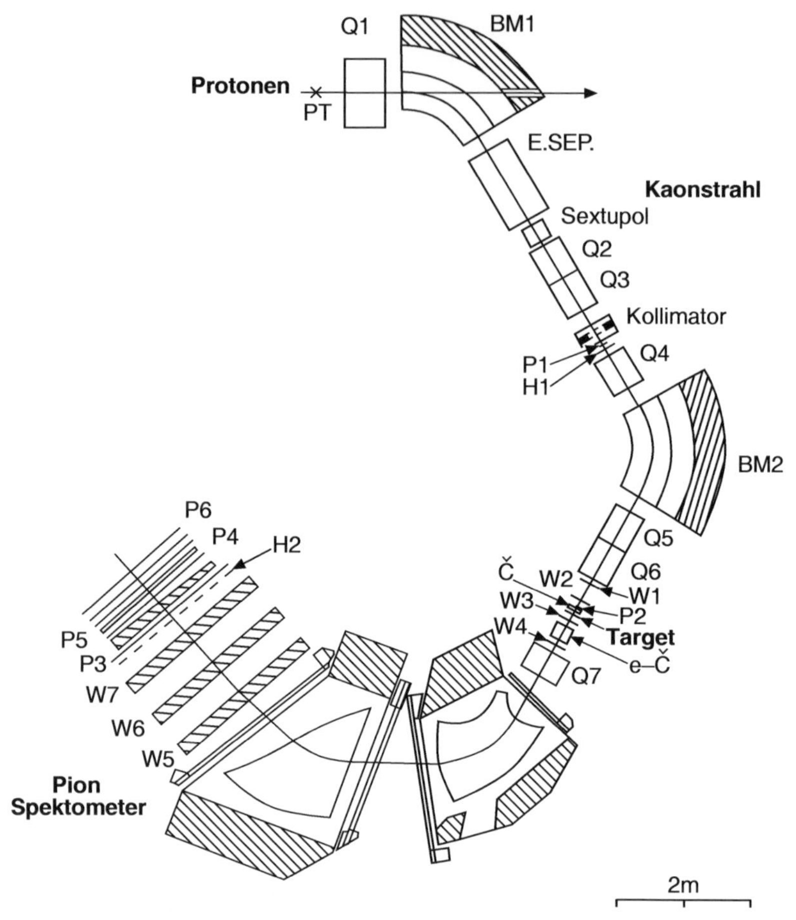

Abbildung 17.2. Experimenteller Aufbau zu Erzeugung und Nachweis von Hyperkernen (nach [Po81]). Ein K^--Strahl prallt auf ein 1 cm dickes Target aus Kohlenstoff, wobei Hyperkerne entstehen, die beim Zerfall π^--Mesonen emittieren. Das Spektrometer besteht aus zwei Stufen. In der ersten Stufe wird der Impuls der Kaonen gemessen, in der zweiten Stufe der Impuls der entstehenden Pionen. Zum Nachweis und Identifikation der Teilchen dienen Szintillationszähler (P), Drahtkammern (W) und Čerenkovzähler (Č). Die Impulse werden mit Dipolmagneten (BM) gemessen. Quadrupollinsen (Q) dienen zur Fokussierung. Die Anregungsenergien der Hyperkerne ergeben sich aus der Energiedifferenz von Kaon und Pion.

ist schwächer als die Nukleon-Nukleon-Wechselwirkung, was man auch daran sehen kann, dass es keinen gebundenen Ein-Λ-ein-Nukleon-Zustand gibt.

Nun verstehen wir das Spektrum aus Abb. 17.3: Im Falle des ^{12}C-Kerns befinden sich Protonen und Neutronen in 1s- und 1p-Zuständen. Wird ein Neutron aus einem 1p-Zustand in ein Λ umgewandelt, so kann dieses ebenfalls auf dem 1p-Niveau sein, wo die Bindungsenergie B_Λ des Λ-Teilchens

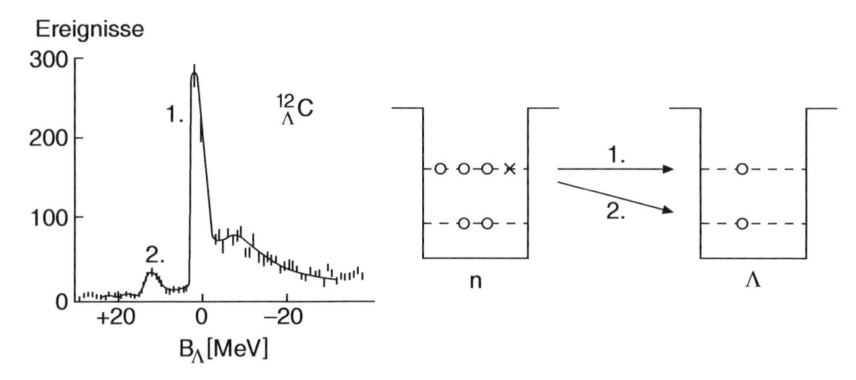

Abbildung 17.3. Pionenspektrum aus der Reaktion $\mathrm{K}^- + {}^{12}\mathrm{C} \rightarrow \pi^- + {}^{12}_{\Lambda}\mathrm{C}$ bei einem Kaonenimpuls von 720 MeV/c [Po81]. Aufgetragen ist die Zählrate der unter 0° registrierten Pionen als Funktion des zusätzlichen Energieübertrags B_Λ, der als Bindungsenergie des Λ im Kern interpretiert wird. Das Maximum Nr. 1 liegt gerade bei der Bindungsenergie $B_\Lambda = 0$; das Maximum Nr. 2, das einem ${}^{12}_{\Lambda}\mathrm{C}$ im Grundzustand entspricht, ist mit 11 MeV gebunden.

näherungsweise Null ist, oder aber im 1s-Niveau landen mit einer Bindungsenergie $B_\Lambda \approx 11$ MeV.

Die verwaschene Erhöhung bei $B_\Lambda < 0$ kann man so interpretieren, dass bei diesen Ereignissen nicht schwach gebundene Neutronen an der Fermi-Kante umgewandelt wurden, sondern Neutronen in energetisch tiefer liegenden Zuständen.

Die Λ-Einteilchenzustände sind in schwereren Kernen noch deutlicher zu beobachten. Aus systematischen Untersuchungen auch an schweren Kernen, bevorzugt mit der Reaktion

$$\pi^+ + \mathrm{A} \rightarrow {}_{\Lambda}\mathrm{A} + \mathrm{K}^+\,, \tag{17.21}$$

erhält man den in Abb. 17.4 gezeigten Verlauf für die Bindungsenergie des 1s-Grundzustands sowie auch der angeregten p-, d- und f-Zustände in Abhängigkeit von der Massenzahl A der untersuchten Kerne.

Aus diesem Verlauf kann man folgern, dass das Λ-Hyperon *diskrete Energiezustände* einnimmt, deren Bindungsenergie mit wachsender Massenzahl ansteigt. Die eingezeichneten Kurven wurden unter der Annahme einer einheitlichen Potentialtiefe von $V_0 \approx 30$ MeV und einem Kernradius $R = R_0 A^{1/3}$ berechnet [Po81, Ch89]. Die Abszisse $A^{-2/3}$ entspricht R^{-2} und wurde gewählt, weil $B_\Lambda R^2$ für Zustände mit gleichen Quantenzahlen näherungsweise konstant ist (16.13).

Eine weitere schöne Darstellung des Kerns als entartete Fermi-Flüssigkeit ist das Spektrum von ${}^{208}_{\Lambda}\mathrm{Pb}$ (s. Abb. 17.5) [Ha96].

Die Übereinstimmung der berechneten Bindungsenergien für Λ-Teilchen in einem Potentialtopf mit den experimentellen Resultaten ist verblüffend.

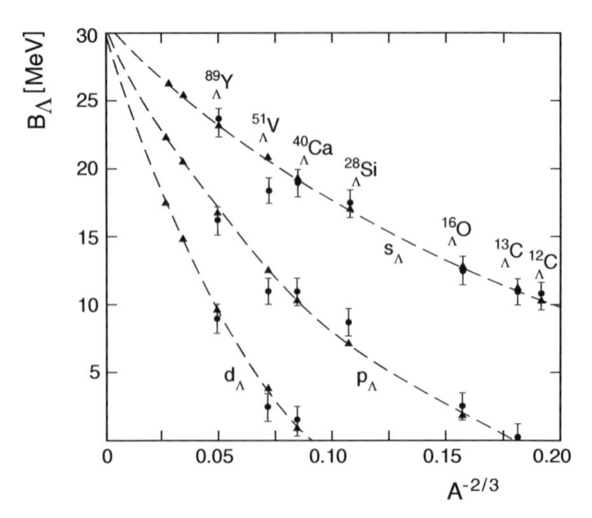

Abbildung 17.4. Bindungsenergie von Λ-Teilchen in Hyperkernen als Funktion der Massenzahl A [Ch89]. Die Bezeichungen s_Λ, p_Λ und d_Λ beziehen sich auf die Zustände der Λ-Teilchen im Kern. Die Dreiecke, die durch die gestrichelten Linien verbunden sind, sind Ergebnisse von Rechnungen.

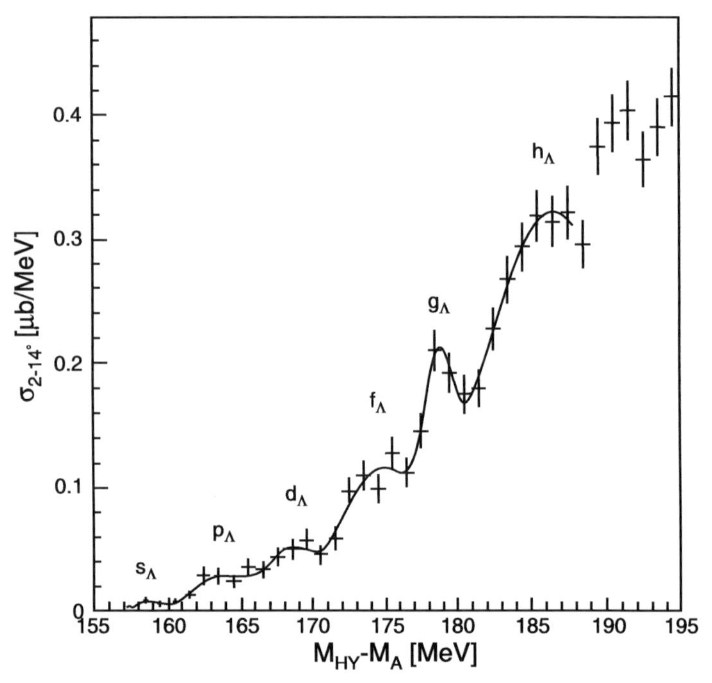

Abbildung 17.5. Angeregte Zustände von $^{208}_{\Lambda}$Pb. Der Grundzustand ist mit s_Λ bezeichnet, der Zustand zur Teilchenschwelle mit h_Λ.

Das Λ bewegt sich wie ein freies Teilchen in einem Potentialtopf, obwohl der Kern aus dicht gepackter Kernmaterie besteht.

17.3 Das Schalenmodell

Die Schlussfolgerungen, die wir aus der Hyperkernspektroskopie abgeleitet haben, können wir direkt auf die Nukleonen übertragen und annehmen, dass jedes Nukleon wohldefinierte Energiezustände einnimmt.

Die Existenz von diskreten Energieniveaus der Nukleonen im Kern erinnert an die Verhältnisse in der Atomhülle. Im Atom bewegen sich die Elektronen im zentralen Coulomb-Potential des Atomkerns. Im Kern hingegen bewegen sich die Nukleonen in einem Potential, das von den übrigen Nukleonen erzeugt wird *(mean field)*. In beiden Fällen existieren diskrete Energieniveaus, die entsprechend dem Pauli-Prinzip aufgefüllt werden.

Magische Zahlen. Im Atom kann man sich die Elektronen in einer „Schalenstruktur" angeordnet denken. Unter einer Schale versteht man dabei mehrere nahe beieinander liegende Energiezustände, die deutlich getrennt von anderen Zuständen liegen. Ähnliche Verhältnisse scheinen bei den Kernen zu herrschen.

Es ist eine Erfahrungstatsache, dass Nuklide mit bestimmten Protonen- und/oder Neutronenzahlen besonders stabil sind (vgl. Abb. 2.4) [Ha48]. Diese Zahlen (2, 8, 20, 28, 50, 82, 126) nennt man auch *magische Zahlen*. Kerne mit magischer Protonen- oder Neutronenzahl weisen eine ungewöhnlich große Zahl von stabilen oder besonders langlebigen Nukliden auf (vgl. auch Abb. 2.2). Ist die Neutronenzahl magisch, so erfordert es viel Energie, ein Neutron aus dem Kern herauszulösen; liegt sie um Eins über einer magischen Zahl, ist diese Energie hingegen klein. Für Protonen gilt das analog. Auch die Anregung solcher Kerne erfordert besonders hohe Energien (Abb. 17.6).

Diese Sprünge in der Anregungs- und Separationsenergie einzelner Nukleonen erinnern an die Chemie: Edelgase, also Atome mit geschlossenen Schalen, trennen sich nur ungern von einem Elektron; Alkalimetalle hingegen, also Atome mit einem „überzähligen" Elektron, weisen eine sehr geringe Separationsenergie (Ionisationsenergie) auf.

Außergewöhnlich stabil sind die doppelt-magischen Kerne, also solche mit sowohl magischer Protonen- als auch magischer Neutronenzahl. Dies sind die Nuklide

$$^{4}_{2}\mathrm{He}_{2}\,,\quad ^{16}_{8}\mathrm{O}_{8}\,,\quad ^{40}_{20}\mathrm{Ca}_{20}\,,\quad ^{48}_{20}\mathrm{Ca}_{28}\,,\quad ^{208}_{82}\mathrm{Pb}_{126}\,.$$

Erklärt werden kann das Vorkommen dieser magischen Zahlen durch das sogenannte *Schalenmodell*. Hierzu muss man ein geeignetes globales Kernpotential einführen.

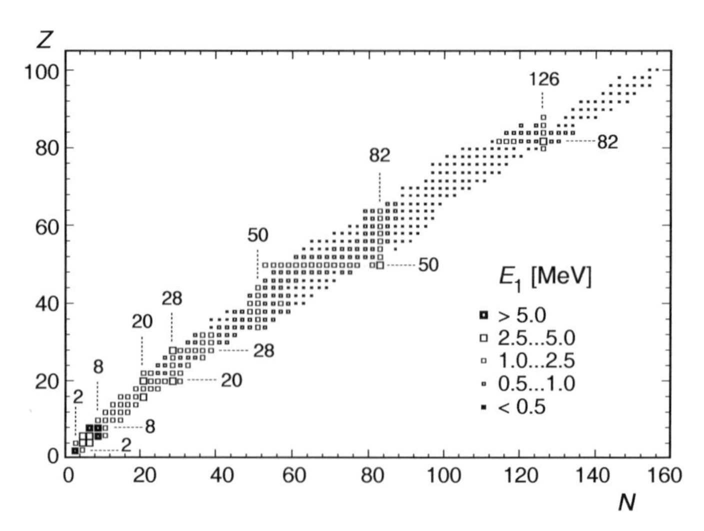

Abbildung 17.6. Energie E_1 des ersten angeregten Zustands in gg-Kernen. In Kernen mit „magischer" Protonen- oder Neutronenzahl ist diese Anregungsenergie besonders groß. Die angeregten Zustände haben üblicherweise die Quantenzahlen $J^P = 2^+$. Ausnahmen sind die ersten angeregten Zustände in ${}^4_2\mathrm{He}_2$, ${}^{16}_{8}\mathrm{O}_8$, ${}^{40}_{20}\mathrm{Ca}_{20}$, ${}^{72}_{32}\mathrm{Ge}_{40}$ und ${}^{90}_{40}\mathrm{Zr}_{50}$ (0^+) sowie in ${}^{132}_{50}\mathrm{Sn}_{82}$ und ${}^{208}_{82}\mathrm{Pb}_{126}$ (3^-) und in ${}^{14}_{6}\mathrm{C}_8$ und ${}^{14}_{8}\mathrm{O}_6$ (1^-). Weiter entfernt von den „magischen" Zahlen wird E_1 klein, mit fallender Tendenz, je schwerer der Kern wird (Daten aus [Le78]).

Eigenzustände im Kernpotential. Wie beim Atom und beim Quarkonium (und überhaupt jedem kugelsymmetrischen Potential) kann man auch beim Kern die Wellenfunktion der Teilchen im Potential in zwei Anteile zerlegen, einen Anteil $R_{n\ell}(r)$, der nur vom Radius abhängig ist, und einen zweiten $Y_\ell^m(\theta, \varphi)$, der nur vom Winkel abhängig ist. Bei der Benennung der Quantenzahlen verwendet man die gleiche spektroskopische Nomenklatur wie für Quarkonia (s. S. 184):

$$n\ell \quad \text{mit} \left\{ \begin{array}{lll} n & = 1, 2, 3, 4, \cdots & \text{Zahl der Knoten} + 1 \\ \ell & = \mathrm{s, p, d, f, g, h}, \cdots & \text{Bahndrehimpuls}\,. \end{array} \right.$$

Die Energie ist unabhängig von der Quantenzahl m, die ganzzahlige Werte von $-\ell$ bis $+\ell$ annehmen kann. Da Nukleonen 2 mögliche Spinstellungen haben können, sind $n\ell$-Niveaus $2 \cdot (2\ell + 1)$-fach entartet. Die Parität der Wellenfunktion ist durch die Kugelflächenfunktion Y_ℓ^m gegeben, deren Parität wiederum gleich $(-1)^\ell$ ist.

Wegen der kurzen Reichweite der starken Wechselwirkung sollte die Form des Potentials der Dichteverteilung der Nukleonen im Kern entsprechen. Für sehr leichte Kerne ($A \lesssim 7$) wäre dies eine gaußförmige Verteilung. Das Potential kann man dann durch das eines dreidimensionalen harmonischen Oszillators annähern. In diesem besonders einfachen Fall ist die Schrödinger-Gleichung analytisch lösbar [Sc02]. Die Energie ergibt sich aus der Summe N

der Schwingungsquanten in allen drei Dimensionen als

$$E_{\text{harm. Oszill.}} = (N + 3/2) \cdot \hbar\omega = (N_x + N_y + N_z + 3/2) \cdot \hbar\omega, \tag{17.22}$$

wobei N mit n und ℓ über

$$N = 2(n-1) + \ell \tag{17.23}$$

zusammenhängt. Demnach haben Zustände mit geradem N positive Parität und solche mit ungeradem N negative Parität.

Woods-Saxon-Potential. In schwereren Kernen kann die Dichteverteilung durch eine Fermi-Verteilung (5.52) beschrieben werden. Das Potential, das dieser Dichteverteilung angepasst ist, nennt man *Woods-Saxon-Potential*:

$$V_{\text{Zentr}}(r) = \frac{-V_0}{1 + \mathrm{e}^{(r-R)/a}}\,. \tag{17.24}$$

Zustände mit gleichem N aber unterschiedlichem $n\ell$ sind hier nicht mehr entartet: Die mit kleinerem n und größerem ℓ liegen niedriger. Auf diese Weise können die ersten drei magischen Zahlen (2, 8 und 20) als Nukleonenzahl abgeschlossener Schalen gedeutet werden:

N	0	1	2	2	3	3	4	4	4	$\cdots$
$n\ell$	1s	1p	1d	2s	1f	2p	1g	2d	3s	$\cdots$
Entartung	2	6	10	2	14	6	18	10	2	$\cdots$
Zustände mit $E \leq E_{n\ell}$	2	8	18	20	34	40	58	68	70	$\cdots$

Bei den übrigen magischen Zahlen versagt jedoch dieses einfache Modell. Sie können nur dann erklärt werden, wenn man zusätzlich eine Spin-Bahn-Kopplung berücksichtigt, die die $n\ell$-Schalen noch einmal aufspaltet.

Spin-Bahn-Kopplung. Die Kopplung des Spins mit dem Bahndrehimpuls (16.8) führen wir formal ähnlich wie bei der elektromagnetischen Wechselwirkung (Atome) ein und beschreiben sie mit einem zusätzlichen $\boldsymbol{\ell s}$-Term im Potential:

$$V(r) = V_{\text{Zentr}}(r) + V_{\ell s}(r)\,\frac{\langle \boldsymbol{\ell s}\rangle}{\hbar^2}\,. \tag{17.25}$$

Die Kopplung von Bahndrehimpuls $\boldsymbol{\ell}$ und Spin $\boldsymbol{s}$ eines Nukleons führt zu Gesamtdrehimpulsen $j\hbar = \ell\hbar \pm \hbar/2$ und damit zu Erwartungswerten

$$\frac{\langle \boldsymbol{\ell s}\rangle}{\hbar^2} = \frac{j(j+1) - \ell(\ell+1) - s(s+1)}{2} = \begin{cases} \ell/2 & \text{für } j = \ell + 1/2 \\ -(\ell+1)/2 & \text{für } j = \ell - 1/2\,. \end{cases} \tag{17.26}$$

Dies führt zu einer Energieaufspaltung $\Delta E_{\ell s}$, die mit wachsendem Drehimpuls ℓ gemäß

$$\Delta E_{\ell s} = \frac{2\ell + 1}{2} \cdot \langle V_{\ell s}(r)\rangle \tag{17.27}$$

linear ansteigt. Experimentell ergibt sich, dass $V_{\ell s}$ negativ ist, dass also das Niveau mit $j = \ell + 1/2$ immer unterhalb des Niveaus mit $j = \ell - 1/2$ liegt, im Gegensatz zu den Verhältnissen im Atom, wo es gerade umgekehrt ist.

In der üblichen Schreibweise wird die Quantenzahl des Gesamtdrehimpulses $j = \ell \pm 1/2$ des Nukleons als zusätzlicher Index angegeben. Man sagt beispielsweise, dass der Zustand 1f in $1f_{7/2}$ und $1f_{5/2}$ aufgespalten wird. Die Entartung jedes Niveaus $n\ell_j$ beträgt $(2j + 1)$.

Die mit dem Potential aus (17.25) berechneten Zustände sind in Abb. 17.7 gezeigt. Die Spin-Bahn-Aufspaltung ist dabei für jede $n\ell$-Schale separat den Messdaten angepasst. Bei den niedrigsten Niveaus liegen die Schalen mit $N = 0$, $N = 1$ und $N = 2$ noch gruppenweise beieinander, getrennt durch größere Lücken. Dies entspricht, wie erwähnt, den magischen Zahlen 2, 8 und 20. Bei der 1f-Schale ist die Spin-Bahn-Aufspaltung jedoch schon so groß, dass oberhalb von $1f_{7/2}$ wiederum eine deutliche Lücke auftaucht. Dies führt

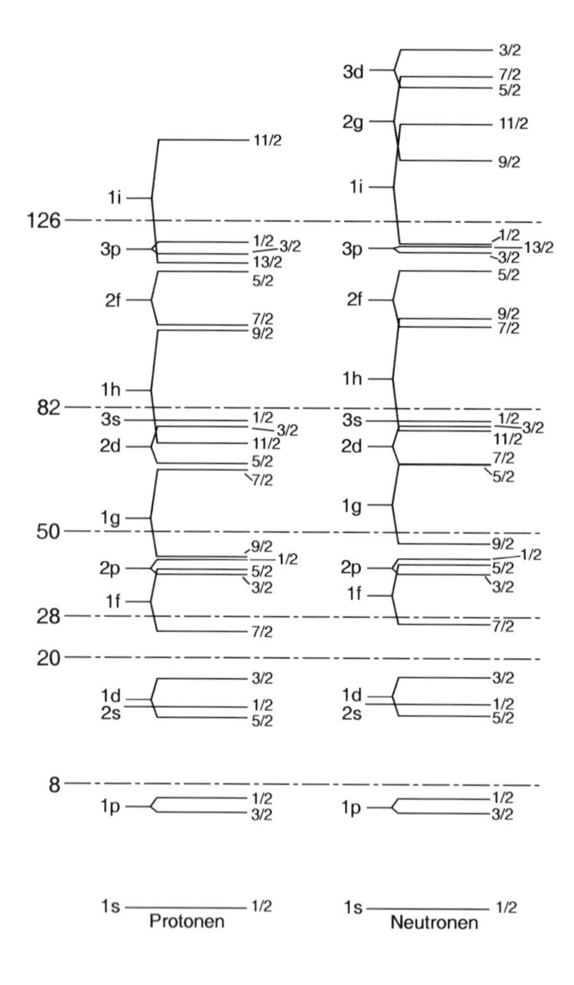

Abbildung 17.7. Einteilchenenergieniveaus, berechnet entsprechend (17.25) (nach [Kl52]). Magische Zahlen tauchen dort auf, wo die Lücken zwischen aufeinanderfolgenden Schalen besonders groß sind. Dieses Schema bezieht sich auf die Nukleonen auf den äußersten Schalen.

zur magischen Zahl 28. Die übrigen magischen Zahlen lassen sich auf analoge Weise erklären.

Dies ist also der entscheidende Unterschied zwischen Atomhülle und Kern: Während die $\boldsymbol{\ell s}$-Kopplung im Atom die Feinstrukturaufspaltung verursacht, eine kleine Korrektur der Energieniveaus von der Größenordnung α^2, bewirkt der Spin-Bahn-Term des Kernpotentials eine große Energieaufspaltung der Zustände, die vergleichbar mit der Trennung der $n\ell$-Schalen ist. Historisch gesehen war es eine große Überraschung, dass die Spin-Bahn-Wechselwirkung in Kernen einen solch großen Effekt hat [Ha49, Gö55, Ha94].

Ein-Teilchen- und Ein-Loch-Zustände. Das Schalenmodell ist recht erfolgreich, wenn es darum geht, magische Zahlen zu erklären und Eigenschaften des Kerns auf die Eigenschaften einzelner „überzähliger" Nukleonen zurückzuführen.

Ein besonders schönes Beispiel bieten die Kerne der Massenzahlen 15 bis 17. In Abb. 17.8 sind fünf Kerne mit ihren angeregten Zuständen dargestellt. Bei den Kernen ^{15}N und ^{15}O handelt es sich um sogenannte *Spiegelkerne,* d. h. die Neutronenzahl des einen Kerns ist gleich der Protonenzahl des anderen und umgekehrt. Ihre Niveauschemata weisen eine große Ähnlichkeit auf, sowohl, was die Lage der Niveaus angeht, als auch bezüglich der

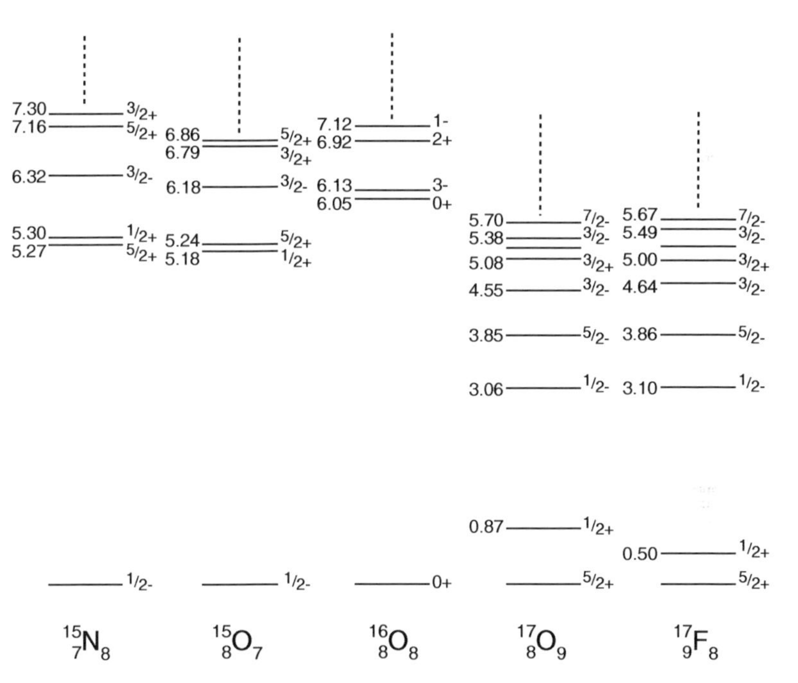

Abbildung 17.8. Energieniveaus der Kerne ^{15}N, ^{15}O, ^{16}O, ^{17}O und ^{17}F. Die vertikale Achse gibt die Anregungsenergie der Zustände an. Die Grundzustände der Kerne sind in gleicher Höhe gezeichnet, d. h. die Unterschiede in der Bindungsenergie der einzelnen Kerne sind hier nicht dargestellt.

Quantenzahlen Spin und Parität. Dies folgt aus der Isospinunabhängigkeit der Kernkraft: wenn man Protonen und Neutronen miteinander vertauscht, ändert sich nichts an der starken Wechselwirkung. Die kleinen Unterschiede im Niveauschema kann man auf die elektromagnetische Wechselwirkung zurückführen. Während sich ^{16}O im Niveauschema von den Nachbarkernen deutlich unterscheidet, sind die Kerne ^{17}O und ^{17}F wiederum sehr ähnlich, denn auch sie sind Spiegelkerne. Auffällig ist weiterhin, dass man den Kernen mit der Massenzahl 15 und 16 zur Erreichung des ersten angeregten Zustandes erheblich mehr Energie zuführen muss, als den Kernen mit der Massenzahl 17.

Diese Niveauschemata lassen sich im Schalenmodell deuten: Der Kern ^{16}O besitzt je 8 Protonen und Neutronen. Sowohl für die Protonen als auch für die Neutronen sind im Grundzustand die Schalen $1s_{1/2}$, $1p_{3/2}$ und $1p_{1/2}$ voll besetzt. Die nächsthöhere Schale $1d_{5/2}$ ist leer. Wie in der Atomphysik koppeln die Drehimpulse der Teilchen in einer voll besetzten Schale zu Null, und die Parität ist positiv. Der Grundzustand des ^{16}O-Kerns besitzt demgemäß die Quantenzahlen $J^P = 0^+$. Da die Energielücke zwischen der $1p_{1/2}$-Schale und der $1d_{5/2}$-Schale recht groß ist (ca. 10 MeV), gibt es keine niedrig liegenden Zustände.

Die beiden Kerne mit $A = 17$ haben jeweils ein zusätzliches Nukleon in der $1d_{5/2}$-Schale. Dieses Nukleon allein bestimmt Spin und Parität des gesamten Kerns. Nur wenig oberhalb der $1d_{5/2}$-Schale liegt die $2s_{1/2}$-Schale. Um das Nukleon auf diese Schale anzuregen, genügt eine Energie von ca. 0.5 MeV. Die Quantenzahlen des Kerns ändern sich dabei von $5/2^+$ auf $1/2^+$. Das angeregte Nukleon wird unter Aussendung eines Photons (γ-Strahlung) wieder in den niedrigstmöglichen Zustand zurückfallen. Ebenso, wie man in der Atomphysik vom Leuchtelektron spricht, bezeichnet man dieses Nukleon, das die Schale wechselt, als *Leuchtnukleon.* Die $1d_{3/2}$-Schale liegt schon um 5 MeV höher als die $1d_{5/2}$-Schale. Entsprechend mehr Energie ist zum Erreichen eines solchen Zustands nötig.

Im Grundzustand der Kerne mit $A = 15$ befindet sich in der $1p_{1/2}$-Schale gerade ein Nukleon zu wenig. Man spricht von einem *Loch* und verwendet dafür die Notation $1p_{1/2}^{-1}$. Die Quantenzahlen des Kerns sind durch die Quantenzahlen dieses Loches gegeben. Daher hat der Grundzustand dieser Kerne die Quantenzahlen $J^P = 1/2^-$. Wenn ein Nukleon aus der $1p_{3/2}$-Schale angeregt wird und diesen freien Zustand in der $1p_{1/2}$-Schale einnimmt, das Loch also gewissermaßen füllt, entsteht statt dessen ein Loch in der $1p_{3/2}$-Schale. Der Kern hat dann die Quantenzahlen $J^P = 3/2^-$.

Magnetische Momente im Schalenmodell. Wenn wir im Schalenmodell den Nukleonen Spin und Bahndrehimpuls zuordnen, können wir das magnetische Moment des Kerns als Summe der magnetischen Momente aus Spin und Bahnbewegung der einzelnen Nukleonen auffassen:

$$\boldsymbol{\mu}_{\text{Kern}} = \mu_{\text{N}} \cdot \frac{1}{\hbar} \sum_{i=1}^{A} \{\boldsymbol{\ell}_i g_\ell + \boldsymbol{s}_i g_s\} \ . \tag{17.28}$$

Hierbei ist

$$g_\ell = \begin{cases} 1 & \text{für Protonen} \\ 0 & \text{für Neutronen} \end{cases} \tag{17.29}$$

und (gemäß 6.7f):

$$g_s = \begin{cases} +5.58 & \text{für Protonen} \\ -3.83 & \text{für Neutronen.} \end{cases} \tag{17.30}$$

Betrachten wir wiederum unsere fünf Kerne mit den Massenzahlen 15 bis 17. Das magnetische Moment des ^{16}O-Kerns ist Null, was einleuchtend ist, weil in abgeschlossenen Schalen die Spins und Drehimpulse und damit die magnetischen Momente zu Null koppeln.

Für Ein-Teilchen- und Ein-Loch-Zustände lassen sich quantitative Vorhersagen machen. Wir nehmen dabei an, dass das magnetische Moment des Kerns durch das eine Nukleon bzw. Loch bestimmt wird:

$$\boldsymbol{\mu}_{\text{Kern}} = \frac{1}{\hbar} \langle \psi_{\text{Kern}} | g_\ell \boldsymbol{\ell} + g_s \boldsymbol{s} | \psi_{\text{Kern}} \rangle \cdot \mu_{\text{N}} \ . \tag{17.31}$$

Nach dem Wigner-Eckart-Theorem ist der Erwartungswert jeder Vektorgröße gleich dem Erwartungswert der Projektion dieser Größe auf den Gesamtdrehimpuls, in diesem Fall auf den Kernspin $\boldsymbol{J}$:

$$\boldsymbol{\mu}_{\text{Kern}} = g_{\text{Kern}} \cdot \mu_{\text{N}} \cdot \frac{\langle \boldsymbol{J} \rangle}{\hbar} \tag{17.32}$$

mit

$$g_{\text{Kern}} = \frac{\langle JM_J | g_\ell \boldsymbol{\ell J} + g_s \boldsymbol{sJ} | JM_J \rangle}{\langle JM_J | \boldsymbol{J}^2 | JM_J \rangle} \ . \tag{17.33}$$

Da in unserem Modell der Kernspin $\boldsymbol{J}$ gleich dem Gesamtdrehimpuls $\boldsymbol{j}$ des einzelnen Nukleons ist, und die Gleichungen

$$2\boldsymbol{\ell j} = \boldsymbol{j}^2 + \boldsymbol{\ell}^2 - \boldsymbol{s}^2 \qquad 2\boldsymbol{sj} = \boldsymbol{j}^2 + \boldsymbol{s}^2 - \boldsymbol{\ell}^2 \tag{17.34}$$

gelten, erhalten wir hieraus

$$g_{\text{Kern}} = \frac{g_\ell \{j(j+1) + \ell(\ell+1) - s(s+1)\} + g_s \{j(j+1) + s(s+1) - \ell(\ell+1)\}}{2j(j+1)} \ . \tag{17.35}$$

Als magnetisches Moment des Kerns bezeichnen wir den Wert, den man bei maximaler Ausrichtung des Kernspins, also für $|M_J| = J$ misst. Dann ist der Erwartungswert $\langle \boldsymbol{J} \rangle$ gleich $J\hbar$, und man erhält

$$\frac{|\boldsymbol{\mu}_{\text{Kern}}|}{\mu_{\text{N}}} = g_{\text{Kern}} \cdot J = \left(g_\ell \pm \frac{g_s - g_\ell}{2\ell + 1} \right) \cdot J \qquad \text{für } J = j = \ell \pm \frac{1}{2} \ . \tag{17.36}$$

Magnetische Kernmomente können auf vielfältige Weise gemessen werden, z. B. über magnetische Kernspinresonanz oder optische Hyperfeinstrukturuntersuchungen [Ko56]. Die nach (17.36) vorhergesagten magnetischen Momente können wir mit den experimentell ermittelten Werten [Le78] vergleichen.

Kern	Zustand	J^P	μ/μ_N Modell	Experim.
^{15}N	p-$1p_{1/2}^{-1}$	$1/2^-$	-0.264	-0.283
^{15}O	n-$1p_{1/2}^{-1}$	$1/2^-$	$+0.638$	$+0.719$
^{17}O	n-$1d_{5/2}$	$5/2^+$	-1.913	-1.894
^{17}F	p-$1d_{5/2}$	$5/2^+$	$+4.722$	$+4.793$

Für die Kerne mit $A = 15$ und $A = 17$ können die magnetischen Momente also im Einteilchenbild verstanden werden. Wir haben hier allerdings das Beispiel mit der wahrscheinlich schönsten Übereinstimmung überhaupt herausgeklaubt: Zum einen sind es Kerne, die bis auf gerade ein Nukleon zu viel oder zu wenig doppelt-magisch sind, und obendrein sind es Kerne mit geringer Nukleonenzahl, bei denen Effekte wie die Polarisation des Rumpfes durch das Leuchtnukleon nur in geringem Maße zutage treten.

Bei Kernen mit ungerader Massenzahl, in denen die nicht gefüllten Schalen mehr als ein Teilchen bzw. ein Loch enthalten, nimmt man an, dass das gesamte magnetische Moment des Kerns von dem einen ungepaarten Nukleon herrührt [Sc37]. Das Modell reproduziert in etwa den Trend, aber Abweichungen um $\pm 1\mu_N$ und mehr treten in vielen Kernen auf. Meist ist das magnetische Moment geringer als erwartet. Man kann dies mit der Polarisation des Kernrumpfes durch das ungepaarte Nukleon plausibel machen [Ar54].

17.4 Deformierte Kerne

Der Ball ist rund.
Sepp Herberger

Die Schalenmodell-Näherung, die die Kerne als kugelsymmetrische Gebilde beschreibt – selbstverständlich mit dem Zusatz der Spin-Bahn-Wechselwirkung – ist nur gut für die Kerne in der Nähe der abgeschlossenen doppelt-magischen Schalen. Anders ist es für Kerne mit halbgefüllten Schalen. Hier sind die Kerne deformiert, und das Potential kann nicht mehr kugelsymmetrisch sein.

Dass Kerne nicht unbedingt kugelförmigen Gebilde sein müssen, hatte man schon in den dreißiger Jahren durch Atomspektroskopie festgestellt [Ca35, Sc35]. Abweichungen in der Feinstruktur der Spektren wiesen auf ein elektrisches Quadrupolmoment, also eine nicht-kugelsymmetrische Ladungsverteilung der Kerne hin.

Quadrupolmomente. Die Ladungsverteilung des Kerns wird durch die elektrischen Multipolmomente beschrieben. Da die ungeraden Momente (Dipolmoment, Oktupolmoment) aufgrund der Paritätserhaltung verschwinden müssen, ist vor allem das elektrische Quadrupolmoment ein Maß für die Abweichung der Ladungsverteilung von der Kugelsymmetrie und damit für die Deformation des Kerns.

Die klassische Definition des Quadrupolmoments ist

$$Q = \int \left(3z^2 - \boldsymbol{x}^2\right) \varrho(\boldsymbol{x}) \, \mathrm{d}^3 x \,. \tag{17.37}$$

Bei einem Ellipsoiden mit einer Halbachse a in z-Richtung und zwei gleichen Halbachsen b (Abb. 3.9), dessen Ladungsdichte $\varrho(\boldsymbol{x})$ konstant ist, ist das Quadrupolmoment gegeben durch

$$Q = \frac{2}{5} Ze \left(a^2 - b^2\right) \,. \tag{17.38}$$

Für kleine Abweichungen von der Kugelsymmetrie ist es üblich, ein Maß für die Deformation anzugeben. Wenn wir den mittleren Radius $\langle R \rangle = (ab^2)^{1/3}$ und die Differenz der beiden Halbachsen $\Delta R = a - b$ einführen, dann ist das Quadrupolmoment proportional zum *Deformationsparameter*[1]

$$\delta = \frac{\Delta R}{\langle R \rangle} \tag{17.39}$$

und ergibt sich zu

$$Q = \frac{4}{5} Ze \langle R \rangle^2 \delta \,. \tag{17.40}$$

Da der Absolutwert des Quadrupolmoments von der Ladung und der Größe des Kerns abhängig ist, wird für die Vergleiche zwischen der Deformation der Kerne mit verschiedenen Massenzahlen eine dimensionslose Größe eingeführt, das *reduzierte Quadrupolmoment,* indem man durch die Ladung Ze und das Quadrat des mittleren Radius $\langle R \rangle$ dividiert:

$$Q_{\mathrm{red}} = \frac{Q}{Ze \langle R \rangle^2} \,. \tag{17.41}$$

In Abb. 17.9 sind experimentelle Daten zum reduzierten Quadrupolmoment gezeigt. Da für Systeme mit Drehimpuls 0 und 1/2 aus quantenmechanischen Gründen kein statisches Quadrupolmoment messbar ist, sind keine

[1] Die genaue Definition des Deformationsparameters δ ersparen wir uns hier; (17.38) und (17.39) sind Näherungen für nicht zu große Deformationen.

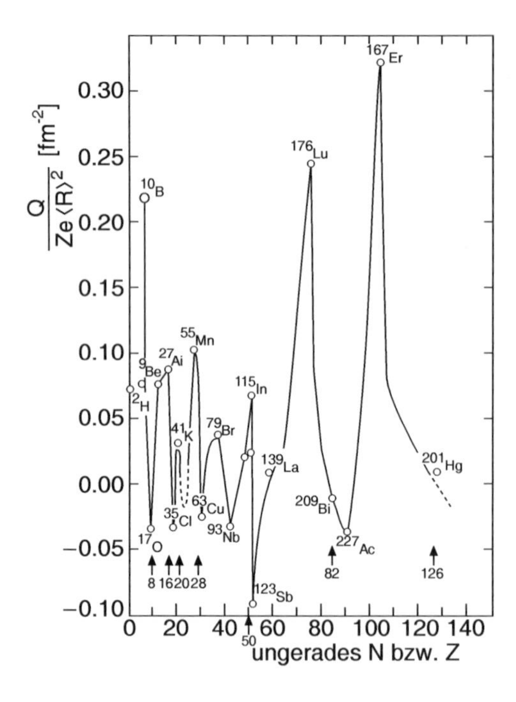

Abbildung 17.9. Reduziertes Quadrupolmoment von Kernen, bei denen entweder die Protonenzahl Z oder die Neutronenzahl N ungerade ist, dargestellt als Funktion dieser Zahl. Das Quadrupolmoment verschwindet in der Nähe abgeschlossener Schalen und nimmt weitab davon die größten Werte an. Ferner sieht man, dass prolat deformierte Kerne ($Q > 0$) häufiger sind als oblat deformierte ($Q < 0$). Die durchgezogene Kurve basiert auf den Quadrupolmomenten sehr vieler Kerne; von diesen sind hier nur einige wenige explizit dargestellt.

gg-Kerne dabei. Wie man sieht, ist das reduzierte Quadrupolmoment in der Nähe der magischen Zahlen klein; weit von abgeschlossenen Schalen entfernt, vor allem bei den Lanthaniden (z. B. ^{176}Lu und ^{167}Er), ist es hingegen besonders groß. Wenn Q positiv ist ($a > b$), ist der Kern prolat deformiert (zigarrenförmig); wenn Q negativ ist, ist der Kern oblat deformiert (linsenförmig). Das ist der seltenere Fall.

Die elektrischen Quadrupolmomente deformierter Kerne sind zu groß, als dass sie allein durch die Protonen auf der äußersten, nicht voll besetzten Schale erklärt werden könnten. Vielmehr bewirken die teilweise besetzten Protonen- und Neutronen-Schalen eine Polarisation und Deformation des Kerns als Ganzem.

In Abb. 17.10 ist dargestellt, für welche Nuklide sich teilweise besetzte Schalen besonders stark auswirken. Stabile deformierte Kerne treten insbesondere bei den Seltenen Erden (Lanthaniden) und Transuranen (Actiniden) auf. Auch leichte Kerne sind zwischen gefüllten Schalen deformiert; wegen der kleinen Nukleonenzahl sind die kollektiven Phänomene jedoch weniger ausgeprägt.

Paarungsenergie und Polarisationsenergie. Dass insbesondere Kerne mit halbgefüllten Schalen deformiert sind, lässt sich plausibel machen, wenn man die Ortswellenfunktionen der Nukleonen betrachtet. Nukleonen in einer Schale haben die Auswahl unter den verschiedenen möglichen Orts- und Spinzuständen. Aus der Atomphysik ist die *Hund'sche Regel* bekannt: Wenn man eine $n\ell$-Unterschale mit Elektronen auffüllt, so werden zunächst die ver-

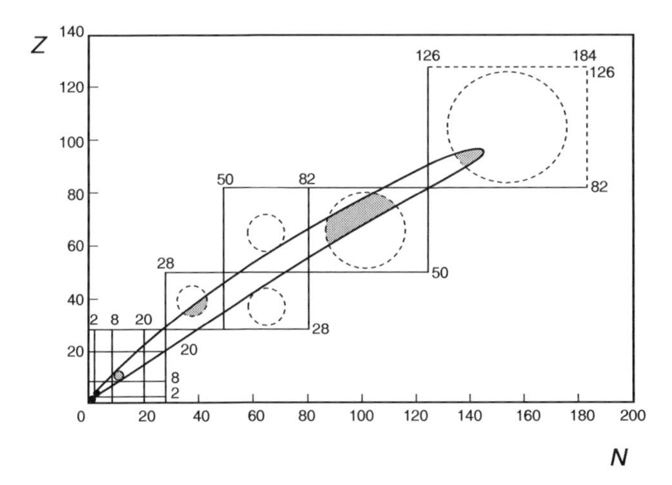

Abbildung 17.10. Bereiche deformierter Kerne in der N-Z-Ebene. Die horizontalen und vertikalen Linien geben die magischen Protonen- bzw. Neutronenzahlen an, also abgeschlossene Schalen. Der Bereich, in dem große Kerndeformationen nachgewiesen wurden, ist schraffiert gezeichnet (nach [Ma63]).

schiedenen Orbitale im Ortsraum mit jeweils einem Elektron belegt, und erst dann, wenn es kein leeres Orbital mehr gibt, werden die Orbitale jeweils mit einem zweiten Elektron mit umgekehrtem Spin belegt. Der Grund dafür liegt in der elektrostatischen Abstoßung der Elektronen: Es ist energetisch günstiger, zwei Elektronen in unterschiedlichen Orbitalen zu haben, die sich räumlich nur wenig überlappen, als zwei Elektronen mit entgegengesetztem Spin im selben Orbital. In der Kernphysik ist es aber gerade umgekehrt: Zwischen den Nukleonen wirkt im Mittel keine abstoßende, sondern eine anziehende Kraft. Hieraus folgen zwei Phänomene:

- Kerne gewinnen zusätzliche Stabilität, indem sich die Nukleonen in Paaren gruppieren, die dieselbe Ortswellenfunktion haben und bei denen sich ihre Gesamtdrehimpulse zu Null addieren, also: $\ell_1 = \ell_2$, $m_1 = -m_2$, $\boldsymbol{j}_1 + \boldsymbol{j}_2 = \mathbf{0}$. Man spricht von der *Paarungsenergie*. Solche Paare haben demnach Drehimpuls und Parität $J^P = 0^+$.
- Die Nukleonenpaare besetzen bevorzugt benachbarte Orbitale (Zustände mit benachbartem m), was für Kerne mit halbgefüllten Schalen im Allgemeinen zu Deformationen führt. Wenn sich die Orbitale entlang der Symmetrieachse häufen (Abb. 17.11a), entsteht eine prolate Deformation; wenn sie senkrecht zur Symmetrieachse stehen (Abb. 17.11b), bewirkt dies eine oblate Deformation.

Drehimpuls und Parität der Kerne werden also nicht nur im Bereich der magischen Zahlen, sondern auch allgemein durch einzelne, ungepaarte Nukleonen bestimmt. Doppelt-gerade Kerne haben im Grundzustand aufgrund der Paarungsenergie stets $J^P = 0^+$; bei einfach-ungeraden Kernen ist J^P

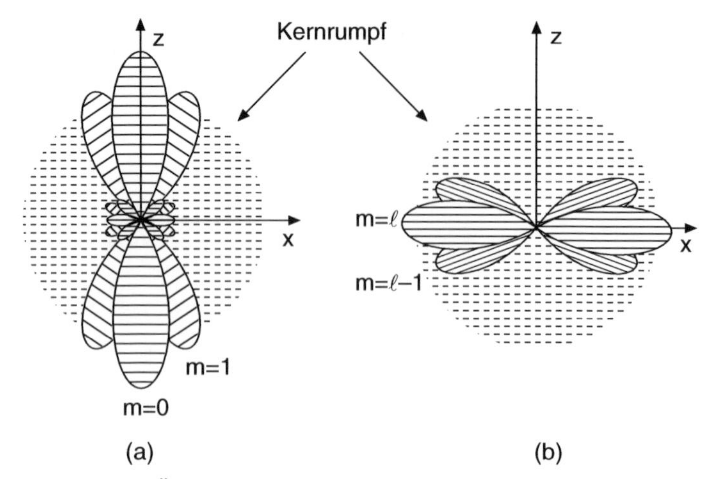

Abbildung 17.11. Überlagerung von Orbitalen mit benachbarter Quantenzahl m. Wenn m nahe bei 0 liegt, sind die Orbitale nahe der Symmetrieachse z ausgerichtet (**a**); wenn $|m|$ große Werte annimmt, stehen sie senkrecht dazu (**b**). Der Kernrumpf ist hier kugelförmig gezeichnet, da die Deformation des Kerns im Wesentlichen durch die Nukleonen in den teilweise gefüllten Schalen hervorgerufen wird.

durch das ungepaarte Nukleon gegeben; bei doppelt-ungeraden Kernen ergeben sich Spin und Parität aus der Kopplung der beiden ungepaarten Nukleonen. Die experimentellen Ergebnisse für die Quantenzahlen des Grundzustands sind in sehr guter Übereinstimmung mit dieser Vorstellung.

Einteilchen-Bewegung der Nukleonen. In deformierten Kernen muss man bei der Berechnung der Energieniveaus berücksichtigen, dass das Kernpotential eine ellipsoide Form hat. Die Spin-Bahn-Wechselwirkung trägt mit gleicher Stärke wie beim kugelsymmetrischen Potential bei. Die Berechnung der Einteilchen-Zustände in deformierten Kernen ist konzeptionell einfach (Nilsson-Modell [Ni55]), technisch jedoch aufwendig. In einem deformierten Potential ist der Drehimpuls des Nukleons keine Erhaltungsgröße mehr, sondern nur die Projektion auf die Symmetrieachse des Kerns. Deshalb sind die Nilsson-Wellenfunktionen zusammengesetzt aus Schalenmodellwellenfunktionen mit gleichem n aber unterschiedlichem ℓ, deren Drehimpulsprojektionen m_j gleich sind.

17.5 Spektroskopie mittels Kernreaktionen

Bislang haben wir uns auf Experimente mit elektromagnetischen Proben (Elektronen) konzentriert, da die elektromagnetische Wechselwirkung besonders einfach beschrieben werden kann. Unsere heutigen Vorstellungen der

Kernstruktur, insbesondere die quantitative Bestimmung der Einteilchen-Eigenschaften der niedrig liegenden Kernzustände, stammen jedoch vor allem aus der Analyse von Reaktionen, in denen das Target und das Projektil durch die Kernkraft wechselwirken. Eine quantitative Bestimmung der verschiedenen Komponenten der Wellenfunktionen wurde erst möglich durch die Anwendung der sogenannten direkten Reaktionen, von denen die prominentesten Vertreter die „Stripping"- und „Pick-up"-Reaktionen sind. Im Folgenden beschränken wir uns auf die qualitative Diskussion dieser zwei Typen von Reaktionen und zeigen auf, wie komplex das Problem wird, wenn man eine quantitative Analyse vornehmen will.

Stripping-Reaktionen. Stripping-Reaktionen sind Kernreaktionen, bei denen ein oder mehrere Nukleonen vom Projektilkern auf den Targetkern übertragen werden. Die einfachsten Beispiele hierfür sind die Deuteron-induzierten (d, p)- und (d, n)-Reaktionen:

$$\mathrm{d} + {}^{A}Z \to \mathrm{p} + {}^{A+1}Z \qquad \text{und} \qquad \mathrm{d} + {}^{A}Z \to \mathrm{n} + {}^{A+1}(Z+1)\,.$$

Üblicherweise verwendet man für solche Reaktion die abkürzende Schreibweise

$${}^{A}Z(\mathrm{d},\mathrm{p})^{A+1}Z \qquad\qquad {}^{A}Z(\mathrm{d},\mathrm{n})^{A+1}(Z+1)\,.$$

Wenn die Energie des einfallenden Deuterons groß ist, verglichen mit der Bindungsenergie des Deuterons und des Neutrons im $(A+1)$-Kern, dann ist eine quantitative Beschreibung der Stripping-Reaktionen durchaus möglich. Die Stripping-Reaktion $^{16}\mathrm{O}(\mathrm{d},\mathrm{p})^{17}\mathrm{O}$ ist in Abb. 17.12 graphisch veranschaulicht.

Der Wirkungsquerschnitt kann mit Hilfe der Goldenen Regel berechnet werden und ist gemäß (5.22)

$$\frac{\mathrm{d}\sigma}{\mathrm{d}\Omega} = \frac{2\pi}{\hbar}\left|\mathcal{M}_{fi}\right|^2 \frac{p^2 \mathrm{d}p\, V^2}{(2\pi\hbar)^3 v_\mathrm{D} \mathrm{d}E}\,. \qquad (17.42)$$

Das Matrixelement schreiben wir als

$$\mathcal{M}_{fi} = \langle \psi_f | U_{\mathrm{n,p}} | \psi_i \rangle\,, \qquad (17.43)$$

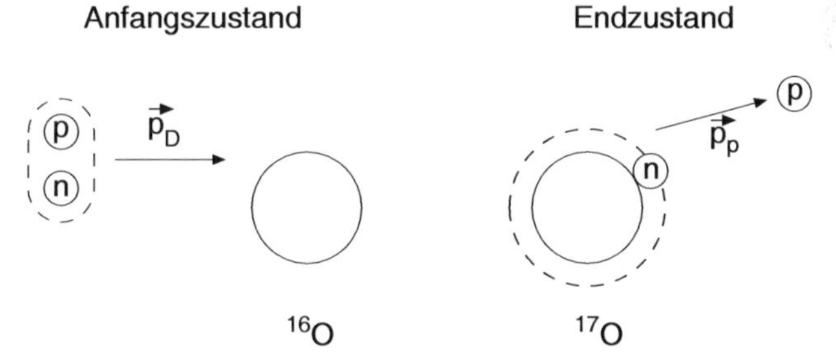

Abbildung 17.12. Schematische Skizze der Stripping-Reaktion $^{16}\mathrm{O}(\mathrm{d},\mathrm{p})^{17}\mathrm{O}$

wobei ψ_i und ψ_f die Wellenfunktionen von Anfangs- und Endzustand bedeuten und $U_{\mathrm{n,p}}$ die Wechselwirkung, die für die Stripping-Reaktion verantwortlich ist.

Born'sche Näherung. Die physikalische Interpretation der Stripping-Reaktion wird deutlich, wenn man das Matrixelement in der Born'schen Näherung betrachtet. Man nimmt dabei an, dass die Wechselwirkung zwischen Deuteron und Kern wie auch die zwischen Proton und Kern so schwach ist, dass das einlaufende Deuteron und das auslaufende Proton durch ebene Wellen beschrieben werden können. In dieser Näherung ist die Wellenfunktion des Anfangszustandes

$$\psi_i = \phi_{\mathrm{A}}\, \phi_{\mathrm{D}}\, \exp(i\boldsymbol{p}_{\mathrm{D}}\boldsymbol{x}_{\mathrm{D}}/\hbar). \tag{17.44}$$

Hierbei beschreibt ϕ_{A} den Grundzustand des Targetkerns und ϕ_{D} die innere Struktur des Deuterons. Die Funktion $\exp(i\boldsymbol{p}_{\mathrm{D}}\boldsymbol{x}_{\mathrm{D}}/\hbar)$ ist die ebene Welle des einlaufenden Deuterons. Die Wellenfunktion des Endzustandes

$$\psi_f = \phi_{\mathrm{A+1}}\, \exp(i\boldsymbol{p}_{\mathrm{p}}\boldsymbol{x}_{\mathrm{p}}/\hbar) \tag{17.45}$$

enthält die Wellenfunktion des Kernzustands mit angelagertem Neutron und die auslaufende ebene Welle des Protons.

Bei Stripping-Reaktionen werden nur solche Zustände stark bevölkert, bei denen sich der Zustand der Nukleonen nicht wesentlich ändert und sich der Endzustand in guter Näherung als Produkt

$$\phi_{\mathrm{A+1}} = \phi_{\mathrm{A}}\psi_{\mathrm{n}} \tag{17.46}$$

schreiben lässt. Dabei beschreibt ϕ_{A} den inneren Zustand des Targetkerns und ψ_{n} die im Schalenmodell berechnete Wellenfunktion des Neutrons im Potential des Kerns A.

Wenn man den Stripping-Vorgang durch eine sehr kurzreichweitige Wechselwirkung beschreibt:

$$U_{\mathrm{n,p}}(\boldsymbol{x}_{\mathrm{n}}, \boldsymbol{x}_{\mathrm{p}}) \;=\; U_0\, \delta(\boldsymbol{x}_{\mathrm{n}} - \boldsymbol{x}_{\mathrm{p}})\,, \tag{17.47}$$

dann nimmt das Matrixelement eine sehr einfache Form an:

$$\begin{aligned}\langle\psi_f|U_{\mathrm{n,p}}|\psi_i\rangle &= \int \psi_{\mathrm{n}}^*(\boldsymbol{x})\, U_0\, \exp(i(\boldsymbol{p}_{\mathrm{D}}/2 - \boldsymbol{p}_{\mathrm{p}})\boldsymbol{x}/\hbar)\, \phi_{\mathrm{D}}(\boldsymbol{x} = \boldsymbol{0})\, \mathrm{d}^3x \\ &= U_0\, \phi_{\mathrm{D}}(\boldsymbol{x} = \boldsymbol{0}) \int \psi_{\mathrm{n}}^*(\boldsymbol{x})\, \exp(i\boldsymbol{q}\boldsymbol{x}/\hbar)\, \mathrm{d}^3x\,. \end{aligned} \tag{17.48}$$

Da $\boldsymbol{p}_{\mathrm{D}}/2$ der mittlere Impuls des Protons im Deuterium vor der Stripping-Reaktion ist, ist $\boldsymbol{q} = \boldsymbol{p}_{\mathrm{D}}/2 - \boldsymbol{p}_{\mathrm{p}}$ gerade der mittlere auf den Kern übertragene Impuls.

In der Born'schen Näherung und mit kurzreichweitiger Wechselwirkung entspricht die Amplitude für die Stripping-Reaktion gerade dem Fourier-Integral der Wellenfunktion des angelagerten Neutrons. Der differentielle

Wirkungsquerschnitt für die (d, p)-Reaktion ist proportional zum Quadrat des Matrixelements und damit zum Quadrat des Fourier-Integrals.

Die wichtigste Näherung in der Berechnung des Matrixelements steckt in der Annahme, dass die Wechselwirkung, die das Neutron aus dem Deuteron an den Kern überträgt, die Bewegung des Protons nicht oder nur unwesentlich beeinflusst. Diese Näherung ist gut für Deuteronenergien von 20 MeV und mehr, da die Bindungsenergie des Deuterons nur 2.225 MeV beträgt. Bei Abtrennung des Neutrons bleibt das Proton im Wesentlichen auf seiner Bahn.

Der Drehimpuls. Der Bahndrehimpuls des angelagerten Neutrons im Zustand $|\psi_n\rangle$ ist gleich dem Bahndrehimpulsübertrag in der Strippingreaktion. Um den Drehimpuls $\ell\hbar$ auf einen Kern mit Radius R effektiv zu übertragen, muss der Impulsübertrag $|\boldsymbol{q}|$ ungefähr $\ell\hbar/R$ sein. Das bedeutet, dass das erste Maximum in der Winkelverteilung $d\sigma/d\Omega$ der Protonen bei einem Winkel liegt, der diesem Impulsübertrag entspricht. Aus der Winkelverteilung von Stripping-Reaktionen kann man somit die Quantenzahl ℓ von Einteilchenzuständen bestimmen.

Die Reaktion ^{16}O(d,p)^{17}O. Abbildung 17.13 zeigt ein Spektrum der auslaufenden Protonen für die Reaktion ^{16}O(d, p)^{17}O bei einer Deuteron-Einschussenergie von 25.4 MeV und einem Streuwinkel $\theta = 45°$. Man erkennt 6 Maxima, die jeweils diskreten Anregungsenergien E_x von ^{17}O entsprechen. Misst man bei kleinerem Winkel θ und damit bei kleinerem Impulsübertrag, so verschwinden drei der Maxima. (Die Mechanismen, die für die Bevölkerung dieser Zustände verantwortlich sind, sind komplizierter als die der direkten Reaktionen.) Den verbleibenden drei Maxima entsprechen folgende Einteilchenzustände: der Grundzustand mit $J^P = 5/2^+$ (n-1d$_{5/2}$), der auf 0.87 MeV

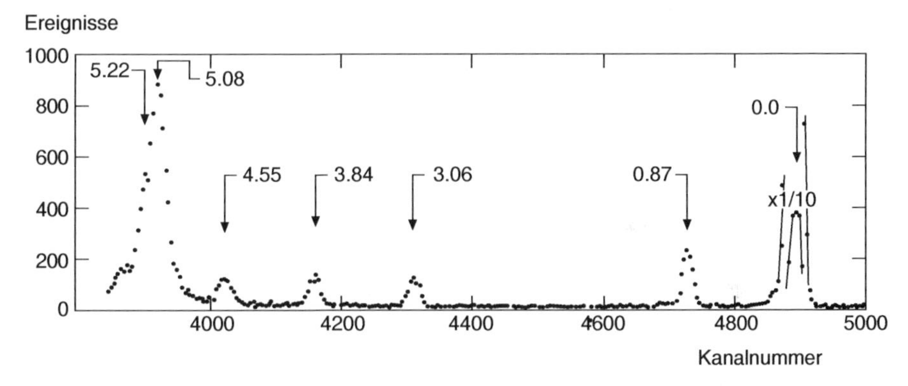

Abbildung 17.13. Protonspektrum einer (d,p)-Reaktion an ^{16}O, gemessen unter 45° bei einer Einschussenergie von 25.4 MeV (nach [Co74]). Die Kanalnummer ist proportional zur Protonenenergie, die Anregungsenergien in ^{16}O sind an den einzelnen Maxima angegeben. Der Grundzustand, der angeregte Zustand bei 0.87 MeV und der bei 5.08 MeV haben die Quantenzahlen $J^P = 5/2^+$, $1/2^+$ und $3/2^+$ und entsprechen im Wesentlichen der Einteilchenkonfiguration (n-1d$_{5/2}$)^1, (n-2s$_{1/2}$)^1 und (n-1d$_{3/2}$)^1.

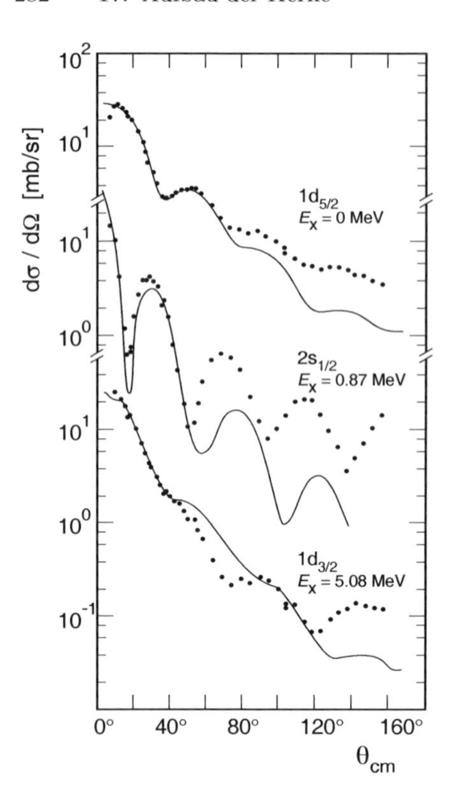

Abbildung 17.14. Winkelverteilungen der Reaktion ^{16}O(d, p)^{17}O bei einer Einschussenergie von 25.4 MeV (nach [Co74]). Die durchgezogenen Kurven entsprechen Rechnungen, bei denen die Absorption des Deuterons am ^{16}O berücksichtigt wurde (DWBA).

angeregte Zustand mit $J^P = 1/2^+$ (n-2s$_{1/2}$) und der auf 5.08 MeV angeregte Zustand $J^P = 3/2^+$ (n-1d$_{3/2}$) (vgl. Abb. 17.8).

Die Winkelverteilungen der Protonen für diese drei Einteilchenzustände sind in Abb. 17.14 gezeigt. Das Maximum der Daten für $E_x = 0.87$ MeV liegt bei $\theta = 0°$, was einem Impulsübertrag Null entspricht. Demnach befindet sich das auf den Kern übertragene Neutron in einem Zustand mit Bahndrehimpuls $\ell = 0$. In der Tat hatten wir diesen Zustand im Schalenmodell wegen seiner Quantenzahlen $J^P = 1/2^+$ als ^{16}O-Rumpf mit einem zusätzlichem Neutron auf der 2s$_{1/2}$-Schale interpretiert. Die beiden anderen in diesem Bild gezeigten Winkelverteilungen haben Maxima bei größeren Impulsüberträgen, die $\ell = 2$ entsprechen. Auch dies ist konsistent mit den Quantenzahlen. Aus solchen Überlegungen kann man die relative Lage der Schalen bestimmen.

Grenzen der Born'schen Näherung – DWBA. Für eine quantitative Beschreibung der Messwerte in Abb. 17.14 reicht die Born'sche Näherung nicht aus, da in dieser Näherung weder die Teilchenablenkung im Feld des Kerns noch die Absorption berücksichtigt werden. Die Näherung kann verbessert werden, wenn wir anstelle einer einlaufenden ebenen Welle des Deuterons und einer auslaufenden ebenen Welle des Protons für beide eine realistischere Wellenfunktion verwenden, die den Streuprozess möglichst exakt beschreibt. Diese Wellenfunktionen werden mit komplizierten Rechenprogrammen ermittelt und die Resultate mit den Experimenten der elastischen Streuung von Protonen und Deuteronen am Kern überprüft. Diese Methode der Berechnung nennt man *Distorted Wave Born Approximation (DWBA)*. Die durchgezogenen Linien in Abb. 17.14 geben das Ergebnis dieser sehr aufwendigen Rechnungen wieder. Wie man sieht, kann auch das beste Modell die experimentellen Resultate nur bei kleinen Impulsüberträgen (kleinen Winkeln) quantitativ wiedergeben.

Pick-up-Reaktionen. Die Pick-up-Reaktionen sind komplementär zu den Stripping-Reaktionen. Ein Proton oder Neutron wird aus dem Targetkern durch die Wechselwirkung mit dem Projektilkern herausgenommen. Die typischen Beispiele solcher Reaktionen sind die (p, d)-, (n, d)-, (d, ^{3}He)- und (d, ^{3}H)-Reaktionen. Eine (p, d)-Reaktion ist in Abb. 17.15 als Beispiel illustriert.

Die Überlegungen, die wir für die (d, p)-Stripping-Reaktionen angestellt haben, sind direkt auf die (p, d)-Pick-up-Reaktionen übertragbar. Wenn wir uns auf die Born'sche Näherung beschränken, wird im Matrixelement (17.48) die Wellenfunktion des angelagerten Neutrons $|\psi_{\mathrm{n}}\rangle$ durch die des Lochzustands $|\psi_{\mathrm{n}}^{-1}\rangle$ ersetzt.

Die Reaktion ^{16}O(d, ^{3}He)^{15}N. In Abb. 17.16 ist deutlich zu erkennen, dass in der Reaktion ^{16}O(d, ^{3}He)^{15}N vorwiegend zwei Zustände in ^{15}N erzeugt werden. Diese zwei Zustände sind gerade der 1p$_{1/2}$-Lochzustand und der 1p$_{3/2}$-Lochzustand. Die übrigen Zustände haben komplizierte Konfigurationen (z. B. 1 Teilchen – 2 Löcher) und werden in wesentlich geringerem Maße angeregt.

Die Energiedifferenz zwischen dem Grundzustand ($J^P = 1/2^-$) und dem Zustand ($J^P = 3/2^-$) beträgt 6.32 MeV (vgl. Abb. 17.8). Dies entspricht der Aufspaltung der 1p-Schale in leichten Kernen durch $\boldsymbol{\ell s}$-Wechselwirkung.

In Abb. 17.17 werden die differentiellen Wirkungsquerschnitte für diese Zustände gezeigt. Die Modellrechnungen gehen von der einfachen Annahme aus, dass die beiden Zustände reine p$_{1/2}$- und p$_{3/2}$-Lochzustände sind. Wie man sieht, geben sie die experimentellen Daten bei kleinen Impulsüberträgen gut wieder. Beimischungen höherer Konfigurationen sind somit gering. Bei

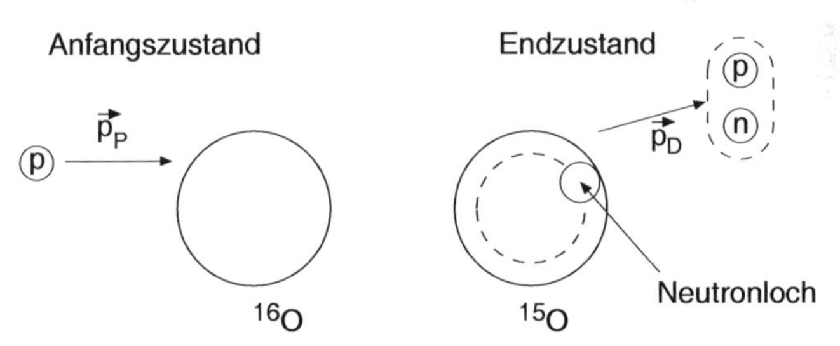

Abbildung 17.15. Schematische Skizze der Pick-up-Reaktion ^{16}O(p, d)^{15}O

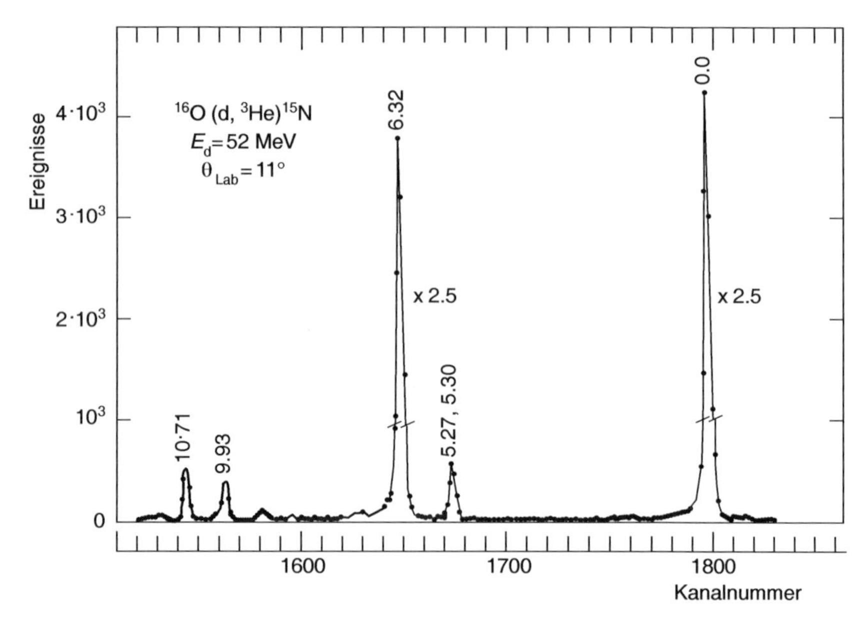

Abbildung 17.16. Spektrum von ^{3}He-Kernen, die beim Beschuss von ^{16}O mit Deuteronen von 52 MeV unter dem Winkel von 11° nachgewiesen wurden (nach [Ma73]). Der Wirkungsquerschnitt für die Erzeugung von ^{15}N im Grundzustand und im Zustand mit der Anregungsenergie 6.32 MeV ist besonders groß (und in der Abbildung um einen Faktor 2.5 unterdrückt).

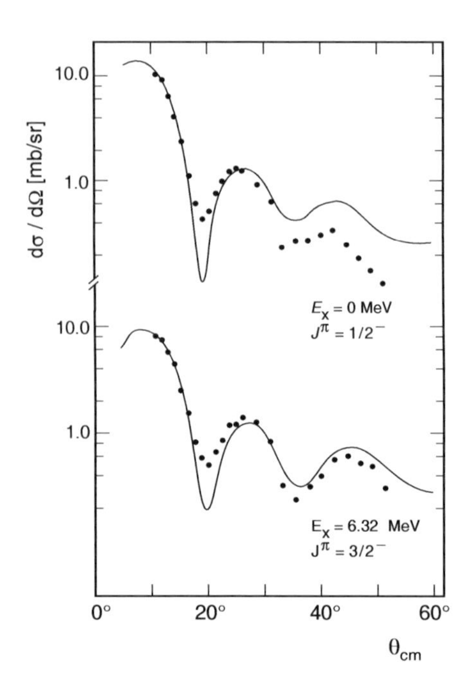

Abbildung 17.17. Differentieller Wirkungsquerschnitt $\mathrm{d}\sigma/\mathrm{d}\Omega$ der Reaktion ^{16}O(d,^{3} He)^{15}N (nach [Be77]). Siehe auch Bildunterschrift 17.14.

großen Impulsüberträgen werden die Reaktionsmechanismen komplizierter, so dass die angewandte Näherung nicht mehr gut genug ist.

Direkte Reaktionen an schweren Kernen. Stripping- und Pick-up-Reaktionen eignen sich auch in schweren Kernen, sowohl in kugelsymmetrischen als auch in deformierten, zur Untersuchung der Einteilchen-Eigenschaften der Kernzustände. Das Schema der Anregung von Leuchtnukleonen bzw. Leuchtlöchern wiederholt sich in der Nähe von abgeschlossenen Schalen. In Kernen mit halbgefüllten Schalen sind die angeregten Zustände nicht durch einen einfach angeregten Schalenmodellzustand zu beschreiben, vielmehr stellen sie eine Mischung vieler Schalenmodellzustände dar. Die Kopplung zwischen den Leuchtnukleonen bestimmt dann die Eigenschaften der angeregten Zustände.

17.6 β-Zerfall des Kerns

Einen anderen Zugang zur Kernstruktur bietet die Untersuchung des β-Zerfalls. Den β-Zerfall einzelner Hadronen haben wir in Abschn. 15.5 besprochen, wobei der β^--Zerfall des freien Neutrons als Beispiel herausgegriffen wurde. Auf dem Quarkniveau entspricht dieser der Umwandlung eines d-Quarks in ein u-Quark. Wir haben gesehen, dass die innere Struktur des Hadrons und der Einfluss der starken Wechselwirkung die axiale Kopplung beim Übergang $\mathrm{n} \to \mathrm{p}$ verändert (15.38).

Wenn ein Nukleon nun in einem Kern eingebaut ist, müssen weitere Einflüsse berücksichtigt werden:

- Da Protonen und Neutronen im Kern gebunden sind, enthält das Matrixelement den Überlapp der Kernwellenfunktionen im Anfangs- und Endzustand. Somit ermöglicht umgekehrt das Matrixelement des β-Zerfalls Einblick in die Kernstruktur.
- Die Differenz der Bindungsenergie der Kerne vor und nach dem Zerfall definiert den Typ des Zerfalls (β^+ oder β^-) und bestimmt die Größe des Phasenraumes.
- Die Coulomb-Wechselwirkung beeinflusst das Energiespektrum der emittierten Elektronen bzw. Positronen, vor allem bei kleinen Geschwindigkeiten, und modifiziert dadurch ebenfalls den Phasenraum.

Phasenraum. In (15.47) haben wir die Zerfallsrate als Funktion der Gesamtenergie E_0 von Elektron und Neutrino berechnet. In Kernen ergibt sich E_0 aus der Massendifferenz der Kerne im Anfangs- und Endzustand. Das Integral über den Phasenraum $f(E_0)$ wird nun durch die Coulomb-Wechselwirkung zwischen der Ladung $\pm e$ des emittierten Elektrons und der Ladung $Z'e$ des Restkerns beeinflusst. Man beschreibt dies durch die sogenannte *Fermi-Funktion* $F(Z', E_\mathrm{e})$, die näherungsweise durch

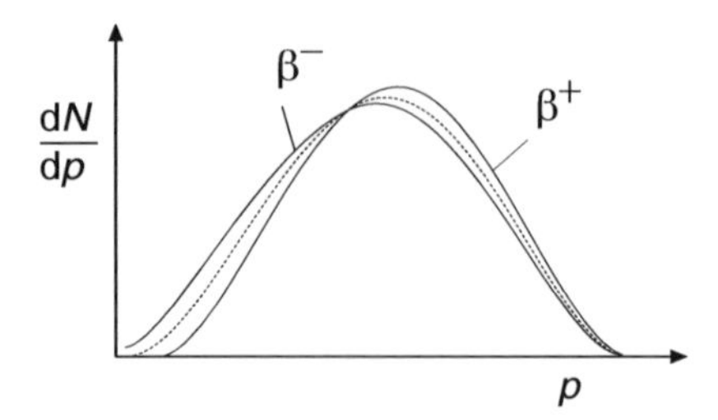

Abbildung 17.18. Schematischer Verlauf des Elektronenspektrums beim β-Zerfall. Entsprechend dem Phasenraum (15.45) hat das Spektrum an beiden Enden einen parabolischen Verlauf *(gestrichelte Linie)*. Dieses Spektrum wird durch die Wechselwirkung mit dem Coulomb-Feld des Tochterkerns modifiziert *(durchgezogene Linien)*. Diese Kurven wurden mit (17.49) berechnet, wobei $Z' = 20$ und $E_0 = 1\,\mathrm{MeV}$ gesetzt wurde.

$$F(Z', E_\mathrm{e}) \approx \frac{2\pi\eta}{1 - \mathrm{e}^{-2\pi\eta}} \qquad \text{mit} \quad \eta = \mp\frac{Z'e^2}{4\pi\varepsilon_0\hbar v_\mathrm{e}} = \mp\frac{Z'\alpha}{v_\mathrm{e}/c} \quad \text{für } \beta^\pm \tag{17.49}$$

gegeben ist. Hierbei ist v_e die gemessene Endgeschwindigkeit des Elektrons. Anstelle der Phasenraumfunktion $f(E_0)$ aus (15.46) erhält man eine modifizierte Funktion

$$\begin{aligned} f(Z', E_0) &= \int_1^{\mathcal{E}_0} \mathcal{E}_\mathrm{e}\sqrt{\mathcal{E}_\mathrm{e}^2 - 1}\cdot(\mathcal{E}_0 - \mathcal{E}_\mathrm{e})^2 \cdot F(Z', \mathcal{E}_\mathrm{e})\,\mathrm{d}\mathcal{E}_\mathrm{e} \\ &\text{mit} \qquad \mathcal{E} = E/m_\mathrm{e}c^2\,, \end{aligned} \tag{17.50}$$

die man sehr genau berechnen kann [Be69]. Der Einfluss der Coulomb-Kraft auf das β-Spektrum ist in Abb. 17.18 gezeigt.

In der Spektroskopie ist das Matrixelement die Größe, die die Information über die Kernstruktur enthält. Direkt proportional zum inversen Quadrat des Matrixelements ist das Produkt aus der Halbwertszeit $t_{1/2}$ und $f(Z', E_0)$, das man als *ft-Wert* bezeichnet. Nach (15.47) erhält man wegen $t_{1/2} = \ln 2 \cdot \tau$:

$$f(Z', E_0)\cdot t_{1/2} = ft\text{-Wert} = \frac{2\pi^3\hbar^7}{m_\mathrm{e}^5c^4}\cdot \ln 2 \cdot \frac{1}{V^2}\cdot\frac{1}{|\mathcal{M}_{fi}|^2}. \tag{17.51}$$

Die ft-Werte variieren ungefähr zwischen 10^3 s und 10^{22} s. Deshalb wird gewöhnlich der dekadische Logarithmus dieses Wertes (in Sekunden) als *log-ft-Wert* angegeben.

Das Matrixelement. Ebenso wie die Wellenfunktion des Nukleons, in dem das sich umwandelnde Quark eingebaut ist, das Matrixelement beeinflusst, wirkt sich auch die Wellenfunktion des Kerns aus, in dem sich das Nukleon befindet. In beiden Fällen geht es dabei um den Überlapp der Wellenfunktionen vor und nach dem Zerfall.

Das Verhältnis zwischen Vektor- und Axialanteil wird durch die Kernwellenfunktion bestimmt. Zerfälle, die durch den Vektoranteil des Übergangsoperators bestimmt werden, nennt man *Fermi-Zerfälle*. Bei diesen ändert sich der

Spin des wechselwirkenden Quarks nicht und damit auch nicht der Spin des Nukleons. Der Gesamtspin von Elektron und Neutrino ist daher Null. Zerfälle über den Axialanteil nennt man *Gamow-Teller-Zerfälle.* Hierbei koppeln die Spins der Leptonen zu Eins. Im Allgemeinen ist beim β-Zerfall sowohl ein Fermi- als auch ein Gamow-Teller-Übergang möglich. Es gibt jedoch Fälle, in denen Zerfälle nur oder fast nur auf eine Weise geschehen.

Um zu untersuchen, inwieweit der Bahndrehimpuls eine Rolle spielt, machen wir eine Abschätzung. In guter Näherung kann die Wellenfunktion von Elektron und Neutrino als ebene Welle betrachtet werden (vgl. 5.18):

$$\psi(\boldsymbol{x}) = \frac{\mathrm{e}^{i\boldsymbol{px}/\hbar}}{\sqrt{V}} = \frac{1}{\sqrt{V}}\left\{ 1 + i\boldsymbol{px}/\hbar + \cdots \right\} . \tag{17.52}$$

Wegen $\boldsymbol{\ell} = \boldsymbol{x} \times \boldsymbol{p}$ entspricht dies einer Entwicklung nach der Bahndrehimpulsquantenzahl ℓ. Da die Impulse maximal einige MeV/c betragen und die Kernradien R wenige fm, ist $|\boldsymbol{p}|\cdot R/\hbar$ von der Größenordnung einiger 10^{-2}. In den ft-Wert geht das Quadrat des Matrixelements ein; demnach führt jede Einheit von ℓ zu einer Unterdrückung von $10^{-4}-10^{-3}$. Man bezeichnet Zerfälle mit $\ell = 0$ als *erlaubt*, solche mit $\ell = 1$ als *verboten*, solche mit $\ell = 2$ als *zweifach verboten* usw. Bei ungeradem ℓ ändert sich die Parität der Kernwellenfunktion, bei geradem ℓ bleibt sie erhalten.

Für erlaubte Zerfälle gelten aufgrund der Drehimpuls- und Paritätserhaltung folgende Auswahlregeln:

$$\begin{array}{lll} \Delta P = 0, \;\; \Delta J = 0 & & \text{für Fermi-Zerfälle,} \\ \Delta P = 0, \;\; \Delta J = 0, \pm 1; & (0 \to 0 \text{ verboten}) & \text{für Gamow-Teller-Zerfälle.} \end{array}$$

Zerfälle mit großem ℓ spielen dann eine Rolle, wenn kleinere ℓ aus Drehimpuls- und Paritätserhaltungsgründen nicht möglich sind. So ist beispielsweise der Zerfall eines 1^--Kerns in einen 0^+-Kern aufgrund der Änderung der Parität des Kerns nur durch einen (einfach) verbotenen Übergang möglich, nicht jedoch durch einen erlaubten Gamow-Teller-Übergang.

Ein Beispiel für einen vierfach verbotenen β-Zerfall ist der Übergang von ^{115}In ($J^P = 9/2^+$) in ^{115}Sn ($J^P = 1/2^+$). Dieser Zerfall hat einen log-ft-Wert von 22.7 und eine Halbwertszeit von sage und schreibe $6 \cdot 10^{14}$ Jahren.

Übererlaubte Zerfälle. Die Zerfallswahrscheinlichkeit ist dann besonders groß, wenn die Wellenfunktion des Kerns im Anfangszustand mit der im Endzustand möglichst perfekt überlappt. Dies ist dann der Fall, wenn das entstehende Proton (bzw. Neutron) die gleichen Quantenzahlen hat wie das zerfallene Neutron (bzw. Proton), wenn also die Zustände beider Kerne sich in ein und demselben Isospinmultiplett befinden. Solche Zerfälle nennt man *übererlaubte Zerfälle.* Die ft-Werte solcher Übergänge sind näherungsweise gleich dem ft-Wert für den Zerfall des freien Neutrons.

Übererlaubte Zerfälle sind im Allgemeinen β^+-Zerfälle. Betrachtet man nämlich ein Isospinmultiplett analoger Zustände in Kernen, so bewirkt die Coulomb-Abstoßung, dass diese Zustände in den verschiedenen Kernen nicht genau die gleiche Anregungsenergie haben, sondern dass sie um so höher liegen, je größer die Zahl der Protonen ist (vgl. Abb. 2.6). Innerhalb eines Isospinmultipletts zerfallen daher nur Protonen in Neutronen und nicht umgekehrt. Eine Ausnahme bildet (neben dem Zerfall des freien Neutrons) der β^--Zerfall des ^{3}H in ^{3}He, weil sich in diesem Fall die Massendifferenz zwischen Neutron und Proton stärker auswirkt als die Verringerung der Bindungsenergie im ^{3}He-Kern aufgrund der Coulomb-Abstoßung der beiden Protonen.

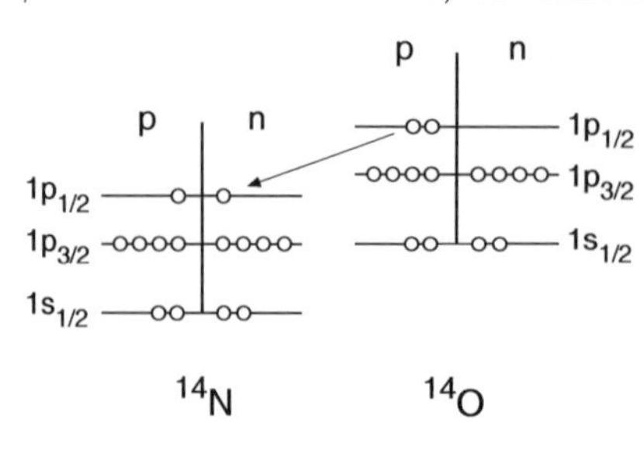

Ein schönes Beispiel für den β-Zerfall innerhalb eines Isospintripletts ist der Prozess $^{14}\text{O} \to {}^{14}\text{N} + \text{e}^+ + \nu_\text{e}$, ein $0^+ \to 0^+$-Übergang (vgl. Abb. 2.6) und damit ein reiner Fermi-Zerfall. Beim Kern ^{14}O sind die drei untersten Proton-Schalen, $1\text{s}_{1/2}$, $1\text{p}_{3/2}$ und $1\text{p}_{1/2}$, voll besetzt. Die beiden untersten Neutron-Schalen sind ebenfalls voll besetzt, während die $1\text{p}_{1/2}$-Schale leer ist. Somit wird sich also eines der beiden Leuchtnukleonen (eines der beiden Protonen in der $1\text{p}_{1/2}$-Schale) in ein Neutron umwandeln, das auf der gleichen Schale sitzt und die gleiche Wellenfunktion hat.

Erlaubte Zerfälle. Erlaubte Zerfälle sind solche mit $\ell = 0$. Ein bekanntes Beispiel ist der β^--Zerfall des Nuklids ^{14}C, das durch kosmische Strahlung über die Reaktion $^{14}\text{N}\,(\text{n},\text{p})\,^{14}\text{C}$ in der oberen Erdatmosphäre erzeugt wird und zur Altersbestimmung organischer Materialien dient. Wie in Abb. 2.6 dargestellt, gehört der Grundzustand von ^{14}C zu einem Isospintriplett, das daneben noch den 2.31 MeV-Zustand von ^{14}N und den Grundzustand von ^{14}O umfasst.

Aus energetischen Gründen kann ^{14}C jedoch nur in den Grundzustand von ^{14}N zerfallen, der nur durch Umklappen des Nukleonspins (Gamow-Teller-Zerfall) erreicht werden kann. Die Halbwertszeit ($t_{1/2} = 5730$ Jahre) und der log-ft-Wert (9.04) sind wesentlich größer als für andere erlaubte Übergänge. Demnach ist der Überlapp der Wellenfunktionen extrem klein – zur großen Freude der Archäologen.

Verbotene Zerfälle. Schwere Kerne haben einen Überschuss an Neutronen. Wenn ein Proton in solch einem Kern zerfällt, ist die entsprechende Neutronenschale bereits voll besetzt. Ein übererlaubter β^+-Zerfall ist in schwereren Kernen daher nicht möglich. Umgekehrt ist der Zerfall eines Neutrons in ein Proton mit denselben Quantenzahlen zwar möglich, würde aber zu einem hoch angeregten Zustand im Tochterkern führen, was aus energetischen Gründen in den meisten Fällen unmöglich ist.

Ein gutes Beispiel ist das Nuklid ^{40}K, das sowohl durch β^+-Zerfall oder K-Einfang in ^{40}Ar als auch durch β^--Zerfall in ^{40}Ca übergeht (vgl. Abb. 3.4). Im Grundzustand ist ^{40}Ca ein doppelt-magischer Kern mit abgeschlossener

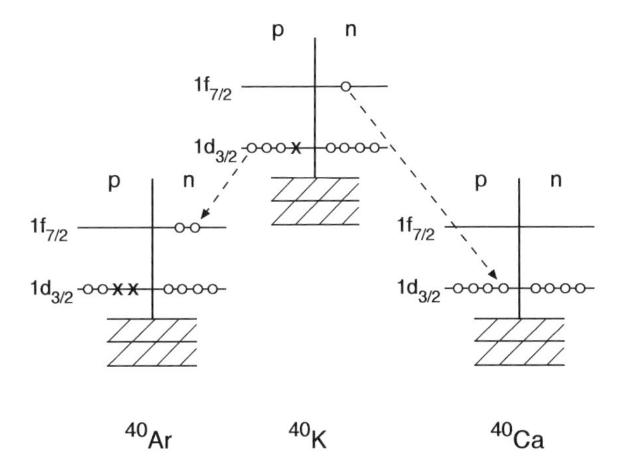

Abbildung 17.19. Skizze des β^+-und β^--Zerfalls von ^{40}K im Schalenmodell. Die Energien sind nicht maßstabsgetreu dargestellt.

$1d_{3/2}$-Schale und leerer $1f_{7/2}$-Schale sowohl für Protonen als auch für Neutronen (Abb. 17.19). Das Nuklid ^{40}K hat die Konfiguration (p-$1d_{3/2}^{-1}$, n-$1f_{7/2}^{1}$) und ^{40}Ar die Konfiguration (p-$1d_{3/2}^{-2}$, n-$1f_{7/2}^{2}$). Drehimpuls und Parität der ungepaarten Nukleonen in ^{40}K koppeln zu 4^-. Der Zerfall in den Grundzustand von ^{40}Ca und ^{40}Ar ist demnach dreifach verboten. Der Zerfall in den ersten angeregten Zustand ($J^P = 2^+$) von ^{40}Ar durch K-Einfang ist zwar nur einfach verboten, aber aufgrund der geringen Energiedifferenz von 0.049 MeV ist der Phasenraum sehr klein. Daher ist ^{40}K mit $t_{1/2} = 1.27 \cdot 10^9$ Jahren extrem langlebig und auch heute, Milliarden Jahre nach der Entstehung des Sonnensystems, noch in nennenswertem Umfang vorhanden. Es ist das einzige mittelschwere Nuklid ($A < 200$), das in größerem Umfang zur natürlichen Radioaktivität beiträgt.

β-Zerfall zu hoch angeregten Zuständen. Die maximal mögliche Anregungsenergie des Tochterkerns bei einem β-Zerfall ergibt sich aus der Massendifferenz der beteiligten Kerne. In Abschn. 3.1 haben wir gezeigt, dass die Massen von Isobaren auf einer Parabel liegen. Demnach ist die Massendifferenz benachbarter Kerne innerhalb eines Isobarenspektrums besonders groß, wenn deren Ladungszahl Z von der des stabilen Isobars stark abweicht. Solche Kerne sind zum Beispiel die sehr neutronenreichen Kerne, die als Spaltprodukte in Kernreaktoren entstehen.

Beim β^--Zerfall solcher Kerne steht dann besonders viel Energie zur Verfügung. In der Tat beobachtet man Zerfälle zu hoch angeregten Zuständen, die trotz des kleinen Phasenraums mit Zerfällen zu niedrigen Zuständen des Tochterkerns konkurrieren. Man erklärt dies damit, dass das Proton im Tochterkern einen Zustand in der gleichen Schale einnimmt wie das Neutron im Mutterkern. Hieran sieht man, wie gut das Schalenmodell auch noch für hohe Kernanregungen funktioniert.

Ein solcher Fall ist in Abb. 17.20 gezeigt. In einigen Prozent der Fälle ist der Tochterkern ^{99}Y bzw. ^{99}Zr so hoch angeregt, dass die Emission von

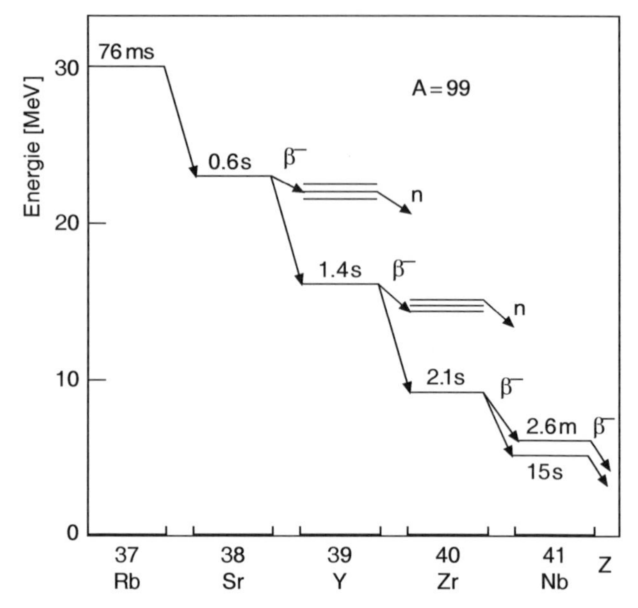

Abbildung 17.20. Sukzessiver β^--Zerfall der neutronenreichen Isobaren mit $A = 99$. In einigen Prozent der Fälle zerfallen die Nuklide ^{99}Sr und ^{99}Y zu hoch angeregten Zuständen der Tochterkerne, aus denen Neutronen emittiert werden können (nach [Le78]).

Neutronen energetisch möglich ist. Als Prozess der starken Wechselwirkung geschieht dies „sofort". Man spricht von *verzögerter Neutronenemission*, weil sie erst nach dem β-Zerfall, typischerweise einige Sekunden nach der Kernspaltung erfolgt.

■ In der Reaktortechnik sind diese verzögerten Neutronen von großer Bedeutung, weil über sie die Kettenreaktion gesteuert werden kann. Ein typischer Kernreaktor enthält Spaltmaterial (z. B. mit ^{235}U angereichertes Uran) und einen Moderator (H_2O, D_2O oder C). Der Wirkungsquerschnitt für die Absorption von Neutronen in ^{235}U ist am größten bei kinetischen Energien unterhalb von 1 eV. Nach Absorption eines thermischen Neutrons spaltet sich der resultierende ^{236}U-Kern in zwei Teile und im Mittel 2 bis 3 zusätzliche schnelle Neutronen mit kinetischen Energien von typischerweise 0.1–1 MeV. Diese Neutronen werden im Moderator thermalisiert und können weitere Kernspaltungen induzieren.

Dieser Zyklus (Neutronabsorption – Kernspaltung – Thermalisierung der Neutronen) kann zu einer selbsterhaltenden Kettenreaktion führen. Seine Zeitkonstante hängt vom Aufbau des Reaktors ab und liegt im Bereich von 1 ms. Diese Zeit ist aber viel zu kurz, um die Kettenreaktion zu kontrollieren. Ein Dauerbetrieb erfordert jedoch, dass der Vervielfachungsfaktor k der Neutronen genau Eins ist. Man baut Kernreaktoren daher so, dass sich aus den direkt emittierten Neutronen allein ein etwas geringerer Wert ergibt. Die Differenz wird von verzögerten Neutronen mit typischen Zeitkonstanten von Sekunden wettgemacht. Die Zahl der verzögerten Neutronen legt also im Endeffekt den Wert von k fest. Die so erreichte längere Zeitkonstante ermöglicht eine mechanische Steuerung der Kettenreaktion, indem

Stangen aus Neutronen absorbierendem Material in den Reaktor hinein- bzw. herausgefahren werden.

Messung der Neutrinomasse. Eine direkte Messung der Masse ist über die Kinematik des β-Zerfalls möglich. Der Verlauf des β-Spektrums nahe der Endenergie ist sehr empfindlich auf die Neutrinomasse. Das sieht man am besten, wenn man in der sogenannten *Kurie-Darstellung* die Größe

$$K(E_e) \quad = \quad \sqrt{\frac{dN(E_e)/dE_e}{F(Z', E_e) \cdot E_e \cdot \sqrt{E_e^2 - m_e^2 c^4}}} \tag{17.53}$$

als Funktion der Elektronenergie E_e aufträgt, wobei $dN(E_e)$ die Zahl der Elektronen im Energieintervall $[E_e, E_e + dE_e]$ ist. Nach (15.42) und (15.45) ist die Verteilungsfunktion $K(E_e)$ eine Gerade, die die Abszissenachse gerade bei der Maximalenergie E_0 schneidet, vorausgesetzt, dass die Neutrinomasse Null ist. Anderenfalls weicht diese Kurve bei hohem E_e von einer Gerade ab und schneidet die Abszissenachse senkrecht bei $E_0 - m_\nu c^2$ (Abb. 17.21):

$$K(E_e) \quad \propto \quad \sqrt{(E_0 - E_e)\sqrt{(E_0 - E_e)^2 - m_\nu^2 c^4}} \, . \tag{17.54}$$

Für eine Präzisionsbestimmung der Neutrinomasse muss man Kerne nehmen, bei denen sich eine endliche Neutrinomasse möglichst stark auswirkt, d. h. bei denen E_0 nur einige keV beträgt. Da bei den kleinen Energien auch atomare Effekte berücksichtigt werden müssen, sollten die atomaren Zustände vor und nach dem Zerfall möglichst gut verstanden sein. Der bestgeeignete Fall ist der β^--Zerfall des Tritiums $^3H \to {}^3He + e^- + \overline{\nu}_e$, bei dem E_0 nur 18.6 keV beträgt. Die Kurve schneidet die E-Achse bei $E_0 - m_\nu c^2$. E_0 selbst wird aus der linearen Extrapolation der Kurve ermittelt.

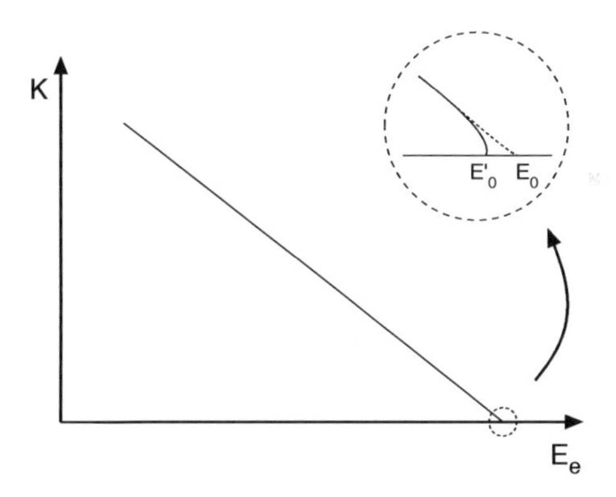

Abbildung 17.21. Schematische Darstellung des β-Spektrums in der Kurie-Darstellung. Falls die Neutrinomasse von Null verschieden ist, muss die Gerade nahe der Endenergie E_0 abknicken und die Achse bei der Energie $E_0' = E_0 - m_\nu c^2$ senkrecht schneiden.

Die experimentelle Durchführung solcher Experimente ist extrem schwierig, weil die Zählrate in der Nähe der Maximalenergie sehr gering ist. Obendrein verschmieren die begrenzte Auflösung des Spektrometers, die molekulare Bindung des Tritiumatoms und der Energieverlust der Elektronen in der Quelle selbst das Spektrum. Den Schnittpunkt der Kurve mit der E-Achse kann man daher nicht direkt messen; man muss vielmehr den Verlauf der gemessenen Kurve unter der Annahme verschiedener Neutrinomassen simulieren und nach der besten Übereinstimmung suchen. Die besten Messungen geben als obere Grenze der Neutrinomasse 2 eV/c^2 an. [PD00].

Die im β-Zerfall gemessene obere Grenze der Neutrinomasse bekommt eine neue Bedeutung, wenn man sie zusammen mit den Oszillationsexperimenten betrachtet. Im β-Zerfall misst man de facto

$$m_\beta = m_{\rm e} = \sqrt{\sum_k |U_{\rm ek}|^2\, m_k^2}\,. \tag{17.55}$$

Nicht nur die Masse des Elektronneutrinos, sondern auch die des Myonneutrinos und des Tauneutrinos muss kleiner als die gemessene obere Grenze sein.

Messung der Helizität des Neutrinos. Auch die Helizität des $\nu_{\rm e}$ kann man auf elegante Weise im sogenannten *Goldhaber-Experiment* aus einem schwachen Kernzerfall bestimmen [Go58]. Ein isomerer Zustand des Kerns $^{152}_{63}\mathrm{Eu}^{\rm m}$ ($J{=}0$) kann durch K-Einfang in einen Zustand mit $J{=}1$ von $^{152}_{62}\mathrm{Sm}$ mit einer Anregungsenergie von 0.960 MeV zerfallen. Dieser wiederum geht unter γ-Emission in den Grundzustand ($J{=}0$) über.

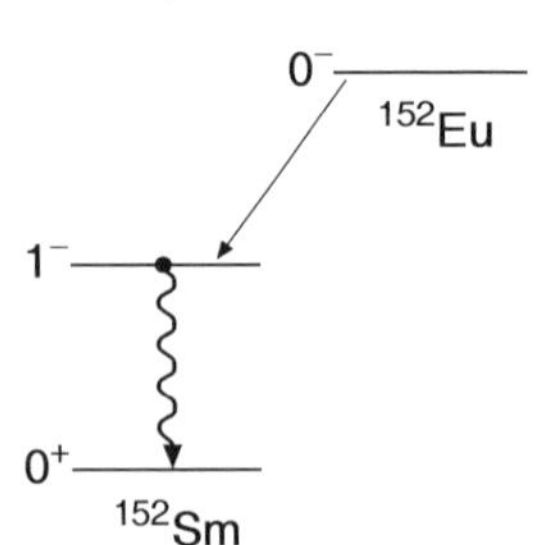

Bei diesem Zerfall handelt es sich um einen reinen Gamow-Teller-Übergang. Die Drehimpulserhaltung verlangt, dass der Spin des ^{152}Sm parallel zu dem des eingefangenen Elektrons und antiparallel zu dem des Neutrinos ist. Da der Rückstoß des Atoms entgegengesetzt zum Impuls des Neutrinos ist, ist die Helizität des angeregten ^{152}Sm-Kerns gleich der des Neutrinos.

Das emittierte Photon trägt den Drehimpuls des Kerns fort. Sein Spin muss in die gleiche Richtung weisen wie der des ^{152}Sm-Kerns vor der γ-Emission. Wenn das Photon in Richtung des Rückstoßes emittiert wird, ist seine Helizität gleich der des Neutrinos. Um die Helizität des Neutrinos zu messen, muss man also die Helizität des Photons messen (die einer zirkularen Polarisation entspricht) und sicherstellen, dass man nur solche Photonen betrachtet, die in Richtung des Kernrückstoßes und damit entgegen der Flugrichtung des Neutrinos emittiert werden.

Der experimentelle Aufbau dieses Experiments ist in Abb. 17.22 gezeigt. Die Photonen können den Detektor nur erreichen, wenn sie in einen Ring aus Sm_2O_3 resonant gestreut werden. Sie werden dabei zunächst absorbiert und dann wieder emittiert. Resonante Absorption, also die Umkehrung des elektromagnetischen Zerfalls, ist normalerweise in der Kernphysik nicht möglich, weil die Zustände schmaler sind als die Verschiebung aufgrund des Rückstoßes. Die Photonen aus der ^{152}Eu^{m}-Quelle werden jedoch von ^{152}Sm-Kernen emittiert, die sich in Bewegung befinden. Wenn sich ein Kern vor der γ-Emission auf den Sm_2O_3-Absorber zubewegt, hat das Photon einen kleinen zusätzlichen Energiebetrag, der ausreicht, um resonante Absorption zu bewirken. Somit kann man die Rückstoßrichtung des ^{152}Sm-Kerns und damit die Flugrichtung des Neutrinos bestimmen.

Die ^{152}Eu-Quelle befindet sich in einem Fe-Magneten, den die Photonen durchqueren müssen, um den Ring aus Sm_2O_3 zu erreichen. Ein Teil der Photonen erfährt Compton-Streuung an den Elektronen der Fe-Atome. Durch die Magnetisierung sind 2 der 26 Elektronen pro Eisenatom polarisiert. Wenn die Elektronen antiparallel zum Photon polarisiert sind, ist der Compton-Wirkungsquerschnitt größer als im umgekehrten Fall. Durch Umdrehen des Magnetfelds und Vergleichen der Zählrate kann man demnach

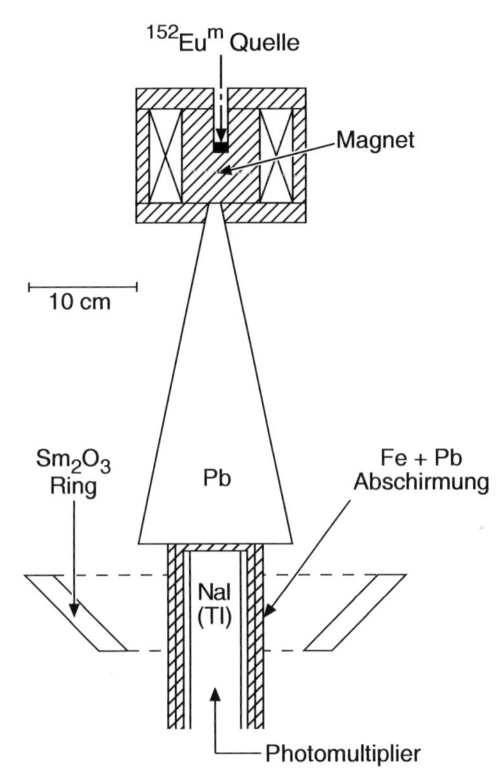

Abbildung 17.22. Aufbau des Goldhaber-Experiments (nach [Go58]). Die Photonen aus der ^{152}Eu^{m}-Quelle werden im Sm_2O_3-Ring gestreut und mit einem NaJ(Tl)-Szintillationsdetektor nachgewiesen.

die Polarisation des Photons messen. Aus diesem Experiment ergab sich eine Helizität des Neutrinos von

$$h_{\nu_e} = -1.0 \pm 0.3\,. \tag{17.56}$$

17.7 Der doppelte β-Zerfall

Wie wir schon in Kapitel 3.1 erwähnten, haben die Kerne mit geraden $A > 70$ oft mehr als ein β-stabiles Isobar. Ein Isobar mit einer größeren Masse kann jedoch durch den doppelten β-Zerfall in ein Isobar mit einer kleineren Masse zerfallen. Der Zweineutrino- und Zweielektron-Zerfall wurde sowohl in Zählerexperimenten als auch mit geochemischen Methoden durch die Messung der anomalen Isotopenhäufigkeiten in Mineralen nachgewiesen. Das Hauptinteresse heutiger Doppelbeta-Experimente gilt der Suche nach dem möglichen neutrinolosen β-Zerfall. Seine Existenz bzw. Nichtexistenz würde Antwort auf die Frage geben, ob das Neutrino ein Dirac- oder ein Majorana-Teilchen ist.

Der Zweineutrino-Doppelbetazerfall (2ν). In Kapitel 3.1 haben wir als einen möglichen Kandidaten für den doppelten β-Zerfall das Isotop ${}^{106}_{48}\mathrm{Cd}$:

$${}^{106}_{48}\mathrm{Cd} \;\to\; {}^{106}_{46}\mathrm{Pd} + 2\mathrm{e}^+ + 2\nu_\mathrm{e}$$

betrachtet.

In Abb. 17.23 zeigen wir nur die drei am doppelten β-Zerfall beteiligten Isobare. Die kinetische Energie der Leptonen im Endzustand beträgt0.728 MeV. Machen wir nun eine grobe Abschätzung der Lebensdauer fürden Zweineutrino-Doppelbetazerfall. Dafür ist es günstig, sich auf Abschnitt 15.5

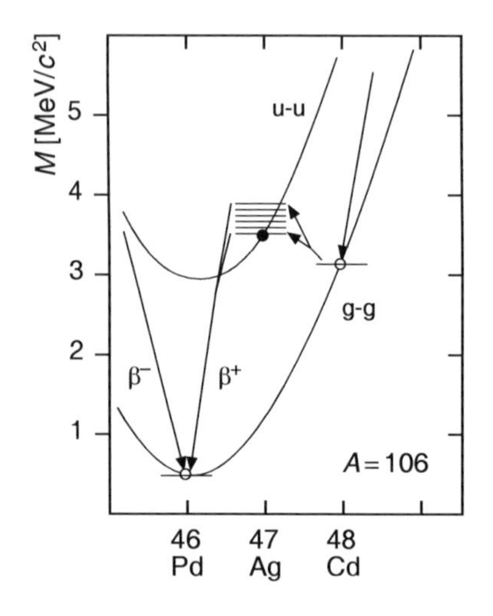

Abbildung 17.23. Der doppelte β-Zerfall für drei A=106 Isobare. Gezeigt werden Übergänge durch die angeregten Zustände des u-u-Isobars.

zu beziehen. Im Falle des doppelten β-Zerfalls haben wir fünf Teilchen im Endzustand. Wegen der Energie- und Impulserhaltung müssen wir nur vier Leptonen betrachten mit der einzigen Einschränkung, dass die Summe aller kinetischen Energien der Massendifferenz zwischen dem End- und Anfangszustand entspricht. Der Prozess ist offensichtlich zweiter Ordnung. Wenn wir mit der Formel für den Neutronzerfall beginnen (15.49), müssen wir zwei Korrekturen anbringen. Das Matrixelement der zweiten Ordnung ist das Produkt der Matrixelemente des Übergangs vom Anfangszustand zum Zwischenzustand und vom Zwischenzustand zum Endzustand, dividiert durch die Energie des Zwischenzustands. Da es aber mehrere Zwischenzustände geben kann, lautet das Matrixelement der zweiten Ordnung

$$\sum_m \frac{\langle f, 2e^+, 2\nu_e \,|H_W|\, m, e^+, \nu_e \rangle \, \langle m, e^+, \nu_e \,|H_W|\, i \rangle}{E_m - \frac{M_i + M_f}{2} c^2}, \tag{17.57}$$

wobei i und j den Anfangs- und Endzustand des Kerns und m die intermediären Zustände bezeichnen. Für die Energien der intermediären Zustände nehmen wir $E_0 \approx (M_i - M_j)c^2$, so dass wir die Kernmatrixelemente in (17.57) von den leptonischen trennen können.

Da wir nur an der unteren Grenze der Lebensdauer interessiert sind, nehmen wir an, dass das Matrixelement, summiert über alle virtuellen Zustände des u-u-Isobars den maximalen Wert hat, was bedeutet, dass es gleich eins ist und das Matrixelement gleich G_F^2/E_0.

Der Phasenraum für zwei Teilchen im Neutronenzerfall (15.49) wird durch den für vier Teilchen ersetzt

$$\frac{(4\pi)^2}{(2\pi)^6(\hbar c)^6}\frac{E_0^5}{32} \to \frac{(4\pi)^4}{(2\pi)^{12}(\hbar c)^{12}}\frac{E_0^{11}}{2000}. \tag{17.58}$$

Mit (17.57) und (17.58) lautet das Endergebnis für die Lebensdauer des Zweineutrino-Doppelbeta-Zerfalls

$$\frac{1}{\tau_{2\nu}} \approx \frac{2\pi}{\hbar} \cdot \frac{G_F^4}{E_0^2} \cdot \frac{(4\pi)^4}{(2\pi)^{12}(\hbar c)^{12}} \cdot \frac{E_0^{11}}{2000}. \tag{17.59}$$

In Formel (17.59) haben wir die π's nicht weggekürzt, um ihre Herkunft aufzuzeigen.

Für $E_0 = 2$ MeV ist $\tau_{2\nu} \approx 10^{20}$ Jahre. Die experimentellen Lebensdauern sind von der gleichen Größenordnung.

Neutrinoloser Doppelbetazerfall (0ν). Der Vorschlag, dass die Neutrinos aus dem β-Zerfall nicht einfache Dirac- sondern Majoranateilchen sind, wird vor allem von Theoretikern, die sich mit der *Großen Vereinheitlichungstheorie* (grand unification theory, GUT) beschäftigen, verbreitet. In der GUT (11.3) versucht man, alle drei Wechselwirkungen (starke, elektromagnetische und schwache) in eine übergeordnete zusammenzufassen. Eine der Voraussagen der GUT ist es, dass das Neutrino möglicherweise den Majoranacharakter hat. Wir betrachten aber die Frage nach dem Charakter des Neutrinos mehr als eine Herausforderung für Experimentatoren. Das Majorana-Neutrino hat folgende Bedeutung. Die Neutrinos aus dem β^+- und β^--Zerfall sind identische Teilchen. Die Neutrinos im β^+-Zerfall haben eine negative, im β^--Zerfall eine positive Helizität. Hätten die Neutrinos exakt die Masse Null, wäre es unmöglich, experimentell zu entscheiden, ob sie Dirac- oder Majorana-Neutrinos sind. Aber die Neutrinos haben eine endliche Masse, und der doppelte β-Zerfall kann über den Charakter des Neutrinos entscheiden.

In Abb. 17.24 wird ein (2ν)-Zerfall mit dem (0ν)-Zerfall verglichen. Im (2ν)-Zerfall emittiert jeder der zwei Protonen ein Positron und ein Neutrino. Im (0ν)-Zerfall emittiert ein Proton ein Positron und ein linkshändiges Majorana-Neutrino. Wegen der endlichen Masse ist das Neutrino mit einer Wahrscheinlichkeit von $(1 - \beta_\nu)$ auch rechtshändig und kann vom zweiten Proton absorbiert werden, wobei ein Positron emittiert wird.

Wenn das vom Proton emittierte Neutrino von einem weiteren Proton im Ladungsaustausch $(\nu_e + p \to n + e^+)$ absorbiert werden soll, muss es eine Majorana-Komponente haben. Das bedeutet, dass $\nu = \overline{\nu}_\mathrm{e}$ und dass die Majorana-Komponente des Neutrinos die entgegengesetzte Helizität des Standardneutrinos haben muss. Das normale linkshändige Neutrino hat eine rechtshändige Majorana-Komponente mit einer Wahrscheinlichkeit von $(1 - \beta_e)$.

Der (0ν)-Prozess ist zweiter Ordnung, jedoch mit nur zwei Leptonen im Endzustand. Die für (0ν) modifizierte Formel (15.49) heißt dann

$$\frac{1}{\tau_{0\nu}} \approx \frac{2\pi}{\hbar} \cdot \frac{G_F^4}{R^4} \cdot \frac{(4\pi)^2}{(2\pi)^6(\hbar c)^6} \cdot \frac{E_0^5}{32} \cdot (1 - \beta_\nu). \tag{17.60}$$

Die $1/R^4$-Abhängigkeit ist das Produkt zweier Beiträge. Einen $1/R^2$-Faktor gibt das Quadrat des Neutrinopropagators $(p_\nu^2 + m_\nu^2)^{-1}$. Für die Kerndimensionen kann man die Neutrinomasse vernachlässigen, und die Integration über Impulse ergibt das $1/R$-Potential, dem Coulombpotential entsprechend. Der zweite $1/R^2$-Faktor kommt von der Integration über die virtuellen Kernzwischenzustände. Die Unschärferelation begrenzt den Neutrinoimpuls zu $\approx 1/R$, für $R = 5$ fm bzw. $p_\nu \approx 40$ MeV$/c^2$. Für die Virtualität von 40 MeV$/c^2$ (das entspricht wieder $E_0 \approx 2$ MeV) bekommt man

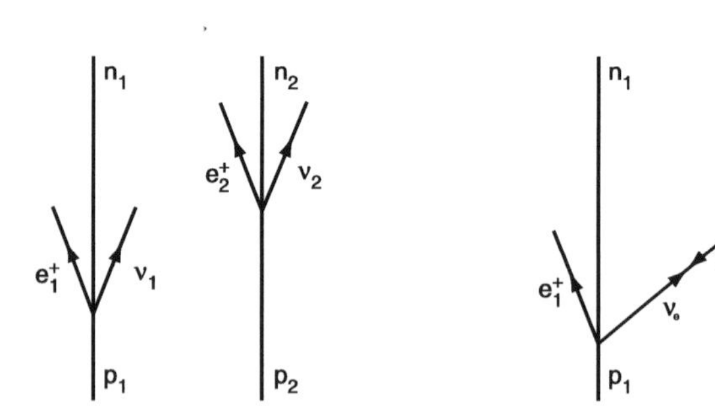

Abbildung 17.24. Vergleich zwischen einem (2ν)- und einem (0ν)-Zerfall. Im (0ν)-Zerfall geht ein ν_e wegen seines Majorana-Charakters in ein $\overline{\nu}_\mathrm{e}$ über.

$$\tau_{0\nu} \approx 4.5 \cdot 10^{11} \cdot (1-\beta_\nu)^{-1} \approx 4.5 \cdot 10^{11} \cdot 2\gamma_\nu \text{ a}. \qquad (17.61)$$

Man vergleicht gerne die Lebensdauer der (2ν)- und (0ν)-Zerfälle für $m_\nu = 1$ eV/c^2 und $E_\nu = 1$ MeV. Für diese Neutrinowerte bekommt man mit

$$\tau_{0\nu} \approx 3 \cdot 10^{24} \text{ a} \qquad (17.62)$$

einen viel höheren Wert als $\tau_{2\nu}$. Der Phasenraum favorisiert den (0ν)-Zerfall, aber durch die Helizitätsunterdrückung $(1-\beta_\nu)$ ist die Lebensdauer des (0ν)-Zerfalls schon für Neutronenmassen von 10 eV/c^2 länger als beim (2ν)-Zerfall. Die grobe Abschätzung (17.62) kann durchaus einen Faktor 10 vom realistischen Wert entfernt liegen. Auch der Wert 1 eV/c^2 ist die obere Grenze für die Neutrinomasse. Aufgrund der langen Lebensdauer des (0ν)-Zerfalls wird es sehr schwer sein, diesen Zerfall eindeutig nachzuweisen oder auszuschließen.

Eine Möglichkeit, den doppelten β-Zerfall zu untersuchen, ist die Verwendung eines gut abgeschirmten Germaniumzählers. Eines der Germanium-Isotope, ^{76}Ge, zerfällt durch den doppelten β-Zerfall in ^{76}Se. In Abb. 17.25 zeigen wir ein hypothetisches Spektrum mit dem (2ν)- sowie dem (0ν)-Übergang. Das Kontinuum entspricht dem (2ν)-, die monoenergetische Linie dem (0ν)-Zerfall.

Die Heidelberg-Moscow-Kollaboration veröfentlichte eine neue Analyse der in zehn Jahren gesammelten Meßresultate des doppelten β-Zerfalls von ^{76}Ge ([Kl02]). Ihr Experiment wurde im Gran Sasso-Untergrundlaboratorium (1500 Meter unter der Erde) durchgeführt. Als Detektor wurden Germaniumzähler mit bis zu 86% angereichertem ^{76}Ge benutzt. Bei der Energie, die der Gesamtenergie des Übergangs entspricht, findet man 16 Ereignisse. Im Kontinuum, das vom (2ν)-Zerfall kommt, zählt man 113764 Ereignisse. Daraus folgt die Lebensdauer von ^{76}Ge: für den (2ν)-Zerfall

$$\tau_{2\nu} = (1.74 \pm 0.01(\text{stat})^{+0.18}_{-0.16}(\text{syst})) \cdot 10^{21} \text{ a}, \qquad (17.63)$$

und für den (0ν)-Zerfall

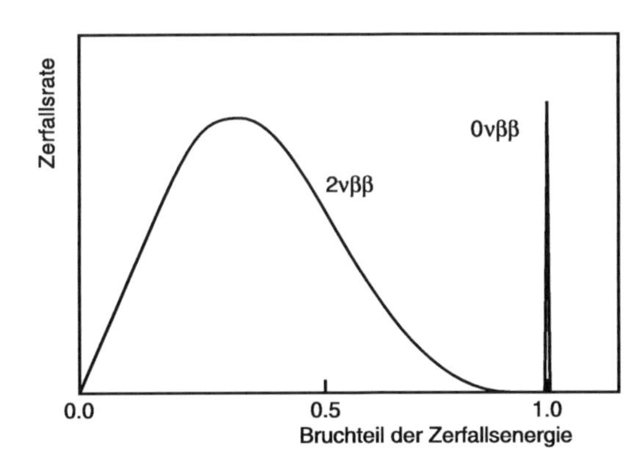

Abbildung 17.25. Das Kontinuum gibt die Summenenergie der beiden geladenen Leptonen im (2ν)-Zerfall an, die monoenergetische Linie mit der Gesamtenergie des Übergangs kommt vom (0ν)-Zerfall.

$$\tau_{0\nu} = (1.5^{+1.68}_{-0.7}) \cdot 10^{25} \text{ a}. \tag{17.64}$$

Sollte dieses Resultat durch die Messungen mit wesentlich höherer Statistik bestätigt werden, sind die Neutrinos in der Tat Majorana-Teilchen. Die Referenz ([Kl02]) entnommene abgeschätzte Neutrinomasse ist

$$< m_\nu >= 0.39^{+0.45}_{-0.34} \text{ eV}. \tag{17.65}$$

Glaubt man den Theoretikern, stellt der Majorana-Charakter des Neutrinos die Verbindung zu der Energieskala der GUT her.

Aufgaben

1. **Fermigasmodell**
   Berechnen Sie den Fermi-Druck in Abhängigkeit von der Kerndichte. Wie groß ist dieser Druck für $\varrho_{\rm N} = 0.17$ Nukleonen/fm^3? Was ergibt sich in makroskopischen Einheiten (bar)?
2. **Schalenmodell**
   a) In der nachfolgenden Tabelle sind für einige Kerne die experimentell bestimmten Spins und Paritäten des Grundzustands und des ersten angeregten Zustands gegeben:

	$^7_3$Li	$^{23}_{11}$Na	$^{33}_{16}$S	$^{41}_{21}$Sc	$^{83}_{36}$Kr	$^{93}_{41}$Nb
J_0^P	$3/2^-$	$3/2^+$	$3/2^+$	$7/2^-$	$9/2^+$	$9/2^+$
J_1^P	$1/2^-$	$5/2^+$	$1/2^+$	$3/2^+$	$7/2^+$	$1/2^-$

   Geben Sie nach dem Einteilchen-Schalenmodell die Konfiguration der Protonen und Neutronen in nicht abgeschlossenen Unterschalen für diese Kerne an, und machen Sie Voraussagen über die Quantenzahlen der Grundzustände und ersten angeregten Zustände. Vergleichen Sie Ihr Resultat mit den angegebenen Werten.

   b) Für uu-Kerne setzt sich der Kernspin i. Allg. durch Vektoraddition aus den Gesamtdrehimpulsen der beiden ungepaarten Nukleonen zusammen. Welche möglichen Kernspins und Paritäten ergeben sich für $^6_3$Li und $^{40}_{19}$K? Experimentell misst man für diese Kerne die Quantenzahlen 1^+ und 4^-.

3. **Schalenmodell**
   a) Berechnen Sie den Abstand zwischen den Neutronenschalen $1p_{1/2}$ und $1d_{5/2}$ für Kerne der Massenzahl $A \approx 16$ aus den totalen Bindungsenergien der Atome ^{15}O (111.9556 MeV), ^{16}O (127.6193 MeV) und ^{17}O (131.7627 MeV) [AM93].
   b) Wie vereinbart sich das mit der Energie des ersten angeregten Zustandes von ^{16}O (vgl. Abb. 17.8)?
   c) Welche Information erhält man aus der Energie des entsprechenden Zustandes von ^{17}O?
   d) Wie interpretieren Sie den Unterschied in der totalen Bindungsenergie von ^{17}O und ^{17}F (128.2196 MeV)? Schätzen Sie den Radius dieser Kerne ab.
   e) Der erste angeregte Zustand in ^{17}F liegt niedriger als der entsprechende Zustand in ^{17}O. Eine mögliche Erklärung dafür ist, dass das ungepaarte Nukleon im angeregten Zustand eine andere räumliche Ausdehnung (größer? kleiner?) hat als im Grundzustand. Was erwarten Sie aus den Quantenzahlen?

4. **Schalenmodell**
   Unter den Kernen, die langlebige isomere Zustände aufweisen, befinden sind auffallend viele mit N oder Z im Bereich $39 \cdots 49$ und $69 \cdots 81$ [Fe49, No49, Go52]. Wie erklären sie das?

5. **Magnetisches Moment**
   Der Kern $^{42}_{21}$Sc hat einen tief liegenden Zustand mit $J^P(I) = 7^+(0)$ und einer Anregungsenergie von 618 keV.
   a) Welche Schalenmodellkonfiguration schreiben Sie diesem Zustand zu?
   b) Welches magnetische Moment erwarten Sie?

6. **Das Goldhaber-Experiment**
   In ^{152}Sm existiert bei einer Anregungsenergie von 0.963 MeV ein Zustand mit den Quantenzahlen 1^-, der über einen E1-Übergang in den Grundzustand zerfällt.
   a) Wie groß ist die Rückstoßenergie des Kerns?
   b) Vergleichen Sie diese Energie mit der Breite des Zustands, die gerade einer Einteilchenübergangswahrscheinlichkeit für E1 entspricht. Kann solch ein emittiertes Photon von einem anderen Kern absorbiert werden? Was ändert sich, wenn man den Einfluss der thermischen Bewegung berücksichtigt?
   c) Zeigen Sie, dass der Energieverlust kompensiert wird, wenn der angeregte ^{152}Sm-Kern aus einem Zerfall von ^{152}Eu durch K-Einfang stammt und das Photon in Richtung des Rückstoßes des ^{152}Sm-Kerns emittiert wurde. Die Energie des emittierten Neutrinos ist 0.950 MeV.

7. **Kopplungsstärke des β-Zerfalls**
   Für den β-Zerfall $^{14}\text{O} \to {}^{14}\text{N} + \text{e}^+ + \nu_\text{e}$ (Abb. 2.6) misst man eine maximale Energie von $E_\text{kin}^\text{max} = 1810.6 \pm 1.5$ keV [EL92, Wi78]. Daraus errechnet man eine Phasenraumfunktion $f(Z', E_0)$ von 43.398 [Wi74]. Welche Halbwertszeit sollte ^{14}O haben? Der experimentelle Wert ist $t_{1/2} = 70\,606 \pm 18$ ms [Wi78].

18. Kollektive Kernanregungen

In Abschn. 17.3 haben wir gezeigt, dass sich die Kerngrundzustände sehr gut beschreiben lassen, wenn wir annehmen, dass sich die Nukleonen in den niedrigsten Schalenmodellbahnen bewegen. Wie wir es für den Fall *eines* Leuchtnukleons bzw. Nukleonloches gezeigt haben, ist das Einteilchenbild in der Nähe abgeschlossener Schalen sehr gut anwendbar. Die angeregten Zustände werden mit dem Sprung eines Leuchtnukleons in einen höheren Schalenmodellzustand erklärt, in direkter Analogie zu dem Bild, das wir vom Atom haben. Neben der einfachen Einteilchenanregung können im Kern jedoch auch komplexere Phänomene auftreten.

Kollektive Anregungen von Vielkörpersystemen kann man phänomenologisch als Fluktuation um die Gleichgewichtslage auffassen. Die Fluktuationen können Dichtefluktuationen oder Formfluktuationen sein. Die Art dieser kollektiven Anregung ist jedoch sehr von der Beschaffenheit des Systems und der Wechselwirkung der Konstituenten abhängig. Wir wollen hier die kollektiven Erscheinungen der Kerne mit den Eigenschaften des Kernaufbaus und der Kernkräfte in Zusammenhang bringen.

Am elegantesten kann man experimentell die kollektiven Anregungen der Kerne mit Hilfe der elektromagnetischen Übergänge untersuchen. Deswegen wenden wir uns erst der Bestimmung der elektromagnetischen Übergangswahrscheinlichkeit in Kernen zu, um ein Maß dafür zu haben, inwieweit kollektive Effekte den Übergängen zugrunde liegen.

Schon die ersten Messungen der Absorption von Photonen in Kernen führten zu der Entdeckung, dass der Hauptanteil der Absorption in *einem* Zustand konzentriert ist. Die erste Beschreibung dieses Zustands, *Dipolriesenresonanz* genannt, war eine Schwingung der Protonen und Neutronen im Kern gegeneinander. Später wurde entdeckt, dass die Übergangswahrscheinlichkeit für die elektrischen Quadrupolübergänge energetisch niedrig liegender Zustände weit die Werte überschreitet, die man aus dem Einteilchenbild des Kerns ausrechnen würde. Auch die Übergangswahrscheinlichkeit für Oktupolübergänge konzentriert sich in einzelnen Zuständen, die wir als Oktupolvibrationen bezeichnen.

Die Einteilcheneigenschaften der Kerne einerseits und die kollektiven Eigenschaften andererseits wurden lange Zeit als zwei getrennte Erscheinungen betrachtet. In den 70er Jahren hat sich eine vereinheitlichte Betrachtung der beiden Phänomene herauskristallisiert. Das heutige Verständnis wollen wir am Beispiel der Dipolriesenresonanz veranschaulichen. Diese Erkenntnisse können auf die Quadrupol- und Oktupolschwingungen leicht übertragen werden.

Eine weitere dominante kollektive Erscheinung ist die Rotation deformierter Kerne. Das Phänomen der Kernrotation ist ein didaktisch und ästhetisch besonders ansprechendes Kapitel der γ-Spektroskopie.

18.1 Elektromagnetische Übergänge

Elektrischer Dipolübergang. Die Wahrscheinlichkeit für einen elektrischen Dipolübergang kann man anschaulich herleiten, indem man einen klassischen Hertz'schen Dipol betrachten. Die emittierte Leistung des Dipols ist proportional zu ω^4 [Ge06]. Die Rate der emittierten Photonen, also die Übergangswahrscheinlichkeit, erhält man, indem man die Leistung durch die Energie $\hbar\omega$ der Photonen dividiert. Diese Rate ist

$$W_{fi} = \frac{1}{\tau} = \frac{e^2}{3\pi\varepsilon_0\hbar^4c^3}E_\gamma^3\left|\int \mathrm{d}^3x\ \psi_f^*\boldsymbol{x}\psi_i\right|^2 , \qquad (18.1)$$

wobei wir den klassischen Dipol $e\boldsymbol{x}$ durch das Matrixelement ersetzt haben. Dieses Ergebnis erhält man auch aus einer quantenmechanischen Rechnung.

■ In der folgenden Herleitung wollen wir elektromagnetische Übergange semiklassisch behandeln, d. h. wir lassen die Quantisierung des Strahlungsfeldes sowie Spins unberücksichtigt.

Betrachten wir einen angeregten Kernzustand ψ_i, der durch γ-Emission in den energetisch niedriger liegenden Zustand ψ_f übergeht. Die Übergangswahrscheinlichkeit ergibt sich aus der Goldenen Regel zu

$$\mathrm{d}W = \frac{2\pi}{\hbar}\left|\langle\psi_f|\mathcal{H}_{\text{int}}|\psi_i\rangle\right|^2 \mathrm{d}\varrho(E) . \qquad (18.2)$$

Dabei gibt $\mathcal{H}_{\text{int}}$ die Wechselwirkung der bewegten Ladung mit dem elektromagnetischen Feld an, und der Phasenraumfaktor $\varrho(E)$ die Dichte der Endzustände des Systems bei der Gesamtenergie E. Im Falle der Emission eines Photons ist $E = E_\gamma$. Da die γ-Strahlung im Allgemeinen nicht kugelsymmetrisch ist, betrachten wir den Phasenraum in einem Raumwinkelelement $\mathrm{d}\Omega$ um den Impulsvektor. Analog zu (4.16) setzen wir dann

$$\mathrm{d}\varrho(E) = \frac{V\,|\boldsymbol{p}|^2\,\mathrm{d}|\boldsymbol{p}|\,\mathrm{d}\Omega}{(2\pi\hbar)^3\,\mathrm{d}E} . \qquad (18.3)$$

Für das Photon ist $E = c\cdot|\boldsymbol{p}|$ und $\mathrm{d}E = c\cdot\mathrm{d}|\boldsymbol{p}|$, so dass gilt:

$$\mathrm{d}\varrho(E) = \frac{E_\gamma^2\,V\,\mathrm{d}\Omega}{(2\pi\hbar c)^3} . \qquad (18.4)$$

Den Operator $\mathcal{H}_{\text{int}}$ gewinnen wir durch die Betrachtung der klassischen Hamiltonfunktion, die die Wechselwirkung zwischen der Ladung e, die das Photon emittiert, und dem elektromagnetischen Feld $A = (\phi/c, \boldsymbol{A})$ beschreibt [Sc02]:

$$\mathcal{H} = \frac{1}{2m} (\boldsymbol{p} - e\boldsymbol{A})^2 + e\phi. \tag{18.5}$$

Hierbei haben wir angenommen, dass die Ladung punktförmig ist. Da der quadratische Term in A vernachlässigbar ist, kann man schreiben:

$$\mathcal{H} = \frac{\boldsymbol{p}^2}{2m} - \frac{e}{m}\boldsymbol{p}\boldsymbol{A} + e\phi\,. \tag{18.6}$$

Der erste Term entspricht der freien Bewegung des geladenen Teilchens, die letzten zwei der Wechselwirkung

$$\mathcal{H}_{\rm int} = -\frac{e}{m}\boldsymbol{p}\boldsymbol{A} + e\phi\,, \tag{18.7}$$

die für eine Punktladung gleich dem Skalarprodukt aus elektrischem Viererstrom

$$j = (e \cdot c, e\boldsymbol{v}) \tag{18.8}$$

und elektromagnetischem Feld

$$A = (\phi/c, \boldsymbol{A}) \tag{18.9}$$

ist. Bei einem elektromagnetischen Zerfall trägt $e\phi$ nicht zur Übergangswahrscheinlichkeit bei, weil reelle Photonen transversal polarisiert sind und somit Monopolübergänge verboten sind.

Ersetzt man den Impuls $\boldsymbol{p}$ durch den Operator $\boldsymbol{p} = -i\hbar\boldsymbol{\nabla}$ und interpretiert man den Vektor $\boldsymbol{A}$ als die Wellenfunktion des Photons, so lautet das Matrixelement

$$\langle\psi_f|\mathcal{H}_{\rm int}|\psi_i\rangle = -\frac{ie\hbar}{m}\int \mathrm{d}^3x\; \psi_f^*\; (\boldsymbol{\nabla}\psi_i)\; \boldsymbol{A}\,. \tag{18.10}$$

Den Gradienten $\boldsymbol{\nabla}$ kann man durch den Kommutator der Koordinate $\boldsymbol{x}$ mit dem Hamiltonoperator ersetzen, da für stationäre Zustände

$$\mathcal{H}_0 = \frac{\boldsymbol{p}^2}{2m} + V(\boldsymbol{x}) \tag{18.11}$$

die folgende Relation erfüllt ist:

$$\boldsymbol{x}\,\mathcal{H}_0 - \mathcal{H}_0\,\boldsymbol{x} = \frac{i\hbar}{m}\boldsymbol{p} = \frac{\hbar^2}{m}\boldsymbol{\nabla}. \tag{18.12}$$

Damit ergibt sich

$$-\frac{ie}{\hbar}\int \mathrm{d}^3x\; \psi_f^*\; (\boldsymbol{x}\mathcal{H}_0 - \mathcal{H}_0\boldsymbol{x})\; \psi_i\, \boldsymbol{A} \;=\; \frac{ie}{\hbar}(E_i - E_f)\int \mathrm{d}^3x\; \psi_f^*\; \boldsymbol{x}\,\psi_i\,\boldsymbol{A}\,, \tag{18.13}$$

und das Matrixelement bekommt die bekannte Form für die Multipolstrahlung.

In der semiklassischen Herleitung der γ-Emission schreibt man die Wellenfunktion des Photons als

$$\boldsymbol{A} = \sqrt{\frac{\hbar}{2\varepsilon_0\omega V}}\;\boldsymbol{\varepsilon}\cos(\boldsymbol{k}\boldsymbol{x} - \omega t)\,, \tag{18.14}$$

wobei $\boldsymbol{\varepsilon}$ der Polarisationsvektor des Photons ist, $E_\gamma = \hbar\omega$ die Energie und $\boldsymbol{k}$ der Wellenvektor. Dass diese Behauptung stimmt, kann man leicht nachprüfen, wenn man die Energie der elektromagnetischen Strahlung im Volumen V mit dem Wert von $\boldsymbol{A}$ aus (18.14) ausrechnet:

$$\hbar\omega = V \cdot \left(\frac{1}{2}\varepsilon_0 \overline{\boldsymbol{E}^2} + \frac{1}{2}\frac{1}{\mu_0}\overline{\boldsymbol{B}^2} \right) = V\varepsilon_0 \overline{\boldsymbol{E}^2} \qquad \text{mit} \quad \boldsymbol{E} = -\frac{\partial \boldsymbol{A}}{\partial t}\,, \tag{18.15}$$

wobei der Querstrich die Mittelung über die Zeit kennzeichnet. Mit diesen Teilresultaten ergibt sich für die Übergangswahrscheinlichkeit:

$$\begin{aligned} \mathrm{d}W_{fi} &= \frac{2\pi}{\hbar}\frac{\hbar}{2\varepsilon_0\,\omega V}\frac{e^2E_\gamma^2}{\hbar^2}\left|\varepsilon\int \mathrm{d}^3x\;\psi_f^*\boldsymbol{x}\psi_i\,\mathrm{e}^{\boldsymbol{ikx}}\right|^2\frac{E_\gamma^2V\,\mathrm{d}\Omega}{(2\pi\hbar c)^3} \\ &= \frac{e^2}{8\pi^2\varepsilon_0\hbar^4c^3}E_\gamma^3\left|\varepsilon\int \mathrm{d}^3x\;\psi_f^*\boldsymbol{x}\,\mathrm{e}^{\boldsymbol{ikx}}\psi_i\right|^2\mathrm{d}\Omega\,. \end{aligned} \tag{18.16}$$

Die Wellenlängen der Gammastrahlen sind groß, verglichen mit dem Kernradius. Die Multipolentwicklung

$$\mathrm{e}^{\boldsymbol{ikx}} = 1 + \boldsymbol{ikx} + \cdots \tag{18.17}$$

ist sehr effektiv, da im Allgemeinen nur der niedrigste durch Quantenzahlen erlaubte Übergang zu berücksichtigen ist. Nur selten sind zwei Multipole in einem Übergang gleich stark. Wenn man nun $\mathrm{e}^{\boldsymbol{ikx}} \approx 1$ setzt und (18.16) über den Raumwinkel $\mathrm{d}\Omega$ und die Polarisation integriert, erhält man gerade (18.1).

Elektrische Dipolübergänge (E1) finden nur zwischen Zuständen verschiedener Parität statt. Das Photon nimmt einen Drehimpuls $|\boldsymbol{\ell}| = 1\hbar$ mit; deshalb dürfen sich die Drehimpulse von Anfangs- und Endzustand höchstens um eine Einheit unterscheiden.

Da bei kollektiven Anregungen gerade Übergänge aus einer Schale in die nächsthöhere die wichtigste Rolle spielen, wollen wir schon jetzt die übliche Bezeichung der Wellenfunktion einführen. Die abgeschlossene Schale soll mit dem Symbol $|0\rangle$ („Wellenfunktion des Vakuums") bezeichnet werden. Wenn ein Teilchen aus dem Zustand ϕ_{j_1} der abgeschlossenen Schale in den Zustand ϕ_{j_2} der nächsten Schale springt, entsteht ein Teilchen-Loch-Zustand $|\phi_{j_1}^{-1}\phi_{j_2}\rangle$. Das Dipol-Matrixelement

$$\langle\phi_{j_1}^{-1}\phi_{j_2}|e\boldsymbol{x}|0\rangle = e\int \mathrm{d}^3x\;\phi_{j_2}^*\boldsymbol{x}\phi_{j_1} \tag{18.18}$$

entspricht dem Übergang eines Nukleons aus dem Zustand ϕ_{j_1} in den Zustand ϕ_{j_2}. Da der Zustand $|0\rangle$ als Zustand einer abgeschlossenen Schale Spin und Parität $J^P = 0^+$ hat, muss bei einem elektrischen Dipolübergang der angeregte Teilchen-Loch-Zustand die Quantenzahlen $J^P = 1^-$ haben.

Magnetischer Dipolübergang. Die Übergangswahrscheinlichkeit für den magnetischen Dipolübergang (M1) erhält man, indem man in (18.1) den elektrischen Dipol durch einen magnetischen ersetzt:

$$W_{fi} = \frac{1}{\tau} = \frac{\mu_0}{3\pi\hbar^4c^3}E_\gamma^3\left|\int \mathrm{d}^3x\;\psi_f^*\boldsymbol{\mu}\psi_i\right|^2 \qquad \text{mit} \quad \boldsymbol{\mu} = \frac{e}{2m}(\boldsymbol{L}+g\boldsymbol{s})\,. \tag{18.19}$$

Dabei ist $\boldsymbol{L}$ der Operator des Bahndrehimpulses und $\boldsymbol{s}$ der des Spins.

Höhere Multipole. Wenn der elektrische Dipolübergang nicht erlaubt ist, d. h. wenn die Parität beider Zustände gleich ist oder die vektorielle Addition der Drehimpulse nicht erfüllt werden kann, kann nur Strahlung höherer Multipolarität emittiert werden. Die nächsthöheren Multipole in der Hierarchie der Übergangswahrscheinlichkeiten sind der oben genannte magnetische Dipolübergang (M1) und der elektrische Quadrupolübergang (E2) [Fe53]. Beide entsprechen in der Reihenentwicklung (18.17) dem zweiten Summanden [Sc02]. Für die elektrische Quadrupolstrahlung muss die Parität des Anfangs- und des Endzustandes gleich und die Dreiecksungleichung der Drehimpulse $|j_f - j_i| \leq 2 \leq j_f + j_i$ erfüllt sein. Während die Übergangswahrscheinlichkeit für Dipolstrahlung gemäß (18.1) proportional zu E_γ^3 ist, ist sie für elektrische Quadrupolstrahlung proportional zu E_γ^5. Dies liegt daran, dass im Matrixelement der Faktor $i\boldsymbol{kx}$ neu erscheint und $|\boldsymbol{k}|$ proportional zu E_γ ist. Der energieunabhängige Teil des Matrixelementes hat die Form $r^2 Y_2^m(\theta, \varphi)$.

18.2 Dipolschwingungen

Photonenabsorption in Kernen. Die Absorption der Gammastrahlung im Kern wird durch eine breite Resonanz dominiert, die schon in den 50er Jahren bekannt war. Die experimentellen Methoden zur Erforschung dieser Resonanz waren jedoch sehr umständlich, da es keine Gammaquelle mit variabler Energie gab.

Detaillierte Messungen der Gammawirkungsquerschnitte wurden mit einer in den 60er Jahren entwickelten Methode durchgeführt, der Positronvernichtung im Fluge. Positronen, die man durch Paarerzeugung aus einer starken Bremsstrahlungsquelle gewinnt, werden nach ihrer Energie selektiert und auf ein Target fokussiert, wo sie zum Teil mit den Elektronen im Target annihilieren und als unerwünschtes Nebenprodukt Bremsstrahlung erzeugen (Abb. 18.1).

Ein solches Gammaspektrum ist in Abb. 18.2 zu sehen. Bei der maximal möglichen Endenergie erscheint deutlich getrennt von der Bremsstrahlung ein Maximum, das der e^+e^--Vernichtung zugeschrieben wird. Durch Variation der Energie der Positronen kann die Energieabhängigkeit der Wirkungsquerschnitte γ-induzierter Reaktionen ausgemessen werden. Neben dem totalen Wirkungsquerschnitt ist der Wirkungsquerschnitt für die Photoproduktion von Neutronen *(nuklearer Photoeffekt)*

$$^{A}\mathrm{X}\,(\gamma, \mathrm{n})\,^{A-1}\mathrm{X} \tag{18.20}$$

von besonderer Bedeutung. Er stellt den Hauptanteil des totalen Wirkungsquerschnittes dar. Die Photoproduktion von Protonen hingegen ist durch die Coulomb-Barriere unterdrückt. Wir werden uns im Folgenden auf die Diskussion der (γ, n)-Reaktion beschränken.

Als Beispiel zeigen wir $\sigma(\gamma, \mathrm{n})$ für Neodym-Isotope (Abb. 18.3). Hier kann man mehrere Beobachtungen machen:

- Die Absorptionswahrscheinlichkeit konzentriert sich in einer Resonanz, die wir *Riesenresonanz* nennen.
- Die Anregungsenergie der Riesenresonanz ist etwa doppelt so groß wie der Abstand zwischen benachbarten Schalen. Dies ist erstaunlich, weil es aufgrund der Drehimpuls- und Paritätserhaltung für Einteilchenübergänge von einer Schale zur nächsten wesentlich mehr Möglichkeiten gibt als für Übergänge von einer Schale in die übernächste.
- Während die Absorption für ^{142}Nd eine schmale Resonanz zeigt, beobachtet man mit steigender Massenzahl eine Aufspaltung in zwei Resonanzen.
- Der integrierte Wirkungsquerschnitt ist in etwa so groß wie die Summe aller Wirkungsquerschnitte, die man für den Übergang der einzelnen Nukleonen der letzten abgeschlossenen Schale erwartet. Das bedeutet, dass zu dieser Resonanz alle Protonen und Neutronen der letzten Schale kohärent beitragen.

Eine qualitative Erklärung der Riesenresonanz ist eine Schwingung von Protonen und Neutronen gegeneinander (Abb. 18.4). Der Kern ^{150}Nd ist zigarrenförmig deformiert. Die beiden Maxima bei diesem Kern entsprechen Schwingungen entlang der Symmetrieachse (unteres Maximum) und senkrecht dazu (oberes Maximum).

Dieses intuitive Bild der Riesenresonanz wie auch ihre Anregungsenergie werden wir im Rahmen des Schalenmodells zu erklären versuchen.

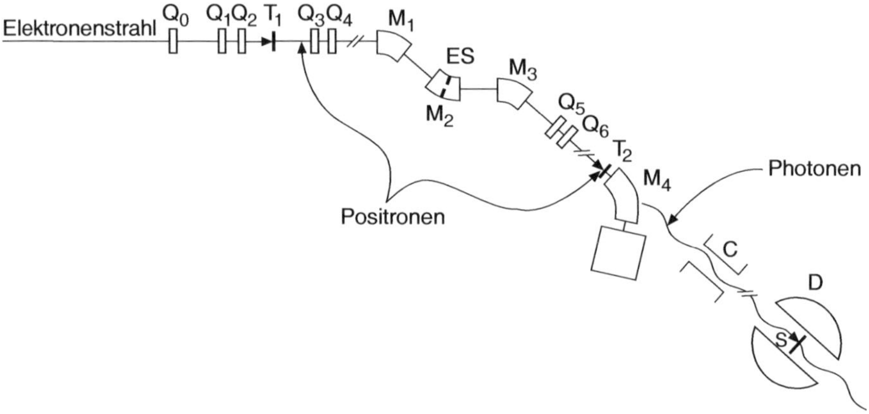

Abbildung 18.1. Experimentelle Anordnung zur Positronenvernichtung im Fluge (nach [Be75]). Ein Elektronenstrahl trifft auf ein Target (T_1). Die entstehende Bremsstrahlung wird in Elektron-Positron-Paare konvertiert. Die Positronen werden durch drei Dipolmagnete (M_1, M_2, M_3) nach der Energie selektiert und treffen auf ein zweites Target (T_2). Ein Teil von ihnen annihiliert im Fluge mit den Elektronen im Target. Durch einen weiteren Magneten (M_4) werden alle geladenen Teilchen abgelenkt, und nur die Photonen erreichen das Experimentiertarget (S).

Die Dipolriesenresonanz. Betrachten wir als Beispiel wiederum den doppelt-magischen Kern ^{16}O. Nehmen wir an, dass durch die Absorption des Photons ein Nukleon aus der $1p_{3/2}$- oder $1p_{1/2}$-Schale in die $1d_{5/2}$-, $1d_{3/2}$- oder $2s_{1/2}$-Schale befördert wird. Wenn dieses Nukleon in die 1p-Schale zurückfällt, kann es seine Anregungsenergie durch Stoß auf andere Nukleonen übertragen, die dann beispielsweise aus der 1p-Schale in die 1d- oder 2s-Schale befördert werden. Wenn die Kernzustände, die durch die Anregung eines Nukleons in ein höher liegendes Niveau entstehen, entartet wären, müsste die Wahrscheinlichkeit für die Anregung all dieser Zustände gleich sein. Die einfache Einteilchen-Beschreibung wäre damit von vornherein unbrauchbar. In der Realität ist das näherungsweise der Fall; die Anregungszustände sind beinahe entartet.

Man kann diese Zustände als Kombination von einem Loch im Kernrumpf und einem Teilchen in einer höheren Schale beschreiben, und die Wechselwirkung zwischen dem Teilchen und allen Nukleonen der nicht abgeschlossenen Schale als Wechselwirkung zwischen dem Teilchen und dem Loch.

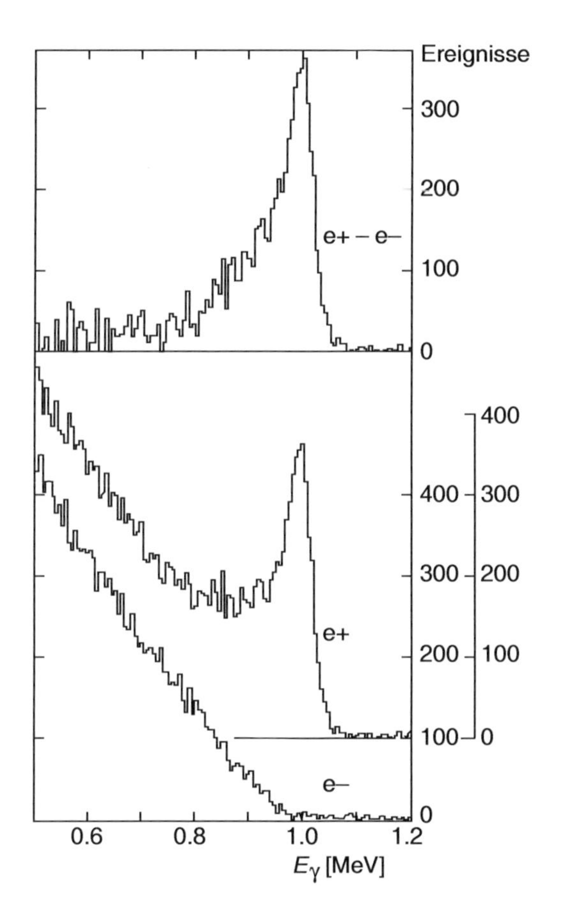

Abbildung 18.2. Spektrum von Photonen aus der Elektron-Positron-Annihilation im Fluge [Be75], die für (γ, n)-Reaktionen verwendet werden. Der Untergrund aus Bremsstrahlung beim Beschuss des Targets mit Positronen wird ermittelt, indem man das Target mit Elektronen gleicher Energie beschießt. Um den Wirkungsquerschnitt für feste Photonenergien zu erhalten, werden Experimente mit beiden Photonstrahlen durchgeführt und die Zählraten voneinander subtrahiert.

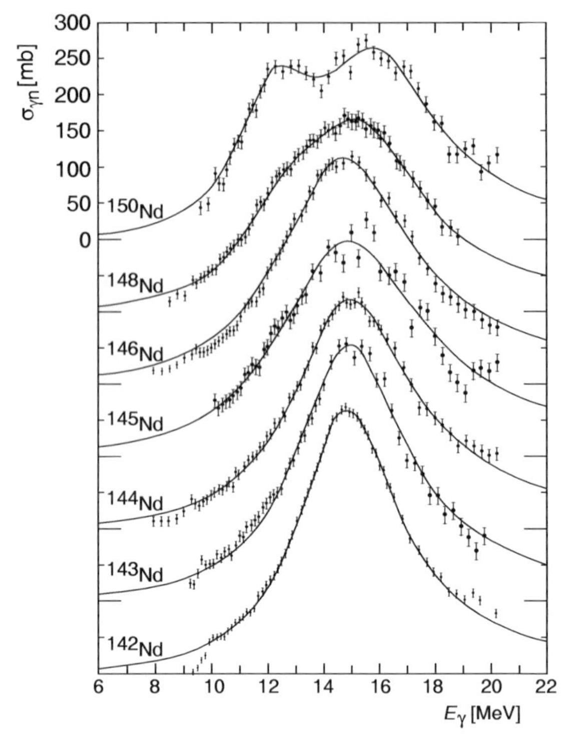

Abbildung 18.3. Wirkungsquerschnitt für die γ-induzierte Emission von Neutronen in Neodym-Isotopen [Be75]. Um eine klarere Darstellung zu erhalten, sind die Kurven vertikal gegeneinander verschoben. Neodym-Isotope bilden einen Übergang von kugelsymmetrischen zu deformierten Kernen. Die Riesenresonanz am kugelsymmetrischen Kern ^{142}Nd ist schmal; die Riesenresonanz am deformierten Kern ^{150}Nd zeigt ein doppeltes Maximum.

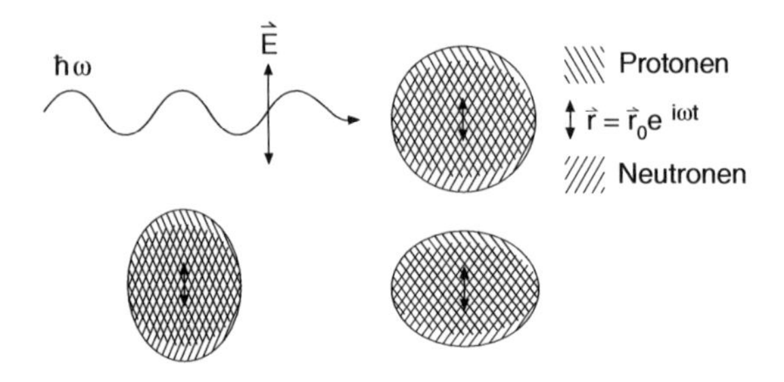

Abbildung 18.4. Interpretation der Dipolriesenresonanz als Schwingung der Protonen und Neutronen gegeneinander. In deformierten Kernen *(unten)* gibt es zwei verschiedene Schwingungsmoden.

Diese Wechselwirkung ist von Spin und Isospin des Teilchen-Loch-Systems abhängig und bewirkt eine starke Vermischung der Zustände. Im Folgenden wollen wir mit einem sehr vereinfachten Modell zeigen, wie sich durch diese Vermischung die Übergangsstärke aller Ein-Teilchen-ein-Loch-Zustände in einem Zustand konzentriert.

Wir bezeichnen mit $\mathcal{H}_0$ den Hamilton-Operator eines Nukleons im Zentralpotential nach dem Einteilchen-Schalenmodell. Beim Übergang von Teilchen aus einer abgeschlossen Schale in die nächsthöhere muss zusätzlich die Teilchen-Loch-Wechselwirkung berücksichtigt werden, so dass der Hamilton-Operator

$$\mathcal{H} = \mathcal{H}_0 + \mathcal{V} \tag{18.21}$$

geschrieben werden muss. Gerade aufgrund der durch die Teilchen-Loch-Wechselwirkung $\mathcal{V}$ verursachten Mischung der Einteilchenzustände entstehen kollektive Anregungen.

Betrachten wir die Teilchen-Loch-Zustände mit Spin und Parität 1^-. Dies können nur solche Teilchen-Loch-Kombinationen sein, bei denen sich die Drehimpulse $\boldsymbol{j}_1$ und $\boldsymbol{j}_2$ vektoriell zu $1\hbar$ addieren und die Summe der Bahndrehimpulsquantenzahlen $\ell_1 + \ell_2$ ungerade ist (damit sich eine negative Parität ergibt). Wenn wir uns auf die Anregung eines Nukleons aus der 1p-Schale in die 1d- und die 2s-Schale beschränken, dann sind die folgenden Teilchen-Loch-Zustände möglich:

$$\left|\phi^{-1}_{1\mathrm{p}_{3/2}}\phi_{1\mathrm{d}_{5/2}}\right\rangle, \quad \left|\phi^{-1}_{1\mathrm{p}_{3/2}}\phi_{2\mathrm{s}_{1/2}}\right\rangle, \quad \left|\phi^{-1}_{1\mathrm{p}_{3/2}}\phi_{1\mathrm{d}_{3/2}}\right\rangle,$$
$$\left|\phi^{-1}_{1\mathrm{p}_{1/2}}\phi_{2\mathrm{s}_{1/2}}\right\rangle, \quad \left|\phi^{-1}_{1\mathrm{p}_{1/2}}\phi_{1\mathrm{d}_{3/2}}\right\rangle.$$

Da im Kern ^{16}O sowohl die Protonen- als auch die Neutronenschalen abgeschlossen sind, gibt es solche Zustände für Protonen- und Neutronenanregung. Diese Zustände haben alle fast die gleiche Energie und sind somit näherungsweise entartet.

In schweren Kernen ist die Zahl der Nukleonen pro Schale größer, und dementsprechend größer ist die Zahl der fast entarteten angeregten Teilchen-Loch-Zustände mit $J^P = 1^-$. Die Zahl N der Teilchen-Loch-Zustände liegt für mittelschwere Kerne typischerweise zwischen 10 und 20.

Der Zusammenhang zwischen Einteilchen- und kollektiver Anregung kann durch ein schematisches Modell verdeutlicht werden [Br67]. Die Teilchen-Loch-Zustände wollen wir abgekürzt mit $|\psi_i\rangle$ bezeichnen:

$$|\psi_i\rangle = \left|\phi^{-1}_{j_1}\phi_{j_2}\right\rangle \qquad \text{mit } i = 1 \cdots N\,. \tag{18.22}$$

Definitionsgemäß sind die $|\psi_i\rangle$ Eigenzustände des ungestörten Hamilton-Operators

$$\mathcal{H}_0\,|\psi_i\rangle = E_i\,|\psi_i\rangle\,. \tag{18.23}$$

Die Lösung $|\Psi\rangle$ erfüllt die Schrödinger-Gleichung mit dem totalen Hamilton-Operator:

$$\mathcal{H}\,|\Psi\rangle = (\mathcal{H}_0 + \mathcal{V})\,|\Psi\rangle = E\,|\Psi\rangle\;. \tag{18.24}$$

Die Wellenfunktion $|\Psi\rangle$, projiziert auf den Raum, der von den Zuständen $|\psi_i\rangle$ in (18.22) aufgespannt wird, lässt sich dann als

$$|\Psi\rangle = \sum_{i=1}^{N} c_i \, |\psi_i\rangle \tag{18.25}$$

schreiben, und die Koeffizienten c_i genügen der Säkulargleichung

$$\begin{pmatrix} E_1 + V_{11} & V_{12} & V_{13} & \cdots \\ V_{21} & E_2 + V_{22} & V_{23} & \cdots \\ V_{31} & V_{32} & E_3 + V_{33} & \cdots \\ \vdots & \vdots & \vdots & \ddots \end{pmatrix} \cdot \begin{pmatrix} c_1 \\ c_2 \\ c_3 \\ \vdots \end{pmatrix} = E \cdot \begin{pmatrix} c_1 \\ c_2 \\ c_3 \\ \vdots \end{pmatrix} . \tag{18.26}$$

Der Einfachheit halber nehmen wir an, dass alle V_{ij} gleich sind:

$$\langle \psi_i | V | \psi_j \rangle = V_{ij} = V_0 \, . \tag{18.27}$$

Dann ist die Lösung der Säkulargleichung einfach: Für die Koeffizienten c_i kann man schreiben

$$c_i = \frac{V_0}{E - E_i} \sum_{j=1}^{N} c_j , \tag{18.28}$$

wobei $\sum_j c_j$ eine Konstante ist. Summieren wir beide Seiten über alle N Teilchen-Loch-Zustände und berücksichtigen, dass $\sum_i c_i = \sum_j c_j$ ist, so ergibt sich als Lösung der Säkulargleichung die Beziehung

$$1 = \sum_{i=1}^{N} \frac{V_0}{E - E_i} . \tag{18.29}$$

Die Lösungen dieser Gleichung lassen sich am besten graphisch diskutieren (Abb. 18.5). Die rechte Seite der Gleichung hat Pole an den Stellen $E = E_i$ mit $i = 1 \ldots N$. Die Lösungen E'_i von (18.29) ergeben sich dort, wo die rechte Seite Eins ist. Die neuen Energien sind durch Kreise auf der Abszisse gekennzeichnet. N–1 Eigenwerte (in der Abbildung sind es drei) sind zwischen

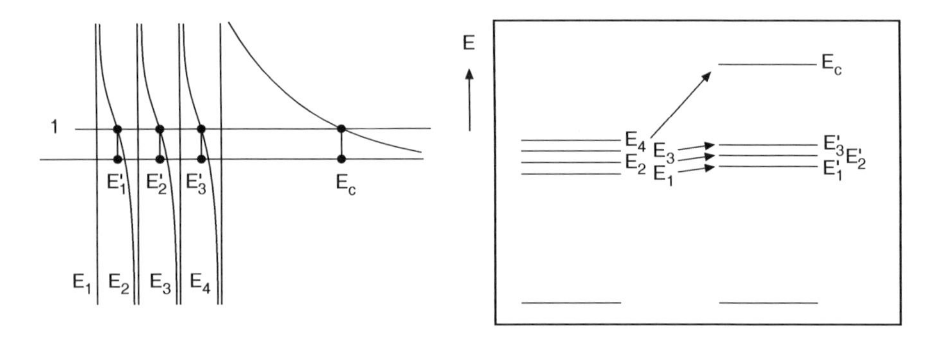

Abbildung 18.5. Graphische Darstellung der Lösung der Säkulargleichung (18.26) und Veranschaulichung der Verschiebung der Energieniveaus

den ungestörten Energien $E_1 \ldots E_n$ „eingesperrt“. Der Ausreißer, mit E_C bezeichnet, ist der kollektive Zustand, wie wir im Folgenden zeigen werden. Für eine abstoßende Wechselwirkung ($V_0 > 0$), wie in dem Bild angenommen, liegt der kollektive Zustand oberhalb der Teilchen-Loch-Zustände.

Um eine quantitative Abschätzung der Energieverschiebung zu bekommen, nehmen wir $E_i = E_0$ für alle i an. Dann schreibt sich (18.29) als

$$1 = \sum_{i=1}^{N} \frac{V_0}{E_C - E_i} = \frac{NV_0}{E_C - E_0}\,, \tag{18.30}$$

woraus

$$E_C = E_0 + N \cdot V_0 \tag{18.31}$$

folgt. Die Energieverschiebung des kollektiven Zustands ist proportional zur Zahl der entarteten Zustände. Aus dem Experiment sieht man, dass die Energie der Riesenresonanz etwa doppelt so groß ist wie der Abstand zwischen zwei Schalen, also $N \cdot V_0 \approx E_0$. Bei schwereren Kernen nimmt die effektive Wechselwirkung ab, dafür nehmen mehr Zustände an der kollektiven Bewegung teil.

Für den kollektiven Zustand sind die Entwicklungskoeffizienten

$$c_i^{(C)} = \frac{V_0}{E_C - E_i} \sum_j c_j^{(C)} \tag{18.32}$$

nahezu unabhängig von i, solange die Energie des kollektiven Zustands E_C weit von den E_i entfernt liegt. Der kollektive Zustand hat folgende Konfiguration:

$$|\psi_C\rangle = \frac{1}{\sqrt{N}} \sum_{j_i j_k} |\phi_{j_i}^{-1} \phi_{j_k}\rangle\,. \tag{18.33}$$

Dieser Zustand zeichnet sich dadurch aus, dass sich die Amplituden aller Teilchen-Loch-Zustände mit gleichem Vorzeichen (konstruktiv) addieren, weil $E_C > E_i$ für alle i gilt. Bei den übrigen $N-1$ Diagonalzuständen ist i. Allg. *ein* c_j groß, während die übrigen klein sind und unterschiedliches Vorzeichen haben. Die Amplituden überlagern sich destruktiv. Durch die kohärente Überlagerung der Amplituden ist die Übergangswahrscheinlichkeit für den kollektiven Fall groß und in den anderen Fällen klein, wie wir im Folgenden zeigen werden.

Wenn die Annahme aus (18.27), dass alle V_{ij} gleich sind, nicht erfüllt ist, wird die Rechnung komplizierter, aber an der generellen Schlussfolgerung ändert sich nichts: Solange die V_{ij} von der gleichen Größenordnung sind, wird der oberste Zustand als Einziger stark nach oben verschoben und manifestiert sich als kohärente Summe aller Teilchen-Loch-Zustände.

Abschätzung der Übergangswahrscheinlichkeit. Der Operator für den elektrischen Dipolübergang ist

$$\boldsymbol{D} = e \sum_{p=1}^{Z} \boldsymbol{x}_p \,, \tag{18.34}$$

wobei $\boldsymbol{x}_p$ die Koordinate eines Protons ist. Er muss noch modifiziert werden, denn es ist nicht klar, auf welches Koordinatensystem sich $\boldsymbol{x}_p$ bezieht. Das natürliche Koordinatensystem ist das Schwerpunktssystem; deshalb schreiben wir

$$\boldsymbol{D} = e \sum_{p=1}^{Z} (\boldsymbol{x}_p - \boldsymbol{X}) \qquad \text{mit} \qquad \boldsymbol{X} = \frac{1}{A}\left(\sum_{p=1}^{Z} \boldsymbol{x}_p + \sum_{n=1}^{N} \boldsymbol{x}_n\right) . \tag{18.35}$$

Dies lässt sich umformen zu

$$\boldsymbol{D} = e\frac{N}{A} \sum_{p=1}^{Z} \boldsymbol{x}_p - e\frac{Z}{A} \sum_{n=1}^{N} \boldsymbol{x}_n \,. \tag{18.36}$$

Dieser Ausdruck lässt sich so interpretieren, dass

$$\begin{array}{lll} e_{\mathrm{p}} = +eN/A & \text{die effektive Protonenladung} & \text{und} \\ e_{\mathrm{n}} = -eZ/A & \text{die effektive Neutronenladung} & \text{ist.} \end{array} \tag{18.37}$$

Ein Photon „zieht“ die Protonen in die eine Richtung und die Neutronen in die entgegengesetzte Richtung, so dass der Schwerpunkt an der gleichen Stelle bleibt. Unter dem Einfluss eines Photons bewegen sich Neutronen und Protonen immer gegeneinander.

Wenn man in (18.1) für ψ_i und ψ_f die Wellenfunktion im Einteilchen-Schalenmodell des Nukleons vor und nach der γ-Emission einsetzt, bekommt man die sogenannte Einteilchen-Übergangswahrscheinlichkeit. Gewichtet mit dem Quadrat der effektiven Ladung benutzt man sie, um die Kollektivität von Übergängen abzuschätzen.

Um die Übergangswahrscheinlichkeit auszurechnen, müssen wir die Wellenfunktion (18.33) zur Berechnung des Matrixelementes

$$\mathcal{M}_{fi} = \int \mathrm{d}^3x \; \psi_f^* \; D_z \; \psi_i \tag{18.38}$$

verwenden, wobei D_z die z-Komponente des Dipoloperators (18.34) ist. In unserem Fall ist ψ_i gleich $|0\rangle$, der Wellenfunktion des Grundzustandes mit abgeschlossener Schale, und ψ_f die Wellenfunktion (18.33) der kollektiven Anregung. Dann ist

$$\mathcal{M}_{C0} = \frac{1}{\sqrt{N}} \int \mathrm{d}^3x \left\{ \langle \phi_{j_i}^{-1} \phi_{j_k} | + \langle \phi_{j_l}^{-1} \phi_{j_m} | + \cdots \right\} D_z |0\rangle \,. \tag{18.39}$$

Das Matrixelement zwischen Grundzustand und Teilchen-Loch-Anregung kann mit dem Dipolübergang von Teilchen aus einer gefüllten Schale in eine höhere Schale gleichgesetzt werden. Die Integrale

$$A_n = \int \mathrm{d}^3x \, \phi^*_{j_k} D_z \phi_{j_i} \tag{18.40}$$

stellen die Amplitude für den Übergang eines Teilchens aus der j_i-Schale in die j_k-Schale dar. Hierbei ist n ein Index, der die einzelnen der insgesamt N Teilchen-Loch-Zustände markiert. Die Phasen der Übergangsamplituden A_n, die zum kollektiven Zustand beitragen, sind die Phasen der Differenzen der magnetischen Unterzustände. Bei der Bildung der Quadrate der Amplituden taucht eine gleiche Anzahl von gemischten Termen mit positivem und negativem Vorzeichen auf, wodurch diese im Mittelwert verschwinden. Wenn wir der Einfachheit halber annehmen, dass auch die Beträge $|A_n|$ gleich groß sind, ergibt sich für das Quadrat des Matrixelementes

$$|\mathcal{M}_{\mathrm{C0}}|^2 = \frac{1}{N}\left|\sum_{n=1}^{N} A_n\right|^2 = \frac{N^2}{N}\cdot|A|^2 = N\cdot|M_{1\,\mathrm{Teilchen}}|^2 \,. \tag{18.41}$$

Es findet somit eine Umverteilung der Übergangswahrscheinlichkeiten statt. Dadurch, dass sich die Zustände mischen, gibt es nicht mehr die Anregung von N verschiedenen Zuständen mit jeweils der Wahrscheinlichkeit $|A|^2$, vielmehr steckt nun die gesamte Übergangswahrscheinlichkeit $N|A|^2$ im kollektiven Zustand.

Diese Überlegung gilt für Protonen und Neutronen gleichermaßen. Da die effektiven Ladungen von Protonen und Neutronen (18.37) unterschiedliches Vorzeichen haben, schwingen Protonen und Neutronen im Kern gegenphasig. Dies ist die semiklassische Interpretation der Dipolriesenresonanz.[1] In deformierten Kernen kann die Schwingung entlang und senkrecht zur Symmetrieachse auftreten. Dies führt zu zwei Maxima der Anregungskurve, wie in Abb. 18.3 für ^{150}Nd gezeigt.

Die Behandlung der kollektiven Dipolresonanz in einem Schalenmodell, das man auf wenige Teilchen-Loch-Zustände beschränkt und dann in einem schematischen Modell löst, erklärt, warum die Dipolübergangsstärke im Wesentlichen auf einen Zustand beschränkt ist. Die Resonanz liegt oberhalb der Neutronenschwelle, also im Kontinuum, und vermischt sich vor allem mit Neutronen-Streuzuständen. Darum wird im Wirkungsquerschnitt für Photonenabsorption anstelle eines scharfen Zustandes eine breite Struktur beobachtet.

[1] Zur Dipolriesenresonanz gibt es ein schönes Analogon in der Plasmaphysik: Wenn man elektromagnetische Wellen auf ein Plasma schickt, wird ein breites Band um die sogenannte Plasmafrequenz absorbiert. Bei dieser Frequenz schwingt die Gesamtheit der freien Elektronen gegen die Ionen.

18.3 Formschwingungen

Quadrupolschwingungen. Experimentell sind weitere kollektive Zustände im Kern bekannt. Um das Bild der Anregungen nicht unnötig zu verkomplizieren, betrachten wir im Folgenden nur doppelt-gerade Kerne. Diese haben im Grundzustand immer die Quantenzahlen $J^P = 0^+$ und im ersten angeregten Zustand $J^P = 2^+$, mit Ausnahme der doppelt-magischen und einiger weniger anderer Kerne (Abb. 17.6 und 18.6). Die einfachste Erklärung für diesen Zustand wäre, dass ein Nukleonenpaar aufgebrochen ist und zur energetisch zweitgünstigsten Konfiguration $J^P = 2^+$ koppelt. Messungen der Lebensdauer dieser Zustände zeigen jedoch, dass die Übergangswahrscheinlichkeit für den elektrischen Quadrupolübergang um bis zu zwei Größenordnungen größer ist, als man es für einen Einteilchenübergang erwartet. Für Kerne mit ausreichend vielen Teilchen außerhalb abgeschlossener Schalen sind die niedrigsten 2^+-Zustände die ersten Vertreter der Grundzustandsrotationsbande, die wir in Abschn. 18.4 besprechen werden. Für Konfigurationen mit wenigen Teilchen außerhalb der abgeschlossenen Schalen beschreibt man diesen Zustand als eine Oszillation der geometrischen Form des Kerns um die Gleichgewichtslage, die näherungsweise kugelsymmetrisch ist. Da wir es mit einem 2^+-Zustand zu tun haben, ist es nahe liegend, dass diese Vibration den Charakter einer Quadrupolvibration hat (Abb. 18.8a).

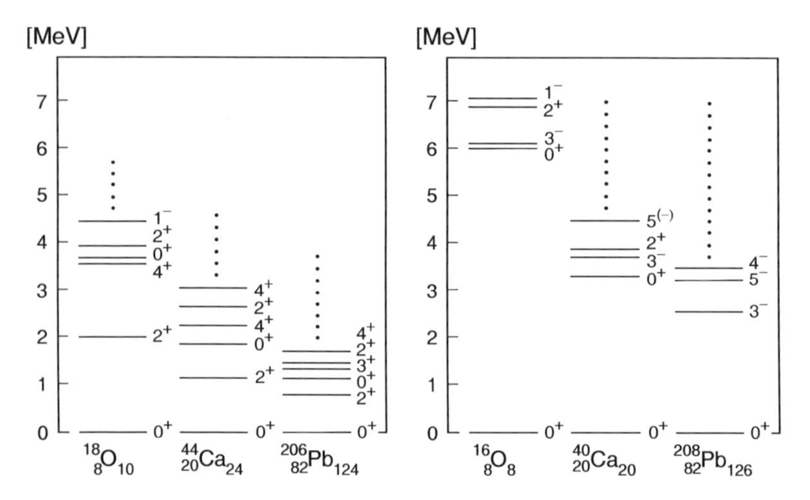

Abbildung 18.6. Niveauschemata der drei einfach-magischen gg-Kerne ^{18}O, ^{44}Ca und ^{206}Pb *(links)* und der drei doppelt-magischen Kerne ^{16}O, ^{40}Ca und ^{208}Pb *(rechts)*. Im ersten Fall hat der erste angeregte Zustand die Quantenzahlen $J^P = 2^+$. Bei den drei doppelt-magischen Kernen fehlt dieser Zustand; dafür erscheint ein tief liegender 3^--Zustand. Die Wahrscheinlichkeit für den Übergang in den Grundzustand ist groß, verglichen mit dem Wert, den man für eine Einteilchenanregung erwartet. Man interpretiert diese Zustände als kollektive Quadrupol- bzw. Oktupolvibrationen.

In der Nähe der Dipolriesenresonanz, also bei wesentlich höheren Anregungsenergien, beobachtet man in Elektronstreuexperimenten weitere kollektive Zustände mit $J^P = 2^+$, die man als Quadrupolriesenresonanzen bezeichnet.

Ähnlich wie für den Fall der Dipolriesenresonanzen verlangt dieses anschauliche Bild der Quadrupolschwingung eine Erklärung aufgrund des Schalenmodells und der Natur der Kernkräfte. Im Einteilchenbild entstehen die kollektiven Anregungen nur, wenn die Teilchen einer Schale phasenkorreliert angeregt werden. Im Falle der Dipolriesenresonanzen hatte sich dies als kohärente Addition der Amplituden aller Teilchen-Loch-Anregungen dargestellt. Um Zustände mit $J^P = 2^+$ zu erzeugen, müssen wir entweder ein Teilchen in die übernächste Schale oder innerhalb derselben Schale befördern. Dies folgt aus Spin und Parität der Schalenzustände: Bis ^{48}Ca haben die Schalen alternierend Parität $+1$ und -1; in höheren Kernen haben zumindest Schalenzustände mit ähnlich großem j in aufeinander folgenden Schalen entgegengesetzte Parität. Die Teilchen-Loch-Zustände sind auch in diesem Fall näherungsweise entartet, was zu kollektiven Anregungen führen kann. Anregungen von Teilchen innerhalb derselben Schale führen zu niedrigliegenden Quadrupolvibrationen, Anregungen in die übernächste Schale zu Quadrupolriesenresonanzen.

Während die Dipolriesenresonanz im semiklassischen Bild dadurch entsteht, dass Protonen und Neutronen gegeneinander schwingen, können sich bei der Quadrupolschwingung der Kerne Protonen und Neutronen gleichphasig oder gegenphasig bewegen. Bei gleichphasiger Bewegung bleibt der Isospin unverändert, bei gegenphasiger Bewegung ändert er sich um Eins. Im Folgenden betrachten wir nur den ersten Fall. Die Wechselwirkung zwischen Teilchen-Loch-Zuständen, die die gleichphasige Bewegung bewirkt, hat offensichtlich einen anziehenden Charakter. Wenn wir die Säkulargleichung für die kollektiven 2^+-Zustände lösen würden, dann sähen wir, dass in diesem Fall wegen der anziehenden Wechselwirkung die Zustände zu niedrigeren Energien geschoben werden. Der energetisch niedrigste Zustand bekommt eine Konfiguration, die als kohärente Superposition von Teilchen-Loch-Zuständen mit $J^P = 2^+$ aufgebaut ist, und wird als kollektiver Zustand nach unten geschoben.

Die verschiedenen kollektiven Anregungen im Rahmen des Schalenmodells sind schematisch in Abb. 18.7 dargestellt. Die Quadrupolriesenresonanz spaltet sich in zwei Anteile auf. Derjenige mit $\Delta I = 1$, der durch die Abstoßung von Proton und Neutron entsteht, wird ähnlich wie die Dipolriesenresonanz zu höheren Anregungen verschoben. Die Quadrupolriesenresonanz mit $\Delta I = 0$ entspricht den Formschwingungen und verschiebt sich zu kleineren Anregungen. Die Verschiebung ist in beiden Fällen jedoch kleiner als bei der Dipolriesenresonanz, was auf eine geringere Kollektivität dieser Anregung hindeutet. Dies kann man wie folgt erklären: Die Ein-Teilchen-Loch-Anregungen, aus denen die Dipolriesenresonanz aufgebaut ist, können

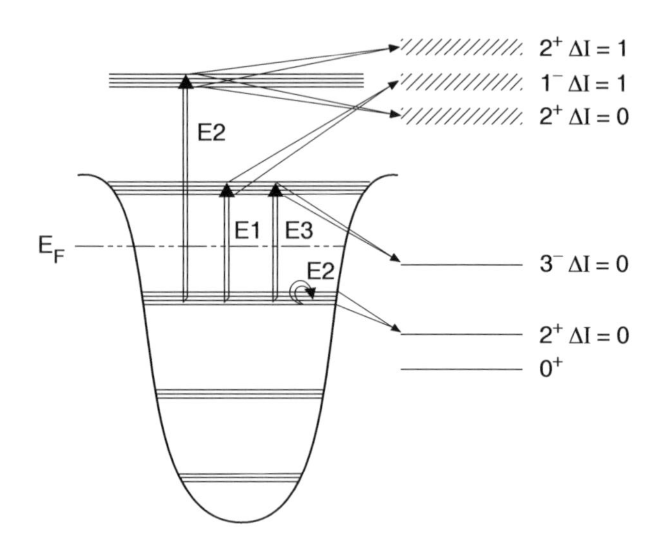

Abbildung 18.7. Kollektive Anregungen im Rahmen des Schalenmodells. Die Formschwingungen sind mit $\Delta I = 0$ bezeichnet. Die kollektiven Zustände, bei denen Protonen und Neutronen in Phase schwingen, werden zu niedrigeren Energien verschoben. Die Zustände, bei denen Protonen und Neutronen gegenphasig schwingen ($\Delta I = 1$), werden zu höheren Anregungen verschoben. Unterhalb der Fermienergie E_{F} sind die Schalen mit Nukleonen besetzt. Gemessen an den Einteilchenanregungen liegt der Grundzustand um die Paarungsenergie tiefer.

aus energetischen Gründen nur in wenige andere Zustände übergehen, die gleichfalls Ein-Teilchen-Loch-Anregungen aus derselben Schalenkombination sind. Deswegen ist dieser Zustand aus Ein-Teilchen-Loch-Anregungen langlebig und weist eine sehr starke Kohärenz auf. Für die Anregungen in die übernächste Schale, aus denen die Quadrupolresonanz aufgebaut ist, gilt das nicht mehr. Die Ein-Teilchen-Loch-Anregungen der übernächsten Schale können in Zwei-Teilchen-Loch-Zustände zerfallen. Daher ist die Lebensdauer kürzer, und damit ist die Kohärenz geringer und die Kollektivität weniger ausgeprägt.

Bei gleichphasiger Bewegung der Protonen und Neutronen manifestiert sich diese Bewegung als Formveränderung des Kerns. Diese Veränderung kann man mit dem Schalenmodell kaum quantitativ beschreiben, da die Wellenfunktionen der Teilchen für ein kugelsymmetrisches Potential ausgerechnet sind. Bei Formschwingungen ändert sich auch die Form des Potentials, und die Bewegung der Nukleonen muss sich dem anpassen. Für eine quantitative Behandlung der Kerne mit ausgeprägten Quadrupolschwingungen verwendet man daher eine hybride Beschreibung, bei der man die Gesamtwellenfunktion in Vibrations- und Ein-Teilchen-Anteil zerlegt.

Oktupolschwingungen. In Kernen mit doppelt abgeschlossenen Schalen, wie ^{16}O, ^{40}Ca und ^{208}Pb, taucht ein niedrig liegender 3^--Zustand auf

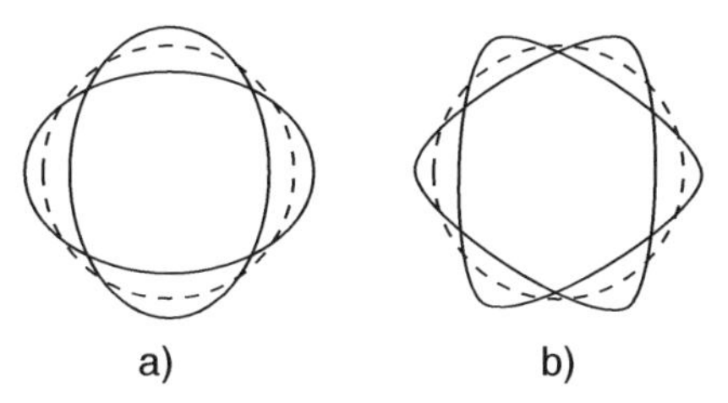

Abbildung 18.8. (**a**) Quadrupolvibration; (**b**) Oktupolvibration

(Abb. 18.6), dessen Übergangswahrscheinlichkeit um bis zu zwei Größenordnungen höher ist als der Einteilchenwert. Diesen Zustand kann man als Oktupolvibration (Abb. 18.8b) interpretieren. Die kollektiven 3^--Zustände können aus Teilchen-Loch-Anregungen benachbarter Schalen aufgebaut werden, genauso wie die Dipolriesenresonanz. Da in Formschwingungen Protonen und Neutronen in gleicher Phase schwingen, ist die Teilchen-Loch-Wechselwirkung in diesem Fall anziehend. Die kollektiven Oktupolanregungen werden zu niedrigen Energien verschoben.

Fazit. Das Bild der kollektiven Anregungen, das wir versucht haben darzustellen, sieht zusammenfassend wie folgt aus: Da im Kern die Schalen energetisch klar getrennt sind, entstehen bei der Anregung der Nukleonen in die höhere Schale energetisch fast entartete Teilchen-Loch-Zustände. Durch die kohärente Überlagerung der Teilchen-Loch-Zustände entsteht die kollektive Anregung. Formschwingungen können als kohärente Überlagerung von Einteilchenbewegungen interpretiert werden, eine quantitative Beschreibung ist aber nur mit kollektiven Variablen sinnvoll.

18.4 Rotationszustände

Kerne mit ausreichend vielen Nukleonen außerhalb der abgeschlossenen Schalen zeigen charakteristische Anregungsmuster: Serien von Zuständen mit wachsendem Gesamtdrehimpuls, deren energetischer Abstand linear zunimmt. Man interpretiert diese Anregungen als Rotation des Kerns und bezeichnet die Serien analog zur Molekülphysik als *Rotationsbande*. Bei elektrischen Quadrupolübergängen zwischen den Zuständen einer Rotationsbande ist der kollektive Charakter besonders ausgeprägt. Das Anregungsmuster wie auch der kollektive Charakter der Quadrupolübergänge werden damit erklärt, dass diese Kerne stark deformiert sind [Bo53]. Im Allgemeinen koppelt der Spin des Kerngrundzustandes mit den Drehimpulsen der kollektiven Anregungen. Diese Komplikation werden wir umgehen, indem wir nur gg-Kerne betrachten, da diese im Grundzustand den Spin Null haben.

In der klassischen Mechanik ist die Rotationsenergie durch den Drehimpuls $\boldsymbol{J}$ und das Trägheitsmoment Θ gegeben:

$$E_{\rm rot} = \frac{|\boldsymbol{J}_{\rm rot}|^2}{2\Theta} \,. \tag{18.42}$$

Quantenmechanisch wird die Rotation durch einen Hamilton-Operator

$$\mathcal{H}_{\rm rot} = \frac{\boldsymbol{J}^2}{2\Theta} \tag{18.43}$$

beschrieben. Bei einem quantenmechanischen System muss die Rotation senkrecht zur Symmetrieachse stattfinden. Die Eigenzustände des Drehimpulsoperators $\boldsymbol{J}$ sind die Kugelflächenfunktionen Y_J^m, die die Winkelverteilung der Wellenfunktion beschreiben. Zu diesen Funktionen gehören die Eigenwerte des Hamilton-Operators:

$$E_J = J(J+1)\frac{\hbar^2}{2\Theta} \,. \tag{18.44}$$

Wegen $E_{J+1} - E_J = 2(J+1)\hbar^2/2\Theta$ nimmt der Abstand aufeinander folgender Zustände linear zu. Diese Eigenschaft ist charakteristisch für Rotationszustände. Bei Kernen mit dem Grundzustand $J^P = 0^+$ sind aus Symmetriegründen nur geradzahlige Werte von J möglich. Aus den Spins und Anregungsenergien lässt sich das Trägheitsmoment Θ bestimmen.

Die experimentellen Daten wollen wir an zwei Beispielen zusammenfassend darstellen. Diese haben wir aus dem Massenbereich gewählt, in dem stark deformierte Kerne vorkommen: die Lanthaniden und die Aktiniden.

Coulomb-Anregung. Zur Erzeugung von hoch angeregten Rotationszuständen wird gerne die Coulomb-Anregung in Schwerionen-Reaktionen benutzt. Um zu gewährleisten, dass die Wechselwirkung ausschließlich durch Coulomb-Anregung erfolgt, müssen die beiden Partner außerhalb der Reichweite der Kernkräfte bleiben. Die Energie des Projektils muss deshalb so gewählt werden, dass die *Coulomb-Schwelle*

$$E_{\rm C} = \frac{Z_1 Z_2 e^2}{4\pi\varepsilon_0}\frac{1}{R_1+R_2} = \frac{Z_1 Z_2 \alpha \cdot \hbar c}{R_1+R_2} \tag{18.45}$$

der beiden Partner nicht überwunden wird. Um auszuschließen, dass sich die Ausläufer der Kernwellenfunktion bei der Reaktion noch auswirken, setzt man für die Radien R_1 und R_2 der Reaktionspartner einen größeren Wert als in (5.56), beispielsweise $R = 1.68\ {\rm fm} \cdot A^{1/3}$ [Ch73].

Betrachten wir als Beispiel die Coulomb-Streuung eines ${}^{90}_{40}$Zr-Projektils an einem ${}^{232}_{90}$Th-Targetkern. Das ^{90}Zr-Ion wird in einem Tandem-Van-de-Graaff-Beschleuniger auf eine kinetische Energie von $E_{\rm Zr} = 415$ MeV beschleunigt. Die Schwerpunktsenergie, die den beiden Kollisionspartnern zur Verfügung steht, beträgt

$$E_{\rm cm} = \frac{A_{\rm Th}}{A_{\rm Zr} + A_{\rm Th}} E_{\rm Zr} \approx 299\ {\rm MeV}. \tag{18.46}$$

Wenn wir die Werte für Ladungszahl und Radius der beiden Kerne in (18.45) einsetzen, erhalten wir $E_C \approx 300$ MeV. Die Schwerpunktsenergie liegt also gerade noch an der Grenze, oberhalb derer sich die ersten nichtelektromagnetischen Effekte bemerkbar machen.

Der Projektilkern ^{90}Zr verfolgt eine hyperbolische Bahn im Feld des Targetkerns (Abb. 18.9a) und bewirkt, dass der ^{232}Th-Kern ein schnell veränderliches elektrisches Feld sieht. Durch die starke Krümmung der Ionenbahn werden ausreichend hohe Frequenzen des zeitabhängigen elektrischen Feldes erzeugt, so dass Einzelanregungen bis etwa 1 MeV stark vertreten sind.

Zwischen Coulomb-Anregung und Elektronenstreuung am Kern besteht nicht nur ein quantitativer, sondern auch ein qualititativer Unterschied:

- Der wichtigste Unterschied ist, dass die Wechselwirkung wegen der Projektilladung Z-mal stärker als die eines Elektrons ist. Im Matrixelement (5.31) muss man α durch $Z\alpha$ ersetzen. Der Wirkungsquerschnitt steigt daher mit Z^2 an.
- Um unterhalb der Coulomb-Barriere zu bleiben, muss die Projektilenergie so niedrig sein, dass die Projektilgeschwindigkeit $v \lesssim 0.05\,c$ beträgt. Die magnetische Wechselwirkung ist somit nur von geringer Bedeutung.

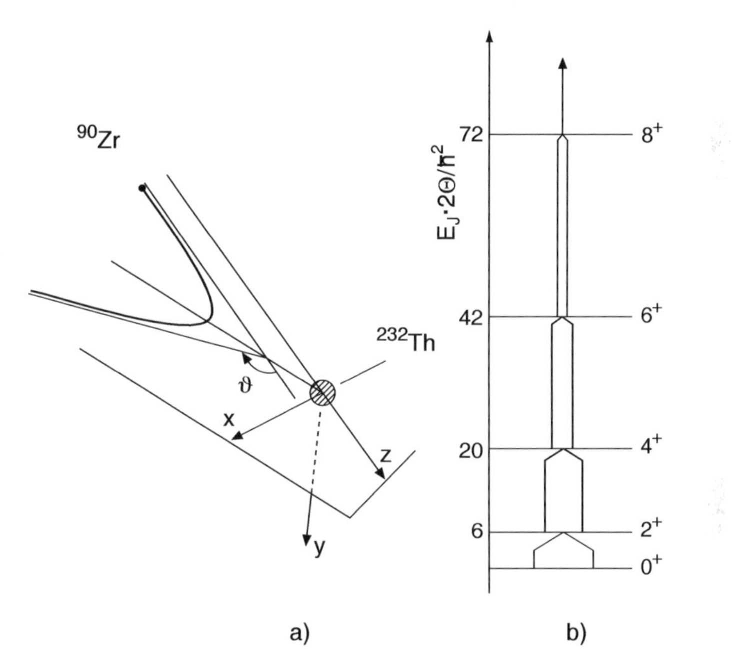

Abbildung 18.9. (**a**) Kinematik des Schwerionenstoßes am Beispiel der Reaktion ^{90}Zr+^{232}Th. Das Projektil beschreibt eine hyperbolische Bahn im Coulomb-Feld des Targetkerns. (**b**) Schematische Darstellung der vielfachen Coulomb-Anregung einer Rotationsbande. Durch sukzessive Quadrupolanregung werden die Zustände 2^+, 4^+, 6^+, 8^+ ... (mit abnehmender Intensität) bevölkert.

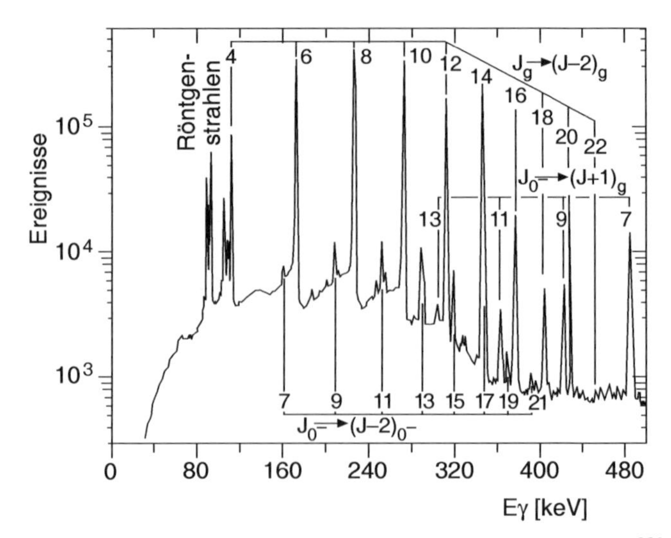

Abbildung 18.10. Photonenspektrum eines Coulomb-angeregten ^{232}Th-Kerns. Man erkennt drei Serien zusammengehöriger Linien. Die stärksten Linien entsprechen Übergängen in der Grundzustandsrotationsbande $J_g \rightarrow (J-2)_g$. Die beiden anderen Banden sind stark unterdrückt und bauen auf angeregten Zuständen auf (vgl. Abb. 18.12) [Ko88].

– Die Ionenbahn kann man klassisch berechnen, auch im Falle der inelastischen Stöße. Bei der Coulomb-Anregung ändert sich die kinetische Energie des Projektils um weniger als 1 %, und seine Bahn bleibt daher nahezu unverändert. Die Frequenzverteilung der virtuellen Photonen ist sehr gut bekannt, und die Übergangsamplituden können genau ausgerechnet werden.

Wegen der großen Kopplungsstärke sind jetzt aber auch sukzessive Anregungen aufeinander folgender Niveaus möglich. In Abb. 18.9b ist dies schematisch gezeigt: die Quadrupolanregung pflanzt sich in einer Rotationsbande vom 2^+- über den 4^+- zum 6^+-Zustand fort.

Die Beliebtheit der Coulomb-Anregung in der Gammaspektroskopie ist wohlbegründet. Bei solchen Reaktionen werden vor allem Zustände innerhalb von Rotationsbanden angeregt. Die Wirkungsquerschnitte zu den angeregten Zuständen geben durch die Übergangswahrscheinlichkeiten die wichtigsten Informationen über die Kollektivität der Rotationsbande. Durch Messung der Wirkungsquerschnitte zu den verschiedenen Zuständen wird zugleich die Übergangswahrscheinlichkeit für den elektrischen Quadrupolübergang innerhalb der Rotationsbande bestimmt.

Ein sehr bedeutender Fortschritt in der Kern-Gammaspektroskopie war die Einführung von Germanium-Halbleiterdetektoren. In Abb. 18.10 ist der niederenergetische Teil des Gammaspektrums der Coulomb-Anregung von ^{232}Th durch Streuung von ^{90}Zr-Ionen gezeigt. Dieses Gammaspektrum wurde

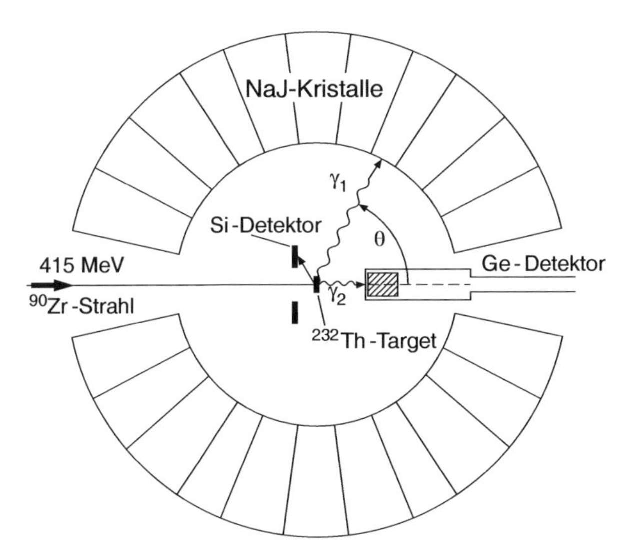

Abbildung 18.11. Experimentelle Anordnung zur Untersuchung der Coulomb-Anregung durch Schwerionenstoß. Im gezeigten Beispiel trifft ein ^{90}Zr-Strahl auf ein ^{232}Th-Target. Die rückgestreuten Zr-Projektile werden in einem Siliziumdetektor nachgewiesen. Zur Aufnahme eines präzisen γ-Spektrums dient ein Germanium-Detektor, mit dem die γ-Kaskaden innerhalb der Rotationsbanden sehr gut aufgelöst werden können. Diese Photonen werden zusätzlich durch eine Kristallkugel aus NaJ-Zählern mit schlechterer Auflösung gemessen. Mit einer Koinzidenzbedingung zwischen dem Si-Detektor und den NaJ-Kristallen kann man ein Energiefenster auswählen, innerhalb dessen man die Rotationszustände des Kerns mit dem Germanium-Detektor studieren will (nach [Ko88]).

mit einem Ge-Halbleiterzähler in Koinzidenz mit den rückgestreuten ^{90}Zr-Ionen aufgenommen, die mit einem Si-Halbleiterzähler nachgewiesen wurden (Abb. 18.11).

Die exzellente Energieauflösung ermöglicht es, Übergänge innerhalb von Rotationsbanden einzeln aufzulösen. Man erkennt drei Serien von Linien. Am stärksten ausgeprägt sind Übergänge innerhalb der Grundzustandsrotationsbande ($J_\mathrm{g} \to (J-2)_\mathrm{g}$). Nach (18.42) müssten diese Linien äquidistante Abstände haben. Dies ist nur näherungsweise der Fall, was damit erklärt werden kann, dass das Trägheitsmoment mit wachsendem Spin zunimmt. Die Streuereignisse mit Streuwinkeln nahe bei 180° wählt man deswegen, weil dabei das Projektil sehr nahe an das Target gelangt und im Moment größter Annäherung eine starke Beschleunigung erfährt. Das Spektrum der virtuellen Photonen, die das Projektil emittiert, enthält hohe Frequenzen, die für die Anregung der Hochspinzustände wichtig sind. Das Niveauschema, das aus dieser Art von Messungen hervorgeht, wird in Abb. 18.12 gezeigt. Neben der Grundzustandsrotationsbande sind auch Rotationsbanden dargestellt, die auf angeregten Zuständen aufgebaut sind. In diesem Fall sind die angeregten Zustände als Vibrationszustände interpretierbar.

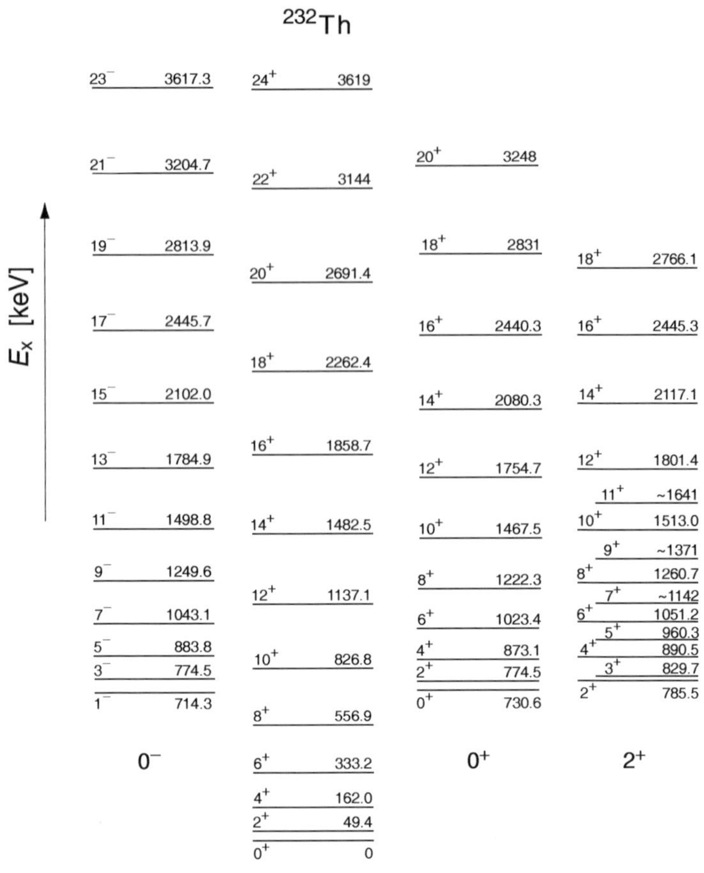

Abbildung 18.12. Niveauschema des Kerns ^{232}Th. Die Anregungsenergien sind in keV angegeben.Neben der Grundzustandsrotationsbande, die bis $J^P = 24^+$ angeregt werden kann, sind weitere Rotationsbanden beobachtet worden, die auf Vibrationsanregungen aufgebaut sind (nach [Ko88]). Die Quantenzahlen der Vibrationszustände sind unterhalb der Banden angegeben. Auf dem Vibrationszustand mit $J^P = 0^-$ können aus Symmetriegründen nur Rotationszustände mit ungeradem Drehimpuls aufbauen.

Fusionsreaktionen. Um Rekorde in Hochspinanregungen zu bekommen, werden Fusionsreaktionen wie z. B.

$$^{48}\text{Ca} + {}^{108}\text{Pd} \longrightarrow {}^{156}\text{Dy} \longrightarrow {}^{152}\text{Dy} + 4\text{n}$$

benutzt. Bei einer kinetischen Energie von 200 MeV können ^{48}Ca-Kerne die Coulomb-Barriere überwinden. Wenn die Fusion gerade dann stattfände, wenn sich die beiden Kerne berühren, bekäme das Fusionsprodukt ^{156}Dy einen Drehimpuls

$$\ell\hbar \approx (R_1 + R_2)\sqrt{2mE} \,, \tag{18.47}$$

wobei m die reduzierte Masse des Systems ^{48}Ca–^{108}Pd ist. Für R_1 und R_2 müssen jetzt natürlich die wahren Kernradien nach (5.56) eingesetzt werden. Dann ergibt die Rechnung $\ell \approx 180$. In der Praxis findet die Fusionsreaktion jedoch nur dann statt, wenn Projektil und Target sich überlappen; deshalb ist diese Zahl als obere Grenze der erreichbaren Drehimpulse zu verstehen. Experimentell wurden durch diese Reaktion Zustände bis $J^P = 60^+$ erreicht (Abb. 18.14).

Das Trägheitsmoment. Die Größe des Trägheitsmoments kann mit Hilfe von (18.44) aus den gemessenen Energieniveaus der Rotationsbanden ausgerechnet werden. Die Deformation δ erhält man aus der Übergangswahrscheinlichkeit für die elektrische Quadrupolstrahlung innerhalb der Rotationsbande. Das Matrixelement für die Quadrupolstrahlung ist proportional zum Quadrupolmoment des Kerns, welches für kollektive Zustände durch (17.40) gegeben ist. Der experimentelle Zusammenhang zwischen Trägheitsmoment und Deformationsparameter ist in Abb. 18.13 aufgetragen, wobei das Trägheitsmoment der Kerne auf dasjenige einer starren Kugel mit dem Radius R_0

$$\Theta_{\text{starre Kugel}} = \frac{2}{5} M R_0^2 \tag{18.48}$$

normiert ist. Das Trägheitsmoment nimmt mit der Deformation zu und ist etwa halb so groß wie das einer starren Kugel.[2]

Zusätzlich sind in Abb. 18.13 zwei extreme Modelle aufgetragen. Das Trägheitsmoment ist maximal, wenn sich der deformierte Kern wie ein starrer Körper verhält. Der andere Extremfall ist erreicht, wenn der Kern einer wirbelfreien Flüssigkeit ähnelt.

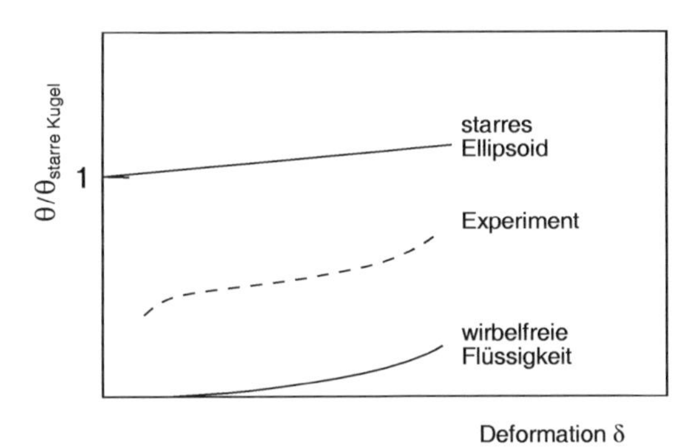

Abbildung 18.13. Trägheitsmoment deformierter Kerne, verglichen mit dem einer starren Kugel, als Funktion des Deformationsparameters δ. Zum Vergleich sind die Extremfälle eines starren Ellipsoiden und einer wirbelfreien Flüssigkeit angegeben.

Eine ideale Flüssigkeit, inkompressibel und ohne innere Reibung, wäre z. B. superfluides ^{4}He. Die Strömung einer reibunglosen Flüssigkeit ist wirbelfrei. Eine massenlose Eierschale, gefüllt mit superfluidem Helium, würde

[2] Der Vergleich mit einer starren Kugel ist selbstverständlich nur klassisch möglich, weil ein kugelsymmetrisches quantenmechanisches System keine Rotation ausführen kann.

bei der Rotation das Trägheitsmoment einer wirbelfreien Strömung ergeben. Nur die Ausbeulung des Eies würde zum Trägheitsmoment beitragen, nicht jedoch das Innere. In solch einem Fall ist das Trägheitsmoment

$$\Theta = \frac{45\delta^2}{16\pi} \cdot \Theta_{\text{starre Kugel}} \,, \tag{18.49}$$

wobei δ der Deformationsparameter aus (17.39) ist.

Kehren wir zum Beispiel des Kerns ^{232}Th zurück. Aus den Übergangswahrscheinlichkeiten errechnet sich die Deformation zu $\delta = 0.25$. Wenn sich die Kernrotation als wirbelfreie Strömung beschreiben ließe, dann müsste das Trägheitsmoment (18.49) 6 % von dem einer starren Kugel betragen. Aus den Niveauabständen der Grundzustandsbande errechnet man jedoch

$$\frac{\Theta_{^{232}\text{Th}}}{\Theta_{\text{starre Kugel}}} \approx 0.3 \,. \tag{18.50}$$

Das bedeutet, dass das experimentell bestimmte Trägheitsmoment in der Mitte zwischen den beiden extremen Möglichkeiten liegt (Abb. 18.13).

Qualitativ ist dieses Resultat einfach zu deuten. Im Abschn. 17.4 haben wir erwähnt, dass die Deformation des Kerns die Folge der Häufung der sich gegenseitig anziehenden Orbitale ist, entweder um die Symmetrieachse (prolate Form) oder senkrecht zur Symmetrieachse (oblate Form). Die Deformation ist an die Orbitale gebunden, und man würde erwarten, dass deformierte Kerne als starre Ellipsoide rotieren. Dies ist offensichtlich nicht der Fall. Die Abweichung von der Rotation eines starren Rotators deutet darauf hin, dass die Kernmaterie auch eine superfluide Komponente haben muss. In der Tat verhalten sich Kerne wie Eierschalen, die mit einem Gemisch aus einer normalen und einer suprafluiden Flüssigkeit gefüllt sind.

Die suprafluide Komponente der Kernmaterie kommt vermutlich durch die Paarungskraft zustande. Nukleonen entgegengesetzter Drehimpulse koppeln zu Paaren mit Spin Null (s. S. 277). Ein System mit Spin Null ist kugelsymmetrisch und kann daher nicht zu einer Rotationsbewegung beitragen. Die Paarbindung kann man analog zur Bindung von Elektronen zu Cooper-Paaren in Supraleitern [Co56b, Ba57] betrachten. Die gepaarten Nukleonen stellen, zumindest soweit es die Rotation betrifft, die suprafluide Komponente der Kernmaterie dar. Dies bedeutet andererseits, dass in deformierten Kernen nicht alle Nukleonen gepaart sein können. Je größer die Deformation ist, desto mehr Nukleonen müssen ungepaart sein. Dies erklärt das Anwachsen des Trägheitsmoments mit der Deformation (Abb. 18.13).

Eine ähnliche Abhängigkeit des Trägheitsmoments von ungepaarten Nukleonen beobachtet man in den Rotationsbanden. Mit zunehmendem Drehimpuls wächst die Rotationsgeschwindigkeit des Kerns und damit die Zentrifugalkraft auf die Nukleonen. Dies bewirkt, dass Nukleonenpaare aufbrechen. Bei großen Drehimpulsen nähert sich deswegen das Trägheitsmoment dem eines starren Rotators, wie man am Beispiel des ^{152}Dy anschaulich demonstrieren kann.

Das Anregungsspektrum von ^{152}Dy (Abb. 18.14) ist recht exotisch. Im Grundzustand ist ^{152}Dy nicht stark deformiert, was man daran sieht, dass die Zustände in der Grundzustandsrotationsbande nicht streng dem Gesetz $E \propto J(J+1)$ folgen und die Übergangswahrscheinlichkeit nicht allzu groß ist. Die Bande, die von 0^+ bis 46^+ nachgewiesen wurde, zeigt echten Rotationscharakter erst bei hohen Spins. Besonders interessant ist die Bande, die bis $J^P = 60^+$ reicht [Tw86]. Das Trägheitsmoment dieser Bande ist

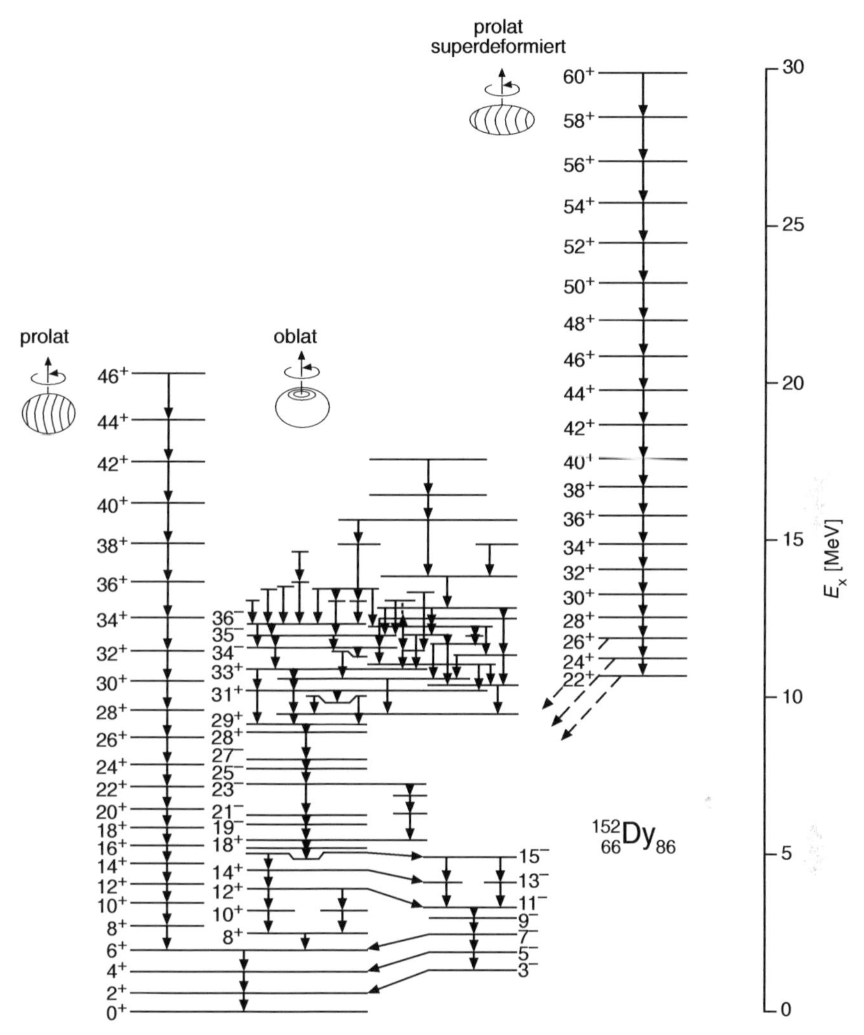

Abbildung 18.14. Niveaus des Kerns ^{152}Dy [Sh90]. Während die niederenergetischen Zustände keine typischen Rotationsbanden zeigen, bilden sich bei hohen Anregungen Rotationsbanden, die auf eine große Deformation des Kerns schließen lassen.

das eines starren Ellipsoiden mit dem Achsenverhältnis 2 : 1 :1 [Ra86]. Die Übergangswahrscheinlichkeiten innerhalb dieser Bande betragen etwa 2000 Einteilchenübergangswahrscheinlichkeiten. Zusätzlich zu diesen zwei Rotationsbanden, die eine Folge der prolaten Deformation sind, gibt es Zustände, die man als Rotationsbande eines oblat deformierten Kernes interpretieren kann. Offensichtlich hat ^{152}Dy schon in der Nähe des Grundzustandes zwei Energieminima, eine prolate und eine oblate Form. Dieser Fall zeigt sehr schön, dass bei Kernen mit nicht voll gefüllten Schalen eine deformierte Form des Kerns stabiler ist als die kugelsymmetrische. Geringfügige Änderungen in der Konfiguration des Kerns entscheiden, ob die prolate oder die oblate Form energetisch günstiger ist (s. Abb.17.11).

Weitere Anregungen deformierter Kerne. Soweit haben wir nur die kollektiven Bewegungen der Rotation behandelt. Im Allgemeinen treten jedoch Anregungen auf, die neben der Rotation einer Schwingung um die Gleichgewichtsform des deformierten Kerns, oder – wie besonders in ungeraden Kernen schön zu sehen ist – Einteilchenanregungen entsprechen. Die Einteilchenanregungen sind, so wie in Kap. 17.4 beschrieben, mit der Bewegung von Nukleonen im deformierten Potential zu berechnen. Ähnlich wie das der Fall in Vibrationskernen ist, beschreibt man auch deformierte Kerne in einem Hybridmodell, das für die Rotations- und Vibrationsfreiheitsgrade kollektive Variable benutzt. Die Einteilchenbewegungen koppeln an die kollektiven Freiheitsgrade. Es war vor allem das Verdienst von Bohr und Mottelson, zu zeigen, dass eine konsistente Beschreibung der Kernanregungen in einem Hybridmodell möglich ist.

Aufgaben

1. **Die elektrische Dipolriesenresonanz**
   a) Wie groß ist die mittlere Auslenkung zwischen den Schwerpunkten der Protonen und Neutronen in der Dipolriesenresonanz für Kerne $Z = N = A/2$? Die A-Abhängigkeit der Resonanzenergie wird durch $\hbar\omega \approx 80\,\text{MeV}/A^{1/3}$ sehr gut beschrieben. Geben Sie den Zahlenwert für ^{40}Ca an.
   b) Berechnen Sie das Quadrat des Matrixelements für den Dipolübergang in diesem Modell.
   c) Berechnen Sie das Matrixelement für einen Proton- bzw. einen Neutron-Dipolübergang (18.36) im Schalenmodell mit dem Potential des harmonischen Oszillators, und berücksichtigen Sie dabei, dass die Einteilchen-Anregungen etwa halb so groß wie die der Riesenresonanz sind.

2. **Deformation**
   Der Deformationsparameter des Kerns $^{176}_{71}$Lu hat den Wert $\delta = +0.31$. Bestimmen Sie die Halbachsen a und b des Rotationsellipsoids, beschreiben Sie dessen Form und berechnen Sie das Quadrupolmoment des Kerns.

3. **Rotationsbande**
   Im Niveauschema von ^{152}Dy in Abb. 18.14 entspricht die Rotationsbande, die bis $J^P = 60^+$ reicht, der Rotation eines Ellipsoiden mit dem Achsenverhältnis $2:1:1$.
   Wie groß wäre die Geschwindigkeit der Nukleonen an den „Spitzen" des Ellipsoiden, wenn es sich um die Rotation eines starren Körpers handelte? Vergleichen Sie diese Geschwindigkeit mit der Geschwindigkeit von Nukleonen im Fermigas mit $p = p_\text{F} = 250$ MeV$/c$.

19. Nukleare Thermodynamik

Bis jetzt haben wir uns mit Eigenschaften von Kernen im Grundzustand und tief liegenden angeregten Zuständen befasst. Die beobachteten Phänomene sind einerseits durch die Eigenschaften des entarteten Fermionensystems charakterisiert, andererseits durch die begrenzte Zahl der Konstituenten. Die Kernkraft führt in guter Näherung zu einem mittleren Feld, in dem sich die Nukleonen als freie Teilchen bewegen. Das Schalenmodell berücksichtigt die endliche Ausdehnung der Kerne und klassifiziert die Zustände der einzelnen Nukleonen nach Radialanregung und Drehimpuls. Thermodynamisch schreiben wir einem solchen System die Temperatur Null zu.

Im ersten Teil dieses Kapitels wollen wir uns mit Kernen bei hohen Anregungsenergien befassen. Bei hohen Anregungen ist die freie Weglänge des Nukleons im Kern reduziert, sie beträgt nur noch ca. 1 fm. Der Kern ist dann kein entartetes Fermionensystem mehr, sondern nähert sich mit zunehmender Anregung dem Zustand einer normalen Flüssigkeit an. Für die Beschreibung solcher Kerne bieten sich statistische Methoden an. Eine anschauliche Beschreibung erreichen wir durch die Verwendung thermodynamischer Größen. Die Anregung des Kerns wird durch die Temperatur charakterisiert. Wir wollen aber nicht vergessen, dass man streng genommen nur großen Systemen im thermischen Gleichgewicht eine Temperatur zuschreiben kann und auch schwere Kerne noch nicht ganz die Bedingungen eines solchen Systems erfüllen. Obendrein befinden sich angeregte Kerne nicht im thermischen Gleichgewicht, sondern kühlen sich durch die Emission von Nukleonen und Photonen schnell ab. Bei der thermodynamischen Interpretation der experimentellen Ergebnisse müssen diese Unzulänglichkeiten berücksichtigt werden. Im Zusammenhang mit nuklearer Thermodynamik spricht man lieber von *Kernmaterie* als von Kernen, und impliziert damit, dass sich viele experimentelle Resultate aus der Kernphysik auf große Nukleonensysteme extrapolieren lassen. Als Beispiel haben wir bei der Betrachtung der Kernbindungsenergie gezeigt, dass durch Berücksichtigung von Oberflächen- und Coulomb-Energie die Bindungsenergie des Nukleons in Kernmaterie ermittelt werden kann. Diese entspricht gerade dem Volumenterm der Massenformel (2.8).

Zur Erforschung der thermodynamischen Eigenschaften der Kernmaterie haben sich besonders Schwerionenreaktionen als nützlich erwiesen. Bei

Kern-Kern-Kollisionen verschmelzen die Kerne und bilden für kurze Zeit ein System aus Kernmaterie mit einer erhöhten Dichte und Temperatur. Mit Hilfe experimenteller und theoretischer Informationen über diese Reaktionen werden wir eine Beschreibung des Phasendiagramms der Kernmaterie versuchen.

Die Erkenntnisse der nuklearen Thermodynamik sind aber auch von großer Bedeutung für Kosmologie und Astrophysik. Nach den heutigen Vorstellungen hat das Universum in der Frühzeit seiner Existenz Phasen durchlaufen, bei denen Temperatur und Dichte viele Größenordnungen höher waren als im heutigen Universum. Diese Verhältnisse lassen sich im Labor nicht nachahmen. Viele Ereignisse in der Geschichte des Universums haben jedoch bleibende Spuren hinterlassen. Mit Hilfe dieser Spuren versucht man in einer Art von Indizienbeweis ein Modell der Entwicklung des Universums zu entwerfen.

19.1 Thermodynamische Beschreibung der Kerne

Wir haben bereits in Abschn. 3.4 (Abb. 3.10) zwischen drei Anregungsbereichen in Kernen unterschieden:

- Grundzustand und niedrig liegende Zustände können durch Anregungen einzelner Teilchen oder durch kollektive Bewegungen beschrieben werden. Diese haben wir in den Kapiteln 17 und 18 behandelt.
- Weit oberhalb der Teilchenschwelle gibt es keine diskreten Zustände sondern nur ein Kontinuum.
- Im Übergangsbereich unterhalb und knapp oberhalb der Teilchenschwelle befinden sich viele schmale Resonanzen. Diese Zustände tragen jedoch keine Information über die Struktur des Kernes. Die Phänomene in diesem Energiebereich in Kernen beschreibt man gerne mit dem Begriff *Quantenchaos*.

Im Folgenden werden wir uns mit den beiden letztgenannten Bereichen beschäftigen. Deren Beschreibung erfolgt mit statistischen Methoden, und so wollen wir uns zunächst dem Begriff der *Kerntemperatur* zuwenden.

Temperatur. Den Begriff der Temperatur in der Kernphysik wollen wir am Beispiel der spontanen Spaltung von ^{252}Cf einführen. ^{252}Cf hat eine Halbwertszeit von 2.6 Jahren und zerfällt mit 3.1 % Wahrscheinlichkeit über spontane Spaltung. Bei der Trennung der Spaltfragmente ensteht Reibung, so dass sich die zur Verfügung stehende Energie der Spaltung nicht vollständig in kinetische Energie der Fragmente umwandelt, sondern auch die innere Energie der Fragmente erhöht. Die beiden Fragmente erhitzen sich.

Der Prozess der Abkühlung der Spaltfragmente ist schematisch in Abb. 19.1 gezeigt. In der ersten Stufe findet die Abkühlung durch Emission von langsamen Neutronen statt. Im Mittel werden 4 Neutronen emittiert,

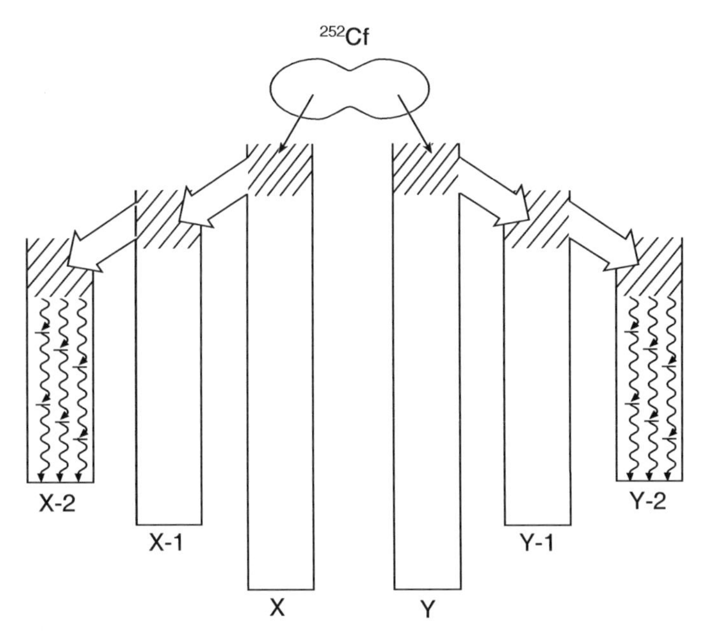

Abbildung 19.1. Abkühlung von Spaltfragmenten (schmematisch). Ein ^{252}Cf-Kern spaltet sich in zwei Bruchstücke der Massenzahlen X und Y, die sich durch Emission von Neutronen und anschließend von Photonen abkühlen.

von denen jedes im Durchschnitt 2.1 MeV Energie abführt. Sind die Fragmente unter die Schwelle für Neutronenemission abgekühlt, können sie sich nur noch durch Emission von Photonen weiter abkühlen.

Das Energiespektrum der emittierten Neutronen hat die Form eines Verdampfungsspektrums. Es wird durch eine Maxwell-Verteilung beschrieben:

$$N_{\rm n}(E_{\rm n}) \sim \sqrt{E_{\rm n}} \cdot {\rm e}^{-E_{\rm n}/kT} . \tag{19.1}$$

In Abb. 19.2 ist das experimentelle Spektrum normiert auf $\sqrt{E_{\rm n}}$ gezeigt. Der exponentielle Abfall ist durch die Temperatur T des Systems charakterisiert, die in diesem Fall $kT = 1.41\,\text{MeV}$ beträgt. Bei verschiedenen Kernen ergeben sich unterschiedliche Temperaturen der Spaltfragmente. So findet man z. B. bei der Spaltung von ^{236}U einen geringeren Wert von $kT = 1.29$ MeV.

In Abb. 19.3 ist das Energiespektrum der emittierten Photonen gezeigt, die aus der Abregung der entstandenen Tochterkerne stammen. Pro spontaner Spaltung werden im Mittel etwa 20 Photonen freigesetzt, wobei 80 % dieser Photonen Energien von unter 1 MeV besitzen. Auch dieses Spektrum sieht einem Verdampfungsspektrum sehr ähnlich. Der stärkere Abfall des Photonenspektrums verglichen mit dem Neutronenspektrum signalisiert, dass die Temperatur in der Phase der Photonemission, die bei niedrigeren Kernanregungen stattfindet, deutlicher kleiner ist.

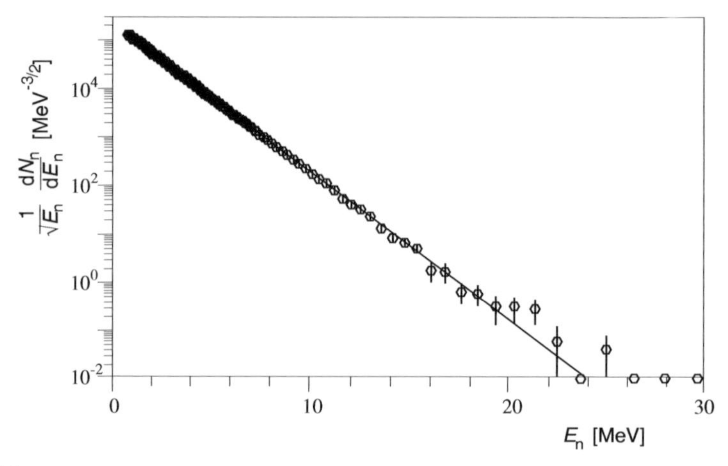

Abbildung 19.2. Energiespektrum von Neutronen, die bei der spontanen Spaltung von ^{252}Cf emittiert werden (nach [Bu88]). Die Verteilung ist durch $\sqrt{E_n}$ dividiert und dann mit dem Exponentialfaktor der Maxwell-Verteilung angepasst *(durchgezogene Linie)*.

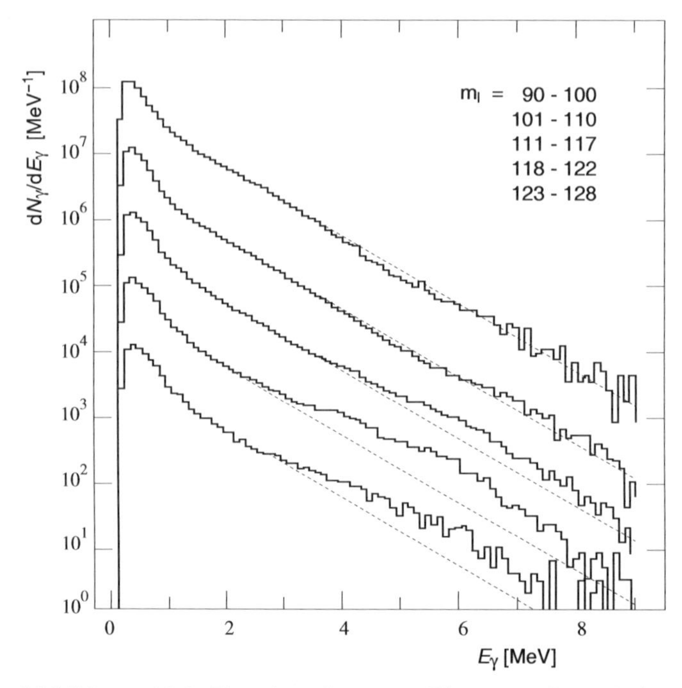

Abbildung 19.3. Energiespektren von Photonen, die nach der spontanen Spaltung von ^{252}Cf emittiert werden. Die verschiedenen Spektren beziehen sich auf verschiedene Massenzahlen m_1 des leichteren Spaltfragments (*von oben nach unten*). Die gestrichelte Linie ist eine gemeinsame Anpassung einer Exponentialfunktion (nach [Gl89]).

Unsere erfolgreiche statistische Interpretation der Neutronen- und Photonenspektren führt zu der wichtigen Schlussfolgerung, dass auch die Zustände in der Nähe der Teilchenschwelle, die als Spiegelbild der entsprechenden Übergänge verstanden werden können, mit statistischen Methoden zu beschreiben sind. In der Tat kann die beobachtete Form der Spektren formal durch die statistische Betrachtung der Zustandsdichte eines entarteten Fermigases hergeleitet werden.

19.2 Compoundkern und Quantenchaos

Im Übergangsbereich unterhalb und knapp oberhalb der Teilchenschwelle eines schweren Kerns befinden sich viele schmale Resonanzen. Die Zustände unterhalb der Teilchenschwelle sind diskret, und jeder dieser Zustände besitzt definierte Quantenzahlen. Dasselbe gilt für die Zustände dicht oberhalb der Schwelle. Zerfälle zu diesen Zuständen werden nur statistisch durch deren Zustandsdichte beschrieben. Diese Zustände enthalten daher keine spezifische Information über die Struktur des Kerns.

Compoundkern. Beim Neutroneneinfang an schweren Kernen treten eine Vielzahl von Resonanzen auf. Ein Beispiel für eine solche Messung ist in Abb. 19.4 gezeigt, wo der Wirkungsquerschnitt für Neutronenstreuung an Thorium sehr viele Resonanzzustände aufweist. Man beachte, dass die Energieskala in eV angegeben ist, die Abstände dieser Resonanzen also sechs Größenordnungen kleiner sind als die Energieabstände tief liegender Zustände. Diese Beobachtung wurde schon in den dreißiger Jahren von Niels Bohr im sogenannten Compoundkernmodell erklärt. Durch die starke Wechselwirkung haben Neutronen eine sehr kurze freie Weglänge im Kern und verteilen ihre Energie augenblicklich auf seine Nukleonen. Die Wahrscheinlichkeit, dass sich die gesamte zugeführte Energie in einem einzelnen Nukleon wiederfindet, ist klein. Die Nukleonen können daher nicht aus dem Kern entweichen, was zu einer langen Lebensdauer der Compoundkernzustände führt und sich in einer geringen Breite der Resonanzen widerspiegelt.

Diese Vorstellung wurde im Laufe der Jahrzehnte wesentlich verfeinert. Danach stellt sich der Compoundkernzustand nicht sofort ein, vielmehr durchläuft das System durch sukzessive Stöße eine Reihe von Zwischenzuständen. Der Compoundkernzustand ist der Grenzfall, dass sich die Nukleonen im thermischen Gleichgewicht befinden.

Quantenchaos in Kernen. In der Theorie klassischer deterministischer Systeme unterscheiden wir zwischen regulären und chaotischen Bahnen. Reguläre Bahnen sind stabile Bahnen, die bei kleinen äußeren Störungen ähnlich verlaufen. Die Teilchen führen periodische Bewegungen aus, und dadurch wiederholt sich auch die Gesamtkonfiguration des Systems. Im Gegensatz dazu stehen chaotischen Bahnen. Diese sind nicht periodisch und infinitesimal kleine Störungen führen zu großen Änderungen. Während für reguläre

Systeme Voraussagen zur Entwicklung des Systems mit vorgegebener Genauigkeit möglich sind, nehmen die Unsicherheiten in den Voraussagen für chaotische Systeme exponentiell zu.

In der Quantenmechanik entsprechen den regulären Bahnen solche Zustände, deren Wellenfunktionen in einem Modell, für Kerne z. B. das Schalenmodell, mit Hilfe der Schrödinger-Gleichung berechnet werden können. Den chaotischen Bewegungen der klassischen Systeme entsprechen in der Quantenmechanik Zustände, die stochastisch aus Einteilchenwellenfunktionen zusammengesetzt sind. Sowohl im klassischen als auch im quantenmechanischen Fall trägt das System im chaotischen Zustand keine Information über die Wechselwirkung zwischen den Teilchen.

Die stochastische Zusammensetzung von chaotischen Zuständen kann man experimentell durch Vermessung der Energieabstände zwischen diesen Zuständen demonstrieren. Dazu betrachtet man die Resonanzspektren wie in Abb. 19.4. Im Anregungsbereich des Compoundkerns haben wir eine große Niveaudichte, so dass eine statistische Betrachtung der Zustände angemessen ist.

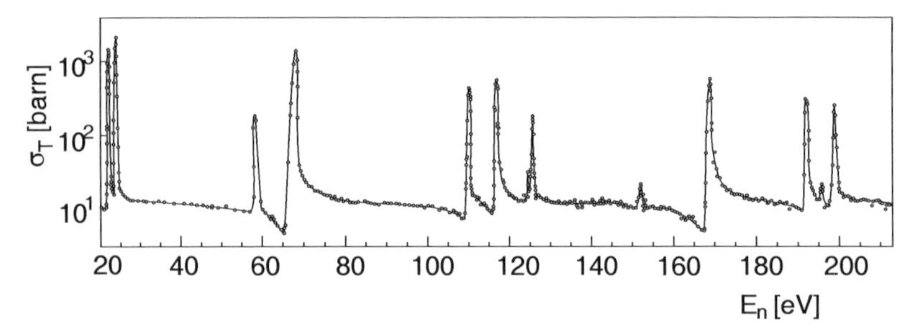

Abbildung 19.4. Totaler Wirkungsquerschnitt der Reaktion ^{232}Th + n als Funktion der Energie des Neutrons. Die scharfen Maxima entsprechen Resonanzen mit Bahndrehimpuls $\ell = 0$ (nach [Bo69]).

Bei dieser Betrachtung fällt auf, dass Zustände mit gleichem Spin und gleicher Parität (in Abb. 19.4 alle scharfen Resonanzen) möglichst große Abstände voneinander einzunehmen versuchen. Der wahrscheinlichste Abstand dieser Zustände ist erheblich größer als der wahrscheinlichste Energieabstand von Zuständen (bei gleicher Zustandsdichte), die sich der Poisson-Verteilung folgend statistisch unabhängig voneinander anordnen würden. Dieses Verhalten der chaotischen Zustände erwartet man gerade dann, wenn sie aus einer Mischung von Einteilchenzuständen mit denselben Quantenzahlen aufgebaut sind. Solche quantenmechanischen Mischzustände versuchen sich voneinander abzustoßen, d. h. die Energieniveaus ordnen sich so weit voneinander entfernt wie möglich an.

Die Existenz kollektiver Zustände, wie z. B. der Dipolriesenresonanz, bei Anregungen oberhalb der Teilchenschwelle, also in dem Bereich, wo das

Verhalten der Zustände chaotisch ist, ist ein sehr schönes Beispiel für die Koexistenz von regulärer und chaotischer Kerndynamik. Die Anregung des kollektiven Zustandes der Riesenresonanz findet durch Photon-Absorption statt. Der kollektive Zustand koppelt durch die Nukleon-Nukleon-Wechselwirkung an die vielen chaotischen Zustände. Diese zerstören teilweise die Kohärenz, wodurch die Lebensdauer des kollektiven Zustands reduziert wird.

Das Kontinuum. Das Kontinuum ist keineswegs flach, sondern weist starke Fluktuationen im Wirkungsquerschnitt auf. Der Grund liegt einerseits darin, dass bei zunehmender Energie die Resonanzbreiten zunehmen, weil mehr Zerfallskanäle zur Verfügung stehen, andererseits aber auch die Zustandsdichte zunimmt. Resonanzen mit gleichen Quantenzahlen interferieren daher miteinander, was zu Fluktuationen im totalen Wirkungsquerschnitt führt. Diese Fluktuationen entprechen nicht einzelnen Resonanzen sondern Interferenzen vieler Resonanzen. Die Stärke der Fluktuationen und ihr mittlerer Abstand können mit der bekannten Zustandsdichte quantitativ berechnet werden [Er66].

19.3 Die Phasen der Kernmaterie

Phasenübergang Flüssigkeit – Gas. Um Kerne kontrolliert zu erwärmen, haben sich vor allem periphere Schwerionenreaktionen als nützlich erwiesen. Bei streifender Kollision zweier Kerne (Abb. 19.5) entstehen zwei Hauptfragmente, die durch die Reibung während der Reaktion erwärmt werden. Bei diesen Reaktionen kann man sowohl die Temperatur der Fragmente als auch die dem Gesamtsystem zugeführte Energie gut messen. Die Temperatur der Fragmente bestimmt man aus der Maxwell-Verteilung der Zerfallsprodukte, die dem System zugeführte Gesamtenergie durch den Nachweis aller erzeugten Teilchen im Endzustand. Da sich das Fragment, das vom Projektil stammt, in Projektilrichtung bewegt, werden sich auch seine Zerfallsprodukte in diese Richtung bewegen und sind so von Zerfallsprodukten des Targetfragments, wie auch von den aufgrund der Reibung von den Fragmenten abgedampften Nukleonen kinematisch unterscheidbar. Die Beiträge der den Fragmenten zugeführten Energie und der Reibungsverluste während der streifenden Kollision können dadurch voneinander getrennt werden.

Als Beispiel betrachten wir ein Experiment, bei dem Goldkerne mit einer Energie von 600 MeV/Nukleon auf ein Goldtarget geschossen wurden. Die Reaktionsprodukte wurden mit einem Detektor nachgewiesen, der fast den gesamten Raumwinkel abdeckte (4π-Detektor).

Die Abhängigkeit der Temperatur der Fragmente von der zugeführten Energie ist in Abb. 19.6 gezeigt. Bei Anregungsenergien E/A bis ca. 4 MeV/Nukleon beobachtet man einen steilen Anstieg der Temperatur. Im Bereich $4\,\text{MeV} < E/A < 10\,\text{MeV}$ ändert sich die Temperatur praktisch nicht, während sie bei höheren Energien wieder steil ansteigt. Dieses Verhalten erinnert an den Verdampfungsprozess von Wasser, wo am Siedepunkt

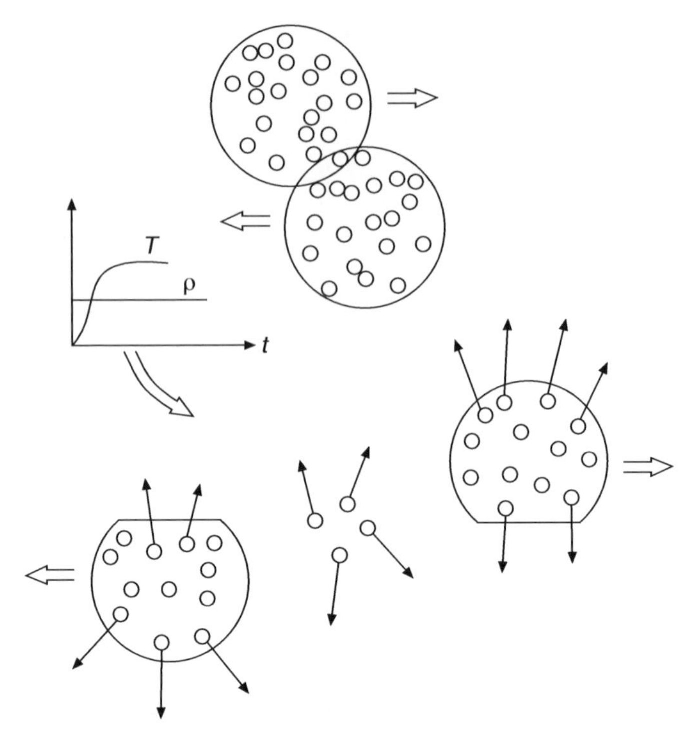

Abbildung 19.5. Streifende Kollision von Kernen. Die großen Fragmente erwärmen sich durch Reibung. Daneben bleiben einzelne Nukleonen und kleine Kernfragmente übrig. Das Diagramm beschreibt die zeitliche Entwicklung der Dichte ϱ und der Temperatur T der Fragmente während der Kollision.

beim Phasenübergang von Flüssigkeit zu Wasserdampf die Temperatur trotz Energiezufuhr konstant bleibt, bis die gesamte Flüssigkeit in den gasförmigen Zustand überführt ist. Es liegt daher nahe, den oben beschriebenen Temperaturverlauf als Phasenübergang der Kernmaterie von einem flüssigem zu einem gasförmigen Zustand zu deuten.

Die Begriffe, die wir benutzt haben, stammen aus der Gleichgewichtsthermodynamik. Unter diesen Bedingungen könnte eine anschauliche Interpretation des Phasenübergangs folgendermaßen lauten: Bei einer Temperatur von $kT \sim 4\,\text{MeV}$ bildet sich um den Kern herum eine Nukleonenschicht in der Gasphase, die aber nicht abdampft, sondern im Gleichgewicht mit dem flüssigen Kern steht und Nukleonen austauscht. Erst nachdem die ganze Nukleonenflüssigkeit verdampft ist, kann das Nukleonengas weiter aufgeheizt werden.

Hadronische Materie. Wenn wir nicht periphere, sondern zentrale Stöße bei Gold-Gold-Kollisionen untersuchen wollen, müssen wir im Experiment solche Ereignisse selektieren, bei denen viele geladene und neutrale Pionen emittiert werden (Abb. 19.7). Um die Diskussion zu vereinfachen, wählen wir

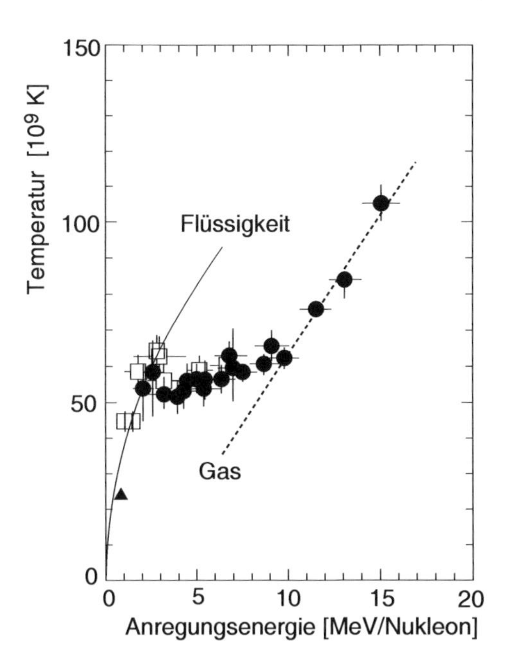

Abbildung 19.6. Temperatur der Fragmente bei streifender Kollision zweier ^{197}Au-Kerne als Funktion der Anregungsenergie pro Nukleon (nach [Po95]). Der Temperaturverlauf kann als Phasenübergang der Kernmaterie interpretiert werden.

Projektilenergien von 10 GeV/Nukleon oder mehr, bei denen eine große Zahl von Pionen entsteht.

Bei dieser Energie hat die Nukleonanregung $\mathrm{N} + \mathrm{N} \to \Delta + \mathrm{N}$ einen Wirkungsquerschnitt von $\sigma = 40$ mb. Die entsprechende freie Weglänge $\lambda \approx 1/\sigma\varrho_{\mathrm{N}}$ im Kern ist von der Größenordnung 1 fm. Das bedeutet, dass in Schwerionenreaktionen mehrfache Stöße stattfinden und bei ausreichend hohen Energien im Mittel jedes Nukleon ein oder mehrere Male zum Δ-Baryon angeregt wird. In der Sprache der Thermodynamik entspricht diese Anregung der Eröffnung eines neuen Freiheitsgrades.

Die Δ-Baryonen zerfallen prompt, werden aber durch die inverse Reaktion $\pi N \to \Delta$ stets wieder gebildet. Erzeugung und Zerfall $\pi N \leftrightarrow \Delta$ stehen also in einem dynamischen Gleichgewicht. Das Gemisch aus Nukleonen, Δ-Baryonen, Pionen und in wesentlich geringerem Maße auch anderen Mesonen bezeichnet man als *hadronische Materie*.

Für den Energieaustausch in der hadronischen Materie sind vor allem die Pionen verantwortlich, da sie viel leichter als andere Hadronen sind. Energiedichte und Temperatur hadronischer Materie, die nach der Kollision zweier Atomkerne entsteht, kann mit Hilfe dieser Pionen experimentell bestimmt werden. Die Temperatur wird durch die Messung der Energieverteilung derjenigen Pionen bestimmt, die senkrecht zur Strahlrichtung emittiert wurden. Ihr Energiespektrum zeigt einen exponentiellen Verlauf, so wie man es von der Boltzmann-Verteilung erwartet:

$$\frac{\mathrm{d}N}{\mathrm{d}E_{\mathrm{kin}}} \propto \mathrm{e}^{-E_{\mathrm{kin}}/kT}\,, \tag{19.2}$$

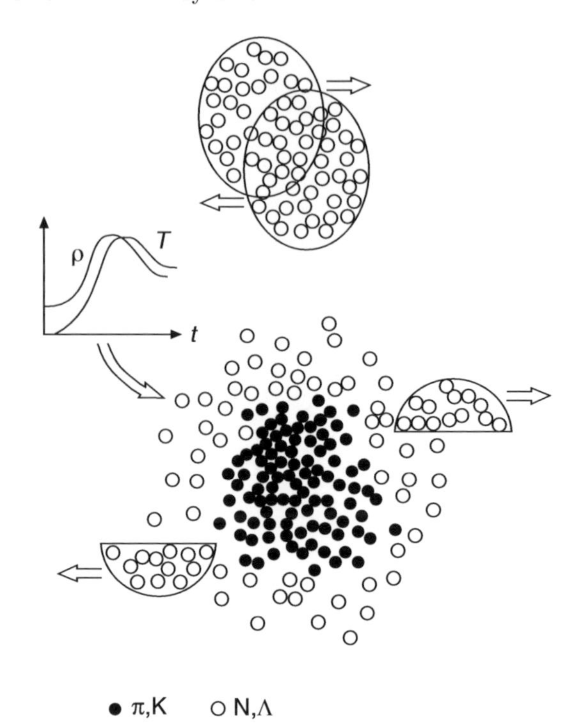

Abbildung 19.7. Zentrale Kollision zweier schwerer Kerne bei hohen Energien. Hierbei entsteht eine große Zahl von Pionen. Die Kurven zeigen den Anstieg von Dichte ϱ und Temperatur T im zentralen Bereich der Kollision.

wobei E_{kin} die kinetische Energie des Pions ist. Experimentell findet man, dass die Temperatur der Pionenstrahlung den Wert von $kT \approx 150\,\mathrm{MeV}$ nicht übersteigt, unabhängig davon, wie hoch die Energie der kollidierenden Kerne ist. Man erklärt dies wie folgt: Die heiße Kernmaterie expandiert und kühlt sich dabei ab. Unterhalb einer Temperatur von $kT \approx 150\,\mathrm{MeV}$ nimmt die hadronische Wechselwirkungswahrscheinlichkeit der Pionen drastisch ab und damit auch der Energieaustausch mit anderen Teilchen. Diesen Vorgang bezeichnet man als *Ausfrieren* der Pionen.[1]

Phasendiagramm der Kernmaterie. Die verschiedenen Phasen der Kernmaterie sind in Abb. 19.8 zusammengefasst. Wir wollen dieses Phasendiagramm veranschaulichen, indem wir Kernmaterie mit normaler Materie (die aus Atomen oder Molekülen besteht) vergleichen. Kalte Kerne findet

[1] Ein ähnliches Phänomen tritt in Sternen auf: Die elektromagnetische Strahlung im Inneren der Sonne beträgt viele Millionen K. Auf dem Weg nach außen kühlt sie sich aber durch Wechselwirkungen mit der Materie ab. Was wir beobachten, ist weißes Licht, dessen Spektrum der Temperatur an der Sonnenoberfläche entspricht. Im Unterschied zur heißen Kernmaterie befindet sich allerdings die Sonne im Gleichgewicht und expandiert nicht.

man bei der Dichte $\varrho_{\rm N}$ und der Temperatur $kT = 0$. Der Zustand der Neutronensterne entspricht ebenfalls $kT = 0$, die Dichte ist jedoch 3–10 mal größer als die Dichte von Kernen.

Wenn man einem normalen Kern Energie zuführt, wird er sich aufheizen und Nukleonen oder kleine Kerne, hauptsächlich α-Cluster emittieren, genau wie ein Flüssigkeitströpfchen Atome oder Moleküle abdampft. Sperrt man die Materie jedoch ein, so wird erhöhte Energiezufuhr zur Anregung innerer Freiheitsgrade führen. Bei einem Molekülgas sind dies Rotations- und Vibrationsanregungen, bei Kernen können Nukleonen zu $\Delta(1232)$-Resonanzen oder noch höheren Nukleonzuständen angeregt werden. Das Gemisch aus Nukleonen und Pionen, die beim Zerfall entstehen, haben wir als *hadronische Materie* bezeichnet.

Quark-Gluon-Plasma. Die vollständige Dissoziation von Atomen in Elektronen und Atomkerne (Plasma) hat ihre Entsprechung in der Auflösung von Nukleonen und Pionen in Quarks und Gluonen. Qualitativ lässt sich die Lage der Phasengrenze im Temperatur-Dichte-Diagramm (Abb. 19.8) wie folgt verstehen: Bei normaler Kerndichte nimmt jedes Nukleon ein Volumen von ca. 6 fm^3 ein, wohingegen das Eigenvolumen eines Nukleons nur ungefähr ein Zehntel dessen beträgt. Verdichtet man daher einen kalten Kern ($T = 0$)

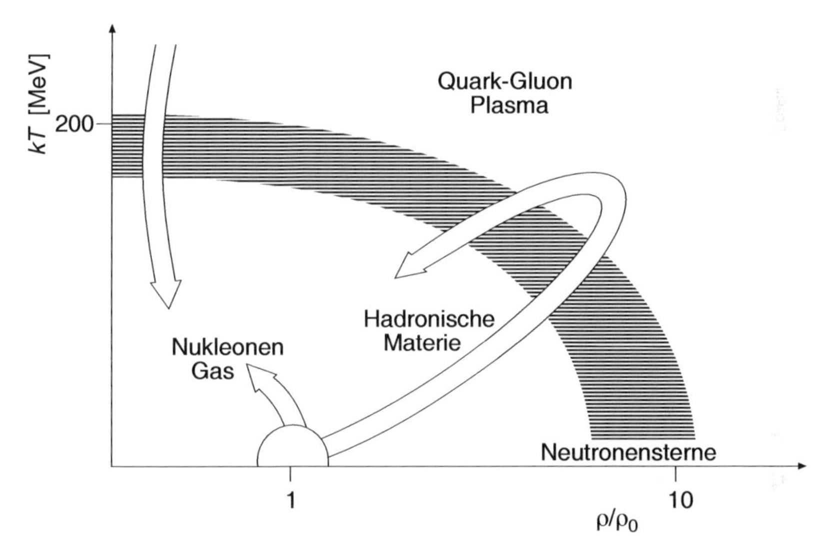

Abbildung 19.8. Phasendiagramm der Kernmaterie. Die normalen Kerne befinden sich bei $\varrho = \varrho_0$ ($= \varrho_{\rm N}$) und der Temperatur $T = 0$. Die Pfeile geben die Wege an, die die Kerne bei verschiedenen Schwerionenreaktionen nehmen. Der kurze Pfeil symbolisiert die Erwärmung des Kerns durch periphere Stöße; der lange Pfeil entspricht relativistischen Schwerionenreaktionen, bei denen die Kernmaterie möglicherweise die Quark-Gluon-Plasma-Phase durchquert. Die Abkühlung des Universums um die Zeit $T \approx 1\,\mu$s wird durch den nach unten gerichteten Pfeil dargestellt.

auf das Zehnfache seiner normalen Dichte, so überlappen die einzelnen Nukleonen und hören auf, als individuelle Teilchen zu existieren. Quarks und Gluonen können sich dann „frei" im gesamten Kernvolumen bewegen. Folgt man andererseits einem Weg entlang der Temperaturachse, indem man die Temperatur eines Kerns erhöht ohne dabei die Nukleonendichte zu verändern, so steht bei einer Temperatur von 200 MeV genügend Energie in den individuellen Nukleon-Nukleon-Wechselwirkungen zur Verfügung, um durch Pionproduktion die Hadronendichte und die Häufigkeit der Stöße zwischen ihnen so weit zu erhöhen, dass die Zuordnung eines Quarks oder Gluons zu einem bestimmten Hadron nicht mehr möglich ist.

Dieser Zustand wird als *Quark-Gluon-Plasma* bezeichnet. Wie wir schon erwähnt haben, kann dieser Zustand, bei dem die Hadronen aufgelöst sind, nicht durch hadronische Abstrahlung beobachtet werden. Es bestehen Bemühungen, den Zustand des Quark-Gluon-Plasmas durch die Emission von elektromagnetischer Strahlung nachzuweisen. Die Kopplung von Photonen an Quarks ist um zwei Größenordnungen kleiner als die von stark wechselwirkender Materie. Daher kann die elektromagnetische Strahlung, die bei der möglichen Erzeugung des Quark-Gluon-Plamas z. B. in relativistischen Schwerionenstößen entstehen sollte, direkt beobachtet werden. Sie kühlt bei der Expansion des Systems nicht ab.[2]

Es besteht ein großes Interesse am Nachweis des Quark-Gluon-Plasmas, weil damit experimentell eine Bestätigung für unsere Vorstellungen der Struktur der stark wechselwirkenden Materie gefunden werden könnte. Wenn die Zuordnung von Quarks und Gluonen zu individuellen Hadronen beseitigt wäre, würden auch die Konstituentenquarks ihre Masse verlieren und zu Partonenquarks werden, und man könnte den Zustand des Universums zu einer sehr frühen Zeit seiner Existenz simulieren.

[2] Auch hier ist das o. g. Analogon aus der Astrophysik anwendbar: Die Neutrinos, die bei Fusionsreaktionen im Sonneninneren entstehen, dringen fast ungehindet aus der Sonne. Ihr Energiespektrum entspricht daher dem der Temperatur am Entstehungsort, nicht an der Oberfläche.

19.4 Teilchenphysik und Thermodynamik im frühen Universum

> In all societies men have constructed myths about the origins of the universe and of man. The aim of these myths is to define man's place in nature, and thus give him a sense of purpose and value.
>
> *John Maynard Smith* [Sm89]

Die Verflechtung zwischen Kosmologie und Teilchenphysik führte in den letzten Jahrzehnten für beide Teilgebiete zu überraschenden Einsichten. Wir wollen im Folgenden die Vorstellungen über die zeitliche Entwicklung des Universums darlegen und zeigen, welche Auswirkungen diese Entwicklung auf unser heutiges Bild der Teilchenphysik hat. Dabei werden wir auf das Standardmodell der Kosmologie, die Urknalltheorie, zurückgreifen, demzufolge das Universum als unendlich heißer und dichter Zustand begann. Dieser Feuerball dehnte sich explosionsartig aus, wobei Dichte und Temperatur bis heute weiterhin abnehmen. Bei dieser Expansion entstanden aus dem ursprünglich heißen Plasma aus Elementarteilchen die heute bekannten makroskopischen und mikroskopischen Formen der Materie: Sterne und Galaxien bzw. Leptonen, Quarks, Nukleonen und Kerne. Dieses Modell der Entwicklung des Universums wurde durch zwei bedeutsame experimentelle Beobachtungen motiviert bzw. bestätigt: die andauernde Expansion des Universums und die kosmische Hintergrundstrahlung.

Expandierendes Universums. Der größte Teil der Masse des Universums befindet sich in den Galaxien. Diese räumlich konzentrierten Sternensysteme werden durch die Gravitationskraft zusammengehalten und besitzen je nach Größe Massen zwischen 10^7 und 10^{13} Sonnenmassen. Man schätzt, dass etwa 10^{23} Galaxien im Universum existieren – eine Zahl, die vergleichbar mit der Anzahl der Moleküle in einem Mol ist.

Mit großen Teleskopen ist es möglich, Entfernung und Geschwindigkeit auch weit von der Erde entfernter Galaxien zu messen. Die relative Geschwindigkeit einer Galaxis zur Erde kann aus der Dopplerverschiebung atomarer Spektrallinien bestimmt werden, welche aus Labormessungen bekannt sind. Dabei findet man eine Verschiebung der beobachteten Linien hin zum Roten, also zum langwelligeren Bereich, was einer Bewegung der Galaxien von uns fort entspricht. Dieser Befund gilt unabhängig von der Richtung an der Himmelskugel, an der sich die beobachtete Galaxis befindet. Die Entfernungsbestimmung für eine Galaxis muss durch die Messung ihrer Lichtintensität und eine Abschätzung ihrer Leuchtkraft durchgeführt werden, wobei diese Größen durch das bekannte $1/r^2$-Gesetz zusammenhängen. Diese Entfernungsbestimmung ist gerade für weit entfernte Galaxien recht ungenau.

Die gemessenen Geschwindigkeiten v der beobachteten Galaxien hängen in etwa linear von ihrem Abstand d zur Erde ab,

$$v = H_0 \cdot d\,. \tag{19.3}$$

Die Messung des Proportionalitätsfaktors H_0 konnte in den letzten Jahren beträchtlich verbessert werden. Sein gegenwärtiger Wert ist:

$$H_0 = 70 \pm 8 \text{km}\,\text{s}^{-1}/\text{MPc} \qquad (1\,\text{Pc} = 3.1 \cdot 10^{13}\,\text{km} = 3.3\,\text{Lichtjahre})\,,$$

und wird nach dem Entdecker dieses Zusammenhangs *Hubble-Konstante* genannt. Zusammen werden diese Beobachtungen als isotrope Expansion des Universums interpretiert.

Nach der Urknalltheorie erfüllte das anfängliche heiße Plasma das Universum mit extrem kurzwelliger elektromagnetischer Strahlung, die aber mit der Ausdehnung und Abkühlung des Universums immer langwelliger wurde. Die Beobachtung dieser Strahlung im Mikrowellenlängenbereich, die wir heute *kosmische Hintergrundstrahlung* nennen, durch Penzias und Wilson [Pe65] war daher eine sehr wichtige Bestätigung des Urknallmodells. Diese Mikrowellenstrahlung entspricht der Strahlung eines schwarzen Körpers mit der Temperatur 2.7 K und wird mit außerordentlicher Isotropie aus allen Richtungen des Universums gemessen.

Mit Hilfe der allgemeinen Relativitätstheorie und der beobachteten Expansion des Universums lässt sich eine Beziehung zwischen Alter und Größe des Universums herleiten. Im einfachsten Modell, dem *Friedman-Modell* des expandierenden Universums, unterscheidet man drei Fälle, die von der mittleren Massendichte des Universums abhängen: Ist die mittlere Dichte größer als eine kritische Dichte, dann wird die Anziehung zwischen den Galaxien die Expansion des Universums abbremsen und sich letztendlich in eine Kontraktion verwandeln. Das Universum wird demnach wieder in einem Punkt kollabieren (geschlossenes Universum). Ist die mittlere Dichte kleiner als die kritische Dichte, kann die Gravitation die Expansion nicht abbremsen. In diesem Fall wird das Universum ständig weiter expandieren (offenes Universum). Bei ungefährer Gleichheit von mittlerer und kritischer Dichte würde sich das Universum asymptotisch einem Radiusgrenzwert annähern.

Die mit optischen Methoden gemessene Dichte ist in der Tat kleiner als die kritische. Man vermutet jedoch, dass im Universum noch eine oder mehrere weitere Arten von *dunkler Materie* existieren, die mit optischen Methoden nicht nachzuweisen sind, und man kann nicht ausschließen, dass das Universum doch die kritische Dichte besitzt. Eine Art denkbarer dunkler Materie wären massive Neutrinos. Daher sind Experimente zur Massenbestimmung der Neutrinos (Abschn. 17.6) von großer Bedeutung für diese Vermutung. Auch bei Neutrinomassen von nur wenigen eV/c^2 würden diese Neutrinos aufgrund ihrer großen Anzahl im Universum erheblich zur Masse des Universums und damit zu seiner Dichte beitragen.

Da sich das Universum noch in einem frühen Stadium seiner Expansion befindet, ist die bisherige Geschichte des Universums in allen drei Fällen ähnlich. Das Alter eines Universums mit einer unterkritischen Dichte ist dann gegeben durch die inverse Hubble-Konstante,

$$t_0 = \frac{1}{H_0}\,, \tag{19.4}$$

und beträgt etwa 14 Milliarden Jahre.

Die ersten drei Minuten des Universums. In der Anfangsphase des Universums standen alle (Anti-)Teilchen und Eichbosonen im thermodynamischen Gleichgewicht, d. h. es war soviel thermische und damit kinetische Energie vorhanden, dass sich alle (Anti-)Teilchen beliebig ineinander umwandeln konnten. Es gab also keine Unterschiede zwischen Quarks und Leptonen, was bedeutet, dass die Stärke aller Wechselwirkungen gleich war.

Nach ca. 10^{-35} s war die Temperatur durch die Expansion so weit reduziert, dass ein Phasenübergang stattfand und sich die starke Wechselwirkung von der elektroschwachen Wechselwirkung abkoppelte, d. h. die stark wechselwirkenden Quarks reagierten kaum noch mit den Leptonen. Zu diesem Zeitpunkt wurde damit das auch heute noch bestehende Verhältnis zwischen der Anzahl von Quarks und Photonen zu ca. 10^{-9} festgelegt.

Nach ca. 10^{-11} s, bei einer Temperatur von $kT \approx 100$ GeV, fand ein weiterer Phasenübergang statt, bei dem sich die schwache von der elektromagnetischen Wechselwirkung entkoppelte. Diesen Vorgang wollen wir weiter unten besprechen.

Als nach ca. 10^{-6} s die Temperatur durch die fortlaufende Expansion des Universums auf $kT \approx 100$ MeV gefallen war, die typische Energieskala für Hadronenanregungen, gingen die Quarks Bindungszustände in Form von Baryonen und Mesonen ein. Die erzeugten Protonen und Neutronen standen durch schwache Prozesse im thermischen Gleichgewicht.

Bei einer Temperatur von $kT \approx 1$ MeV, der Differenz zwischen Neutron- und Protonmasse, nach ca. 1 s sind die beteiligten Neutrinos zu energiearm und können den Gleichgewichtszustand zwischen Protonen und Neutronen nicht mehr aufrechterhalten. Sie entkoppeln sich von der Materie, d. h. sie führen im Wesentlichen keine Wechselwirkungen mehr aus und bewegen sich frei im Universum. Derweilen wächst das Verhältnis von Protonen zu Neutronen auf den Wert $N_\mathrm{p}/N_\mathrm{n} \approx 7$ an.

Nach ca. 3 Minuten Expansion ist die Temperatur auf $kT \approx 100$ keV gefallen. Zu diesem Zeitpunkt wird das thermische Gleichgewicht zwischen Nukleonen und Photonen gestört, denn die Energie der Photonen reicht nun nicht mehr aus, um die durch Nukleonenfusion erzeugten leichten Kerne durch Photospaltungsprozesse in gleicher Rate wieder in ihre Bestandteile zu zerlegen. In dieser Phase findet die Urknall-Nukleosynthese von Deuterium-, Helium- und Lithiumkernen statt.

In Abb. 19.9 ist die frühe Geschichte des Universums ab dem elektroschwachen Phasenübergang noch einmal schematisch dargestellt. Die Kurven zeigen die zeitliche bzw. temperaturabhängige Entwicklung der Energiedichten von Strahlung und Materie. Man erkennt den starken Rückgang der Energiedichte aufgrund der Expansion des Universums. Bei Temperaturen von 10^{13} K entkoppeln sich die Hadronen und später die Leptonen von der Strahlung. Bei $T \approx 10^4$ K geht das bisher strahlungsdominierte in ein materiedominiertes Universum über. Die heutige Temperatur des Universums beträgt 2.7 K, die Temperatur der kosmischen Hintergrundstrahlung.

Im Folgenden wollen wir einige wichtige Vorgänge aus dieser Frühgeschichte des Universums weiter erläutern.

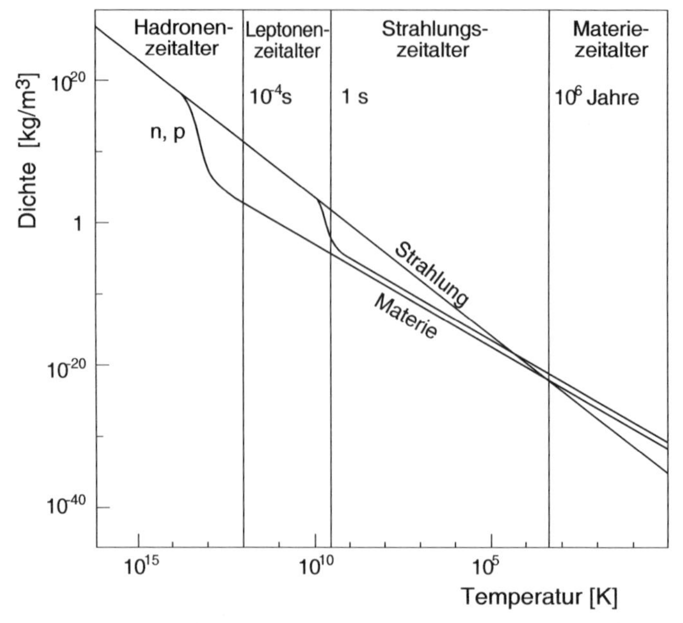

Abbildung 19.9. Entwicklung der Energiedichte im Universum als Funktion der Temperatur ab dem elektroschwachen Phasenübergang ($T \approx 10^{15}$ K). In der frühen Entwicklungsphase des Universum war die Strahlung mit Materie und Antimaterie im thermischem Gleichgewicht. Nach und nach entkoppelt die Materie von der Strahlung und Materie- und Strahlungsenergiedichte entwickeln unterschiedliche Temperaturabhängigkeiten, so dass das Universum letztendlich materiedominiert wird.

Materie-Antimaterie-Asymmetrie. Aus allen Beobachtungen ergibt sich, dass das heutige Universum nur aus Materie besteht, und es gibt keinen Hinweis dafür, dass Teile des Universums aus Antimaterie bestehen. Da unseren Vorstellungen zufolge in einem sehr frühen Stadium des Universums alle (Anti-)Teilchen im thermodynamischen Gleichgewicht standen,

d. h. Fermion-Antifermion-Erzeugung aus Eichbosonen genauso häufig war wie Fermion-Antifermion-Vernichtung zu Eichbosonen, müsste es gleich viele Fermionen und Antifermionen, oder speziell gleich viele Quarks und Antiquarks bzw. Baryonen und Antibaryonen im Universum geben, falls diese Symmetrie die Entwicklungsgeschichte des Universums überdauert hätte. Zusätzlich sollten freie Photonen existieren, die aus Fermion-Antifermion-Zerstrahlung entstanden sind, die aber nach Expansion und Abkühlung des Universum nicht mehr die entsprechende Umkehrreaktion durchführen konnten. Man findet heute ein Verhältnis der Anzahl von Baryonen zu Photonen von $N_\mathrm{B}/N_\gamma \approx 3 \cdot 10^{-10}$. Stammten diese Photonen alle aus Quark-Antiquark-Zerstrahlung, so wäre eine Quark-Antiquark-Asymmetrie im heißen Plasma des frühen Universums von

$$\Delta q = \frac{q - \overline{q}}{q + \overline{q}} = 3 \cdot 10^{-10} \tag{19.5}$$

ausreichend, um die heute beobachtete Materie-Antimaterie-Asymmetrie zu erklären. Die Frage ist, wie es zu dem kleinen, jedoch entscheidenden Überschuss von Quarks im frühen Universum gekommen ist.

Um eine Materie-Antimaterie-Asymmetrie zu erzeugen sind drei Bedingungen notwendig: CP-Verletzung, Baryonenzahl-Verletzung sowie ein thermisches Ungleichgewicht. Im Rahmen der großen vereinheitlichten Theorien (*Grand unified theories,* GUTs) kann man sich diese Bedingungen als erfüllt vorstellen. Betrachten wir die Situation des Universums zur Zeit $t < 10^{-35}\,\mathrm{s}$. Zu dieser Zeit waren alle (Anti-)Fermionen gleichwertig, konnten also ineinander übergehen, was bei bestimmten Reaktionen zu einer Baryonenzahlverletzung führt. Ein hypothetisches Austauschteilchen, welches diesen Übergang vermittelt, ist das X-Boson mit einer Masse von etwa $10^{14}\,\mathrm{GeV}/c^2$. Diese X-Bosonen können bei entsprechend hoher Energie auch als reelle Teilchen erzeugt werden und zerfallen dann in ein Quark und ein Elektron, entsprechend zerfällt das $\overline{\mathrm{X}}$-Boson in ein Antiquark und ein Positron. Eine CP-Verletzung beim Zerfall der X-Bosonen würde bedeuten, dass die Zerfallsraten von X und $\overline{\mathrm{X}}$ nicht exakt gleich wären. Im thermischen Gleichgewicht, also bei Temperaturen bzw. Energien oberhalb der Masse des X-Bosons, würde die Auswirkung der CP-Verletzung auf die Baryonenzahl jedoch wieder rückgängig gemacht werden, da Zerfall und Erzeugung der X- und $\overline{\mathrm{X}}$-Bosonen im Gleichgewicht stehen. Erst durch Abkühlung des Universums wird dieses Gleichgewicht zerstört und die Asymmetrie durch den CP-verletzenden Zerfall des X-Bosons würde zu einem Quark-Überschuss führen, der letztendlich für die heute im Universum beobachtete Materie-Antimaterie-Asymmetrie verantwortlich wäre.

Im heutigen Universum versucht man Hinweise dafür zu finden, ob es Systeme gibt, bei denen man CP- und Baryonenzahlverletzung beobachten kann. Wie in Abschn. 14.4 erwähnt, ist beim K^0-Zerfall CP-Verletzung nachgewiesen worden. Der beobachtete Effekt ist jedoch nicht ausreichend groß um die Materia-Antimateria-Asymmetrie zu erklären. Für die Verletzung der

Baryonenzahl hat man aus Experimenten, die nach dem Protonzerfall suchen, allerdings noch keine Hinweise.

Die möglich CP-Verletzung im Bereich der Leptonen gewinnt daher, speziell bei den Experimentalphysikern, verstärkt an Bedeutung (s. Kap. 10.6).

Elektroschwacher Phasenübergang. Wir wollen nun das Universum zu einer Zeit betrachten, als es gerade 10^{-11} s alt war und eine Temperatur von $kT \approx 100\,\text{GeV}$ hatte. Bis zu diesem Zeitpunkt glaubt man die Entwicklung des Universums im Rahmen der heute bekannten Elementarteilchenphysik zurück verfolgen zu können. Extrapolationen, die weiter in die Vergangenheit reichen, beruhen auf plausiblen Annahmen, sind aber keinesfalls bewiesen.

Zu diesem Zeitpunkt fand, so glauben wir, der *elektroschwache Phasenübergang* statt. Erst nach diesem Phasenübergang, unterhalb der kritischen Energie von 100 GeV, etablierten sich die heute bekannten Eigenschaften der Elementarteilchen. Kennzeichnend für einen Phasenübergang dieser Art ist der Verlust an Symmetrie und der Gewinn an Ordnung, ähnlich wie beim Phasenübergang von paramagnetischer zu ferromagnetischer Phase in Eisen beim Unterschreiten der Curie-Temperatur. Bei Temperaturen äquivalent zu Energien > 100 GeV, also vor dem Phasenübergang, hatten die Eichbosonen Photon, W- und Z-Boson ähnliche Eigenschaften, und der Unterschied zwischen elektromagnetischer und schwacher Kraft war aufgehoben (Symmetrie!). In diesem Zustand gab es auch zwischen Elektronen und Neutrinos keine signifikanten Unterschiede. Unterhalb der kritischen Temperatur wurde diese Symmetrie jedoch zerstört. Dieses Phänomen, im Standardmodell der Elementarteilchenphysik als *spontane Symmetriebrechung* bezeichnet, bewirkt, dass die W- und Z-Bosonen ihre großen Massen durch sogenannte Higgs-Felder erhalten, und die Elementarteilchen die uns bekannten Eigenschaften annehmen (vgl. Kap. 11.2).

Obwohl heute Elementarteilchen auf Energien $> 100\,\text{GeV}$ beschleunigt werden können und auch die W- und Z-Bosonen experimentell erzeugt und nachgewiesen wurden, wird es nicht möglich sein, die hohen Energiedichten von 10^8-mal der Kerndichte, die beim elektroschwachen Phasenübergang herrschten, im Labor nachzubilden. Wir können also nur versuchen, die hinterlassenen Spuren des Phasenübergangs, die W-, Z- und Higgs-Bosonen, zu erzeugen und nachzuweisen, um sie als Zeugen des Geschehens in der Anfangsphase des Universums ins Feld zu führen.

Bildung von Hadronen. Ein weiterer Phasenübergang fand statt, als das Universum ca. 1 μs alt war. Zu dieser Zeit hatte das Universum eine Gleichgewichtstemperatur von $kT \approx 100\,\text{MeV}$. In dieser Phase bildeten sich aus den vormals freien Quarks und Gluonen (Quark-Gluon-Plasma) die Hadronen. Im Wesentlichen entstanden dabei Nukleonen.

Da die Massen von u- und d-Quark sehr ähnlich sind, bildeten sich in etwa gleich viele Protonen und Neutronen, die zunächst als freie Nukleonen existierten, da die Temperatur zu hoch war, um die Bildung von Kernen zu ermöglichen. Diese Protonen und Neutronen standen solange im thermodynamischen Gleichgewicht, bis die Temperatur des Universums so weit gesunken war, dass die Reaktionsrate für Neutronerzeugungsprozesse (z. B. $\overline{\nu}_{\rm e}{\rm p} \rightarrow {\rm e}^+{\rm n}$) aufgrund der höheren Neutronmasse deutlich unter der für die inversen Prozesse (z. B. $\overline{\nu}_{\rm e}{\rm p} \leftarrow {\rm e}^+{\rm n}$) zur Protonerzeugung lag. Damit nahm das Zahlenverhältnis von Neutronen zu Protonen immer weiter ab.

Den Übergang vom Quark-Gluon-Plasma zur Hadronphase versucht man heute in Schwerionenreaktionen nachzumachen. Bei diesen Reaktionen versucht man zunächst ein Quark-Gluon-Plasma durch hochenergetische Kollisionen von Ionen herzustellen, wobei die Materiedichte kurzzeitig auf ein Vielfaches der normalen Kerndichte erhöht wird. In solch einem Zustand sollten die Quarks nur den kurzreichweitigen, aber nicht den langreichweitigen Teil des starken Potentials spüren, da dieser von den dicht gepackten Nachbarn abgeschirmt wird. In diesem Fall sind die Quarks als quasifrei zu betrachten und bilden ein Quark-Gluon-Plasma. Ein solcher Quark-Gluon-Plasma-Zustand ist bis heute allerdings noch nicht zweifelsfrei erzeugt worden, und das Studium des Übergangs zur Hadronphase ist dadurch nur bedingt möglich.

Im Universum verlief der Übergang vom Quark-Gluon-Plasma zur hadronischen Phase durch Absenkung der Gleichgewichtstemperatur bei geringer Materiedichte. Im Labor wird versucht diesen Übergang durch Variation der Materiedichte bei hoher Temperatur kurzzeitig zu erzeugen (vgl. Abb. 19.8 und Abschn. 19.3).

Primordiale Elementsynthese. Zur Zeit $t = 200$ Sekunden der kosmologischen Zeitrechnung bestand die baryonische Materie zu 88 % aus Protonen und zu 12 % aus Neutronen. Die Erzeugung von Deuterium durch Fusion von Neutronen mit Protonen stand bis zu diesem Zeitpunkt im Gleichgewicht mit der Umkehrreaktion, der Photodissoziation von Deuterium zu Proton und Neutron, wobei die Lebensdauer der Deuteronen extrem klein war. Nun war die Temperatur so weit abgesunken, dass die Energie der elektromagnetischen Strahlung nicht mehr ausreichte, um die Photospaltung von Deuteronen aufrecht zu erhalten. Durch die Reaktion

$$\mathrm{n} + \mathrm{p} \rightarrow \mathrm{d} + \gamma + 2.22\,\mathrm{MeV}$$

wurden dann langlebige Deuteronen erzeugt. Die Lebensdauer dieser Deuteronen war nun durch die Fusion mit Protonen und Neutronen

$$\begin{aligned} \mathrm{p} + \mathrm{d} \quad &\rightarrow \quad {}^3\mathrm{He} + \gamma + 5.49\ \mathrm{MeV} \\ \mathrm{n} + \mathrm{d} \quad &\rightarrow \quad {}^3\mathrm{H} + \gamma + 6.26\ \mathrm{MeV} \end{aligned}$$

begrenzt. Durch Reaktionen wie ${}^3\mathrm{H} + \mathrm{p}$, ${}^3\mathrm{He} + \mathrm{n}$, ${}^3\mathrm{He} + \mathrm{d}$ und $\mathrm{d} + \mathrm{d}$ entstand letztlich der besonders stabile Kern ${}^4\mathrm{He}$. Die Li-Kerne, die durch die Reaktion ${}^4\mathrm{He} + {}^3\mathrm{H} \rightarrow {}^7\mathrm{Li} + \gamma + 2.47$ MeV entstanden, wurden durch die stark exotherme Reaktion

$$^{7}\mathrm{Li} + \mathrm{p} \rightarrow 2\,^{4}\mathrm{He} + 17.35\ \mathrm{MeV}$$

hingegen sofort zerstört. In der Phase der primordialen Kernsynthese endeten im Wesentlichen alle Neutronen in ^{4}He, welches dadurch einen Anteil von 24 % an der Masse des Universums ausmacht.

Von Deuterium, ^{3}He und ^{7}Li sind nur noch Spuren vorhanden, so dass zu diesem Zeitpunkt der größte Teil der baryonischen Masse in Form von Protonen vorlag. Da es keine stabilen Kerne mit Massen $A = 5$ und $A = 8$ gibt, war es in dieser Phase des Universums nicht möglich, durch einfache Fusionsprozesse schwerere Kerne als ^{7}Li aufzubauen. Diese Kerne konnten nur sehr viel später im Inneren von Sternen entstehen.

Die Phase der primordialen Elementsynthese endete nach ca. 10 Minuten, als die Temperatur so weit abgesunken war, dass die Coulomb-Barriere weitere Fusionsprozesse verhinderte. Die erst sehr viel später stattfindende Synthese von schweren Kernen im Inneren von Sternen hat die Zusammensetzung der baryonischen Materie nicht mehr signifikant geändert. Das Verhältnis von Wasserstoff zu Helium, das man im heutigen Universum beobachtet (vgl. Abb. 2.2), stimmt hervorragend mit dem theoretisch berechneten Wert überein. Dies ist ein starkes Argument für das Urknall-Modell.

Die kosmische Hintergrundstrahlung. Die drei wichtigsten Beobachtungen, die das Urknallmodell des Universums unterstützen, sind die Expansion des Universums, das Verhältnis von Helium zu Wasserstoff als Signatur der primordialen Synthese der Elemente und die kosmische Hintergrundstrahlung.

Nach den "ersten zehn Minuten" bestand das Universum aus einem Plasma aus vollständig ionisiertem Wasserstoff und Helium und etwa 10^{10} mal mehr Photonen. Die Energiedichte im Universum bestand hauptsächlich aus Strahlung. Die Energie wurde über Comptonstreuung transportiert. Die mittlere freie Weglänge der Photonen war klein im Vergleich zur kosmischen Dimension, das Universum war undurchsichtig.

Die Entkopplung der Strahlung von der Materie beginnt dann, wenn die Temperatur zu niedrig ist, das thermische Gleichgewicht über die Reaktion

$$p + e \leftrightarrow H + \gamma \tag{19.6}$$

aufrechtzuerhalten. Wegen der hohen Strahlungsdichte dominiert die Vielfachphotonanregung. Im thermischen Gleichgewicht würde das bei einer Temperatur von $kT_{dec} = 0.32eV(T_{dec} \approx 3700K)$ stattfinden. Jedoch begann die Rekombination des Wasserstoffs bei noch niedrigeren Temperaturen. Der Grund ist der folgende: Wasserstoff kann durch Vielfachabsorption niederenergetischer Photonen vom $2s$ oder $2P$ Zustand ionisiert werden. Eine spätere Rekombination gefolgt von einer Kaskade über den $2P$ kann ein Photon der entsprechenden Energie (Lyman α) erzeugen, das ein weiteres Atom in den selben angeregten Zustand anregen kann, das wiederum von diederenergetischen Photonen ionisiert werden kann. Da die Photonen aus dem

Übergang $2S \to 2P$ im Universum eingeschlossen sind, ist die Rekombination durch eine Kaskade über den $2P$ Zustand nicht möglich. Das einzige Leck für Lyman-α-Photonen ist der Zweiphotonenzerfall des $2S$ Zustands. Dieser Zustand hat jedoch eine Lebensdauer von etwa einer Zehntelsekunde. Daher ist die Rekombination des Wasserstoffs kein Gleichgewichtsprozess. Der Übergang vom opaken zum transparenten Universum fand bei einer Temperatur von ungefähr 3000K statt. Obwohl bei dieser Temperatur die mittlere freie Weglänge der Photonen drastisch anwuchs, gab es immer noch einen beträchtlichen Anteil von Photonen, die über die Thomsonstreuuung mit freien Elektronen wechselwirkten. Die Photonen, die wir heute als Untergrund beobachten, stammen aus der Zeit, in der die Thomsonstreuung keine Rolle mehr spielte, was bei der Rotverschiebung von $z \approx 1000$ der Fall war. Die entkoppelte Strahlung zeigt ein perfektes Schwarzkörperspetrum mit der Temperatur $T = 2,7K$.

Die kosmische Hintergrundstrahlung liefert viele Informationen über das Universum zu dem Zeitpunkt, als sich die Photonen von der Materie entkoppelt haben. Die Temperaturschwankungen im Bereich um 10^{-5} sowie die am stärksten hervortretende räumliche Struktur bei einem Winkel von $1°$ werden mit Quantenfluktuationen im frühen Universum erklährt. Sie sind die Keime, aus denen sich später die Galaxien entwickelten. Die Tatsache, dass die Fluktuationen nicht verwischt worden sind, sieht man als einen Beweis dafür an, dass das Universum flach ist, d.h. die Dichte den krittischen Wert annimmt [Hi06].

19.5 Sternentwicklung und Elementsynthese

Die enge Verzahnung zwischen Kernphysik und Astrophysik geht zurück in die dreißiger Jahre, als Bethe, Weizsäcker und andere versuchten, eine quantitative Bilanz der von der Sonne emittierten Energie und der durch bekannte Kernreaktionen freigesetzten Energie zu geben. Allerdings hatte schon Eddington 1920 erkannt, dass Kernfusion die Quelle der Energieproduktion in Sternen ist.

Die Grundlage der modernen Astrophysik wurde jedoch Ende der 40er Jahre von Fred Hoyle gelegt [Ho46]. Das von ihm vorgeschlagene Forschungsprogramm forderte eine konsistente Behandlung von astronomischen Beobachtungen, Betrachtungen der Plasmadynamik des Sterninneren und Berechnungen der Energiequellen aus im Labor gemessenen Wirkungsquerschnitten für Kernreaktionen. Sternentwicklung und die Entstehung der Elemente könnten nur gemeinsam behandelt werden. Die heute beobachtete Häufigkeit der Elemente müsste mit der Elementsynthese in der Frühzeit des Universums und mit der Elemententstehung durch Kernreaktionen in Sternen erklärt werden können und wäre damit der entscheidende Test für die Konsistenz der Sternentwicklungsmodelle. Die Resultate dieses Programms wurden von E. Burbidge, G. Burbidge, Fowler und Hoyle [Bu57] präsentiert.

Sterne entstehen durch Kontraktion von interstellarem Gas und Staub. Diese Materie besteht fast ausschließlich aus primordialem Wasserstoff und Helium. Durch die Kontraktion erhitzt sich der Stern im Zentrum. Wenn Temperatur und Druck ausreichend groß sind, um Fusion von Kernen zu ermöglichen, entsteht dabei Strahlung, deren Druck eine weitere Kontraktion des Sterns verhindert. Im thermischen Gleichgewicht stellt sich ein Temperaturgefälle im Stern von innen nach außen ein entsprechend des Virialsatzes für das Gravitationskraftgesetz. Das bedeutet, dass bei beliebigem Abstand zum Sternzentrum die mittlere kinetische Energie eines Atoms gerade halb so groß ist wie der Betrag seiner potentiellen Energie. Die in Kernreaktionen produzierte Energie wird vorwiegend durch Strahlung an die Oberfläche transportiert. Dabei vermischt sich die Materie des Sterns nicht wesentlich. Während des Lebens des Sterns ändert sich die chemische Zusammensetzung in den Bereichen, in denen die Kernreaktionen stattfinden, also vor allem im Zentrum des Sterns.

Fusionsreaktionen. Im Gleichgewicht produziert der Stern durch Kernreaktionen so viel Energie wie er abstrahlt. Daher hängt der Gleichgewichtszustand im Wesentlichen von der Rate der Fusionsreaktionen ab. Freisetzung von Energie ist bei Fusion von leichten Kernen möglich. Besonders effektiv dabei ist die Fusion von Wasserstoffisotopen zu ^{4}He, dessen Bindungsenergie pro Nukleon von 7.07 MeV im Vergleich zu seinen Nachbarn besonders groß ist (vgl. Abb. 2.4). Diese Reaktion werden wir weiter unten ausführlicher besprechen. Voraussetzung für Fusionsprozesse ist eine genügend große Temperatur bzw. Energie der Reaktionspartner, um die Coulomb-Barriere zwischen ihnen zu überwinden. Dabei ist es nicht erforderlich, dass die Energie der beteiligten Kerne oberhalb der Barriere liegt, vielmehr kommt es analog zum α-Zerfall darauf an, wie groß die Wahrscheinlichkeit e^{-2G} ist, die Coulomb-Barriere zu durchtunneln. Der Gamow-Faktor G hängt von der relativen Geschwindigkeit und den Ladungszahlen der Reaktionspartner ab und ist gegeben durch (3.15)

$$G = \frac{\pi \alpha Z_1 Z_2}{v/c} \,. \tag{19.7}$$

Auch in Sternen spielen sich die Fusionsreaktionen i. Allg. unterhalb der Coulomb-Barriere ab und erfolgen über den Tunneleffekt.
Die Reaktionsrate pro Einheitsvolumen ist nach (4.3) und (4.4) durch

$$\dot{N} = n_1 n_2 \langle \sigma v \rangle \tag{19.8}$$

gegeben, wobei n_1 und n_2 die Teilchendichten der beiden Fusionspartner sind. Wir schreiben hier den Mittelwert $\langle \sigma v \rangle$, da die Geschwindigkeitsverteilung der wechselwirkenden Teilchen im heißen Sternplasma bei der Temperatur T der Maxwell-Boltzmann-Verteilung

$$n(v) \propto \mathrm{e}^{-mv^2/2kT} = \mathrm{e}^{-E/kT} \tag{19.9}$$

folgt und der Wirkungsquerschnitt σ der Fusionsreaktion über den Gamow-Faktor stark von der Relativgeschwindigkeit der Reaktionspartner abhängt. Dieser Mittelwert muss durch Integration über v berechnet werden. Abbildung 19.10 zeigt schematisch die Faltung von Gamow-Faktor und Maxwell-Verteilung. Der Überlapp der Verteilungen legt die Reaktionsrate fest und den Energiebereich, in dem Fusionsreaktionen stattfinden. Er hängt von der Plasmatemperatur und den Ladungen der Fusionspartner ab. Je höher die Ladungszahl, desto höher muss die Temperatur sein, um Fusionsreaktionen auszulösen und ausreichend Energie zu produzieren.

Somit verbrennt, d. h. fusioniert zunächst das leichteste Nuklid im Sterninneren, der Wasserstoff. Wenn dieser verbraucht ist, muss die Temperatur drastisch zunehmen, damit Helium und später auch schwerere Kerne fusionieren können. Die Dauer der verschiedenen Brennphasen hängt von der Masse des Sterns ab. Bei schwereren Sternen sind Druck und damit Dichte des Plasmas im Zentrum höher und damit ist die Reaktionsrate größer im Vergleich zu leichteren Sternen. Somit sind schwere Sterne kurzlebiger als leichte.

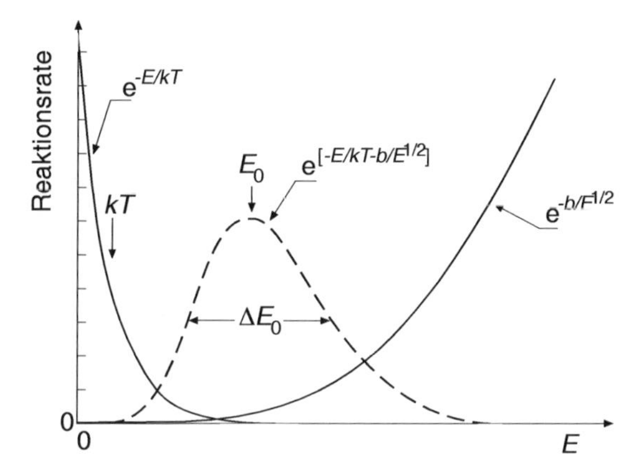

Abbildung 19.10. Schematische Darstellung der Faltung der Maxwell-Verteilung $\exp\{-E/kT\}$ und des Gamow-Faktors $\exp\{-b/E^{1/2}\}$ zur Berechnung der Rate von Fusionsreaktionen. Das Produkt dieser Kurven ist proportional zur Fusionswahrscheinlichkeit *(gestrichelte Kurve)*. Die Fusion spielt sich im Wesentlichen in einem recht schmalen Energieintervall der Breite ΔE_0 ab. Das Integral über diese Kurve ist proportional zur gesamten Reaktionsrate.

Wasserstoffverbrennung. In der Entstehungsphase von Sternen mit Massen von mehr als ca. ein Zehntel der Sonnenmasse erreichen die Temperaturen im Sterninneren Werte von $T > 10^7$ K, und damit sind die ersten Kernfusionsprozesse möglich. Im anfänglichen Stadium ihres Lebens erhalten Sterne ihre Energie aus der Verbrennung von Wasserstoff zu Helium über den *Proton-Proton-Zyklus:*

$$\mathrm{p} + \mathrm{p} \quad \rightarrow \quad \mathrm{d} + \mathrm{e}^+ + \nu_\mathrm{e} + 0.42 \text{ MeV}$$

$$
\begin{aligned}
\mathrm{p} + \mathrm{d} &\rightarrow {}^3\mathrm{He} + \gamma + 5.49\ \mathrm{MeV} \\
{}^3\mathrm{He} + {}^3\mathrm{He} &\rightarrow \mathrm{p} + \mathrm{p} + \alpha + 12.86\ \mathrm{MeV} \\
\mathrm{e}^+ + \mathrm{e}^- &\rightarrow 2\gamma + 1.02\ \mathrm{MeV}.
\end{aligned}
$$

Insgesamt wird bei der Nettoreaktion $4\mathrm{p} \rightarrow \alpha + 2\mathrm{e}^+ + 2\nu_\mathrm{e}$ eine Energie von 26.72 MeV frei. Davon entfallen im Mittel 0.52 MeV auf Neutrinos und entweichen aus dem Stern. Die erste Reaktion ist die langsamste im Zyklus, da sie nicht nur den Fusionsprozess der beiden Protonen sondern auch noch die gleichzeitige Umwandlung eines Protons in ein Neutron über die schwache Wechselwirkung beinhaltet. Sie legt daher die Lebensdauer des Sterns im ersten Entwicklungsstadium fest. Es gibt Seitenzweige des Proton-Proton-Zyklus, die für die Energieerzeugung in Sternen aber von geringerer Bedeutung sind.

Solange der Wasserstoffvorrat reicht, bleibt der Stern stabil. Für unsere Sonne beträgt diese Zeit etwa 10^{10} Jahre, wovon bereits die Hälfte vergangen ist. Größere Sterne mit höherer zentraler Dichte und Temperatur brennen schneller. Ist in diesen Sternen schon $^{12}\mathrm{C}$ vorhanden, so kann auch der *Kohlenstoff-Zyklus* stattfinden:

$$
{}^{12}_{6}\mathrm{C} \xrightarrow{\mathrm{p}} {}^{13}_{7}\mathrm{N} \xrightarrow{\beta^+} {}^{13}_{6}\mathrm{C} \xrightarrow{\mathrm{p}} {}^{14}_{7}\mathrm{N} \xrightarrow{\mathrm{p}} {}^{15}_{6}\mathrm{O} \xrightarrow{\beta^+} {}^{15}_{7}\mathrm{N} \xrightarrow{\mathrm{p}} {}^{12}_{6}\mathrm{C} + \alpha\,. \qquad (19.10)
$$

Der Kohlenstoff, der am Anfang des Zyklus umgewandelt wird, steht am Ende wieder zur Verfügung und wirkt somit als Katalysator. Die Nettoreaktion ist wie beim Proton-Proton-Zyklus $4\mathrm{p} \rightarrow \alpha + 2\mathrm{e}^+ + 2\nu_\mathrm{e}$, und die freigesetzte Energie beträgt ebenso 26.72 MeV. Dieser Kohlenstoff-Zyklus kann viel schneller ablaufen als der Proton-Proton-Zyklus. Allerdings setzt dieser Zyklus wegen der höheren Coulomb-Barriere erst bei höheren Temperaturen ein.

Heliumverbrennung. Nach Ausschöpfen des Wasserstoffvorrats kann der aus Helium bestehende Kern des Sterns dem Gravitationsdruck nicht widerstehen und kollabiert. Bei Sternen, die wesentlich kleiner als die Sonne sind, ist der Gravitationsdruck nicht hoch genug, um weitere Fusionsreaktionen zu zünden. Mit dem Wegfall des Strahlungsdrucks kollabiert der Stern aufgrund der eigenen Schwerkraft zu einer planetengroßen Kugel. Erst der Fermi-Druck des Elektronengases stoppt den Kollaps, und der Stern wird zu einem weißen Zwerg.

Schwerere Sterne heizen sich auf, bis sie eine Temperatur von 10^8 K und eine Dichte von $10^8\ \mathrm{kg/m^3}$ erreicht haben. Die Heliumverbrennung setzt ein. In den äußeren Regionen des Sterns befindet sich noch Wasserstoff. Dieser wird durch das heiße Zentrum aufgeheizt, so dass in dieser Schicht die Wasserstoffverbrennung einsetzt. Der äußere Mantel des Sterns bläht sich durch den Strahlungsdruck auf. Wegen der Zunahme der Oberfläche sinkt die Oberflächentemperatur, obwohl die Energieproduktion in diesem Stadium ansteigt. Die Farbe des Sterns wird nach Rot verschoben und er wird zum Roten Riesen.

Eine Synthetisierung schwererer Kerne als ^{4}He ist scheinbar nicht möglich, weil es für $A = 5$ und $A = 8$ keine stabilen Kerne gibt. So hat ^{8}Be nur eine Lebensdauer von 10^{-16} s, und ^{5}He und ^{5}Li sind noch instabiler. Im Jahre 1952 zeigte E. Salpeter aber einen Weg auf, wie dennoch schwere Kerne durch Heliumfusion entstehen konnten [Sa52]:

Bei hohen Temperaturen von 10^8 K, die im Sterninneren herrschen, kann das instabile ^{8}Be durch Helium-Helium-Fusion erzeugt werden, und es stellt sich ein Reaktionsgleichgewicht $^4\text{He} + {}^4\text{He} \leftrightarrow {}^8\text{Be}$ ein. Diese Reaktion ist nur bei diesen hohen Temperaturen in ausreichendem Maße möglich, da neben der Coulomb-Barriere auch noch ein Energieniveauunterschied von 90 keV überwunden werden muss (Abb. 19.11). Bei einer Dichte von 10^8 kg/m^3 im Sterninneren stellt sich eine Gleichgewichtskonzentration von einem ^{8}Be-Kern pro 10^9 ^{4}He-Kernen ein. Dieser geringe Anteil sollte ausreichen, um über die Reaktion $^4\text{He} + {}^8\text{Be} \rightarrow {}^{12}\text{C}^*$ in nennenswertem Umfang Kohlenstoff zu erzeugen, sofern es nahe oberhalb der Produktionsschwelle einen 0^+-Zustand im ^{12}C gibt, über den die Reaktion resonant erfolgen kann. In der Tat fand man kurz darauf diesen Zustand bei einer Anregungsenergie von 7.654 MeV [Co57], der mit einer Wahrscheinlichkeit von $4 \cdot 10^{-4}$ zum ^{12}C-Grundzustand zerfällt (Abb. 19.11). Dieser Zustand liegt zwar 287 keV oberhalb der $^8\text{Be}+\alpha$-Schwelle, kann aber durchaus mit Reaktionspartnern aus dem hochenergetischen Ausläufer der Maxwell'schen Geschwindigkeitsverteilung bevölkert werden. Die Nettoreaktion der Helium-Fusion zu Kohlenstoff lautet damit

$$3\,{}^4\text{He} \rightarrow {}^{12}\text{C} + 2\gamma + 7.367\ \text{MeV}\,.$$

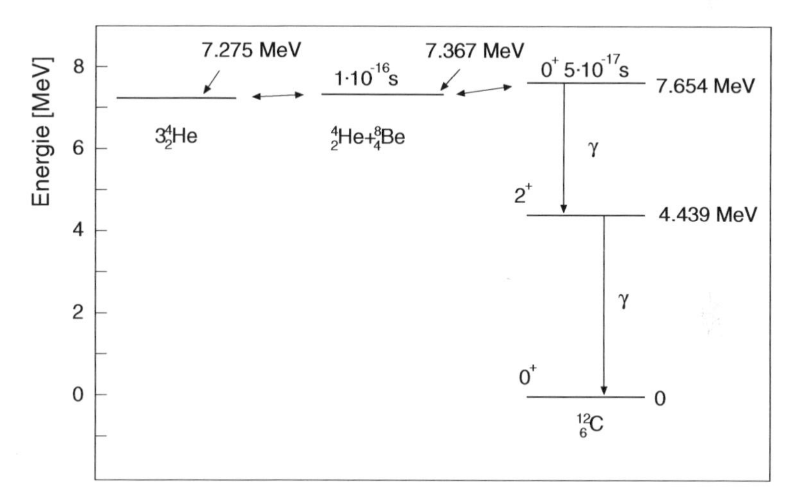

Abbildung 19.11. Energieniveaus der Systeme $3\,\alpha$, $\alpha + {}^8$Be und ^{12}C. Knapp oberhalb des Grundzustandes des $3\,\alpha$-Systems und des $\alpha + {}^8$Be-Systems gibt es im Kern ^{12}C einen 0^+-Zustand, der durch resonante Fusion von ^{4}He-Kernen erzeugt werden kann. Dieser angeregte Zustand zerfällt mit 0.04 % Wahrscheinlichkeit zum Grundzustand von ^{12}C.

Dieser sogenannte 3α-Prozess spielt eine Schlüsselrolle beim Aufbau der schweren Elemente im Universum. Ungefähr 1 % aller Kerne im Universum sind schwerer als Helium, und sie sind fast ausschließlich über den 3α-Prozess entstanden.

Verbrennung zum Eisen. Wenn der Heliumvorrat verbraucht ist und der Stern vor allem aus ^{12}C besteht, werden Sterne mit Massen im Bereich der Sonnenmasse zu Weißen Zwergen.

Massivere Sterne durchlaufen noch weitere Entwicklungsphasen. Je nach Temperatur fusionieren α-Teilchen mit ^{12}C, ^{16}O, ^{20}Ne etc., oder es geschieht direkte Fusion von Kohlenstoff, Sauerstoff, Neon und Silizium miteinander.

Als Beispiel erwähnen wir die Reaktionen

$$\begin{aligned} {}^{12}\mathrm{C} + {}^{12}\mathrm{C} \quad &\rightarrow \quad {}^{20}_{10}\mathrm{Ne} + \alpha + 4.62\ \mathrm{MeV} \\ &\rightarrow \quad {}^{23}_{11}\mathrm{Na} + \mathrm{p} + 2.24\ \mathrm{MeV} \\ &\rightarrow \quad {}^{23}_{12}\mathrm{Mg} + \mathrm{n} - 2.61\ \mathrm{MeV} \\ &\rightarrow \quad {}^{16}_{8}\mathrm{O} + 2\alpha - 0.11\ \mathrm{MeV} \end{aligned}$$

Die anderen Reaktionen verlaufen nach gleichem Muster und bevölkern alle Elemente zwischen Kohlenstoff und Eisen.

Je schwerer die verschmelzenden Kerne sind, desto größer ist die Coulomb-Abstoßung, und desto höher muss demzufolge die Temperatur sein, bei der die Verschmelzung stattfinden kann. Da die Temperatur im Zentrum am größten ist und zur Oberfläche abnimmt, bildet sich eine zwiebelartige Struktur des Sterns aus. Im innersten Teil des Sterns wird Eisen synthetisiert, nach außen hin immer leichtere und leichtere Elemente. In den äußersten Schichten verbrennen die verbleibenden Reste von Helium und Wasserstoff.

Die Verbrennung schwerer Kerne geschieht auf einer immer kürzeren Zeitskala, weil das Zentrum des Sterns zunehmend heißer sein muss, zugleich aber der Energiegewinn pro Nukleon durch Fusion mit steigender Massenzahl immer geringer wird (Abb. 2.4). Die letzte Phase, die Fusion von Silizium zu Eisen, dauert nur noch Tage [Be85]. Das Stadium der Kernfusion in Sternen ist mit der Bildung von Eisen abgeschlossen, da Eisen die größte Bindungsenergie pro Nukleon aufweist.

Wenn das Zentrum des Sterns aus Eisen besteht, ist keine Energiequelle mehr vorhanden. Es gibt keinen Strahlungsdruck und keine thermische Bewegung mehr, die der Gravitation widerstehen könnte: Der Stern kollabiert. Die Außenmaterie des Sterns fällt wie im freien Fall ins Zentrum. Durch die Implosion erreicht die Kernmaterie im Zentrum des Kerns eine gewaltige Dichte und Temperatur, was zu einer enormen Explosion führt. Der Stern emittiert dabei schlagartig mehr Energie, als er zuvor in seinem gesamten Leben erzeugt hat. Man bezeichnet dies als Supernova. Der größte Anteil der Sternmaterie wird in den interstellaren Raum geschleudert und kann später als Baumaterial neuer Sterne benutzt werden. Wenn die Masse des übrig gebliebenen Sternkerns kleiner ist als die Sonnenmasse, beendet der Stern sein

Leben als Weißer Zwerg. Wenn die Masse zwischen einer und zwei Sonnenmassen liegt, entsteht ein Neutronenstern. Die Materie noch massiverer Reste endet als Schwarzes Loch.

Synthese schwerer Kerne. Schwerere Kerne als Eisen werden durch Anlagerung von Neutronen synthetisiert. Hierbei unterscheiden wir zwei Prozesse:

*Der langsame Prozess (*engl. *s-process).* In der Verbrennungsphase des Sterns entstehen Neutronen durch Kernreaktionen, wie z. B.

$$^{22}_{10}\mathrm{Ne} + \alpha \to {}^{25}_{12}\mathrm{Mg} + \mathrm{n} - 0.48\ \mathrm{MeV} \tag{19.11}$$

oder

$$^{13}_{6}\mathrm{C} + \alpha \to {}^{16}_{8}\mathrm{O} + \mathrm{n} - 0.91\ \mathrm{MeV}. \tag{19.12}$$

Durch sukzessiven Einfang von Neutronen werden neutronenreiche Isotope produziert. Wenn die Isotope β-instabil sind, zerfallen sie zum stabilsten Isobar (Abb. 3.2, 3.3). Dadurch verläuft die Synthese zu schwereren und schwereren Elementen entlang des Stabilitätstals (Abb. 3.1). Die Grenze wird bei Blei erreicht, denn Kerne schwerer als Blei sind α-instabil. Die durch den langsamen Prozess aufgebauten Isotope zerfallen wieder in α-Teilchen und Blei.

*Der schnelle Prozess (*engl. *r-process).* Dieser Prozess findet während der Supernova-Explosion statt, wenn Neutronenflüsse von 10^{32} $\mathrm{m}^{-2}\mathrm{s}^{-1}$ erreicht werden und die Anlagerung von vielen sukzessiven Neutronen viel schneller ist als β- und α-Zerfallsprozesse. Durch diesen Prozess werden auch Elemente erzeugt, die schwerer als Blei sind. Die obere Grenze für die Erzeugung von Transuranen ist durch spontane Spaltung gegeben.

Alle Elemente (ausgenommen Wasserstoff und Helium), aus denen die Erde und wir selbst aufgebaut sind, stammen damit aus dem Inneren von Sternen und wurden (vermutlich sogar mehrmals) durch Supernova-Explosionen wieder freigesetzt. Sowohl die absolute Menge als auch die Verteilung der Elemente, die schwerer als Helium sind, lassen sich aus dem Alter des Universums und aus im Labor ermittelten Wirkungsquerschnitten berechnen. Die Ergebnisse stimmen hervorragend mit den gemessen Werten der Elementenhäufigkeit (Abb. 2.2) überein. Dies ist sicher einer der großen Triumphe der gemeinsamen Anstrengungen von Astrophysikern und Kernphysikern.

Aufgaben

1. **Sonne**
   Die Sonnenmasse ist $M_\odot \approx 2 \cdot 10^{30}$ kg ($3.3 \cdot 10^5$ Erdenmassen). Die chemische Zusammensetzung der Sonnenoberfläche ist 71% Wasserstoff, 27% Helium und 2% schwerere Elemente (Angaben sind Massenanteile). Die Luminosität der Sonne beträgt $4 \cdot 10^{26}$ W.
   a) Wieviel Wasserstoff werden pro Sekunde wird in Helium umgewandelt?
   b) Wie groß ist der Massenverlust der Sonne in demselben Zeitraum?
   c) Welcher Bruchteil des ursprünglichen Wasserstoffgehalts wurde seit Entstehung der Sonne ($5 \cdot 10^9$ a) in Helium umgewandelt?
   d) Wie groß war der Massenverlust in demselben Zeitintervall?
   e) Nach Modellrechnungen wird die Sonne noch weitere $5 \cdot 10^9$ Jahre, ähnlich wie heute, Wasserstoff verbrennen. Aus Mangel an Wasserstoff wird sie dann in den Zustand eines Roten Riesen übergehen. Begründen Sie diese Zeitskala.

2. **Solare Neutrinos**
   Der wichtigste Prozess zur Energieerzeugung in der Sonne ist die Fusion von Protonen zu ^{4}He-Kernen. Dies geschieht vorwiegend über die Reaktionen $\mathrm{p+p} \to \mathrm{d+e^+ +\nu_e}$, $\mathrm{p+d} \to {}^3\mathrm{He}+\gamma$ und ${}^3\mathrm{He}+{}^3\mathrm{He} \to {}^4\mathrm{He+p+p}$. Insgesamt wird dabei pro erzeugtem ^{4}He-Kern eine Energie von 28.3 MeV frei. 90 % dieser Energie wird in Form elektromagnetischer Strahlung abgegeben, der Rest vor allem als kinetische Energie der Neutrinos (typischerweise 0.4 MeV) [Ba89].
   a) Wie groß ist der Fluss solarer Neutrinos auf der Erde (Abstand von der Sonne: $a = 1.5 \cdot 10^8$ km)?
   b) In einem Stollen in den Abruzzen werden die Neutrinos durch die Reaktion ${}^{71}_{31}\mathrm{Ga} + \nu_e \to {}^{71}_{32}\mathrm{Ge}$ nachgewiesen (GALLEX-Experiment). Der Wirkungsquerschnitt dieser Reaktion liegt bei ca. $2.5 \cdot 10^{-45}\,\mathrm{cm}^2$. Man sucht nach radioaktiven ^{71}Ge-Atomen (Lebensdauer $\tau = 16$ Tage), die in einem Tank erzeugt werden, der 30 t Gallium (40 % ^{71}Ga, 60 % ^{69}Ga) als gelöstes Chlorid enthält [An92]. Bei etwa 50 % der Neutrinos liegt die Energie oberhalb der Reaktionsschwelle. Man extrahiert alle Germanium-Atome aus dem Tank. Schätzen Sie ab, wie viele ^{71}Ge-Atome täglich neu entstehen. Wie viele sollten sich nach drei Wochen im Tank befinden? Wie viele sind es, wenn man „unendlich lange" wartet?

3. **Supernova**
   Ein Neutronenstern mit der Masse $M = 1.5 M_\odot$ ($\approx 3.0 \cdot 10^{30}$ kg) und einem Radius $R \approx 10$ km ist der Rest einer Supernova. Das Material des Sterns stammt vom Eisenkern ($R \gg 10$ km) der Supernova.
   a) Wieviel Energie wurde während der Lebensdauer des Muttersternes durch die Umwandlung von Wasserstoff in Eisen frei? (Die Bindungsenergie von ^{56}Fe ist $B = 8.79$ MeV/Nukleon.) *Anm.:* Da bei der Implosion nur ein Teil des Eisenkerns im Neutronenstern wiederzufinden ist, sollte die Rechnung nur für diese Masse durchgeführt werden.
   b) Wieviel Energie wurde bei der Implosion des Eisenkerns zum Neutronenstern frei?
   c) In welcher Form wurde die Energie abgestrahlt?

20. Vielkörpersysteme der starken Wechselwirkung

> How many bodies are required before we have a problem? G. E. Brown points out that this can be answered by a look at history. In eighteenth-century Newtonian mechanics, the three-body problem was insoluble. With the birth of relativity around 1910 and quantum electrodynamics in 1930, the two- and one-body problems became insoluble. And within modern quantum field theory, the problem of zero bodies (vacuum) is insoluble. So, if we are out after exact solutions, no bodies at all is already too many!
>
> *R. D. Mattuck* [Ma76]

Im zweiten Teil dieses Buches haben wir den Aufbau von Vielkörpersystemen aus Quarks beschrieben. Für die Bindung dieser Systeme ist die starke Wechselwirkung verantwortlich, im Unterschied zu den Atomen, Molekülen und Festkörpern, die durch die elektromagnetische Wechselwirkung zusammengehalten werden.

Die aus Quarks aufgebauten Systeme – Hadronen und Kerne – sind komplexe quantenmechanische Systeme. Diese Komplexität äußert sich zum Beispiel darin, dass solch ein System viele Facetten aufweist, die nicht miteinander vereinbar scheinen. Einige Aspekte solcher Systeme lassen sich im Einteilchenbild verstehen, andere deuten auf die Existenz größerer Substrukturen hin, wieder andere werden als kollektive Effekte des gesamten Systems erklärt, und einige schließlich sind chaotisch und lassen sich nur statistisch beschreiben. Jedes dieser Konzepte beschreibt aber nur einen Teilaspekt des Systems.

Quasiteilchen. Bei ausreichend niedriger Anregungsenergie lassen sich Vielkörpersysteme, auch wenn sie eine komplizierte innere Struktur haben, oft als ein System von sogenannten *Quasiteilchen* beschreiben. Statt die elementaren Bausteine mit ihrer unübersehbaren Vielfalt gegenseitiger Wechselwirkung zu behandeln, betrachtet man „effektive Teilchen" (z. B. Elektronen und Löcher im Halbleiter). Ein Großteil der Wechselwirkung der elementaren Konstituenten untereinander ist dabei in der inneren Struktur der Quasiteilchen enthalten, so dass diese Quasiteilchen nur schwach miteinander wechselwirken.

Kollektive Zustände. Eine andere Klasse von elementaren niederenergetischen Anregungen sind sogenannte kollektive Zustände, bei denen viele Bausteine des Systems kohärent zusammenwirken. Dies können die Gitterschwingungen eines Kristalls (Phononen) oder Wellen an der Oberfläche eines Atomkerns sein.

Chaotische Phänomene. Mit wachsender Anregungsenergie wird die Komplexität jedes Vielteilchensystems immer größer und entzieht sich einer quantitativen Beschreibung, die auf elementaren Anregungen aufbaut. Es treten dann statistische Phänomene auf, die universellen Charakter haben, also unabhängig von Details der Wechselwirkung sind.

Hadronen. Über die Struktur der Hadronen ist noch wenig bekannt. Ihre elementaren Bestandteile sind Gluonen und Quarks. Um sie aber tatsächlich experimentell beobachten zu können, müsste man bei „unendlich" großen Impulsüberträgen messen. Daher sieht man auch in der tiefinelastischen Streuung immer nur effektive Quarks, also Vielteilchengebilde. Der Erfolg der QCD besteht darin, die Abhängigkeit der Strukturfunktionen von der Auflösung quantitativ zu erklären; der absolute Verlauf der Strukturfunktionen, also die Struktur der Hadronen, kann hingegen noch nicht vorhergesagt werden, auch nicht bei großen Impulsüberträgen.

Die Struktur der Nukleonen hängt jedoch vom Verhalten der Quarks bei kleinen relativen Impulsen ab, da angeregte Zustände Energien von nur einigen 100 MeV haben. Bei derart geringen Impulsüberträgen ist die Kopplungskonstante α_s so groß, dass die in der QCD übliche Störungsrechnung nicht mehr anwendbar ist und man es mit einem echten Vielteilchensystem zu tun hat.

Es hat sich herausgestellt, dass man die spektroskopischen Eigenschaften der Hadronen allein durch Konstituentenquarks beschreiben kann und man die Gluonen nicht berücksichtigen muss. Die Konstituentenquarks sind keine elementaren Teilchen, sondern komplexe Gebilde, die wir als *Quasiteilchen* auffassen. Sie unterscheiden sich in ihren Eigenschaften (z. B. Masse, Ausdehnung, magnetisches Moment) deutlich von den elementaren Quarks. Es scheint so zu sein, dass sich durch die Einführung solcher Quasiteilchen eine gewisse Ordnung in der Spektroskopie der Hadronen erzielen lässt. Zwar ist die gruppentheoretische Klassifizierung der angeregten Zustände sehr erfolgreich, aber die dynamischen Eigenschaften sind wenig verstanden. Es ist auch nicht klar, ob komplexe Anregungen der Hadronen im Konstituentenquarkmodell beschrieben werden können.

Angeregte Zustände von Hadronen mit leichten Quarks sind nur bis ca. 3 GeV bekannt. Dabei werden die Resonanzen um so breiter und liegen um so dichter beieinander, je höher die Energie ist. Bei Energien $\gtrsim$3 GeV sind keine Resonanzstrukturen mehr zu erkennen. Dies wäre unter Umständen der Bereich, in dem chaotische Phänomene zu erwarten wären. Man kann sie aufgrund der großen Breiten der Resonanzen jedoch nicht beobachten.

Kollektive Phänome sind in Hadronen ebenfalls noch nicht beobachtet worden. Das mag daran liegen, dass die Zahl der effektiven Konstituenten zu klein ist, um kohärente Phänomene aufbauen zu können.

Kräfte der starken Wechselwirkung. *Elementare* Teilchen (Quarks und Leptonen) wechselwirken durch *elementare* Kräfte, die durch den Austausch von Gluonen, Photonen, W- und Z-Bosonen vermittelt werden. Die Kräfte zwischen Systemen mit innerer Struktur (Atomen, Nukleonen, Konstituentenquarks) sind komplizierterer Natur und selbst Vielteilchenphänomene, wie z. B. die Van-der-Waals-Kräfte oder die kovalenten Bindungskräfte.

In erster Näherung parametrisiert man die Kräfte der starken Wechselwirkung zwischen Nukleonen oder zwischen Konstituentenquarks durch effektive Kräfte, die kurzreichweitig sind und je nach Spin und Isospin anziehend oder abstoßend sind. Bei Konstituentenquarks setzt man die Wechselwirkung bei kleinen Abständen durch die des 1-Gluon-Austauschs mit einer effektiven Kopplungskonstante an, und bei großen Abständen wird der Viel-Gluon-Austausch durch ein Confinement-Potential parametrisiert. Für die Wechselwirkung im 2-Nukleonen-System spielt der 2-Gluon-Austausch (Van-der-Waals-Kraft) oder der 2-Quarks-Austausch (kovalente Bindung) vermutlich eine kleinere Rolle.

Die kurzreichweitige Abstoßung ist einerseits die Konsequenz der Symmetrie der Quarkwellenfunktion des Nukleons und andererseits der chromomagnetischen Abstoßung. Der dominierende Anteil der anziehenden Kernkraft wird durch den Austausch von $q\overline{q}$-Paaren vermittelt. Es ist keine Überraschung, dass sich diese Paare als leichte Mesonen identifizieren lassen.

Im Kern wird diese Kraft überdies durch Vielkörpereffekte (z. B. das Pauli-Prinzip) stark modifiziert. Deswegen werden bei den Rechnungen in der Kernphysik häufig phänomenologische Kräfte verwendet, deren Form und Parameter an experimentelle Ergebnisse angepasst werden.

Kerne. Es ist eine naive Vorstellung, dass der Kern aus Nukleonen besteht. Realistischer ist es, die Konstituenten des Kerns als Quasi-Nukleonen zu betrachten. Die Eigenschaften dieser Quasiteilchen ähneln denen der Nukleonen, wenn sie sich nahe der „Fermikante“ befinden. So lassen sich einige Phänomene der Kerne bei niedrigen Energien (Spin, magnetisches Moment und Anregungsenergien) durch die Eigenschaften einzelner schwach gebundener Nukleonen auf der äußersten Schale oder durch Löcher in einer abgeschlossenen Schale erklären.

Stark gebundene Nukleonen können nicht individuellen Schalenmodellzuständen zugeordnet werden. Dies äußert sich beispielsweise darin, dass die bei quasielastischer Streuung beobachteten „Zustände“ sehr breit sind. Im Gegensatz dazu scheint für ein stark gebundenes Λ-Teilchen im Kern die Quasiteilchen-Beschreibung auch für die sehr tief gebundenen Zustände adäquat zu sein.

Auch größere Einheiten im Kern können sich als Quasiteilchen verhalten. Paare von Neutronen bzw. Protonen koppeln im Kern zu Systemen mit $J^P = 0^+$, also zu bosonischen Quasiteilchen. Man vermutet, dass die Paarung von Nukleonen zu suprafluiden Phänomenen in Kernen führt, in Analogie zu Cooper-Paaren im Supraleiter und zu Atom-Paaren im suprafluiden ^{3}He. Wir haben gesehen, dass die Trägheitsmomente der Rotationszustände qualitativ mit einem Zweiflüssigkeitsmodell aus einer normalen und einer suprafluiden Phase beschrieben werden können.

Manche Eigenschaften der Kerne kann man als kollektive Anregungen deuten. Besonders anschaulich sind solche Effekte in schweren Kernen. So lassen sich Dipol-Riesenresonanzen als Dichteschwingungen interpretieren. Als endliches System kann ein Kern auch Formschwingungen ausüben. Die Quadrupolanregung wird in Analogie zur Festkörperphysik als Phonon beschrieben. Besonders vielfältig sind die Rotationsbanden deformierter Kerne.

Bei höheren Energien geht der Quasiteilchen- und kollektive Charakter der Anregungen verloren. Es beginnt der Bereich der Konfigurationsmischungen, in denen Zustände aus Superpositionen von Teilchen-Loch- und/oder kollektiven Wellenfunktionen aufgebaut werden. Bei noch höheren Anregungsenergien nimmt die Niveaudichte der Kerne exponentiell mit der Anregungsenergie zu, und eine quantitative Beschreibung der einzelnen Niveaus wird unmöglich. Die hohe Komplexität der Niveaus ermöglicht eine neue Art der Beschreibung, nämlich mit statistischen Methoden.

Digestif. Wir haben uns bemüht, bei jedem Schritt in komplexere Systeme möglichst auf den Erkenntnissen über die elementareren Systeme aufzubauen. Dieses Bemühen hat uns zwar sehr geholfen, tiefere Einsichten in die Architektur komplexerer Systeme zu gewinnen, zur *quantitativen* Behandlung der komplexen Phänomene haben wir aber neue, *effektive* Bausteine und zwischen ihnen wirkende effektive Kräfte einführen müssen.

Bei der Hadronenspektroskopie haben wir letztendlich die Konstituentenquarks benutzt und nicht die Quarks der grundlegenden QCD; die Wechselwirkung zwischen Nukleonen wird am besten durch den Austausch von Mesonen beschrieben, und nicht durch den Austausch von Gluonen und Quarks; im Kern werden anstelle der aus der Nukleon-Nukleon-Wechselwirkung bekannten Kräfte meist effektive Kräfte verwendet; der Reichtum der kollektiven Zustände im Kern ist, auch wenn wir die Verbindung zum Schalenmodell skizziert haben, mit kollektiven Variablen quantitativ besser zu beschreiben als mit kohärenten Einteilchenanregungen. Dies bedeutet, dass man die beste Beschreibung immer im Rahmen einer „effektiven Theorie“ findet, die unserer experimentellen Auflösung angepasst ist. Dies ist aber keineswegs eine Besonderheit komplexer Systeme der starken Wechselwirkung, sondern findet sich generell in Vielkörpersystemen.

Heute gehen die Bemühungen um ein besseres Verständnis in beide Stoßrichtungen: Man versucht zu prüfen, ob das heutige Standardmodell der Elementarteilchenphysik eine elementare oder auch „nur“ eine effektive Theorie ist, und zugleich versucht man, die Gesetzmäßigkeiten in komplexen Systemen der starken Wechselwirkung noch besser zu verstehen.

> Wenn du dieses Buch gelesen hast, dann binde einen Stein daran und wirf es in den Euphrat.
>
> *Jeremia 51, 63*

A. Anhang

Im Hauptteil des Buches wurden die Erkenntnisse über die Physik der Elementarteilchen und Kerne und ihrer Wechselwirkungen im Zusammenhang und kompakt dargestellt. Dabei haben wir die generellen Prinzipien und Methoden der Experimente erläutert, die uns zu diesem Wissen geführt haben. Die Beschreibung der einzelnen Werkzeuge der experimentellen Physik, der Teilchenbeschleuniger und -detektoren, deren Neu- und Weiterentwicklung oftmals Voraussetzung für neue Entdeckungen war, wollen hier wir in geraffter Form geben. Für ausführlichere Darstellungen verweisen wir auf die Literatur [Gr93, Kl92a, Le94, Wi92, Wi93].

A.1 Beschleuniger

Teilchenbeschleuniger stellen Teilchenstrahlen verschiedenster Art zur Verfügung, wobei heute kinetische Energien von bis zu einem TeV (10^6 MeV) erreicht werden können. Einerseits dienen diese Teilchenstrahlen als „Energiequelle", um beim Beschuss von Kernen eine Vielfalt angeregter Zustände oder aber auch neuer Teilchen zu erzeugen. Andererseits dienen sie als „Sonden", um die Struktur der Targetteilchen zu untersuchen.

Die ausschlaggebende Größe für die Erzeugung neuer Teilchen oder für die Anregung höherer Zustände eines Systems ist die Schwerpunktsenergie $\sqrt{s}$ der untersuchten Reaktion. Bei der Reaktion eines Strahlteilchens a der Gesamtenergie E_a mit einem ruhenden Targetteilchen b ergibt sie sich zu

$$\sqrt{s} = \sqrt{2E_\mathrm{a}m_\mathrm{b}c^2 + (m_\mathrm{a}^2 + m_\mathrm{b}^2)c^4}\,. \tag{A.1}$$

Für Hochenergieexperimente, bei denen man die Massen der Teilchen im Vergleich zur Strahlenergie vernachlässigen kann, vereinfacht sich dieser Ausdruck zu

$$\sqrt{s} = \sqrt{2E_\mathrm{a}m_\mathrm{b}c^2}\,. \tag{A.2}$$

Die Schwerpunktsenergie wächst also für stationäre Targets nur mit der Wurzel der Strahlteilchenenergie an.

Benutzen wir Strahlteilchen mit dem Impuls p zur Strukturuntersuchung eines stationären Targets, so wird die erreichbare Auflösung durch ihre reduzierte De-Broglie-Wellenlänge $\lambda\!\!\!^{-} = \hbar/p$ charakterisiert. Der Zusammenhang mit der Energie E wird durch (4.1) beschrieben.

Die Grundelemente eines jeden Beschleunigers sind Teilchenquelle, Beschleunigungsstruktur und ein möglichst gut evakuiertes Strahlrohr, sowie Elemente zur Fokussierung und Ablenkung des Teilchenstrahls. Das Beschleunigungsprinzip beruht immer darauf, dass geladene Teilchen in einem elektrischen Feld einer beschleunigenden Kraft ausgesetzt sind. Die Energie, die Teilchen mit der Ladung Ze beim Durchlaufen einer Potentialdifferenz U aufnehmen, ist dann $E = ZeU$. Im Folgenden wollen wir die drei wichtigsten Beschleunigertypen kurz vorstellen.

Elektrostatische Beschleuniger. Bei diesem Beschleunigertyp wird die Beziehung $E = ZeU$ direkt ausgenutzt. Die Hauptteile eines elektrostatischen Beschleunigers sind Hochspannungsgenerator, Terminal und das evakuierte Beschleunigungsrohr. Beim gebräuchlichsten Typ, dem *Van-de-Graaff-Beschleuniger,* ist das Terminal meist als Metallkugel ausgebildet, welche als Kondensator der Kapazität C wirkt. Um eine hohes elektrisches Feld aufzubauen, wird das Terminal mittels eines umlaufenden, isolierenden Bandes aufgeladen. Auf Erdpotential wird positive Ladung auf dieses Band gebracht, die durch mechanisches Abstreifen auf das Terminal übertragen wird. Die ganze Anordnung wird in einem auf Erdpotential befindlichen Tank plaziert, der mit Isoliergas (z. B. SF_6) gefüllt ist, um vorzeitiges Durchschlagen der Spannung zu verhindern. Die nach dem Ladevorgang aufgebaute Spannung $U = Q/C$ kann bis zu 15 MV erreichen. Positive Ionen, die in einer Ionenquelle erzeugt werden, die sich auf Terminalpotential befindet, durchlaufen dann im Beschleunigungsrohr die gesamte Potentialdifferenz zwischen Terminal und Tank. Protonen können somit auf kinetische Energien von bis zu 15 MeV beschleunigt werden.

Den doppelten Energiegewinn erreicht man in Tandem-van-de-Graaff-Beschleunigern (Abb. A.1). Hierbei nutzt man die Beschleunigungsspannung zweimal aus. Auf Erdpotential erzeugt man zunächst negative Ionen, die in der Beschleunigungsröhre zum Terminal hin beschleunigt werden. Dort befindet sich z. B. eine dünne Folie, in der die Elektronen der Ionen teilweise abgestreift werden, so dass sie nun positiv geladen sind. Damit wird die Beschleunigungsspannung noch einmal wirksam, und Protonen können so bis zu 30 MeV kinetische Energie erreichen. Schwere Ionen können gleich mehrere Elektronen beim Abstreifen verlieren und dadurch entsprechend größere kinetische Energien aufnehmen.

Van-de-Graaff-Beschleuniger können zuverlässig kontinuierliche Teilchenstrahlen mit Strömen bis zu 100 μA erzeugen. Sie sind sehr wichtige Werkzeuge für die Kernphysik. Mit ihnen lassen sich Protonen, leichte und schwere Ionen auf Energien beschleunigen, mit denen man systematisch Kernreaktionen untersuchen und Kernspektroskopie durchführen kann.

Linearbeschleuniger. Energien im GeV-Bereich kann man nur durch sukzessive Beschleunigung der Teilchen erhalten. Der Linearbeschleuniger, der

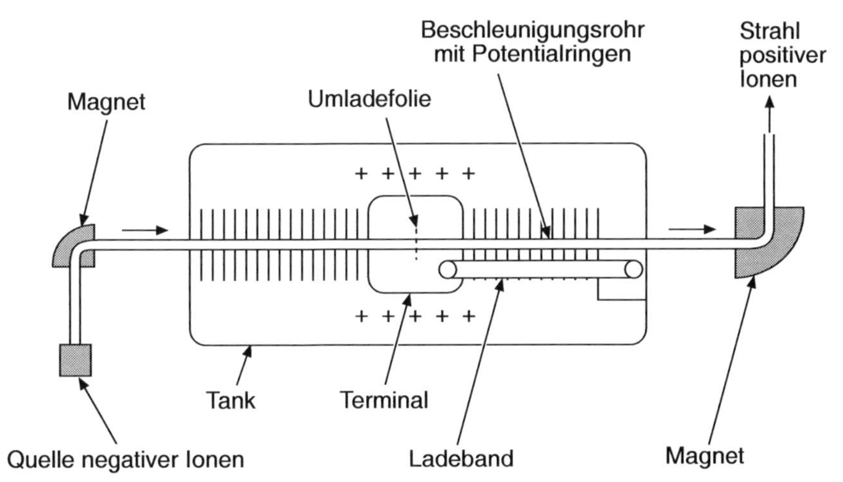

Abbildung A.1. Prinzipskizze eines Tandem-van-de-Graaff-Beschleunigers. Die negativen Ionen werden von links zum Terminal hin beschleunigt und dort durch Abstreifen eines Teils ihrer Elektronen umgeladen. Dies bewirkt eine Beschleunigung vom Terminal weg, und die Potentialdifferenz zwischen Terminal und Tank wird noch einmal durchlaufen.

auf diesem Prinzip basiert, besteht aus vielen linear hintereinander aufgebauten Beschleunigungsröhren, auf deren Mittelachse sich die Teilchen bewegen. Je zwei benachbarte Röhren liegen auf entgegengesetztem Potential, so dass die Teilchen im Bereich zwischen ihnen beschleunigt werden, während der Bereich innerhalb der Röhren im wesentlichen feldfrei ist (Wideröescher Typ). Ein Hochfrequenzgenerator ändert die Potentiale periodisch nun so, dass die Teilchen im Bereich zwischen den folgenden Röhren immer eine beschleunigende Spannung erfahren. Nach Durchlaufen von n Röhren haben die Teilchen dann die Energie $E = nZe\,U$ aufgenommen. In diesem Beschleunigertyp können keine kontinuierlichen Teilchenstrahlen, sondern nur Pakete solcher Teilchen beschleunigt werden, die sich in Phase mit der Generatorfrequenz befinden.

Da man mit einer festen Generatorfrequenz arbeitet, muss die Länge der Zellen an die jeweilige Geschwindigkeit der Teilchen angepasst sein (Abb. A.2). Für Elektronen ist dies nur für wenige Beschleunigungsstufen relevant, da sie wegen ihrer geringen Masse sehr schnell Lichtgeschwindigkeit erreichen. Für Protonen hingegen muss die Röhrenlänge in der Regel kontinuierlich über die gesamte Länge des Linearbeschleunigers ansteigen. Die Endenergie von Linearbeschleunigern ist durch die Anzahl der Röhren und die maximale Potentialdifferenz zwischen ihnen bestimmt.

Der z. Z. größte Linearbeschleuniger, mit dem viele wichtige Experimente zur tiefinelastischen Streuung an Nukleonen durchgeführt wurden, ist der ca. 3 km lange Elektronen-Linearbeschleuniger am Stanford Linear Accelerator

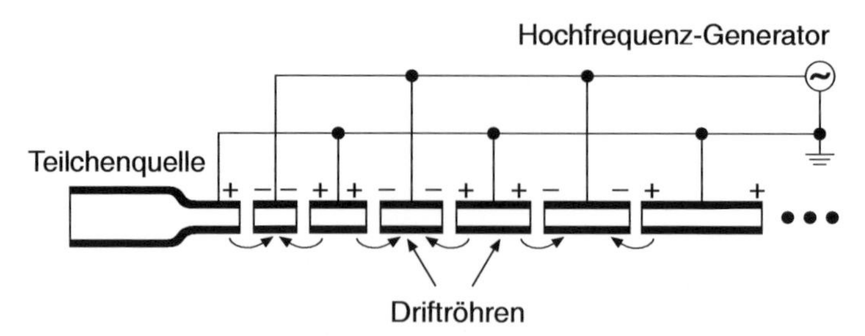

Abbildung A.2. Prinzipskizze eines Linearbeschleunigers des Wideröeschen Typs. Gezeigt ist eine Momentaufnahme der Potentialverhältnisse an den Röhren. Die Teilchen werden aus der Quelle zur ersten Driftröhre hin beschleunigt. Damit sie den Linearbeschleuniger durchlaufen können, müssen die Länge L_i der Röhren und die Generatorfrequenz ω so angepasst sein, dass $L_i = v_i \, \pi/\omega$ gilt. Dabei ist v_i die Geschwindigkeit der Teilchen bei der Röhre i. Sie hängt von der Generatorspannung und von der Teilchenart ab.

Center (SLAC). In ihm werden Elektronen durch ca. 100 000 Beschleunigungszellen auf eine Energie von ca. 50 GeV beschleunigt.

Synchrotrons. Während in Linearbeschleunigern die Teilchen jede Beschleunigungsstruktur nur einmal durchlaufen, sind Synchrotrons als Kreisbeschleuniger ausgelegt, in denen die Teilchen während vieler Umläufe durch dieselben Beschleunigungsstrukturen auf hohe Energien gebracht werden.

Auf der Kreisbahn werden die Teilchen durch Magnetfelder gehalten. Die Beschleunigungszellen sind meistens nur an wenigen Stellen im Beschleunigerring angebracht. Das Prinzip des Synchrotrons besteht darin, die Generatorfrequenz ω der Beschleunigungszellen und das Magnetfeld B synchron so zu verändern, dass die Teilchen, deren Umlauffrequenz und Impuls p aufgrund der Beschleunigung anwächst, in den Beschleunigungszellen immer eine beschleunigende Spannung erfahren und gleichzeitig weiterhin auf der vorgegebenen Bahn im Vakuumrohr gehalten werden. Die Bedingungen dafür, die simultan erfüllt sein müssen, lauten:

$$\omega = n \cdot \frac{c}{R} \cdot \frac{pc}{E} \qquad n = \text{natürliche Zahl} \tag{A.3}$$

$$B = \frac{p}{Ze\,R} \tag{A.4}$$

Hierbei ist R der Krümmungsradius des Synchrotronrings. Da B und ω aus technischen Gründen nur in bestimmten Grenzen variiert werden können, muss man vorbeschleunigte Teilchen in das Synchrotron einschießen, wo sie dann auf ihre vorgesehene Endenergie gebracht werden. Zur Vorbeschleunigung benutzt man entweder Linearbeschleuniger oder aber kleinere Synchrotrons. Auch in Synchrotrons lassen sich nur Teilchenpakete und keine kontinuierlichen Teilchenstrahlen beschleunigen.

Hohe Teilchenintensitäten kann man nur erhalten, wenn der Strahl gut fokussiert ist und die Teilchen nahe der idealen Umlaufbahn bleiben. Auch beim Strahltransport von Vorbeschleunigern zu Hauptbeschleunigern und zu den Experimenten (Injektion und Extraktion) ist eine gute Fokussierung von großer Bedeutung. Bei Hochenergiebeschleunigern benutzt man zur Strahlfokussierung magnetische Linsen, die man durch Quadrupolmagnete realisiert. Das Feld eines Quadrupolmagnets fokussiert geladene Teilchen in einer Ebene auf seine Mittelachse, während sie in der Ebene senkrecht dazu defokussiert werden. Eine Fokussierung in beiden Ebenen erreicht man mit einem zweiten Quadrupol, dessen Pole gegenüber dem ersten um 90° gedreht sind. Dieses Prinzip der *starken Fokussierung* hat sein Analogon in der Optik in der Kombination von dünner Streu- und Sammellinse, die immer fokussierend wirkt. Abbildung A.3 zeigt die wesentlichen Elemente eines Synchrotrons und die fokussierende Wirkung von Quadrupoldupletts.

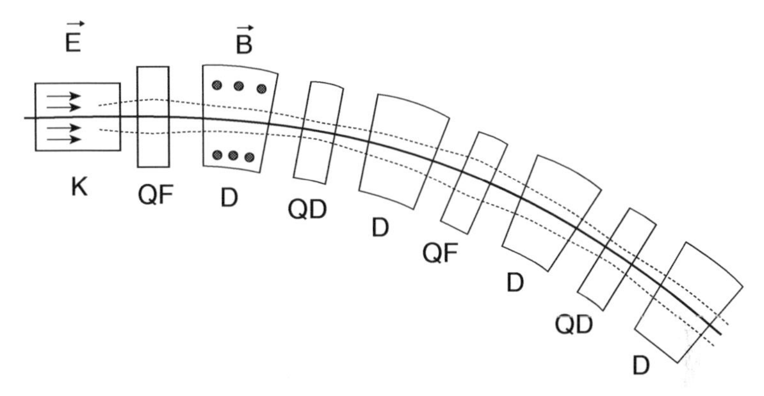

Abbildung A.3. Maßstabsgetreuer Ausschnitt eines Synchrotrons in der Aufsicht. Gezeigt sind die wesentlichen Beschleunigungs- und Magnetelemente sowie das Strahlrohr (*durchgezogene Linie*). Hochfrequenzbeschleunigungsröhren (K) sind im Allgemeinen nur an wenigen Stellen des Synchrotons angeordnet. Das Feld der Dipolmagnete (D), die die Teilchen auf der Kreisbahn halten, steht senkrecht zur Bildebene. Jeweils zwei Quadrupolmagnete bilden ein Duplett, welches eine fokussierende Wirkung auf den Strahl hat. Dies ist durch die gestrichelte Linie angedeutet, die die Strahleinhüllende (in vergrößertem Maßstab) darstellt. In der gezeigten Ebene haben die mit QF bezeichneten Quadrupole fokussierende und die mit QD bezeichneten Quadrupole defokussierende Wirkung.

In Synchrotrons beschleunigte Teilchen verlieren einen Teil ihrer Energie wieder durch *Synchrotronstrahlung*. Darunter versteht man die Abstrahlung von Photonen, die bei allen geladenen, auf Kreisbahnen gezwungenen und damit radial beschleunigten Teilchen auftritt. Der mit der Synchrotronstrahlung einhergehende Energieverlust der Teilchen muss durch die Beschleunigungsstrukturen wieder kompensiert werden. Er beträgt für hochrelativistische Teilchen pro Umlauf

$$-\Delta E = \frac{4\pi\alpha\hbar c}{3R}\beta^3\gamma^4 \qquad \text{mit} \quad \beta = \frac{v}{c} \approx 1 \quad \text{und} \quad \gamma = \frac{E}{mc^2}\,, \tag{A.5}$$

wächst also mit der vierten Potenz der Teilchenenergie E an. Die Massenabhängigkeit bewirkt, dass der Energieverlust bei gleicher Strahlenergie für Elektronen ca. 10^{13} mal größer ist als für Protonen. Die Endenergie für die heutigen Elektronensynchrotrons ist aufgrund der Synchrotronstrahlungsverluste auf ca. 100 GeV beschränkt. Für Protonen spielt die Synchrotronstrahlung keine wesentliche Rolle. Die Grenze für die Endenergie ist hier durch die erreichbare Feldstärke der Dipolmagnete gegeben, die die Protonen auf der Kreisbahn halten müssen. Mit supraleitenden Magneten erreicht man Protonenergien bis zu 1 TeV.

Experimentieren kann man mit in Sychrotrons beschleunigten Teilchen auf zwei Arten: Zum einen kann man den auf die Endenergie beschleunigten Strahl aus dem Ring auslenken und zu einem stationären Target leiten. Zum anderen kann man den Strahl im Synchrotron speichern und mit einem dünnen internen Target oder aber mit einem anderen Teilchenstrahl kollidieren lassen.

Speicherringe. Die Schwerpunktsenergie einer Reaktion bei stationärem Target wächst nur mit der Wurzel der Strahlenergie an (A.2). Sehr viel höhere Schwerpunktsenergien bei gleicher Strahlenergie kann man erreichen, indem man mit kollidierenden Teilchenstrahlen arbeitet. Bei frontaler Kollision zweier gleichartiger Teilchenstrahlen mit der Energie E beträgt die Schwerpunktsenergie der Reaktion $\sqrt{s} = 2E$. Sie wächst also linear mit der Strahlenergie.

Da die Teilchendichte in Teilchenstrahlen recht gering ist, und damit auch die Reaktionsrate bei der Kollision zweier Teilchenstrahlen, muss man diese sehr oft kollidieren lassen, um Experimente mit sinnvollen Ereignisraten durchführen zu können. Hohe Kollisionsraten kann man z. B. erreichen, wenn man kontinuierlich zwei Linearbeschleuniger betreibt und die damit erzeugten Teilchenstrahlen gegeneinander schießt. Eine andere Möglichkeit besteht darin, die in einem Synchroton beschleunigten Teilchenstrahlen bei der Endenergie zu speichern, indem man in den Beschleunigungsstrecken nur die Energie zuführt, die durch Synchrotronstrahlung verloren gegangen ist. Diese gespeicherten Teilchenstrahlen kann man dann zu Kollisionsexperimenten nutzen.

Als Beispiel sei der HERA-Ring am Deutschen Elektronen-Synchrotron (DESY) in Hamburg angeführt. Er besteht eigentlich aus zwei separaten Speicherringen mit demselben Umfang, die parallel in ca. 1 m Abstand verlaufen. In ihnen werden zum einen Elektronen auf ca. 30 GeV und zum anderen Protonen auf ca. 920 GeV beschleunigt und dann gespeichert. An zwei Stellen, an denen sich die Nachweisdetektoren befinden, werden die Strahlrohre zusammengeführt, und die gegenläufigen Strahlen werden dort zur Kollision gebracht.

Einfacher ist die Konstruktion, wenn man Teilchen und Antiteilchen miteinander kollidieren lassen will, z. B. Elektronen und Positronen oder Protonen und Antiprotonen. In diesem Fall benötigt man nur einen einzigen

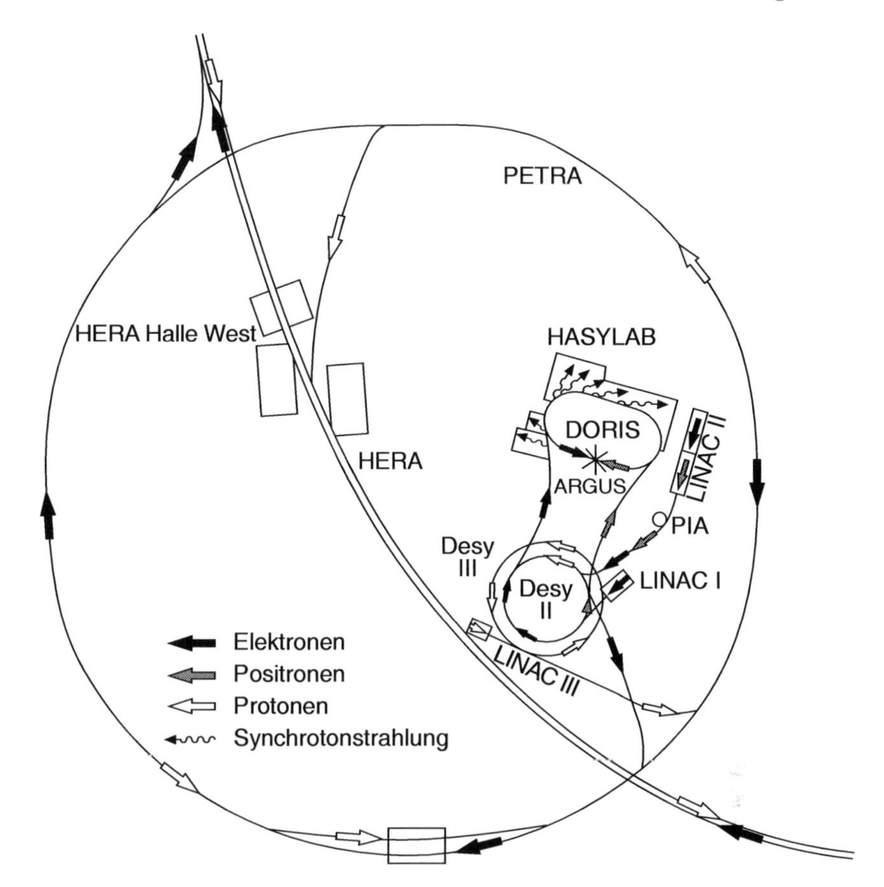

Abbildung A.4. Die Beschleunigeranlage beim Deutschen Elektronen-Synchrotron DESY in Hamburg. Die beiden Speicherringe DORIS und HERA werden durch eine Kette von Vorbeschleunigern versorgt. Elektronen können in den Linearbeschleunigern (LINAC I) oder (LINAC II) bis auf 450 MeV beschleunigt und dann in das Synchroton DESY II eingeschossen werden, wo sie bis zu 9 GeV erreichen. Von dort werden sie entweder nach DORIS geleitet oder in das Synchrotron PETRA injiziert. PETRA dient als letzter Vorbeschleuniger für HERA und erreicht für Elektronen Energien bis zu 14 GeV. Vor dem Betrieb von HERA arbeitete PETRA als Elektron-Positron-Speicherring mit einer Strahlenergie bis zu 23.5 GeV. Positronen werden mit Hilfe von in LINAC II beschleunigten Elektronen erzeugt und dann im Speicherring PIA akkumuliert, bevor sie in DESY II eingeschossen, beschleunigt und zu DORIS geleitet werden. Protonen werden im LINAC III auf 50 MeV und dann im Protonen-Synchrotron DESY III bis auf 7.5 GeV vorbeschleunigt, bevor sie in PETRA injiziert werden. Dort werden sie vor dem Einschuss in HERA auf 40 GeV gebracht. Der HERA-Ring, von dem nur ein Teil eingezeichnet ist, hat einen Umfang von 6336 m, während der Umfang von PETRA 2300 m und der von DESY II(III) ca. 300 m beträgt. (*Mit freundlicher Genehmigung des DESY*)

Speicherring, in dem diese Teilchen gleicher Masse, aber unterschiedlicher Ladung gleichzeitig gegensinnig umlaufen und an verschiedenen Wechselwirkungspunkten kollidieren. Beispiele hierfür sind der LEP-Ring (Large Electron Positron Ring), in dem Elektronen und Positronen mit ca. 86 GeV kollidieren und das Sp$\overline{\text{p}}$S (Super Proton Antiproton Synchrotron), in dem Protonen und Antiprotonen mit jeweils ca. 310 GeV zur Kollision gebracht werden. Beide Anlagen befinden sich im Europäischen Kernforschungszentrum CERN bei Genf.

Als Beispiel einer Forschungsanlage für Teilchenphysik ist in Abb. A.4 das Beschleunigersystem beim DESY gezeigt. Insgesamt sieben Vorbeschleuniger versorgen die Speicherringe DORIS und HERA, an denen die Experimente stattfinden, mit Elektronen, Positronen und Protonen. Für den Elektron-Positron-Ring DORIS mit einer Maximalenergie von 5.6 GeV pro Strahl werden zwei Vorbeschleunigungsstufen benötigt, für den Elektron-Proton-Ring HERA (30 GeV Elektronen, 820 GeV Protonen) deren drei. DORIS dient auch als intensive Synchrotronstrahlungsquelle und damit als Forschungsgerät für Oberflächenphysik, Chemie, Biologie und Medizin.

A.2 Detektoren

Ebenso wie die Beschleunigertechnik ist der Bau und die Entwicklung von Detektoren in der Kern- und Teilchenphysik fast eine eigenständige Wissenschaft geworden. Mit den immer höheren Teilchenenergien und -flüssen stiegen auch die Anforderungen an Qualität und Komplexität der Detektoren. Zwangsläufig hat daher auf dem Gebiet der Detektoren ein starke Spezialisierung eingesetzt. So gibt es Detektoren für Orts- und Impulsmessung, Energie- und Zeitmessung sowie Teilchenidentifikation. Die Nachweisprinzipien für Teilchen beruhen zumeist auf ihrer elektromagnetischen Wechselwirkung mit einem Medium, wie z. B. Ionisationsprozessen. Wir wollen daher zunächst kurz auf diese Prozesse eingehen. Dann werden wir zeigen, wie sie in den einzelnen Detektoren angewendet werden.

Wechselwirkung von Teilchen mit Materie. Durchqueren geladene Teilchen Materie, so geben sie durch Stöße mit dem Medium Energie ab. Zu einem großen Teil sind dies Wechselwirkungen mit den Hüllenelektronen, die zu Anregung oder Ionisation der Atome führen. Der Energieverlust durch Ionisation wird durch die *Bethe-Bloch-Formel* [Be30, Bl33] beschrieben. Näherungsweise gilt

$$-\frac{\mathrm{d}E}{\mathrm{d}x} = \frac{4\pi}{m_\mathrm{e}c^2}\frac{nz^2}{\beta^2}\left(\frac{e^2}{4\pi\varepsilon_0}\right)^2\left[\ln\frac{2m_\mathrm{e}c^2\beta^2}{I\cdot(1-\beta^2)} - \beta^2\right] \qquad \text{mit} \quad \beta = \frac{v}{c}, \tag{A.6}$$

wobei ze und v Ladung und Geschwindigkeit des Teilchens bedeuten, n die Elektronendichte ist und I das mittlere Anregungspotential der Atome (typischerweise 16 eV$\cdot Z^{0.9}$ für Kernladungszahlen $Z > 1$). Der Energieverlust

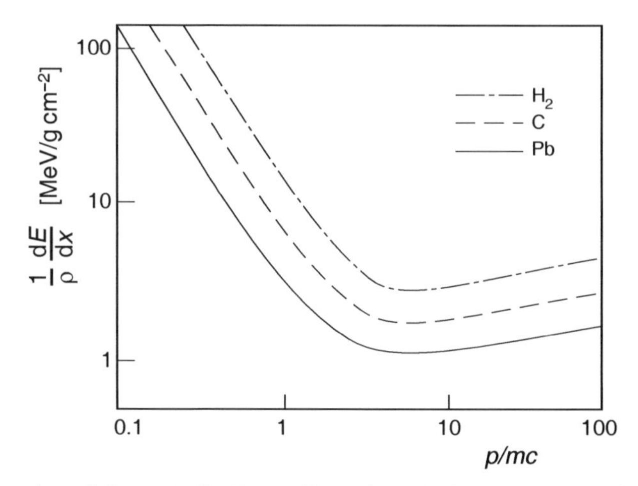

Abbildung A.5. Schematische Darstellung des mittleren Energieverlustes geladener Teilchen aufgrund von Ionisation in Wasserstoff, Kohlenstoff und Blei. Aufgetragen ist der Energieverlust normiert auf die Dichte des Materials gegen $p/mc = \beta\gamma$ des Teilchens in doppelt-logarithmischer Darstellung. In leichten Elementen ist der spezifische Energieverlust größer als in schweren.

hängt also von der Geschwindigkeit und Ladung des Teilchens ab (Abb. A.5), nicht aber von seiner Masse. Er fällt für kleine Geschwindigkeiten mit $1/v^2$ ab, erreicht bei $p/m_0c \approx 4$ ein Minimum und steigt bei relativistischen Teilchenimpulsen nur logarithmisch wieder an. Normiert auf die Dichte ϱ des durchquerten Materials liegt der Energieverlust durch Ionisation pro Weglänge $\mathrm{d}x$ im Ionisationsminimum und auch bei höheren Teilchenenergien bei etwa $1/\varrho \cdot \mathrm{d}E/\mathrm{d}x \approx 2\,\mathrm{MeV}/(\mathrm{g\,cm}^{-2})$.

Für Elektronen (und Positronen) kommt neben dem Ionisationsenergieverlust noch ein weiterer wichtiger Prozess hinzu: die *Bremsstrahlung.* Dabei strahlt das Elektron beim Abbremsen im Feld eines Kerns Energie in Form von Photonen ab. Dieser Prozess ist stark material- und energieabhängig und wächst annähernd linear mit der Energie und quadratisch mit der Ladungszahl Z des Mediums an. Oberhalb einer kritischen Energie E_c, die grob mit $E_\mathrm{c} \approx 600\,\mathrm{MeV}/Z$ parametrisiert werden kann, überwiegt für Elektronen der Energieverlust durch Bremsstrahlung gegenüber dem durch Ionisation. Für solch hochenergetische Elektronen lässt sich eine weitere wichtige Materialgröße angeben, die *Strahlungslänge* X_0. Sie beschreibt die Wegstrecke, nach deren Durchqueren sich die Energie des Elektrons aufgrund von Bremsstrahlungsprozessen um den Faktor e reduziert hat. Um hochenergetische Elektronen zu absorbieren, benutzt man am besten Materialien mit hoher Ladungszahl Z, wie z. B. Blei, für das die Strahlungslänge nur 0.56 cm beträgt.

Während geladene Teilchen beim Durchqueren von Materie über die elektromagnetische Wechselwirkung nach und nach Energie abgeben und schließ-

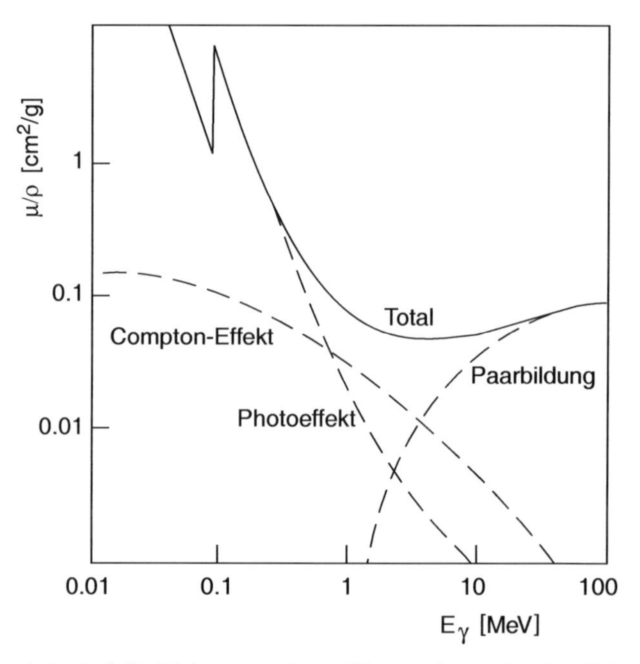

Abbildung A.6. Auf die Dichte normierter Photonabsorptionskoeffizient μ in Blei, aufgetragen gegen die Photonenergie. Die gestrichelten Linien geben die Beiträge der einzelnen Absorptionsprozesse (Photoeffekt, Compton-Effekt und Paarbildung) an. Oberhalb weniger MeV überwiegt die Paarbildung.

lich absorbiert werden, findet die Wechselwirkung von Photonen mit Materie an einem Punkt statt. Die Intensität I eines Photonenstrahls nimmt daher exponentiell mit der Dicke ℓ der durchquerten Materieschicht ab:

$$I = I_0 \cdot \mathrm{e}^{-\mu \ell} \,. \tag{A.7}$$

Der Absorptionskoeffizient μ ist dabei von der Energie des Photons und der Art des Mediums abhängig.

Die Wechselwirkung von Photonen mit Materie geschieht vorwiegend durch drei Prozesse: *Photoeffekt, Compton-Effekt* und *Paarbildung*. Diese Prozesse sind stark material- und energieabhängig. Der Photoeffekt dominiert bei kleinen Energien im keV-Bereich, der Compton-Effekt bei Energien um einige 100 keV bis wenige MeV. Für Hochenergieexperimente ist nur die Paarbildung von Bedeutung. Dabei konvertiert das Photon im Feld eines Kerns in ein Elektron-Positron-Paar. Dieser Prozess dominiert bei Photonenergien oberhalb von einigen MeV. In diesem Energiebereich kann die Photonabsorption ebenfalls durch die Strahlungslänge X_0 beschrieben werden; die freie Weglänge λ eines hochenergetischen Photons beträgt $\lambda = 9/7 \cdot X_0$. Zur Illustration ist in Abb. A.6 die Energieabhängigkeit der Photonabsorptionskoeffizienten der drei Prozesse in Blei gezeigt.

Wir wollen noch kurz zwei weitere Reaktionsprozesse erwähnen, die zum Nachweis von Teilchen von Interesse sind: die Abstrahlung von Čerenkov-Licht und Kernreaktionen. *Čerenkov-Strahlung* wird von geladenen Teilchen in Form von Photonen emittiert, wenn sie ein Material mit einer Geschwindigkeit durchlaufen, die größer als die Lichtgeschwindigkeit in diesem Material ist. Diese Photonen werden in einem Kegel mit dem Winkel

$$\theta = \arccos \frac{1}{\beta n} \tag{A.8}$$

um die Bahn des geladenen Teilchens emittiert, wobei n der Brechungsindex des Materials ist. Der Energieverlust durch Čerenkov-Strahlung ist klein verglichen mit dem durch Ionisationsverluste.

Kernreaktionen sind wichtig für den Nachweis von neutralen Hadronen, z. B. Neutronen, die an keinem der oben angesprochenen Prozesse partizipieren. Mögliche Prozesse sind Kernspaltung und Neutroneinfang (im eV- bis keV-Bereich), elastische und inelastische Streuung (MeV-Bereich) und Hadronenerzeugung im hochenergetischen Bereich.

Ortsmessung. Orts- und Impulsmessung von Teilchen sind wichtig für die kinematische Rekonstruktion von Reaktionen. Die gebräuchlichsten Ortsdetektoren nutzen den Energieverlust von geladenen Teilchen aufgrund von Ionisation aus.

Blasenkammern, Funkenkammern, und *Streamerkammern* sind Ortsdetektoren, in denen die Spuren geladener Teilchen optisch sichtbar gemacht und dann fotografiert werden. Diese Bilder sind sehr anschaulich und besitzen zudem eine gewisse Ästhetik. Insbesondere mit Blasenkammern wurden in den 50er und 60er Jahren viele neue Teilchen entdeckt. Heute werden diese Detektoren nur noch für spezielle Anwendungen eingesetzt.

Proportionalkammern bestehen aus einem flachen, mit Gas gefüllten Volumen, in dem viele dünne Drähte ($r \approx 10\,\mu$m) parallel gespannt sind. Die Drähte werden auf positive Hochspannung von einigen kV gelegt und haben Abstände von typischerweise 2 mm. Beim Durchgang geladener Teilchen durch das Gasvolumen werden die Gasatome entlang der Teilchenspur ionisiert, und die freigesetzten Elektronen driften zu den Anodendrähten (Abb. A.7). In der Nähe der dünnen Drähte ist die elektrische Feldstärke sehr hoch. Dadurch erreichen die Primärelektronen so hohe kinetische Energien, dass sie ihrerseits ionisierend wirken. Es entsteht eine Ladungslawine, welche einen messbaren Spannungspuls auf dem Draht zur Folge hat. Ankunftszeit und Amplitude dieses Spannungspulses können dann elektronisch registriert werden. Aus dem bekannten Ort des angesprochenen Drahtes ergibt sich die Position des Teilchendurchgangs. Die Ortsauflösung in der Koordinate senkrecht zu den Drähten liegt in der Größenordnung des halben Drahtabstands. Um eine bessere Auflösung und eine Spurrekonstruktion in allen Koordinaten zu erhalten, benutzt man in der Praxis mehrere Ebenen von Proportionalkammern mit unterschiedlicher Ausrichtung der Drähte.

Driftkammern haben dasselbe Funktionsprinzip wie Proportionalkammern. In diesem Fall haben die Drähte jedoch einen Abstand von einigen Zentimetern. Die Ortskoordinate x des Teilchendurchgangs wird nun aus dem Zeitpunkt t_{Draht} des Spannungspulses am Draht relativ zum Zeitpunkt t_0 des Teilchendurchgangs ermittelt. Letzteren muss man mit einem externen Detektor messen. Im Idealfall ergibt sich die lineare Beziehung

$$x = x_{\mathrm{Draht}} + v_{\mathrm{Drift}} \cdot (t_{\mathrm{Draht}} - t_0) , \tag{A.9}$$

wenn das elektrische Feld durch zusätzliche Elektrodenanordnungen sehr homogen und damit die Driftgeschwindigkeit v_{Drift} der freigesetzten Elektronen im Gas konstant ist. Die Ortsauflösung von Driftkammern kann bis zu $50\,\mu$m betragen. Auch hier verwendet man in der Regel mehrere Ebenen, um eine dreidimensionale Spurrekonstruktion zu ermöglichen. Drahtkammern eignen sich sehr gut als großflächige Spurdetektoren, die Flächen bis zu mehreren Quadratmetern abdecken können.

Siliziumstreifenzähler bestehen aus einem Siliziumkristall, auf dem sehr dünne Auslesestreifen im Abstand von z. B. $20\,\mu$m aufgebracht sind. Beim Durchgang eines geladenen Teilchens werden Elektron-Loch-Paare erzeugt, wofür in Silizium nur 3.6 eV pro Paar aufgebracht werden müssen. Mit Hilfe einer angelegten Spannung kann die erzeugte Ladung an den Auslesestreifen

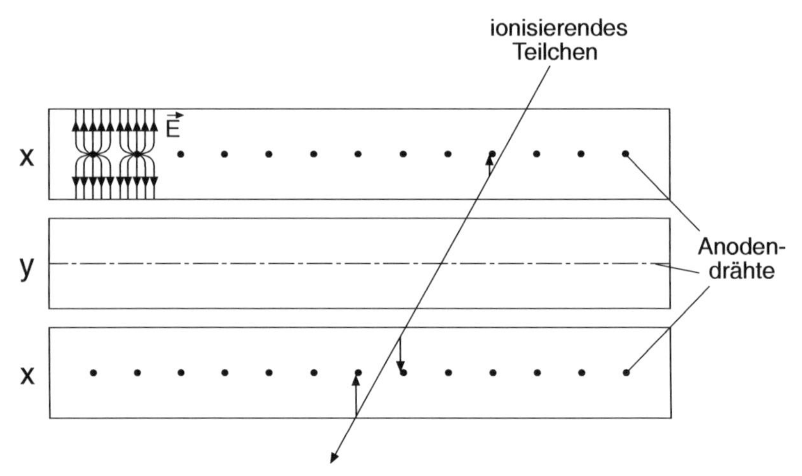

Abbildung A.7. Paket aus drei Proportionalkammerebenen. Die Anodendrähte der mit x bezeichneten Ebenen zeigen in die Bildebene hinein, während die der y-Ebene in der Bildebene verlaufen (*gestrichelte Linie*). Die Kathoden werden durch die Begrenzung der Kammern gebildet. Durch das Anlegen einer positiven Hochspannung an die Anodendrähte bildet sich ein Feld aus wie oben links angedeutet. Beim Durchgang eines geladenen Teilchens wird das Gas in den Kammern ionisiert, und die Elektronen driften entlang der Feldlinien zum Anodendraht. Im gezeigten Beispiel sprechen in der oberen x-Ebene ein Draht und in der unteren x-Ebene zwei Drähte an.

gesammelt und registriert werden. Man kann Ortsauflösungen im Bereich unter 10 μm erreichen.

Impulsmessung. Die Impulse geladener Teilchen lassen sich mit Hilfe starker Magnetfelder bestimmen. Aufgrund der Lorentz-Kraft beschreiben die Teilchen Kreisbahnen, die man z. B. auf Blasenkammerbildern ausmessen oder mit mehreren Ebenen von Drahtkammern bestimmen kann. Aus dem gemessenen Krümmungsradius R der Teilchenbahn und dem bekannten homogenen Magnetfeld B ergibt sich eine „Faustformel“ für die zum Magnetfeld senkrechte Komponente $p_\perp$ des Impulses

$$p_\perp \approx 0.3 \cdot B \cdot R \left[\frac{\mathrm{GeV}/c}{\mathrm{T\,m}}\right] . \qquad \text{(A.10)}$$

Bei *Magnetspektrometern* bestimmt man den Krümmungsradius indirekt aus dem Ablenkwinkel des Teilchens im Magnetfeld, indem man die Teilchenspur vor und hinter dem Magneten misst. Damit erhält man eine höhere Genauigkeit bei der Impulsbestimmung als bei direkter Bestimmung des Krümmungsradius. Typischerweise nimmt die relative Messgenauigkeit gemäß der Beziehung $\delta p/p \propto p$ mit zunehmendem Impuls ab, da die Krümmung der Teilchenbahn immer flacher wird.

Energiemessung. Die Energiemessung von Teilchen erfordert in der Regel deren vollständige Absorption in einem Medium. Die absorbierte Energie wird teilweise in Ionisation oder Anregung von Atomen oder aber auch in Čerenkov-Licht umgewandelt. Dieses Signal, das man mit geeigneten Wandlern messen kann, ist dann proportional zur ursprünglichen Energie des Teilchens. Die Energieauflösung hängt von den statistischen Schwankungen bei den Umwandlungsprozessen ab.

Halbleiterdetektoren sind in der Kernphysik von großer Bedeutung. Die von geladenen Teilchen erzeugten Elektron-Loch-Paare werden durch eine angelegte Spannung getrennt und als Spannungspuls nachgewiesen. Die Energie zum Erzeugen eines Elektron-Loch-Paares beträgt nur 2.8 eV in Germanium und 3.6 eV in Silizium. Halbleiterdetektoren haben typische Dicken von einigen Millimetern und absorbieren somit leichte Kerne mit Energien bis zu einigen 10 MeV. Die Energie von Photonen kann durch deren Photoeffekt und das Signal des absorbierten Photoelektrons nachgewiesen werden. Aufgrund der großen Zahl N erzeugter Elektron-Loch-Paare ist die relative Energieauflösung $\delta E/E \propto \sqrt{N}/N$ für Halbleiterzähler hervorragend. Sie beträgt für Teilchen von 1 MeV zwischen 10^{-3} und 10^{-4}.

Elektromagnetische Kalorimeter dienen zur Messung der Energie von Elektronen, Positronen und Photonen ab typischerweise 100 MeV. Hierbei nutzt man aus, dass diese Teilchen in der Kalorimetermaterie durch sukzessive Bremsstrahlung und Paarbildung eine Kaskade von Sekundärteilchen erzeugen, die ein messbares Ionisations- oder Lichtsignal liefern (Abb. A.8). Um solche Schauer vollständig im Kalorimeter zu absorbieren, muss dieses, je nach Energie, eine Länge von ca. 15–25 Strahlungslängen X_0 aufweisen. Als Beispiel behandeln wir homogene Kalorimeter aus NaJ(Tl)-Kristallen bzw. Bleiglas.

Natriumjodid, dotiert mit geringen Mengen von Thallium, ist ein anorganischer Szintillator, in dem geladene Teilchen Photonen im sichtbaren Wellenlängenbereich auslösen. Diese Photonen können mit Photomultipliern in einen elektrischen Spannungspuls umgesetzt werden. Als Kalorimeter wird NaJ(Tl) in Form von großen Kristallen verwendet, an deren Rückseite die Photomultiplier angebracht sind (vgl. Abb. 13.4). Typische Werte für die relative Energieauflösung betragen $\delta E/E \approx 1-2\,\% / \sqrt[4]{E\,[\mathrm{GeV}]}$. NaJ(Tl) ist auch in der Kern-γ-Spektroskopie und damit im Energiebereich um $\lesssim 1\,\mathrm{MeV}$ von großer Bedeutung, da es einen großen Photonabsorptionskoeffizienten insbesondere für den Photoeffekt besitzt.

In Bleiglas erzeugen geladene Schauerteilchen Čerenkov-Licht, welches ebenfalls mit Photomultipliern nachgewiesen wird. Bleiglaskalorimeter können aus einigen 1000 Bleiglasblöcken bestehen, die Flächen von mehreren Quadratmeter abdecken. Die transversale Dimension dieser Blöcke wird an die transversale Ausdehnung elektromagnetischer Schauer von einigen Zentimetern angepasst. Typische Energieauflösungen betragen hier $\delta E/E \approx 3-5\,\% / \sqrt{E\,[\mathrm{GeV}]}$.

Hadronische Kalorimeter dienen zur Energiemessung von Hadronen. Diese erzeugen in Materie durch eine Serie von inelastischen Reaktionen einen Schauer aus vielen Sekundärteilchen, meistens weiteren Hadronen. Im Vergleich zum elektromagnetischen Schauer hat dieser hadronische Schauer eine größere räumliche Ausdehnung und unterliegt auch wesentlich größeren Fluktuationen in Anzahl und Art der Sekundärteilchen. Für die Messung von Hadronenergien benutzt man *Sampling-Kalorimeter*, die aus alternierenden Ebenen von reinem Absorbermaterial (z. B. Eisen, Uran) und Nachweismaterial (z. B. organischem Szintillator) bestehen. Im Nachweismaterial wird nur ein geringer Teil der ursprünglichen Teilchenenergie deponiert. Aus diesem Grund, und wegen der größeren Fluktuationen der Sekundärteilchenzahl, liegt die Energieauflösung von Hadronkalorimetern nur im Bereich von $\delta(E)/E \approx 30-80\,\% / \sqrt{E\,[\mathrm{GeV}]}$.

Für hochrelativistische Teilchen sind Energiemessung und Impulsmessung äquivalent (5.6). Die Genauigkeit der Impulsmessung mit Magnetspektrometern nimmt jedoch linear mit dem Impuls ab, während die Genauigkeit der Energiemessung mit Kalorimetern gemäß $1/\sqrt{E}$ zunimmt. Abhängig von der Teilchenart und der speziellen Detektorkonfiguration ist es deshalb sinnvoll, für Teilchen mit Impulsen ab 50–100 GeV/c die Impulsmessung indirekt über die Energiemessung mit Kalorimetern durchzuführen, da diese dann genauer ist.

Teilchenidentifikation. Die Identität der Elementarteilchen ist i. Allg. durch Masse und Ladung festgelegt. Während sich das Ladungsvorzeichen durch Ablenkung des Teilchens im Magnetfeld einfach bestimmen lässt, ist die direkte Messung der Teilchenmasse meistens nicht möglich. Es gibt daher kein allgemeingültiges Rezept zur Teilchenidentifikation; vielmehr gibt es viele verschiedene Methoden, die oft von weiteren Eigenschaften der Teilchen abhängen. Im Folgenden geben wir eine kurze Aufstellung dieser Methoden in der Teilchenphysik, die für Teilchen mit Impulsen oberhalb von ca. 100 MeV/c anwendbar sind:

- Kurzlebige Teilchen können über ihre Zerfallsprodukte mit Hilfe der Methode der invarianten Masse identifiziert werden (vgl. Abschn. 15.1).

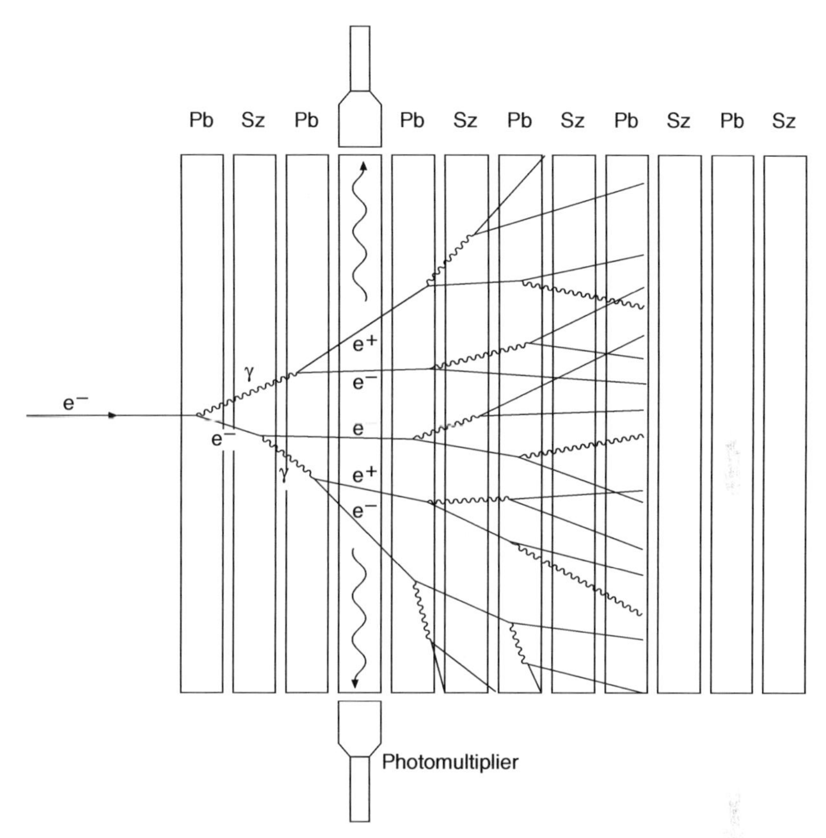

Abbildung A.8. Schematische Darstellung einer Teilchenkaskade, wie sie sich in einem Kalorimeter ausbildet. Gezeigt ist eine elektromagnetische Kaskade in einem Sampling-Kalorimeter, das aus Ebenen von Blei und Szintillator besteht. Das Blei dient als Absorbermaterial, in dem die Bremsstrahlungs- und Paarbildungsprozesse vorwiegend stattfinden. Der Deutlichkeit halber sind alle Öffnungswinkel übertrieben groß eingezeichnet, und die Spuren der Teilchen sind in den hinteren Ebenen nicht weitergeführt. Im Szintillator erzeugen Elektronen und Positronen Szintillationslicht im sichtbaren Bereich, das durch Totalreflexion innerhalb des Szintillators zu den Kanten geleitet (*dicke Pfeile*) und dort von Photomultipliern nachgewiesen wird. Die Lichtmenge aller Szintillatoren ist proportional zur Energie des eingelaufenen Elektrons.

- Neutrinos können i. Allg. nur indirekt über Energie- oder Impulsdefizite in einer Reaktion gefunden werden.
- Elektronen und Photonen können durch ihre charakteristischen elektromagnetischen Schauer in Kalorimetern nachgewiesen werden. Zur Unterscheidung zwischen diesen beiden Teilchen benötigt man einen Ionisationsdetektor (z. B. Szintillator oder Drahtkammer) vor dem Kalorimeter, in dem das Elektron im Gegensatz zum Photon eine Ionisationsspur hinterlässt.
- Myonen lassen sich durch ihre außerordentliche Durchdringungskraft von Materie identifizieren. Sie geben Energie im wesentlichen durch Ionisation ab und können daher mit Ionisationsdetektoren nachgewiesen werden, die hinter dicken Eisenplatten aufgestellt sind, in denen alle anderen geladenen Teilchen absorbiert werden.
- Geladene Hadronen, wie Pionen, Kaonen und Protonen, sind am schwierigsten zu unterscheiden. Dort benötigt man neben einer Impulsmessung eine weitere unabhängige Messung, deren Anwendbarkeit vom Impulsbereich abhängt.
  - Bei Impulsen bis 1 GeV/c kann man die Flugzeit zwischen zwei Ionisationsdetektoren messen, da die Geschwindigkeit bei gegebenem Impuls direkt von der Masse abhängt. Eine weitere Möglichkeit ist die Messung des Ionisationsenergieverlustes, der von der Teilchengeschwindigkeit abhängt und sich in diesem Bereich wie $1/v^2$ ändert.
  - Bei mehrmaliger Messung des Ionisationsverlustes ist diese Methode auch im Impulsbereich zwischen ca. 1.5 und 50 GeV/c, in dem der Energieverlust nur logarithmisch mit $\beta = v/c$ ansteigt, zur Unterscheidung zwischen geladenen Hadronen anwendbar.
  - Im Bereich bis ca. 100 GeV/c kann man verschiedene Arten von *Čerenkov-Zählern* einsetzen: Bei Schwellen-Čerenkovzählern stellt man den Brechungsindex n des Mediums so ein, dass nur bestimmte Teilchen mit einem festen Impuls Čerenkov-Licht erzeugen (vgl. A.8). Bei Ring Imaging Čerenkovzählern (RICH) misst man den Öffnungswinkel der Čerenkovphotonen für alle Teilchen und ermittelt daraus ihre Geschwindigkeit und bei bekanntem Impuls ihre Identität.
  - Für $\gamma = E/mc^2 \gtrsim 100$ kann man *Übergangsstrahlungsdetektoren* einsetzen. Übergangsstrahlung entsteht beim Übergang geladener Teilchen zwischen Materialien verschiedener Dielektrizitätskonstanten. Die Intensität dieser Strahlung hängt von γ ab. Eine Intensitätsmessung ermöglicht es somit, zwischen Hadronen gleichen Impulses zu unterscheiden. Für Hadronenergien oberhalb 100 GeV ist dies die einzige Methode zur Teilchenidentifikation. Auch zur Elektron-Pion-Unterscheidung kann Übergangsstrahlung ausgenutzt werden. Wegen der geringen Elektronmasse ist dies schon ab Teilchenenergien von ca. 1 GeV möglich.
- Ein Sonderfall ist der Nachweis von Neutronen. Von thermischen Energien bis zu Impulsen von ca. 20 MeV/c werden (n, α)- und (n, p)-Kernreaktionen ausgenutzt. Die geladenen Reaktionsprodukte, die eine feste kinetische

Energie besitzen, werden dann entweder in Szintillationszählern oder Gasionisationszählern nachgewiesen. Bei Impulsen zwischen 20 MeV/c und 1 GeV/c nutzt man die elastische Neutron-Proton-Streuung aus und weist das Proton nach. Als Protontarget wird meistens das Detektormaterial (Plastikszintillator, Zählergas) selbst verwendet. Bei höheren Impulsen bleibt nur die Messung in einem Hadronkalorimeter, in dem die Identifizierung aber in der Regel nicht eindeutig ist.

Ein komplexes Detektorsystem. Als Beispiel eines Detektorsystems in der Teilchenphysik wollen wir den ZEUS-Detektor am HERA-Speicherring vorstellen. Dieser Detektor weist die Reaktionsprodukte von hochenergetischen Elektron-Proton-Stößen bei einer Schwerpunktsenergie von bis zu 314 GeV nach (Abb. A.9). Er ist so ausgelegt, dass er die Reaktionszone bis auf den Bereich des Strahlrohrs hermetisch umgibt und vereinigt viele Detektorkomponenten zur bestmöglichen Messung von Energie, Impuls und Identität der Reaktionsprodukte. Die wichtigsten Elemente sind ein System von verschiedenen Drahtkammern, die direkt um den Wechselwirkungspunkt angeordnet sind, und ein sich nach außen anschließendes Uran-Szintillator-Kalorimeter, in dem die Energie von Elektronen und Hadronen genau vermessen wird.

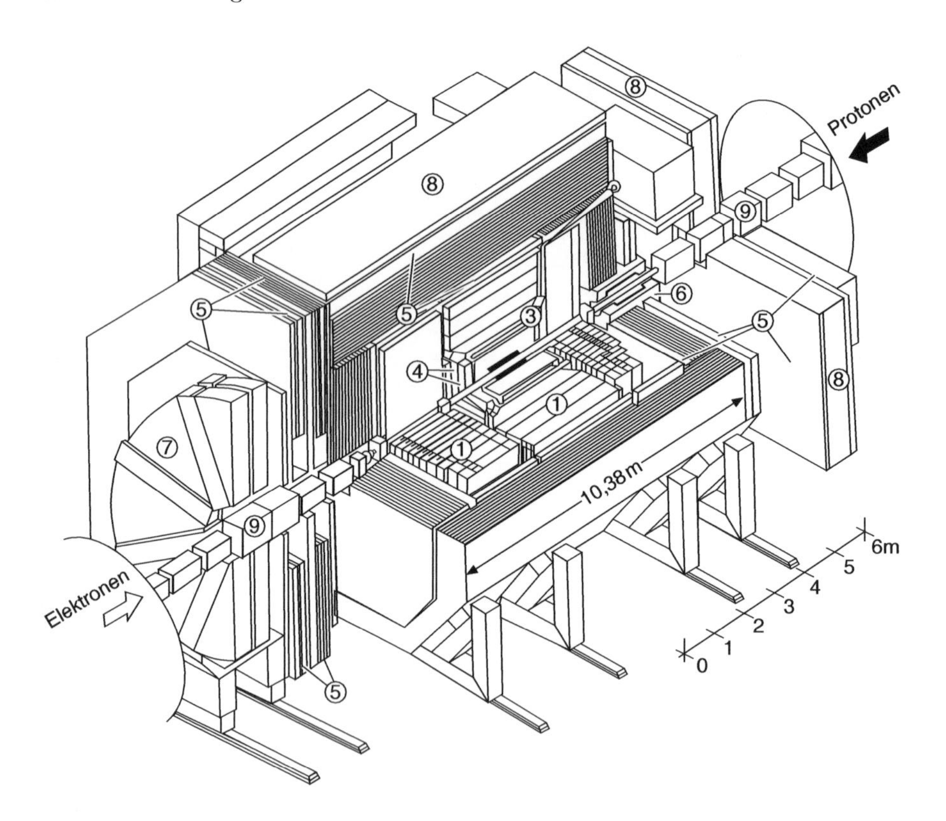

Abbildung A.9. Der ZEUS-Detektor am HERA-Speicherring bei DESY. Die kollidierenden Elektronen und Protonen werden mit Hilfe magnetischer Linsen (*9*) fokussiert und treffen im Wechselwirkungspunkt im Zentrum des Detektors aufeinander. Die Spuren geladener Reaktionsprodukte werden in der Vertexkammer (*3*), die den Wechselwirkungspunkt umschließt, und der zentralen Spurkammer (*4*) nachgewiesen. Diese Driftkammern sind von einer supraleitenden Spule umgeben, die ein Magnetfeld von bis zu 1.8 T erzeugt. Der Einfluss dieses Magnetfeldes auf den durchlaufenden Elektronstrahl muss mit einem Kompensationsmagneten (*6*) ausgeglichen werden. Nach außen schließt sich ein Uran-Szintillator-Kalorimeter (*1*) an, in dem die Energie von Elektronen und Photonen sowie von Hadronen sehr genau gemessen werden kann. Das Eisenjoch des Detektors (*2*), in dem der magnetische Fluss des zentralen Solenoidfeldes zurückgeführt wird, dient gleichzeitig als Absorber für das Rückwärtskalorimeter, in dem die Energie hochenergetischer Teilchenschauer gemessen wird, die nicht vollständig im zentralen Uran-Kalorimeter absorbiert werden. Als Myondetektor sind vor und hinter dem Eisenjoch großflächige Drahtkammern (*5*) aufgebaut, die den gesamten Detektor umgeben. Zur Impulsbestimmung befinden sie sich im Magnetfeld des Eisenjochs oder in einem zusätzlichen 1.7 T starken Toroidfeld (*7*). Eine dicke Eisen-Beton-Wand (*8*) schirmt die Experimentierhalle so weit wie möglich vor der entstehenden Strahlung ab. (*Mit freundlicher Genehmigung des DESY)*

A.3 Kopplung von Drehimpulsen

Für die Kopplung zweier Drehimpulse $|j_1 m_1\rangle$ und $|j_2 m_2\rangle$ zu einem Gesamtdrehimpuls $|JM\rangle$ gelten folgende Auswahlregeln:

$$|j_1 - j_2| \leq J \leq j_1 + j_2 \,, \tag{A.11}$$

$$M = m_1 + m_2 \,, \tag{A.12}$$

$$J \geq |M| \,. \tag{A.13}$$

Die gekoppelten Zustände lassen sich mit Hilfe der *Clebsch-Gordan-Koeffizienten* (CGK) $(j_1 j_2 m_1 m_2 | JM)$ im Basissystem $|j_1\, j_2\, JM\rangle$ entwickeln:

$$|j_1\, m_1\rangle \otimes |j_2\, m_2\rangle = \sum_{\substack{J=|j_1-j_2| \\ M=m_1+m_2}}^{J=j_1+j_2} (j_1\, j_2\, m_1\, m_2 | JM) \cdot |j_1\, j_2\, JM\rangle. \tag{A.14}$$

Die Wahrscheinlichkeit, bei der Kopplung zweier Drehimpulse $|j_1 m_1\rangle$ und $|j_2 m_2\rangle$ das System im Gesamtdrehimpuls $|JM\rangle$ zu finden, ist demnach gleich dem Quadrat des entsprechenden CGK.

Umgekehrt gilt auch

$$|j_1\, j_2\, JM\rangle = \sum_{\substack{m_1=-j_1 \\ m_2=M-m_1}}^{m_1=+j_1} (j_1\, j_2\, m_1\, m_2 | JM) \cdot |j_1\, m_1\rangle \otimes |j_2\, m_2\rangle \,. \tag{A.15}$$

Für ein System $|JM\rangle$, das durch Kopplung zweier Drehimpulse j_1 und j_2 entsteht, gibt das Quadrat des CGK die Wahrscheinlichkeit an, die einzelnen Drehimpulse in den Zuständen $|j_1 m_1\rangle$ und $|j_2 m_2\rangle$ zu finden.

Man kann (A.14) und (A.15) auch auf den Isospin anwenden. So kann z. B. das Δ^+-Baryon ($I = 3/2$, $I_3 = +1/2$) in $\mathrm{p} + \pi^0$ und $\mathrm{n} + \pi^+$ zerfallen. Das Verzweigungsverhältnis berechnet sich dann als

$$\frac{B(\Delta^+ \to \mathrm{p} + \pi^0)}{B(\Delta^+ \to \mathrm{n} + \pi^+)} = \frac{|(\,\frac{1}{2}\;1\;+\frac{1}{2}\;\;0\;|\;\frac{3}{2}\;+\frac{1}{2}\,)|^2}{|(\,\frac{1}{2}\;1\;-\frac{1}{2}\;+1\;|\;\frac{3}{2}\;+\frac{1}{2}\,)|^2} = \frac{\left(\sqrt{\frac{2}{3}}\right)^2}{\left(\sqrt{\frac{1}{3}}\right)^2} = 2. \tag{A.16}$$

In der folgenden Tabelle sind die CGK für die Kopplung kleiner Drehimpulse gegeben. Die Werte für $j_1 = 1/2$ und $j_2 = 1$ erhält man mit Hilfe der allgemeinen Phasenbeziehung

$$(j_2\, j_1\, m_2\, m_1 | JM) = (-1)^{j_1+j_2-J} \cdot (j_1\, j_2\, m_1\, m_2 | JM) \,. \tag{A.17}$$

m_1	m_2	J	M	CGK
$j_1 = 1/2$		$j_2 = 1/2$		
$1/2$	$1/2$	1	1	$+1$
$1/2$	$-1/2$	1	0	$+\sqrt{1/2}$
$1/2$	$-1/2$	0	0	$+\sqrt{1/2}$
$-1/2$	$1/2$	1	0	$+\sqrt{1/2}$
$-1/2$	$1/2$	0	0	$-\sqrt{1/2}$
$-1/2$	$-1/2$	1	-1	$+1$

m_1	m_2	J	M	CGK
$j_1 = 1$		$j_2 = 1/2$		
1	$1/2$	$3/2$	$3/2$	$+1$
1	$-1/2$	$3/2$	$1/2$	$+\sqrt{1/3}$
1	$-1/2$	$1/2$	$1/2$	$+\sqrt{2/3}$
0	$1/2$	$3/2$	$1/2$	$+\sqrt{2/3}$
0	$1/2$	$1/2$	$1/2$	$-\sqrt{1/3}$
0	$-1/2$	$3/2$	$-1/2$	$+\sqrt{2/3}$
0	$-1/2$	$1/2$	$-1/2$	$+\sqrt{1/3}$
-1	$1/2$	$3/2$	$-1/2$	$+\sqrt{1/3}$
-1	$1/2$	$1/2$	$-1/2$	$-\sqrt{2/3}$
-1	$-1/2$	$3/2$	$-3/2$	$+1$

m_1	m_2	J	M	CGK
$j_1 = 1$		$j_2 = 1$		
1	1	2	2	$+1$
1	0	2	1	$+\sqrt{1/2}$
1	0	1	1	$+\sqrt{1/2}$
1	-1	2	0	$+\sqrt{1/6}$
1	-1	1	0	$+\sqrt{1/2}$
1	-1	0	0	$+\sqrt{1/3}$
0	1	2	1	$+\sqrt{1/2}$
0	1	1	1	$-\sqrt{1/2}$
0	0	2	0	$+\sqrt{2/3}$
0	0	1	0	0
0	0	0	0	$-\sqrt{1/3}$
0	-1	2	-1	$+\sqrt{1/2}$
0	-1	1	-1	$+\sqrt{1/2}$
-1	1	2	0	$+\sqrt{1/6}$
-1	1	1	0	$-\sqrt{1/2}$
-1	1	0	0	$-\sqrt{1/3}$
-1	0	2	-1	$+\sqrt{1/2}$
-1	0	1	-1	$-\sqrt{1/2}$
-1	-1	2	-2	$+1$

A.4 Naturkonstanten

Tabelle A.1. Naturkonstanten [Co87, La95, PD98]. Die eingeklammerten Ziffern geben die Unsicherheit der letzten Dezimalstellen an. Die Größe von c und μ_0 (und damit auch von ε_0) ist durch die Definition der Maßeinheiten „Meter“ und „Ampere“ vorgegeben [Pe83]. Daher haben diese Konstanten keinen Fehler.

Konstante	Symbol	Wert
Lichtgeschwindigkeit	c	$2.997\,924\,58 \cdot 10^{8}\,\mathrm{m\,s^{-1}}$
Planck-Konstante	h	$6.626\,075\,5\,(40) \cdot 10^{-34}\,\mathrm{J\,s}$
reduz. Planck-Konst.	$\hbar = h/2\pi$	$1.054\,572\,66\,(63) \cdot 10^{-34}\,\mathrm{J\,s}$
		$= 6.582\,122\,0\,(20) \cdot 10^{-22}\,\mathrm{MeV\,s}$
	$\hbar c$	$197.327\,053\,(59)\,\mathrm{MeV\,fm}$
	$(\hbar c)^2$	$0.389\,379\,66\,(23)\,\mathrm{GeV^2\,mbarn}$
atomare Masseneinheit	$u = M_{^{12}\mathrm{C}}/12$	$931.494\,32\,(28)\,\mathrm{MeV}/c^2$
Masse des Protons	M_p	$938.272\,31\,(28)\,\mathrm{MeV}/c^2$
Masse des Neutrons	M_n	$939.565\,63\,(28)\,\mathrm{MeV}/c^2$
Masse des Elektrons	m_e	$0.510\,999\,06\,(15)\,\mathrm{MeV}/c^2$
Elementarladung	e	$1.602\,177\,33\,(49) \cdot 10^{-19}\,\mathrm{A\,s}$
Dielektrizitätskonstante	$\varepsilon_0 = 1/\mu_0 c^2$	$8.854\,187\,817 \cdot 10^{-12}\,\mathrm{A\,s/V\,m}$
Permeabilitätskonstante	μ_0	$4\pi \cdot 10^{-7}\,\mathrm{V\,s/A\,m}$
Feinstrukturkonstante	$\alpha = e^2/4\pi\varepsilon_0\hbar c$	$1/137.035\,989\,5\,(61)$
klass. Elektronenradius	$r_\mathrm{e} = \alpha\hbar c/m_\mathrm{e}c^2$	$2.817\,940\,92\,(38) \cdot 10^{-15}\,\mathrm{m}$
Compton-Wellenlänge	$\lambda\!\!\!^{-}_\mathrm{e} = r_\mathrm{e}/\alpha$	$3.861\,593\,23\,(35) \cdot 10^{-13}\,\mathrm{m}$
Bohr'scher Radius	$a_0 = r_\mathrm{e}/\alpha^2$	$5.291\,772\,49\,(24) \cdot 10^{-11}\,\mathrm{m}$
Bohr'sches Magneton	$\mu_\mathrm{B} = e\hbar/2m_\mathrm{e}$	$5.788\,382\,63\,(52) \cdot 10^{-11}\,\mathrm{MeV\,T^{-1}}$
Kernmagneton	$\mu_\mathrm{N} = e\hbar/2m_\mathrm{p}$	$3.152\,451\,66\,(28) \cdot 10^{-14}\,\mathrm{MeV\,T^{-1}}$
Magnetisches Moment	μ_e	$1.001\,159\,652\,193\,(10)\,\mu_\mathrm{B}$
	μ_p	$2.792\,847\,386\,(63)\,\mu_\mathrm{N}$
	μ_n	$-1.913\,042\,75\,(45)\,\mu_\mathrm{N}$
Avogadrozahl	N_A	$6.022\,136\,7\,(36) \cdot 10^{23}\,\mathrm{mol^{-1}}$
Boltzmann-Konstante	k	$1.380\,658\,(12) \cdot 10^{-23}\,\mathrm{J\,K^{-1}}$
		$= 8.617\,385\,(73) \cdot 10^{-5}\,\mathrm{eV\,K^{-1}}$
Gravitationskonstante	G	$6.672\,59\,(85) \cdot 10^{-11}\,\mathrm{N\,m^2\,kg^{-2}}$
	$G/\hbar c$	$6.707\,11\,(86) \cdot 10^{-39}\,(\mathrm{GeV}/c^2)^{-2}$
Fermi-Konstante	$G_\mathrm{F}/(\hbar c)^3$	$1.166\,39\,(1) \cdot 10^{-5}\,\mathrm{GeV^{-2}}$
Weinberg-Winkel	$\sin^2\theta_\mathrm{W}$	$0.231\,24\,(24)$
Masse des $\mathrm{W}^\pm$	M_W	$80.41\,(10)\,\mathrm{GeV}/c^2$
Masse des Z^0	M_Z	$91.187\,(7)\,\mathrm{GeV}/c^2$
starke Kopplungskonst.	$\alpha_\mathrm{s}(M_\mathrm{Z}^2c^2)$	$0.119\,(2)$

Lösungen

Kapitel 2

1. Abstoßung der Protonen in ^{3}He:

$$\begin{aligned} V_\mathrm{C} &= \tfrac{-\hbar c\alpha}{R} = (M_{^3\mathrm{He}} - M_{^3\mathrm{H}}) \cdot c^2 - (M_\mathrm{n} - M_\mathrm{p}) \cdot c^2 \\ &= E_\beta^\mathrm{max} - (M_\mathrm{n} - M_\mathrm{p} - m_\mathrm{e}) \cdot c^2 \,. \end{aligned}$$

Hieraus ergibt sich: $R = 1.88\,\mathrm{fm}$. Der Rückstoß beim β-Zerfall und die unterschiedliche atomare Bindung können vernachlässigt werden.

Kapitel 3

1. a) Mit $t/\tau = 4\,\mathrm{a}/127\,\mathrm{a}$ sollte am Saturn die Leistung

$$N_0 \frac{1}{\tau} \mathrm{e}^{-t/\tau} \cdot 5.49\,\mathrm{MeV} \cdot 0.055 = 395\,\mathrm{W}$$

zur Verfügung stehen. Daraus ergibt sich $N_0 = 3.4 \cdot 10^{25}$ Kerne, was 13.4 kg ^{238}Pu entspricht.

b) Am Neptun (nach 12 Jahren) stand eine Leistung von 371 W zur Verfügung.

c) Die Strahlungsleistung ist proportional zu $1/r^2$. Demnach würde man am Saturn für 395 W Leistung eine Fläche von $2.5 \cdot 10^3\,\mathrm{m}^2$ und am Neptun für 371 W eine Fläche von $2.3 \cdot 10^4\,\mathrm{m}^2$ benötigen. Dies dürfte auf Konstruktions- und Gewichtsprobleme stoßen.

2. a) Anwendung der Formel $N = N_0 \mathrm{e}^{-\lambda t}$ für beide Uranisotope führt zu

$$\frac{99.28}{0.72} = \frac{\mathrm{e}^{-\lambda_{238} t}}{\mathrm{e}^{-\lambda_{235} t}} \quad \text{woraus folgt:} \quad t = 5.9 \cdot 10^9 \text{ Jahre.}$$

Die Uranisotope, wie die schwereren Elemente ($A \gtrsim 56$) allgemein, entstehen bei Supernova-Explosionen. Die Materie, die dabei herausgeschleudert wird, findet beim Aufbau neuer Sterne Verwendung.
Aus der Isotopenanalyse von Meteoriten wird das Alter des Sonnensystems auf $4.55 \cdot 10^9$ Jahre bestimmt.

b) Nach $2.5 \cdot 10^9$ Jahren ist ein Anteil von $(1 - \mathrm{e}^{-\lambda t})$ Kernen zerfallen. Dies entspricht 32 %.
c) Aus (2.8) ergibt sich, dass in der Kette $^{238}\mathrm{U} \rightarrow {}^{206}\mathrm{Pb}$ insgesamt 51 MeV frei werden. Bei der Spaltung werden 190 MeV frei.

3. a)

$$A_2(t) = N_{0,1} \cdot \lambda_1 \cdot \frac{\lambda_2}{\lambda_2 - \lambda_1} \left(\mathrm{e}^{-\lambda_1 t} - \mathrm{e}^{-\lambda_2 t}\right)$$

wegen $\lambda_1 \ll \lambda_2$ gilt für große Zeiten t:

$$A_2(t) = N_{0,1} \cdot \lambda_1 .$$

b) Somit berechnet sich die Konzentration des $^{238}\mathrm{U}$ im Beton zu

Raumvolumen	V: 400 m^3
eff. Betonvolumen	V_B: 5.4 m^3

$$\Longrightarrow \varrho_\mathrm{U} = \frac{V \cdot A}{V_\mathrm{B} \cdot \lambda_{238}} = 1.5 \cdot 10^{21} \frac{\text{Atome}}{\mathrm{m}^3} .$$

4. Die Kernmasse hängt bei festem A quadratisch von Z ab. Mit den Definitionen aus (3.6) liegt das Minimum der Parabel bei $Z_0 = \beta/2\gamma$. Die Konstante a_a, die in β und γ eingeht, gehört zum Asymmetrieterm in der Massenformel (2.8) und hängt laut (17.12) nicht von der elektromagnetischen Kopplungskonstanten α ab. Die „Konstante" a_c, die die Coulomb-Abstoßung beschreibt und in die Definition von γ eingeht, ist dagegen proportional zu α, und man kann schreiben: $a_\mathrm{c} = \kappa\alpha$.
Einsetzen in $Z_0 = \beta/2\gamma$ liefert:

$$Z_0 = \frac{\beta}{2\left(a_\mathrm{a}/A + \kappa\alpha/A^{1/3}\right)} \qquad \Longrightarrow \qquad \frac{1}{\alpha} = \frac{2\kappa A Z_0}{A^{1/3}\left(A\beta - 2a_\mathrm{a}Z_0\right)} .$$

Nimmt man an, dass das Minimum der Massenformel exakt bei dem vorgegebenen Z liegen soll, so erhält man für $1/\alpha$ bei den Nukliden $^{186}_{74}\mathrm{W}$, $^{186}_{82}\mathrm{Pb}$ und $^{186}_{88}\mathrm{Ra}$ Werte von 128, 238, und 522. Stabiles $^{186}_{94}\mathrm{Pu}$ kann man durch „Drehen" an α allein nicht erreichen.

5. Die Energie E, die beim Zerfall $^{A}_{Z}\mathrm{X} \rightarrow {}^{A-4}_{Z-2}\mathrm{Y} + \alpha$ frei wird, berechnet sich als

$$E = B(\alpha) - \delta B \qquad \text{mit} \quad \delta B = B(\mathrm{X}) - B(\mathrm{Y}).$$

Hierbei haben wir die Differenz in der atomaren Bindungsenergie vernachlässigt. Wenn wir die Paarungsenergie ebenfalls vernachlässigen, die sich nur wenig ändert, ergibt sich

$$\begin{aligned} E &= B(\alpha) - \frac{\partial B}{\partial Z}\delta Z - \frac{\partial B}{\partial A}\delta A = B(\alpha) - 2\frac{\partial B}{\partial Z} - 4\frac{\partial B}{\partial A} \\ &= B(\alpha) - 4a_\mathrm{v} + \frac{8}{3}a_\mathrm{s}\frac{1}{3A^{1/3}} + 4a_\mathrm{c}\frac{Z}{A^{1/3}}\left(1 - \frac{Z}{3A}\right) - a_\mathrm{a}\left(1 - \frac{2Z}{A}\right)^2 . \end{aligned}$$

Einsetzen der Parameter liefert $E > 0$ falls $A \gtrsim 150$. Natürliche α-Aktivität spielt nur für $A \gtrsim 200$ eine Rolle; bei kleineren Massenzahlen ist die Lebensdauer extrem lang.

6. Da Mutterkern und α-Teilchen 0^+-Systeme sind, müssen sich Spin J und Parität P des Tochterkerns mit Bahndrehimpuls L und Parität $(-1)^L$ der Ortswellenfunktion zu 0^+ kombinieren. Daher gilt: $J^P = 0^+, 1^-, 2^+, 3^-, \cdots$

Kapitel 4

1. a) Analog zu (4.2) gilt für die Reaktionsrate $\dot{N} = \sigma \dot{N}_{\rm d} n_{\rm t}$, wobei $\dot{N}_{\rm d}$ den Teilchenstrom der Deuteronen bezeichnet und $n_{\rm t}$ die Teilchenflächendichte des Tritiumtargets angibt. Für die in einem Raumwinkelelement $\mathrm{d}\Omega$ nachgewiesene Neutronenrate gilt dann

$$\mathrm{d}\dot{N} = \frac{\mathrm{d}\sigma}{\mathrm{d}\Omega}\,\mathrm{d}\Omega\,\dot{N}_{\rm d}\,n_{\rm t} = \frac{\mathrm{d}\sigma}{\mathrm{d}\Omega}\,\frac{F}{R^2}\,\frac{I_{\rm d}}{e}\,\frac{\mu_{\rm t}}{m_t}\,N_{\rm A}\,,$$

wobei e die elektrische Elementarladung, $m_{\rm t}$ die Molmasse von Tritium und $N_{\rm A}$ die Avogadrokonstante bezeichnet.
Einsetzen der Zahlen liefert $\mathrm{d}\dot{N} = 1444$ Neutronen/s.

   b) Bei einer Drehung des Targets aus der Senkrechten vergrößert sich die vom Strahl „gesehene" effektive Teilchenflächendichte um den Faktor $1/\cos\theta$. Die Drehung um $10°$ bewirkt damit eine um $1.5\,\%$ erhöhte Reaktionsrate.

2. Nach (4.2) nimmt die Zahl N der Strahlteilchen mit der durchflogenen Strecke x gemäß $\mathrm{e}^{-x/\lambda}$ ab, wobei $\lambda = 1/\sigma n$ die Absorptionslänge ist.
   a) Thermische Neutronen in Cadmium: Es ist

$$n_{\rm Cd} = \varrho_{\rm Cd}\frac{N_{\rm A}}{A_{\rm Cd}}\,,$$

wobei $A_{\rm Cd} = 112.40\,\mathrm{g\,mol}^{-1}$ die Atommasse von Cadmium ist. Damit ergibt sich

$$\lambda_{\rm n,Cd} = 9\,\mu\mathrm{m}\,.$$

   b) Für hochenergetische Photonen in Blei ($A_{\rm Pb} = 207.19\,\mathrm{g\,mol}^{-1}$) erhält man analog:

$$\lambda_{\gamma,\rm Pb} = 2.0\,\mathrm{cm}\,.$$

   c) Die Antineutrinos reagieren vorwiegend mit den Elektronen in der Erde; für deren Dichte gilt

$$n_{\rm e,Erde} = \varrho_{\rm Erde}\left(\frac{Z}{A}\right)_{\rm Erde} N_{\rm A}.$$

Damit ergibt sich

$$\lambda_{\overline{\nu}/\text{Erde}} = 6.7 \cdot 10^{16}\,\text{m}\,,$$

was ca. $5 \cdot 10^9$ Erddurchmessern entspricht.

Anmerkung: Die Zahl der Strahlteilchen nimmt nur dann exponentiell mit der Wegstrecke ab, wenn *eine* Reaktion zur Absorption des Strahlteilchens führt – eine Bedingung, die in den hier genannten Beispielen erfüllt ist. Anders ist es, wenn $k \gg 1$ Reaktionen notwendig sind (z. B. α-Teilchen in Luft). Für diesen Fall ergibt sich eine nahezu konstante Reichweite $L = k/\sigma n$.

Kapitel 5

1. a) Mit $Q^2 = -(p - p')^2$, M = Masse des schweren Kernes und (5.13) erhält man

$$Q^2 = 2M(E - E').$$

Q^2 wird also maximal, wenn E' minimal ist, d. h. für $\theta = 180°$. Mit (5.15) ergibt sich für den maximalen Impulsübertrag

$$Q^2_{\text{max}} = \frac{4E^2M}{Mc^2 + 2E}\,.$$

b) Mit (5.15) erhalten wir für den Fall $\theta = 180°$ einen Energieübertrag $\nu = E - E'$ von

$$\nu = E\left(1 - \frac{1}{1 + 2\frac{E}{Mc^2}}\right) = \frac{2E^2}{Mc^2 + 2E}\,.$$

Für die Energie des rückgestreuten Kernes gilt

$$E'_{\text{Kern}} = Mc^2 + \nu = Mc^2 + \frac{2E^2}{Mc^2 + 2E}$$

und für seinen Impuls

$$|\boldsymbol{P}'| = \sqrt{Q^2_{\text{max}} + \frac{\nu^2}{c^2}} = \sqrt{\frac{4ME^2}{Mc^2 + 2E} + \frac{4E^4}{c^2(Mc^2 + 2E)^2}}\,.$$

c) Den nuklearen Compton-Effekt kann man mit $\Delta\lambda = \frac{h}{Mc}(1 - \cos\theta)$ berechnen. Es ergibt sich dasselbe Ergebnis wie bei der Elektronenstreuung, da wir die Ruhemasse der Elektronen in a) und b) vernachlässigt haben.

2. Die α-Teilchen, die direkt auf einen ^{56}Fe-Kern treffen, werden absorbiert. Elastisch gestreute α-Teilchen entsprechen einer Schattenstreuung, die man als Fraunhofer'sche Beugung an einer Kreisscheibe beschreibt. Der Durchmesser D der Scheibe berechnet sich zu

$$D = 2(\sqrt[3]{4} + \sqrt[3]{56}) \cdot 0.94 \text{ fm} \approx 10 \text{ fm}.$$

In der Literatur wird für D meistens die Formel $D = 2\sqrt[3]{A} \cdot 1.3$ fm verwendet, die das gleiche Ergebnis liefert. Die Wellenlänge der α-Teilchen beträgt $\lambda = h/p$, wobei p im Schwerpunktsystem der Reaktion zu nehmen ist. Mit $pc = 840$ MeV erhält man $\lambda = 1.5$ fm.
Das erste Minimum entsteht bei $\theta = 1.22\,\lambda/D \approx 0.18 \approx 10.2°$. Die Intensitätsverteilung der Beugung ist durch die Besselfunktion j_0 gegeben. Weitere Minima entsprechen den Nullstellen dieser Bessel-Funktion.
Der Streuuwinkel sollte jedoch im Laborsystem angegeben werden und beträgt $\theta_{\text{lab}} \approx 9.6°$.

3. Der kleinste Abstand der α-Teilchen zum Kern beträgt $s(\theta) = a + \frac{a}{\sin\theta/2}$ bei einem Streuwinkel θ. Den Parameter a bestimmt man aus 180°-Streuung, da in diesem Falle die kinetische Energie gleich der potentiellen ist:

$$E_{\text{kin}} = \left| \frac{zZe^2\hbar c}{4\pi\varepsilon_0 \hbar c 2a} \right| .$$

Für 6 MeV α-Streuung an Gold ist $a = 19$ fm und $s = 38$ fm. Damit Abweichungen vom Rutherford-Wirkungsquerschnitt auftreten, müsste das α-Teilchen in die Nähe der Kernkräfte gelangen, was erst bei einem Abstand $R = R_\alpha + R_{\text{Au}} \approx 9$ fm der Fall ist. Für eine detailliertere Diskussion siehe Abschn. 18.4. Wegen $s \gg R$ sind mit α-Teilchen von 6 MeV keine Kernreaktionen an Gold möglich, und daher ist auch keine Abweichung vom Rutherford-Wirkungsquerschnitt zu erwarten. Dies wäre nur bei sehr viel leichteren Kernen möglich.

4. Die kinetische Energie der Elektronen berechnet sich wie folgt:

$$\frac{\hbar}{\sqrt{2M_\alpha E_\alpha^{\text{kin}}}} \approx \lambda\!\!\!^{-}_\alpha \stackrel{!}{=} \lambda\!\!\!^{-}_{\text{e}} \approx \frac{\hbar c}{E_{\text{e}}^{\text{kin}}}$$

$$\Longrightarrow \quad E_{\text{e}}^{\text{kin}} \approx \sqrt{2M_\alpha c^2 E_\alpha^{\text{kin}}} = 211 \text{ MeV}.$$

Der Impulsübertrag ist maximal bei Streuung um 180°. Unter Vernachlässigung des Rückstoßes gilt

$$|\boldsymbol{q}|_{\max} = 2|\boldsymbol{p}_{\text{e}}| = \frac{2\hbar}{\lambda\!\!\!^{-}_{\text{e}}} \approx 2\sqrt{2M_\alpha E_\alpha^{\text{kin}}} = 423 \text{ MeV}/c,$$

und mit (5.56) erhält man für die Variable α aus Tabelle 5.1:

$$\alpha_{\max} = \frac{|\boldsymbol{q}|_{\max} R}{\hbar} = \frac{423\,\text{MeV} \cdot 1.21 \cdot \sqrt[3]{197}\,\text{fm}}{197\,\text{MeV fm}} = 15.1\,.$$

Schaut man sich den Verlauf der Funktion $3\,\alpha^{-3}\,(\sin\alpha - \alpha\cos\alpha)$ aus Tabelle 5.1 an, so sieht man, dass sie im Bereich $0 < \alpha \leq 15.1$ insgesamt 4 Nulldurchgänge hat.

5. Wegen $M_{\text{Kern}} \gg m_{\text{e}}$ oszillieren vorwiegend die Elektronen im Feld der Röntgenstrahlung. Wie im H-Atom ist auch im He die radiale Wellenfunktion der Elektronen exponentiell abfallend. Daher beobachtet man, wie bei der elastischen Elektronenstreuung am Nukleon, einen Dipol-Formfaktor.

6. Bei der Compton-Streuung eines Photons von 511 keV um 30° an einem ruhenden Elektron erhält das Elektron einen Impuls von $p_{\text{e}} = 0.26\,\text{MeV}/c$. Da das im He gebundene Elektron nach dem Virialsatz eine mittlere kinetische Energie von $E_{\text{kin}} = -E_{\text{pot}}/2 = -E_{\text{tot}} = 24$ eV besitzt, führt dies zu einer Impulsverschmierung der Compton-Elektronen von $\Delta p \approx \pm 5 \cdot 10^{-3}$ MeV/c und damit zu einer Winkelverschmierung von $\Delta\theta_{\text{e}} \approx \Delta p/p = \pm 20\,\text{mrad} \approx \pm 1°$.

Kapitel 6

1. Man muss den Formfaktor des Elektrons bis $|\boldsymbol{q}| \approx \hbar/r_0 = 200$ GeV/c messen. Daher benötigt man $\sqrt{s} = 200$ GeV, d. h. kollidierende Strahlen von jeweils 100 GeV. Wegen $2m_{\text{e}}c^2E = s$ wäre bei ruhendem Target eine Energie von $4 \cdot 10^7$ GeV (!) erforderlich.

2. Da das Pion den Spin Null hat, verschwindet der magnetische Formfaktor und es gilt (6.10):

$$\frac{\text{d}\sigma(\text{e}\pi \to \text{e}\pi)}{\text{d}\Omega} = \left(\frac{\text{d}\sigma}{\text{d}\Omega}\right)_{\text{Mott}} G^2_{E,\pi}(Q^2)$$

$$G^2_{E,\pi}(Q^2) \approx \left(1 - \frac{Q^2\,\langle r^2\rangle_\pi}{6\,\hbar^2}\right)^2 = 1 - 3.7\,\frac{Q^2}{\text{GeV}^2/c^2}$$

Kapitel 7

1. a) Die Energie des Photons im Ruhesystem des Elektrons erhält man durch eine Lorentz-Transformation mit dem Dilatationsfaktor $\gamma = 26.67\ \text{GeV}/m_{\text{e}}c^2$. Sie ergibt sich zu $E_i = 2\gamma\,E_\gamma = 251.6$ keV mit $E_\gamma = 2\pi\hbar c/\lambda = 2.41$ eV.

b) Die Streuung eines Photons an einem ruhenden Elektron ist durch die Compton-Streuformel gegeben:

$$E_f(\theta) = \left(\frac{1-\cos\theta}{mc^2} + \frac{1}{E_i}\right)^{-1},$$

wobei $E_f(\theta)$ die Energie des Photons nach der Streuung und θ der Streuwinkel ist. Die Streuung um 90° (180°) führt zu $E_f = 168.8\ (126.8)$ keV.
Nach der Rücktransformation ins Laborsystem erhalten wir die Energie E'_γ:

$$E'_\gamma(\theta) = \gamma\, E_f(\theta)\,(1-\cos\theta) = \gamma\left(\frac{1}{mc^2} + \frac{1}{E_i(1-\cos\theta)}\right)^{-1}.$$

Für unsere beiden Spezialfälle hat E'_γ die Werte 8.80 (13.24) GeV. Der Streuwinkel im Laborsystem θ_{lab} ist für Streuung um 180° ebenfalls 180°, d. h. das auslaufende Photon fliegt exakt in Richtung des Elektronenstrahls. Allgemein gilt:

$$\theta_{\text{lab}} = \pi - \frac{1}{\gamma\,\tan\frac{\theta}{2}}.$$

c) Für $\theta = 90°$ erhalten wir $\theta_{\text{lab}} = \pi - 1/\gamma = \pi - 19.16\ \mu$rad. Die Ortsauflösung des Kalorimeters muss daher besser als 1.22 mm sein.

2. Vergleicht man die Koeffizienten in (6.5) und (7.7), so erhält man die Beziehung:

$$\frac{2W_1}{W_2} = 2\tau \qquad \text{mit} \qquad \tau = \frac{Q^2}{4m^2c^2},$$

wobei m die Masse des Streuzentrums ist. Ersetzt man W_1 durch F_1/Mc^2 und W_2 durch F_2/ν, so geht die Beziehung über in:

$$\frac{\nu}{Mc^2}\cdot\frac{F_1}{F_2} = \frac{Q^2}{4m^2c^2}.$$

Da wir elastische Streuung an einem Teilchen der Masse m annehmen, gilt $Q^2 = 2m\nu$ und damit

$$m = \frac{Q^2}{2\nu} = x\cdot M \qquad \text{wegen} \qquad x = \frac{Q^2}{2M\nu}.$$

Setzt man diese Masse in die obige Formel ein, so erhält man gerade (7.14).

3. a) Die Schwerpunktsenergie der Elektron-Proton-Kollision ergibt sich mit

$$s = (p_\text{p}c + p_\text{e}c)^2 = m_\text{p}^2c^4 + m_\text{e}^2c^4 + 2(E_\text{p}E_\text{e} - \boldsymbol{p}_\text{p}\cdot\boldsymbol{p}_\text{e}c^2) \approx 4E_\text{p}E_\text{e}$$

zu

$$\sqrt{s} = 314\,\text{GeV}\,,$$

wenn man die Massen von Proton und Elektron vernachlässigt. Für ein stationäres Protontarget ($E_\text{p} = m_\text{p}c^2$; $\boldsymbol{p}_\text{p} = \boldsymbol{0}$) berechnet sich die quadrierte Schwerpunktsenergie der Elektron-Proton-Kollision zu $s \approx 2E_\text{e}m_\text{p}c^2$. Damit müsste der Elektronenstrahl die Energie

$$E_\text{e} = \frac{s}{2m_\text{p}c^2} = 52.5\,\text{TeV}$$

besitzen, um eine Schwerpunktsenergie von $\sqrt{s} = 314\,\text{GeV}$ aufzubringen.

b) Wir betrachten die elementare Elektron-Quark-Streureaktion $\text{e}(E_\text{e}) + \text{q}(xE_\text{p}) \rightarrow \text{e}(E'_\text{e}) + \text{q}(E'_\text{q})$, wobei die Größen in Klammern die Teilchenenergien angeben. Aus Energie- und Impulserhaltung ergeben sich die folgenden drei Relationen,

(1)	$E_\text{e} + xE_\text{p} = E'_\text{e} + E'_\text{q}$	Gesamtenergie
(2)	$E'_\text{e}\sin\theta/c = E'_\text{q}\sin\gamma/c$	Transversalimpuls
(3)	$(xE_\text{p} - E_\text{e})/c = (E'_\text{q}\cos\gamma - E'_\text{e}\cos\theta)/c$	Longitudinalimpuls

Mit den Elektronvariablen E_e, E'_e und θ berechnet sich Q^2 zu (6.2)

$$Q^2 = 2E_\text{e}E'_\text{e}(1 - \cos\theta)/c^2\,.$$

Wir müssen nun E'_e mit Hilfe von (1) – (3) durch E_e, θ und γ ausdrücken. Nach einiger Rechnung ergibt sich

$$E'_\text{e} = \frac{2E_\text{e}\sin\gamma}{\sin\theta + \sin\gamma - \sin(\theta - \gamma)}$$

und damit

$$Q^2 = \frac{4E_\text{e}^2\sin\gamma(1 - \cos\gamma)}{[\sin\theta + \sin\gamma - \sin(\theta - \gamma)]\,c^2}\,.$$

Experimentell kann man den Streuwinkel γ des getroffenen Quarks durch den mittleren, energiegewichteten Winkel der erzeugten Hadronen bestimmen,

$$\cos\gamma = \frac{\sum_i E_i\cos\gamma_i}{\sum_i E_i}\,.$$

c) Der maximal mögliche Wert für Q^2 beträgt $Q^2_\text{max} = s/c^2$. Er tritt auf bei Streuung des Elektrons um $\theta = 180°$ (Rückstreuung) und vollständigem Energieübertrag vom Proton auf das Elektron, $E'_\text{e} = E_\text{p}$. Bei HERA ist dann $Q^2_\text{max} = 98\,420\ \text{GeV}^2/c^2$, und bei Experimenten mit stationärem Target und Strahlenergien E von 300 GeV beträgt $Q^2_\text{max} = 2E_\text{e}m_\text{p} \approx 600\ \text{GeV}^2/c^2$. Die räumliche Auflösung ist $\Delta x \approx \hbar/Q$ und beträgt $0.63 \cdot 10^{-3}$ fm bzw. $7.9 \cdot 10^{-3}$ fm, also ungefähr ein Tausendstel bzw. ein Hundertstel des Protonradius. Messungen sind in der Praxis wegen des mit Q^2 stark fallenden Wirkungsquerschnitts in der Regel nur bis etwa $Q^2_{\text{max}}/2$ möglich.

d) Den minimalen Wert für Q^2 erhält man bei minimalem Streuwinkel (7°) und minimaler Energie des gestreuten Elektrons (5 GeV). Mit (6.2) erhält man dann $Q^2_{\text{min}} \approx 2.2\,\text{GeV}^2/c^2$. Den maximalen Wert für Q^2 erhält man bei maximalem Streuwinkel (178°) und maximaler Streuenergie (820 GeV). Er ergibt sich zu $Q^2_{\text{max}} \approx 98\,000\,\text{GeV}^2/c^2$. Die entsprechenden Werte für x berechnen sich aus $x = Q^2/2Pq$, wobei man den Viererimpulsübertrag q durch die Viererimpulse von einlaufendem und gestreutem Elektron ersetzen muss. Es ergibt sich $x_{\text{min}} \approx 2.7 \cdot 10^{-5}$ und $x_{\text{max}} \approx 1$.

e) Das Übergangsmatrixelement und damit der Wirkungsquerschnitt einer Reaktion hängen im wesentlichen von der Kopplungskonstanten und dem Propagator ab (4.23, 10.3). Es gilt

$$\sigma_{\text{em}} \propto \frac{e^2}{Q^4}\,, \qquad\qquad \sigma_{\text{schwach}} \propto \frac{g^2}{(Q^2 + M_{\text{W}}^2 c^2)^2}\,.$$

Durch Gleichsetzen dieser Ausdrücke und mit $e = g \sin\theta_{\text{W}}$ (11.14f) erhält man $Q^2 \approx M_{\text{W}}^2 c^2 \approx 10^4\ \text{GeV}^2/c^2$ für den Viererimpulsübertrag, bei dem elektromagnetische und schwache Wechselwirkung in derselben Größenordnung liegen.

4. a) Im Schwerpunktssystem des Pions (gekennzeichnet durch einen Zirkumflex) ist der Zerfall isotrop, und es gilt $\hat{\boldsymbol{p}}_\mu = -\hat{\boldsymbol{p}}_\nu$. Aus der Viererimpulserhaltung $p_\pi^2 = (p_\mu + p_\nu)^2$ erhält man

$$\begin{aligned} |\hat{\boldsymbol{p}}_\mu| &= \frac{m_\pi^2 - m_\mu^2}{2m_\pi}\,c &&\approx 30\ \text{MeV}/c \qquad \text{und damit} \\ \hat{E}_\mu &= \sqrt{\hat{\boldsymbol{p}}_\mu^2 c^2 + m_\mu^2 c^4} &&\approx 110\ \text{MeV}\,. \end{aligned}$$

Mit $\beta \approx 1$ und $\gamma = E_\pi/m_\pi c^2$ ergibt sich die Lorentz-Transformation von $\hat{E}_\mu$ ins Laborsystem für μ-Emission in Flugrichtung des Pions („vorwärts") bzw. in entgegengesetzter Richtung („rückwärts") zu

$$E_\mu = \gamma\left(\hat{E}_\mu \pm \beta|\hat{\boldsymbol{p}}_\mu|c\right) \Longrightarrow \begin{cases} E_{\mu,\text{max}} \approx E_\pi\,, \\ E_{\mu,\text{min}} \approx E_\pi (m_\mu/m_\pi)^2\,. \end{cases}$$

Die Myonenenergie liegt also in einem Bereich 200 GeV $\lesssim E_\mu \lesssim$ 350 GeV.

b) Im Schwerpunktssystem des Pions sind die Myonen wegen des paritätsverletzenden Zerfalls 100 % longitudinal (d. h. in Myonflugrichtung) polarisiert (Abschn. 10.7). Diese Polarisation muss nun in das Laborsystem transformiert werden. Betrachten wir zunächst den Spezialfall des „Vorwärts"zerfalls: Hier sind Pion- und Myonimpuls parallel, und damit ist der Myonspin parallel zur Transformationsrichtung. Diese Lorentz-Transformation beeinflusst den Spin nicht, und damit sind auch im Laborsystem die Myonen zu 100 % longitudinal polarisiert, also $P_{\text{long}} = 1.0$. Analoges gilt für den Zerfall in „Rückwärts"richtung, für den sich $P_{\text{long}} = -1.0$ ergibt. Die Extremwerte der Myonenergien führen also zu Extremwerten in der Polarisation. Variiert man die Selektion der Myonenergie zwischen diesen Extremen, so variiert man automatisch auch die longitudinale Polarisation des Myonenstrahls. So ist z. B. für 260 GeV Myonenstrahlenergie $P_{\text{long}} = 0$. Der allgemeine Fall ist in [Le68] angegeben. Man erhält für P_{long} in Abhängigkeit der Myonenenergie

$$P_{\text{long}} = \frac{u - \left[(m_\mu^2/m_\pi^2)(1-u)\right]}{u + \left[(m_\mu^2/m_\pi^2)(1-u)\right]} \qquad \text{mit} \qquad u = \frac{E_\mu - E_{\mu,\text{min}}}{E_{\mu,\text{max}} - E_{\mu,\text{min}}}\,.$$

5. Die quadrierte Viererimpulsbilanz des gestreuten Partons ist $(q + \xi P)^2 = m^2c^2$, wobei m die Masse des Partons ist. Ausquadrieren und Multiplizieren mit x^2/Q^2 ergibt

$$\frac{x^2M^2c^2}{Q^2}\xi^2 + x\xi - x^2\left(1 + \frac{m^2c^2}{Q^2}\right) = 0$$

Auflösen der quadratischen Gleichung nach ξ und Berücksichtigen der Näherungsformel aus der Aufgabenstellung ergibt das zu zeigende Resultat. Für $m = xM$ gilt $x = \xi$. In einem schnell bewegten Bezugssystem gilt ebenfalls $x = \xi$, da dort die Massen m und M vernachlässigt werden können.

Kapitel 8

1. a) Mit $x = Q^2/2M\nu$ ergibt sich $x \gtrsim 0.003$.
   b) Die mittlere Anzahl der aufgelösten Partonen ergibt sich als Integral von x_{min} bis 1 über die Partonenverteilungen. Die Normierungskonstante A muss so gewählt werden, dass die Anzahl der Valenzquarks gerade 3 wird. Es ergibt sich:

	Seequarks	Gluonen
$x > 0.3$	0.005	0.12
$x > 0.03$	0.4	4.9

Kapitel 9

1. a) Die Beziehung zwischen Ereignisrate $\dot{N}$, Wirkungsquerschnitt σ und Luminosität $\mathcal{L}$ ist nach (4.13) $\dot{N} = \sigma \cdot \mathcal{L}$. Also gilt gemäß (9.5)

$$\dot{N}_{\mu^+\mu^-} = \frac{4\pi\alpha^2\hbar^2c^2}{3\cdot 4E^2}\cdot\mathcal{L} = 0.14/\mathrm{s}\,.$$

Bei dieser Schwerpunktsenergie $\sqrt{s} = 8\,\mathrm{GeV}$ können u, d, s und c-Quarks paarweise erzeugt werden. Das Verhältnis R aus (9.10) berechnet sich daher gemäß (9.11) zu $R = 10/3$. Damit ergibt sich

$$\dot{N}_{\mathrm{Hadronen}} = \frac{10}{3}\cdot\dot{N}_{\mu^+\mu^-} = 0.46/\mathrm{s}\,.$$

b) Bei $\sqrt{s} = 500\,\mathrm{GeV}$ werden alle 6 Quarkflavours paarweise erzeugt. Damit ist das Verhältnis $R = 5$. Für einen statistischen Fehler von 10 % benötigt man 100 nachgewiesene Ereignisse mit hadronischem Endzustand. Mit $N_{\mathrm{Hadronen}} = 5\cdot\sigma_{\mu^+\mu^-}\cdot\mathcal{L}\cdot t$ ergibt sich $\mathcal{L} = 8\cdot 10^{33}\,\mathrm{cm}^{-2}\,\mathrm{s}^{-1}$. Da der Wirkungsquerschnitt mit ansteigender Schwerpunktsenergie stark abfällt, muss die Luminosität zukünftiger $\mathrm{e}^+\mathrm{e}^-$-Beschleuniger um einen Faktor 100 größer sein als bei heutigen Speicherringen.

2. a) Mit den angegebenen Parametern ergibt sich $\delta E = 1.9\,\mathrm{MeV}$ und daraus $\delta W = \sqrt{2}\,\delta E = 2.7\,\mathrm{MeV}$. Falls die natürliche Zerfallsbreite des Υ kleiner ist als δW, spiegelt die gemessene Zerfallsbreite, d. h. die Energieabhängigkeit des Wirkungsquerschnitts, nur die Energieunschärfe des Strahls (und die Detektorauflösung) wider. Dies ist hier der Fall.

b) Mit $\lambda\!\!\!^{-} = \hbar/|\boldsymbol{p}| \approx (\hbar c)/E$ schreibt sich Gl. (9.8)

$$\sigma_f(W) = \frac{3\pi\hbar^2c^2\Gamma_{\mathrm{e^+e^-}}\Gamma_f}{4E^2\,\left[(W - M_\Upsilon c^2)^2 + \Gamma^2/4\right]}\,.$$

In der Nähe der (scharfen) Resonanz gilt $4E^2 \approx M_\Upsilon^2c^4$. Damit ergibt sich

$$\int \sigma_f(W)\,\mathrm{d}W = \frac{6\pi\hbar^2c^2\Gamma_{\mathrm{e^+e^-}}\Gamma_f}{M_\Upsilon^2c^4\,\Gamma}\,.$$

Gemessen wurde $\int\sigma_f(W)\,\mathrm{d}W$ für $\Gamma_f = \Gamma_{\mathrm{had}}$. Mit $\Gamma_{\mathrm{had}} = \Gamma - 3\Gamma_{\ell^+\ell^-} = 0.925\Gamma$ erhält man $\Gamma = 0.051\,\mathrm{MeV}$ für die totale natürliche Zerfallsbreite des Υ. Die wahre Resonanzhöhe wäre demnach $\sigma(W = M_\Upsilon) \approx 4100\,\mathrm{nb}$ (mit $\Gamma_f = \Gamma$). Die experimentell beobachtete Resonanzhöhe war mehr als einen Faktor 100 kleiner aufgrund der Unschärfe der Strahlenergie. (siehe Teil a)

Kapitel 10

1. $\mathrm{p} + \overline{\mathrm{p}} \to \ldots$ starke Wechselwirkung.
$\mathrm{p} + \mathrm{K}^- \to \ldots$ starke Wechselwirkung.
$\mathrm{p} + \pi^- \to \ldots$ Baryonzahl nicht erhalten, daher Reaktion nicht möglich.
$\overline{\nu}_\mu + \mathrm{p} \to \ldots$ schwache Wechselwirkung, da Neutrino teilnimmt.

$\nu_e + p \to \ldots$ L_e nicht erhalten, daher Reaktion nicht möglich.
$\Sigma^0 \to \ldots$ elektromagnetische Wechselwirkung, da Photon abgestrahlt wird.

2. a)
   - $\mathcal{C}|\gamma\rangle = -1|\gamma\rangle$. Das Photon ist sein eigenes Antiteilchen. Seine C-Parität ist -1, da es an elektrische Ladung koppelt, die bei der $\mathcal{C}$-Paritätstransformation ihr Vorzeichen wechselt.
   - $\mathcal{C}|\pi^0\rangle = +1|\pi^0\rangle$, da $\pi_0 \to 2\gamma$ und die C-Parität in elektromagnetischer Wechselwirkung erhalten bleibt.
   - $\mathcal{C}|\pi^+\rangle = |\pi^-\rangle$, kein $\mathcal{C}$-Eigenzustand.
   - $\mathcal{C}|\pi^-\rangle = |\pi^+\rangle$, kein $\mathcal{C}$-Eigenzustand.
   - $\mathcal{C}(|\pi^+\rangle - |\pi^-\rangle) = (|\pi^-\rangle - |\pi^+\rangle) = -1(|\pi^-\rangle - |\pi^+\rangle)$, $\mathcal{C}$-Eigenzustand.
   - $\mathcal{C}|\nu_e\rangle = |\overline{\nu}_e\rangle$, kein $\mathcal{C}$-Eigenzustand.
   - $\mathcal{C}|\Sigma^0\rangle = |\overline{\Sigma}^0\rangle$, kein $\mathcal{C}$-Eigenzustand.

   b)
   - $\mathcal{P}\boldsymbol{r} = -\boldsymbol{r}$
   - $\mathcal{P}\boldsymbol{p} = -\boldsymbol{p}$
   - $\mathcal{P}\boldsymbol{L} = \boldsymbol{L}$ wegen $\boldsymbol{L} = \boldsymbol{r} \times \boldsymbol{p}$
   - $\mathcal{P}\boldsymbol{\sigma} = \boldsymbol{\sigma}$, da $\boldsymbol{\sigma}$ ebenfalls Drehimpuls;
   - $\mathcal{P}\boldsymbol{E} = -\boldsymbol{E}$, positive und negative Ladungen werden durch $\mathcal{P}$ (räumlich) vertauscht, dadurch dreht der Feldvektor seine Richtung um;
   - $\mathcal{P}\boldsymbol{B} = \boldsymbol{B}$, das Magnetfeld entsteht durch bewegte Ladungen, das Vorzeichen sowohl der Bewegungsrichtung als auch des Ortsvektors werden umgedreht (vgl. z. B. Biot-Savart'sches Gesetz: $B \propto q\boldsymbol{r}\times\boldsymbol{v}/|\boldsymbol{r}|^3$).
   - $\mathcal{P}(\boldsymbol{\sigma} \cdot \boldsymbol{E}) = -\boldsymbol{\sigma} \cdot \boldsymbol{E}$
   - $\mathcal{P}(\boldsymbol{\sigma} \cdot \boldsymbol{B}) = \boldsymbol{\sigma} \cdot \boldsymbol{B}$
   - $\mathcal{P}(\boldsymbol{\sigma} \cdot \boldsymbol{p}) = -\boldsymbol{\sigma} \cdot \boldsymbol{p}$
   - $\mathcal{P}(\boldsymbol{\sigma} \cdot (\boldsymbol{p}_1 \times \boldsymbol{p}_2)) = \boldsymbol{\sigma} \cdot (\boldsymbol{p}_1 \times \boldsymbol{p}_2)$

3. a) Da Pionen den Spin 0 haben, muss der Spin des f_2-Mesons in relativen Bahndrehimpuls der Pionen übergehen, also $\ell = 2$. Wegen $P = (-1)^\ell$ ist die Parität des f_2-Mesons $P = (-1)^2 \cdot P_\pi^2 = +1$. Da Paritäts- und $\mathcal{C}$-Paritätstransformation des f_2-Zerfalls jeweils zum selben Zustand führen (räumliches Vertauschen von π^+ und π^- bzw. Vertauschen des π-Ladungszustandes), ist $C = P = +1$ für das f_2-Meson.

   b) Ein Zerfall ist nur möglich, wenn P und C dabei erhalten bleiben. Da $\mathcal{C}|\pi^0\rangle|\pi^0\rangle = +1|\pi^0\rangle|\pi^0\rangle$ und die Drehimpulsargumentation wie bei a) gültig ist ($\ell = 2 \to P = +1$), ist der Zerfall $f_2 \to \pi^0\pi^0$ möglich. Für den Zerfall in 2 Photonen gilt: $\mathcal{C}|\gamma\rangle|\gamma\rangle = +1$. Der Gesamtspin der 2 Photonen muss $2\,\hbar$ und die z-Komponente $S_z = \pm 2$ betragen. Daher muss eines der Photonen linkshändig und das andere rechtshändig sein. (Machen Sie eine Skizze des Zerfalls im Schwerpunktsystem und zeichnen sie Impulse und Spins der Photonen ein!) Nur eine Linearkombination von $S_z = +2$ und $S_z = -2$ erfüllt die Erhaltung der Parität, nämlich

z. B. der Zustand ($|S_z = +2\rangle + |S_z = -2\rangle$). Anwendung des Paritätsoperators auf diesen Zustand führt zum Eigenwert +1. Damit ist auch der Zerfall in 2 Photonen möglich.

4. a) Das Pion zerfalle im Schwerpunktsystem in ein geladenes Lepton mit Impuls $\boldsymbol{p}$ und in ein Neutrino mit Impuls $-\boldsymbol{p}$. Energieerhaltung liefert $m_\pi c^2 = \sqrt{m_\ell^2 c^4 + |\boldsymbol{p}|^2 c^2} + |\boldsymbol{p}|c$. Für das geladene Lepton gilt $E_\ell^2 = m_\ell^2 c^4 + |\boldsymbol{p}|^2 c^2$. Mit $v/c = |\boldsymbol{p}|c/E_\ell$ erhält man mit obigen Beziehungen

$$1 - \frac{v}{c} = \frac{2m_\ell^2}{m_\pi^2 + m_\ell^2} = \begin{cases} 0.73 & \text{für } \mu^+ \\ 0.27 \cdot 10^{-4} & \text{für e}^+ \,. \end{cases}$$

b) Das Verhältnis der Matrixelementquadrate ist

$$\frac{|\mathcal{M}_{\pi \mathrm{e}}|^2}{|\mathcal{M}_{\pi\mu}|^2} = \frac{1 - v_\mathrm{e}/c}{1 - v_\mu/c} = \frac{m_\mathrm{e}^2}{m_\mu^2} \frac{m_\pi^2 + m_\mu^2}{m_\pi^2 + m_\mathrm{e}^2} = 0.37 \cdot 10^{-4} \,.$$

c) Zu berechnen ist $\varrho(E_0) = \mathrm{d}n/\mathrm{d}E_0 = \mathrm{d}n/\mathrm{d}|\boldsymbol{p}| \cdot \mathrm{d}|\boldsymbol{p}|/\mathrm{d}E_0 \propto |\boldsymbol{p}|^2 \mathrm{d}|\boldsymbol{p}|/\mathrm{d}E_0$. Aus der Energieerhaltungsgleichung (siehe Teil a) erhält man $\mathrm{d}|\boldsymbol{p}|/\mathrm{d}E_0 = 1 + v/c = 2m_\pi^2/(m_\pi^2 + m_\ell^2)$ und $|\boldsymbol{p}_\ell| = c(m_\pi^2 - m_\ell^2)/(2m_\pi)$. Insgesamt also

$$\frac{\varrho_\mathrm{e}(E_0)}{\varrho_\mu(E_0)} = \frac{(m_\pi^2 - m_\mathrm{e}^2)^2}{(m_\pi^2 - m_\mu^2)^2} \frac{(m_\pi^2 + m_\mathrm{e}^2)^2}{(m_\pi^2 + m_\mu^2)^2} = 3.49 \,.$$

Somit ist der Phasenraumfaktor für den Zerfall in das Positron größer.

d) Das Verhältnis der partiellen Zerfallsbreiten hängt dann nur von den Massen der beteiligten Teilchen ab und ergibt sich zu

$$\frac{\Gamma(\pi^+ \to \mathrm{e}^+\nu)}{\Gamma(\pi^+ \to \mu^+\nu)} = \frac{m_\mathrm{e}^2}{m_\mu^2} \frac{(m_\pi^2 - m_\mathrm{e}^2)^2}{(m_\pi^2 - m_\mu^2)^2} = 1.28 \cdot 10^{-4} \,.$$

Dieser Wert stimmt gut mit dem gemessenen Wert überein.

Kapitel 11

1. Die gesamte Breite Γ_tot des Z^0 lässt sich darstellen als

$$\Gamma_\mathrm{tot} = \Gamma_\mathrm{had} + 3\Gamma_\ell + N_\nu \Gamma_\nu$$

und es gilt $\Gamma_\nu/\Gamma_\ell = 1.99$ (vgl. Text). Aus (11.9) folgt

$$\sigma_\mathrm{had}^\mathrm{max} = \frac{12\pi(\hbar c)^2}{M_\mathrm{Z}^2} \frac{\Gamma_\mathrm{e}\Gamma_\mathrm{had}}{\Gamma_\mathrm{tot}} \,.$$

Auflösen nach Γ_tot und Einsetzen in obige Formel liefert mit den Messergebnissen einen Wert von $N_\nu = 2.96$. Durch Variation der Messergebnisse innerhalb ihrer Fehler ändert sich der berechnete Wert von N_ν nur um ca. ± 0.1 .

Kapitel 13

1. Die reduzierte Masse des Positroniums ist $m_e/2$. Nach (13.4) erhalten wir damit für den Radius im Grundzustand $n = 1$:
$$a_0 = \frac{2\hbar}{\alpha m_e c} = 1.1 \cdot 10^{-10}\,\mathrm{m}\,.$$
Die Reichweite der schwachen Wechselwirkung lässt sich aus der Heisenberg'schen Unschärferelation abschätzen:
$$R \approx \frac{\hbar}{M_W c} = 2.5 \cdot 10^{-3}\,\mathrm{fm}.$$
Bei diesem Abstand sind schwache und elektromagnetische Kopplung von gleicher Größenordnung. Die Masse der beiden Teilchen, die mit dem Abstand R als Bohr'schem Radius ein gebundenes System bilden, wäre somit
$$M \approx \frac{2\hbar}{\alpha R c} \approx 2 \cdot 10^4\,\mathrm{GeV}/c^2.$$
Dies entspricht $4 \cdot 10^7$ Elektronenmassen oder $2 \cdot 10^4$ Protonenmassen und zeigt deutlich die geringe Stärke der schwachen Wechselwirkung.

2. Nach (18.1) gilt für die Übergangswahrscheinlichkeit $1/\tau \propto E_\gamma^3 |\langle r_{fi}\rangle|^2$. Wenn m die reduzierte Masse des atomaren Systems ist, gilt $|\langle r_{fi}\rangle| \propto 1/m$ und $E_\gamma \propto m$. Wegen $1/\tau = m/m_e \cdot 1/\tau_H$ ergibt sich für Protonium $\tau = \tau_H/940$.

3. Die Übergangsfrequenz $f_{e^+e^-}$ von Positronium ist
$$\frac{f_{e^+e^-}}{f_H} = \frac{7}{4}\frac{g_e}{g_p}\frac{m_p}{m_e}\frac{|\psi(0)|^2_{e^+e^-}}{|\psi(0)|^2_H}$$
Mit (13.4) findet man $|\psi(0)|^2 \propto m_{\mathrm{red}}^3 = [(m_1 \cdot m_2)/(m_1 + m_2)]^3$. Daraus erhält man $f_{e^+e^-} = 204.5\,\mathrm{GHz}$. Analog ergibt sich $f_{\mu^+e^-} = 4.579\,\mathrm{GHz}$. Die Abweichungen von den gemessenen Werten (0.5 % bzw. 2.6 %) erklären sich durch zusätzliche Beiträge höherer Ordnung der QED zur Energieaufspaltung, die um einen Faktor von der Größenordnung $\alpha \approx 0.007$ unterdrückt sind.

4. a) Die mittlere Zerfallslänge ist $s = v\tau_{\mathrm{Labor}} = c\beta\gamma\tau$ mit $\gamma = E_B/m_B c^2 = 0.5\, m_\Upsilon/m_B$ und $\beta\gamma = \sqrt{\gamma^2 - 1}$. Daraus erhält man $s = 0.028\,\mathrm{mm}$.
   b) Aus $0.2\,\mathrm{mm} = c\beta\gamma\tau = \tau \cdot |\boldsymbol{p}_B|/m_B$ folgt $|\boldsymbol{p}_B| = 2.3\,\mathrm{GeV}/c$.
   c) Wegen Voraussetzung $m_B = 5.29\,\mathrm{GeV}/c^2 = m_\Upsilon/2$ haben die B-Mesonen im Schwerpunktsystem keinen Impuls. Im Laborsystem $|\boldsymbol{p}_B| = 2.3\,\mathrm{GeV}/c$ und daher $|\boldsymbol{p}_\Upsilon| = 2|\boldsymbol{p}_B|$. Daraus folgt $E_\Upsilon = \sqrt{m_\Upsilon^2 c^4 + \boldsymbol{p}_\Upsilon^2 c^4} = 11.6\,\mathrm{GeV}$.
   d) Aus der Viererimpulsbilanz $p_\Upsilon = p_{e^+} + p_{e^-}$ folgt (mit $m_e = 0$) $E_\Upsilon = E_{e^+} + E_{e^-}$ und $\boldsymbol{p}_\Upsilon\, c = E_{e^+} + E_{e^-}$ und daraus $E_{e^+} = 8.12\,\mathrm{GeV}$ und $E_{e^-} = 3.44\,\mathrm{GeV}$ (oder umgekehrt).

Kapitel 14

1. Die Drehimpulserhaltung verlangt $\ell = 1$, da die Pionen den Spin 0 haben. Im ($\ell = 1$)-Zustand ist die Wellenfunktion antisymmetrisch. Zwei identische Bosonen müssen aber eine symmetrische Gesamtwellenfunktion haben.

2. Der Zweig im Nenner ist Cabibbo-unterdrückt, und damit gilt nach (10.21): $R \approx 20$.

3. a) Mit dem Zerfallsgesetz $N(t) = N_0\,\mathrm{e}^{-t/\tau}$ ergibt sich der Bruchteil der zerfallenen Teilchen zu $F = (N_0 - N)/N_0 = 1 - \mathrm{e}^{-t/\tau}$. Im Laborsystem gilt $t_{\mathrm{Lab}} = d/(\beta c)$ und $\tau_{\mathrm{Lab}} = \gamma\tau^*$, wobei τ^* die bekannte Lebensdauer im Ruhesystem des Teilchens ist. Damit ergibt sich

$$F = 1 - \exp\left(-\frac{d}{\beta c\gamma\tau^*}\right) = 1 - \exp\left(-\frac{d}{\sqrt{1 - \frac{m^2c^4}{E^2}}\, c\, \frac{E}{mc^2}\, \tau^*}\right),$$

und man erhält $F_\pi = 0.9\,\%$ und $F_\mathrm{K} = 6.7\,\%$.

b) Aus der Viererimpulsbilanz ergibt sich z. B. für den Pionzerfall $p_\mu^2 = (p_\pi - p_\nu)^2$ und daraus durch Auflösen für die Neutrinoenergie

$$E_\nu = \frac{m_\pi^2c^4 - m_\mu^2c^4}{2(E_\pi - |\boldsymbol{p}_\pi|c\cos\theta)}\,.$$

Bei $\cos\theta = 1$ wird E_ν maximal, bei $\cos\theta = -1$ minimal. Daraus ergibt sich $E_\nu^{\max} \approx 87.5\,\mathrm{GeV}$ und $E_\nu^{\min} \approx 0\,\mathrm{GeV}$ (genauer: 11 keV) beim Pionzerfall. Beim Kaonzerfall ergeben sich $E_\nu^{\max} \approx 191\,\mathrm{GeV}$ und $E_\nu^{\min} \approx 0\,\mathrm{GeV}$ (genauer: 291 keV).

Kapitel 15

1. b) Alle neutralen Mesonen aus u- und d- Quarks sowie $\mathrm{s\bar{s}}$-Kombinationen (ϕ) sind sehr kurzlebig ($c\tau < 100$ nm). Um vor ihrem Zerfall im Laborsystem eine Strecke $\ell = \gamma c\tau$ von mehreren Zentimetern zurückzulegen, müssten sie daher einen Dilatationsfaktor γ besitzen, der bei der betrachteten Strahlenergie nicht erreicht werden kann. Da Mesonen mit schweren Quarks (c, b) aus Energiegründen nicht erzeugt werden können, kommt als mesonischer Zerfallskandidat nur noch das $\mathrm{K_S^0}$ in Frage. Entsprechend können aus der Gruppe der Baryonen nur das Λ^0 und das $\overline{\Lambda}^0$ zu den beobachteten Zerfällen beitragen.
Die Hauptzerfallsmoden dieser Teilchen sind: $\mathrm{K_S^0} \to \pi^+\pi^-$ und $\Lambda^0 \to \mathrm{p}\pi^-$ sowie $\overline{\Lambda}^0 \to \overline{\mathrm{p}}\pi^+$.

c) Aus (15.1) erhält man

$$M_{\mathrm{X}}^2 = \begin{array}{l} m_+^2 + m_-^2 + 2\sqrt{\boldsymbol{p}_+^2/c^2 + m_+^2}\sqrt{\boldsymbol{p}_-^2/c^2 + m_-^2} \\ -\frac{2}{c^2}|\boldsymbol{p}_+||\boldsymbol{p}_-|\cos\sphericalangle(\boldsymbol{p}_+,\boldsymbol{p}_-) \end{array}$$

für die Masse M_{X} des zerfallenen Teilchens, wobei die Massen und Impulse der Zerfallsprodukte mit $m_\pm$ bzw. $\boldsymbol{p}_\pm$ bezeichnet sind.
Betrachten wir das erste Paar von Zerfallsteilchen: Für die Hypothese $\mathrm{K}_{\mathrm{S}}^0 \to \pi^+\pi^-$ ($m_\pm = m_{\pi^\pm}$) ergibt sich $M_{\mathrm{X}} = 0.32\,\mathrm{GeV}/c^2$ im Widerspruch zur wahren Masse des K^0 von $0.498\,\mathrm{GeV}/c^2$. Für die Hypothese $\Lambda^0 \to \mathrm{p}\pi^-$ ($m_+ = m_{\mathrm{p}}$, $m_- = m_{\pi^-}$) erhält man $M_{\mathrm{X}} = 1.1\,\mathrm{GeV}/c^2$ in sehr guter Übereinstimmung mit der Masse des Λ^0. Die $\overline{\Lambda}^0$-Hypothese kann ebenso wie die K^0-Hypothese ausgeschlossen werden.
Für das zweite Paar von Zerfallsteilchen ergibt sich analog: K^0-Hypothese: $M_{\mathrm{X}} = 0.49\,\mathrm{GeV}/c^2$; Λ^0-Hypothese: $M_{\mathrm{X}} = 2.0\,\mathrm{GeV}/c^2$; die $\overline{\Lambda}^0$-Hypothese führt ebenfalls zum Widerspruch. In diesem Fall können wir das zerfallene Teilchen als K^0 identifizieren.

d) Wegen der Erhaltung der Strangeness in der starken Wechselwirkung muss neben dem Λ^0 mit Quarkinhalt uds noch ein Teilchen mit einem $\bar{\mathrm{s}}$-Quark entstehen. Wegen des beobachteten $\mathrm{K}_{\mathrm{S}}^0$-Zerfalls muss dies ein K^0 ($\bar{\mathrm{s}}\mathrm{d}$) sein.[1] Aufgrund von Ladungs- und Baryonzahlerhaltung erhält man dann als weitaus plausibelste Gesamtreaktion

$$\mathrm{p} + \mathrm{p} \to \mathrm{K}^0 + \Lambda^0 + \mathrm{p} + \pi^+ .$$

Allerdings kann man zusätzliche, unentdeckte neutrale Teilchen ebenso wie sehr kurzlebige Zwischenzustände (z. B. Δ^{++}) nicht ausschließen.

2. Betrachten wir die positiv geladenen Σ-Teilchen $|\Sigma^+\rangle = |\mathrm{u}^\uparrow\mathrm{u}^\uparrow\mathrm{s}^\downarrow\rangle$ und $|\Sigma^{+*}\rangle = |\mathrm{u}^\uparrow\mathrm{u}^\uparrow\mathrm{s}^\uparrow\rangle$. Da die Spins der beiden u-Quarks parallel sind, gilt

$$\sum_{\substack{i,j=1 \\ i<j}}^{3} \frac{\boldsymbol{\sigma}_i \cdot \boldsymbol{\sigma}_j}{m_i m_j} = \frac{\boldsymbol{\sigma}_{\mathrm{u}} \cdot \boldsymbol{\sigma}_{\mathrm{u}}}{m_{\mathrm{u}}^2} + 2\,\frac{\boldsymbol{\sigma}_{\mathrm{u}} \cdot \boldsymbol{\sigma}_{\mathrm{s}}}{m_{\mathrm{u}} m_{\mathrm{s}}} .$$

Weiterhin ist

$$2\,\boldsymbol{\sigma}_{\mathrm{u}} \cdot \boldsymbol{\sigma}_{\mathrm{s}} = \sum_{\substack{i,j=1 \\ i<j}}^{3} \boldsymbol{\sigma}_i \cdot \boldsymbol{\sigma}_j - \boldsymbol{\sigma}_{\mathrm{u}} \cdot \boldsymbol{\sigma}_{\mathrm{u}} .$$

Den ersten Term der rechten Seite kennen wir bereits aus (15.10). Er beträgt -3 für Baryonen mit $S = 1/2$ und $+3$ für Baryonen mit $S = 3/2$. Der zweite Term beträgt $+1$. Daraus ergibt sich

[1] Sowohl K^0 als auch $\overline{\mathrm{K}}^0$ können als $\mathrm{K}_{\mathrm{S}}^0$ zerfallen (vgl. Abschn. 14.4).

$$\Delta M_{\rm ss} = \begin{cases} \dfrac{4}{9}\dfrac{\hbar^3}{c}\pi\alpha_{\rm s}\,|\psi(0)|^2 \left(\dfrac{1}{m_{\rm u,d}^2} - \dfrac{4}{m_{\rm u,d}m_{\rm s}}\right) & \text{für die } \Sigma\text{-Zustände}, \\ \dfrac{4}{9}\dfrac{\hbar^3}{c}\pi\alpha_{\rm s}\,|\psi(0)|^2 \left(\dfrac{1}{m_{\rm u,d}^2} + \dfrac{2}{m_{\rm u,d}m_{\rm s}}\right) & \text{für die } \Sigma^*\text{-Zustände}. \end{cases}$$

Die mittlere Massendifferenz zwischen Σ- und Σ^*-Baryonen beträgt ca. $200\,\mathrm{MeV}/c^2$. Mit der Massenformel (15.12) ergibt sich

$$\begin{aligned} M_{\Sigma^*} - M_\Sigma &= \Delta M_{\rm ss}(\Sigma^*) - \Delta M_{\rm ss}(\Sigma) \\ &= \tfrac{4}{9}\tfrac{\hbar^3}{c}\pi\alpha_{\rm s}\,|\psi(0)|^2\,\tfrac{6}{m_{\rm u,d}m_{\rm s}} \approx 200\,\mathrm{MeV}/c^2\,. \end{aligned}$$

Hierbei nehmen wir an, dass $\psi(0)$ für beide Zustände gleich ist. Daraus berechnet man ($m_{\rm u,d} = 363\,\mathrm{MeV}/c^2$, $m_{\rm s} = 538\,\mathrm{MeV}/c^2$)

$$\alpha_{\rm s}\,|\psi(0)|^2 = 0.61\,\mathrm{fm}^{-3}\,.$$

Setzen wir eine wasserstoffähnliche Wellenfunktion an, $|\psi(0)|^2 = 3/4\pi r^3$, und $\alpha_{\rm s} \approx 1$, so erhalten wir eine grobe Abschätzung für den mittleren Abstand r der Quarks im Baryon: $r \approx 0.8\,\mathrm{fm}$.

3. Das Λ ist ein Isospin-Singulett ($I = 0$). In erster Näherung entspricht der Zerfall auf dem Quarkniveau dem Übergang $\mathrm{s} \to \mathrm{u}$, bei dem sich der Isospin um $1/2$ ändert. Daher muss das Pion-Nukleon-System ein Zustand mit $I = 1/2$ sein. Die dritte Komponente ist wegen der Ladungserhaltung $I_3^{\rm N} + I_3^\pi = -1/2$.
   Die Matrixelemente für den Zerfall des Λ^0 sind zum Quadrat der Clebsch-Gordan-Koeffizienten proportional:

$$\frac{\sigma(\Lambda^0 \to \pi^- + \mathrm{p})}{\sigma(\Lambda^0 \to \pi^0 + \mathrm{n})} = \frac{(1\ \tfrac{1}{2}\ {-1}\ {+\tfrac{1}{2}}\ |\ \tfrac{1}{2}\ {-\tfrac{1}{2}})^2}{(1\ \tfrac{1}{2}\ 0\ {-\tfrac{1}{2}}\ |\ \tfrac{1}{2}\ {-\tfrac{1}{2}})^2} = \frac{(-\sqrt{2/3})^2}{(\sqrt{1/3})^2} = 2.$$

4. Die Wahrscheinlichkeit für den Einfang eines Myons aus einem 1s-Zustand im ^{12}C-Kern ist

$$\frac{1}{\tau_{\mu\mathrm{C}}} = \frac{2\pi}{\hbar}\left|\left\langle {}^{12}\mathrm{B}\,\mathrm{e}^{ip_\nu r}\right|\sum_i g_{\rm A}\boldsymbol{\sigma}_i I_- \left|{}^{12}\mathrm{C}\psi_\mu(r)\right\rangle_{(r=0)}\right|^2 \int \frac{p_\nu^2 \mathrm{d}p_\nu \mathrm{d}\Omega}{(2\pi\hbar)^3 \mathrm{d}E_\nu}\,.$$

Da für Kohlenstoff $J^P = 0^+$ und für Bor $J^P = 1^+$ ist, trägt nur der Axialvektoranteil zum Übergang bei.
Weiterhin ist: $\mathrm{d}p_\nu/\mathrm{d}E_\nu = 1/c$, $\int \mathrm{d}\Omega = 4\pi$ sowie $|\psi_\mu(r=0)|^2 = 3/(4\pi r_\mu^3)$.
Der Radius des myonischen ^{12}C-Atoms ergibt sich dann zu

$$r_\mu = \frac{a_{\rm Bohr} m_{\rm e}}{Z m_\mu} = 42.3\,\mathrm{fm}\,,$$

und die Energie ist

$$E_\nu = m_\mu c^2 - 13.3\,\text{MeV} \approx 90\,\text{MeV}\,.$$

Damit ergibt sich für die Absorptionswahrscheinlichkeit

$$\frac{1}{\tau_{\mu\text{C}}} = \frac{2\pi}{\hbar c}\frac{4\pi c E_\nu^2}{(2\pi)^3(\hbar c)^3}\left|\langle {}^{12}\text{B}|\sum_i g_\text{A}\boldsymbol{\sigma}_i I_-\,|{}^{12}\text{C}\rangle\right|^2 |\psi(0)|^2\,.$$

In der Formel sind alle Größen bekannt bis auf das Matrixelement. Dieses kann man aus der bekannten Lebensdauer für den Zerfall ${}^{12}\text{B} \to {}^{12}\text{C} + \text{e}^- + \overline{\nu}_\text{e}$ berechnen:

$$\frac{1}{\tau_{^{12}\text{B}}} = \frac{1}{2\pi^3\hbar^7c^6}\left|\langle {}^{12}\text{C}|\sum_i g_\text{A}\boldsymbol{\sigma}_i I_+\,|{}^{12}\text{B}\rangle\right|^2 E_\text{max}^5\,.$$

Dies ergibt endgültig

$$\frac{1}{\tau_{\mu\text{C}}} \approx 1.5\cdot 10^4\,\text{s}^{-1}\,.$$

Die Gesamtzerfallswahrscheinlichkeit für den Myonzerfall in ${}^{12}\text{C}$ ist die Summe der Wahrscheinlichkeiten für den Zerfall freien Myons und den Einfang im Kern:

$$\frac{1}{\tau} = \frac{1}{\tau_\mu} + \frac{1}{\tau_{\mu\text{C}}}.$$

5. Zwei Dinge wirken sich wesentlich auf das Verzweigungsverhältnis aus: a) der Phasenraum und b) die Tatsache, dass sich im ersten Fall die Strangeness ändert (Cabibbo-Unterdrückung), im zweiten Fall aber nicht. Für eine grobe Abschätzung wollen wir annehmen, dass die Matrixelemente – abgesehen von der Cabibbo-Unterdrückung – gleich sind. Mit (10.21) und (15.49) erhält man

$$\frac{W(\Sigma^- \to \text{n})}{W(\Sigma^- \to \Lambda^0)} \approx \frac{\sin^2\theta_\text{C}}{\cos^2\theta_\text{C}}\cdot\left(\frac{E_1}{E_2}\right)^5 = \frac{1}{20}\cdot\left(\frac{257\,\text{MeV}}{81\,\text{MeV}}\right)^5 \approx 16\,.$$

Für eine solch grobe Abschätzung ist die Übereinstimmung recht gut. Beim Zerfall $\Sigma^+ \to \text{n} + \text{e}^+ + \nu_\text{e}$ müssten sich wegen (suu) → (ddu) zwei Quarks zugleich umwandeln.

6. a) Wegen der Baryonenzahlerhaltung können Baryonen nicht erzeugt oder vernichtet, sondern nur ineinander umgewandelt werden. Daher hat nur die relative Parität der Baryonen zueinander physikalische Bedeutung.
   b) Das Deuteron ist ein p-n-System im Grundzustand, d. h. $\ell = 0$. Die Parität ist demnach $\eta_\text{d} = \eta_\text{p}\eta_\text{n}(-1)^0 = +1$. Da die Quarks in den Nukleonen den Bahndrehimpuls Null haben, müssen die intrinsischen Paritäten der Quarks positiv sein.

c) Dass die Pionen in den Grundzustand herabkaskadieren, kann an der charakteristischen Röntgenstrahlung erkannt werden.

d) Da das Deuteron Spin 1 hat, befindet sich das d-π-System in einem Zustand mit Gesamtdrehimpuls $J = 1$. Die beiden Neutronen im Endzustand sind identische Fermionen und müssen daher eine antisymmetrische Spin-Orts-Wellenfunktion haben. Von den vier möglichen ($J = 1$)-Zuständen $^3\mathrm{S}_1$, $^1\mathrm{P}_1$, $^3\mathrm{P}_1$ und $^3\mathrm{D}_1$ erfüllt nur $^3\mathrm{P}_1$ diese Bedingung.

e) Aus $\ell_{\mathrm{nn}} = 1$ ergibt sich, dass das Pion die Parität $\eta_\pi = \eta_{\mathrm{n}}^2(-1)^1/\eta_{\mathrm{d}} = -1$ haben muss.

f) Bei allen paritätserhaltenden Wechselwirkungen bleibt die Anzahl der Quarks ($N_{\mathrm{q}} - N_{\overline{\mathrm{q}}}$) aller Quarkflavours separat erhalten. Damit könnten die Paritäten der Quarktypen separat gewählt werden. Man könnte daher z. B. $\eta_{\mathrm{u}} = -1, \eta_{\mathrm{d}} = +1$ wählen, so dass das Proton positive und das Neutron negative Parität erhielte. Dann hätte das Deuteron negative und die geladenen Pionen positive Parität. Das π^0 als $\mathrm{u}\overline{\mathrm{u}}$- bzw. $\mathrm{d}\overline{\mathrm{d}}$-Mischzustand behielte allerdings weiterhin negative Parität. Damit gäbe es innerhalb der Isospinmultipletts (u, d), (π^+, π^0, π^-) und (p, n) unterschiedliche Paritäten – eine wenig zweckmäßige Konvention. Bei $\eta_{\mathrm{n}} = \eta_{\mathrm{p}} = -1$ wäre hingegen die Isospinsymmetrie erfüllt. Die Parität von Nukleonen und ungeraden Kernen wäre dann entgegengesetzt zur üblichen Konvention, die von Mesonen und geraden Kernen bliebe unverändert. Die Paritäten von Λ und Λ_{c} entsprechen den Paritäten des s- bzw. c-Quarks und können also positiv gewählt werden.

Kapitel 16

1. Die Reichweiten $\lambda \approx \hbar c/mc^2$ sind: 1.4 fm (1π), 0.7 fm (2π), 0.3 fm (ϱ, ω). Der Zweipionenaustausch mit den Vakuumquantenzahlen $J^P = 0^+, I = 0$ erzeugt ein skalares Potential, das für die Bindung der Kerne verantwortlich ist. Wegen der negativen Parität wird das Pion mit einem Drehimpuls $\ell = 1$ emittiert. Daraus folgen die Spineigenschaften dieser Komponente der Kernkraft. Ähnliches folgt auch für das ϱ und ω. Das Isospinverhalten wird durch den Isospin des Austauschteilchens bestimmt, $I = 1$ für das π und ϱ und $I = 0$ für das ω. Da in der starken Wechselwirkung der Isospin erhalten bleibt, werden, wie Falle des Drehimpulses, die Isospins der wechselwirkenden Teilchen zum Gesamtisospin gekoppelt.

2. Unter Berücksichtigung von (16.1), (16.2) und (16.6) ist

$$\sigma = 4\pi\left(\frac{\sin kb}{k}\right)^2 .$$

Für kleine Energien, bei denen die Partialwelle $\ell = 0$ dominiert, erhalten wir im Grenzübergang $k \to 0$ den totalen Wirkungsquerschnitt $\sigma = 4\pi b^2$.

Kapitel 17

1. Bei konstanter Entropie S gilt für den Druck:

$$p = -\left(\frac{\partial U}{\partial V}\right)_S ,$$

wobei V das Volumen und U die innere Energie des Systems ist. Im Fermigasmodell gilt nach (17.9):

$$U = \frac{3}{5} A E_{\mathrm{F}} \qquad \text{und damit} \qquad p = -\frac{3}{5} A \frac{\partial E_{\mathrm{F}}}{\partial V} .$$

Aus (17.3) folgt für $N = Z = A/2$:

$$A = 2\frac{V p_{\mathrm{F}}^3}{3\pi^2\hbar^3} = 2\frac{V(2ME_{\mathrm{F}})^{3/2}}{3\pi^2\hbar^3} \qquad \Longrightarrow \qquad \frac{\partial E_{\mathrm{F}}}{\partial V} = -\frac{2E_{\mathrm{F}}}{3V} .$$

Damit ist der Fermidruck

$$p = \frac{2A}{5V} E_{\mathrm{F}} = \frac{2}{5} \varrho_{\mathrm{N}} E_{\mathrm{F}} ,$$

wobei ϱ_{N} die Nukleonendichte angibt. Mit $\varrho_{\mathrm{N}} = 0.17$ Nukleonen/fm^3 und $E_{\mathrm{F}} \approx 33$ MeV ergibt sich

$$p = 2.2\,\mathrm{MeV/fm^3} = 3.6 \cdot 10^{27}\ \mathrm{bar}.$$

2. a) Wir betrachten hier nur die ungeradzahligen Nukleonen. Die geradzahligen sind im Grundzustand gepaart. Der erste angeregte Zustand sollte (Fall I:) entweder der Anregung des ungepaarten Nukleons in die nächsthöhere Unterschale entsprechen, oder (Fall II:) der Paarung dieses Nukleons mit einem anderen, das aus der direkt darunter liegenden Unterschale angeregt wird.

	$^{7}_{3}$Li	$^{23}_{11}$Na	$^{33}_{16}$S	$^{41}_{21}$Sc	$^{83}_{36}$Kr	$^{93}_{41}$Nb
Grundzustand	$1p^1_{3/2}$	$1d^3_{5/2}$	$1d^1_{3/2}$	$1f^1_{7/2}$	$1g^{-3}_{9/2}$	$1g^1_{9/2}$
angeregt (I)	$1p^1_{1/2}$	$2s^1_{1/2}$	$(1f^1_{7/2})$	$(2p^1_{3/2})$	$(1g^1_{7/2})$	$(1g^1_{7/2})$
angeregt (II)	$(1s^{-1}_{1/2})$	$1p^{-1}_{1/2}$	$2s^{-1}_{1/2}$	$1d^{-1}_{3/2}$	$2p^{-1}_{1/2}$	$2p^{-1}_{1/2}$
J_0^P Experiment	$3/2^-$	$3/2^+$	$3/2^+$	$7/2^-$	$9/2^+$	$9/2^+$
J_0^P Modell	$3/2^-$	$5/2^+$	$3/2^+$	$7/2^-$	$9/2^+$	$9/2^+$
J_1^P Experiment	$1/2^-$	$5/2^+$	$1/2^+$	$3/2^+$	$7/2^+$	$1/2^-$
J_1^P Fall (I)	$1/2^-$	$1/2^+$	$(7/2^-)$	$(3/2^-)$	$(7/2^+)$	$(7/2^+)$
J_1^P Fall (II)	$(1/2^+)$	$1/2^-$	$1/2^+$	$3/2^+$	$1/2^-$	$1/2^-$

Eingeklammert sind hier Zustände, bei denen eine Anregung über die „magische" Grenze einer Schale hinaus geschehen müsste. Dies erfordert besonders viel Energie und ist daher erst bei höheren Anregungen zu erwarten. Wie man sieht, ist die Vorhersagekraft des Schalenmodells bei den Kernen gut, in denen die nicht gefüllte Unterschale nur mit einem Nukleon besetzt ist.

b) Aus der Konfiguration (p-$1p^1_{3/2}$; n-$1p^1_{3/2}$) für ${}^6_3$Li folgt $J^P = 0^+, 1^+, 2^+, 3^+$.
Für ${}^{40}_{19}$K ergibt (p-$1d^{-1}_{3/2}$; n-$1f^1_{7/2}$) eine mögliche Kopplung zu $2^-, 3^-, 4^-, 5^-$.

3. a) Einen ^{17}O-Kern kann man als ^{16}O-Rumpf plus zusätzlichem Neutron auf der $1f_{5/2}$-Schale interpretieren. Die Energie dieses Niveaus ist damit gleich $B(^{16}\mathrm{O}) - B(^{17}\mathrm{O})$. Entsprechend liegt die $1p_{1/2}$-Schale bei $B(^{15}\mathrm{O}) - B(^{16}\mathrm{O})$. Der Abstand der Schalen ist demnach

$$E(1f_{5/2}) - E(1p_{1/2}) = 2B(^{16}\mathrm{O}) - B(^{15}\mathrm{O}) - B(^{17}\mathrm{O}) = 11.5\,\mathrm{MeV}\,.$$

b) Man sollte erwarten, dass der niedrigste angeregte Zustand, der die „passenden" Quantenzahlen hat, der Anregung eines Nukleons von der obersten besetzten Schale in die nächsthöhere entspricht. Im Kern ^{16}O wäre dies der Zustand mit $J^P = 3^-$ bei 6.13 MeV, der als $(1p^{-1}_{1/2}, 1d_{5/2})$ interpretiert werden könnte. Seine Anregungsenergie ist aber erheblich kleiner als die berechneten 11.5 MeV. Es müssen sich also kollektive Effekte (Mischung von Zuständen) auswirken. Dies wird durch die Übergangswahrscheinlichkeit der Oktupolstrahlung bestätigt, die um eine Größenordnung über dem Wert liegt, den man für eine Einteilchenanregung erwartet.

c) Aufgrund der Quantenzahlen $1/2^+$ liegt es nahe, den ersten angeregten Zustand von ^{17}O als $2s_{1/2}$ zu deuten. Die Anregungsenergie entspricht dann dem Abstand der Schalen.

d) Nimmt man (reichlich naiv) an, dass die Kerne homogene Kugeln mit gleichem Radius sind, so erhält man mit (2.11) aus der Differenz der Bindungsenergien einen Radius von $(3/5) \cdot 16\hbar\alpha c/3.54\,\mathrm{MeV} = 3.90\,\mathrm{fm}$, was wesentlich größer ist als der Wert von 3.1 fm, der sich aus (5.56) ergibt.
Basierend auf dem Schalenmodell kann man beide Kerne als ^{16}O-Rumpf plus zusätzlichem Nukleon interpretieren. Das Leuchtnukleon in der $d_{5/2}$-Schale hat daher einen größeren Radius als man nach der obigen einfachen Formel, die die Schaleneffekte nicht berücksichtigt, erwartet.

e) Durch die erhöhte Coulomb-Abstoßung ist der Potentialtopf für Protonen im ^{17}F weniger tief als für Neutronen im ^{17}O. Daher ist die Wellenfunktion des angeregten „zusätzlichen" Protons im ^{17}F weiter ausgedehnt als die des „zusätzlichen" Neutrons im ^{17}O, und die Kernkraft wirkt stärker auf das Neutron als auf das Proton. Im Grundzustand ist dieser Unterschied vernachlässigbar, da das Nukleon stärker gebunden ist.

4. Am oberen Rand der abgeschlossenen Schalen, die den magischen Zahlen 50 und 82 entsprechen, befinden sich die eng benachbarten Niveaus $2p_{1/2}$ und $1g_{9/2}$ bzw. $2d_{3/2}$, $1h_{11/2}$ und $3s_{1/2}$. Für Kerne mit Nukleonenzahlen knapp unter 50 bzw. 82 liegt es nahe, dass der Übergang zwischen dem Grundzustand und dem ersten angeregten Zustand einem Einteilchenübergang $g_{9/2} \leftrightarrow p_{1/2}$ bzw. $h_{11/2} \leftrightarrow d_{3/2}, s_{1/2}$ entspricht. Als Übergang 5ter Ordnung (M4 oder E5) ist solch ein Prozess sehr unwahrscheinlich [Go51].

5. a) Der Spin dieses Zustandes ergibt sich aus der Kopplung der ungepaarten Nukleonen, die sich im Zustand (p-$1f_{7/2}$, n-$1f_{7/2}$) befinden.
   b) Das magnetische Moment des Kerns ist die Summe der magnetischen Momente des Neutrons in der $f_{7/2}$-Schale $-1.91\,\mu_N$ und des Protons in der $f_{7/2}$-Schale $+5.58\,\mu_N$. Nach (17.36) ist ein g-Faktor von 1.1 zu erwarten.

6. a) Bei der Abregung $i \to f$ eines *ruhenden* Sm-Kerns nimmt das Atom eine Rückstoßenergie von $\boldsymbol{p}_{\mathrm{Sm}}^2/2M$ auf, mit $|\boldsymbol{p}_{\mathrm{Sm}}| = |\boldsymbol{p}_\gamma| \approx (E_i - E_f)/c$. Im vorliegenden Fall sind dies 3.3 eV. Bei der Absorption des Photons in einem anderen Sm-Kern geht noch einmal der gleiche Energiebetrag verloren.
   b) Setzt man das Matrixelement in (18.1) gleich Eins, so ergibt sich eine Lebensdauer von $\tau = 0.008$ ps, was $\Gamma = 80$ meV entspricht. Experimentell misst man $\tau = 0.03$ ps bzw. $\Gamma = 20$ meV [Le78], was in der gleichen Größenordnung liegt. Da die Breite der Zustände viel kleiner ist als die Energieverschiebung von $2 \cdot 3.3$ eV, kann keine Absorption stattfinden. Durch die thermische Bewegung wird $|\boldsymbol{p}_{\mathrm{Sm}}|$ größenordnungsmäßig um $\pm\sqrt{M \cdot kT}$ modifiziert. Bei Zimmertemperatur entspricht dies einer Energieverschmierung um ± 0.35 eV, was auch nicht ausreicht.
   c) Wenn das Sm-Atom vor der Abregung ein Neutrino ausgesandt hat, ändert sich $|\boldsymbol{p}_{\mathrm{Sm}}|$ um $\pm|\boldsymbol{p}_\nu| = \pm E_\nu/c$. Falls die Emissionsrichtung von Neutrino und Photon entgegengesetzt ist, ist die Energie des emittierten Photons um 3.12 eV höher als die Anregungsenergie $E_i - E_f$. Dies entspricht dem klassischen Doppler-Effekt. In diesem Fall ist für die γ-Strahlung Resonanzfluoreszenz möglich. Auf diese Weise kann die Impulsrichtung des Neutrinos bestimmt werden. (Für Details verweisen wir auf [Bo72].)

7. Beim Kern ^{14}O sind die drei untersten Proton-Schalen, $1s_{1/2}$, $1p_{3/2}$ und $1p_{1/2}$, voll besetzt. Die beiden untersten Neutron-Schalen sind ebenfalls voll besetzt, während die $1p_{1/2}$-Schale leer ist (Skizze auf S. 288). Somit wird sich also eines der beiden Leuchtnukleonen (eines der beiden Proto-

nen in der $1p_{1/2}$-Schale) in ein Neutron umwandeln, das auf der gleichen Schale sitzt und die gleiche Wellenfunktion hat (übererlaubter β-Zerfall). Demnach gilt $\int \psi_n^* \psi_p = 1$. Es handelt sich um einen $0^+ \to 0^+$-Übergang und damit um einen reinen Fermi-Zerfall. Für jedes der zwei Protonen haben wir somit einen Anteil des Matrixelementes, der gleich dem Vektoranteil von (15.39) ist. Insgesamt gilt also $|\mathcal{M}_{fi}|^2 = 2g_V^2/V^2$. Gleichung (15.47) wird dann zu

$$\frac{\ln 2}{t_{1/2}} = \frac{1}{\tau} = \frac{m_e^5 c^4}{2\pi^3 \hbar^7} \cdot 2g_V^2 \cdot f(E_0) .$$

Mit der vektoriellen Kopplungsstärke (15.56) erhält man eine Halbwertszeit von 70.373 s – in hervorragender Übereinstimmung mit dem experimentellen Wert.
Anmerkung: Wegen der Quantenzahlen und der eindeutigen Schalenstruktur ist dies einer der wenigen Fälle, für die sich ein Kern-β-Zerfall genau berechnen lässt. In der Tat benutzt man diesen Zerfall zur Bestimmung der vektoriellen Kopplungsstärke.

Kapitel 18

1. a) Im kollektiven Modell der Riesenresonanz betrachten wir die Z Protonen und N Neutronen, deren gegenseitige Schwingung als harmonischer Oszillator beschrieben wird. Die Hamilton-Funktion kann geschrieben werden als

$$\mathcal{H} = \frac{p^2}{2m} + \frac{m\omega^2}{2} x^2 \qquad \text{mit} \qquad \hbar\omega = 80\, A^{-1/3}\, \text{MeV},$$

wobei $m = A/2M_N$ die reduzierte Masse ist. Die Lösung der Schrödinger-Gleichung ergibt für die niedrigsten Oszillatorzustände [Sc02]

$$\begin{aligned} \psi_0 &= \frac{1}{\sqrt[4]{\pi}\sqrt{x_0}} \cdot e^{-(x/x_0)^2/2} \qquad \text{mit} \quad x_0 = \sqrt{\hbar/m\omega}, \\ \psi_1 &= \frac{1}{\sqrt[4]{\pi}\sqrt{x_0}} \cdot \sqrt{2}\left(\frac{x}{x_0}\right) e^{-(x/x_0)^2/2}. \end{aligned}$$

Die mittlere Auslenkung ist

$$x_{01} := \langle \psi_0 | x | \psi_1 \rangle = \frac{\sqrt{2}}{\sqrt{\pi}} x_0 \int \left(\frac{x}{x_0}\right)^2 e^{-(x/x_0)^2} \, d\frac{x}{x_0} = \frac{\sqrt{2}}{\sqrt{\pi}} x_0 .$$

Für ^{40}Ca ist $x_0 = 0.3$ fm und $x_{01} = 0.24$ fm.

b) Das Matrixelement ist Zx_{01}. Das Quadrat ist damit 23 fm^2.

c) Die Einteilchenanregungen haben etwa die Hälfte der Energie der Riesenresonanz, also $\hbar\omega \approx 40A^{-1/3}$MeV. In diesem Fall ist die reduzierte Masse näherungsweise die Nukleonmasse, da sich das Nukleon im mittleren Feld des schweren Kerns bewegt. Damit vergrößert sich x_0 und damit x_{01} um einen Faktor $\sqrt{40}$. Zum Quadrat des Matrixelementes tragen die 24 Nukleonen der letzten Schale jeweils mit der effektiven Ladung $e/2$ bei. Damit ist das Quadrat des Matrixelementes gleich 27.6 fm^2. Die Übereinstimmung mit dem Resultat aus b), also dem Modell, in dem Protonen und Neutronen als Gesamtheit schwingen, ist recht gut.

2. Siehe Abschn. 17.4, (17.38ff) und (18.49f):
Mit

$$\delta = \frac{a-b}{\langle R \rangle}, \langle R \rangle = (ab^2)^{1/3}.$$

und der Nukleonendichte, die im Kern $\varrho_{\mathrm{N}} \approx 0.17$ Nukleonen/fm^3 beträgt, folgt $a \approx 8\,\mathrm{fm}$, $b \approx 6\,\mathrm{fm}$.

3. Die Fermigeschwindigkeit ist $v_{\mathrm{F}} = p_{\mathrm{F}}/\sqrt{M_{\mathrm{N}}^2 + p_{\mathrm{F}}^2/c^2} = 0.26c$. Die Winkelgeschwindigkeit ist

$$\omega = \frac{|\boldsymbol{L}|}{\Theta} \approx \frac{60\hbar}{AM_{\mathrm{N}}(a^2+b^2)^2/5} = 0.95 \cdot 10^{21}\,\mathrm{s}^{-1}\,,$$

mit $a = 2b = \sqrt[3]{4}R$, wobei wir für R den Wert aus (5.56) eingesetzt haben. Die Geschwindigkeit ist $v = a \cdot \omega$ und beträgt etwa $0.03\,c$ oder 12 % der Fermigeschwindigkeit. Die hohe Rotationsgeschwindigkeit verursacht eine Coriolis-Kraft, die verantwortlich ist für das Aufbrechen von Nukleonpaaren.

Kapitel 19

1. a) Bei der Reaktion $4\mathrm{p} \to \alpha + \mathrm{e}^+ + 2\nu_{\mathrm{e}}$ wird eine Energie von 26.72 MeV frei. Neutrinos nehmen 0.52 MeV mit; für die Aufheizung der Sonne verbleiben 26.2 MeV. Die Zahl der Wasserstoffatome, die pro Sekunde in Helium umgewandelt werden, ist:

$$\dot{N}_{\mathrm{p}} = 4 \cdot \frac{4 \cdot 10^{26}\,\mathrm{W}}{26.2 \times 1.6 \cdot 10^{-13}\,\mathrm{Ws}} \approx 0.4 \cdot 10^{39}\,\mathrm{Atome/s}\,.$$

b) $0.4 \cdot 10^{10}$ kg/s
c) $\approx 7\%$
d) ≈ 130 Erdenmassen
e) Die Kernreaktionen finden im Inneren der Sonne, im Wesentlichen bei Radien $r < R_{\odot}/4$ statt. Durch Verbrennung von 7 % des Wasserstoffs

ist die Heliumkonzentration im Sonneninnern schon auf ca. 50 % angewachsen. Bei Verdoppelung dieser Konzentration ist die Wasserstoffverbrennung nicht mehr effizient, die Heliumverbrennung setzt ein, und die Sonne bläht sich zum Roten Riesen auf.

2. a) Pro erzeugtem ^{4}He-Kern entstehen 2 Neutrinos:

$$\Phi_\nu = \frac{\dot{N}_\nu}{4\pi a^2} = \frac{2 \cdot \dot{E}_\odot}{B_{\mathrm{He}} \cdot 4\pi a^2} = 5.9 \cdot 10^{10}\,\mathrm{cm}^{-2}\mathrm{s}^{-1}\,.$$

b) Die Anzahl der ^{71}Ga Kerne ergibt sich zu

$$\begin{aligned} N_{^{71}\mathrm{Ga}} &= \frac{\text{Gesamtmasse Gallium}}{\text{mittlere Masse pro Atom}} \cdot \text{Anteil } ^{71}\mathrm{Ga} \\ &= \frac{3 \cdot 10^4\,\mathrm{kg}}{(0.40 \cdot 71 + 0.60 \cdot 69) \cdot 931.5 \cdot 1.6 \cdot 10^{-13}\mathrm{J}/c^2} \cdot 0.40 \\ &= 1.0 \cdot 10^{29}\,, \end{aligned}$$

woraus wir die Reaktionsrate berechnen können:

$$\begin{aligned} \dot{N}_{\mathrm{Reaktion}} &= N_{^{71}\mathrm{Ga}} \cdot \sigma_{\nu\mathrm{Ge}} \cdot \Phi_\nu \cdot \varepsilon \\ &= 1.0 \cdot 10^{29} \cdot 2.5 \cdot 10^{-45}\mathrm{cm}^2 \cdot 5.9 \cdot 10^{10}\mathrm{cm}^{-2}\mathrm{s}^{-1} \cdot 0.5 \\ &= 0.7/\mathrm{Tag}\,. \end{aligned}$$

Wegen $N(t) = \dot{N}_{\mathrm{Reaktion}}\tau(1 - \mathrm{e}^{-t/\tau})$ erwartet man nach 3 Wochen 8 Ge-Atome und nach sehr langer Zeit 11 Atome.
Anmerkung: Der Wirkungsquerschnitt ist stark energieabhängig. Der angegebene Wert ist ein Mittelwert, der das Energiespektrum solarer Neutrinos berücksichtigt.

3. a) Die Zahl der Neutronen im Neutronenstern ist $N_{\mathrm{n}} = 1.8 \cdot 10^{57}$. Die Energie, die durch die Verschmelzung von N_{n} Protonen in ^{56}Fe frei wird, beträgt $2.6 \cdot 10^{45}$ J.

b) Wir vernachlässigen die Gravitationsenergie des Eisenkerns im Mutterstern (wegen $R \gg 10\,\mathrm{km}$). Dann ist die freiwerdende Energie bei der Implosion gerade die Gravitationsenergie des Neutronensterns abzüglich der Energie, die bei der Umwandlung des Eisens in freie Neutronen gebraucht wird (welches die Energie ist, die ursprünglich bei der Fusion von Wasserstoff zu Eisen frei wurde):

$$E_{\mathrm{Implosion}} \approx \frac{3GM^2}{5R} - 2.6 \cdot 10^{45}\,\mathrm{J} = 3.3 \cdot 10^{46}\,\mathrm{J}.$$

Die freiwerdende Implosionsenergie bei der Supernovaexplosion ist also mehr als 10-mal größer als die Verschmelzungenergie. Obwohl nur zwischen 20 ... 50 % der Materie des Muttersterns im Neutronenstern enden, ist die während der gesamten Lebensdauer des Sterns freigesetzte Fusionsenergie geringer kleiner als diejenige, die bei der Supernovaexplosion frei wird.

c) Die meiste Energie wird durch die Emission von Neutrinos abgegeben:

$$e^+ + e^- \to \overline{\nu}_e + \nu_e, \overline{\nu}_\mu + \nu_\mu, \overline{\nu}_\tau + \nu_\tau .$$

Die Positronen für diesen Prozess stammen aus der Reaktion:

$$p + \overline{\nu}_e \to e^+ + n .$$

Neutrinos werden aber auch direkt produziert durch:

$$p + e^- \to n + \nu_e .$$

Die beiden letzten Prozesse sind für die Umwandlung der Protonen, die in ^{56}Fe gebunden sind, verantwortlich.

Literaturverzeichnis

[Ab95a] S. Abachi et al.: Phys. Rev. Lett. **74** (1995) 2632

[Ab95b] F. Abe et al.: Phys. Rev. Lett. **74** (1995) 2626
First evidence for the top quark: F. Abe et al.: Phys. Rev. Lett. **73** (1994) 225

[Ab97] H. Abele et al.: Phys. Lett. **B407** (1997) 212

[Ah01] Q. R. Ahmad et al.: Phys. Rev. Lett. **87** (2001) 071301

[Al60] M. Alston et al.: Phys. Rev. Lett. **5** (1960) 520

[Al77] G. Altarelli, G. Parisi: Nucl. Phys. **B126** (1977) 298

[Al87a] C. Albajar et al.: Phys. Lett. **B186** (1987) 247

[Al87b] H. Albrecht et al.: Phys. Lett. **B192** (1987) 245

[Al90] H. Albrecht et al.: Phys. Lett. **B234** (1990) 409

[Al91] H. Albrecht et al.: Phys. Lett. **B255** (1991) 297

[Al92a] H. Albrecht et al.: Z. Phys **C55** (1992) 357

[Al92b] J. Alitti et al.: Phys. Lett. **B276** (1992) 354

[Am84] S. R. Amendolia et al.: Phys. Lett. **B146** (1984) 116

[Am86] S. R. Amendolia et al.: Phys. Lett. **B178** (1986) 435

[Am87] U. Amaldi et al.: Phys. Rev. **D36** (1987) 1385

[Am92a] P. Amaudruz et al.: Phys. Lett. **B295** (1992) 159

[Am92b] P. Amaudruz et al.: Nucl. Phys. **B371** (1992) 3

[AM93] *The 1993 Atomic Mass Evaluation*
G. Andi, A. H. Wapstra: Nucl. Phys. **A565** (1993) 1

[Am95] P. Amaudruz et al.: Z. Phys. **C51** (1991) 387;
korrigierte Daten: P. Amaudruz et al.: Nucl. Phys. **B441** (1995) 3

[An87] R. Ansari et al.: Phys. Lett. **B186** (1987) 440

[An92] P. Anselmann et al.: Phys. Lett. **B285** (1992) 376;
Phys. Lett. **B314** (1993) 445; Phys. Lett. **B327** (1994) 377

[Ar54] A. Arima, H. Horie: Progr. Theor. Phys. **11** (1954) 509;
A. Arima, H. Horie: Progr. Theor. Phys. **12** (1954) 623

[Ar83] G. Arnison et al.: Phys. Lett. **B122** (1983) 103;
Phys. Lett. **B126** (1983) 398; Phys. Lett. **B166** (1986) 484

[Ar88] M. Arneodo et al.: Phys. Lett. **B211** (1988) 493

[Ar93] M. Arneodo et al.: Phys. Lett. **B309** (1993) 222

[Ar94] M. Arneodo: Phys. Rep. **240** (1994) 301

[At82] W. B. Atwood: *Lectures on Lepton Nucleon Scattering and Quantum Chromodynamics,* Progress in Physics Vol. 4 (Birkhäuser, Boston, Basel, Stuttgart 1982)

[Au74a] J. J. Aubert et al.: Phys. Rev. Lett. **33** (1974) 1404

[Au74b] J.-E. Augustin et al.: Phys. Rev. Lett. **33** (1974) 1406

[Ba57] J. Bardeen, L. N. Cooper, J. R. Schrieffer: Phys. Rev. **108** (1957) 1157

[Ba68] W. Bartel et al.: Phys. Lett. **B28** (1968) 148

[Ba78] W. Bacino et al.: Phys. Rev. Lett. **41** (1978) 13

[Ba80] J. D. Barrow, J. Silk: Scientific American **242** (April 1980) 98
[Ba83a] M. Banner et al.: Phys. Lett. **B122** (1983) 476
[Ba83b] P. Bagnaia et al.: Phys. Lett. **B129** (1983) 130
[Ba85] J. W. Bartel et al.: Phys. Lett. **B161** (1985) 188
[Ba88] B. C. Barish, R. Stroynowski: Phys. Rep. **157** (1988) 1
[Ba89] J. N. Bahcall: *Neutrino Astrophysics* (Cambridge University Press, Cambridge 1989)
[Be30] H. A. Bethe: Ann. Physik **5** (1930) 325
[Be36] H. A. Bethe: Rev. Mod. Phys. **8** (1936) 139
[Be67] J. B. Bellicard et al.: Phys. Rev. Lett. **19** (1967) 527
[Be69] H. Behrens, J. Jänecke: *Numerical Tables for Beta-Decay and Electron Capture,* Landolt-Börnstein, New Series, Vol. I/4, (Springer, Berlin, Heidelberg 1969)
[Be75] B. L. Berman, S. C. Fultz: Rev. Mod. Phys. **47** (1975) 713
[Be77] V. Bechtold et al.: Phys. Lett. **B72** (1977) 169
[Be85] H. A. Bethe, G. Brown: Scientific American **252** (Mai 1985) 40
[Be87] H.-J. Behrend et al.: Phys. Lett. **B191** (1987) 209
[Be90a] R. Becker-Szendy et al.: Phys. Rev. **D42** (1990) 2974
[Be90b] A. C. Benvenuti et al.: Phys. Lett. **B237** (1990) 592
[Bi92] I. G. Bird: Dissertation, Vrije Universiteit te Amsterdam (1992)
[Bl33] F. Bloch: Ann. Physik **16** (1933) 285
[Bl69] E. D. Bloom et al.: Phys. Rev. Lett. **23** (1969) 930
[Bo53] A. Bohr, B. R. Mottelson: Mat. Fys. Medd. Dan. Vid. Selsk. **27** Nr. 16 (1953)
[Bo69] A. Bohr, B. R. Mottelson: *Nuclear Structure* (Benjamin, New York 1969)
[Bo72] E. Bodenstedt: *Experimente der Kernphysik und ihre Deutung,* Teil 1 (Bibliographisches Institut, Mannheim 1972)
[Bo75] F. Borkowski et al.: Nucl. Phys. **B93** (1975) 461
[Bo92] F. Boehm, P. Vogel: *Physics of Massive Neutrinos,* 2. ed. (Cambridge University Press, Cambridge 1992)
[Br64] C. Brunnée, H. Voshage: *Massenspektroskopie* (Karl-Thiemig, München 1964)
[Br65] D. M. Brink: *Nuclear Forces* (Pergamon Press, Oxford 1965)
[Br67] G. E. Brown: *Unified Theory of Nuclear Models and Forces* (North Holland, Amsterdam 1967)
[Br69] M. Breidenbach et al.: Phys. Rev. Lett. **23** (1969) 935
[Br92] D. I. Britton et al.: Phys. Rev. Lett. **68** (1992) 3000
[Bu57] E. M. Burbidge et al.: Rev. Mod. Phys. **29** (1957) 547
[Bu85] H. Burkard et al.: Phys. Lett. **B160** (1985) 343
[Bu88] C. Budtz-Jørgensen, H.-H. Knitter: Nucl. Phys. **A490** (1988) 307
[Bu91] H. Burkhardt, J. Steinberger: Ann. Rev. Nucl. Part. Sci. **41** (1991) 55
[Ca35] H. Casimir: Physica **2** (1935) 719
[Ca63] N. Cabibbo: Phys. Rev. Lett. **10** (1963) 531
[Ca69] C. G. Callan Jr., D. J. Gross: Phys. Rev. Lett. **22** (1969) 156
[Ch64] J. H. Christenson, J. W. Cronin, V. L. Fitch, R. Turlay: Phys. Rev. Lett. **13** (1964) 138
[Ch73] P. R. Christensen et al.: Nucl. Phys. **A207** (1973) 33
[Ch89] R. E. Chrien, C. B. Dover: Ann. Rev. Nucl. Part. Sci. **39** (1989) 113
[Cl79] F. Close: *An Introduction to Quarks and Partons* (Academic Press, London, New York, San Francisco 1979)
[Co56a] C. L. Cowan Jr, F. Reines et al.: Science **124** (1956) 103
[Co56b] L. N. Cooper: Phys. Rev. **104** (1956) 1186
[Co57] C. W. Cook et al.: Phys. Rev. **107** (1957) 508

[Co73] E. D. Commins: *Weak Interactions* (McGraw-Hill, New York 1973)
[Co74] M. D. Cooper, W. F. Hornyak, P. G. Roos: Nucl. Phys. **A218** (1974) 249
[Co87] E. R. Cohen, B. N. Taylor: Rev. Mod. Phys. **59** (1987) 1121
[Co88] G. Costa et al.: Nucl. Phys. **297** (1988) 244
[Da62] G. Danby et al.: Phys. Rev. Lett. **9** (1962) 36
[Du91] D. Dubbers: Progr. in Part. and Nucl. Phys., Hrsg. A. Faessler (Pergamon Press) **26** (1991) 173
[Dy73] A. F. Dylla, J. G. King: Phys. Rev. **A7** (1973) 1224
[El61] R. P. Ely et al.: Phys. Rev. Lett. **7** (1961) 461
[El82] J. Ellis et al.: Ann. Rev. Nucl. Part. Sci. **32** (1982) 443
[EL92] *Energy Levels of Light Nuclei*
$A =$ 3: D. R. Tilley, H. R. Weller, H. H. Hasan: Nucl. Phys. **A474** (1987) 1;
$A =$ 4: D. R. Tilley, H. R. Weller, G. M. Hale: Nucl. Phys. **A541** (1992) 1;
$A =$ $5 - 10$: F. Ajzenberg-Selove: Nucl. Phys. **A490** (1988) 1;
$A = 11 - 12$: F. Ajzenberg-Selove: Nucl. Phys. **A506** (1990) 1;
$A = 13 - 15$: F. Ajzenberg-Selove: Nucl. Phys. **A523** (1991) 1;
$A = 16 - 17$: F. Ajzenberg-Selove: Nucl. Phys. **A460** (1986) 1;
$A = 18 - 20$: F. Ajzenberg-Selove: Nucl. Phys. **A475** (1987) 1;
$A = 21 - 44$: P. M. Endt: Nucl. Phys. **A521** (1990) 1
[En64] F. Englert, R. Brout: Phys. Rev. Lett. **13** (1964) 321
[Er66] T. Ericson, T. Mayer-Kuckuk: Ann. Rev. Nucl. Sci. **16** (1966) 183
[Fa82] A. Faessler et al.: Nucl. Phys. **A402** (1982) 555
[Fa88] A. Faessler in: *Progress in Particle and Nuclear Physics,* ed. A. Faessler, **20** (1988) 151
[Fa90] S. Fanchiotti, A. Sirlin: Phys. Rev. **D41** (1990) 319
[Fe34] E. Fermi: Z. Phys. **88** (1934) 161
[Fe49] E. Feenberg, K. C. Hammack: Phys. Rev. **75** (1949) 1877
[Fe53] E. Fermi: *Nuclear Physics,* 5. ed. (University of Chicago Press, Chicago 1953)
[Fe75] G. J. Feldman, M. L. Perl: Phys. Rep. **19 C** (1975) 233
[Fe85] R. P. Feynman: *QED – The Strange Theory of Light and Matter* (Princeton University Press, Princeton 1985)
[Fo58] L. L. Foldy: Rev. Mod. Phys. **30** (1958) 471
[Fr82] J. Friedrich, N. Vögler: Nucl. Phys. **A373** (1982) 192
[Fu90] R. Fulton et al.: Phys. Rev. Lett. **64** (1990) 16
[Fu98] Y. Fukuda et al.: Phys. Lett. **B436** (1998) 33;
Phys. Rev. Lett. **81** (1998) 1562
[Fu01] S. Fukuda et al.: Phys. Lett. **86** (2001) 5651;
Phys. Rev. Lett. **81** (1998) 1562
[Ga66] S. Gasiorowicz: *Elementary Particle Physics* (John Wiley & Sons, New York 1966)
[Ga81] S. Gasiorowicz, J. L. Rosner: Am. J. Phys. **49** Nr. 10 (1981) 954
[Ge55] M. Gell-Mann, A. Pais: Phys. Rev. **97** (1955) 1387
[Ge80] M. Gell-Mann in: *The Nature of Matter*, Wolfson College Lectures 1980, Ed. J. H. Mulvey (Clarendon Press, Oxford)
[Ge06] D. Meschede (Hrsg.): *Gerthsen Physik*, (Springer, Berlin, Heidelberg, New York, Tokyo 2006)
[Gi97] L. K. Gibbons et al.: Phys. Rev. **D55** (1997) 6625
[Gi03] Carlo Giunti: *Status of Neutrino Masses and Mixing*, arXiv:hep-ph/0309024 (Sep. 2003)
[Gl89] P. Glässel et al.: Nucl. Phys. **A502** (1989) 315c
[Go51] M. Goldhaber, A. W. Sunyar: Phys. Rev. **83** (1951) 906

[Go52] M. Goldhaber, R. D. Hill: Rev. Mod. Phys. **24** (1952) 179
[Gö55] M. Göppert-Mayer, J. H. D. Jensen: *Elementary Theory of Nuclear Shell Structure* (John Wiley & Sons, New York 1955)
[Go58] M. Goldhaber et al.: Phys. Rev. **109** (1958) 1015
[Go79] R. Golub et al.: Scientific American **240** (Juni 1979) 106
[Go84] K. Gottfried, V. F. Weisskopf: *Concepts of Particle Physics,* Vol. 1, (Clarendon Press, Oxford, New York 1984)
[Go86] K. Gottfried, V. F. Weisskopf: *Concepts of Particle Physics,* Vol. 2, (Clarendon Press, Oxford, New York 1986)
[Go94a] R. Golub, K. Lamoreaux: Phys. Rep. **237** (1994) 1
[Go94b] SLAC E139, R. G. Arnold et al.: Phys. Rev. Lett. **52** (1984) 727; korrigierte Daten: J. Gomez et al.: Phys. Rev. **D49** (1994) 4348
[Gr72] V. N. Gribov, L. N. Lipatov: Sov. J. Nucl. Phys. **15** (1972) 438
[Gr87] D. J. Griffiths: *Introduction to Elementary Particles,* (John Wiley & Sons, New York 1987)
[Gr91] P. Große-Wiesmann: Cern Courier **31** (April 1991) 15
[Gr93] C. Grupen: *Teilchendetektoren* (Bibliographisches Institut, Mannheim 1993)
[Ha48] O. Haxel, J. H. D. Jensen, H. E. Suess: Die Naturwissensch. **35** (1948) 376; O. Haxel, J. H. D. Jensen, H. E. Suess: Z. Phys. **128** (1950) 295
[Ha49] O. Haxel, J. H. D. Jensen, H. E. Suess: Phys. Rev. **75** (1949) 1766
[Ha96] T. Hasegawa et al.: Phys. Rev. C **53** (1996) 31
[Ha73] F. J. Hasert et al.: Phys. Lett. **B46** (1973) 138
[Ha94] O. Haxel: Physikalische Blätter **50** (April 1994) 339
[Ha96] W. Hampel et al.: Phys. Lett. **B388** (1996) 384
[He50] G. Herzberg: *Spectra of Diatomic Molecules* (Van Nostrand, New York 1950)
[He77] S. W. Herb et al.: Phys. Rev. Lett. **39** (1977) 252
[Hi64] P. W. Higgs: Phys. Rev. Lett. **13** (1964) 508
[Hi06] G. Hinshaw et al.: arXiv:astro-ph/0603451
[Ho46] F. Hoyle: Mon. Not. Roy. Astr. Soc. **106** (1946) 343; F. Hoyle: Astrophys. J. Suppl. **1** (1954) 121
[Ho55] F. Hoyle, M. Schwarzschild: Astrophys. J. Suppl. **2** (1955) 1
[Ho57] R. Hofstadter: Ann. Rev. Nucl. Sci. **7** (1957) 231
[Hu57] L. Hulthén, M. Sugawara: *Encyclopaedia of Physics,* **39** (Springer, Berlin 1957)
[Hu65] E. B. Hughes et al.: Phys. Rev. **B139** (1965) 458
[In77] W. R. Innes et al.: Phys. Rev. Lett. **39** (1977) 1240
[Ka05] B. Kayser: Particle Data Group (2005)
[Kl02] H.V. Klapdor-Kleingrothaus A. Dietz and I.V. Krivosheina: Foundations of Physics **32** (2002)
[Kl52] P. F. A. Klingenberg: Rev. Mod. Phys. **24** (1952) 63
[Kl92a] K. Kleinknecht: *Detektoren für Teilchenstrahlung,* 3. Aufl. (Teubner, Stuttgart 1992)
[Kl92b] K. Kleinknecht: Comm. Nucl. Part. Sci. **20** (1992) 281
[Ko56] H. Kopfermann: *Kernmomente* (Akademische Verlagsgesellschaft, Frankfurt a. M. 1956)
[Ko73] M. Kobayashi, T. Maskawa: Prog. Theor. Phys. **49** (1973) 652
[Kö86] K. Königsmann: Phys. Rep. **139** (1986) 243
[Ko88] W. Korten: Dissertation, Heidelberg (1988)
[Kö89] L. Köpke, N. Wermes: Phys. Rep. **174** (1989) 67
[Ko93] W. Kossel, G. Möllenstedt: Physikalische Blätter **49** (Jan. 1993) 50
[Ko95] S. Kopecky et al.: Phys. Rev. Lett. **74** (1995) 2427

[Ko00] B. Z. Kopeliovich, J. Raufeisen, A. V. Tarasov: Phys. Rev. C62, 035204 (2000)
[Kü88] J. H. Kühn, P. M. Zerwas: Phys. Rep. **167** (1988) 321
[Ku89] T. K. Kuo, J. Pantaleone: Rev. Mod. Phys. **61** (1989) 937
[Kw87] W. Kwong, J. L. Rosner, C. Quigg: Ann. Rev. Part. Nucl. Sci. **37** (1987) 325
[La91] J. Lach: Fermilab-Conf. (1991) 200;
J. Lach: Fermilab-Conf. (1990) 238
[La95] P. Langacker in: *Precision Tests of the Standard Electroweak Model,* ed. P. Langacker (World Scientific, Singapur 1995)
[Le68] L. M. Lederman, M. J. Tannenbaum in: *Advances in Particle Physics*, eds. R. L. Cool, R. E. Marshak, Vol. 1 (Interscience, New York 1968)
[Le78] C. M. Lederer, V. S. Shirley: *Table of Isotopes,* 7th ed. (John Wiley & Sons, New York 1978)
[Le94] W. R. Leo: *Techniques for Nuclear and Particle Physics Experiments,* 2. Aufl. (Springer, Berlin, Heidelberg, New York 1994)
[Li75] L. N. Lipatov: Sov. J. Nucl. Phys. **20** (1975) 94
[Li97] P.Liaud et al.: Nucl. Phys. **A612** (1997) 53
[Lo92] E. Lohrmann: *Hochenergiephysik,* 4. Aufl. (Teubner, Stuttgart 1992)
[Ma63] E. Marshalek, L. Person, R. Sheline: Rev. Mod. Phys. **35** (1963) 108
[Ma73] G. Mairle, G. J. Wagner: Z. Phys. **258** (1973) 321
[Ma76] R. D. Mattuck: *A guide to Feynman diagrams in the many-body problem,* 2. Aufl. (McGraw-Hill, New York 1976)
[Ma62] Z. Maki, M. Nagakawa, and S. Sakata: Prog. Part. Nucl. Phys. **28** (1962) 870
[Ma89] W. Mampe et al.: Phys. Rev. Lett. **63** (1989) 593
[Ma91] W. J. Marciano: Ann. Rev. Nucl. Part. Sci. **41** (1991) 469
[Me33] W. Meissner, R. Ochsenfeld: Die Naturwissensch. **21** Heft 44 (1933) 787
[Mo71] E. J. Moniz et al.: Phys. Rev. Lett. **26** (1971) 445
[Na90] O. Nachtmann: *Elementarteilchenphysik, Phänomene und Konzepte* (Vieweg, Braunschweig 1990)
[Ne91] B. M. K. Nefkens: *Proc. of the Workshop on Meson Production, Interaction and Decay,* Kraków/Polen (World Scientific, Singapur 1991)
[Ne97] B. Nemati et al.: Phys. Rev. **D55** (1997) 5273
[Ni55] S. G. Nilsson: Mat. Fys. Medd. Dan. Vid. Selsk. **29** Nr. 16 (1955)
[No49] L. W. Nordheim: Phys. Rev. **76** (1949) 1894
[Pa89] A. Paschos, U. Türke: Phys. Rep. **178** (1989) 145
[PD92] *Review of Particle Properties*
Particle Data Group, K. Hikasa et al.: Phys. Rev. **D45** (1992) S1
[PD94] *Review of Particle Properties*
Particle Data Group, L. Montanet et al.: Phys. Rev. **D50** (1994) 1173
[PD98] *Review of Particle Properties*
Particle Data Group, C. Caso et al.: Eur. Phys. J. **C3** (1998) 1
[PD00] *Review of Particle Properties*
Particle Data Group, D. E. Groom et al.: Eur. Phys. J. **C15** (2000) 1
[Pe65] A. A. Penzias, R. W. Wilson: Astrophys. J. **142** (1965) 419
[Pe75] M. L. Perl et al.: Phys. Rev. Lett. **35** (1975) 1489
[Pe83] P. W. Petley: Nature **303** (1983) 373
[Pe87] D. H. Perkins: *Introduction to High Energy Physics,* 3. Aufl. (Addison-Wesley, Wokingham 1987)
[Po81] B. Povh: Prog. Part. Nucl. Phys. **5** (1981) 245
[Po95] J. Pochodzalla et al.: Phys. Rev. Lett. **75** (1995) 1040
[Po57] B. Pontecorvo Zh. Eksp. Teor. Fiz. bf 33 (1957) 549 and **34** (1958) 247

[Pr63] M. A. Preston: *Physics of the Nucleus,* 2. Aufl. (Addison-Wesley, Wokingham 1963)
[Ra86] I. Ragnarsson, S. Åberg: Phys. Lett. **B180** (1986) 191
[Re59] F. Reines, C. L. Cowan: Phys. Rev. **113** (1959) 273
[Ro50] M. N. Rosenbluth: Phys. Rev. **79** (1950) 615
[Ro94] M. Rosina, B. Povh: Nucl. Phys. **A572** (1994) 48
[Sa52] E. E. Salpeter: Astrophys. J. **115** (1952) 326
[Sc35] H. Schüler, T. Schmidt: Z. Phys. **94** (1935) 457
[Sc37] T. Schmidt: Z. Phys. **106** (1937) 358
[Sc02] F. Schwabl: *Quantenmechanik,* 3. Aufl. (Springer, Berlin, Heidelberg, New York 2002)
[Sc95] P. Schmüser: *Feynman-Graphen und Eichtheorien für Experimentalphysiker,* 2. Aufl. (Springer, Berlin, Heidelberg, New York 1995)
[Se77] E. Segrè: *Nuclei and Particles* (Benjamin, New York 1977)
[Se79] R. Sexl, H. Sexl: *Weiße Zwerge – Schwarze Löcher,* 2. Aufl. (Friedrich Vieweg & Sohn, Braunschweig 1979)
[Sh90] J. Shapey-Schafer: Physics World **3** Nr. 9 (1990) 31
[Si79] I. Sick et al.: Phys. Lett. **B88** (1979) 245
[Sm89] J. M. Smith: *Did Darwin Get It Right?* (Chapman & Hall, New York, London 1989)
[So64] A. A. Sokolov, J. M. Ternov: Sov. Phys. Dokl. **8** (1964) 1203
[St75] SLAC E61, S. Stein et al.: Phys. Rev. **D12** (1975) 1884
[St88] U. Straub et al.: Nucl. Phys. **A483** (1988) 686
[SY78] *Symbols, Units and Nomenclature in Physics*
S. U. N. Commission: Physica **93A** (1978) 1
[Ta67] R. E. Taylor: *Proc. Int. Symp. on Electron and Photon Interactions at High Energies* (Stanford 1967)
[Te62] V. A. Telegdi: Scientific American **206** (Jan. 1962) 50
[Tr92] A. Trombini: Dissertation, Univ. Heidelberg (1992)
[Tw86] P. J. Twin et al.: Phys. Rev. Lett. **57** (1986) 811
[We35] C. F. von Weizsäcker: Z. Phys **96** (1935) 431
[Wh74] R. R. Whitney et al.: Phys. Rev. **C9** (1974) 2230
[Wh92] L. Whitlow et al.: Phys. Lett. **B282** (1992) 475
[Wi38] G. C. Wick: Nature **142** (1938) 994 (abgedruckt in [Br65])
[Wi74] D. H. Wilkinson, B. E. F. Macefield: Nucl. Phys. **A232** (1974) 58
[Wi78] D. H. Wilkinson, A. Gallmann, D. E. Alburger: Phys. Rev. **C18** (1978) 401
[Wi92] K. Wille: *Physik der Teilchenbeschleuniger und Synchrotronstrahlungsquellen* (Teubner, Stuttgart 1992)
[Wi93] H. Wiedemann: *Particle Accelerator Physics I+II,* 2nd ed. (Springer, Berlin, Heidelberg, New York 1999)
[Wu57] C. S. Wu et al.: Phys. Rev. **105** (1957) 1413.
[Yu35] H. Yukawa: Proc. Phys. Math. Soc. Japan **17** (1935) 48

Sachverzeichnis

Absorption
resonante 293
Absorptionskoeffizient 370
Aktivität 26
α-Zerfall 26, 31ff
Antiproton 162
Asymmetrieenergie 21, 260
Asymptotische Freiheit 114, 188
Austauschkräfte 3
Axialvektorstrom 154, 236, 286

Barn 48
Baryonen 108f, 213ff
Baryonenzahl 109
β-Spektrum 286
β-Zerfall 25, 27ff, 230ff, 237, 285ff
übererlaubter 287
doppelter 29, 294ff
neutrinolos 295
erlaubter 287
inverser 142, 261
verbotener 287
Bethe-Bloch-Formel 368
Bhabha-Streuung 122
Bindungsenergie 18ff, 25, 259f, 263f
des Deuterons 18, 247ff
in Hyperkernen 263
Bjorken'sche Skalenvariable 94
Blasenkammer 371
Bohr'scher Radius 182f, 381
Bohr'sches Magneton 381
Born'sche Näherung 60, 280
Bosonen
W 140ff
Masse 163
Z^0 119, 129, 140, 162
Bottonium 192f
Zerfälle 196
Breit-System 94
Breit-Wigner-Formel 125, 166
Bremsstrahlung 369

C-Parität 5, 155
Cabibbo-Kobayashi-Maskawa-Matrix 150
Cabibbo-Winkel 149, 232
Callan-Gross-Beziehung 92
Čerenkov-Strahlung 371
Čerenkov-Zähler 376
CERN 43, 162, 368
Chaos 357f
Charmonium 184ff
CKM-Matrix siehe Cabibbo-Kobayashi-Maskawa-Matrix
Clebsch-Gordan-Koeffizienten 222, 379f
Compoundkern 334
Compton-Effekt 370
Confinement 112, 114, 188, 252f
Cooper-Paare 172, 324
Coriolis-Kraft 406
Coulomb-Anregung 318ff
Coulomb-Barriere 32
Coulomb-Potential 31, 181
Coulomb-Schwelle 318
Coulomb-Term 21, 34
CP-Verletzung 150, 155, 212

De-Broglie-Wellenlänge 44
Deformation 35, 274ff, 302ff
Deformationsparameter 275, 324
Δ-Resonanz 88, 213, 214ff
DESY 43, 366f
Deuteron 246f
Bindungsenergie 18, 247ff
magnetisches Moment 247
Quadrupolmoment 247
Dichte
kritische 342
Dipol-Formfaktor 81
Dipolübergang
elektrischer 37, 185, 304
magnetischer 37, 185f

Dipolfit 81
Dipolmoment
  des Deuterons 247
Dipolriesenresonanz 39, 301f, 307, 313
Dipolschwingung 305ff
Diquark 252
Dirac-Teilchen 78, 225
direkte Kernreaktionen 279
Dopplerverschiebung 341
Driftkammer 372
DWBA 283

Elektron
  Entdeckung 11
  Ladung 11, 14
  magnetisches Moment 78, 381
  Masse 12
  Radius 124
Elektronvolt 7
EMC-Effekt 97, 251
Erhaltungssätze 176
Exklusive Messung 46

Farbe 110f, 129f, 148
farbmagnetische Wechselwirkung
  191f, 223, 251
Farbwellenfunktion 220
Feinstruktur 182f
Feinstrukturkonstante 7
Fermi-Druck 262
Fermi-Energie 258
Fermi-Funktion 285
Fermi-Impuls 84, 258, 261, 263
Fermi-Konstante 143ff, 231
Fermi-Zerfall 231, 286
Fermibewegung 83, 96f
Fermigas 84, 257f
  entartetes 257
Ferromagnetismus 171
Feynman-Diagram 52
Flavour 104, 140
Fluss 46
FNAL 43, 128
Formationsexperimente 215
Formfaktor 62, 66ff
  des Kaons 85
  des Kerns 66, 68, 70
  des Nukleons 79, 81f
  des Pions 85
  elektrischer 79
  magnetischer 79
Friedman-Modell 342
ft-Wert 286

Funkenkammer 371
Fusionsreaktionen 322

g-Faktor
  des Elektrons 78
  des Neutrons 79
  des Protons 79
  von Dirac-Teilchen 78
  von Kernen 273
G-Parität 209
γ-Zerfall 36, 38
Gamow-Faktor 32f
Gamow-Teller-Zerfall 232, 287f
Gluonen 110ff, 131f
Goldene Regel 51f, 144, 231, 279
Goldhaber-Experiment 292
Gravitationsdopplerverschiebung 261

Hadronen 108
hadronische Materie 337, 339
Hadronisierung 129, 132, 190
Halbleiterdetektor 373
Halbwertszeit 26
Hard Core 245, 262
Hauptquantenzahl 181, 184
Hautdicke 73
Helizität 64, 154ff
HERA 43, 366f
Higgs-Boson 172
Hubble-Konstante 342
Hund'sche Regel 276
Hyperfeinstruktur 182f, 274
Hyperkerne 262f
Hyperonen 213, 215, 262
  magnetisches Moment 227
  semileptonische Zerfälle 236f

Impulsübertrag 61ff, 68, 78
Inklusive Messung 46
Invariante Masse 215, 217
Ionisation 368f, 371, 373
Isobare 14
Isomere 38
Isospin 5, 22, 202, 242
  schwacher 5, 167, 230, 232
  starker 5, 231
Isotone 14
Isotope 14

J/ψ-Meson 128, 184
  Zerfall 194ff
Jacobi'sches Maximum 164
Jets 132

K-Einfang 30, 142, 288f, 292
Kalorimeter 373
Kaon 85, 126, 208
  Ladungsradius 86
Kernkraft 241f, 244
Kernmagneton 79, 225, 381
Kernmaterie 329f
Kernreaktor 290
Kernspaltung
  induzierte 36
  spontane 26, 33
Kernspinresonanz 274
Kerntemperatur 330
Kettenreaktion 290
Klein-Gordon-Gleichung 254
Kohlenstoff-Zyklus 352
Konstituentenquark 107, 192, 201, 238, 358
Kontinuum 39
Konversion
  innere 38
Kopplungskonstante
  elektromagnetische 7, 181
  schwache 144, 148, 168
  starke 111, 117, 131
kovalente Bindung 252, 359
Kristallkugel 184
Kurie-Darstellung 291

Ladungskonjugation 5, 155
Ladungsradius 70
  des Kaons 86
  des Kerns 72
  des Neutrons 81
  des Pions 86
  des Protons 81
Ladungszahl 13
Large Hadron Collider 173
Larmor-Frequenz 228
Lebensdauer 26
LEP 43, 161, 368
Leptonen 121f, 139
  -Prozesse
    leptonische 141
    nichtleptonische 142
    semileptonische 141
  -universalität 124
  -zahl 139
  Familien 139
  Familienzahl 139
  τ 122, 136
    Zerfall 136, 141, 147
Leuchtnukleon 272, 285
Linearbeschleuniger 362
log-ft-Wert 286
Luminosität 49

magische Zahlen 267ff
Magnetisches Moment 78
  Deuteron 247
  Elektron 78
  Hyperonen 227
  Neutron 226
  Nukleonen 78, 272ff
  Quarkmodell 226
Magnetspektrometer 66, 373
Masse
  invariante 58, 215, 217
Massendefekt 13
Massenformel 19, 260
Massenspektrometrie 15
Massenzahl 14
Meissner-Ochsenfeld-Effekt 171f
Mesonen 108f, 201ff
  Austausch 254
  B-Meson 196
  D-Meson 196
  J/ψ-Meson 128, 184
    Zerfall 194ff
  pseudoskalare 201, 205ff
  ϱ-Meson
    Masse 203
  Υ-Meson 128, 192, 195
  Vektormesonen 126, 201, 203ff
Monopolformfaktor 85
Moseley-Gesetz 14
Mott-Wirkungsquerschnitt 64
Myon 135
  Zerfall 136

Neutrino 136f, 140
  -Elektron-Streuung 168
  -Nukleon-Streuung 96, 104f
  -oszillationen 137
  Helizität 155, 292, 294
  Masse 137, 291f
  Streuung 157f
neutrinoloser Doppelbetazerfall 295
Neutron
  Einfang 18, 36, 39
  Ladungsradius 81
  Lebensdauer 235
  magnetisches Moment 79, 226, 381
  Masse 14
  Streuung 39, 333

Zerfall 231, 234f
Neutronenemission
verzögerte 290
Neutronensterne 260, 262
Nichtleptonische Prozesse 142
Nilsson-Modell 278
nuklearer Photoeffekt 305
Nukleonen
magnetisches Moment 226f
Nukleonresonanz 88, 213
Nuklide 14

Oberflächenterm 20, 34
Orbitale 277

Paarbildung 370
Paarungsenergie 277
Paarungskraft 324
Paarungsterm 21
Parität 5, 268, 287
des Pions 209
des Quarkoniums 185
G-Parität 209
intrinsische 5, 201
von Kernniveaus 269
Paritätsverletzung 154ff
Partialbreite 125
Partialwellen 242f
Partonmodell 93f, 96
Phasenübergang
elektroschwacher 346
Phasenraum 51
Photoeffekt 370
nuklearer 39
Pick-up-Reaktionen 283
Pion 85, 109, 208f, 254f, 263
Ladungsradius 86
Parität 209
Zerfall 136, 156
Plasmafrequenz 313
Poisson-Gleichung 255
Positronium 181ff
Potentialtopf 258f
Produktionsexperimente 215, 236
Propagator 54, 64, 143
Proportionalkammer 371
Proton
Ladung 14
Ladungsradius 81
magnetisches Moment 79, 226, 381
Masse 14
Zerfall 109
Proton-Proton-Zyklus 351
Prozesse
nichtleptionische 142
semileptonisch 141
pseudoskalare Mesonen 201, 205ff
Punktwechselwirkung 143f, 146, 191

Quadrupolübergang 37, 305
Quadrupolmoment 275f
des Deuterons 247
Quadrupolschwingung 314ff
Quantenchaos 330
Quantenchromodynamik 52, 110ff, 187
Quantenelektrodynamik 52
Quark-Gluon-Plasma 340, 346f
Quarkmaterie 262
Quarkmodell
magnetisches Moment 226
Quarkonia 181
Quarks 103ff
Konstituentenquark 107, 192, 201, 238, 358
Masse 129
Seequark 96, 104, 106, 159, 162
Stromquark 107
Top-Quark 128
Valenzquark 96, 104, 159, 162
Quasiteilchen 357f

r-process 355
Renormierung 169
Resonanzen 124, 215
Δ-Resonanz 213, 214ff
Nukleonresonanz 213
ϱ-Meson
Masse 203
Riesenresonanz 306
Rosenbluth-Formel 79
Rotationsbande 317, 320f, 323f, 326
Rutherford-Streuung 12
Wirkungsquerschnitt 60

s-process 355
s-Welle 243
Sampling-Kalorimeter 374
Sargent-Regel 234, 236
Schalenmodell 267ff, 359
Seequark 96, 104, 106, 159, 162
Selbstähnlichkeit 118
seltsame Teilchen 126
Semileptonische Prozesse 141
Separationsenergie 39
Siliziumstreifenzähler 372

Skalenbrechung 114f, 117
SLAC 79, 364
SLC 161
Spaltbarriere 33, 35
Speicherring 366
Spiegelkerne 22, 271f
Spin
  -Bahn-Wechselwirkung 182f, 246, 274
  -Spin-Wechselwirkung 182f, 205, 223, 250
  -abhängigkeit
    der Kernkraft 246
Spinabhängigkeit der Kernkraft 255
Standardmodell 175f, 178
Stoßnäherung 82, 94
Strahlungslänge 369
Strangeness 127, 202, 213
Streamerkammer 371
Streuexperimente 43
Streuphase 242ff
Streuung
  elastische 44, 60f, 63
  inelastische 45, 74, 88
  quasielastische 82, 359
  tiefinelastische 92f, 157f
  von Neutrinos 157f
Streuwinkel 59
Stripping-Reaktion 279f
Strom
  geladener 140ff
  neutraler 140
Stromquark 107
Strukturfunktion 89, 92, 95f
Suprafluidität 324
Supraleitung 171f, 324
Symmetriebrechung 171ff
Synchrotron 364f
  -strahlung 365f
Szintillationszähler 12
Szintillator 374ff

τ-Lepton 122, 136
  Zerfall 136, 141, 147
Teilchen
  seltsame 126
  virtuelle 53
Tensorkraft 246f
Thomson-Modell 12
Top-Quark 128, 193
Trägheitsmoment 317f, 323ff
Tröpfchenmodell 22
Transmission 32
Transversalimpuls 163
Tunneleffekt 32f

Übergangsstrahlungsdetektor 376
Übergangsmatrixelement 51
Universum
  geschlossenes 342
  kritische Dichte 342
  offenes 342
Υ-Meson 128, 192, 195
Urknall 173

V-minus-A-Theorie 155, 230
Valenzquark 96, 104, 159, 162
Van-de-Graaff-Beschleuniger 362
Van-der-Waals-Kraft 251, 359
Vektormesonen 126, 201, 203ff
Vektorstrom 154, 236, 286
Vertex 53
Viererimpuls 57f
  Übertrag 77f
Vierervektor 57
Volumenterm 20

W-Boson 140f, 143
  Masse 163
Wahrscheinlichkeitsamplitude 51
Wechselwirkung
  farbmagnetische 191, 223, 251
  Punktwechselwirkung 191
  Spin-Bahn 182f, 246
  Spin-Spin 182f, 223, 250
Weißer Zwerg 262
Weinberg-Winkel 168
Weizsäcker-Massenformel 19
Wirkungsquerschnitt 46ff
  der Rutherford-Streuung 60
  differentieller 50
  geometrischer 47
  totaler 48
Woods-Saxon-Potential 269

Yukawa-Potential 254f

Z^0-Boson 119, 129, 140, 162
Zentralpotential 246, 255, 267
Zerfallsbreite 125
Zerfallskonstante 26
ZEUS-Detektor 377
Zweig-Regel 127, 195, 209

Printed in Germany
by Amazon Distribution
GmbH, Leipzig